Claus Zittel

Theatrum philosophicum

Descartes und die Rolle ästhetischer Formen in der Wissenschaft

WISSENSKULTUR UND GESELLSCHAFTLICHER WANDEL

Herausgegeben vom Forschungskolleg 435
der Deutschen Forschungsgemeinschaft
»Wissenskultur und gesellschaftlicher Wandel«

Band 22

Claus Zittel

Theatrum philosophicum

Descartes und die Rolle ästhetischer Formen in der Wissenschaft

Akademie Verlag

Gedruckt mit Unterstützung der Deutschen Forschungsgemeinschaft,
des Landes Hessen und der Max Planck Research Group: »Das wissende Bild«, Florenz.

Abbildung auf dem Einband: Darstellung des Herzens aus: Renatus Des Cartes de homine, figvris et latinitate donatus a Florentio Schuyl, Leiden 1662.

Bibliografische Information der Deutschen Nationalbibliothek
Die Deutsche Nationalbibliothek verzeichnet diese Publikation in der Deutschen Nationalbibliografie; detaillierte bibliografische Daten sind im Internet über http://dnb.d-nb.de abrufbar.

ISBN 978-3-05-004050-9

Das eingesetzte Papier ist alterungsbeständig nach DIN/ISO 9706.

Satz: Sina Nikolajew, Berlin
Druck und Bindung: Druckhaus »Thomas Müntzer«, Bad Langensalza
Einbandgestaltung: Dorén + Köster, Berlin

Printed in the Federal Republic of Germany

Für Sylwia Sylwiarum

„Der Scribent ist bemühet, die Phantasie der Leser mit Gedancken anzufüllen, das heißt in der Sprache des Hrn. Descartes, er will ihnen Bilder von den Dingen in das Gehirne mahlen. Die Phantasie des Lesers ist das Tuch, auf welchem er seine Gemählde aufträgt."[1]

---

1 Johann Jacob Bodmer, *Critische Betrachtungen über die Poetischen Gemählde der Dichter*, Zürich 1741, S. 39.

Inhaltsverzeichnis

Einleitung

„A l'occasion de quoi je suis bien aise de prier ici nos neveux, de ne croire jamais que le choses qu'on leur dira viennent de moi, lorsque je ne les aurai point-même divulgées."
(Descartes, *Discours de la méthode*, AT VI, S. 70)[2]

Descartes' Nachruhm ist gewaltig, keine Auseinandersetzung mit der Kultur der frühen Neuzeit, keine Selbstverständigung über die geistigen Grundlagen der Moderne und schon gar kein Studium der Philosophie- und frühneuzeitlichen Wissenschaftsgeschichte kommt an ihm vorbei. Wie immer, wenn ein einzelner Denker von den nachfolgenden Generationen in den Rang eines Giganten erhoben wird, stellen sich jedoch Mythen, Legenden und Gewißheiten so sehr vor das Werk, daß dieses oft nur noch zur Bestätigung einverleibter Vorurteile herangezogen wird. Wer jedoch Descartes' Philosophie in ihren Grundzügen zu kennen glaubt, dessen Lektüre droht erfahrungsarm und repetetiv zu werden. So kreist die Descartesforschung auffällig immer wieder um die gleichen Textstellen, um die stets gleichen und ziemlich seltsam anmutenden Themen wie die Cogito-Gewißheit, dem Außenwelt-Skeptizismus, und das Leib-Seele-Problem zu diskutieren.[3] Die großen Leitlinien der Des-

2 Die Schriften und Briefe Descartes' werden zitiert nach: *R. Descartes, Œuvres de Descartes*, hrsg. v. Ch. Adam– P. Tannery, 11 Bde., 2. Aufl. Paris 1971-75, zit. als: AT und nach den folgenden Übersetzungen: *Regulae ad directionem ingenii* (lat./dt.), hrsg. u. übers. v. L. Gäbe, Hamburg 1973 (wird zit. unter Angabe der Regel mit Seitenzahl sowie der Seitenzahl von AT X); *Leitfaden der Musik*, übers. v. J. Brockt, Darmstadt 1992; *Discours de la Méthode / Bericht über die Methode* (frz./dt.), übers. v. H. Ostwald, Stuttgart 2001; *Meditationes de Prima Philosophia / Meditationen über die Grundlagen der Philosophie*, hrsg. u. übers. v. G. Schmidt, Stuttgart: 2001; *Briefe*, hrsg. v. M. Bense, übers. v. F. Baumgart, Köln 1949; *Die Welt oder Abhandlung über das Licht* (frz./dt.), hrsg. u. übers. v. G. M. Tripp, Weinheim 1989; *Die Prinzipien der Philosophie*, hrsg. u. übers. v. A. Buchenau, Hamburg 1955; *Die Prinzipien der Philosophie* (lat./dt.), hrsg. u. übers. v. Chr. Wohlers, Hamburg 2005; *Dioptrik*, übers. v. G. Leisegang, Meisenheim am Glan 1954; *Über den Menschen* (1632) sowie *Beschreibung des menschlichen Körpers* (1648), übers. v. K. Rothschuh, Heidelberg 1969; *Die Leidenschaften der Seele / Les passions de l'ame* (frz./dt.), hrsg. u. übers. v. K. Hammacher, Hamburg 1996; *Les Météores / Die Meteore* (frz./dt.), hrsg., übers. u. komm. v. C. Zittel, Frankfurt 2006 sowie *René Descartes: Tutte le lettere*, 1619-1650 (frz./lat./holl.), hrsg. v. Giulia Belgioioso, Mailand 2005. Für die Zitierweise gilt: Um jeweils klarzustellen, ob aus der Übersetzung oder nach dem Original zitiert wird, gebe ich beim Zitieren von Descartes' Schriften jeweils den Kurztitel an. Die Sekundärliteratur wird in erster Nennung mit vollem Titel, dann mit Autor und Angabe des Publikationsdatums des betreffenden Textes genannt.

3 Vgl. dazu: John Cottingham, Why do History of Philosophy? in: T. Sorell – G.A. Rogers, *Analytic Philosophy and History of Philosophy*, Oxford 2005, S. 83-128.
Die Descartes-Forschung ist indes so umfangreich und je nach Gegenstandsbereich und philosophischer

cartes-Interpretation bleiben dabei unangetastet: Descartes' Wende zur Subjekt-Philosophie sowie seine am Vorbild der Mathematik orientierte Durchformalisierung der Erkenntnistheorie gilt für viele Philosophen weithin selbstverständlich als Wasserscheide zur Moderne. Descartes allein habe eine Ein-Mann-Revolution in den Wissenschaften und der Philosophie durchgeführt, das mentalistische Paradigma eingeläutet und in der Selbstvergewisserung der Vernunft dem Wissen ein neues, sicheres Fundament gegeben. In philosophischen Lehrbüchern und Lexika figuriert Descartes entsprechend als Begründer des Rationalismus,[4] als Bewußtseinsphilosoph, als Aufklärer', Kritiker der Sinne, als Vater der modernen Philosophie und Wissenschaft.[5] Kaum ein Philosoph, dem, wenn er sich Descartes' Werk zuwendet, nicht Hegels Ruf im Ohr klingt, mit Descartes sehe er endlich Land.[6]

Seltsamerweise neigen jedoch viele Philosophiehistoriker dazu, dieses gelobte Land in seiner Weite und Vielgestaltigkeit zu ignorieren und nur ein vergleichsweise winziges Terrain zu vermessen. Denn primär stützt man sich auf Descartes' *Discours de la méthode* und seine *Meditationes*, die dadurch zu Gründungstexten der Moderne avancierten. Aus den anderen Schriften Descartes' werden meist nur einzelne Stellen herausgepickt, die zum kanonischen Descartes-Bild passen. Über 90 Prozent von Descartes' Werk, vor allem seine naturphilosophischen Schriften in ihren materialen Teilen und das umfangreiche Briefkorpus, werden überwiegend ausgeblendet. Der bekannteste Philosoph der frühen Neuzeit ist zugleich einer der Unbekanntesten.[7]

Schule heterogen, daß hier in der Einleitung kein spezifischer Forschungsstand resümiert werden kann. Die Auseinandersetzung mit der Sekundärliteratur erfolgt daher permanent, wobei in den einleitenden Kapiteln zu den jeweiligen Hauptteilen sowie an thematisch passenden Stellen in den Fußnoten themenspezifische Überblicke gegeben werden.

4 Vgl. z.B.: J. Laporte, *Le rationalisme de Descartes*, Paris 1988; L. Loeb, *From Descartes to Hume. Continental metaphysics and the development of modern philosophy*, Ithaca 1981; L. Newman, Descartes' Rationalist Epistemology, in: Alan Nelson (Hrsg.), *A Companion to Rationalism*, Blackwell 2005; D. Pereboom, *The rationalists: critical essays on Descartes, Spinoza, and Leibniz*, Lanham 1999, G. Rodis-Lewis, *Descartes et le rationalisme*, Paris 1996.

5 Zu den Descartes-Legenden vgl.: Hans-Peter Schütt, *Die Adoption des ‚Vaters der modernen Philosophie'. Studien zu einem Gemeinplatz der Ideengeschichte*, Frankfurt a.M. 1998.

6 „Wir kommen eigentlich jetzt erst zur Philosophie der neuen Welt und fangen diese mit Cartesius an. Mit ihm treten wir eigentlich in eine selbständige Philosophie ein, welche weiß, daß sie selbständig aus der Vernunft kommt und daß das Selbstbewußtsein wesentliches Moment des Wahren ist. Hier können wir sagen, sind wir zu Hause und können wie der Schiffer nach langer Umherfahrt auf der ungestümen See ‚Land' rufen. Cartesius ist einer der Menschen, die wieder mit allem von vorn angefangen haben; und mit ihm hebt die Bildung, das Denken der neuen Zeit an." Hegel, *Geschichte der Philosophie*, Werke in 20 Bänden, Frankfurt 1971, Bd. 20, S. 120.

7 Dieser Befund spiegelt sich auch in der Editionslage. Viele Schriften Descartes' liegen in keiner verläßlichen Ausgabe vor, die französische Standardausgabe seiner Schriften (AT) ist editionswissenschaftlich überholt und gibt, wie auch neuere Einzelausgaben, noch nicht einmal die von Descartes selbst veröffentlichten Texte in der Gestalt der Erstdrucke wieder. Die deutsche Descartes-Forschung hat ein noch größeres Editionsproblem: Von wichtigen Schriften Descartes' gibt es keine Übersetzungen (z.B. von den meisten Briefen, den embryologischen Schriften, dem Frühwerk). Einige Ausgaben nehmen schwerwiegende Eingriffe in die Textgestalt bis hin zu unausgewiesenen Kürzungen vor (*Briefe, Dioptrik, Prinzipien, Leidenschaften der Seele)*. Auch Duktus und Terminologie werden verändert (*Über den Menschen*), und in allen Ausgaben werden Abbildungen verändert oder gestrichen. Ähnliches gilt für die englischsprachigen Editionen (im Einzelnen werde ich auf die Schwächen der jeweiligen Ausgaben noch an passender Stelle hinweisen).

Erfolgreich wurde so ein Descartes-Bild etabliert, das in den der Philosophie benachbarten Disziplinen ungeprüft übernommen und mit anderer Wertung versehen werden konnte. Auch hier liest man viele Texte Descartes' nicht, scheint doch Descartes ohnehin bereits als Schurke ausgemacht, der für alle verhängnisvollen Entwicklungen in der Kulturgeschichte haftbar zu machen ist. Descartes wird zum Antihelden stilisiert, er erscheint insbesondere in kulturhistorischer Perspektive als der Bilderfeind der frühen Neuzeit, der Verfechter eines mathematischen Fundamentalismus und einer strikt mechanistischen Erklärung der Natur, zudem als ein metaphysischer Dualist, der wundersame Interaktionen von Körper und Geist durch die Zirbeldrüse behauptet. Kurzum, wie Pierre Guenancia unlängst notierte: „L'esprit cartésien n'a pas très bonne image aujourd'hui. Il est souvent synomyme d'un rationalisme autoritaire et réducteur."[8]

Durchgesetzt hat sich diese Sicht auf Descartes nicht zuletzt durch die tätige Mithilfe Michel Foucaults. Mit dem „cartesischen Zeitalter der Vernunft" beginne, so Foucault, die „Große Gefangenschaft."[9] Anhand der Erfahrung des Traumes und des Schlafes habe Descartes „nun jene Hypothese" entwickelt, „die sämtliche sinnlichen Grundlagen der Erkenntnis zugrunde richten und nur die intellektuellen Grundlagen der Gewißheit freilegen wird."[10] Manch heutiger Foucault-Verehrer sieht sich mittlerweile gar veranlaßt, Weckrufe auszustoßen: „Es wird Zeit, daß wir aus dem Cartesischen Traum von dem einen Weg, dem Diskurs der Methode aufwachen, der von der Seinsvergewisserung des denkenden Ich seinen Ausgang nimmt und sich im Lesen des ‚großen Buchs der Welt' erfüllt."[11]

Es ist der Zweck der vorliegenden Untersuchung, dieses von der Forschung in Zirkulation gebrachte Descartes-Bild zu revidieren, indem sie konsequent Descartes' Texte einer ‚ästhetischen' Lektüre unterzieht. Es soll aufgewiesen werden, daß in allen Phasen von Descartes' Denken ästhetische Formen seine Philosophie prägen. Die Leitthese hierbei ist, daß diese ästhetischen Formen nicht allein in der bloßen Repräsentation, Vermittlung oder äußerlichen Einkleidung von Wissen zum Tragen kommen, sondern elementar bei der Generierung und Validierung von Wissen beteiligt sind. Im Zentrum meiner Analysen stehen daher nicht rhetorische oder didaktische Aspekte des Wissens, sondern die Frage, wann und wie literarische Darstellungsformen, Bilder und Metaphern in Descartes' Argumentationen, Deduktionen und seiner empirischen Forschungspraxis integriert werden und diese dadurch tiefgreifend prägen, also wie diese ästhetischen Modi Descartes zufolge daran beteiligt sind, Wissen zu erzeugen und zu rechtfertigen. Zugleich verbindet sich mit dieser ästhetischen Revision des Descartesbildes eine historiographische Pointe, denn wenn gezeigt werden kann, daß die Philosophie des Erzvaters des Rationalismus eine ästhetische, und oft gar

8 Pierre Guenancia, *Descartes – Bien conduire sa Raison*, Paris 1996, S. 7.

9 Michel Foucault, *Wahnsinn und Gesellschaft: eine Geschichte des Wahns im Zeitalter der Vernunft*, Frankfurt 1973, S. 68ff.

10 Michel Foucault, Mein Körper, dieses Papier, dieses Feuer, in: *Schriften II*, Frankfurt a.M. (1972) 2002, S. 300-331, hier: S. 301.

11 Hans-Jörg Rheinberger, *Iterationen*, Berlin 2005, S. 27. Aber auch Vertretern orthodoxer Wissenschaftstheorie dient Descartes heute meist nur als willkommener Pappkamerad, dem man pauschal unsinnige Positionen zuschreiben und so leicht abschießen kann: Z.B.: Antonio R. Damasio, *Descartes' Irrtum. Fühlen, Denken und das menschliche Gehirn*, München 2001; Keith Devlin, *Goodbye, Descartes: The End of Logic and the Search for a New Cosmology of the Mind*, New Jersey 1997.

visuelle Dimension besitzt, dann verliert die zentrale Führungsachse der traditionellen Philosophiegeschichtsschreibung ihren fix geglaubten Angelpunkt.

Das klassische Descartes-Bild soll hierbei von drei Seiten aus verändert werden.

1. Durch eine genetische Analyse, indem das ästhetische Frühwerk miteinbezogen und aus seinem wissenskulturellen Kontext heraus gedeutet wird.
2. Durch die systematische Untersuchung von Descartes' epistemischen Praktiken
3. Durch die systematische Analyse der in diesen epistemischen Praktiken zum Einsatz kommenden Bilder sowie der sie in Anschlag bringenden Vermögen der Phantasie und Imagination.

Mit diesem Vorhaben verbinde ich auch zwei weitere Hoffnungen. Zum einen hoffe ich, so die philosophische Ästhetik aus ihrem Schattendasein holen zu können, in das sie sich häufig durch die Beschränkung auf die Exegese einschlägiger Texte aus der Geschichte philosophischer Ästhetik manövriert. Am Fallbeispiel ‚Descartes' soll statt dessen verdeutlicht werden, daß die Disziplin der Ästhetik fruchtbar zu einer Wissenschaft ästhetischer Konzepte ausgeweitet werden kann, deren Aufgabe es wäre, sowohl die Rolle von Phantasie, Imagination und Kunst in allen philosophischen Themenbereichen zu bestimmen[12] als auch die philosophischen Implikationen der jeweiligen Darstellungsformen von Wissen zu untersuchen. Zum andern hoffe ich, aus der Philosophie heraus einen Beitrag dazu leisten zu können, die wohletablierte Abgrenzung der Philosophiegeschichtsschreibung zur Wissenschaftsgeschichte aufzulockern.

Denn diese Grenzlinien sind mit Blick auf die Frühe Neuzeit besonders unsinnig. Philosophen und Wissenschaftshistoriker, die sich der frühen Neuzeit widmen, befassen sich nicht nur mit derselben Periode, sondern auch oft mit denselben Personen und manchmal auch sogar mit den gleichen Texten. Dies liegt bekanntlich in der Natur der Sache, denn zu jener Zeit gab es die moderne Trennung von Philosophie und Wissenschaft nicht. Eine Konsequenz, die Philosophiehistoriker aus dieser Einsicht ziehen müßten, wäre daher, auch die nicht-kanonischen Themen der kanonischen Philosophen mit in ihre Betrachtung einzubeziehen, also etwa Hobbes' naturwissenschaftliche Traktate zu lesen oder Francis Bacons Hauptwerk *Sylva Sylvarum* zu befragen. Dies geschieht allerdings sehr selten. Christoph Lüthy resümierte die Lage jüngst treffend:

> „Despite the growing willingness to work in an interdisciplinary manner, it is still true that historians of philosophy tend to leave much of natural philosophy to historians of science, while the latter deliberately ignore the philosophical embedding of their ‚science' and even a good part of what the seventeenth century called ‚scientia', notably theology."[13]

12 So war es einst von Baumgarten bei der Gründung der Ästhetik als philosophischer Disziplin noch vorgesehen: „Die Wissenschaft des imaginativen Denkens und der Darlegung des so Gedachten ist die ÄSTHETIK DER PHANTASIE." „Scientia imaginando cogitandi et ita cogitata proponendi est AESTHETICA PHANTASIAE." Alexander Gottlieb Baumgarten, Meditationes philosophicae de nonnullis ad poema pertinentibus. Philosophische Betrachtungen über einige Bedingungen des Gedichtes (1735), in: ders., *Texte zur Grundlegung der Ästhetik*, übers. u. hrsg. von Hans Rudolf Schweizer, Hamburg 1983, § 570.

13 Christoph Lüthy, What to Do with Seventeenth-Century Natural Philosophy? A Taxonomic Problem, in: *Perspectives on Science* 8 (2000), S. 164-195, hier: S. 167. Vgl. auch: Margaret J. Osler, The canonical

Die Folge ist: Es gibt ein gemeinsames Forschungsgebiet von Philosophie- und Wissenschaftsgeschichte, jedoch mit künstlich separierten Forschungsgegenständen und auf diesen gründend, zwei unterschiedliche Geschichtsschreibungen mit jeweils weiteren unterschiedlichen Binnendiskussionen. Zwar legen beiden Disziplinen ihre Gründungsmythen in den gleichen Zeitraum, doch die Unterschiede sind frappant:

1. Im Unterschied zu den Tabula-rasa-Konstruktionen in der Philosophiegeschichte gibt es seit Jahrzehnten in der Wissenschaftsgeschichte eine sehr komplexe Diskussion darüber, ob es überhaupt eine wissenschaftliche Revolution gab und wenn, dann in welcher Disziplin und in welchem Sinne.[14] Physiologie, Embryologie, Kosmogonie, und weite Bereiche der Naturgeschichte, so wurde seither klar, fügen sich keineswegs nahtlos in die wissenschaftliche Revolutionsgeschichte ein.
2. Die Abgrenzungen zwischen Wissenschaft und Pseudowissenschaft sind angesichts von Newtons, Gilberts, Boyles, Harveys, Keplers, Leibniz', aber auch Bacons Tummeln in Bereichen der Alchemie und Magie oder des Animismus flüssig geworden,[15] in der Philosophie indes sind sie weitgehend intakt. Insbesondere Descartes' rationalistische Weste blieb in den Augen der meisten Philosophiehistoriker blütenweiß.
3. In der Wissenschaftsgeschichtsschreibung wurden durch das Einbeziehen sozialer und kulturelle Einflüsse, Patronagesituationen, Praktiken, Experimente, Instrumente etc, und ihrer konsequenten Historisierung die alten Diskussionen zwischen internalistischer und externalistischer Betrachtung der Wissenschaftsentwicklung verabschiedet, zugunsten lokaler Studien und Untersuchungen von spezifischen epistemischen Konfigurationen.[16] Veränderungsprozesse kennen in der neueren Wissenschaftsgeschichte viele Akteure. Kaum etwas davon findet sich in der Historiographie der Philosophie wieder. Die Philosophiegeschichtsschreibung bleibt weitgehend internalistisch und fortschrittsorientiert und zudem auf wenige ‚große Denker' ausgerichtet. Die Leitlinien werden primär an der Wirkungsgeschichte von Wissenschaft gewonnen, nicht an deren Entstehungsgeschichte, – man zieht sie je nach Tradition von Descartes zu Kant oder von Descartes zu Locke, wobei man meist einem anachronistischen Empirismus-Rationalismus-Schema folgt.[17]

Imperative: Rethinking the Scientific Revolution, in: dies. (Hrsg.), *Rethinking the Scientific Revolution*, Cambridge 2000, S. 3-24, und Eric P. Lewis, Cartesianism Revisited, *Perspectives on Science* 15.4 (2007), S. 493-522.

14 Vgl. dazu allgemein: Stephen Shapin, *Die wissenschaftliche Revolution*, Frankfurt a.M. 1998.

15 Vgl. z.B. John Henry, *The Scientific Revolution and the Origins of Modern Science*, New York 2002; Stephen Pumfrey, No Science, Therefore No Scientific Revolution?, in: Dominique Pestre (Hrsg.), *L'étude sociale des sciences*, Paris 1992, S. 61-86; C. Zittel, Konstruktionsprobleme des Sozialkonstruktivismus, in: ders. (Hrsg.), *Wissen und soziale Konstruktion*, Berlin 2002, S. 87-108; Barbara Bauer, Nicht-teleologische Geschichte der Wissenschaften und ihre Vermittlung in den Medien und Künsten. Ein Forschungsbericht, in *Wolfenbütteler Barock-Nachrichten* 25 (1998), S. 3-35; Christoph Meinel, Okkulte und exakte Wissenschaften, in: August Buck (Hrsg.), *Die okkulten Wissenschaften in der Renaissance*, Wiesbaden 1992, S. 21-43.

16 Vgl. Lorraine Daston, Early Modern History meets the History of the Scientific Revolution. Thoughts towards a Rapprochement, in H. Puff – Chr. Wild (Hrsg.), *Zwischen den Disziplinen. Perspektiven der Frühneuzeitforschung*, Göttingen 2003, S. 37-53; Andrew Cunningham – Perry Williams, De-centring the ‚big picture': The origins of „modern science" and the „modern origins" of science, in: *British Journal for the History of Science* 26 (1993), S. 387-483.

17 Vgl. z.B. stellvertretend: Gunnar Skirbekk – Nils Gilje, *Geschichte der Philosophie*, Frankfurt a.M. 1993, Bd. 1, S. 317f.; Lothar Kreimendahl, *Philosophen des 17. Jahrhunderts*, Darmstadt 1999, S. 17; G.E. Par-

Philosophische ‚Texte' der Frühen Neuzeit erscheinen indes aus heutiger Sicht häufig sehr heterogen. In ein und demselben Traktat konnten metaphysische neben praktischen Fragen verhandelt werden, Berichte über Natur-Beobachtungen neben theoretischen Erklärungen stehen, autobiographische Exkurse neben trockenen Deduktionen, Tabellen neben kühnen Metaphern, und eindrucksvollen Abbildungen. Descartes handelt z.B. innerhalb einer Schrift, der *Dioptrik*, von Brechungsgesetzen, von Sinnesphysiologie und Anatomie, von Instrumentenbau und Linsenschleiferei. Die *Dioptrik* ist selbst der Form nach ein Essay, dieser besteht aus Diskursen, in denen die Leser angesprochen werden und die Argumentation wird von zahlreichen Abbildungen begleitet. Entsprechend ist das ganze Material, das ein Descartes-Interpret vorfindet überaus heterogen und komplex, und nötigt ihn, sich in ganz unterschiedliche Wissensbereiche einzuarbeiten, von der Meteorologie bis zur Embryologie, von der Kunst- zur Literaturgeschichte, von den Erklärungen des Magnetismus, der Geologie oder des Regenbogens bis zu philosophischen und theologischen Grundsatzfragen. Kurzum, man trifft nur selten auf einen ‚reinen' philosophischen Text heutigen Sinne.[18]

Wie interpretiert man solche Texte, was wählt man aus, um es in welche Kontexte und welche Entwicklungslinien zu stellen? Gefordert wäre eine Betrachtung, die der unübersichtlichen Komplexität ihres Gegenstands insofern Rechnung trägt, als sie diese mit in ihre eigene Methodologie aufnimmt, und ihrerseits wissenschaftshistorische, philosophische, soziologische, kunsthistorische, kultur- und literaturwissenschaftliche, Perspektiven verbindet.

Mit der vorliegenden Arbeit versuche ich dem bunten Charakter solcher Texte Rechnung zu tragen, indem ich meine Untersuchung just auf die Schnittstellen zwischen Philosophie, Wissenschaft, Literatur und Kunst richte. Methodisch werde ich mir dabei, das forschungsstrategische Konzept von ‚Wissenskultur' zunutze machen, wie es in den vergangenen Jahren in den philosophischen Teilprojekten des Frankfurter Sonderforschungsbereich *Wissenskultur und gesellschaftlicher Wandel* gemeinsam ausgearbeitet wurde. Dort haben wir vorgeschlagen, die klassische Arbeitsteilung von Erkenntnistheorie und Historie aufzugeben und eher die Kämpfe um die Etablierung neuer Standards für Wissen in den dazugehörigen

---

kinson (Hrsg.), *Routledge History of Philosophy, IV, Renaissance and 17th Century Rationalism*, 1993. D. Garber – M. Ayers (Hrsg.), *Die Cambridge History of 17th Century Philosophy*, Cambridge 1998, verbleibt, trotz hochkarätiger Einzelbeiträge, dem angelsächsischen Kanon von Descartes zu Locke verpflichtet und entsprechend geographisch lokal eingeengt; der Neue Überweg bietet hingegen ein viel weiter gefächertes Spektrum an Einzeldarstellungen, 320 Viten z.B., und bezieht Süd-und Osteuropa ein. Viele Beiträge hierin verzichten jedoch ausdrücklich auf die philosophische Situierung ihrer Darstellungen. Vgl. auch dazu die vorzügliche Analyse von Lüthy (2000) sowie: Dominik Perler, Ein historisch geschärfter Blick auf die Philosophie der frühen Neuzeit, in: *Philosophische Rundschau* 46 (1999), S. 43-55.

18 Mit Recht hat daher Dominik Perler den in der Philosophiegeschichtsschreibung meist fraglos zugrunde gelegten Textbegriff anhand der literarischen Form von Descartes' *Meditationes* kritisiert und zugleich grundsätzlich das allgegenwärtige historiographische Empirismus-Rationalismus-Schema in Frage gestellt. Vgl. D. Perler, Was ist ein frühneuzeitlicher philosophischer Text? Kritische Überlegungen zum Rationalismus/Empirismus-Schema, in: H. Puff – Ch. Wild (Hrsg.), *Zwischen den Disziplinen? Perspektiven der Frühneuzeitforschung*, Göttingen 2003, S. 55-80. Was für die *Meditationes* gilt, gilt, wie man in der Folge noch sehen wird, weit mehr für die anderen Schriften Descartes'. Zur Kritik des historiographischen Empirismus-Rationalismus-Modell vgl. man insbesondere auch: H.-J. Engfer, *Empirismus versus Rationalismus? Kritik eines philosophie-historischen Schemas*, Paderborn 1996.

wissenskulturellen Kontexten in den Blick zu nehmen, als die Theorien des Wissens selber. Die zentrale Idee dabei ist, Wissenskulturen als epistemische Praktiken zu bestimmen, also als Praktiken des Erzeugens, Erwerbens, Prüfens, Ordnens, Darstellens, Etablierens und Tradierens von Wissen. ‚Wissenskultur' fungiert somit als Vermittlungskonzept zwischen traditionell epistemischen Untersuchungen zum Wissen und rein kulturwissenschaftlichen oder soziologisch-gesellschaftlichen Deutungen.[19] Durch das Einbeziehen von epistemischen Praktiken sowie durch die damit einhergehende Berücksichtigung auch nicht-propositionaler Formen des Wissens wie z.B. Bilder, geht dieses Konzept auch über die in den vergangenen Jahren in der Philosophie etablierte ‚Konstellationsforschung' hinaus, da es sich nicht nur auf historische Untersuchung von Konstellationen zwischen Begriffen bzw. Denkräumen beschränkt.[20]

Das Verfahren, Wissenskulturen als epistemische Praktiken zu beschreiben, habe ich mit Blick auf Descartes daher auf zweierlei Weise an die Eigentümlichkeit seines Philosophierens anzupassen versucht. Erstens habe ich mir vorgenommen, mich nicht an den bloßen Begriffs- und Methodendefinitionen Descartes' zu orientieren, sondern zu rekonstruieren, wie Descartes seine Begriffe und Methoden konkret einsetzt, aus welchen Forschungskontexten heraus er sie entwickelt, in welche Metaphern er sie kleidet, und was sie de facto leisten. Es ist eine bekannte Einsicht Wittgensteins, daß die Bedeutung eines Begriffs sich über seine Verwendung in der Sprache erschließt.[21] In der Descartes-Forschung jedoch gibt es z.B. den merkwürdigen Brauch, daß der *Discours de la méthode*, der drei Essays einleitete, welche die in ihm skizzierte Methode in praktischer Anwendung vorführen sollten, fast immer nur isoliert interpretiert wird. Der Naturphilosophie Descartes' wird z.B. häufig auf diesem Weg pauschal ein mathematisch-deduktiver Grundzug bescheinigt, obgleich in den dazugehörigen einzelwissenschaftlichen Proben der Methode es alles andere als mathematisch-deduktiv (im heutigen Sinne) zugeht. Entsprechend ist es nicht nur möglich, sondern üblich, daß umfangreiche Abhandlungen über Descartes' ‚Naturbegriff' verfaßt werden, ohne daß auch nur eine Zeile aus denjenigen seiner Schriften zitiert wird, die sich eingehend der Erklärung von Naturphänomenen widmen.[22]

Ein gänzlich anderes Descartes-Bild ergibt sich jedoch, wie ich im Einzelnen vorführen werde (Teil II: Descartes' Experimentalphilosophie), wenn Descartes' epistemische Praktiken, seine Methoden der Wissensgenerierung und praktischer Rechtfertigung in den Vordergrund der Betrachtung rücken und wenn man diese Praktiken mit denen Harveys, Bacons

---

19 Vgl. dazu: Wolfgang Detel, Wissenskulturen und epistemische Praktiken, in: J. Fried (Hrsg.), *Wissenskulturen. Beiträge zu einem forschungsstrategischen Konzept*, Berlin 2004, S. 119-132 sowie die Sammelbände: W. Detel – A. Becker (Hrsg.), *Wissensideal und Wissenskultur bei Platon*, Stuttgart 2002; W. Detel – C. Zittel (Hrsg.), *Wissensideale und Wissenskulturen in der frühen Neuzeit*, Berlin 2002; Zittel (2002); M. Lutz-Bachmann – A. Fidora – P. Antolic (Hrsg.), *Erkenntnis und Wissenschaft / Knowledge and Science. Probleme der Epistemologie in der Philosophie des Mittelalters*, Berlin 2004.

20 Über die von Dieter Henrich angeregte ‚Konstellationsforschung' informiert der Sammelband: Martin Mulsow – Marcelo Stamm (Hrsg.), *Konstellationsforschung*, Frankfurt a.M. 2005.

21 Ludwig Wittgenstein, *Philosophische Untersuchungen*, Frankfurt 2001, § 1 u. 108.

22 Z.B. Gregor Schiemann, *Natur, Technik, Geist: Kontexte der Natur nach Aristoteles und Descartes in lebensweltlicher und subjektiver Erfahrung*, Berlin 2005. Zu den Problemen analytisch orientierter Philosophen mit der Philosophiegeschichte siehe allgemein: Tom Sorell, On Saying No to History of Philosophy, in: G.A.J. Rogers – Tom Sorell (Hrsg.), *Analytic Philosophy and History of Philosophy*, Oxford 2005, S. 43-60.

oder Gilberts vergleicht. Descartes erscheint dann so, wie er auch von seinen Zeitgenossen und noch lange im 18. Jahrhundert gesehen wurde, also nicht primär als Vertreter einer Subjektphilosophie, sondern als Autor naturphilosophischer Schriften und praktizierender Naturforscher, der mit radikalen Thesen und einer phantastischen Wirbeltheorie aufwartet und diese mit kühnen Bildern[23] und Metaphern veranschaulicht. Man nahm Descartes im 17. Jahrhundert aus guten Gründen weithin als Baconianer, Romancier und enthusiastischen Schwärmer wahr.

Mit diesen epistemischen Praktiken eng verwoben sind die bereits erwähnten ästhetischen Faktoren des Imaginierens, literarischen Gestaltens und Abbildens sowie das Stiften von bildhaften Analogien und deiktischer Bezüge, durch welche Descartes seine Philosophie organisiert. Oft verwendet dabei Descartes in seinen Texten visuelle Analogien und anschauliche Metaphern, über die Brücken zu den Abbildungen und von dort aus wieder zurück geschlagen werden. Auch diese ästhetischen Faktoren gilt es, das ist meine zweite methodische Vorgabe, nicht abstrakt zu definieren, sondern konkret in ihren jeweiligen Kontexten zu beschreiben, um erst aus der Beschreibung etwa der Bildverwendung sowie den Text-Bild-Interaktionen heraus ihre Funktion zu erhellen. Wie zu zeigen sein wird, gibt es bei Descartes auf der sprachlichen und visuellen Ebene ein wohlkalkuliertes und *expressis verbis* gefordertes Zusammenspiel von Imagination und Vernunft.

Die sich hierbei hauptsächlich ergebenden Problemstellungen sind: Schaut man nicht mit dem üblichen Tunnelblick allein in die wenigen Texte, auf denen das klassische Descartes-Bild basiert (also den *Diskurs über die Methode* und die *Meditationen*), stellt man nicht nur mit Verwunderung fest, daß die meisten seiner Texte voller Bilder sind, sondern auch, daß die Texte über weite Strecken aus Bildbeschreibungen bestehen. Man mache sich nur einmal kurz bewußt, in wie vielen Texten Descartes' sich Bilder finden. Man trifft auf sie sowohl in zahlreichen Briefen und kleineren nachgelassen Texten als auch in den Schriften: *Musicae Compendium*, *Regulae*, *La Dioptrique*, *Les Météores*, *La Géométrie*, *Le Monde*, *De l'homme*, *Principia*, *Primae Cogitationes circa animalium*, *De Mechanica*.

Descartes hat sogar weit mehr als jeder andere Philosoph der frühen Neuzeit Bilder zur Unterstützung seiner Argumentationen eingesetzt. Diese Bilder sind sonderbarerweise weitgehend unbekannt.[24] Warum also bebildert ein als Bilderfeind ebenso verehrter wie verschrieener Philosoph seine Texte? Und warum verschwindet in der Folge in der Philosophiegeschichtsschreibung die visuelle Dimension seines Denkens nahezu vollständig? Wie konnte man die seitenlangen Bildbeschreibungen übersehen oder übergehen? Was ist deren Funktion?

Offenkundig ist Descartes' intensive Beschäftigung mit Bildern für die traditionelle Descartes-Auslegung ein Ärgernis, denn die Abbildungen wurden in den meisten Editionen in

23 Unter Bildern kann man sowohl Metaphern als auch Abbildungen verstehen. Wenn ich von ‚Bildern' spreche, dann meine ich Abbildungen.

24 Bislang wurden in der Descartes-Forschung die Abbildungen sehr selten thematisiert, und mit Ausnahme eines klugen Aufsatzes von Lüthy ging die Beschäftigung nie soweit, daß konkret die Argumentationen, in denen die Abbildungen vorkommen rekonstruiert und die Bilder in ihren Kontext gedeutet worden wären. Vgl.Chr. Lüthy, Where Logical Necessity Becomes Visual Persuasion: Descartes' Clear and Distinct Illustrations, in: Ian Maclean – Sachiko Kusukawa (Hrsg.), *Transmitting Knowledge: Words, Images and Instruments in Early Modern Europe*, Oxford 2006, S. 97-133.

ihrer Anzahl reduziert, verändert oder ganz unterdrückt und in fast allen Interpretationen übergangen. Dabei handelt es sich bei diesen Bildern nicht wie zumeist bei seinen Zeitgenossen um programmatische Titelkupfer oder um einfache Diagramme, sondern Descartes versieht seine naturphilosophischen Schriften durchgehend mit raffinierten Abbildungen, die häufig sowohl diagrammatische wie mimetische Elemente zugleich aufweisen und er nimmt auf diese im Text durchweg Bezug. Die Bilder stehen bei ihm somit stets in explikatorischen Zusammenhängen, wobei sie weit über das bloße Illustrieren oder didaktische Vermitteln eines Arguments hinausgehen.

Welche Funktionen die Bilder im Einzelnen übernehmen, ist jedoch bis heute weitgehend ungeklärt und wird in dieser Arbeit erstmals und spezifisch für die jeweilige Schrift herausgearbeitet. Dabei werde ich auch versuchen zu klären, wie sich Descartes' Bildbeschreibungen zu seinen Naturbeobachtungen verhalten. Seine Bilder sind meist nicht mimetisch, dennoch werden oft sie und nicht die äußere Natur beschrieben. Auf welche Weise schieben sich die Bilder bei Descartes also zwischen die beobachtete und die erklärte Natur? Wie vermitteln sie zwischen sichtbarer, imaginierter und theoretisch explizierter Welt? Wie verhalten sich die Abbildungen zu den sprachlichen Bildern und literarischen Darstellungsformen?

Im Unterschied zu den Abbildungen bei Galilei, Hobbes, oder Leibniz, deren epistemisches Potential Horst Bredekamp[25] in den letzten Jahren erstmals erschlossen hat, kann man aufgrund der großen Anzahl der Bilder und der unterschiedlichen intensiven Text-Bild-Interaktionen bei Descartes die Bildfunktionen noch differenzierter bestimmen. Ausgerechnet Descartes' als bilderfeindlich verfemte Schriften sind daher Musterbeispiele, an denen sich die epistemologischen Funktionen von wissenschaftlichen Bildern studieren lassen. Da ich für mein Vorhaben auf keine Vorbilder zurückgreifen konnte, war daher auch ein deskriptiver Apparat für die Beschreibung der einzelnen Bildfunktionen zu entwickeln.

Descartes legt unter anderem seine Schriften als eine Schule des Sehens an. Er versucht, die Imagination des Lesers zu kontrollieren und zugleich Naturphänomene bildhaft zu konzeptualisieren, insbesondere dann, wenn er Hypothesen über die unsichtbaren Mikrostrukturen der Welt veranschaulichen will. Die Modi der Naturbeobachtung, Erfahrung und die Weisen der Erklärung werden durch die Bilder erweitert und neu konzipiert, wie genau dies vonstatten geht, werde ich anhand von Fallanalysen zu erklären versuchen. Wie sich zeigen wird, verändert und erweitert Descartes durch die Inanspruchnahme ästhetischer Modi nicht zuletzt auch sein Verständnis von Deduktion und Methode. In manchen Fällen läßt sich sogar vorführen, daß die Abbildungen die Argumentationen Descartes' nicht nur unterstützen, sondern sogar erst ermöglichen. Dadurch soll offenbar werden, auf welch krassem Reduktionismus die klassischen Descartes-Lesarten fußen. Ich verbinde damit die Hoffnung, daß auch wenn man sich über meine Interpretationen der Bildfunktionen im Einzelnen streiten wird, selbst halsstarrige Leser zukünftig nicht mehr umhin können werden, Descartes' Schriften mit anderen Augen zu betrachten.

---

25 Horst Bredekamp, *Die Fenster der Monade - Gottfried Wilhelm Leibniz' Theater der Natur und Kunst*, Berlin 2004; ders., *Galilei der Künstler - Der Mond, die Sonne, die Hand*, Berlin 2007; ders., *Thomas Hobbes' Visuelle Strategien*, Berlin 2002. Es ist bezeichnend, daß der Impuls, auch die visuelle Dimension des Philosophierens von Hobbes, Leibniz und Galilei wahrzunehmen, nicht aus der Philosophie, sondern aus der Kunstgeschichte kommt.

In einer früheren Vorstudie habe ich versucht, die Bildfunktionen bei Descartes systematisch zu typologisieren.[26] Mittlerweile bin ich zur Einsicht gekommen, daß dies letztlich nicht recht gelingen kann, da die von Descartes eingesetzten Abbildungen zu eng mit ihren jeweiligen Kontexten verwoben sind. Als ich begann, diese Bildkontexte genauer zu befragen, zeigte sich unter anderem, daß sich je nach Gegenstandsbereich der Status und die Funktion der Abbildungen ändert, also z.B. chaotische Phänomene wie die Meteore anders im Bild eingefangen werden müssen als etwa berechenbare optische Erscheinungen und daß innerhalb einer Schrift die Abbildungen auf je besondere Weise miteinander verknüpft werden. Gerade die Differenzen in der Bildverwendung erwiesen sich als signifikant. Dies erforderte eine Änderung in der Darstellungsweise, da nun die Schriften, in denen Abbildungen vorkommen, für sich betrachtet werden mußten. Im Zuge der Arbeit an dieser Untersuchung war daher auch eine von Descartes' Hauptschriften, *Les Météores*, in die Descartes-Forschung ‚einzuführen'. Diese Schrift war bislang nicht ins Deutsche übersetzt und wurde kaum je interpretiert, ist aber nun zentraler Bezugspunkt meiner Ausführungen.[27]

Die vorliegende Arbeit ist insgesamt so angelegt, daß zwar im Großen und Ganzen eine nach Periode und Themengebiet spezifizierter Durchgang durch Descartes' Schriften unter ästhetischen Vorzeichen vorgenommen wird, doch das schließt nicht aus, daß manche Fragestellung in neuem Kontext wiederauftaucht und dort aber genauer oder mit anderer Facette expliziert wird. Dadurch gibt es immer wieder Rückverweise und es kommt zu nachträglichen Differenzierungen. Was also anhand einer Einzelanalyse noch befremdlich anmuten mag, soll, wenn man am Ende alle Text- und Bilduntersuchungen zusammennimmt, durch deren wechselseitige Bestätigung und Kommentierung klar und deutlich einsichtig geworden sein. Mir ist bewußt, daß sich manche Philosophiehistorikerinnen und Philosophiehistoriker von meiner Descartes-Lesart vor den Kopf gestoßen fühlen werden, weshalb deren Absicherung durch Belegzitate massiver erfolgen mußte, als gemeinhin üblich.

Ausgehend von Descartes' ästhetischer Frühphilosophie, insbesondere von seiner Gründungslegende der neuen Wissenschaft in seinem berühmten Traumbericht, werden zunächst die rhetorischen Muster und kognitiven Ansprüche von Descartes' Metaphern und seiner frühen Traumerzählung analysiert (Teil I). Herausgearbeitet wird hierbei die zentrale Rolle der Imagination als Erkenntnisvermögen beim jungen Descartes'. Vor diesem Hintergrund können dann die Entwicklungen und Transformationen ästhetischer Konzepte in ihrer jeweiligen Funktion für die Naturphilosophie des mittleren und späten Descartes' aufgezeigt werden (Teil II). In diesem Zusammenhang wird auch das Verhältnis von Descartes' Darstellungsformen, Metaphern und Abbildungen zu seinen Erklärungen befragt und dabei dargelegt, inwiefern Descartes weiterhin an der Einbildungskraft als zentraler Erkenntnis-Kategorie festhält. Hierbei wird auch Descartes als Pionier empirischer Naturbeobachtung vorgestellt (Kap.: Schnee-Bilder). Durch einen Vergleich von Descartes' Abbildungen mit denen seiner Konkurrenten und Vorläufer (Teil III: Überlegungen zur Epistemologie des Bildes) will ich zudem zeigen, daß Descartes' Bilder innovativ sind und daß er in vielen Fällen sogar eine ganz eigene Bildsprache entwickelt, mit deren Hilfe er in die Lage versetzt wird, komplexe Naturphänomene zu erklären.

---

26 Vgl. C. Zittel, Abbilden und Überzeugen bei Descartes, in: K. Enenkel – W. Neuber (Hrsg.), *Cognition and the Book. Intersections. Yearbook for Early Modern Studies*, Leiden – Boston 2004, S. 535-601.
27 Descartes, *Les Météores / Die Meteore*.

In einem Fall wird dieser Aufbau unterbrochen: Da in Teil II, wenn ich Descartes' Experimentalphilosophie darstelle, diese sich als mit Bildern intim verschränkt erweist, gebot der sachliche Zusammenhang, die formale Ordnung der Arbeit zu verletzen und die sonst für den III. Teil reservierten Bildanalysen bereits anhand von Descartes' Schrift: *Les Météores* im Vorgriff durchzuführen.

Die Descartesforschung ist hochspezialisiert geworden und hat sich von Fragen und Problemstellungen, wie sie von der Frühneuzeitforschung in den Nachbardisziplinen diskutiert werden, weitgehend isoliert. In den Kulturwissenschaften ausgerufene ‚turns' wie cultural turn, pictorial oder iconic turn, experimental turn etc. werden in der Philosophiegeschichtsschreibung zumeist ignoriert – worüber sich die meisten Philosophen eher freuen. Die Konzentration auf Spezialfragen ist jedoch nicht nur forschungsstrategisch gefährlich, da sie den Austausch mit anderen Fächern und Forschungsansätzen erschwert, sie blockiert auch innerhalb der Philosophiegeschichtsschreibung dringend nötige Änderungen, insbesondere die Öffnung zur Wissenschaftsgeschichte und zur Bildwissenschaft, durch die sich auch die Philosophie als Teil einer allgemeiner gefaßten Wissensgeschichte begreifen lernen könnte.

Danksagung

Die vorliegende Arbeit entstand während der Zeit meiner langjährigen Mitarbeit im Frankfurter Sonderforschungsbereich 435 ‚Wissenskultur und gesellschaftlicher Wandel', dessen Mitgliedern ich für nahezu 10 Jahre konstruktiver Zusammenarbeit herzlich danke. Abgeschlossen wurde das Manuskript am Max-Planck-Institut in Florenz, ein besonderer Dank gilt daher auch den Mitstreitern unserer Florentiner Forschergruppe: ‚Das Wissende Bild' für den kritischen kunsthistorischen Blick, den sie auf meine Überlegungen zum wissenschaftlichen Bild geworfen haben.

Allen, die in den letzten Jahren mit mir meine Überlegungen zu Descartes diskutiert haben, möchte ich herzlich für ihre Kritik und Anregungen danken, namentlich: Alexander Becker, Mario Biagioli, Beate Ceranski, Heiko Damm, Wolfgang Detel, Karl Enenkel, Moritz Epple, Willem van Horn, Dana Jalobeanou, Ursula Kocher, Thomas Leinkauf, Karin Leonhard, Helmut Lethen, Christoph Lüthy, Craig Martin, Falk Müller, Kathrin Müller, Wolfgang Neuber, Alessandro Nova, Dominik Perler, Thomas Rahn, Hans-Gert Roloff, Ralph Rhenius, Hole Rössler, Brigitte Scheer, Volker Scherliess, Friedrich Steinle, Nicola Suthor, Michael Thimann, Jörg Trempler, Iris Wenderholm, Rebecca M. Wilkin, Catherine Wilson, Jean-Claude Wolf und Sina Nikolajew für das sorgfältige Einrichten des Manuskripts, vor allem aber: Sylwia Werner.

I. Teil

Mirabilis Scientiæ Fundamenta

Von der wunderbaren Wissenschaft zur Wissenschaft der Wunder (1619-1628)

1) Die Philosophie des jungen Descartes

Wie in der Einleitung skizziert, ist mit dem Namen Descartes' die Grundlegung der neuzeitlichen Wissenschaft – sei es affirmativ oder kritisch – untrennbar verknüpft. Für die einen gilt er als Wegbereiter exakter Wissenschaft, für die andern ist er der Ausgangspunkt einer einseitig szientistischen (Herrschafts-)Rationalität, welche die sinnlich-qualitative Naturanschauung der Renaissance zugunsten einer am Ideal der Mathematik orientierten Durchformalisierung der Erkenntnistheorie liquidierte. Der Siegeszug des Cartesianismus war von so durchschlagendem Erfolg, daß er bis heute das Bild der Neuzeit maßgeblich prägt. Die zumeist unter diesem Auspizium durchgeführten philosophiegeschichtlichen Rekonstruktionen beschreiben entsprechend den Anfang dieser Epoche als einen sich im Zeichen des Cartesianischen Rationalismus vollziehenden Wechsel vom ontologischen zum mentalistischen Paradigma.

So nützlich derartige Makromodelle für das Abfassen von Philosophiegeschichten sein mögen, für eine differenzierte Betrachtung der vielfach verwickelten und vielschichtigen Entwicklungsvorgänge zur Zeit der Epochenschwelle sind sie ungeeignet,[28] denn sie führen zu einer normativ am späteren Ideal orientierten und entsprechend selektierenden Darstellung,[29] durch deren groben Rost nicht nur das Frühwerk Descartes', sondern die meisten seiner Texte fallen. Der historiographische Kahlschlag, zu dem sich meist philologische Unbekümmertheit gesellt, übertüncht mit dem gewaltsamen Ausblenden historischer und begrifflicher Zusammenhänge die systematische Schwäche nicht weniger Philosophiehistoriker, sich nicht auf andere Wissenskonzeptionen einlassen zu können, die Alternativen zu den eigenen sein könnten und die eigenen Positionen relativieren würden. Anstelle einer Bereitschaft zu Fremdheitserfahrungen, die vor allem eine philosophiehistorische Forschung motivieren und rechtfertigen können, da durch sie die eigenen Mechanismen der Traditionskonstruktion durchschaubar werden, regiert die Selbstbestätigung durch Projektion des ei-

28 Daran ändern auch solche Differenzierungsversuche nicht, wie sie Herbert Schnädelbach in: Zum Verhältnis von Diskurswandel und Paradigmenwechsel in der Geschichte der Philosophie, in: ders., *Zur Rehabilitation des animal rationale*, Frankfurt 1992, S. 395, vorschlägt, der den Cartesianismus als „durch einen metaphysischen Diskurs im mentalistischen Paradigma" gekennzeichnet sieht. Vgl. auch seine allgemeine, nach dem Vorbild Thomas Kuhns entworfene Darstellung der Abfolge von Paradigmen in der Philosophiegeschichte in: Ekkehard Martens – ders. (Hrsg.), *Philosophie. Ein Grundkurs*, Reinbek 1985 (Artikel „Philosophie", Kap. 3.1), die Grobeinteilung der Philosophiegeschichte nach dem Schema: ontologisches-mentalistisches-linguistisches Paradigma hat sich fatalerweise weithin im philosophischen Sprachgebrauch eingebürgert. Vgl. auch Schnädelbach, Descartes und das Projekt der Aufklärung, in: W. Niebel – A. Horn – H. Schnädelbach (Hrsg.), *Descartes im Diskurs der Neuzeit*, Frankfurt 2000, S. 186-206, sowie K.-O. Apel, Das cartesianische Paradigma der Ersten Philosophie: Eine kritische Würdigung aus der Perspektive eines anderen (des nächsten?) Paradigmas, ebd., S. 207-229.

29 Zur Kritik an der fast ausschließlich an Descartes orientierten Wissenschaftsgeschichtsschreibung, wie sie etwa von Jürgen Mittelstraß gepflegt wird, vgl. Thomas Leinkauf, *Mundus combinatus. Studien zur Struktur der barocken Universalwissenschaft am Beispiel Athanasius Kirchers SJ (1602-1680),* Berlin 1993, S. 11, Anm. 1; S. 64, Anm. 55; S. 151, Anm. 54.; vgl. auch: Paolo Rossi, *Clavis Universalis: Arti mnemoniche e logica combinatoria da Lullo a Leibniz,* Milano 1960, Anm. 62, S. 175: „Ad una perfetta conoscenza dei testi cartesiani non corrisponde, cosi nel caso del Beck come in quello del Gouhier, una altretanto perfetta conoscenza dei testi filosofici e non filosofici circolanti nella cultura francese ed europea del primo Seicento."

genen Standpunktes in das historische Material. Unter umgekehrten Vorzeichen gilt dies auch für diejenigen Deutungsrichtungen, die dem Cartesianischen Vernunftkonzept die Gegenrechnung aufmachen und den verdrängten Theorien wieder zu ihrem Recht verhelfen wollen, da sie nur *ex negativo* das Cartesianische Modell und sich selbst in ihrer vermeintlich subversiven Position bestätigen. In ihren Augen figuriert Descartes als der große Antipode, gegen dessen „mathematischen Fundamentalismus" eine „cognitio sensitiva" als das „historisch und epistemisch Ursprünglichere" aufgewertet und eingeklagt werden muß.[30]

In den späteren Abschnitten meiner Arbeit werde ich versuchen zu zeigen, daß je nach wissenschaftlichem Gegenstandsbereich Descartes seine Methode je anders ausbuchstabiert und auch dort die schlichten Oppositionen nicht greifen. Angesichts der späteren Schriften ist vor allem der Anachronismus einer gesonderten Betrachtung von vermeintlich philosophischen und wissenschaftlichen Anteilen in Descartes' Werk der Grund für verzerrende Rekonstruktionen seines Denkens. Im Gegenzug wird es in meiner Arbeit unter anderem darum gehen, den Zusammenhang zwischen Wissenschaftspraxis und Philosophie bei Descartes aufzuzeigen. Für Descartes' Frühwerk jedoch ist vor allem dessen Verschlingung mit Überlieferungssträngen aus der magischen, mnemonischen und rhetorischen Tradition relevant. Diese besondere epistemische Konfiguration gilt es im ersten Teil dieser Arbeit herauszuarbeiten und auszudifferenzieren, damit in den späteren Teilen deutlich gemacht werden kann, wie diese Konfiguration dann durch Descartes' Experimentalpraxis und dem Einsatz von Bildern sich zu einer ästhetischen Wissenschaft entwickelt.

Im Unterschied zu undialektischen Fortschreibungen der „Dialektik der Aufklärung" kam Frances Yates im Zuge ihrer Forschungen zu den verdrängten Strängen der philosophischen Tradition zur Überzeugung, es

> „dürfte selbst der mathematische und mechanische Fortschritt, der die Weiterentwicklung des 17. Jahrhunderts ermöglichte, von hermetischen Einflüssen in der früheren Bewegung gefördert worden sein. Das Aufkommen moderner Wissenschaft sollte vielleicht als ein zweiphasiger Prozeß betrachtet werden; den ersten Abschnitt bildet die hermetische oder magische Phase der Renaissance mit ihrer Basis in einer animistischen Philosophie, den zweiten die Entwicklung der ersten oder klassischen Periode moderner Wissenschaft im siebzehnten Jahrhundert. Beide Bewegungen sollten, schlage ich vor, aufeinander bezogen untersucht werden."[31]

Yates verweist in diesem Zusammenhang auf Rossis exemplarische Arbeit: *Francesco Bacone. Dalla magia alla scienza*[32] und versucht am Übergang von Giorgis Zahlenmystik zu Mersennes Mathematikkonzeption diesen Entwicklungsgang zu verdeutlichen. Gleichwohl bleibt Descartes für sie, wie auch für viele andere verdienstvolle Apologeten unterdrückter Traditionen,[33] der Fluchtpunkt jenes radikalen Umgestaltungs- und Vereinheitli-

30 Wolfram Hogrebe, *Metaphysik und Mantik. Die Deutungsnatur des Menschen,* Frankfurt 1992, S. 62f. oder auch Manfred Pohlen – Margarethe Bautz-Holzherr, *Eine andere Aufklärung*, Frankfurt 1991, S. 404-496: „Ein psychohistorischer Exkurs zur Moderne. Die Schöpfung der modernen Mentalität. Descartes' Instaurierung des Diskurses der Moderne".

31 Frances A. Yates, *Giordano Bruno in der englischen Renaissance*, Berlin 1989, S. 99f.

32 Paolo Rossi, *Francesco Bacone. Dalla magia alla scienza*, Bari 1957.

33 Vgl. Michel Foucault, *Die Ordnung der Dinge*, Frankfurt 1974, S. 82-91; Leinkauf (1993), S. 133-136; Ernesto Grassi, *Macht des Bildes: Ohnmacht der rationalen Sprache*, Köln 1970, S. 194-196; Wilhelm

chungsprozesses der Wissensformen, an dessen Ende auch die letzten Spuren der Renaissancephilosophien getilgt sind.

Yates' wie Rossis Konzeptionen sind indes noch insofern traditionalistischen ideengeschichtlichen Fortschrittsvorstellungen verhaftet, als sie Magie und Wissenschaft nach heutigen Differenzierungskriterien historisch separieren und weiterhin eine Entwicklungsgeschichte von der Magie zur Wissenschaft unterstellen. Demgegenüber möchte ich just anhand von Descartes zeigen, daß solche Gegenüberstellungen von Magie und Wissenschaft, von *imaginatio* und *ordo*, von Sinnlichkeit und Rationalität keine adäquaten Beschreibungsmuster darstellen, um Descartes' Frühwerk differenziert zu erfassen. Notorisch werden in Rekonstruktionen von Descartes' Denken die ‚rationalen' Elemente der *Imaginatio* sowie die imaginativen Anteile der Ratio unterschätzt oder aus der Erkenntniskonzeption jeweils ganz herausgekürzt. Es wird sich jedoch bei näherer Betrachtung herausstellen, daß von Descartes in allen Phasen seines Denkens Mischformen jener kognitiven und imaginativ-konstruktiven Verfahren der Wissensgenerierung und -ordung entwickelt und eingesetzt wurden, die Yates noch fein säuberlich mal der Magie mal der Wissenschaft zuschlägt. Yates' methodischer Vorschlag, wenn man ihn im gerade erwähnten Sinne modifiziert und die Interaktionsformen von Imagination und Verstand in Blick nimmt, läßt sich nicht nur auf die Übergangsphase bis hin zu Descartes anwenden, sondern auch für die Entwicklung von Descartes' Denken selbst fruchtbar aufgreifen. Anders als im vergleichbaren Falle Bacons, sieht man sich bei Descartes allerdings der Schwierigkeit ausgesetzt, daß sein Frühwerk größtenteils verloren und das verbliebene Material zumeist entweder nur fragmentarisch oder indirekt überliefert ist. Gleichwohl kommt man, wenn man die unter teilweise so rätselhaften Titeln wie *Olympica, Parnassus, Studium bonae mentis, Physico-mathematica, Thaumantis regia* überlieferten Texte, von denen einige durch die Herausgeber unter der Bezeichnung *Cogitationes privatae* ediert wurden, zusammennimmt – und noch den Briefwechsel mit Beeckmann sowie das *Musicae compendium* hinzurechnet – auf ein ansehnliches Textkorpus.

Dennoch werden diese sehr heterogenen Texte von der Descartesforschung, gemessen jedenfalls an der gewaltigen Fülle von Interpretationen anderer seiner Werke, überaus selten herangezogen, zu wenig wollen sie sich, wie schon die Titel zeigen, in das offizielle Descartes-Bild fügen. Berühmt sind zwar die als *Olympica* überlieferten Träume Descartes', doch, wenn überhaupt,[34] werden selten mehr als einzelne Sätze daraus zitiert und diese dann meist biographisch kommentiert. Noch seltener geschieht es, daß ein Interpret angesichts ihrer wenigstens sein Befremden äußert:

Schmidt-Biggemann, *Topica universalis. Eine Modellgeschichte humanistischer und barocker Wissenschaft*, Hamburg 1983, S. 293-297; Walter Busch, Archaische Mentalität und kollektives Gedächtnis in Vicos Nuova Scienza, in: Jörg Jochen Berns – Wolfgang Neuber (Hrsg.), *Ars memorativa*, Tübingen 1993, S. 250-273, hier: S. 264 u. 272.

34 Einen durchaus üblichen Umgang mit dem Traumproblem pflegt z.B. Tom Rockmore, der hier nur seines Namens wegen anstelle anderer zitiert sei: „1619 hatte Descartes 3 Träume, die die Philosophie der Neuzeit bestimmen werden. Hier brauchen wir nicht diese Träume einzeln zu diskutieren. Es ist genug, zu beachten, daß alle drei um einen einzigen aber sehr wichtigen Traum kreisen: derjenige der perfekten Erkenntnis. Das ist der Traum, der die philosophische Debatte der Neuzeit lange bestimmt hat und meistens noch bestimmt." Tom Rockmore, Fichte, die subjektive Wende und der kartesische Traum, in: *Fichte-Studien* 9 (1997), S. 115-126, hier: S. 115.

> „Descartes wählt, bestärkt durch ein mystisches Erlebnis, den Weg des theoretischen und praktischen Rationalismus [...] Der Zusammenhang zwischen einer irrationalen, nämlich auf den Wunsch nach letzter Sicherheit beruhenden Motivation und der Entscheidung für den Rationalismus [...] mutet paradox an. Er muß aber als Tatsache zur Kenntnis genommen werden.“[35]

Röd beläßt es bei dem Konstatieren der Paradoxie, die ihm und seiner Rekonstruktion nicht weiter zum Problem, sondern gleich darauf heruntergespielt wird. Er sei daher stellvertretend für jene oben angesprochene, retrospektiv-normative Betrachtungsweise angeführt, die immer schon weiß, worauf die Deutung hinauszulaufen hat und dabei einem Denken verpflichtet bleibt, das das Verhältnis von Rationalismus und Irrationalismus nur als simple Alternative beschreiben kann.

Ich möchte mir bei meiner Untersuchung indes die Fülle an irritierenden Faktoren zunutze machen, die seitens der Frühen-Neuzeit-Forschung in den letzten Jahrzehnten zutage gefördert wurden. Denn das Aufdecken solcher Faktoren, die nicht in das sogenannte mentalistische Paradigma passen, führt nicht nur zu einem veränderten Bild der Frühen Neuzeit insgesamt, sondern erlaubt nun auch eine andere Untersuchung der Genese des Cartesianismus sowie des Denkweges Descartes', da man nun die Texte seiner Jugendzeit in ihrem wissenskulturellem Kontext verorten und neu deuten kann. Eine solche Untersuchung bietet die Chance einer Neubewertung der Texte des frühen Descartes, sie läßt diese Phase seines Denkens nun als philosophisch faßbare Position hervortreten und erlaubt, mögliche Kontinuitäten und Transformationen von Methodenkonzepten und Motiven für die späteren Werke in den Blick zu bekommen. Damit möchte sie dazu verhelfen, die Herauspräparierung der Cartesianischen Methode(n) aus denjenigen Denktraditionen transparenter zu machen, die der spätere Cartesianismus lächerlich zu machen nicht müde wurde und deren Bedeutung für die eigene Entwicklung Descartes in seiner Gründungslegende des mentalistischen Paradigmas in den ersten vier Teilen des *Discours* scheinbar verleugnete und verfälschte.

Zunächst sei ein vorläufiger Überblick und eine allgemeine Charakteristik der frühen Texte gegeben: In seinen frühen Texten unterscheidet sich Descartes, was die Gegenstände seiner Beschäftigung anbetrifft, wenig von denen der von ihm später verfemten magisch-okkulten Schriftsteller: Er hat Traumvisionen, favorisiert den Enthusiasmus und die Einbildungskraft als Erkenntnisvermögen[36] und vertritt eine kosmische Einheits- und Harmonie-Lehre[37] auf der Grundlage der antiken Elemententheorie. Zudem versucht er sich im Konstruieren von Automaten,[38] interessiert sich für illusionistische Gartenanlagen[39] und opti-

35 Wolfgang Röd, *Die Genese des Cartesianischen Rationalismus*. 3. Aufl. München 1995, S. 22. Röd versucht daraufhin den befremdlichen Eindruck der frühen Texte zu mildern, indem er darstellt, daß Descartes sich in ihnen letztlich praktischen, und somit wiederum vernünftigen Zielvorstellungen verpflichtet zeige. Daß es diese praktische Ausrichtung beim frühen Descartes gibt, ist nicht zu bestreiten, wohl aber der ihr von Röd zugesprochene primäre Status. Vgl. ähnlich auch Anthony Grafton, Descartes the Dreamer, in: ders., *Bring Out Your Dead: The Past as Revelation,* Harvard 2004, S. 246: „Paradoxically, Descartes, the preeminent modern rationalist, took dreams as the basis for his confidence in his new philosophy.“

36 AT X, S. 184, 217f.

37 AT X, S. 218.

38 AT X, S. 230-232 u. S. 241f.

39 AT X, S. 215f.

schen Illusionismus per Spiegelarrangements.[40] Er beschäftigt sich mit Agrippas Lullus-Kommentar,[41] liest in Mnemonik-Traktaten,[42] huldigt den Rosenkreuzern und verficht den Standpunkt, Wissenschaft sei hermetisch anzulegen,[43] Dabei verfolgt er traditionelle enzyklopädische Ziele[44] und stellt im Sinne der damaligen Morallehren und der zeitgenössischen Medizin psychologische Selbstbetrachtungen an.[45]

All dies sind irritierende Faktoren für eine Rekonstruktion des Frühwerks, die sich einseitig an jener später von der Philosophiehistorie propagierten „rationalistischen Wissenschaftskonzeption“[46] orientieren will, die Descartes vermeintlich nach dem Vorbild einer mathematisch-geometrischen Axiomatik entworfen habe. Aus diesen Irritationen sich ergebende Fragen wie etwa nach dem Grund, weshalb Descartes seine Entdeckung einer neuen Wissenschaft als Traumerzählung präsentiert und ob dies nicht gerade mit der herausragenden Rolle, die in den Parallelfragmenten der *imaginatio* zuerkannt wird, zusammenhängen könnte, ließen sich nach der üblichen Verfahrensweise bislang nicht sinnvoll stellen.

Die Vielfalt und Disparatheit der Beschäftigungen des jungen Descartes muß aber keineswegs Ausdruck eines ‚sorglosen Drauflosphilosophierens‘ sein[47] und die große Anzahl auch an explizit erwähnten und identifizierbaren Lektüren nicht Zeichen eines kruden Eklektizismus. Sie kennzeichnet, da man in der Frühen Neuzeit einen grundlegend anderen Quellenbegriff als heute hatte, ein für die Zeit typisches kontextuelles Argumentieren, dem man entsprechend nur beikommt, wenn man die zugehörigen Zusammenhänge, in die sich Descartes schon allein mit der jeweiligen Wahl seiner Termini selbstverständlich integriert, mit in den Blick nimmt:

> „Die Texte der Frühen Neuzeit sind als intentionale Bündel bekannter Diskurse zu verstehen, ihre jeweilige novitas und ihr jeweiliges ingenium sind theoretisch abgesichert durch poetologische und – bei Texten der Sachliteratur – teils auch epistemologische Anstrengungen. In der Hauptsache ist frühneuzeitliches Schreiben darüber hinaus kombinatorisch, indem es [...] absichtsvoll das aus den Schreib- und Denktraditionen herausgreift, was der eigenen Argumentation dienlich ist.“[48]

---

40 AT X, S. 216.

41 AT X, S. 165, Edouard Mehl, *Descartes en Allemagne. 1619-1620; le contexte allemand de l'élaboration de la science cartésienne,* Strasburg 2001.

42 AT X, S. 237.

43 AT X, S. 214f.

44 AT X, S. 184 u. 361.

45 AT X, S. 215 u. 217, z.B. „Es ist sowohl nützlich von seinen Freunden getadelt zu werden, als von seinen Feinden gelobt zu werden. Den Fremden wünschen wir Lob, den Freunden die Wahrheit.“

46 Wolfgang Röd, Die Philosophie der Neuzeit 1. Von Francis Bacon bis Spinoza (= *Geschichte der Philosophie* Bd. VII, hrsg. v. W. Röd.), München 1978, S. 53. Nicht einmal Descartes' *Geometrie* verfuhr indes axiomatisch, sein mathematisches Projekt führte ihn gerade weg von der Axiomatik zu einer modernen Geometrie, bei der es auf die Methode ankommt.

47 John A. Schuster, Descartes' *Mathesis universalis*, 1619-28, in: Stephen Gaukroger (Hrsg.), *Descartes: Philosophy, Mathematics and Physics*, Sussex 1980, S. 41-96, hier: S. 52.

48 Wolfgang Neuber, Topik und Intertextualität. Begriffshierarchie und ramistische Wissenschaft in Theodor Zwingers ‚Methodus Apodemica‘, in: Wilhelm Kühlmann – Wolfgang Neuber (Hrsg.), *Intertextualität in der Frühen Neuzeit*, Frankfurt 1994, S. 253-278, hier: S. 254.

Mir wird es folglich weder darum gehen, die Heterogenität von Descartes' frühen Texten nachträglich zu bereinigen noch darum, neue ‚Einflüsse' oder ‚Quellen' zu benennen. Vielmehr werde ich in intertextueller Analyse zu klären versuchen, ob die von Descartes verwendeten Begriffe sich wechselseitig erhellen können und dabei fragen, wie er sich mit ihnen in den zeitgenössischen Problemkonstellationen positionierte. Ich verspreche mir davon, so die Funktion von einigen der ansonsten dunkel, vage oder schillernd bleibenden Termini Descartes' klären zu können, wie etwa: Enthusiasmus, Illumination, Intuition, *imaginatio, inventio, ordo, dispositio*, Memoria, Analogik und Methode, die dann größtenteils auch noch durch sein späteres Werk geistern. Außerdem möchte ich so einige bei ihm auftauchende Grundmotive barocker Kosmologie präziser fassen können, wie: *catena rerum, catena scientarum, ordo locorum*. Transparenter werden sollen auf diese Weise insbesondere auch die wechselseitigen Bezüge und jeweiligen Differenzen zwischen der *scientia mirabilis*, der *sapientia universalis*, der *mathesis universalis*, der *ars memorativa* und der lingua universalis sowie der Status und die Funktion der Fiktionalitätsmodi, denen der junge Descartes ausgiebig seine Aufmerksamkeit geschenkt hatte, wie die des Traumes, der Fabel, der Maske und des Theaters, der katoptrischen Anamorphosen und der künstlichen Gedächtnisbilder.

Methodisch ist daher ein Perspektivenwechsel vorzunehmen. Entgegen der üblichen Vorgehensweise, das Frühwerk Descartes' retrospektiv nach Stellen zu durchforsten, die bereits Späteres ankündigen[49] und alle anderen Gedankenkreise als Fehler auf dem Weg zur richtigen Methode anzusehen, werden die weithin unbekannten Texte des frühen Descartes auf ihren möglichen Zusammenhang hin befragt, die sich so ergebende Position dargestellt und von dieser ausgehend, die späteren Schriften in den Blick genommen. Was aus der späteren Perspektive als Fehler erscheinen mag, kann sich im Lichte anderer Zielvorstellungen als ideale Lösung ausnehmen. Darüber hinaus können so, von gleichsam neuer Lichtquelle aus, Schlaglichter auf so manche Stellen fallen, die in der traditionellen Perspektive nur als dunkle Flecken wahrgenommen werden.

49 Die Ausnahmen sind: Paolo Rossi, *Clavis Universalis: Arti Della Memoria E Logica Combinatoria Da Lullo a Leibniz*, Bologna 1983; William Shea, *The Magic of Numbers and Motion: The Scientific Career of René Descartes*, Nantucket, MA, 1991; Dennis L. Sepper, Descartes and the Eclipse of Imagination. 1618-30, in: *Journal of the History of Philosophy* 27 (1989), S. 379-403; ders., *Descartes's Imagination. Proportion, Images, and the Activity of Thinking*, Berkeley 1996; ders., Descartes's Imagination: Proportion, Images, and the Activity of Thinking, in: *Archiv für Geschichte der Philosophie* 78 (1996), S. 334f.; ders., Ingenium, Memory Art, and the Unity of Imaginative Knowing in the Early Descartes, in: Stephen Voss (Hrsg.), *Essays on the Philosophy and Science of René Descartes*, New York; Oxford 1993, S. 142-61; ders., Figuring Things Out: Figurate Problem-Solving in the Early Descartes, in: Schuster – Gaukroger – Sutton (Hrsg.), *Descartes' Natural Philosophy*, Routledge 2000, S. 228-248. Sepper bleibt aber letztlich der einseitig mathematikhistorischen Sicht verpflichtet.

2) Eine Ur-Szene der Moderne[50]

„la gentilesse des fables réveille l'esprit"[51]

Große Philosophen, meint Anthony Grafton, haben nicht nur Ideen, Studenten und Kritiker, sondern auch „primal scenes."[52] Descartes entwirft in einem Rückblick auf sein früheres Leben nicht nur für seine Philosophie, sondern gleich für die ganze Moderne eine solche Ur-Szene: In Deutschland, im Winter, eingeschlossen in einer warmen Stube (enfermé dans un poêle) während draußen Krieg herrscht, allein auf sich selbst gestellt, erkennt Descartes, daß die alten Fundamente der Wissenschaft nicht verbessert werden sollen, da so nur weiteres Stückwerk angebaut werde, sondern das auf ihnen errichtete Gebäude zum Einsturz gebracht werden müsse, damit ein neuer Entwurf, klar und einheitlich, weil aus einer einzigen Hand, an dessen Stelle rücken könne.[53] Die cartesische Methode wird geboren, der richtige Gebrauch der Vernunft gegen die trügerische Erkenntnis der Sinne in Stellung gebracht, die subjektive Evidenz der Cogito-Gewissheit gefunden und die Moderne eingeläutet:

> „Endlich bemerkte ich, daß dieselben Gedanken, die wir im Wachen haben, uns auch kommen können, wenn wir schlafen, ohne daß einer davon dann wahr wäre, entschloß ich mich, mir vorzutäuschen, daß alle Dinge, die jemals in meinen Geist gekommen waren, nicht wahrer waren, als die Illusionen meiner Träume. Aber gleich darauf bemerkte ich, daß, während ich auf diese Weise denken wollte, alles sei falsch, doch notwendig ich selbst, der dies dachte, etwas sein müsse. Und ich fand, daß die Wahrheit: ‚*Ich denke, also*

---

50 Da ich die Bekanntschaft mit den frühen Texten Descartes' nicht voraussetzen kann, die im Band X der Ausgabe Adams und Tannerys (AT) nur in lateinischer oder zu geringem Anteil auch in französischer Sprache vorliegen, werde ich sie in Übersetzung ausgiebig im Zitat vorstellen. Eine französische Teil-Übersetzung der lateinischen Texte liegt mit tendenziös szientistischer Kommentierung vor in der Ausgabe: René Descartes, *Œuvres philosophiques*, hrsg. von Ferdinand Alquié, Bd. 1. Paris 1963. Es gibt auch eine englische, phantasievoll kommentierte Edition: Gregor Sebba – Richard A. Watson (Hrsg.), *The dream of Descartes*, Carbondale 1987. Textkritisch verfährt hingegen Fernand Hallyn in seiner Edition, *Les olympiques des Descartes. Études et textes*, Genève 1995, S. 29-44. In diesem Band finden sich nützliche Informationen zur Intertextualität, Entstehungs- und Rezeptionsgeschichte der *Olympica* und zwar sowohl in Hallyns Einleitung (S. 11-29) als auch in den Essays: Fernand Hallyn, Une ‚feintise', ebd., S. 91-111; Gerard Simon, Les ‚Olympica' dans le premier dix-septième siècle, ebd., S. 141-158 und Annie Bitbol-Hespériès, Les ‚Olympica' et la vocation scientifique de Descartes, ebd., S. 47-72.
Abgesehen von der in der Einleitung monierten beschränkten retrospektiven Optik in der Descartesforschung, mag es ein banaler weiterer Grund für die eklatante Unkenntnis der Texte des frühen Descartes in der deutschen Descartesforschung sein, daß es von ihnen keine brauchbare Übersetzung ins Deutsche gibt. Daran ändert auch die neue Baillet-Übersetzung Frank Schweizers nichts, denn diese verfährt erstens kriterienlos selektiv und zweitens gegenüber Descartes' Terminologie haarsträubend anachronistisch, etwa wenn in ihr bei der Beschreibung der vorhergehenden geistigen Verfassung des Träumenden statt von „Enthusiasmus" von ‚Trance' und statt von Träumen von ‚Halluzinationen' die Rede ist: Vgl. Adrien Baillet, *Das Leben des René Descartes*, übers. v. F. Schweizer, Klagenfurt 2006, S. 31.

51 *Discours*, AT VI, S. 6.

52 Grafton (2004), S. 244.

53 *Discours*, AT VI, S. 12ff. u. 30f. Eine neuere Rekonstruktion des Cartesischen Frühwerks als radikalen Neuanfang ist: Michael Gerten, *Wahrheit und Methode. Eine systematische Einführung in die cartesische Philosophie*, Hamburg 2001.

> *bin ich'*, so fest und so gesichert ist, daß die ausgefallensten Annahmen der Skeptiker sie nicht erschüttern können."[54]

Traum und absichtsvolle Täuschung sind merkwürdigerweise hier notwendige Durchgangs-Stationen auf dem Weg zur Selbstvergewisserung der Vernunft. Descartes' Einsicht ist das Resultat kontrollierter Selbsttäuschung, an deren Ende Traumwelt und Vernunft geschieden sind. Als Descartes 1637 die Umstände erzählt, die ihn seine neue Methode haben finden lassen, liegt das von ihm geschilderte Ereignis 18 Jahre zurück. Grafton vertraut (wie viele andere) der Schilderung aus dem *Discours de la méthode,* die zu den meist zitierten Gründungslegenden der neuzeitlichen Philosophie gehört. . Doch warum verschweigt Descartes, was genau er geträumt hatte? Entsprachen überhaupt die Einsichten, die er im *discours* darstellt, jenen, zu denen er anläßlich der Träume in seiner Jugend gelangte? Und falls nicht, warum verleugnet und verfälscht er die Anfänge seines Denkens? Oder umgekehrt gefragt: Wie wird sich unsere Lektüre der späteren Texte Descartes' verändern, wenn wir sie im Lichte der ästhetischen Frühphilosophie interpretieren können?

3) Von den Träumen der Vernunft. Traum, Einbildungskraft und Erkenntnis beim jungen Descartes

> „Aber jetzt endlich wollte er auf Erklärungen zurückgreifen, die er der Philosophie entnahm, und indem er die Augen öffnete und schloß und die Dinge die sich ihm darboten auf ihre Beschaffenheit hin beobachtete, zog er für seine Erkenntnis günstige Schlüsse."
>
> „Mais en cette dernière occasion il voulut recourir à des raisons prises de la philosophie: et il en tira des conclusions favorables pour son esprit, après avoir observé en ouvrant, puis en fermant les yeux alternativement, la qualité des espèces qui lui étoient représentées." (Descartes, *Olympica*).

Die prägnanteste Version, mit welcher der junge Descartes jenes für ihn so bedeutsame Ereignis seiner Träume kommentierte, das ihm in der Nacht nach dem Tage, als er die Fundamente einer „wunderbaren Wissenschaft" zu entdecken begonnen hatte, widerfahren war, lautet so:

> „Am 10. November 1619, als ich voll von Enthusiasmus war, und im Begriff war, die Fundamente einer wunderbaren Wissenschaft zu entdecken."
>
> „X. Novembris 1619, cum plenus forem enthusiasmo, & mirabilis scientiae fundamenta reperirem."[55]

---

54 *Discours*, AT VI, S. 32. „Et enfin, considérant que toutes les mêmes pensées, que nous avons étant éveillés, nous peuvent aussi venir, quand nous dormons, sans qu'il y en ait aucune, pour lors, qui soit vraie, je me résolus de feindre que toutes les choses qui m'étaient jamais entrées en l'esprit n'étaient non plus vraies que les illusions de mes songes. Mais, aussitôt après, je pris garde que, pendant que je voulais ainsi penser que tout était faux, il fallait nécessairement que moi, qui le pensais, fusse quelque chose. Et remarquant que cette vérité: *je pense, donc je suis,* était si ferme et si assurée, que toutes les plus extravagantes suppositions des sceptiques n'étaient pas capables de l'ébranler, je jugeai que je pouvais la recevoir, sans scrupule, pour le premier principe de la philosophie que je cherchais."

Viel Scharfsinn wurde seither aufgewendet, um zu klären, was unter dieser „wunderbaren Wissenschaft" zu verstehen sei; gemeinhin geht man davon aus, Descartes sei hier eine erste Idee einer Universalmathematik gekommen. Demgegenüber soll im folgenden gezeigt werden, daß die *scientia mirabilis* zusammen mit der *sapientia universalis* der *Regulae* auszulegen ist, da sich diese beiden Philosopheme wechselseitig zu erläutern vermögen. Zugleich treten dabei mannigfache Verbindungen zu den damals zeitgleich vorherrschenden Wissensformen- und Idealen, insbesondere zu den Traumlehren, der Magie und den Konzeptionen der *ars memorativa*, zutage, die die ästhetische Dimension der frühen Wissenskonzeptionen Descartes' sichtbar werden lassen. Zunächst aber muß der Traumtext selbst betrachtet werden. Dessen lateinisches Original lag Baillet noch vor, der den Inhalt von Descartes' *Olympica* auf französisch wiedergibt, teils indirekt, teils offenbar wörtlich zitierend. Baillet[56] berichtet:

> „Er [Descartes] wurde so müde, daß das Feuer sein Gehirn ergriff und er in eine Art Enthusiasmus fiel, der seinen schon ermatteten Geist auf diese Weise in eine Verfassung brachte [disposa], die ihn dazu befähigte, die Eindrücke der Träume und der Visionen zu empfangen.[57]
>
> Er läßt uns wissen, daß, als er sich am 10. Nov. 1619, noch ganz erfüllt von seinem Enthusiasmus [tout rempli de son enthousiasme], schlafen legte und ganz mit dem Gedanken beschäftigt war, an diesem Tag die Fundamente einer wunderbaren Wissenschaft [les fondemens de la science admirable] gefunden zu haben, er in dieser einen Nacht drei aufeinanderfolgende Träume hatte, von denen er sich vorstellte [s'imagina], daß sie ihm nicht anders als von oben gekommen sein konnten.
>
> Nachdem er eingeschlafen war, fühlte er seine Einbildungsgkraft durch das Erscheinen einiger Phantome, die sich ihm zeigten, in Schrecken versetzt [son imagination se sentit frappée de la représentation de quelques fantômes qui se présentèrent à lui], und die ihn in der Weise entsetzten, daß er, während er durch die Straßen zu gehen glaubte, gezwungen war, sich auf die linke Seite niederzubeugen, um an den Ort zu gelangen, wohin er zu gehen beabsichtigte, denn er fühlte an der rechten Seite eine große Schwäche und konnte sich nicht aufrecht halten. Beschämt, auf diese Weise gehen zu müssen, machte er eine Anstrengung, um sich aufzurichten, doch da fühlte er einen heftigen Wind. Wie ein Wirbelsturm packte ihn der Wind, so daß er sich drei-viermal auf seinem linken Fuß im Kreise herumdrehte. Das war es eigentlich noch nicht, was ihn erschreckte. So schwierig war es vorwärtszukommen, daß er bei jedem Schritt glaubte hinzufallen. Endlich bemerkte er auf seinem Weg ein Collegium [collège], das offen stand, und er trat ein, um dort Zuflucht und Abhilfe für sein Übel zu finden. Er versuchte die Kirche des Collegiums zu erreichen, und sein erster Gedanke war, ein Gebet zu verrichten, aber er bemerkte, daß er an einem Bekannten vorbeigegangen war, ohne ihn zu grüßen, und wollte wieder umkehren, um sich gegen ihn höflich zu zeigen. Doch er wurde von dem Wind, der in die Richtung, wo sich die Kirche befand, wehte, mit Gewalt zurückgestoßen. Im selben Augen-

---

55 AT X, S. 179.

56 Zu Deutungsproblemen, die aufgrund Baillets indirekter Überlieferung und seiner Übersetzung entstehen, siehe: Gabriel Moyal, La traduction et ses interpretations: les songes de Descartes, *Texte* 4 (1985), S. 161-176.

57 „Il le fatigua de telle sorte que le feu lui prît au cerveau, et qu'il tomba dans une espéce d'enthousiasme, qui disposa de telle maniére son esprit déja abatu, qu'il le mit en état de reçevoir les impressions des songes et des visions."

blick sah er inmitten des Schulhofes wiederum einen anderen Mann, dieser rief Descartes höflich und zuvorkommend beim Namen und sagte ihm, daß wenn er Herrn N. aufsuchen wolle, er ihm etwas mitzugeben hätte. Descartes glaubte, daß es eine Melone war, die man aus irgendeinem exotischen Land gebracht hatte. Doch wie groß war sein Erstaunen, als er sah, daß die Leute, die sich mit diesem Mann um ihn versammelt hatten, um miteinander zu plaudern, aufrecht und fest auf ihren Füßen stehen konnten, mußte er doch an demselben Ort immer gekrümmt und schwankend gehen, obgleich der Wind, der ihn schon mehrmals umzuwerfen drohte, sehr nachgelassen hatte.

Er erwachte bei dieser Vorstellung [imagination] und fühlte im selben Augenblick einen wirklichen Schmerz und befürchtete, dies könnte das Werk einiger böser Geister [mauvais génie] gewesen sein, die ihn verführen wollten. Sogleich drehte er sich auf die rechte Seite, denn auf der linken Seite war er eingeschlafen und hatte jenen Traum gehabt. Er betete zu Gott und flehte, er solle ihn vor den bösen Wirkungen seines Traumes schützen und ihn vor allem Unglück, das ihm als Strafe für seine Sünden drohen könnte, bewahren. Er sah ein, daß seine Sünden schwer genug waren, um den Blitz des Himmels auf sein Haupt zu ziehen, obgleich er bis jetzt in den Augen der Menschen ein makelloses Leben geführt hatte.

In dieser Situation schlief er, nachdem er zwei Stunden lang über das Gute und Böse dieser Welt mancherlei Gedanken gehabt hatte, wieder ein. Alsbald kam ihm ein neuer Traum, in welchem er einen durchdringenden, krachenden Lärm zu hören glaubte, den er für einen Donnerschlag hielt. Der Schrecken, den er davon bekam, weckte ihn im selben Augenblick; und als er die Augen öffnete, bemerkte er im Zimmer viele Feuerfunken. Schon öfters war ihm dies zu anderen Zeiten widerfahren, und es war für ihn nichts Außergewöhnliches, mitten in der Nacht zu erwachen und Sehkraft genug im Auge zu haben, um die nächsten Gegenstände wahrzunehmen. Aber jetzt endlich wollte er auf Erklärungen zurückgreifen, die er der Philosophie entnahm, und indem er die Augen öffnete und schloß und die Dinge, die sich ihm darboten, auf ihre Beschaffenheit hin betrachtete, zog er für seine Erkenntnis günstige Schlüsse. So schwand sein Schrecken, und ganz beruhigt schlief er wieder ein.

Bald darauf hatte er einen dritten Traum, der nicht so schrecklich wie die beiden anderen war. In diesem Traum fand er auf seinem Tisch ein Buch, ohne zu wissen, wer es dorthin gelegt hatte. Er schlug es auf, und als er sah, daß es ein *Lexikon* [Dictionnaire] war, war er darüber hocherfreut; denn er hoffte, daß es ihm sehr nützlich sein könnte. Im selben Augenblick fand sich ein anderes Buch unter seiner Hand, und auch dies war ihm unbekannt, und er wußte nicht, woher er es hatte. Er sah, daß es eine Sammlung von Gedichten verschiedener Autoren war, betitelt *Corpus poetarum & c.,* [am Rand: eingeteilt in 5 Bücher, gedruckt in Lyon und Genf usw.]. Er war neugierig [il eut la curiosité] einiges in diesem Buch zu lesen, und beim Öffnen des Buches fiel sein Blick auf den Vers:

Quod vitae sectabor iter? & c.

Im selben Augenblick bemerkte er einen Mann, den er nicht kannte und der ihm ein Gedicht überreichte, das mit *Est et Non* anfing, und ihm dieses als ein ausgezeichnetes Stück rühmte. Descartes sagte ihm, daß er das Gedicht kenne, es sei eine der Idyllen des Ausonius, und diese Idylle sei in der großen Gedichtsammlung enthalten (*sic*), die auf seinem Tische liege. Er wollte sie selbst dem Mann zeigen und fing an, in dem Buch zu blättern, dessen Ordnung und Einteilung [l'ordre & oeconomie] er genau zu kennen sich rühmte. Während er die Stelle suchte, fragte ihn der Mann, woher er das Buch habe, und Descartes antwortete ihm, daß er ihm nicht sagen könne, auf welche Weise er es bekommen habe; aber einen Augenblick vorher hätte er noch ein anderes Buch in der Hand gehabt, daß soeben verschwunden sei, ohne daß er wüßte, wer es ihm gebracht, noch wer es ihm genommen habe. Er hatte noch nicht zu Ende gesprochen, da sah er am anderen Ende des Tisches das Buch wieder zum Vorschein kommen. Aber er stellte fest, daß dieses *Lexikon* [dictionnaire] nicht mehr vollständig war, wie er es vorher gesehen hatte. Inzwischen fand er die Gedichte des Ausonius in der Dichteranthologie, die er durchblätterte, doch das Gedicht, das mit *Est et Non* anfängt, konnte er nicht finden, und er sagte zu dem Mann, daß er ein viel schöneres Gedicht als dieses von demselben Dichter kenne, welches mit *Quod vitae sectabor iter* anfange. Der Mann bat ihn, ihm dieses Gedicht zu zeigen, und Descartes machte sich daran, es zu suchen, da fand er in dem Buch verschiedene kleine in Kupfer gestochene Porträts [divers petits portraits gravez en taille douce]. Daraufhin sagte er, daß dieses Buch sehr schön sei, doch es sei nicht derselbe Druck, den er kenne. Er war noch bei dieser Beschäftigung, als die Bücher und der Mann verschwanden und in seiner Vorstellung [imagination] erloschen, ohne daß er deshalb erwachte. Bemerkenswert muß es erscheinen, daß, während er noch im Zweifel war, ob das, was er soeben gesehen hatte, Traum oder Vision [songe ou vision] sei, er nicht nur im Schlaf entschied, daß es ein Traum war, sondern noch ehe der Schlaf ihn verließ, die Auslegung [interprétation] des Traums vornahm. Er urteilte [jugea], das *Lexikon* hätte nichts anderes zu bedeuten als den Zusammenhang aller Wissenschaften [les Sciences ramassées ensemble], und daß die Gedichtsammlung, die Corpus poetarum betitelt war, insbesondere und auf deutlichere Weise [d'une manière plus distincte] die innige Verbindung der Philosophie mit der Weisheit bezeichnete. Denn er glaubte, daß man nicht darüber erstaunt sein solle, wenn man bei Dichtern und selbst bei solchen, die nur Albernheiten treiben, viel ernstere, vernünftigere und besser ausgedrückte Gedanken findet, als in den Schriften der Philosophen. Er schrieb dieses Wunder der Göttlichkeit des Enthusiasmus und der Kraft der Imagination zu, die die Samen der Weisheit [les semences de la sagesse] (die sich im Geist eines jeden Menschen finden wie die Feuerfunken in Kieselsteinen) sehr viel leichter und sehr viel leuchtender hervortreten lassen, als es die Vernunft der Philosophen vermag [avec beaucoup plus de facilité et beaucoup plus de brillant même, que ne peut faire la raison dans les philosophes]. Während Descartes fortfuhr, seinen Traum im Schlaf auszulegen, nahm er an, daß das Gedicht über die Ungewißheit, welche Art zu leben man wählen solle, das mit den Worten *Quod vitae sectabor iter* anfängt, den guten Rat einer weisen Person oder die Moraltheologie selbst bedeute.

Noch ungewiß, ob er träume oder meditiere, erwachte er ohne jede Emotion und setzte mit geöffneten Augen die Auslegung seines Traumes und Gedankenganges fort. Die in der Gedichtsammlung vereinten Dichter verstand er als die Offenbarung [Révelation] und den Enthusiasmus, durch welche er nicht ohne Hoffnung war, sich selbst ausgezeichnet zu sehen. Das Stück *Est et Non*, welches das *Ja und Nein* des Pythagoras ist, begriff er als die Wahrheit und den Irrtum der menschlichen Kenntnisse und profanen Wissenschaften. Als er sah, daß die Anwendung all dieser Dinge so gut nach seinem Wunsch gelang, wagte er sich dazu zu überzeugen, daß es der Geist der Wahrheit gewesen sei, der ihm die Schatzkammern [trésors] aller Wissenschaften durch diesen Traum öffnen wollte. Und da er nur noch die kleinen Kupferstichporträts erklären mußte, die er in im zweiten Buch gefunden hatte, suchte er deren Erklärung nicht mehr, nachdem ihn am darauffolgenden Tag ein italienischer Maler besucht hatte.

Dieser letzte Traum, der nichts als Süßes und Angenehmes enthielt, bezeichnete ihm zufolge die Zukunft und daß für den Rest seines Lebens nichts anderes auf ihn zukommen werde. Aber die ersten beiden Träume nahm er als bedrohliche Warnungen, die sich auf sein bisheriges Leben bezögen, in welchem er auch nicht unschuldig vor Gott und den Menschen gewesen war. Und er glaubte, daß dies der Grund dafür war, daß Schrecken und Furcht diese zwei Träume begleiteten. Die Melone, die man ihm im ersten Traum schenken wollte, bedeute, sagte er, die Zauber der Einsamkeit, aber dargeboten (présentez) von den rein menschlichen Bemühungen (sollicitations). Der Wind, der ihn gegen die Kirche des Collegiums wehte, als er eine Schwäche an der rechten Seite fühlte, war nichts anderes als der böse Geist [le mauvais Génie], welcher ihn mit Gewalt an einen Ort zu werfen versuchte, wohin freiwillig zu gehen seine Absicht gewesen war. [am Rand: Vom bösen Geist wurde ich gegen die Kirche getrieben] Darum ließ es Gott nicht zu, daß er länger vorrückte und daß er sich, ausgerechnet an einem heiligen Ort, von einem Geist mitnehmen ließ, den er [Gott] nicht geschickt hatte: obgleich er [Descartes] zutiefst überzeugt gewesen war, daß es der göttliche Geist war, der ihn die ersten Schritte in Richtung dieser Kirche hatte machen lassen. Der Schrecken, der ihm im zweiten Traum versetzt wurde, zeigte ihm zufolge seine Gewissensbisse an, das heißt seine Gewissensbisse rührten an den Sünden, die er sich im Verlauf seines bisherigen Lebens hatte zuschulden kommen lassen. Der Donner, dessen Schlag er hörte, war das Zeichen [signal] des Geistes der Wahrheit, der auf ihn herabkam, um von ihm Besitz zu ergreifen.

Diese letzte Imagination [imagination] verdankte sicherlich einiges dem Enthusiasmus, und sie bringt uns dahin, bereitwillig zu glauben, daß M. Descartes bevor er zu Bett ging, getrunken hatte. Tatsächlich war gerade Sankt-Martins-Nacht, ein Abend, an dem es an dem Ort, wo er sich aufhielt, wie in Frankreich Brauch ist, Ausschweifungen zu begehen. Aber er hat uns versichert, er habe den Abend und den ganzen Tag zuvor in einer großen Nüchternheit [sobriété] verbracht und daß er drei volle Monate keinen Wein mehr getrunken habe. Er fügte hinzu, daß der [nicht- menschliche] Geist [Génie], der seinen Enthusiasmus erregt hatte, als er sein erhitztes Gehirn fühlte, ihm schon seit einigen Tagen vor dem Schlafengehen diese Träume angekündigt hatte, und daß der menschliche Geist [esprit] daran keinen Anteil habe.

Wie dem auch sei, der Eindruck, der ihm von diesen Aufregungen verblieb, veranlaßte ihn am Tag darauf zu verschiedenen Betrachtungen darüber, welchen Weg er nehmen werde. Die peinliche Lage, in der er sich wiedergefunden hatte, hatte ihn zu einer Rückkehr zu Gott gebracht, durch das Beten wurde er von Ihm mit seinem Willen bekannt gemacht, daß Er ihn aufklären [éclairer] und in der Suche nach Wahrheit führen wolle. Er wendete sich sogleich an die heilige Jungfrau, um ihr diese Sache nahezulegen, welche er für die Bedeutendste seines Lebens ansah. Und um das Wohlwollen der Gottesmutter schneller zu erhalten, nutzte er die Gelegenheit eines für in wenigen Tagen vorgesehenen Italienaufenthaltes, und gelobte eine Pilgerfahrt zur Madonna von Loreto. Sein Eifer ging noch weiter, und er versprach, daß wenn er in Venedig sein werde, er von da den Landweg nehmen werde, um die Pilgerreise zu Fuß bis nach Loreto zu machen. Für den Fall, daß seine Kräfte für diese Mühen nicht ausreichten, würde er wenigstens von den frömmsten und bescheidensten äußerlichen Hilfsmitteln Gebrauch machen, die ihm möglich seien, um sein Gelübde zu erfüllen.

Sein Enthusiasmus verließ ihn wenige Tage darauf, und obwohl sein Geist seine gewöhnliche Ausgeglichenheit wiedererlangte und er zu seiner früheren Ruhe zurückfand, wurde er nicht entschiedener bei den Entschlüssen, die er zu treffen hatte [...]".[58]

58 *Olympica*, AT X, S. 180-187. Adrien Baillet, *La Vie de Monsieur Descartes*, Paris 1691, Bd. 1, S. 81-86.

Es ist unwichtig zu wissen, ob Descartes diese Träume wirklich hatte oder ob sie fiktiv sind. Für die hier verfolgte Fragestellung ist nur entscheidend, ob sich zum einen feststellen läßt, daß Descartes bei ihrer Niederschrift Darstellungs- und Ordnungsprinzipien beachtete, die seine Vertrautheit mit der Traumliteratur der Tradition belegen können, denn daraufhin ließe sich auch nach der Funktion dieser Prinzipien fragen. Zum andern gilt es die Rolle der Einbildungskraft bei der Ausbildung von Descartes' ersten philosophischen Konzeptionen zu

---

Für die Übersetzung der 3 Träume konsultierte ich: Ignaz Jezower, *Das Buch der Träume*, Berlin 1928, S. 90-94. Jezowers Übertragung ins Deutsche folge ich sehr frei, sie war teilweise erheblich zu korrigieren und um die Einleitungspassage und den ganzen Schlußteil zu ergänzen.
Weitere Literatur zu den Träumen Descartes': Georges Poulet, Le songe de Descartes, in: ders., *Études sur les temps humain*, Paris 1950, Bd. 1, S. 16-47; Paul Arnold, Les „songes" de Descartes, in: *Cahiers du sud* 39 (1952), S. 274-291; Jacques Barchilon, Les songes de Descartes du 10 novembre 1619, et leurs interpretations, in: *Papers on French 17th century literature* 11 (1984). S. 99-113; Jean-Marie Wagner, Esquisse du cadre divinatoire des songes de Descartes, in: *Baroque: revue internationale* 6 (1976), S. 81-95. Alice Browne, Descartes' Dreams, in: *Journal of the Warburg and Courtauld Institutes* XL (1977), S. 256-273; Jean Luc Marion, Les trois songes ou l'éveil du philosophe, in: Jean-Luc Marion (Hrsg.), *La passion de la raison. Hommage à Ferdinand Alquié*, Paris 1982, S. 55-78. Sehr zurückhaltend äußert sich Sigmund Freud, Brief an Maxime Leroy über einen Traum des Cartesius, in: Sigmund Freud, *Gesammelte Werke*, hrsg. von Anna Freud, 4. Aufl., Frankfurt 1968, Band XIV, S. 558-560, der die Träume aber immerhin als „Träume von oben" charakterisiert; um so hemmungsloser aus freudianischer Perspektive verfahren dann: Stephen A. Schönberger, A Dream of Descartes. Reflections on the Unconscious Determinants of the science, in: *The International Journal of Psychoanalysis*, Bd. 20 (1939), S. 43-57 und J.O. Wisdom, Three dreams of Descartes, in: *The International Journal of Psychoanalysis* Vol. 28 (1947), Teil I, S. 11-18. Aus der Schule C.G. Jungs gingen hervor die Deutungen von Marie-Luise von Franz, Der Traum des Descartes, in: *Zeitlose Dokumente der Seele. Studien aus dem C. G. Jung-Institut*. Zürich 1952, S. 51-119 (auch darin die Übersetzung Jezowers sowie zusätzlich die Übertragung der Ausonius-Idyllen) und J. Rittmeister, Die mystische Krise des jungen Descartes, in: *Zeitschrift für psychosomatische Medizin und Psychoanalyse* XV (1969). Ausschließlich auf Descartes' erst später entwickelte Theorie der Ätherwirbel hin interpretiert auf eklatant anachronistische Weise die Träume: Heinrich Quiring, Der Traum des Descartes. Eine Verschlüsselung seiner Kosmologie, seiner Methodik und der Grundlage seiner Philosophie, in: *Kantstudien* 46 (1954/55), S. 135f. Sophie Jama hingegen schlägt eine ethnologische Deutung vor und verortet Descartes' Traumerzählung im Kontext von traumorientierten Initiationsriten, wodurch Descartes im Lichte des „wilden Denkens" interpretiert wird und eine Position zwischen Volks- und Gelehrtenkultur zugewiesen bekommt. Vgl. Sophie Jama, *La nuit de songes de René Descartes*, Paris, 1998. Die ausführlichste Darstellung und Kritik bisheriger Deutungen liefert die gleichwohl ihrerseits aufgrund ihres Biographismus unbefriedigende Studie (alle Traumgehalte werden auf Descartes' Beziehung zu Beekman bezogen) von John R. Cole, *The Olympian Dreams and Youthfull Rebellion of René Descartes*, Illinois 1992. Offener für die Zeitkontexte ist das kenntnisreiche Buch von Shea (1991). Auf den wichtigen theatralischen Grundzug von Descartes' Träumen geht in mehreren Anläufen Jean-Pierre Cavaillé ein, zuletzt mit seinem Aufsatz: „Veillé-je ou si je dors?", une question sceptique, entre théâtre et philosophie, in: N. Dauvois – J.-P. Grosperrin (Hrsg.), *Songes et songeurs (XIIIe-XVIIIe)*, Paris 2003, S. 113-128. Darauf komme ich noch zurück. Genannt, aber zugleich heruntergespielt werden insbesondere die möglichen Parallelen zur Traumliteratur der Rosenkreuzer im Standardwerk zu Descartes von Stephen Gaukroger, *Descartes. An intellectual biography*, Oxford 1995, S. 104-111. Als exemplarisch in seinen Bemühungen zur Verniedlichung der Träume kann auch der Aufsatz gelten von Michael Keevak, Descartes's Dreams and Their Address for Philosophy, in: *Journal of the History of Ideas* (1992), S. 373-396. Keevak interessiert sich primär dafür, unter welchen biographischen Umständen Descartes träumte und was die Melone im Traum bedeutet. Groteskerweise fokussiert sich ein Großteil der Literatur zu Descartes Traum auf diese Melone, als ob man mit einfacher Symboldeutung den Gehalt einer durchkomponierten Traumerzählung erfassen könnte. Richard Kennington, Descartes's ‚Olympica', in: *Social Research* 28 (1961), S. 171–204 interpretiert z.B. die Melone, weil sie dem durstigen Descartes erscheine, als Gegenmittel gegen die galensche Medizin der Passionen.

taxieren. Diese allgemeineren Zusammenhänge sollen zunächst nur skizziert und in den späteren Kapiteln durch die Betrachtung einzelner inhaltlicher und methodischer Bezüge im Kontext des Frühwerks systematischer ausgeführt werden. Bei der Klassifizierung der Träume stütze ich mich auf die einschlägigen Arbeiten Haubrichs' und Rahns,[59] einzelne Bezüge zu Traumbüchern fand ich aufgeführt in der Untersuchung Alice Brownes.

Traditionellerweise wurden Träume und Visionen gleichermaßen einem *excessus mentis* grundlegend zugeordnet. Deutlich erkennbar wird so zu Beginn der Traumerzählung auch Descartes' Zustand charakterisiert. Im späteren Verlauf nimmt Descartes selbst eine weitere Klassifizierung vor, als er entscheidet, daß er gegenwärtig nicht Visionen, sondern Träume empfängt. Wenn er sich danach sogleich an deren Auslegung macht, handelt er ganz konsequent, denn er zeigt auf diese Weise an, daß er hiermit der traditionellen Unterscheidung zwischen allegorisch verschlüsselten, der Interpretation bedürfendem Traum und klarer Vision Rechnung trägt.[60] Diese Träume sind nach Haubrich so zu definieren: „die eigentlichen somnia, das sind Symbolträume, welche die Wirklichkeit in Figuren verhüllen und ihre Deutung nur der kundigen Interpretation preisgeben."[61]
Dem entsprechen Descartes Träume' schon auf den ersten Blick, die nähere Betrachtung wird dies später weiter bekräftigen. In Übereinstimmung mit den Traumlehren wird bei Descartes die *imaginatio* als Realisierungsort der jeweiligen Trauminszenierungen genannt. Die *imaginatio* unterliegt jedoch vielerlei Einflüssen, so daß eine genaue Scheidung zwischen den jeweils in Frage kommenden Verursachern entscheidend für die Qualifizierung des Traumes ist. Je nachdem, auf welche Ursachen der Traum zurückgeführt werden konnte, unterschied man funktional zwischen natürlichen, d.h. körperlich oder psychisch hervorgerufenen, weissagenden, teuflischen und göttlichen Träumen. Descartes hat in seinen Traumtext eine Fülle von Hinweisen eingefügt, die jeweils indizieren, um welches der Traumgenera es sich handeln soll. Natürliche Stimulantien vermutet er als Ursache für den ersten schrecklichen Traum und schließt diese für die folgenden Träume aus, indem er die Schlafposition wechselt; überdies versichert er nachträglich, er habe sich in der Zeit zuvor einer asketischen Lebensweise befleißigt, womit er den Forderungen der Mantik nachkommt, möglichst auf diese Weise ein Übergewicht körperlich verursachter Bilder auszuschließen, bzw. die Gefahr einer Vermischung der Bilder zu verringern.[62] Im ersten Traum wird die Anfechtung durch Dämonen geschildert und später explizit auch so gedeutet, er ist somit ein teuflischer Traum, der zur Warnung dient. Er schließt nicht nur *ex negativo* für den letzten Traum die teuflische Ursache aus, er fungiert auch als erste Bewährungsprobe, die mit dem Begreifen der Warnung und der Hinwendung zu Gott bestanden ist und eine wohl kompo-

59 Wolfgang Haubrichs, Offenbarung und Allegorese. Formen und Funktionen von Vision und Traum in frühen Legenden, in: Walter Haug (Hrsg.), *Formen und Funktionen der Allegorie*, Stuttgart 1979, S. 243-264; Thomas Rahn, Traum und Gedächtnis. Memoriale Affizierungspotentiale und Ordnungsgrade der Traumgenera in der Frühen Neuzeit, in: Berns – Neuber (Hrsg.), *Ars memorativa*, S. 331-350.

60 Vgl. Browne (1977), S. 267: „Since the response to deciding it is a *songe* is not to devalue it in any way, but to interpret it, these words should be read as technical terms." Im Gegensatz dazu befindet Marion (1983), S. 264: „Descartes ravale d'abord ses rêves du rang de visions au rang de songes."

61 Haubrichs (1979), S. 245: „Die Wirklichkeit in Figuren verhüllen" ist eine glückliche Formulierung. Ich werde später zeigen, daß Descartes' naturphilosophisches Programm darin bestehen wird, die Wirklichkeit nicht mehr in Figuren zu verhüllen, sondern in Figuren zu zerlegen und dann zu erklären.

62 Vgl. Rahn (1993), S. 336.

nierte Steigerung einleitet, welche die Bedeutung des dritten Traumes weiter herausstreicht. Zudem läßt sich bei der Abfolge der Träume deutlich erkennen, daß einhergehend mit ihrer wachsenden Bedeutung auch ihr Ordnungsgrad sukzessiv zunimmt, was wiederum das Achtergewicht verstärkt. Bedeutsamkeit und Ordnungsgrad stehen bei den Träumen zueinander in proportionalem Verhältnis. Träume mit Ordnungsstruktur sind entweder von göttlicher oder mantischer Art, teuflische und natürliche Träume verursachen ungeordnete Bildfolgen. Dies ist auch für das Verständnis der besonderen Vermittlungsleistungen des Mediums Traum von Belang. So hat Thomas Rahn darauf aufmerksam gemacht, daß es zwischen den Ordnungsprinzipien der Träume und der Mnemonik Zusammenhänge gibt.[63] Die Träume bedienen sich einprägungsfördernder Ordnungsmomente. Auch bei Descartes' Träumen fällt auf, daß sie jeweils in sich und untereinander sowohl inhaltlich als auch sinnbildlich kohärent sind. Die Motive und Handlungssequenzen werden deutlich aneinandergereiht und ihr Zusammenhang gewahrt; simultane Überblendungen kommen nicht vor. Die einzelnen Träume werden klar voneinander durch eingeschaltete Wachzustände abgesetzt und dadurch leicht faßbar gemacht. Die Ordnung innerhalb des Traumes zeigt somit keineswegs den Einbruch der neuzeitlichen rationalistischen Herrschaftskonzeption an, sondern dient gerade der Auszeichnung und optimalen Vermittlung mantischer Botschaften. Als mnemotechnisch relevant kann daneben der Einsatz von außergewöhnlichen Bilderfindungen mit hohem Affizierungspotential auch für Descartes' Träume beobachtet werden. Rahn erläutert diese Gedächtnistechnik bezeichnenderweise unter Rekurs auf den beim späteren Descartes prominenten Terminus der *admiratio*.[64]

3.1) Kurzer Exkurs zur *admiratio*

Der Begriff der *admiratio* ist Terminus bei Descartes, er bezeichnet sowohl das Erstaunen als auch das Verwundern und ist dabei durchaus ambivalent: Zum einen, da wie z.B. *in Les Météores*, das Erstaunen negativ bewertet wird, weil es eine Ignoranz gegenüber den wahren Ursachen eines Phänomens zum Ausdruck bringt, zum anderen aber auch positiv, da der Zustand der Verwunderung auch erkenntnisfördernd sein kann, insofern die Aufmerksamkeit (*attentio*) wachgerufen wird. Man vergleiche z.B. die Definition der „admiration" aus dem Art. 70. der *Leidenschaften der Seele*. Diese sei:

> „eine plötzliche Überraschung der Seele, die bewirkt, daß sie sich dazu gebracht sieht, mit Aufmerksamkeit die Objekte zu betrachten, die ihr als selten und außerordentlich erscheinen. So wird sie zunächst verursacht von einem Eindruck im Gehirn, der das Objekt als selten und folglich der besonderen Betrachtung würdig darstellt."[65]

---

63 Vgl. ebd., S. 344-350.

64 Vgl. ebd., S. 339-341. Rahn geht jedoch nicht auf Descartes' Träume ein.

65 *Leidenschaften*, Art. 70. S. 109. Zur *admiratio* bei Descartes, zu ihrer kulturellen Matrix und allgemein zum Diskurs des Wunderbaren in der frühen Neuzeit vgl.: Lorraine Daston – Katharine Park, *Wunder und die Ordnung der Natur 1150-1750*, Frankfurt 2002; Lorraine Daston, *Wunder, Beweise und Tatsachen: Zur Geschichte der Rationalität*, Frankfurt am Main 2003, S. 77-97; ferner auch Stephen Greenblatt, *Wunderbare Besitztümer. Die Erfindung des Fremden: Reisende und Entdecker*, Darmstadt 1994, hier: S. 34-43 u. 127f.

Sowohl am Ende des 8. Diskurses von *Les Météores*[66] als auch ganz am Ende dieser Schrift greift Descartes das Motiv des Erstaunens wieder auf. Simon Werrett [67] erkennt insbesondere hierin Descartes' Verbundenheit mit der materiellen Kultur seiner Zeit, da sich Descartes vor allem durch die allgemeine Bewunderung auslösenden Wasserspiele und Automaten in Gartenanlagen habe dazu anregen lassen, seine eigene „science of miracles" zu konzipieren. Dieser Wissenschaft ging es indes nicht, wie Werrett richtig präzisiert, um das Wegerklären der Wunder, sondern eher darum, sie transparent zu machen. Werrett konzentriert sich jedoch zu eng auf die optischen Illusionen im Diskurs über den Regenbogen. Im 6. Diskurs von *Les Météores* will Descartes darüber hinaus z.B. auch erklären, warum Manna vom Himmel regnen kann, und hier verläßt er das sichere Terrain optischer Demonstrationen, ohne den Anspruch auf Wissenschaftlichkeit preiszugeben.

Alquié wiederum sieht durch das Thema der *admiratio* eine Verbindung mit religiösen Fragen, da himmlische Phänomene oft für göttliche gehalten worden seien und wahre Bewunderung der göttlichen Sphäre vorzubehalten sei.[68] Für diese Lesart gibt es im Verlauf des *Meteore*-Textes jedoch keine weiteren bestätigenden Hinweise, dafür könnte man die oben zitierten Passagen des jungen Descartes so deuten. Bei den späteren Texten hätte man vielmehr gerade umgekehrt zu argumentieren: In der antiken Tradition zählten die Meteore zu den *admiranda*. Blitz und Donner waren mit Götterfurcht verbunden, und ihre Erklärung diente dazu, den Mythos zurückzudrängen. In dieser Absicht befaßt sich etwa das 6. Buch von Lukrez' *De rerum natura* ausgiebig mit den Meteoren als Beispielen für erstaunliche Naturereignisse zwischen Himmel und Erde. Descartes stellt sich angesichts der Wunder der Natur eher in die Tradition des antiken Verständnisses.

Die *admiratio* wird beim späten Descartes physiologisch erklärt, aber weiterhin wird ihr als körperlich affektiver Voraussetzung eine wichtige Rolle für die Erkenntnis eingeräumt. Diese physiologische Wirkkomponente ist beim frühen Descartes noch nicht vorherrschend, da er zu dieser Zeit noch nicht seine ontologische Trennung von *res extensa* und *res cogitans* vorgenommen hatte. Wenn Descartes seine „wunderbare Wissenschaft" in entsprechend verwundernder Weise präsentiert, dazu beispielsweise kleine handlungsallegorische Szenen entwirft, etwa wenn er beschreibt, wie er nicht gegen den Wind ankommen kann, oder heftigen Schrecken auslösende Situationen, Blitz-und Donnerschlag einsetzt, so sind diese einprägsamen Bilderfindungen auf eine spezifisch ästhetische Erkenntnisweise ausgerichtet, welche sich gerade dadurch auszeichnet, den sinnlichen und geistigen Bereich miteinander vermitteln zu können. Davon wird später ausführlich die Rede sein. Festzuhalten ist an dieser Stelle, daß Descartes' Träume sich über das Ordnen von merk-würdigen Bildern organisieren.

---

66 *Meteore*, AT VI, S. 344.

67 Simon Werrett, Wonders never cease: Descartes's Météores and the rainbow fountain, in: *BJHS* 34 (2001), S. 129-147.

68 Vgl. F. Alquié, in: *Descartes: Œuvres philosophiques* I, S. 718, Fn 1.

3.2) Traum, Prophetie und die Rhetorik der Konversion

Die dreiteilige Traumordnung rekurriert insbesondere auch auf entsprechende biblische und historische Vorbilder und weist den Traum als göttlichen Berufungstraum aus. Das bereitwillige Akzeptieren des wenig später erfolgenden Besuchs durch einen Maler als Bestätigung für den prophetischen Charakter des Traumes belegt zudem, daß Descartes an die Voraussagefähigkeit von Träumen glaubte oder zumindest seine Träume so qualifiziert haben wollte. Bei dieser Gelegenheit sei schon hier darauf aufmerksam gemacht, daß Descartes mit seiner Deutung der Imagination die Fähigkeit zuschreiben muß, signifikative Ähnlichkeiten zwischen dem mantischen Traumbild und dem prognostizierten Ereignis zu erkennen oder herzustellen, etwa die analogischen Bezüge zwischen den Kupferstichporträts und dem später auftauchenden Maler. Damit ist aber – beim jungen Descartes – auch vorausgesetzt, daß es solche Ähnlichkeitsrelationen objektiv gibt (wie ich noch zeigen werde, wird der Kategorie der Ähnlichkeit später von Descartes ein funktionaler Status zugewiesen). Ferner bewegt sich Descartes, wie Browne zeigt, mit den Motiven der noch im Schlaf einsetzenden Selbstinterpretation des Traumes und dem Auftauchen einer weisen Person, die gute Ratschläge (oracula) gibt, im damals üblichen Rahmen. Diese Motive finden sich bei Cardano und Macrobius.[69] Insgesamt fügt sich Descartes' Traumlegende paßgenau in die Tradition autobiographischer Konversionsrhetorik ein, mit der sich wissenschaftliche Neuerer zu inszenieren suchten.[70] Auch das Motiv der Wallfahrt nach Loreto ist intertextuell konstituiert, es ruft die Tradition der Italienreiseberichte auf und referiert insbesondere auf Montaignes Loreto-Besuch.[71]

Zur Rhetorik der wissenschaftlichen Erneuerung gehört als prominentes Motiv auch der erklärte Bruch mit dem Vorbild der Antike. Hier findet sich in Descartes' Frühwerk ein entsprechender Bacon-Intertext, der bedeutsam ist, weil er eine weit frühere Bacon-Lektüre belegt, als gemeinhin für möglich gehalten wird. Descartes greift die berühmte „Antiquitas saeculi, juventus mundi"-Losung aus *De Augmentis* auf:

> „Non est quod Antiquis multum tribuamus propter Antiquitatem; sed nos potius iis antiquiores dicendi. Jam enim senior est mundus quam tunc, majoremque habemus rerum experientiam."
>
> „Es ist nicht richtig, die Antike aufgrund ihres Alters hochzuschätzen; man müßte vielmehr uns, nicht sie alt nennen. Heute ist die Welt nämlich viel älter als damals, und wir haben auch mehr Erfahrung über die Sachen der Welt."[72]

---

69 Browne (1977), S. 262 u. 267 und Wagner (1976).

70 Vgl. dazu: Barbara Bauer, Wie hätte sich Dr. Johannes Faust verteidigen können? Die Struktur der Selbstdarstellung in Autobiographien wissenschaftlicher Neuerer, in: W. Kühlmann – W.-D. Müller-Jahncke (Hrsg.), *ILIASTER. Literatur und Naturkunde in der frühen Neuzeit. Festgabe für Joachim Telle zum 60. Geburtstag*, Heidelberg 1999, S. 41-74. Jüngst hat auch Karl Enenkel auf der Basis breiter Materialstudien zur Autobiographik vor 1600 vorgeführt, daß in frühneuzeitlichen Selbstdarstellungen die ‚Ich'-Instanz keine feste Identität markiert, sondern die Selbstbilder intertextuell nach den Mustern von sehr unterschiedlichen literarischen Diskursen variabel gestaltet wurden. Siehe: Karl Enenkel, *Die Erfindung des Menschen. Die Autobiographik des frühneuzeitlichen Humanismus von Petrarca bis Lipsius*, Berlin 2007.

71 Siehe: L.A. Colliard, *Nuove ricerche sul viaggio in Italia di Michel de Montaigne, François de Sales, René Descartes con particolare riferimento al loro soggiorno a Venezia e a Loreto*, Verona 1988.

72 *Opuscules* 1619-1621 (Baillet), AT X, S. 204. Im *Neuen Organum* führt Bacon aus: „das Altertum ist

Descartes hat somit alles getan, damit sein Traum als divinatorisch inspirierter, die Zukunft allegorisch verkündender Symboltraum erkannt wird, der die göttliche Sendung des Träumers beglaubigt und diese durch den Konversionstopos noch bekräftigt. Die hier gegebenen allgemeinen Charakteristika sollen nun bestätigt und präzisiert werden, indem gezeigt wird, daß der Traumbericht mit seinem ‚Anti-Cartesianismus' nicht alleine steht, sondern sich in einen Kontext analoger Reflexionen einfügt. Diesen Zusammenhängen will ich mich nun mit dem Versuch einer systematischen Bestimmung der *scientia mirabilis* nähern.

doch in Wahrheit für das Greisen- und Großväteralter der Welt zu halten; und dieses muß von unserer Zeit ausgesagt werden und nicht von jenem jüngeren Zeitalter der Welt, in dem die Alten lebten. Denn dieses ist zwar mit Rücksicht auf unsere Zeit älter und entfernter, in bezug auf die Welt selbst aber neuer und jünger. Wie wir eine größere Kenntnis der menschlichen Verhältnisse und ein reifes Urteil mit Recht von einem Greis als von einem Jüngling erwarten [...], so kann man auch von unserer Zeit [...] weit mehr als von den alten Zeiten erwarten." (N. O. I, Nr. 84). Zu Bacons Umkehrung der Einstellung zur Antike siehe: Zittel (2002).

4) Scientia mirabilis: mathesis oder sapientia universalis?

Anzunehmen, daß Descartes symbolisch datiert, stellt die plausibelste Erklärung der frappierenden Inkoinzidenzien bei den überlieferten Bestimmungen der Zeitpunkte dar, zu denen Descartes seine Entdeckung einer neuen Wissenschaft gemacht haben will:

> „Am 10. November 1619, als ich voll von Enthusiasmus war, und im Begriff war die Fundamente einer wunderbaren Wissenschaft zu finden“
>
> „X. Novembris 1619, cum plenus forem Enthousiasmo, & mirabilis scientiae fundamenta reperirem & c.“[73]

Dies ist im Wortlaut die erste Version, die von Descartes als Stellungnahme zu seinen Träumen überliefert ist und in der er von seiner Suche nach einer *scientia mirabilis* spricht. Diese wunderbare Wissenschaft habe er noch nicht gefunden, aber er habe begonnen, ihre Fundamente zu entdecken.

Baillets Bericht dieses Ereignisses lautet:

> „Er läßt uns wissen, daß, als er sich am 10. Nov. 1619, noch ganz erfüllt von seinem Enthusiasmus, schlafen legte und ganz mit dem Gedanken beschäftigt war, an diesem Tag die Fundamente einer wunderbaren (admirables) Wissenschaft gefunden zu haben, er in dieser einen Nacht drei aufeinanderfolgende Träume hatte, von denen er dachte, daß sie ihm nicht anders als von oben gekommen sein konnten.“[74]

Baillets Darstellung zufolge hat Descartes zuerst die *mirabilis scientiae fundamenta* gefunden und danach die Träume von oben geschickt bekommen. Ein Jahr später schreibt er merkwürdigerweise gegenüber der ersten Stelle an den Rand dieses Manuskripts nieder:

> „XI. November 1620, ich fing an das Fundament einer wunderbaren Erfindung zu verstehen.“
>
> „XI. Novembris 1620, coepi intelligere fundamentum Inventi mirabilis.“[75]

Aus dieser Zeit datiert auch das folgende Fragment aus den *Cogitationes privatae:*

> „Im Jahre 1620 fing ich an, das Fundament einer wunderbaren Erfindung zu verstehen.[76] Traum vom Nov. 1619, darin das Gedicht Nr. 7, welches beginnt: *Welchen Lebensweg soll ich einschlagen?...* Auson.“
>
> „Anno 1620, intelligere coepi fundamentum inventi mirabilis. Somnium 1619 nov., in quo carmen 7 cuius initium: *Quod vitae sectabor iter* ?... Auson.“[77]

Im November 1618 hatte Descartes Beeckmann kennengelernt, am Jahrestag ihrer Begegnung 1619 die Fundamente der neuen Wissenschaft entdeckt, vermutlich ein Jahr später sich abermals sein Manuskript wieder hervorgeholt, vielleicht weil er sich zurückerinnerte, vielleicht weil er nun glauben machen wollte, er habe erst jetzt das zuvor Offenbarte zu verste-

---

73 *Olympica*, AT X, S. 179.

74 *Olympica,* AT X, S. 181.

75 *Olympica*, AT X, S. 179.

76 Ebd. am Rand: „OLYMPICA, am X. nov. fing ich an das Fundament einer wunderbaren Erfindung zu verstehen“.

77 AT X, S. 216.

hen begonnen. Auf jeden Fall ergibt sich dadurch eine Reihung der Daten, deren genauer Abfolgerhythmus die Bedeutsamkeit der betroffenen Ereignisse symbolisch überhöht, was Descartes sich durch seine letzte Eintragung offenbar ganz bewußt als Mittel der suggestiven Wirkungssteigerung zu Nutzen machen will. Auch das Betonen, daß sich das Traumerlebnis am 11. November, also an Sankt Martin ereignet hat, dient diesem Zweck, denn den bedeutenden Träumen hat traditionell auch ein besonderer Tag zu entsprechen und diese Nacht ist die Traumnacht *par excellence*, da zum einen Sankt Martin selbst ein berühmter Träumer war, der in einer Winternacht durch den ihm im Traum erscheinenden Christus dazu bekehrt wurde, das Heer zu verlassen und Missionar zu werden, und der 11. November zum andern seinerseits durch einen Traum beglaubigt wurde.[78] Als Sankt Martin starb, erschien seine Himmelfahrt dem heiligen Ambrosius im Traum und man hat das Datum notiert. Noch bis in die Romantik hinein wurden Traumoffenbarungen bevorzugt auf spezielle Tage wie den Weihnachtsabend oder, z.B. in Novalis' *Heinrich von Ofterdingen*, auf die Johannisnacht gelegt.

Diese Datierungsfragen sind über das, was sie über den Charakter und die Strategie der Selbstpräsentation Descartes' hinaus verraten, auch deshalb nicht unwichtig, weil sie Gegenargumente wider die gängigen Auslegungen der Träume an die Hand geben. Gemeinhin ist man sich, ausgehend von der zuletzt zitierten Stelle, einig – obgleich diese für sich genommen nichts Bestimmtes aussagt – Descartes sei im Traum die Idee einer Universalmathematik gekommen,[79] d.h. die *scientia mirabilis* sei als *mathesis universalis*,[80] welche aus den *Regulae* bekannt sei, zu deuten und *mathesis universalis* schlicht mit „Universalmathematik" gleichzusetzen.[81] Der Traum selbst, sowie andere Texte aus dem zeitlichen Kontext,

---

78 Auch Sophie Jama stützt ihre oben erwähnte Deutung insbesondere auf das in der Volkskultur lebendige Sankt-Martins-Fest (vgl. Jama (1998), S. 82-134), zu kurz kommen bei ihr allerdings das Aufnehmem rhetorischer Figuren aus der antiken Tradition und infolge dessen die Ordnungsstrukturen der Träume Viele Ähnlichkeiten mit dem St.-Martins-Bräuchen und Legenden werden genannt, doch offen bleibt, was das für die Descartes-Lektüre bedeuten soll. Vgl. auch Cole (1992) Kap. 4.

79 Vgl. z.B. Wilhelm Kamlah, Der Anfang der Vernunft bei Descartes – Autobiographisch und historisch, in: *Archiv für Geschichte der Philosophie* 43 (1961), S. 70-84, hier: S. 79; Röd (1995), S. 18; aber auch Frances A. Yates, *Aufklärung im Zeichen des Rosenkreuzes*, Stuttgart 1975, S. 125: „In der Nacht des 10. November 1619 suchten ihn Träume heim, die von großer Bedeutung für ihn waren, denn sie überzeugten ihn, daß die Mathematik der einzige Schlüssel zum Verständnis der Natur sei."

80 Zur historischen Entwicklung des Konzeptes einer *mathesis univeralis* siehe: G. Crapulli, *Mathesis Universalis. Genesi di un'idea nel XVI secolo*, Roma 1969.

81 Z.B. auch bei Pierre Boutroux, *L'Idéal scientifique des mathématiciens dans l'Antiquité et dans les Temps Modernes*, Paris 1920, S. 104-153; Lewis J. Beck, *The Method of Descartes: A Study of the Regulae*, Oxford 1952, S. 36-46 und S. 194-202; Jürgen Mittelstrass, The philosopher's conception of „Mathesis Universalis" from Descartes to Leibniz, in: *Annals of Science* 36 (1979), S. 593-610; Eduard Jan Dijksterhuis, *Die Mechanisierung des Weltbildes*, Berlin 1983, S. 451ff.; Gaukroger (1995), S. 100, und selbst bei Clarke wird die Methode des frühen Descartes einfach mit „universal mathematics" gleichgesetzt, vgl. Desmond M. Clarke, *Descartes' philosophy of science*, Manchester 1982, S. 167f. Diese Gleichsetzung konnte aus unterschiedlichen Perspektiven von mehreren Interpreten als verfehlt vorgeführt werden und muß als widerlegt gelten: Fred Van de Pitte, *Descartes' Mathesis Universalis, Archiv für Geschichte der Philosophie* 61 (1979), S. 154-174, John Schuster (1980), S. 42-47; sowie ders., Cartesian Method as mythic speech: a diachronic and structural analysis, in: John A. Schuster – Richard R. Yeo, *The politics and rhetoric of scientific method. Historical studies*, Dordrecht (1986), S. 33-95; Doren A Recker, Mathematical demonstration and deduction in Descartes's early methodological and scientific writings, in: *Journal of the History of*

werden zu diesem Zweck vernachlässigt. Allenfalls kann sich diese Lesart auf Stellen berufen, die sich auf Descartes' Kontakt mit Beeckmann beziehen, insbesondere auf den folgenden Brief Descartes' an ihn:

> „Um dir wenigstens ohne Umstände darzulegen, was ich vorhabe: ich will nicht die Lullische Ars brevis, sondern eine gänzlich neue Wissenschaft lehren, durch die alle Probleme allgemein gelöst werden können, die sich bei jeder beliebigen Art von Größe, sowohl der kontinuierlichen als der diskreten, stellen können. Aber ein jedes gemäß seiner Natur: wie nämlich in der Arithmetik gewisse Probleme mit rationalen Zahlen gelöst werden, andere nur mit irrationalen Zahlen, andere nur imaginiert, aber nicht gelöst werden können, so werde ich, wie ich hoffe, beweisen, daß bei der kontinuierlichen Größe gewisse Aufgaben allein mit Hilfe von Geraden und Kreisen gelöst werden können, andere nur mit Kurven gelöst werden können, die aber aus einer einzigen Bewegung hervorgehen und darum durch neue Zirkel, die ich für nicht weniger zuverlässig und geometrisch erachte als den gewöhnlichen Zirkel, durch den die Kreise werden; andere schließlich können nur durch Kurven gelöst werden, die aus verschiedenen, einander nicht untergeordneten Bewegungen erzeugt werden und gewiß nur imaginär sind: solcherart ist die hinreichend bekannte Quadratrix. Und ich glaube, daß nichts imaginiert werden kann, was nicht wenigstens durch solche Linien gelöst werden könnte. Aber ich hoffe zu beweisen, welche Probleme auf diese oder jene Weise und nicht anders gelöst werden, so daß fast nichts in der Geometrie zu finden übrig bleibt. Allerdings ist es ein unendliches Werk und nicht das eines einzigen. Unglaublich, wie ehrgeizig! Doch ich weiß nicht, was für ein Licht ich da durch das dunkle Chaos erblickt habe, mit dessen Hilfe ich auch die dichteste Finsternis vertreiben zu können glaube."[82]

Dieser Brief wurde aber bereits im März 1619 verfaßt, die darin mitgeteilte Idee einer *mathesis universalis* ist demgemäß nicht mit der *neuen* Erfindung des Novembers 1619 gleichzusetzen, auch wenn Descartes hier schon versucht, sich mit dramatischem Gestus als wissenschaftlicher Neuerer zu stilisieren. Mehr noch: Diese häufig vorgenommene Gleichsetzung der *scientia mirabilis* mit der *mathesis universalis* findet ihre Entsprechung in demselben mathematischen Reduktionismus,[83] *sub specie* dessen zumeist auch die *Regulae* gelesen werden.[84] Dort aber wird unterschieden zwischen einer *sapientia universalis* und einer *mathesis universalis* bzw. *humana sapientia*:

> „Denn da alle Wissenschaften nichts anderes sind als die menschliche Weisheit [humana sapientia],[85] die immer eine und dieselbe bleibt, auf wieviele verschiedene Gegenstände

---

Philosophy 31.2 (1993), S. 223-244; Gerten (2001), S. 75-89, Zittel (2000).

82 AT X, S. 156 (Brief an Beeckmann vom 26. 03. 1619). Übers. im Anhang von: Lüder Gäbe, *Descartes' Selbstkritik. Untersuchungen zur Philosophie des jungen Descartes*, Hamburg 1972, S. 113f.

83 Diese Gleichsetzung läßt sich bis auf Frans van Schooten zurückführen, der so tut, als sei Descartes' *Geometrie* die einzige und vollständige Anwendungsform der cartesischen methodischen Prinzipien. Siehe: F. van Schooten, *Principia Matheseos Universalis, seu introductio ad Geometriæ methodum* Renati Descartes, Lugduni 1651.

84 Siehe die oben gerade genannten Interpreten und: Sibylle Krämer, *Berechenbare Vernunft. Kalkül und Rationalismus im 17. Jahrhundert*, Berlin 1991, S. 159-220, bes. S. 192-201; dies., *Symbolische Maschinen. Die Idee der Formalisierung in geschichtlichem Abriß*, Darmstadt 1988, S. 91-95; Sepper (1989), S. 382; und Kamlah (1961), S. 81.

85 In Gäbes Edition des lateinischen Textes der *Regulae* steht, vermutlich fälschlich, in Abweichung vom Text der Ausgabe Adams und Tannerys, die allerdings auch viele Fehler aufweisen soll: „humana scientia".

sie auch angewendet sein mag, und von diesen keinen größeren Unterschied empfängt, als das Sonnenlicht von der Vielfarbigkeit der von ihm beleuchteten Gegenstände, so ist es nicht nötig, das Ingenium [ingenia] durch irgendwelche Schranken einzuengen. Denn die Erkenntnis einer Wahrheit entfernt uns nicht, wie die Ausübung einer Kunst [artis], von der Entdeckung einer anderen, sondern hilft vielmehr dabei. Und wirklich kommt es mir sonderbar vor, daß die meisten Menschen die Kräfte der Pflanzen, die Bewegungen der Sterne, die Kräfte der Metalle und die Gegenstände ähnlicher Wissenschaftszweige sorgfältig durchforschen und dabei fast niemand über die *bona mens,* oder diese universale Weisheit[86] nachdenkt, wo doch alles andere nicht so sehr um seiner selbst willen Wertschätzung verdient als vielmehr deswegen, was es hierzu beiträgt. [...] Man muß also überzeugt sein, daß alle Wissenschaften so miteinander verknüpft sind, daß es viel leichter ist, sie alle gemeinsam zu erlernen, als eine einzelne von ihnen abzutrennen. Wenn also jemand ernsthaft die Wahrheit aufspüren will, so darf er keine vereinzelte Wissenschaft wählen; sie sind nämlich alle miteinander verbunden und voneinander abhängig [...] und bald darauf wird er erstaunt feststellen, daß er viel größere Fortschritte gemacht hat als die, die sich nur um Stückwerk bemühen, und nicht nur all dasselbe, was andere wünschen, erreicht hat, sondern noch Höheres, als sie erwarten können."[87]

Somit ist zu unterscheiden entweder zwischen scientia und sie überbietender sapientia oder jedoch zwischen menschlicher, d.h. begrenzter Weisheit (was ebenfalls die Wissenschaft kennzeichnen kann), einerseits und universaler Weisheit andererseits.

86 „bona mente, sive de hac sapientia universalis". Es kommt darauf an, wie man hier „sive" übersetzt, denn zuweilen wird die *bona mens* mit der *sapientia universalis* identifiziert, und diese z.B. bei Röd, Die *Genese des Cartesianischen Rationalismus,* S. 32, ganz in Richtung auf eine praktische Philosophie hin ausgelegt. Dazu wird zu Recht Bezug genommen auf eine von Baillet überlieferte Definition aus der fast gänzlich verloren gegangenen frühen Schrift: *Studium bonae mentis,* AT X, S. 191: „Diese sind Betrachtungen über den Wunsch, den wir danach haben zu wissen; über die Wissenschaften; über die Verfassung (disposition) des Geistes, um verstehen zu können; über die Ordnung, die man beachten muß, um die Weisheit zu erlangen, das heißt die Wissenschaft mit der Tugend, indem man die Funktionen des Wissens mit denen des Verstandes verbindet." Ich verstehe an dieser Stelle jedoch aufgrund des dazwischengeschalteten Kommas „sive" disjunktiv und zwar so, daß hier zwei Hinsichten zu unterscheiden sind, zum einen die subjektive, als die vom Menschen aufzubringende Tugend, die richtige Ordnung herzustellen, zum anderen die objektive *sapientia* als der universale Zusammenhang aller Dinge, zu der über Beachtung der richtigen Ordnung die *bona mens* ja führen soll, und somit auch nach dem eben gebrachten Zitat als different zur *sapientia* angesehen werden muß.

87 *Regulae,* Reg. 1, S. 2-5, AT X, S. 359-361: „Nam cum scientiae omnes nihil aliud sint quam humana sapientia, quae semper una et eadem manet, quantumvis differentibus subjectis applicata, nec majorem ab illis distinctionem mutuatur, quam solis lumen a reum, quas illustrat, varietate, non opus est ingenia limitibus ullis cohibere: neque enim nos unius veritatis cognitio, veluti unius artis usus, ab alterius inventione dimovet, sed potius juvat. Et profecto mirum mihi videtur, plerosque hominum plantarum vires, siderum motus, metallorum transmutationes, similiumque disciplinarum objecta diligentissime perscrutari, atque interim fere nullos de bona mente, sive de hac universali Sapientia, cogitare, cum tamen alia omnia non tam propter se, quam quia ad hanc aliquid conferunt, sint aestimada. Ac proinde non immerito hanc regulam primam omnium proponimus, quia nihil prius a recta quaerendae veritatis via nos abducit, quam si non ad hunc finem generalem, sed ad aliquos particulares studia dirigamus. Non de perversis loquor et damnandis, ut sunt inanis gloria vel lucrum turpe: ad hos enim perspicuum est fucatas rationes, et vulgi ingeniis accommodata ludibria, longe magis compen|diosum iter aperire, quam possit solida veri cognitio. Sed de honestis etiam intelligo et laudandis, quia ab his decipimur saepe subtilius; ut si quaeramus scientias utiles ad vitae commoda, vel ad illam voluptatem, quae in veri contemplatione reperitur, et quae fere unica est integra et nullis turbata doloribus in hac vita felicitas. Hos enim scientiarum fructus legitimos possumus quidem exspectare; sed, si de illis inter studendum cogitemus, saepe efficiunt, ut multa, quae ad aliarum rerum cognitionem necessaria

4.1) „Saltem per imitationem“

Die *Regulae* unterscheiden demnach innerhalb des menschlichen Wissens zwischen einer isolierten Betrachtung der Einzelwissenschaften und einer höheren Betrachtung, die die universale *concatenatio* der Wissenschaften in den Blick nimmt. Diese aber ist ihrerseits nur Vorstufe für noch höhere Wissenschaften, sie kann dabei jedoch von der Erkenntnis gleichsam als Sprungbrett genutzt werden, um in höhere Regionen zu gelangen. Die *Regulae* geben die methodische Anleitung nur für das Erreichen der *mathesis universalis*, d.h. es soll über ein gleichsam auf der horizontalen Ebene verlaufendes *‚formales'* Verknüpfen der Einzelwissenschaften der Zusammenhang des menschlichen Wissens hergestellt werden. Zugleich wird damit aber der Zusammenhang der Wissenschaften *als Kette anschaulich* und damit ein Wechsel in der Betrachtungsweise möglich. Die Einheit der Wissenschaften ist nun als Bild vor Augen gestellt und damit für eine höhere Betrachtung bereitgestellt. Jetzt kann ein Wechsel zu einer vertikalen, inhaltlich-qualitativen Anschauung vollzogen werden. *Methodisch-technisch ist der Fluchtpunkt die mathesis universalis, inhaltlich die sapientia universalis.*[88] Dieser letzte Schritt kann nur vorbereitet werden, er selbst ist nicht lehrbar und somit nicht Gegenstand der *Regulae*:

> „[...] und ihr [= der Regeln, C.Z.] Nutzen zur Aneignung einer höheren Weisheit (altiorem sapientia) ist so groß, daß ich mich nicht zu sagen scheue, daß dieser Teil unserer Methode nicht wegen der mathematischen Probleme erfunden worden sei, sondern daß man sich diese vielmehr nur, um jene zu kultivieren, aneignen müsse.“[89]
>
> „Aus diesem Grunde habe ich die »Mathesis Universalis«, soweit es in meinen Kräften stand, bis jetzt ausgearbeitet, so daß ich von nun an glaube, ein wenig höhere Wissenschaften [altiores scientias] ohne unzeitigen Eifer behandeln zu können.“[90]

Wie aber gelangt man mit einem geschulten Ingenium zur höheren Stufe der *sapientia universalis*?

---

sunt, vel quia prima fronte parum utilia, vel quia parum curiosa videbuntur, omittamus. Credendumque est, ita omnes inter se esse connexas, ut longe facilius sit cunctas simul addiscere, quam unicam ab aliis separare. Si quis igitur serio rerum veritatem investigare vult, non singularem aliquam debet opt e scientiam: sunt enim omnes inter se conjunctae et a se invicem dependentes; sed cogitet tantum de naturali rationis lumine augendo, non ut hanc aut illam scholae difficultatem resolvat, sed ut in singulis vitae casibus intellectus voluntati praemonstret quid sit eligendum; et brevi mirabitur se longe majores progressus fecisse, quam qui ad particularia student, et non modo eadem omnia quae alii cupiunt, esse adeptum, sed altiora etiam quam possint exspectare“.

88 Wiederum in Descartes' Traumbuch, nämlich in Goclenius' *Lexicon philosophicum* (S. 1008*)* findet sich eine analoge funktionsbezogene Grenzziehung zwischen *sapientia universalis* und *mathesis universalis*: *Lexicon philosophicum*: „Universalis itaque sapientia in hominum non cadit, sed in Deum tantum. Et tamen similis est, quam primam Philosophiam et theologiam olim, recentiores Metaphysicam nominaverunt omaium rerum principia, causasque primas, quantum quidem homini cognoscecre fas est, comprehendeas“. Vgl. auch: R. Goclenius, Præfatio, in: *Isagoge in peripateticorum et scholasticorum prima philosophiam, quæ vulgo dicitur Metaphysica*, Francofurti, prostat in Officina Zachariæ Palthenij, 1612.

89 Reg. 14, S. 125, AT X, S. 442f. „hujusque utilitas est tanta ad altiorem sapientiam consequendam, ut non verear dicere, hanc partem nostrae methodi non propter mathematica problemata fuisse inventam, sed potius haec fere tantum hujus excolendae gratia esse addiscenda.“

90 Reg. 4, S. 175, AT X, S. 379: „quapropter hanc Mathesim universalem, quantum in me fuit, hactenus excolui, adeo ut deinceps me posse existimem paulo altiores scientias non praematura diligentia tractare.“

„Wenn dagegen jemand, der nicht einer isolierten Mathematik huldigt, sondern gemäß der ersten Regel bemüht ist, die Wahrheit über alles, was vorkommt, herauszufinden, in dieselbe Schwierigkeit gerät, so wird er darüber hinaus finden, [...] daß man, um das Leuchten zu begreifen, wissen muß, was überhaupt eine Naturkraft ist, und dies Letzte ist in dieser ganzen Reihe das im höchsten Grade Absolute. Nachdem er also dieses vermittels geistiger Intuition klar durchschaut hat, wird er, gemäß der fünften Regel, über dieselben Stufen zurückgehen „und wenn er auf der zweiten Stufe nicht sofort die Natur des Leuchtens ausmachen kann, so wird er, gemäß der siebenten Regel, alle anderen Naturkräfte aufzählen, um aus der Erkenntnis irgendeiner anderen, wenigstens durch Nachahmung [...] auch diese zu erkennen."[91]

Entsprechend qualifiziert Descartes in der Regel III 9 und Regel XII 20[92] die geoffenbarte Wahrheit als zuverlässiger als jede Erkenntnis, sie fehle niemals, sei aber keine *ars* (! – Gäbe übersetzt verfälschend: Wissenschaft) und gehöre folglich nicht in das Aufgabengebiet der *Regulae.* Geradezu grotesk muten nach diesen Zitaten jene Interpretationen an, die *„sapientia universalis*" und *„mathesis universalis*" als Synonyme verstehen.[93]

Im folgenden möchte ich darlegen, daß nicht die *mathesis universalis*, sondern die Idee einer *sapientia universalis* der im November 1619 gefundenen wunderbaren Wissenschaft entspricht und sich auch die *Regulae*-Stellen mit Hilfe des Frühwerks mit näheren Bestimmungen anreichern lassen. Insbesondere soll das Verhältnis von *mathesis universalis* und *sapientia universalis* nun gegen sämtliche bisherige Lesarten mit Hilfe der Deutung, die Descartes seinen Träumen gab, und unter Heranziehung der Parallelstellen des Frühwerks neu bestimmt werden. Dann zeigt sich, daß (nur) wenn die im Traum gefundenen *mirabilis scientiae fundamenta* mit der *sapientia universalis* der *Regulae* zusammengebracht werden und nicht mit der Idee einer Universalmathematik, sich eben jene Stellen, die sonst nur als Unsinn beiseitegeschoben werden, als argumentativer Zusammenhang explizieren lassen. Dies führt zu einer folgenschweren Korrektur: Die üblichen Rekonstruktionen des Frühwerks und damit auch die Rekonstruktionen der Genese des Cartesianismus überhaupt sub specie der *mathesis universalis* sind – man kann dies nicht oft genug wiederholen – als für das Verständnis des Textkorpus inadäquate, weil zu einseitig reduktionistische Verfahren zurückzuweisen, da ihnen unter anderem der Wortlaut derjenigen Passagen widerspricht, an denen Descartes dem Enthusiasmus und der Einbildungskraft der Dichter eindeutig eine privilegierte Erkenntnis höherer Wahrheiten zuspricht. Descartes favorisiert in seinem

91 Reg. 8, S. 177, AT X, S. 395: „Si vero aliquis, non solius Mathematicae studiosus, sed qui, juxta regulam primam, de omnibus quae occurrunt veritatem quaerere cupiat, in eandem difficultatem inciderit, ulterius inveniet, hanc proportionem inter angulos incidentiae et refractionis pendere ab eorundem mutatione propter varietatem mediorum; rursum hanc mutationem pendere a modo, quo radius penetrat per totum diaphanum, atque hujus penetrationis cognitionem supponere illuminationis naturam etiam esse cognitam; denique ad illuminationem intelligendam sciendum esse, quid sit generaliter potentia naturalis, quod ultimum est in tota hac serie maxime absolutum. Hoc igitur postquam per intuitum mentis clare perspexerit, redibit per eosdem gradus, juxta regulam quintam; atque si statim in secundo gradu illuminationis naturam non possit agnoscere, enumerabit, per regulam septimam, alias omnes potentias naturales, [...] alicujus alterius cognitione saltem per imitationem, de qua postea, hanc etiam intelligat." (Das „im höchsten Grade Absolute" wird definiert in Reg. 6, S. 31, AT X, S. 381f.).

92 S. 21, AT X, S. 370 u. S. 95, AT X, S. 424.

93 Insbesondere bei Jürgen Mittelstraß, The philosopher's Conception of „Mathesis universalis" from Descartes to Leibniz, in: *Annales of science* 36 (1979), S. 593-610, hier: S. 595. Vgl. auch Kamlah (1961), S. 81.

Frühwerk eine sinnlich-qualitative Erkenntnisweise, welche die formale Methodologie des *mathesis*-Konzeptes transzendiert. In Konsequenz der Vorzugsstellung, die der frühe Descartes der ästhetischen Erkenntnis zuteil werden läßt, darf der Traum Descartes' nicht als bloß äußerliche Einkleidung verstanden werden, man sollte vielmehr seine unverzichtbare methodologische Stellung bei der Vermittlung von *sensibilia* und *olympica* erkennen. Dann ließen sich analog dazu auch die anderen Fiktionalitätsmodi in ihrer Funktion beschreiben.[94]

Zunächst sind dafür die Motive der *sapientia universalis* zu rekapitulieren: Zentralsonnenmotiv; *omnia in omnibus* und Einheit der Wissenschaften; *catena scientarum;* Mathematik als Sprungbrett für die höhere Wahrheit; *ascensus*-Charakter der Erkenntnis.

Auch für den frühen Descartes ist die menschliche Erkenntnis limitiert:

> „Es sind allen Geistern [ingeniis] gewisse Grenzen vorgeschrieben, welche sie nicht überschreiten können. Wenn einige wegen der Schwäche des Geistes [ob ingennii defectum] nicht die Prinzipien zum Erfinden anwenden können, werden sie zumindest den wahren Preis der Wissenschaften kennen, und dies genügt ihnen, um die wahren Urteile einer Würdigung der Dinge zuzuführen."
>
> „Præscripti omnium ingeniis certi limites, quos transcendere non possunt. Si qui principiis ad inveniendum uti non possint ob ingenii defectum, poterunt tamen verum scientiarum pretium agnoscere, quod sufficit illis ad vera de rerum æstimatione judicia perferenda."[95]

In den *Regulae* macht Descartes am Beispiel des Magnetismus klar, daß falls dem Magneten irgendeine besondere Seinsqualität zukomme, man diese jedenfalls *weder durch die Imaginatio* noch „durch schlußfolgerndes Denken" zu entdecken hoffen dürfe. Für solch eine Art qualitativer Betrachtung müßte man „mit einem neuen Sinn oder mit göttlichem Geiste

---

94 Demgemäß stellt sich der Denkweg des jungen Descartes' folgendermaßen dar: Zuerst versucht er mit Beeckmann die Idee einer *mathesis universalis* in einem mechanistischen System umzusetzen, dann erfolgt die explizit als neu deklarierte Erfindung der *mirabilis scientiae fundamenta*, die meiner Deutung zufolge mit der *sapientia universalis* zusammenfällt, und in deren Licht die Beschäftigungen mit Beeckmannschen Fragen ein nurmehr regionaler Status zukommt. Dies erklärte auch die Descartes in der Forschung häufig vorgeworfene Verleugnung des Anteils Beeckmanns an seinem Denken, der somit tatsächlich als nur partiell zu taxieren wäre. Wenn Descartes bereits vor den *Regulae* die Idee einer *sapientia universalis* verfolgte und diese den Hintergrund dieser Schrift bildet, dann ist auch Gäbes Rekonstruktion nicht mehr zuzustimmen, da dieser davon ausgeht, es würde sich in den *Regulae* die rein mathematisch zu verstehende *mathesis universalis* sukzessiv „zu einer allgemeinen Methodologie unter dem Namen einer »sapientia universalis« erweitern und zugleich die Methodik der übrigen Wissenschaften mit der der Mathematik in dem einen Begriff der »Sapientia universalis« vereinigen." Damit sei eine „Umkippung" der „agnostischen" Frühphilosophie in die Metaphysik und Naturphilosophie des klassischen Descartes eingeleitet. Vgl. Gäbe (1972), S. 60 u. S. 6. Diese Bestimmung Gäbes der *sapientia universalis* als allgemeiner Methodologie dient aber Descartes bereits als Definition der *mathesis universalis* in Regel 4 (S. 173f.), just bevor er davon spricht, danach „ein wenig höhere Wissenschaften" behandeln zu können, also im Kontrast zu denselben. Die *mathesis universalis* an dieser Stelle mit der *sapientia universalis* aus Regel 1 zu identifizieren erscheint mir daher kühn. Insgesamt geht Descartes' Weg gerade umgekehrt von einer metaphysischen Position weg zu einer erfahrungsorientierten Experimentalphilosophie. Metaphysische Spekulationen machen später nur noch einen kleinen Teil seiner Beschäftigungen aus.
Zu Beeckmann siehe: R. Hooykaas, Science and Religion in the Seventeeth Century – Isaac Beeckmann 1588-1637, in: *Free University Quarterly* I (1950-52). S. 169-183.

95 AT X, S. 215.

ausgerüstet sein" (sed vel novo aliquo sensu instructus esse oporteret, vel mente divina).[96] Wie bereits erwähnt, liegt eine solche Betrachtungsweise außerhalb der methodischen Zielsetzungen der *Regulae*, damit ist sie jedoch nicht zugleich für unmöglich erklärt. Wie seine früheren Texte zeigen, widmete sich Descartes dort gerade dieser anderen, göttlich inspirierten Erkenntnisform.

Um so höhere Bedeutung muß daher auch noch laut den *Regulae*[97] dieser Erkenntnisform beigemessen werden, die explizit als „von oben" kommend qualifiziert wird, denn „*Olympica*" heißt zunächst genau dies: „von oben kommend" (wobei zu beachten ist, daß nicht das christliche Himmlische sich unter diesem Namen offenbart). In der Deutung, die Descartes seinem dritten Traum gibt, in welchem ein Lexikon (Dictionnaire)[98] und eine Dichteranthologie[99] auf unübersehbar magische Weise auftauchen und verschwinden, finden sich alle wichtigen Motive beisammen:

96 Reg. 14, S. 119, AT X, S. 439. „Ut autem etiam imaginationis utamur adjumento, notandum est, quoties unum quid ignotum ex aliquot alio jam ante cognito deducitur, non idcirco novum aliquod genus entis inveniri, ... si in magnete aliquod sit genus entis, cui nullum simile intellectus noster hactenus perceperit, non sperandum est nos illud unquam ratiocinando cognituros, sed vel novo aliquo sensu instructos esse oporteret, vel mente divina; quidquid autem hac in re ab humano ingenio praestari potest, nos adeptos esse credemus, si illam jam notorum entium sive naturarum mixturam, quae eosdem, qui in magnete apparent, effectus producat, distinctissime percipiamus." AT X, S. 438f.

97 Mit großer Wahrscheinlichkeit sind die *Regulae* etappenweise zwischen 1619 und 1628 entstanden, womit für einzelne Teile dieser Schrift außer der inhaltlichen auch eine zeitliche Nähe zu den anderen Texten der Frühzeit Descartes' gegeben wäre. Die hier aufgezeigten Korrespondenzen inhaltlicher Art können daher möglicherweise auch für Datierungsfragen einzelner Abschnitte der Regulae von Nutzen sein. Vgl. zur Entstehungsgeschichte der Regulae: Jean-Paul Weber, *La Constitution du Texte des Regulae*, Paris 1964; und Schuster (1980), S. 41-47 sowie die Diskussion von Webers Thesen bei Pamela A. Kraus, From Universal Mathematics to Universal Method: Descartes's ‚Turn' in Rule IV of the ‚Regulae', in: *Journal of the History of Philosophy* 21:2 (1983), S. 159-174. Die beste Edition der *Regulae*: R. Descartes, *Regulæ ad directionem ingenii*, texte critique établi par G. Crapulli, avec sa version hollandaise du XVIIe siècle, La Haye, M. Nijhoff, 1966.

98 Baillet übersetzt aus dem Lateinischen: „dictionnaire". Im Original konnte ‚lexicon', ‚dictionarium' oder auch ‚encyclopedia' stehen, alles damals weitgehend synonym verwendete Bezeichnungen, die weit über das hinausgehen, was heute ein ‚Dictionnaire' meint. Wie Gabbey und Hall überzeugend nachweisen konnten, handelt es sich bei dem Descartes im Traum erscheinenden Lexikon um Rudolph Goclenius' *Lexicon philosophicum, quo tanquam clavephilosophiae fores aperiuntur*, Frankfurt 1613. In diesem finden sich auch die Ausonius-Zitate „Quod vitae sectabor iter?" und „Est et non". Siehe: Alan Gabbey und Rupert Hall, The melon and the dictionary. Reflections on Descartes's dreams, in: *Journal of the History of Ideas* 59.4 (1998), S. 651-668. Die überaus umfangreiche Enzyklopädie von Goclenius (ca. 1500 Seiten, zweispaltig) gibt einen detaillierten Überblick über das naturphilosophische, mathematische, logische und metaphysische Wissen der Zeit. Das paßt sehr gut zu Descartes' eigener Deutung, daß das Lexikon alle Wissenschaften zusammen repräsentiere. Gabbey und Hall begnügen sich mit diesem interessanten Fund und verzichten darauf, ihn für die Deutung des Traumtextes weiter fruchtbar zu machen, dabei gibt es viele weitere intertextuelle Bezüge zwischen dem Lexikon, den *Olympica*, den *Cogitationes Privatae* und den *Regulae*, insbesondere wenn man sich die Einträge zu den cartesischen Schlüsselbegriffen anschaut wie z.B. „Ingenium". Darauf komme ich noch zurück.

99 Charles Adam hat die Dichteranthologie identifiziert. Es handelt sich um Petro Brossaeos *Corpus omnium veterum poetarum latinorum sccundum seriem temporum in quinqué libris distinctum,* dessen 1. Auflage Descartes in La Flèche konsultieren konnte. Vgl. AT X, S. 182.

„Er *urteilte* [jugea], das *Lexikon* (dictionnaire) hätte nichts anderes zu bedeuten als den *Zusammenhang aller Wissenschaften [les Sciences ramassées ensemble],* und daß die Gedichtsammlung, die Corpus poetarum betitelt war, insbesondere und *auf deutlichere Weise [d'une manière plus distincte]* die innige *Verbindung der Philosophie mit der Weisheit* bezeichnete. Denn er glaubte, daß man nicht darüber erstaunt sein solle, wenn man bei Dichtern und selbst bei solchen, die nur Albernheiten treiben, *viel ernstere, vernünftigere und besser ausgedrückte Gedanken* findet, als in den Schriften der Philosophen. Er schrieb dieses *Wunder* [merveille] der *Göttlichkeit des Enthusiasmus und der Kraft der Imagination* zu, die die *Samen der Weisheit* (die sich im Geist eines jeden Menschen finden wie die Feuerfunken in Kieselsteinen) *sehr viel leichter und sehr viel leuchtender* hervortreten lassen, als es die Vernunft der Philosophen vermag. Während Descartes fortfuhr, seinen Traum im Schlaf auszulegen, *schätze er,* daß das Gedicht über die Ungewißheit, welche Art zu leben man wählen solle, das mit den Worten *Quod vitae sectabor iter* anfängt, den guten Rat einer weisen Person oder die Moraltheologie selbst bedeute.

Noch ungewiß, ob er träume oder meditiere, erwachte er ohne jede Emotion, und setzte mit geöffneten Augen die Auslegung seines Traumes und Gedankenganges fort. Die in der Gedichtsammlung vereinten Dichter *verstand* er als die Offenbarung und den Enthusiasmus, die ihm zuteil geworden waren. Das Stück *Est et non,* welches das Ja und Nein des Pythagoras ist, *begriff er* als die Wahrheit und den Irrtum der menschlichen Kenntnisse und *profanen Wissenschaften. Als er sah, daß die Anwendung all dieser Dinge so gut nach seinem Wunsch gelangen,* wagte er *sich zu überzeugen*, daß es der Geist der Wahrheit gewesen sei, der ihm die *Schatzkammern [trésors] aller Wissenschaften* durch diesen Traum öffnen wollte. Und da er nur noch die kleinen Kupferstichporträts erklären mußte, die er in im zweiten Buch gefunden hatte, suchte er deren Erklärung nicht mehr, nachdem ihn am nächsten Tag ein italienischer Maler besucht hatte."[100]

Eindeutig besteht die *scientia mirabilis* nicht in einer *mathesis universalis*. Die Schatzkammern aller Wissenschaften werden nicht von diesen selber aufgeschlossen, sie werden erst geöffnet, wenn der „Geist der Wahrheit" durch den Traum den Schlüssel zu ihnen an die Hand gibt. Die Offenbarung und die Göttlichkeit des Enthusiasmus sind gerade keine diskursiven Erkenntnisverfahren. Deshalb wird es ausdrücklich als Wunder bezeichnet, daß die Verbindung von Philosophie und Weisheit eher der dichterischen Erkenntnis einsichtig wird als der Wissenschaft. Somit korrespondiert der *scientia mirabilis* eine ästhetische, d.h. jenseits der diskursiven Verstandesrationalität operierende und in diesem Sinne wunderbare Erkenntnisweise. Keineswegs ist daher die Rede vom Wunderbaren eine bloße Floskel. Das Wunderbare ist Terminus. Mit ihm situiert sich Descartes innerhalb des damals weitgefächerten und wirkmächtigen Diskurses über das Wunderbare, wie er vor allem in den Renaissance-Poetiken, aber auch in den okkulten Wissenschaften ausgebildet worden war.[101]

---

100 *Olympica*, AT X, S. 184. Hervorhebungen von mir.

101 Zur den Poetiken des Wunderbaren und ihrer Opposition zur diskursiven Verstandesrationalität vgl. Gerhart Schröder, *Logos und List. Zur Entwicklung der Ästhetik in der frühen Neuzeit,* Königsstein/Ts. 1985, S. 63ff.; zum Diskurs des Wunderbaren in der Frühen Neuzeit und seiner Wurzeln siehe insbesondere Daston – Park (2002), Daston (2001), ferner Greenblatt (1994). Heinrich Cornelius Agrippa, *De occulta philosophia,* Köln 1553, N.D, Graz (1967), erklärt in Buch I. Kap. 2 die Magie zur höchsten und vollkommenen Wissenschaft, die wunderbare Wirkungen hervorbringe, weil sie die verschiedenen Kräfte miteinander vereinigen könne, und die Kräfte des Unteren mit denen des Oberen verbinde und vermähle.

Dies zeigt sich darin, daß Descartes eine Stufenhierarchie ansetzt, bei der das enzyklopädische Einheitsprogramm, repräsentiert durch das Lexikon (A), mit dem poetischen (B), repräsentiert durch die illustrierte Dichteranthologie, *analogisch ins Verhältnis gesetzt und von diesem nochmals überboten wird.* Das werde ich nun kurz kommentieren; danach wende ich mich den subjektiven Voraussetzungen für das Empfangen der Wahrheit (C), sodann dem Weg zu ihr bzw. der Vermittlung von Sinnlichem und Übersinnlichem zu (D).

A) In den Wissenschaftsprogrammen der Frühen Neuzeit stand der Begriff der Enzyklopädie nicht einfach wie heute für eine Präsentation kulturell möglichst umfassender Bildung, sondern über die Vorstellung des *cyclos* erfuhr seine Wortbedeutung eine Steigerung bis hin zu einer *scientia universalis.*[102] Dahinter steht das Grundmotiv barocker Kosmologie[103] einer universalen *concatenatio*, bei der alle Glieder miteinander verzahnt und in ihrer Gesamtheit von einem absoluten Ursprung abhängig sind, der Einheit in der Vielheit und Proportionalität in der Stufenhierarchie des Seins garantiert:

> „Es sind nämlich alle Wissenschaften miteinander verkettet, nicht eine kann man vollkommen haben, ohne daß eine andere von selbst folgt und zugleich die ganze Encyclopedia erfaßt wird."
>
> „Quippe sunt concatenatae omnes scientiae, nec una perfecta haberi potest, quin aliae sponte sequantur, & tota simul encyclopedia apprehendatur."[104]

Daß Descartes dem enzyklopädischen Projekt verpflichtet war, bestätigen auch noch spätere Ausführungen. Eng mit dem enzyklopädischen Gedanken verknüpft ist die im 17. Jahrhundert intensiv betriebene Suche nach einer Universalsprache, welche durch ihre Einheit die Einheit der Wissenschaften garantieren soll. Dabei soll sie gemäß ramistischer Vorgaben als methodisches Hilfsmittel für das Gedächtnis bei der Wissensorganisation fungieren, kann zugleich aber auch in der Nachfolge der Kombinatorik Lulls und vermittelt durch Agrippa durchaus eine esoterische Ausrichtung behalten. Bezeichnenderweise fehlt auch bei Descartes dieser Kontext nicht. In einem Brief an Mersenne vom 20. November 1629 schreibt er über die Wünschbarkeit und Möglichkeit einer Universalsprache als Orga-

---

102 Vgl. Thomas Leinkauf, Scientia universalis, memoria und status corruptionis. Überlegungen zu philosophischen und theologischen Implikationen der Universalwissenschaft sowie zum Verhältnis von Universalwissenschaft und Theorien des Gedächtnisses, in: Berns – Neuber (1993), S. 19. Vgl. dazu weiter über das Verhältnis von göttlichem Wissen und menschlicher Wissenschaft ebd., S. 20: „Dabei wird grundsätzlich die Dignität der durch den Menschen hervorgebrachten *scientia* gemessen an der prototypisch und archetypisch ihr vorausliegenden göttlichen *sapientia.* Deren Genauigkeit, Konstanz, Sicherheit und Festigkeit gilt, ebenso wie ihre Universalität, als Ideal der diskursiven Wissenschaft. Der nicht absolute Intellekt kann sein notwendigerweise asymptotisches Verhältnis zu dieser Maß-Gabe nur durch eine Synthese aus Erfahrung, Erkenntnis und Erinnerung organisieren. Der Ort an dem das in der Frühen Neuzeit in Szene gesetzt wird, ist die Universalwissenschaft."

103 Hierzu weiterführend sind die am Beispiel Athanasius Kirchers gegebenen, überaus kenntnisreichen Erläuterungen Leinkaufs (1993), Kap. A. 4: Catena rerum: ein Grundmotiv barocker Kosmologie, sowie ders., *Kunst und Reflexion. Untersuchungen zum Verhältnis Philipp Otto Runges zur philosophischen Tradition*, München 1987, S. 32-43. Zur Tradition z.B.: Wilhelm Schmidt-Biggemann, *Topica universalis*, Hamburg 1983. Andreas Kilcher, *Mathesis und Poiesis: die Enzyklopädik der Literatur 1600 bis 2000.* München 2003. B. Mahlmann-Bauer (Hrsg.), *Scientiae et artes: Die Vermittlung alten und neuen Wissens in Literatur, Kunst und Musik.* Wiesbaden 2004. Christel Meier (Hrsg.), *Die Enzyklopädie im Wandel vom Hochmittelalter bis zur frühen Neuzeit*, München 2002.

104 AT X, S. 255.

non. Dort erklärt er nach einer längeren Diskussion, wie man diese Universalsprache technisch umsetzen könne: Man solle eine Ordnung errichten „für alle Gedanken, die dem menschlichen Geist kommen können“, dann würde er nicht mehr daran zweifeln, daß diese Sprache bald in Gebrauch käme und schnell erlernt würde. Doch hänge diese Erfindung von der wahren Philosophie ab:

> „denn anders ist es unmöglich, alle Gedanken der Menschen aufzuzählen und sie in eine Ordnung zu bringen oder sie allein derart zu unterscheiden, daß sie klar und einfach erscheinen.[...] Und wenn jemand gut erklärt hätte, welches die einfachen in der Vorstellungskraft der Menschen liegenden Ideen sind, aus denen sich alles zusammensetzt, was sie denken, und wenn dieses von aller Welt angenommen werden würde, dann würde ich eine allgemeine Sprache zu erhoffen wagen.“[105]

Dies aber entspricht genau den Zielvorstellungen der *Regulae* (s.u.). Vor diesem Hintergrund sind auch Motive des späten Descartes zu deuten, beispielsweise das bekannte Bild des Wissensbaums, mit dem Descartes im den *Prinzipien der Philosophie* vorangestellten Brief an Picot sein System charakterisiert: „Die gesamte Philosophie ist also einem Baume vergleichbar, dessen Wurzel die Metaphysik, dessen Stamm die Physik und dessen Zweige alle übrigen Wissenschaften sind [...].“[106]

B) Dennoch erklärt der Traum das lexikalische Ordnungs- und Aufbewahrungsprinzip von Wissen im direkten Vergleich als der Zusammenstellung poetischer Texte offenkundig unterlegen. Dazu fügt sich ganz passend hinzu, daß es auch im entscheidenden Moment innerhalb des Traumes versagt, das Lexikon sich als unvollständig erweist und die mit Bildern ausgestattete Dichteranthologie sich nicht über ihr Anordnungsprinzip erschließt; denn obgleich Descartes deren Ordnung und Einteilung genau kennt, findet er nicht das gesuchte Gedicht. Offenbar muß auf eine andere Weise gesucht und gefunden werden.

Wie in den *Regulae*-Zitaten ausgesprochen, gelangt man im Nachvollzug der *catena*-Struktur[107] zur Vorstufe und Vorbereitung der höheren Wahrheit, die dann eidetisch erschaut, als Bild faßbar und daher auch erinnerbar wird.

> „Maskiert sind jetzt die Wissenschaften: nimmt man ihnen die Masken ab, werden sie am allerschönsten erscheinen. Wenn man dann genau die Kette der Wissenschaften durchschaut, wird es nicht schwerer erscheinen, sie in der Seele festzuhalten, als eine Zahlenreihe.“

---

105 *Briefe*, S. 25-29.

106 *Prinzipien*, S. XLII. An derselben Stelle begegnet wenig später wiederum die Unterscheidung zwischen *scientia* und *sapientia*. Beim Studium der *Principia* werde man sich nach und nach daran gewöhnen, „besser alle sich darbietenden Gegenstände zu beurteilen und so weiser zu werden.“ (S. XLIV). Die vorzüglichste Frucht der Prinzipien sei, daß man „eine große Anzahl von Wahrheiten,“ die er nicht (!) dargelegt habe, „entdecken wird, und, indem man so nach und nach von ihnen zu anderen fortschreitet, zur vollkommenen Kenntnis der ganzen Philosophie und mit der Zeit zu der höchsten Stufe der Weisheit gelangen wird.“ (XLV). Wiederum spricht er von einer großen „Kette von Wahrheiten“, bei deren Betrachtung es zu beharren gälte, da sie zu den höchsten Stufen der Weisheit, zur Vervollkommnung des Lebens und zum Glück führe. (S. XLVII).

107 Die zur breiten Tradition des Catena-Motivs grundlegende Darstellung ist nach wie vor: Arthur O. Lovejoy, *Die große Kette der Wesen. Geschichte eines Gedankens*, Frankfurt 1985.

„Larvatae nunc scientiae sunt: quae, larvis sublatis, pulcherrimae apparerent. Catenam scientarum pervidenti, non difficilius videbitur, eas animo retinere, quam seriem numererem."[108]

Die Rede von den maskierten Wissenschaften, die erst durchschaut werden müssen, verleiht dem frühen Programm Descartes' neuplatonisch-hermetische Züge. Es ist zwischen exoterischer, profaner Wissenschaft und esoterischer *sapientia* zu unterscheiden. Wissenschaft im Sinne einer *mathesis universalis*, wie sie die *Regulae* offerieren, wendet sich erklärtermaßen an die Allgemeinheit, sie verweist zugleich aber (für einige wenige sichtbar) über sich hinaus zur eigentlichen Verbindung von Philosophie und Weisheit. So ließe sich jedenfalls auch die folgende Definition der *scientia* verstehen:

„Die Wissenschaft ist wie eine Frau; bleibt sie schamhaft bei ihrem Mann, wird sie geehrt, gibt sie sich allen hin, wird sie unwürdig."

„Scientia est velut mulier: quae, si pudica apud virum maneat, colitur; si communis fiat, vilescit."[109]

Auch das Zentralsonnenmotiv und sein Pendant, das Motiv der Weisheitssamen, verweisen auf einen universalen Zusammenhang aller Dinge, d.h. darauf, daß in jedem Ding ein überall präsentes, dynamisches Prinzip waltet, das wunderbarerweise der anschaulichen Erkenntnis mehr als der diskursiven zugänglich ist:

„Es könnte wunderbar erscheinen, daß gewichtige Urteile eher (magis) in den Schriften der Dichter als in denen der Philosophen zu finden sind. Der Grund ist, daß die Dichter durch den Enthusiasmus und die Einbildungskraft (vis imaginationis) schrieben: es sind in uns Wissenssamen wie in einem Feuerstein, welche von den Philosophen durch die Vernunft herausgeführt, von den Dichtern hingegen durch die Einbildungskraft herausgeschlagen werden, wodurch sie stärker leuchten."

„Mirum [!] videri possit, quare graves sententiae in scriptis poetarum, magis quam philosophorum. Ratio est quod poetae per enthusiasmum & vim imaginationis scripsere: sunt in nobis semina scientiae, ut in scilice, quae per rationem a philosophis educuntur, per imaginationen a poetis excutiuntur magisque elucent."[110]

C) Diese Parallelstelle zur entscheidenden Traumpassage bestätigt die dort der poetischen Einbildungskraft eingeräumte bevorzugte Stellung beim Erkennen der höheren Wahrheiten. Mit der Vernunft den Feuerstein zu traktieren, ist ein deutlich mühsamerer Weg, die Wissenssamen zum Licht zu bringen, als sie einfach herauszuschlagen (s.u.). Im Traum kommt so eine vorsichtige Skepsis gegenüber den Erkenntnismöglichkeiten menschlicher Vernunft zum Vorschein. Man hat jedoch die Samenmetapher, die sich auch späterhin bei Descartes (z.B. in den *Regulae*) findet,[111] bislang stets mit den *logoi spermatikoi* der Stoa in Verbin-

108 AT X, S. 215.

109 AT X, S. 214.

110 AT X, S. 217.

111 Reg. 4, S. 25, AT X, S. 373 u. S. 171, AT X, S. 376. An der erstgenannten Stelle wird auch die Erkenntnis der Geometrie eindeutig mit göttlicher Erleuchtung verbunden: „Es besitzt nämlich der menschliche Geist etwas irgendwie Gotterfülltes, worein die ersten Samen nützlicher Gedanken so gestreut sind, daß sie oft, so sehr sie auch vernachlässigt und durch in die Quere geschossene Studien erstickt sein mögen, eine wildwachsende Frucht hervorbringen. Das erleben wir in den einfachsten Wissenschaften, in der Arithmetik und der Geometrie. Man bemerkt nämlich recht gut, daß die alten Geometer sich einer gewissen Analysis

dung gebracht,[112] sie somit gleichsam rationalisiert und den sinnlichen Anteil an ihnen herunterzuspielen versucht.[113]

Es mag sein, daß der junge Descartes stoisches Gedankengut aufnahm. Doch wenn man dies annimmt, müßte man auch bedenken, daß die stoische Samenmetaphorik in Frankreich zuvor bei Montaigne Eingang in den Skeptizismus gefunden hatte, dessen Leser Pierre Charron in *De la sagesse* (1601) bereits just anhand der Samenmetaphorik[114] Grenzziehungen zwischen menschlicher, weltlicher und göttlicher Weisheit vorgenommen hatte, und dabei die Möglichkeiten menschlicher Weisheit als klar limitiert bestimmte. Die stoische Tradition der *logoi spermatikoi* war zum Zeitpunkt, als womöglich Descartes mit ihr konfrontiert wurde, auch vielfach durch hebräische, gnostische und neuplatonische Rezeption gebrochen worden.[115]

4.2) „A cracked brain man, an Enthusiast“

Außerdem widerspricht der überbetont rationalisierenden Deutung eklatant der Umstand, daß Descartes nicht nur die Rolle der Einbildungskraft herausstellt, sondern überdies auch betont: *„cum plenum forem Enthusiasmo“*. Laut Schalk war der Begriff des Enthusiasmus zu Descartes' Zeit geradezu gleichgeschlossen mit dem des „Schwärmers“ oder „Magiers“, und seitens der Orthodoxie wurde sein ketzerischer Charakter hervorgehoben.[116] Wie man

---

bedient haben, die sie auf die Lösung aller Probleme ausdehnten [...] Und eben jetzt ist eine Spielart der Arithmetik, Algebra genannt, im Schwange, um das bezüglich der Zahlen zu leisten, was die Alten bezüglich der Figuren schufen.“ (deutsch, S. 25).

„Habet enim humana mens nescio *quid divini*, in quo prima cogitationum utilium semina ita jacta sunt, ut saepe, quantumvis neglecta et transversis studiis suffocata, *spontaneam frugem* producant. Quod experimur in facillimis scientarum, Arithmetica & Geometria: satis enim advertimus veteres Geometras analysi quadam usos fuisse, quam ad omnium problematum resolutionem extendebant....Et jam viget Arithmeticae genus quoddam, quod Algebram vocant, ad id praestandum circa numeros, quod veteres circa figuras faciebant.“ (AT X, S. 373).

112 Vgl. Ulrich Nolte, *Philosophische Exerzitien bei Descartes. Aufklärung zwischen Privatmysterium und Gesellschaftsentwurf*, Würzburg 1995, S. 25 und Röd (1995), S. 25 u. 68.

113 Vgl. Röd (ebd., S. 25), der zu diesem Zitat bemerkt: „Die dichterische Einbildungskraft hat nur den Vorteil, die Wahrheit in hellerem Licht erstrahlen zu lassen.“

114 Vgl. dazu Maryanne Cline Horowitz, *Seeds of virtue and knowledge*, Princeton 1998, S. 223-237. Charrons Epistemologie ist insofern jedoch sogar weniger skeptisch als die des jungen Descartes, als er lediglich bezweifelt, daß im menschlichen Geist die Weisheitssamen von Geburt vorhanden sind. Weisheit ist jedoch lehrbar, die volle Freiheit des esprit disponiere dazu, die wahre *preud'hommie* führe zu ihr. Descartes wird, wie gleich noch zu zeigen sein wird, eine Unterscheidung zwischen *mathesis* und *sapientia* einführen. Nun disponiert die richtige Lebensführung zur Freiheit des esprit und zur Erlangung höherer Weisheit, doch nur die mathesis ist lehr- und lernbar.

115 Auch Veronique Foti, The Cartesian Imagination, in: *Philosophy and Phenomenological Research* 46, 4 (1986), S. 631-642, hat daß beim frühen Descartes poetische Einbildungskraft und Vernunft zusammenarbeiten. Descartes zufolge werde dem Wissen durch die Imagination erst Gestalt verliehen, zugleich seien Imagination und Abstraktion unter das Joch des *intuitus* geschickt (ebd., S. 634.). Die Intuition ist aber bei Descartes, wie ich unten zeigen werde, ihrerseits durch ihren poetischen Charakter bestimmt.

116 Fritz Schalk, Zur Geschichte von „Enthousiasme, in: *Romanische Forschungen* 87.2 (1975), S. 212-225. M. Heyd, *‚Be Sober and Reasonable': The critique of Enthusiasm in the Seventeenth and Eighteenth Centuries*, Leiden 1995, bes. Kap. 4. Polemiken gegen diese Art Inanspruchnahme eines ‚göttlichen' Enthusias-

einem Bericht Poissons entnehmen kann, wurden derartige Visionen, wie sie Descartes in seinem Traum schildert, als Häresie betrachtet.[117] Nicht von ungefähr nannte man Descartes' Verbindungsmann zu den Rosenkreuzern, Johannes Faulhaber „einen ketzerischen Enthusiasten, aberglaubischen Magum, Gottsvergessenen Menschen, Schwenkfeldischen Schwärmer und wahnwitzigen Phantasten."[118]

Es ist weiterhin festzuhalten, daß der Offenbarung „von oben" ein entsprechender Zustand im empfangenden Subjekt korrespondieren muß. Erinnert sei an Baillets Darstellung der Ausgangssituation für Descartes' Träume, wo ein Zusammenhang zwischen Enthusiasmus und Traumempfängnis hergestellt wurde:

> „er [Descartes] wurde so müde, daß das Feuer sein Gehirn ergriff und er in eine Art Enthusiasmus fiel, der seinen schon ermatteten Geist auf diese Weise in eine Verfassung brachte [disposa], die ihn dazu befähigte, die Eindrücke der Träume und der Visionen zu empfangen."[119]

Und über das Ende des Traumes hatte er berichtet:

> „Der Donner, dessen Schlag er hörte, war das Zeichen des Geistes der Wahrheit, der auf ihn herabkam, um von ihm Besitz zu ergreifen. Diese letzte Vorstellung verdankte sicherlich einiges dem Enthusiasmus, und sie bringt uns dahin, bereitwillig zu glauben, daß M. Descartes, bevor er zu Bett ging, getrunken hatte. Tatsächlich war gerade Sankt-Martins-Nacht, ein Abend, an dem es an dem Ort, wo er sich aufhielt, wie in Frankreich Brauch ist, Ausschweifungen zu begehen. Aber er hat uns versichert, er habe den Abend und den

---

mus finden sich auch im englischen Kontext, insbesondere in Henry Mores *Enthusiasmus triumphatus*, sec. II. Vgl. Michael H. Keefer, The Dreamer's Path: Descartes and the Sixteenth Century, *Renaissance Quarterly* 49 (1996), S. 30-76, hier: S. 34, Anm. 12. Meric Casaubon, Sohn von Isaak, mit dem sich Mersenne auseinandersetze, verglich in seinem Enthusiasmustraktat Descartes' Philosophie mit der „Mysticall Theology" des Numa Pompilius und Minos, welche „to make their law received as oracles, did their best to perswade, that they did not come by them as other men did theirs, but that they were the fruits of Caves and darkness." Meric Casaubon, *A Treatise Concerning Enthusiasme*, London 1655, S. 172f. In einem unveröffentlichten Text heißt es gar: „For his Method: I took him for one whome excessive pride and self-conceit (which doth happen unto many) had absolutly bereaved of his witts ... A cracked brain man, an Enthusiast ... I took him to be." Meric Causobon, zit. n. Keefer (1996), S. 71.

Aufgrund der philosophischen Nobilitierung des Enthusiasmus beim jungen Descartes wird auch Kamlahs Entwicklungsgeschichte Descartes' zweifelhaft, denn dieser geht davon aus, daß Descartes zunächst eine konventionelle Illuminationserfahrung nach Art des Augustinus beschreibe, dann aber infolge „seiner enormen egozentrischen Selbstbefangenheit" nichts mehr einem anderen, sei es auch Gott, zu verdanken haben wollte. Kamlah (1961), S. 84. Überdies gibt es diesen Anspruch Descartes' auch schon zur Traumzeit. Browne (1977), S. 257 charakterisiert ihn gar als „sort of vague and megalomaniac intellectual ambition many people have in youth", wofür als Belege zum bereits zitierten Brief an Beeckmann die folgenden Zitate dienen mögen:

„Während meiner Jugendzeit, fragte ich mich, nachdem geistreiche Erfindungen [ingeniosis inventis] bekannt wurden, ob ich selbst, auch ohne daß ich mich auf die Lektüre eines Autors stütze, Erfindungen machen könne: von da an wurde ich nach und nach gewahr, daß ich nach sicheren Regeln [certis regulis] verfahren müsse."

117 Poisson führt, Descartes' frühe Visionen verschweigend, dies gerade als Argument dafür an, daß der Descartes des *Discours* nicht ein den Respekt vor dem katholischen Glauben verletzender, rosenkreuzerischer Visionär wie etwa Michael Maier sein könne (AT X, S. 196f.).

118 Justus Cornelius, *Vindiciarum faulhaberianarum prodromus* (1619), S. 7, zit. n. Mehl (2001), S. 215.

119 AT X, S. 181.

> ganzen Tag zuvor in einer großen Nüchternheit [sobriété] verbracht und daß er drei volle Monate keinen Wein mehr getrunken habe. Er fügte hinzu, daß der Geist, der seinen Enthusiasmus erregt hatte, als er sein erhitztes Gehirn fühlte, ihm schon seit einigen Tagen vorm Schlafengehen diese Träume angekündigt hatte, und daß der menschliche Geist daran keinen Anteil habe."

Durch die oxymorische Verbindung von Enthusiasmus und Nüchternheit wird noch ein weiterer klassischer Topos aktiviert, diesmal aus der Poetik, nämlich den der ‚Sobria ebrietas',[120] also heiligen Nüchternheit als Zustand, der die dichterische Inspiration begünstigt.

Ebenfalls wird für die Zeit nach dem Träumen der enthusiastische Zustand als noch weiter wirkend beschrieben:

> „Sein Enthusiasmus verließ ihn wenige Tage darauf, und obwohl sein Geist seine gewöhnliche Ausgeglichenheit wiedererlangte und er zu seiner früheren Ruhe zurückfand, wurde er nicht entschiedener bei den Entschlüssen, die er zu treffen hatte."[121]

---

120 Die Erleuchtung durch göttlichen Enthusiasmus ist natürlich ein platonischer Topos (*Phaidros*, St. 244f.), wohingegen die ausgezeichnete Stellung, die Descartes der Einbildungskraft zuerkennt, eher nicht platonisch ist. Bei Platon wird der Enthusiasmus aber als durch den Eros bewirkte Verzückung des Wahnsinns beschrieben und nicht als nüchterne Begeisterung wie hier. Wenn Eros, Dionysos oder Venus als Verursacher ausscheiden, wird traditionellerweise im Anschluß an die *Problemata* des Aristoteles der *furor melancholicus* als physiologische Ursache der Begeisterung genannt, dieser trete insbesondere bei Wissenschaftlern auf, Melancholie befördere die Erkenntnis. Bei Fracastoro wurde dann die Melancholie als physiologische Bedingung sowohl für Philosophen als auch für Dichter bestimmt und mit der *admiratio* verbunden. Vgl. Girolamo Fracastoro, *Turrius oder über das Erkennen / Turrius sive de intellectione*, hrsg. u. übers. v. M. Boenke, München 2006, S. 237. Diese Bestimmung paßt am genauesten zu Descartes' Beschreibungen seines Zustandes. Die von ihm damit kombinierten Motive der *sobria ebrietas* sowie der Müdigkeit als Zwischenzustand, welche den Verstand für außerordentliche Erfahrungen offen werden läßt, sind zudem gängige mystische Topoi, die letztlich auch auf Platon zurückgehen. Zu Agrippas Lehre vom (melancholischen) Enthusiasmus als körperliche Voraussetzung für Visionen vgl. Raymond Klibansky – Erwin Panofsky – Fritz Saxl, *Saturn und Melancholie*, Frankfurt 1990, S. 499-512; Frances A. Yates, *Gedächtnis und Erinnern. Mnemonik von Aristoteles bis Shakespeare*, Berlin 1990, S. 68f; dies., *Die okkulte Philosophie im elisabethanischen Zeitalter*, Amsterdam 1991, S. 57-69; sowie zur Tradition dieses Topos Markus Bauer, Melancholie und Memoria. Zur Theorie von Gedächtnisschwund und fixer Idee im 17. Jahrhundert, in: Berns – Neuber (1993), S. 313-330, und Krämer (1994). Vgl. ferner: Jochen Schmidt, ‚Sobria ebrietas'. Hölderlins Hälfte des Lebens, in: Wulf Segebrecht (Hrsg.), *Gedichte und Interpretationen* Bd. 3: *Klassik und Romantik*, Stuttgart 1984, S. 256-267.

121 AT X, S. 187. Im *Timaios* (St. 71), findet sich dazu eine präzise Parallelstelle: „Kein Mensch, der voll bei Sinnen ist, ist eines gottbegeisterten und wahren Seherspruchs fähig, sondern nur dann ist dies der Fall, wenn entweder seine Geisteskraft im Banne des Schlafes gebrochen ist, oder wenn er durch Krankheit oder irgendeine Art von Verzückung geistesschwach geworden ist. Aber die in schlafendem oder wachem Zustand getanen Aussprüche, wenn die Erinnerung darauf gelenkt wird, mit scharfem Verstande aufzufassen, das ist Sache eines Mannes, der im Besitze seiner vollen Geisteskraft ist; er ist es dann, der all jene hellseherischen Äußerungen mit der Schärfe des Verstandes prüft und entscheidet, inwieweit und für wen sie Anzeichen eines künftigen oder vergangenen oder gegenwärtigen Unglücks sind." (Übers.: Apelt). Wie man sieht, erfüllt Descartes' Zustand durch den Enthusiasmus und den Schlaf beide Bedingungen. Gleich ist auch das Insistieren auf der Trennung von Vision bzw. Traumbild und Deutung sowie der Deutungsbezug auf das Lebensschicksal, verschieden jedoch, daß Descartes alles, Träumer, Deuter und Adressat der Traumbotschaft in einer Person sein will.

Eine weitere wichtige Referenzstelle hat Gérard Simon nachgewiesen,[122] jedoch ohne die Bedeutung zu thematisieren, die diese für Descartes' frühe Erkenntniskonzeption über den Traumkontext hinaus haben könnte: Bei Kepler wird die poetische und die wissenschaftliche Inspiration durch den Enthusiasmus in ähnlicher Weise wie in Descartes' Traumbericht verbunden und eine weitere Verbindungslinie zu den Rosenkreuzern offengelegt. In seiner immens einflußreichen Abhandlung *De Stella Nova in Pede Serpentarii* (1606) setzt sich Kepler mit den sogenannten ‚pythagoräischen Philosophen' auseinander, welche durch den Enthusiasmus in eine Ausnahmesituation gestürzt würden, in der sie *ex abrupto* eine neue Wissenschaft zu entdecken vermögen, die weder durch die Sinne noch durch die Erfahrung begründet sei:

> „Sed est alia philosophanticum secta, eorum qui (ut Aristotoles de Pythagoreorum sententia, a Copernico repetita, immerito quidam pronunciat) non initium ratiocinationis ex sensibus deducunt neque causas rerum ad experimenta accomodant: sed qui ex abrupto et quasi quodam enthusiasmo concipiunt et depingunt intra sui cerebri parietes aliquam de mundi constitutione opinionem."[123]

Im enthusiastischen Zustand werden im Gehirn *ex abrupto* Dinge der Welt konzipiert und *abgemalt.* In der gleichen Schrift bestimmt Kepler die „enthusiasmi" durch ihre Fähigkeit, göttliche Botschaften zu dechiffrieren. Der Sinn von Träumen und Vorzeichen läge nicht offen zutage, sondern sei durch Allegorien und durch Bilder verschlüsselt („allegoris et picturis rerum, non directe, clare, dilucide") und um sie zu enträtseln, bedürfe es der Phantasie, die Analogien und Ähnlichkeiten auffindet und als Symbole zu deuten weiß.

Keplers Nähe zu den sich ‚pythagoreisch' gebärdenden Rosenkreuzern ist bekannt, auf Descartes' sich auch hier abzeichnende Beziehung zur Gedankenwelt dieser Gruppe werde ich ebenso noch zurückkommen wie auf die Funktion der Malerei-Metaphern für Descartes' Charakteristik der menschlichen Imaginations- und Verstandesaktivitäten, die mit Keplers Sprachgebrauch vergleichbar ist, weniger jedoch mit dessen philosophischer Position. Denn es muß gegen Simon und Mehl hervorgehoben werden, daß Kepler sich von den von ihm vorgestellten enthusiastischen Wissenschaftserfindern sofort im Namen der Erfahrung distanziert, da er ihnen als Laster ankreidet, daß sie mit „geschlossenen Augen Wörter und auch Ansichten von innen heraus" vorbringen, „die sie nicht etwa von außen aufnahmen, sondern die im Innern entstanden."[124] Für den frühen Descartes scheint dies allerdings noch kein wesentlicher Einwand gewesen zu sein.

D) Wenn der Enthusiasmus den Geist in den nötigen Zustand der Empfänglichkeit versetzt, d.h. ihn auf eine bestimmte Weise disponiert,[125] so ist der Traum das entsprechende

122 Simon (1995), 141-158, hier S. 147ff. vgl. auch Mehl (2001), S. 17f.

123 Kepler (1606), cap. XXI. Vgl. Johannes Kepler, *Über den neuen Stern im Fuß des Schlangenträgers*, Würzburg 2006, S. 127, deutsch und ungenau: „Doch es gibt noch eine andere Philosophenschule; es sind jene, die wie Aristoteles von der pythagoreischen Lehre, die Copernicus wieder aufnahm, unzutreffend behauptet, den Beginn der wissenschaftlichen Überlegung nicht von den Sinnen ableiten und auch nicht die Begründungen für die Dinge von den Versuchen abhängig machen; nein, sie fassen unvermittelt und in einer Art von Begeisterung irgendeine Ansicht über den Aufbau des Weltalls und entwerfen sie in ihrem Hirnkasten."

124 Ebd.

125 Auf die cartesische Schlüsselkategorie der ‚disposition' werde ich später ausführlich zurückgekommen.

sinnliche Medium, in welchem die Vermittlung von Sinnlichem und Übersinnlichem vonstatten gehen kann. Er ist daher nicht nur eine entbehrliche oder gar paradoxale Einkleidung der Gedanken Descartes', derer man sich mit psychologistischen Erklärungen am besten schnellstens entledigt, sondern ihm eignet durch seine Stellung zwischen dem sinnlichen und übersinnlichen Bereich eine unverzichtbare Vermittlerrolle. Da von „oben" gesendet, ist der Traum das entscheidende *medium inter*. Er ist daher auf seine methodologische Funktion, seine Bilder auf ihren anagogischen Charakter hin zu interpretieren. Nur im Traum konnte Descartes der Charakter seiner eigenen Entdeckungen, die er, wie es ausdrücklich heißt, tags zuvor ja erst im Begriff gewesen war zu machen, aufgehen. Der Traum führt explizit die Selbstanwendung der darin geoffenbarten Wahrheiten auf das eigene Verfahren vor, die in ihm gelingenden Deutungen greifen über ihn hinaus, und führen zur Einsicht, daß es am Vortag bei Descartes ebenso der göttliche Enthusiasmus und die Einbildungskraft waren, die ihn die Fundamente der „wunderbaren Wissenschaft" haben finden lassen. Der Traum liefert so die nachträgliche methodologische Bestätigung und zudem noch die von Gott garantierte externe Validierung der zuvor gefundenen neuen Fundamente und er zeichnet ihren Entdecker als einen vom Himmel Auserwählten aus. Der „menschliche Geist", dies wird eigens klargestellt, habe an dem ganzen Vorgang keinen Anteil. Somit führt der Traum die am Vortag begonnene Entdeckung ihrer nächtlichen Deutung zu. Er wurde, wie Baillets Bericht ausdrücklich vermerkt, durch den enthusiastischen Zustand bereits geraume Zeit angekündigt. Dadurch werden Traum und die Entdeckung der Wissensfundamente intim verknüpft, denn sie ereignen sich beide innerhalb des gleichen vom Enthusiasmus beherrschten Zeitrahmens, in welchem sie überdies explizit aufeinander Bezug nehmen.

Die Fundament-Metaphorik beim jungen Descartes, die später auch den *Discours de la méthode* leitmotivisch durchziehen wird, und Metaphorik der Wissenssamen entsprechen insofern einander, als beide potentielle Ausgangspunkte für das erst noch aufzubauende oder zu entfaltende, aber imaginativ schon vergegenwärtigbare Wissen beschreiben. Das neue Wissen ist erst im Entwurf präsent, und dieser wird ausgerechnet im Traum skizziert.

Im Traumzustand bringt der göttliche Enthusiasmus dann gemeinsam mit der Einbildungskraft eine solche Übersetzung der Erfindung in symbolische Bilder zustande, daß sie vom Intellekt ausgedeutet werden können. Enthusiasmus, Inspiration, Einbildungskraft und Vernunft stehen hier in komplementärem Verhältnis zueinander. Die durch die Traumdeutung vorgeführte ästhetische Erkenntnisweise zeichnet sich dadurch aus, daß sie nicht nur Deutungsergebnisse als Resultate vorlegt, sondern deren Genese zugleich mit vorführt und präsent hält. Die im Traum eröffnete Wahrheit ist somit durch ihren im sinnlichen Medium sich realisierenden Vollzugscharakter gekennzeichnet. Sie kann daher nicht allein anhand der Deutungsresultate zu fassen sein, sondern immer über den Deutungsweg und die Deutungsart: Für die Erkenntnis der Traumwahrheit ist das Wissen um den Gang zu ihr und dessen Nachvollzug ebenso unverzichtbar wie die ästhetische Befähigung des Traumdeuters, mit Hilfe der Einbildungskraft signifikative Ähnlichkeiten innerhalb des Traumes sowie zu den außerhalb des Traumes liegenden Korrespondenzen zu erkennen.[126] Diese wie-

---

Vgl. das Kapitel: 2.1. Intuition-Deduktion / Disposition-Deduktion.

126 So lautet exakt bereits die Bestimmung von Aristoteles, Über Weissagung durch Träume, in: *Die Lehrschriften*, hrsg. u. übers. v. P. Gohlke, Bd. 6,2: Kleine Schriften zur Seelenkunde, Paderborn 1953, S. 104-110, der in diesem Zusammenhang, wie es hier ebenfalls weiter unten geschehen wird, eine Parallele bei der

derum, und somit die Möglichkeit einer Traumdeutung überhaupt, gründen auf der Annahme eines analogisch aufgebauten Kosmos, innerhalb dessen allererst sinnvoll von durch Träume geoffenbarten Bezügen die Rede sein kann. Die Selbstverständlichkeit, mit der Descartes seine Traumdeutung vornimmt und deren prophetischen Charakter er ausgerechnet durch den Besuch eines italienischen Malers (!) am Tag darauf als bestätigt anführt, läßt keine andere Lesart zu. Wie sogar Gouhier bereits einräumte, hat das Anhängen der Episode mit dem Besuch des Malers die Funktion, den übernatürlichen Status des Traumes zu beweisen, indem er nachträglich dessen prophetischen Charakter verifiziert.[127]

Das Erwachen aus dem Traum ist daher nicht als ein Vorgang der sukzessiven Verdrängung der sinnlichen Voraussetzungen zu verstehen,[128] denn die sinnliche Dimension bleibt durch die gewählte Darstellungsform gegenwärtig. Der Übergang von der Deutung im Zustand des Schlafes zu der im Wachen vollzieht sich fließend, *ohne jeden Bruch*. Die Deutung beginnt ja bereits innerhalb des Traumes, und dies ist ein Umstand, auf den besonders hinzuweisen ist, da er keinesfalls mit dem Rationalitätsverständnis der meisten Descartes-Interpreten in Einklang zu bringen ist, weshalb er zumeist konsequent übergangen oder in seiner Bedeutung heruntergespielt wird.[129] Nicht nur der wache Descartes agiert ‚rational'. Das Interpretieren der eigenen Träume im Schlaf ist offenkundig ein bereits ‚rationales' Interpretieren, daß die wache Cogito-Selbstgewißheit nicht erfordert, sondern sich gemäß der auf Ähnlichkeiten basierenden Selbstdeutungspotentiale der Träume bereits vorher zu vollziehen beginnt. Die Logik der Träume (wie die der Poesie und Kunst) erweist sich als der wachen Deutung vorgängig.

Die im Wachzustand nur fortgesetzten Selbstinterpretationen Descartes' schälen auch nicht aus der Traumhülle ein mathematisches Programm heraus, sondern sie qualifizieren sich selbst explizit als Traumdeutungen. Wenn außerdem Descartes seine Interpretations-

---

Auslegung von Traumbildern und optischen Täuschungen vorliegen sieht: „Der berufenste Deuter von Träumen ist der, der die Ähnlichkeiten zu sehen weiß. Klarträume nämlich kann jeder beurteilen. Von Ähnlichkeiten spreche ich, weil es mit Bildern der Einbildungskraft geht wie mit Bildern in Flüssigkeiten [...]: dort hat, wenn die Bewegung zu stark ist, das Spiegelbild keine Ähnlichkeit mehr mit den wahren Gegenständen. Gewandt also im Deuten der Spiegelungen wird der sein, der schnell auseinanderhalten und zusammensehen kann, was an den Bildern durch die Bewegung zerrissen und verzerrt wird".

127 Gouhier (1979), S. 54: „Descartes avait désormais une *preuve* de l'origine surnaturelle du songe, puisqu'en vingt-quattre heures il avait pu *vérifier* sa valeur prophetique."

128 Ein Schulbeispiel für das Eskamotieren aller sinnlichen Anteile aus der Erkenntniskonzeption des frühen Descartes seitens der Descartes-Forschung stellt der Aufsatz von Jean-Luc Marion (1983) dar. Marion deutet den Traum als Erwachen der Cartesianischen Vernunft und befindet (S. 58): „Les rêves ne se déroulent pas sous l'emprise d'une inspiration ou d'un enthousiasme." Ähnlich auch Pohlen – Bautz-Holzherr (1991), die in der zunehmenden inneren Ordnung der Träume den Einzug der repressiven neuzeitlichen Herrschaftsrationalität sehen wollen, in Unkenntnis der vorcartesischen Ordo-Konzeptionen und ihrer Funktionen. Wie oben dargestellt ist Ordnung und Traum kein Gegensatz, und vor Descartes gab es nicht nur das sinnlich-fröhliche Chaos. In jeder Hinsicht enttäuschend ist auch das vermeintlich einschlägige Buch von Peter-André Alt, *Der Schlaf der Vernunft*, München 2002, das im Untertitel verspricht, *„Literatur und Traum in der Kulturgeschichte der Neuzeit"* darzustellen. Descartes wird darin jedoch einfach dem Klischee gemäß unterstellt, daß mit ihm das Zeitalter der cartesianischen Verdrängung und Ausklammerung des Traumes anhebe (ebd., S. 124-141). Auf Descartes' frühe Träume geht Alt nicht ein, und so fragt sich, wer hier etwas ausklammert, das ihm nicht ins Konzept paßt?

129 So bei Kennington (1961), S. 175, 185 u. 189; Quiring (1954), Poulet (1950); und den in der vorausgehenden Fußnote Genannten.

schritte *erschließt* und dabei Urteile fällt, so liegt dem offenkundig kein formallogisch-systematisches Deduktionsverständnis zu Grunde. Das Kriterium für die Gültigkeit der Trauminterpretation ist, daß alle Elemente sich zu einer kohärenten Lesart zusammenfügen: Sobald Descartes *sieht*, daß dies glatt gelingt („Voyant que l'application de toutes ces choses réussissoit si bien à son gré"), geht die Deutung in eine sich hochschaukelnde Selbstbestätigung über, die vom Staunen, über das Interpretieren, Einschätzen, Verstehen, Begreifen zum Sich-Selbst-Überzeugen führt. Am Ende steht dann der Beweis der Prophetie. An der prophetischen Qualität seiner Träume hat auch der wache Descartes keinen Zweifel.

Die Erfahrung, daß plötzlich alle unbekannten Elemente einer Gleichung aufgehen und alles zusammenpaßt, kennt man natürlich auch vom Lösen mathematischer Probleme, doch hier ist das Zusammenstimmen offenkundig rein ästhetischer Art, d.h. es ergibt sich aus dem Empfangen von Bildern, ihrem Interpretieren und den Schlüssen, die daraus gezogen werden sowie schließlich aus dem sich Zusammenfügen aller Teilinterpretationen zu einem stimmigen Gesamtbild, das durch den Bericht über das Eintreffen der durch die Traum-Symbole bedeuteten Zukunftsereignisse später dann zusätzlich abgesichert wird.

Festhalten möchte ich hier dreierlei:

1. Es gibt bei Descartes auch ein nicht-logisches Deduktionsverständnis
2. die Kohärenz der Auslegung führt zur Gewissheit, diese vollzieht sich
3. als Steigerungsprozess.

Eine Hauptthese meiner Arbeit ist, daß sich diese Elemente auch beim späteren Descartes finden und ich werde z.B. anhand von Descartes' Deutung seiner Schneebeobachtungen oder auch anhand seiner *Principia* zeigen, daß auch dort ein zwar anders motiviertes, aber gleichwohl ästhetisches Entdeckungs-, Deduktions- und Rechtfertigungsverfahren angewendet wird wie hier in der Traumdeutung. [130] Diese Traumdeutung kann als ein erstes Methodenmuster für Descartes' spätere Naturdeutung genommen werden. Für eine bloße Instaurierung der neuen mathematischen Wissenschaft hätte Descartes auf die Traumform verzichten können, denn für die Darstellung der Resultate, wie sie die gängigen Deutungen unterstellen, wäre sie entbehrlich. Mehr noch: Mit diesem Verzicht hätte er seinen cartesianischen Nachfolgern die Verlegenheit erspart, erklären zu müssen, warum ausgerechnet eine Traumvision die neue Wahrheit der rationalistisch konzipierten Wissenschaften offenbaren und begründen können soll.

---

130 Selbst die Untersuchung Christiane Schildknechts, Erleuchtung und Tarnung. Überlegungen zur literarischen Form bei René Descartes, in: Gottfried Gabriel – Christiane Schildknecht (Hrsg.), *Literarische Formen der Philosophie*, Stuttgart 1990, S. 92-120, welche sich gerade der Darstellungsform der Texte Descartes' widmet, sitzt der im *Discours* 2.1. mit Hilfe einer trügerischen Rückdatierung von Descartes in die Welt gesetzten Legende auf, er hätte bereits 1619 alle seine späteren Einsichten gefunden. Schildknecht, die sich ihre Zitate aus allen Phasen Descartes' unterschiedslos zusammensucht, vermischt Fiktion und Wirklichkeit, wenn sie über Descartes' (angeblich) einsames Winterquartier bei Neuburg 1619 schreibt: „Dort, eingeschlossen in eine warme Stube, mündet das monologische Denken Descartes' in die Hauptregeln seiner Methode, dort widerfahren ihm auch jene drei Träume, die zu der Entdeckung der »mirabilis scientia fundamenta« (Olympica) führen." Die abgeschlossene Situation sei Sinnbild für „den solipsistischen Anfang der (Cartesischen) Vernunft, den monologischen Beginn neuzeitlichen Denkens", (ebd., S. 98. Anm. 16).

5) Figuren der Ähnlichkeit

In diesem Zusammenhang ist weiter zu präzisieren, daß sich im Traum keine unmittelbare Erkenntnis ereignet, sondern zunächst symbolische Bilder durch die Einbildungskraft erzeugt werden, die dann ausgedeutet werden müssen. Die *imaginatio* ist die Bühne und gemeinsam mit dem Enthusiasmus zugleich die Schöpferin der Traumerscheinungen. Der symbolische Charakter der Traumbilder ermöglicht allererst einen Aufschwung in höhere Seinsebenen. Die Wissensfunken, welche die Einbildungskraft aus dem Feuerstein des menschlichen Geistes schlägt, sind somit nicht einfach nur leuchtender, sondern erlauben durch ihre Transparenz und ihre Zwischenstellung zwischen bloß Sinnlichem und rein Geistigem für diejenigen, die zu deuten wissen, den Aufstieg zu einer höheren Einsicht und rangieren somit auf einer qualitativ anderen Stufe als die Erkenntnis, welche durch die vom Verstand hervorgebrachten Funken erlangt werden kann. Sie sind „ernster", „vernünftiger", „deutlicher" (distincte), „leichter" und „leuchtender". Keineswegs sind somit die *facilitas* und *perspectuitas* der *imaginatio* reserviert für die Mathematik.[131] Wenn der junge Descartes erklärt, daß bei „jeder Untersuchung [...] irgendein Mittleres [medium] zwischen zwei Extremen gegeben sein [muß], durch welches diese explizit oder implizit miteinander verbunden werden", und dafür ein geometrisches Beispiel gibt, nämlich wie Kreis und Parabel mit Hilfe eines Kegels in Beziehung gesetzt werden können,[132] so ist dies eben nur ein Beispiel und berechtigt nicht dazu, das *medium inter* ausschließlich auf den Bereich der Geometrie einzuschränken.[133] Die Geometrie und Arithmetik liefern nur Exempel für ein Gewißheitsideal, das auch in anderen Wissensbereichen erreicht werden könne und solle. Es sei daher erlaubt, „aus alledem vollends schließen, nicht zwar, daß allein Arithmetik und Geometrie gelernt werden dürfen, sondern nur, daß, wer den richtigen Weg zur Wahrheit sucht, mit keinem Gegenstand umgehen darf, über den er nicht eine den arithmetischen oder geometrischen Beweisen gleiche Gewißheit gewinnen kann."[134]

---

131 Vgl. dagegen z.B. Sepper (1989), S. 382, zur „Cartesian Imagination: it is fundamental mathematical." Zum Wortfeld der „Perspectuitas", aber in Bezug auf Descartes mit zu einseitiger Ausrichtung auf die Deduktion als Grundform des verstandesmäßigen Erkennens: Gottfried Böhm, *Studien zur Perspektivität. Philosophie und Kunst in der Frühen Neuzeit*, Heidelberg 1969, S. 174-184.

132 AT X, S. 229. „wie Kreis und Parabel mittels eines Kegels. Ebenso werden sie durch zwei kompossible Bewegungen beschrieben. So wie man sagen muß, daß die Bewegung zur Spirale nicht mit der Kreisbewegung kompossibel ist." „In omni quaestione debet dari aliquod medium inter duo extrema, per quod conjungantur vel explicite vel implicite: ut circulus & parabola, ope coni. Item per duos motus compossibiles describentur. Ut motus ad [spiralem] dicendus non est cum circulari compossibilis."

133 Wie es etwa explizit bei Krämer: *Berechenbare Vernunft*, S. 186-192 geschieht.

134 *Regulae*, Regel 2, AT X, S. 366: „Jam vero ex his omnibus est concludendum, non quidem solas Arithmeticam & Geometriam esse addiscendas, sed tantummodo rectum veritatis iter quaerentes circa nullum objectum debere occupari, de quo non possint habere certitudinem Arithmeticis & Geometricis demonstrationibus aequalem."

In den *Regulae* heißt es entsprechend zu den *communes notiones*, die den Deduktionen zugrundeliegen: „Hierher sind auch jene Gemeinbegriffe zu rechnen, die gleichsam die Verbindungsgliedern sind, um andere einfache Naturen miteinander zu verbinden, und auf deren Evidenz alles beruht, was wir im folgernden Denken erschließen, nämlich diese: was einem Dritten gleich ist, ist untereinander gleich, ebenso: was nicht auf gleiche Weise auf dasselbe Dritte bezogen werden kann, besitzt auch unter sich einen Unterschied usw. Und zwar können diese allgemeinen Naturen sowohl vom reinen Verstand erkannt werden, als auch von

Descartes präzisiert seine „*cognitio sensitiva*" weiter:

> „So wie die Einbildungskraft von Bildern Gebrauch macht, um Körper zu begreifen, so macht der Intellekt Gebrauch von gewissen sinnlichen Körpern, um geistigen Dingen Gestalt zu verleihen, solchen wie Wind und Licht: bei welchen wir, wenn wir höher [altius] philosophieren, unseren Verstand [mens] durch Erkenntnis in die Höhe [in sublime] erheben können."
>
> „Ut imaginatio utitur figuris ad corporea concipienda, ita intellectus utitur quibusdam corporibus sensibilibus ad spiritualia figuranda, ut vento, lumine: unde altius philosophantes mentem cognitione possumus in sublime tollere."[135]

Auch hier wird wieder eine fundamentale Analogie[136] zwischen Einbildungskraft und Intellekt hergestellt: 1. Die *imaginatio* bedient sich der Bilder, um Körper zu begreifen; 2. Der Intellekt bedient sich der Körper, um Geistiges zu veranschaulichen; – zunächst scheint es zwar so zu sein, daß die Einbildungskraft im ersten Teil des Zitats dem Intellekt untergeordnet wird, doch täuscht dies, denn sie liefert dem Intellekt ja auch jene sinnlichen Körper, welche dem Verstand allererst eine solche Erkenntnis ermöglichen, durch die er in höhere Regionen aufzusteigen vermag. Wie die Begründung im zweiten Teil des Zitats erklärt, kann dieser Aufstieg aufgrund des symbolischen Charakters der Bilder, z.B. von Wind und Licht, gelingen. Die Vorarbeit der Einbildungskraft entwirft die Bilder, die der Intellekt, will er in höhere geistige Bereiche vordringen, als Symbole erkennen und dann ausdeuten können muß. Erst durch die Deutung der symbolischen Bilder gelangt der Verstand vom Wind zum Geist:

> „Die sichtbaren Dinge [Sensibilia] erlauben uns, die himmlischen Dinge [Olympicis] zu begreifen: Wind bedeutet Geist, Bewegung in der Zeit: Leben, Licht: Erkenntnis, Wärme: Liebe, permanente Handlung: Schöpfung. Jede körperliche Form wirkt durch Harmonie. Es gibt mehr Feuchtes als Trockenes und mehr Kaltes als Warmes: weil ansonsten die aktiven Kräfte zu schnell den Sieg vermelden würden und die Welt nicht länger andauern würde."
>
> „Sensibilia apta concipiendis Olympicis: ventus spiritum significat, motus cum tempore vitam, lumen cognitionem, calor amorem, activitas instatanea creationem. Omnis forma agit per harmoniam. Plura humida quam sicca & frigfida quam calida, quioa alioqui activa nimis cito victoriam reportassent, & mundus non diu durasset."[137]

---

ihm, sofern er *die Bilder* dessen, was materiell ist, intuitiv erfaßt." „Huc etiam referendae sunt communes illae notiones, quae sunt veluti vincula quaedam ad alias naturas simplices inter se conjugendas, & quarum evidentia nititur quidquid ratiocinando concludimus. Hae scilicet: quae sunt eadem uni tertio, sunt eadem inter se; item, quae ad idem tertium eodem modo referri non possunt, aliquid etiam inter se habent diversum, &c.Et quidem hae communes possunt vel ab intellectu puro cognosci, vel ab eodem imagines rerum materialium intuente." (*Regulae*, S. 89, AT X, S. 419f.)

135 AT X, S. 217. Es folgt dieser Stelle unmittelbar der oben zitierte Passus über den Vorzug der dichterischen Erkenntnis, welcher beginnt: „Mirum videri possit..."

136 Wie ich in den folgenden Teilen noch zeige werde, macht Descartes auch später noch von Mikrokosmos-Makrokosmos-Analogien Gebrauch, doch der Status der Analogien wird sich grundlegend ändern, sie werden als ‚wissenschaftliche' oder heuristische Analogien eingesetzt.

137 AT X, S. 218. Grove hat ausgehend von vermeintlich epigrammatischen Formulierungen oder Motti im Frühwerk einen Einfluß der jesuitischen Emblematik auf den jungen Descartes behauptet, ohne jedoch eine einzige direkte Bezugnahme auf ein Emblem nachweisen zu können. Stattdessen suggeriert er vage Bezüge:

Das Begreifenkönnen der himmlischen Dinge vollzieht sich mit Hilfe der sichtbaren (und wie dies genau geschieht und inwiefern hier ein methodisches Konzept vorliegt, daß unter anderen Vorzeichen auch für Descartes' spätere Schriften maßgeblich ist, wird in der vorliegenden Arbeit noch zu untersuchen sein). In diesem Kontext sei vorerst nur hervorgehoben, daß im geistigen Haushalt des jungen Descartes das Konzipieren der *olympicis* durch sinnliche Dinge auf der Basis von symbolischen Entsprechungen gedacht wird, während später funktionale Analogien vorherrschen. Vorausgesetzt wird im Frühwerk ein harmonischer Kosmos, bei welchem die sinnlichen und geistigen Stufen in struktureller Analogie einander korrespondieren und in welchem die einzelnen Kräfte so austariert sein müssen, daß die innere Vollkommenheit der Welt gewahrt bleibt. Würden die Proportionen im Gefüge nur wenig verändert, beispielsweise die aktiven Kräfte des Trockenen und Warmen zunehmen, so führte dies zur gänzlichen Vernichtung[138] des absoluten Weltzusammenhangs.[139]

Die einzelnen Teilkräfte wiederum werden von einer einzigen, kosmologischen Kraft durchwirkt, der Harmonie, die die Welt in proportional ausgewogener Balance hält und wie bei Proklos[140] als Liebe die analogische Vermitteltheit der Welt in Gestalt eines sympathetischen Wirkungszusammenhanges entfaltet.

> „Eine einzige aktive Kraft ist in den Dingen: Liebe, Fürsorge, Harmonie."
> „Una est in rebus activa vis, amor, charitas, harmonia."[141]

Dieser Gedanke ist völlig unvereinbar mit Beeckmanns Denken, und in noch weiterer Ferne liegt die spätere Trennung der ‚Substanzen' in *res cogitans* und *res extensa*. Descartes schließt hier an *Harmonia-mundi*-Einheitsvorstellungen an, wie sie etwa in den kurz vorher erschienenen Schriften Keplers oder Fludds und vormals bei Agrippa und Giorgi entworfen wurden.[142] Eine Schlüsselrolle spielt dabei der Kontextbegriff der *Proportion*, da über Pro-

---

„The same motto: ‚Sensibilia apta concipiendis Olympicis', could be used to summarise the mentality behind Jesuit emblematics." Laurence Grove, Jesuit emblematics at La Flèche (Sarthe) and their influence upon René Descartes, in: John Manning (Hrsg.), *The Jesuits and the emblem tradition*, Turnhout 1999, S. 87-113, hier: S. 96. Bei keinem der Bild-Bezüge, die ich in Descartes' Schriften untersucht habe, konnte ich für die Emblematik charakteristische Dreier-Schema Motto, pictura, subscriptio als strukturbildend erkennen. Auch einen direkten Bezug auf ein bestimmtes Emblem vermochte ich nicht aufzufinden.

138 Vielleicht ist dieses ‚nicht Verändern dürfen der Konstellationen' auch der Schlüssel für die folgende, manichäisch anmutende, kryptische Stelle: „Gott schied das Licht von der Finsternis, die Genesis bedeutet, daß er die guten Engel von den bösen geschieden hat; weil man eine Beraubung nicht von einem positiven Zustand scheiden kann: deswegen kann man [die Schrift] nicht wörtlich verstehen [quia non potest seperari privatio ab habitu: quare non potest litteraliter intelligi]. Die reine Intelligenz ist Gott." AT X, S. 218.

139 Keineswegs sind hier wie beim späteren Descartes die Qualitäten bloße Zustände der *res*. Vielmehr sind sie, gemäß der Tradition der griechischen Elementenlehre, die sowohl die scholastische Physik als auch die okkulten Naturphilosophien prägte, als selbständige, aktive oder passive Entitäten verstanden.

140 Vgl. zu Proklos: Leinkauf (1993), S. 169 und zur Analogik ebd., S. 163-174.

141 AT X, S. 218.

142 Kepler, *Harmonices Mundi libri V* [1619], in: Johannes Kepler, *Gesammelte Werke*, hrsg. V. Max Caspar, Band 6, München 1940; Robert Fludd, *Utriusque cosmi* ... Oppenheim 1617, hier: Buch 1. Kap. 3: De Musica mundana; ders., Tractatus apologeticus, Leiden 1617, hier: S. 177-183; De occultis et admirantis [!] Musices arcanae effectibus; Francesco Giorgi: *De harmonia mundi*,Venedig 1525; Agrippa: De. occ. phil. In diesen Texten fließen pythagoreische, neuplatonische, christlich-kabbalistische Strömungen ineinander. Ein Ausgangspunkt ist wieder Platons *Timaios*, in welchem die „Harmonie" der Welt (St. 37), die Vereinigung der Elemente (St. 32f.) mit Hilfe der Proportion erreicht wird. Vgl. St. 31f.: „Zwei Dinge aber lassen sich für

portionalverhältnisse Kräfte, Gegenstände und Bereiche, die nicht in einer einfachen Adäquationsbeziehung stehen, dennoch über die Herstellung von Ähnlichkeitsbeziehungen verknüpft und erkannt werden können.[143] Auf diese Weise wird die oben beschriebene, vom Menschen zu leistende *concatenatio* der Wissenschaften allererst ermöglicht, deren innere Konsistenz nun die einzig zureichende Adäquation zur gegebenen Wirklichkeit darstellt und auf diese Weise eine Vermittlung zwischen den geschiedenen, aber nicht absolut getrennten Bereichen der sinnlichen und übersinnlichen Welt vollziehbar macht. Nun wundert es nicht mehr, wenn Descartes sein analogisches Wissens-Konzept gar mit dem Begriff der *similitudo* verdeutlicht und den Findungstopos der Ähnlichkeit zu einer Metaphysik der ‚Ähnlichkeit' erhöht:

> „Das Erkennen der natürlichen Dinge geschieht beim Menschen nur vermöge ihrer Ähnlichkeit [per similitudinem] mit den Dingen, die unter die Sinne fallen [die wir sinnlich wahrnehmen]. Und tatsächlich urteilen wir, daß jemand um so wahrer philosophiert, je glücklicher er die gesuchten Dinge dem durch die Sinne Erkannten anzugleichen vermag."
>
> „Cognitio hominis de rebus naturalibus, tantum per similutidinem eorum quae sub sensum cadunt: & quidem eum verius philosophatum arbitramur, qui res quaesitas felicius assimilare sensu cognitis."[144]

In einer anderen frühen Schrift, in seinem *Musicae compendium,* hebt Descartes die aktive Fähigkeit der Einbildungskraft hervor, wenn es darum geht, die rhythmische Einteilung eines Musikstücks zu einer *anschaulichen* Einheit zu synthetisieren und damit – analog zum ‚intuitiven Erkennen auf einem Blick' – in seiner Struktur faßbar zu machen.[145] Dies geschieht wiederum, indem man die richtigen Proportionalverhältnisse herstellt. Die Einteilung werde

> „markiert durch Schlag oder den sog. Niederschlag, was zur Unterstützung unserer Einbildungskraft [imaginatio] geschieht. Dadurch können wir alle Taktglieder leichter erfassen und uns durch das unter ihnen bestehende Verhältnis [proportione] erfreuen. Dieses

---

sich allein nicht haltbar zusammenfügen; es gehört notwendig dazu ein drittes, vermittelndes Band nämlich, welches die Vereinigung beider erst zustande bringen kann. Das schönste aller Bänder aber ist dasjenige, welches die engste Vereinheitlichung des Bandes selbst mit den verbundenen Gegenständen herstellt. Dies aber am zu bewirken vermag ihrem Wesen nach die Proportion." Nicht unwichtig zu bemerken, daß auch in Descartes' Träumen auf Pythagoras Bezug genommen wird, da Ausonius ein pythagoräischer Dichter war. Zu Kepler vgl. Daniel P. Walker, Keplers Himmelsmusik, in: Frieder Zaminer (Hrsg.), *Geschichte der Musiktheorie* Bd. 6: Hören, Messen und Rechnen in der frühen Neuzeit, Darmstadt 1987, S. 81-108; zu Fludd vgl. Peter J. Amman, The Musical Theory and Philosophy of Robert Fludd, in: *Journal of the Warburg and Courtauld Instituts* XXX (London 1967), S. 198-227; zu Giorgi und Agrippa vgl. Frances A. Yates, *Die Okkulte Philosophie Im Elisabethanischen Zeitalter,* Amsterdam 1991, S. 33-55.

143 Damit kommt natürlich auch der Mathematik eine eminent wichtige Bedeutung zu. Bekanntlich führten die Pythagoräer den Kosmos und somit alle seine Elemente auf Zahlenverhältnisse zurück, wodurch man miteinander vergleichbare Strukturen erhielt. Wichtig ist zu begreifen, daß die Mathematik bei Descartes nicht Zweck, sondern nur Instrument ist. Zu den Zwecken gelangt man erst, wenn die mathematisch beschreibbaren Strukturen untereinander verglichen werden, dies muß jedoch bildhaft, d.h. mit Hilfe der Einbildungskraft durchgeführt werden.

144 AT X, S. 218.

145 Vgl. dazu: Gaukroger (1995), S. 74-80 u. 123 und die Kapitel in vorliegender Arbeit: ‚Intuitionen und Ketten' sowie ‚Verstehen auf einen Blick'.

> Verhältnis aber wird sehr weise so unter den Melodiegliedern gewahrt, daß es unsere Aufnahmefähigkeit unterstützen kann, und zwar derart, daß, während wir das Ende des Taktes noch weiter hören, wir uns des Anfangs und der übrigen Melodie erinnern. Das geschieht, wenn die ganze Melodie aus 8, 16, 32 oder 64 und mehr Taktgliedern besteht und daß natürlich alle Teilungen im doppelten Verhältnis fortschreiten. Dann nämlich, während wir die ersten beiden Glieder hören, fassen wir sie gleich als eines auf, und wenn wir das dritte hören, verbinden wir noch dieses mit den ersten beiden so, daß ein dreifaches Verhältnis entsteht. Hernach, während wir das vierte hören, verbinden wir es mit dem dritten so, daß wir sie gleich als eines auffassen, darauf verbinden wir wiederum die beiden ersten mit den beiden letzten so, daß wir alle vier Glieder so gut als eines auffassen [... ut instar unius illa quatuor concipiamus simul]. Und so geht unsere Einbildungskraft fort bis zum Schluß, wo schließlich die ganze Melodie als eine aus mehreren Gliedern zusammengesetzte Einheit aufgenommen wird. [Et sic ad finem usque nostra imaginatio procedit, ubi tandem omnem cantilenam, ut unum quid ex multis aequalibus membris conflatum, concipit.]"[146]

Descartes veranschaulicht diesen Vorgang, indem er in gleiche Abschnitte unterteilte Linien untereinander stehend abbildet, die nächst folgende jeweils um einen Abschnitt verlängernd, so daß eine Graphik entsteht, die das Auge sofort die Proportionsverhältnisse erkennen läßt. Dieser Bildeinsatz ist charakteristisch für die ganze Schrift. Descartes setzt viele Diagramme ein, die helfen sollen, musikalische Verhältnisse anschaulich zu machen. Weil er explizit die Kategorie der Anschauung auf den Bereich der Musik anwendet und ausdrücklich der Imagination die Strukturierungsleistung zuspricht, wird Descartes zum „Ahnherrn einer vom Auge her gedachten musikalischen Formkonzeption."[147] Beispielsweise entwirft er einen musikalischen Zirkel, der auf einen Blick erlaubt, unterschiedliche Proportionalverhältnisse zu erfassen:

146 *Leitfaden der Musik,* S. 7. Dieser Passus wurde von mir auch deshalb vollständig zitiert, da er für die später noch abzuhandelnde Memoria-Konzeption Descartes' (s.u.) Modellcharakter hat.
Zum Verhältnis von Descartes' musikalischer Proportionslehre zu seiner *Geometrie* sowie zur zeitgenössischen Mathematik und Musiktheorie siehe neuerdings die grundlegende Arbeit von Daniel Muzzulini, *Genealogie der Klangfarbe*, Bern 2006. Zum kulturhistorischen Kontext von Descartes' Musiktraktat siehe: Frédéric de Buzon, L'estetique de Descartes dans la Correspondance: à propos de la Lettre à Bannius, in: J.-R. Armogathe – G. Belgioioso (Hrsg.), *La biografia intellettuale di René Descartes attraverso la Correspondance*, Neapel 1999, S. 167-192.

147 Arne Stollberg, *Ohr und Auge – Klang und Form: Facetten einer musikästhetischen Dichotomie bei Johann Gottfried Herder, Richard Wagner und Franz Schreker*, Stuttgart 2006, S. 70-72. Vgl. a. Adolf Nowak, Anschauung als musikalische Kategorie, in: Rüdiger Bubner (Hrsg.), *Anschauung als ästhetische Kategorie*, Göttingen 1980, S. 103-117.

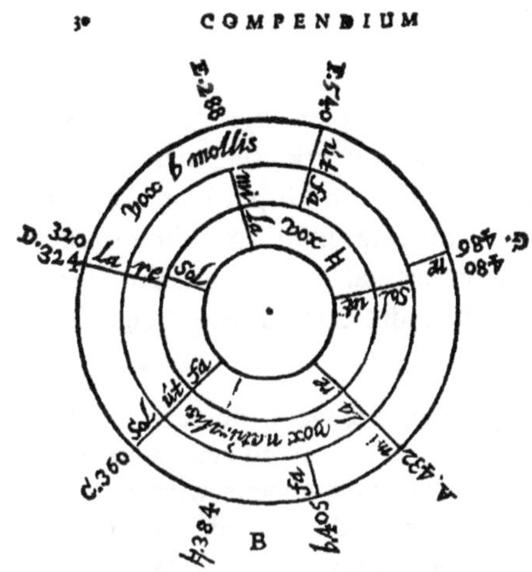

Abb. 1) *Renati Des-Cartes Musicae compendium*, Musikalischer Zirkel, Utrecht 1650.

Doch beschränkt sich Descartes keineswegs nur darauf, die Aktionen der Einbildungskraft auf Synthesisleistungen zu beziehen. Ein hier präludierender Zusammenhang, der später in Descartes' Embryologie wichtig werden wird (s.u.), ist der zwischen Einbildungskraft und materiell vorgestellten Sympathie- Antipathie-Relationen, die Wirkeffekte zeitigen könnten. Gleich zu Beginn des *Musicae Compendium* (S. 3) findet sich die Vorstellung einer sympathetischen Wirkkongruenz, wenn Descartes behauptet, „daß eine mit einem Schafsfell bespannte Pauke verstummt, wenn man sie schlägt, [wenn] eine andere mit einem Wolfsfell bespannte tönt", weil offenbar das antipathische Verhältnis auch noch über den Tod hinaus wirksam bleibt.[148]

Selbst eine ironisch gefärbte Tugendlehre in der Nachfolge Ciceros[149] entwirft der junge Descartes nach analogem Muster, indem er die Erkenntnis des Körpers und der Seele in proportionale Relation zueinander bringt und vergleicht

> „Laster nenne ich die Krankheiten der Seele, die man nicht so leicht diagnostiziert, wie die Krankheiten des Körpers, da wir zwar oft Experten dafür sind, was das Beste für den Körper ist, beim Geist sind wir das aber keineswegs. Ich bemerke an mir, daß wenn ich traurig bin, oder mich in Gefahr befinde, oder wenn mich traurige Angelegenheiten be-

---

148 In AT X, S. 90 verweist ferner eine Anmerkung der Herausgeber auf Marin Mersennes, *Questiones celeriberrime in Genesim,* Paris 1623, worin in einem Kapitel mit dem bezeichnenden Titel „Mirabiles Antipathiae" dies in ähnlicher Weise erläutert wird. Auch hier ist das „Wunderbare" Terminus zur Bezeichnung okkulter Qualitäten. Auch bei Agrippa: *De occulta philosophia* (Buch II. Kap. 25) findet sich das analoge Beispiel einer zugleich mit Wolfs- und Schafssaiten bespannten Laute, welche sich nicht harmonisch stimmen läßt. Shea (1990), S. 112 weist auf parallele Stellen in Della Portas *Magia Naturalis* hin. Hingegen versichert uns Kamlah (1961, S. 83): Seit Descartes „1618 in die Tradition der neuen Wissenschaft eintritt, bricht er mit der Tradition der thomistisch-aristotelischen Physik und bildet sofort seine Deutung der Materie als res extensa aus." Dies eben seien die „fundamenta" der „wunderbaren Wissenschaft".
149 Cicero, *Tusculanae Disputationes* 3.3.5.

> schäftigen, ich tief schlafe und mit großer Gier esse; bin ich dagegen voller Freude, esse ich weder, noch schlafe ich."[150]

Dieser Passus findet sich zwischen den oben von mir bereits zitierten Fragmenten, die die optischen Analogien ausführen und die erklären, daß die Einbildungskraft heuristischen Gebrauch von Bildern machen könne, um körperliche Dinge zu begreifen, sowie daß man sinnlich wahrnehmbare Dinge zum Begreifen von himmlischen Dingen verwenden könne. Unmittelbar danach wird diese investigatorische Funktion der Analogie zu explikatorischen Zwecken ins Naturalistische gewendet und in eine kausalistische Affektenlehre transformiert:

> „Es gibt Teile in jedem Ingenium, die, wenn sie auch nur leicht berührt werden, starke Affekte hervorrufen: wenn daher ein Knabe mit einer starken Seele, getadelt wird, wird er nicht weinen, sondern zornig werden; ein anderer wird weinen. Wenn wir hören, daß viele und große Unglücke sich ereignet haben, werden wir traurig; wenn hinzugefügt wird, daß jemand böses die Ursache war, werden wir zornig. Der Übergang von Affekt zu Affekt geschieht durch benachbarte; oft jedoch ist der Übergang von entgegengesetzten Affekten stärker, so wenn eine fröhliche Gesellschaft plötzlich von einem traurigen Ereignis erfährt."[151]

Mit all diesen Anwendungsbeispielen für eine *cognitio sensitiva* scheint die dem ‚klassischen' Descartes entfernteste Position markiert. Foucault hatte gerade Descartes angekreidet, daß für diesen die Ähnlichkeit nicht mehr eine Form des Wissens sei, sondern nur noch eine Gefahrenquelle des Irrtums. Mit Descartes setze ein Denken ein, das die „Ähnlichkeit als fundamentale Erfahrung und erste Form des Wissens ausschließt und in ihr eine konfuse Mischung denunziert."[152] Die Annahme einer Liquidierung des Ähnlichkeitsdenkens der Renaissance durch den cartesischen Rationalismus bildet seither den kategorialen Rahmen der meisten kulturhistorischen Rekonstruktionen der frühen Neuzeit. Wie man sieht, trifft sie auf den jungen Descartes keineswegs zu. Genauso wenig aber fügen sich die *Regulae*, deren Anfang Foucault als Beleg für seine Darstellung anführt,[153] diesem Raster, denn diese Schrift setzt mit dem Hinweis ein, daß man sich nicht von der berechtigten Kritik an aufgrund von Ähnlichkeit verursachten Fehlschlüssen dazu verleiten lassen dürfe, die objektive Ähnlichkeitsrelation, welche zwischen den Wissenschaften besteht, zu übersehen. Doch

150 AT X, S. 215: „Vitia appello morbos animi, qui non tam facile dignoscuntur ut morbi corporis, quod sæpius rectum corporis valetudinem experti sumus, mentis nunquam. Adverto me, si tristis sim, aut in periculo verser, et tristia occupent negotia, altum dormire et comedere avidissime; si vero lætitia distendar, nec edo nec dormio."

151 AT X, S. 215: „Sunt quædam partes in omnium ingeniis, quæ, vel leviter tactæ, fortes affectus excitant: ita puer forti animo, objurgatus, non flebit, sed irascetur; alius flebit. Si dicatur infortunia multa et magna accidisse, tristabimur; si quem malum in causa fuisse addatur, irascemur. Transitus a passione in passionem, per vicinas; sæpe tamen a contrariis validior transitus, ut si in convivio hilari tristis casus repente nuntietur."

152 Foucault (1974), S. 85. Dazu: Stephan Otto, *Das Wissen des Ähnlichen. Michel Foucault und die Renaissance*, Frankfurt, Bern, New York 1992. Diese These wurde seither unzählige Male wiederholt. Ein Beispiel, das auch den Traum-Kontext Descartes' betrifft: Alt (2002), S. 89ff. Stephan Otto (2008, S. 71) formuliert nun die alte These vorsichtiger und wird sie später etwas relativieren: „Aber nun betritt Descartes die Bühne, und sein Rückblick auf das Ähnlichkeitswissen der Renaissance scheint diese farbenfrohen Denklandschaft in ein verlorenes Paradies zu verwandeln."

153 Ebd., S. 83.

auch für die späteren Schriften Descartes' wird sich Foucaults wirkmächtige Großthese als falsch erweisen, da sich zeigen wird, daß Ähnlichkeitskonzeptionen in allen Denkphasen Descartes' explanatorische und kognitive Funktionen erfüllen.

6) Methode und Gedächtnis: „clavis totius mysterii"[154]

Die in der oben zitierten Passage aus dem *Musicae compendium* anhand der Analyse eines Musikstücks erklärte methodische Funktion der Einteilung, Ordnung und Synthese einzelner Glieder für die Unterstützung der Aufmerksamkeit soll nun näher untersucht werden. Es finden sich im Frühwerk einige Stellen, die über die Herausbildung der Cartesischen Methode Auskunft zu geben vermögen:

> „Während meiner Jugendzeit fragte ich mich, nachdem geistreiche Erfindungen [ingeniosis inventis] bekannt wurden, ob ich selbst, auch ohne daß ich mich auf die Lektüre eines Autors stütze, Erfindungen machen könne: von da an wurde ich nach und nach gewahr, daß ich nach sicheren Regeln [certis regulis] verfahren müsse."
>
> „Juvenis, oblatis ingeniosis inventis, quærebam ipse per me possemne invenire, etiam non lecto auctore: unde paulatim animadverti me certis regulis uti" [155]

> „Die Sprüche der Weisen können auf eine sehr kleine Anzahl allgemeiner Regeln zurückgeführt werden."
>
> „Dicta sapientum ad paucissimas quasdram regulas generales possunt reduci."[156]

> „Die Mehrzahl der Bücher ist, wenn man wenige Zeilen liest und *einige Bilder betrachtet*, vollständig bekannt. Das Übrige ist zum Füllen des Papiers hinzugefügt."
>
> „Plerique libri, paucis lineis lectis figurisque inspectis, toti innotescunt; reliqua chartæ implendæ adjecta sunt."[157]

Näheren Aufschluß, wie dieses hier deutlich topisch ausgerichtete Reduktionsprogramm, alles auf allgemeine oder sichere Regeln zu bringen, um Erfindungen machen zu können, verstanden werden kann, gibt jedoch die folgende Betrachtung, die auch als die entschei-

154 In den vergangenen 2 Jahrzehnten sind eine Fülle von Sammelbänden und Editionsprojekten zu Memoria-Konzeptionen entstanden, die deren Omnipräsenz in allen wichtigen Diskursen der frühen Neuzeit aufzeigten. Stellvertretend seien nur die gemeinsam von Jörg Jochen Berns und Wolfgang Neuber herausgebenenen Sammelbände und auf den Weg gebrachten Editionsprojekte genannt: *Das enzyklopädische Gedächtnis der Frühen Neuzeit. Enzyklopädie- und Lexikonartikel zur Mnemonik* (= Frühe Neuzeit 43) Documenta mnemonica: Text- und Bildzeugnisse zu Gedächtnislehren und Gedächtniskünsten von der Antike bis zum Ende der Frühen Neuzeit, Tübingen 1998; *Seelenmaschinen: Gattungstraditionen, Funktionen und Leistungsgrenzen der Mnemotechniken vom späten Mittelalter bis zum Beginn der Moderne*, Wien 2000; *Ars memorativa: zur kulturgeschichtlichen Bedeutung der Gedächtniskunst 1400–1750*, Tübingen 1993; für einen ebenso umfassenden wie luziden Überblick: Wolfgang Neuber, Memoria, in: Gert Ueding (Hrgs.), *Historisches Wörterbuch der Rhetorik*, Tübingen 2001, S. 1037-1078.

155 AT X, S. 214.

156 AT X, S. 218.

157 AT X, S. 214.

dende Gelenkstelle für den Übergang zu Descartes' späterem Methodenkonzept angesehen werden muß:

> „Beim Lesen von Schenkels anregenden Kleinigkeiten (im Buch *De arte memoria*) dachte ich, daß ich alles, was ich entdeckt hatte, durch die Imagination umfassen könnte, wenn ich nur immer die Dinge auf ihre Ursachen zurückführte (per reductionem rerum ad causas): Und wenn diese letztlich auf eine einzelne Ursache zurückgeführt werden, ist es offensichtlich, daß man für die Wissenschaften insgesamt überhaupt kein Gedächtnis zu haben braucht (patet nulla opus esse memoria ad scientias omnes). Denn wenn man die Ursachen versteht, können alle verschwundenen Bilder [phantasmata] durch den Eindruck der Ursache im Gehirn leicht wieder neu geformt werden. Dies ist die wahre Gedächtniskunst (vera ars memoriae), und sie ist das blanke Gegenteil von [Schenkels] nebulösen Künsten. Nicht weil seine [Kunst] ohne Wirkung wäre, sondern weil sie das Papier mit zu vielen Dingen besetzt und nicht in der richtigen Ordnung. Die richtige Ordnung wäre, die Gedächtnisbilder in ein Verhältnis gegenseitiger Abhängigkeit zu bringen. Schenkel hingegen verfehlt, ich weiß nicht weshalb, gerade das, was der Schlüssel zu dem ganzen Mysterium ist (clavis totius mysterii).
>
> Ich habe mir selbst einen anderen Weg ausgedacht: daß von den Bildern der nicht unzusammenhängenden Dinge ihnen allen gemeinsame neue Bilder zusammengesetzt (addiscantur) werden oder daß wenigstens aus allen von ihnen zugleich ein Bild gemacht wird, das nicht nur eine Beziehung zum nächsten, sondern genauso zu den andern hat, so daß das Fünfte durch einen in den Boden gerammten Speer eine Beziehung zum Ersten hat, das Mittlere, durch eine Leiter, auf der sie absteigen, das Zweite durch einen Pfeil, der auf jenes geschossen wird; ähnlich soll auch das Dritte in irgendeiner Weise durch eine fiktive oder wirkliche Bezeichnungsweise bezogen werden."
>
> „Perlegens LAMBERTI SCHENKELII lucrosas nugas (lib. *De arte memoria*)[158] cogitavi facile mi omnia quae detexi imaginatione complecti: quod fit per reductionem rerum ad causas; quae omnes cum unam tandem reducantur, patet nulla opus esse memoria ad scientias omnes. Qui enim intelligit causas, elapsa omnino phantasmata causae impressione rursus facile in cerebro formabit. Que vera est ars memoriae, illius nebulonis arti plane contraria: non quod illa effectu careat, sed quod chartam melioribus occupandam totam requirat & in ordine non recto consistat: qui ordo in eo est, ut imagines ab invicem dependentes efformentur. Hoc ille omittit, nescio an consulto, quod est clavis totius mysterii.
>
> Ipse excogitavi alium modum: si ex imaginibus rerum non inconnexarum addiscantur novae imagines omnibus communes, vel saltem si ex omnibus simul una fiat una imago, nec solum habeatur respectus ad proximam, sed etiam ad alias, ut quinta respiciat primam per hastam humi proiectam, medium vero, per scalam ex qua discendet, et secunda per telum quod ad illam proiiciat, et tertia simili aliqua ratione in rationem significationis vel verae vel fictitiae."[159]

158 Lambertus Schenckelius, *De Memoria liber secundus: in quo est Ars Memoriae, ex ipso D. Thoma Aquinate, Doctore Angelico, Aristotele, M.T. Cicerone, F. Quinctiliano, Philosophorum et Oratorum Principibus, ac hujus etiam artis fontibus, aliisque, compendiose absoluteque et collecta, et latiore explicatione explicata*, Leodii 1595. Die schwer zu findende deutsche Übersetzung von Schenckels Gedächtnistraktaten: Schenckel, Lamprecht, *Compendium der Mnemonik oder Erinnerungswissenschaft*, Erlangen: Palm 1804, aus d. Lat. mit Vorr. u. Anm. von Johann Ludwig Klüber.

159 AT X, S. 230. Schenckel war in Antwerpen tätig, Descartes konnte leicht mit seinen Werken in Kontakt

Wenn Descartes einen Vorläufer auf solche Weise lächerlich macht, hat er meist von ihm etwas übernommen. Mindestens zwei Aspekte sind bei der Auseinandersetzung mit Schenckel für Descartes entscheidend, zuerst die Gedächtniskritik (a), dann der Neuentwurf (b).

a) Mit seiner Behauptung, daß die Wissenschaften überhaupt kein Gedächtnis brauchen, steht Descartes keineswegs „weitab von jener altbekannten Mnemotechnik und gegenläufig zu deren Künsten", wie Harald Weinrich meint. Denn Descartes zwingt sich nicht nur, wie Weinrich es formuliert, „zu dem unerhörten, nur starken Geistern zu empfehlenden Kraftakt, aus dem Bewußtsein sämtliche Inhalte, die irgendwie irrig oder trügerisch sein könnten, zu eliminieren,"[160] vielmehr sind seine Strategien des Vergessens, zu denen insbesondere das Verschweigen von intellektuellen Schulden gehört, erstens radikaler, da nicht nur irrige, sondern alle Bilder aus dem Gedächtnis gelöscht werden sollen und stehen zweitens in diesem Punkt gerade nicht im Gegensatz zu Schenckel.

Traditionalistisch, d.h. wie bei Simonides von Keos, organisiert Schenckel die Gedächtniskunst topisch – eine feste Konstellation von räumlich vorzustellenden Merkörtern bildet für ihn die Grundlage für das Erinnern. Doch als ob er Ciceros Forderung nach einer die *ars memoriae* flankierenden *ars oblivionis,* einer Kunst des Vergessens,[161] umsetzen wollte, entwirft er eine zweiphasige Theorie, bei der auf die Konstruktion die Destruktion folgt. Die Ideen seiner Rede soll sich der Rhetor als Bilder vorstellen, die in der dem Ideengang entsprechenden Reihenfolge wie in einem Kunstkabinett von links nach rechts und von unten nach oben in einer Kammer (cubiculum) aufgehängt werden. Ruft man sich dann im Gedächtnis die Kammer in Erinnerung, hat man beim Rekapitulieren der Bilderordnung zugleich das mentale Schema der Rede vor Augen. Doch was ist, wenn die Kammer bereits voll von Bildern ist und der Rhetor eine neue Rede aufbauen will? Schenckel empfiehlt dafür die Imagination eines totalen geistigen Bildersturms. Man soll sich herumtobende und wütende Männer vorstellen (turbulenti et furiosi), die in die Kammer stürmen und diese verwüsten, indem sie die Bilder zerbrechen und zu Boden werfen. Danach könne der Maler alias der Rhetor seine mentale Kunstkammer mit neuen Farben und Bildern ausfüllen (Pictor tandem novum cubiculis colorem inducendo).[162]

Wie ich noch anhand von Descartes' Malerei-Metaphorik bald ausführlicher darstellen werde, ist Descartes' eigene Erneuerungsrhetorik (wie auch die Bacons) mit dieser Bilder-

---

kommen. Eventuell wurde Descartes aber durch Faulhaber auf Schenckel aufmerksam, der nach einem Zeugnis von Schenckel selbst, mit offenem Mund seinen Vorlesungen gelauscht hatte. Vgl. dazu Ivo Schneider, *Johannes Faulhaber (1580-1635). Rechenmeister in einer Welt des Umbruchs*, Basel 1993, S. 179f u. 194f. Schenckels *Gazophylacium Artis memoriae* von 1611 avancierte zum meistgelesenen Handbuch des künstlichen Gedächtnisses (*Gazophylacium artis memoriae, in quo duobus libris omnia et singvla ea qvae ad absolutam hujus cognitionem inserviunt, recondita habentur. I. De admirabili utilitate & stupendis memoriae artificio adjutae effectibus ... II. De ipsa memoriae arte acquirenda, fundamentis, methodo & praxi ejusdem ...;* Straßburg 1611. 1623 erschien dann auch in Paris eine frei übersetzte französische Ausgabe unter dem Titel: *Le magazin des sciences, ou vrai ort de mémoire découvert par Schenkelius, traduit et augmenté tant de l'alphabet de Trithemius, que de plusieurs autres belles recherches, inventions et figures sur cet sujet, par Adrian Cuirot.*

160 Harald Weinrich, *Lethe, Kunst und Kritik des Vergessens*, München 1997, S. 79f.

161 Vgl. Cicero, *De Oratore,* II 299f.

162 Schenckel (1611), S. 67, 124, 193 u. 272f.

sturm-Vorstellung vergleichbar. Es soll ein radikaler Schnitt erfolgen, doch mit dem Tilgen der Bilder aus dem Gedächtnis der Wissenschaft wird auch von Descartes kein leerer bilderloser Saal als deren neuer Raum anvisiert, sondern seine eigenen Bilder sollen in einer leichter zu fassenden neuen Ordnung das Gedächtnis und die Einbildungskraft seiner Leser besetzen.

b) Auch wenn Descartes' konstruktives Lösungsbeispiel nicht ganz leicht zu verstehen ist, wird dennoch deutlich, daß er reduktiv kausalistisch[163] und eidetisch zugleich verfährt. Yates kommentiert diese Reflexion, Descartes' „brillante neue Idee, das Gedächtnis nach Ursachen zu organisieren", klinge „seltsamerweise wie eine Rationalisierung des okkulten Gedächtnisses."[164] Vielleicht sollte man besser von einer Selbstaufhebung der *ars memorativa* in die Cartesianische Methodologie sprechen, denn Descartes reagiert mit seinem Lösungsvorschlag exakt auf einige der sich aus den Theorien der Gedächtniskunst ergebenden praktischen Probleme. Universalwissenschaftliche Konzepte sind aufgrund ihres Totalitätsanspruchs darauf angewiesen, Strategien zu entwickeln, die das Wißbare möglichst ökonomisch organisieren und abrufbar machen. Alle diese Programme nehmen daher Bezug auf Gedächtnistraktate. Die Gedächtniskunst hatte die Aufgabe, funktionale Ordnungen zu erfinden, wobei sie sich sinnlicher Hilfsmittel, wie *loci* und *imagines,* bediente, also mit *simulacra* operierte.

Der Cartesianismus wurde stets für das Eliminieren der Bilder verantwortlich gemacht. Das obige Zitat veranschaulicht hingegen, daß dieser sich nicht einfach über ein Liquidationsverfahren der Bilder konstituiert, sondern darum, andere Bilder besser, d.h. ökonomischer zu organisieren, oder noch besser: einen Modus zu finden, mit dem Bilder generiert werden können. Es war in der Tat ein großes Problem, die Abfolge der *loci* und das Anschwellen der Bilderflut systematisch in den Griff zu bekommen. Descartes will dies leisten und dabei die bisherigen lullistischen Kombinationstafeln und ramistischen Begriffshierarchien überbieten; d.h. es soll nicht nur ein optimales Verwaltungssystem gefunden, sondern auch ein alternativ integratorisches Konzept entwickelt werden, das zugleich investigatorisch ist. Dabei soll es aber auch möglich sein, von den ersten (neu) eingeprägten Bildern ausgehend, neue Bilderketten in strenger Ableitung zu bilden. Auf diese Weise, also durch die Ansetzung einer zwingenden Konsekution der Bilder, soll das ramistische Manko, die jeweilige Begriffsstufung nur topisch und nicht immanent logisch leisten zu können (also es ‚nur' zu einer hierarchischen Auffächerung zu bringen) beseitigt werden. Somit versucht der frühe Descartes, wenn er ein *Ordnungsverfahren für Bilder* konzipiert, eine Synthese aus dem bilderlosen ramistischen Verfahren (das wie schon bei Thomas von Aquin davon ausgeht, daß die Ordnung und nicht die Bilder eine das Gedächtnis stützende Funktion übernehmen) und den Traditionen, die auf das affektrhetorische Potential der Bilder vertrauen, um die Einprägsamkeit zu fördern. Descartes will beides. Er bedient sich der intensivierenden Hilfsmittel der *imagines* sowie ihrer Disposition im gängigen Fünferschema, setzt nun aber den Akzent auf ihre Vereinheitlichung und zwingende Abfolge. Seine Gedächtnis-Bilder bekommen Begriffscharakter, indem sie die jeweils zusammengehörigen Einzel-Bilder zu einem Bild zusammenfassen und dabei in ihrer wechselseitigen Abhängigkeit so

163 „Kausalistisch" ist hier, wo es um die zwingende Abfolge von *Bildern* geht, selbstverständlich nicht mechanistisch zu verstehen.

164 Yates (1990), S. 340.

zur Darstellung bringen, daß jeweils – ähnlich wie bei einer logischen Deduktion oder einer Zahlenreihe – von jedem Glied aus zu allen anderen fortgeschritten werden kann. Wie bei der Kette der Wissenschaften ist die Einbildungskraft aufgefordert, die Ähnlichkeit der zusammengehörigen Bilder zu erkennen und ihren Zusammenhang in einem übergreifenden Bild zu veranschaulichen. Bei diesem Vorgang, der später noch genauer betrachtet werden muß, handelt es sich folglich um eine ästhetische Deduktion mit anschließender Synthese und gerade nicht um ein rein quantifizierendes Verfahren. Gleichwohl postuliert dieses Memoria-Konzept ein rational-konstruktives Ordnen.[165]

Der konsequente nächste Schritt ist, das Memoria-Verfahren in Kausal-Verhältnisse zu übersetzen und nicht mehr die Bilder, sondern nur noch den Modus des Bildgenerierens zu speichern. Dann braucht man auch kein Ausgangsbild für eine Bilderkette mehr. Ohnehin krankte die Mnemonik daran, Bilder erfinden zu müssen, die so überraschend und ungewöhnlich sind, daß sie merk-würdig werden. Solche Bildeffekte nutzen sich jedoch schnell ab, weshalb Descartes' Vorschlag, statt Bilder Ursachen zu nehmen, Sinn hat. Es liegt daher nahe anzunehmen, daß Descartes sein methodisches Verfahren, alle Phänomene kausal auf ihre mechanistischen Ursachen zurückzuführen, aus der Mnemonik herausgeschält hat. Tatsächlich gibt es ein frühes Fragment, in dem Descartes das in seiner Auseinandersetzung mit Schenckel entwickelte Verfahren in eine kausale Deduktionskette transformiert und physiologisch verankert. Dazu nimmt er an, daß nicht nur Bilder, sondern auch abstrakte Konzepte, ‚Ursachen', sobald sie erkannt worden sind, im Gedächtnis imprimiert werden, als seien sie Bilder. Die Gedächtniskunst zielt daher nicht nur auf die Wissensspeicherung ab, sondern wird primär als Erkenntnismethode definiert:

> „Die eigentliche Kunst des Gedächtnisses ist die Erkenntnis der Dinge durch ihre Ursachen. Denn wenn es die Ursachen der Dinge versteht, dann kann der Verstand sie aus den Eindrücken der Ursachen im Gehirn auch dann wiederherstellen, wenn die Dinge selbst oder ihre Phantasmata schon längst wieder ausgefallen sind."
>
> „Ars vera memoriae est res per suas causas nosse; qui enim intelligit causas rerum, etiamsi res ipsae elapsae sint sive illarum phantasmata, facile denuo ab intellectu in cerebro nostro per causae impressionem formabuntur."[166]

165 Dies muß auch gegen Frances Yates herausgestellt werden, die dem frühen Descartes ein fehlendes „Interesse an der Imagination und ihrer Wirkungsweise" (ebd., S. 340f.) bescheinigt, und die Quantifizierung als sein neues Methodenprinzip ansieht. Ihr folgt: Regina Freudenfeld, *Mnemologie in der deutschen und französischen Aufklärung*, Tübingen 1996, S. 14-17. Diese Gegenüberstellung von rationaler Ordnung und mit wahrnehmbaren Bildern operierendem Gedächtnis verfehlt grundsätzlich die Eigenart vieler mnemonischer Verfahren, die auf einem Zusammenspiel von Imagination und Ordnung beruhen. So haben Thomas Leinkauf und Wolfgang Neuber in den letzten Jahren gegen Yates (und auch gegen Paolo Rossi) eingewandt, daß diese in ihrer Memoria-Konzeption die *imaginatio* gegenüber *ordo*-Konzeptionen einseitig privilegiert, und gerade die kognitive Leistung abstrakter Ordnungsmuster mitsamt ihren konstruktiv-rationalen Komponenten stark unterschätzt. Das mag auch der Grund dafür sein, daß Yates Descartes' frühe Konzeption nicht zu würdigen versteht. Vgl. Thomas Leinkauf (1993), S. 5; Wolfgang Neuber, Wahrnehmungen an der Oberfläche des Denkens – Zur Kanonkonstruktion der mnemonischen Literatur bei Frances Yates, in: Heinz J. Drügh – Maria Moog-Grünewald (Hrsg.), *Behext von Bildern? Ursachen, Funktionen und Perspektiven der textuellen Faszination durch Bilder*, Heidelberg 2001, S. 57-70.

166 AT XI, S. 649.

Descartes' Vorschläge dienen der Entlastung des natürlichen Gedächtnisses, da sie ein Verfahren offerieren, das es erlaubt, aus einer geringen Anzahl von Bildern oder aus im Gedächtnis imprimierten Ursachen jedes weitere Bild zu generieren. Ähnlich wie bei einem Zahlensystem, wo man sich ja auch nur die Grundzahlen merken muß, um alle weiteren aus ihnen bilden zu können,[167] soll eine Methode des Erzeugens und Kombinierens von Bildern gefunden werden, durch die jedes weitere Bild einfach generiert werden kann. Dieses Konzept einer *ästhetischen Generierung von Wissen,* das die traditionelle Archivierung und Memorierung ablösen soll, verhält sich analog zu Descartes' Spekulationen zur Generierung einer Universalsprache.[168] Um eine solche Entwerfen zu können, brauche man eine Grammatik, die so regelmäßig ist wie das Zahlensystem, nach dessen Ordnung auch die Ordnung der Gedanken oder Ideen aufgebaut sein solle. Man müsse Elementarbegriffe für jede Art von Tätigkeit festlegen, diese an Zahlen koppeln, die in jeder anderen Sprache auf die Synonyme zu beziehen seien und die universale Übersetzbarkeit wäre gewährleistet. Um dies zu erreichen, wäre allerdings, so Descartes, eine Generalreformation nötig:

> „Nun halte ich dafür, daß diese Sprache möglich ist und daß man diese Wissenschaft finden kann, von der sie abhängt und mittels derer die Bauern dann besser werden über die Wahrheiten urteilen können, als es heutzutage die Philosophen tun. Aber ich kann mir nicht vorstellen, wie sie jemals in Gebrauch kommen soll: Sie setzt große Veränderungen in der Ordnung der Dinge voraus, und es müßte erst die ganze Welt ein irdisches Paradies werden, was man nur im Land der Romane erwarten kann."[169]

Descartes verweist seine Utopie hier in das Reich der Romane, ohne jedoch damit einen Fiktionsvorbehalt zu formulieren. Im besagten Brief stellt Descartes seine Idee einer generativen Grammatik vielmehr wieder der Ordnung eines „dictionnaire" gegenüber. Wie in der Traumerzählung wird die bloß lexikalische, das Gedächtnis extrem strapazierende Ordnung des Lexikons durch eine faßlichere Form des Ordnens überboten. Im Traumbericht geschah dies poetisch durch eine Gedichtsammlung, bei der Schenckel-Kritik ästhetisch durch eine Bilderkette – und jetzt vollzieht sich das Überbieten ‚mathematisch' durch eine konstruktive Zeichentheorie. Diese überlegenen Formen zeichnen sich nicht nur dadurch aus, daß man sie sich leichter einprägen kann, sondern auch dadurch, daß sie über das Verstehen funktionieren. Bei einem Wörterbuch bzw. Lexikon gibt es nicht viel zu verstehen, bei einer Grammatik schon, und diese muß man daher vereinfachen.

Tatsächlich hat Descartes solche Pläne sein ganzes Schaffen hindurch nie aus den Augen verloren. Noch in den *Principia* stellt er eine Liste mit „notiones primitivae", also: Elementarbegriffen auf,[170] doch er muß vollkommen offen lassen, wie aus diesen dann alle weiteren Begriffe analog zur Ordnung im Zahlensystem abgeleitet werden sollen. Diese Kluft jedoch zwischen den elementaren Ausgangsbegriffen oder Bildern und der Allerklärungsvision, die Descartes nicht durch Ableitungen und (formallogische) Deduktionen überbrücken kann, versucht er dennoch auf verschiedenen anderen Wegen zu überwinden, und zwar Wegen, die verschlungener und offener sind, als man ihm gemeinhin zutraut. Wie noch zu zeigen

167 Vgl. dazu: Umberto Eco, *Die Suche nach der vollkommenen Sprache,* München 1994, S. 224ff.
168 Vgl. den Brief an Mersenne vom 20. 11. 1629, *Briefe,* S. 25ff.
169 Ebd., S. 29.
170 *Prinzipien,* I, § XLVIII.

sein wird, erfindet Descartes später ein morphologisches Alphabet (wie Christoph Lüthy glücklich formulierte) von wenigen Elementarformen, aus deren besonderer Form und Disposition dann sämtliche Naturphänomene ‚deduziert' werden.

7) Das Ordnen als *ars* zur Vorbereitung der intuitiven Erkenntnis

Der *catena*-Gedanke stellt daher das Brückenglied zwischen den diversen Projekten des jungen Descartes dar, denn analog zur Verknüpfung der Wissenschaften wird jetzt die reziproke Verbindung der Bilder gedacht. Doch führt über ihn auch ein Weg zu den *Regulae*.

In der 6. Regel wird das Ordnen als eine *ars* bestimmt, die, als nützlichste von allen, darauf aufmerksam mache, daß „alle Dinge in gewissen Reihen geordnet werden können, nicht zwar insofern man sie auf irgendeine Gattung des Seins bezieht [...], sondern sofern die einen aus den andern erkannt werden können."[171] Descartes erklärt explizit, daß er seine Begriffe gegen die Gewohnheit in ihrer ursprünglichen Grundbedeutung verwende.[172] „Intuition" meint somit ein geistiges Hinschauen oder eine Überschau. Sie allein eröffnet die Möglichkeit sicherer Erkenntnis:

> „Unter Intuition verstehe ich nicht das schwankende Zeugnis der sinnlichen Wahrnehmung oder das trügerische Urteil der verkehrt verbindenden Einbildungskraft, sondern ein so müheloses und deutlich bestimmtes Begreifen des reinen und aufmerksamen Geistes, daß über das, was wir erkennen, gar kein Zweifel zurückbleibt, oder, was dasselbe ist: eines reinen und aufmerksamen Geistes unbezweifelbares Begreifen, welches allein dem Lichte der Vernunft entspringt und das, weil einfacher, deshalb zuverlässiger ist als selbst die Deduktion."
> „Per intuitum intelligo, non fluctuantem sensuum fidem, vel male componentis imaginationis judicium fallax; sed mentis purae & attentae tam facilem distinctumque conceptum, ut de eo, quod intelligimus, nulla prorsus dubitatio relinquatur; seu, quod idem est, mentis purae & attentae non dubium conceptum, qui a sola rationis luce nascitur, & ipsamet deductione certior est, quia simplicior."[173]

Dennoch muß man beachten, daß Descartes in der Folge den geistigen ‚Intuitus' in konkreter Analogie zum Sehen expliziert: „Und zwar erkennen wir gerade aus dem Vergleich mit den Augen, wie man die geistige Intuition gebrauchen muß".[174] Die lateinische Bedeutung von ‚intueri' sei von „genau blicken" abzuleiten. Dies sei ein Wahrnehmungsakt, der beim Betrachten vieler Gegenstände zugleich, jedoch schwer falle.[175] Die intuitive Erkenntnis gelinge daher bei einfachen Zusammenhängen unmittelbar, sei jedoch bei langen Ketten

---

171 Reg. 6, S. 31, AT X, S. 381.
172 Reg. 3, S. 19, AT X, S. 369.
173 Reg. 3, S. 17-19, AT X, S. 368.
174 Reg. 9. Vgl. zu Descartes' Orientierung seines Intuitus-Verständnisses an der visuellen Wahrnehmung: Frank Büttner, Das messende Auge. Meßkunst und visuelle Evidenz im 16. Jahrhundert, in: Gabriele Wimböck – Karin Leonhard (Hrsg.), *Evidentia: Reichweiten visueller Wahrnehmung in der Frühen Neuzeit*, Münster 2007, S. 263-290, hier: S. 283-285.
175 Reg. 3.

nicht so leicht zu realisieren, da wir „nicht mit einem einzigen Blick alle Glieder einer längeren Kette unterscheiden"[176] könnten. Dazu bedürfe es zweier vorbereitender Schritte. Erstens kann die intuitive Erkenntnis, entsprechend dem Gegenvorschlag zu Schenckel, durch das synthetische Veranschaulichen der proportionalen Abhängigkeitsbeziehungen zwischen den Kettengliedern in einem Gesamt-Bild vorbereitet werden. Bei komplexeren Verhältnissen sei nicht nur das syllogistische Schlußfolgern für das Erfassen der Wahrheit untauglich, dann reiche auch das natürliche Licht nicht mehr zur Intuition aus. Diese müsse nun durch den „Vergleich zweier oder mehrerer [Sachverhalte] miteinander gewonnen" werden. Die intuitive Erkenntnis vorzubereiten, sei die Hauptaufgabe der menschlichen Vernunft. Wenn der Zusammenhang der Sachverhalte nicht auf der Hand liegt, weil „ihre gemeinsame Natur nicht auf gleiche Weise in beiden steckt, sondern gemäß jeweils anderen Verhältnissen oder Proportionen, in die sie eingehüllt ist", dann seien diese noch die Gemeinsamkeit verhüllenden Proportionen „auf eine solche Form zu bringen, daß die Gleichheit zwischen dem Gesuchten und irgend etwas Bekanntem klar in die Augen fällt [clare videatur]."

7.1) „In der Phantasie gemalte Bilder"

Für diesen Zweck werde der Verstand von den *„in der Phantasie gemalten Bildern"* [sed speciebus in phantasia depictis adjuto] unterstützt! Ausgehend von den Größen, die in der Einbildungskraft am „leichtesten und deutlichsten [...] abgemalt [quae omnium facillime et distinctissime in imaginatione nostra pingetur]" werden (das sind die realen Ausdehnungen von Körpern), lassen sich diese Einsichten auf andere Proportionen übertragen.[177] Bemerkenswerterweise verwendet Descartes in diesem Kontext (wie später immer wieder) Malerei-Metaphern. Die *phantasia* wird laut Descartes nicht selbst schöpferisch tätig, sondern wird von ihm nur als der Ort bezeichnet, in dem die Imagination und der Verstand Bilder zeichnen oder malen. Diese Konzeption kulminiert in der Formel: „imaginari vel concipere". Im Anschluß definiert Descartes die eigentliche Erkenntniskraft, das *ingenium*, zu dessen Anleitung die *Regulae* geschrieben wurden, durch seinen Bezug zur Bilder realisierenden *phantasia.*[178] Das *ingenium* forme in der *phantasia* Bilder und Ideen, denn die *phantasia*

---

176 Reg. 7, S. 43f., AT X, S. 389.

177 Reg. 14, S. 121-123, AT X, S. 440f. Descartes' Gebrauch der Termini Phantasie und Imagination schwankt zwischen Gleichsetzung und gelegentlichen Differenzierungsbestrebungen, wobei die Phantasie dann als passive, aber zugleich bestmögliche (weil aufnahmefähigste) körperliche Produktionsstätte von Bildern und Ideen fungiert, in der das Ingenium und die Einbildungskraft deutliche Bilder zeichnen können.

178 Reg. 12, S. 83, AT X, S. 416. Auch in Goclenius' *Lexicon philosophicum* wird der Begriff des ‚Ingenium' just so hergeleitet. Das Ingenium ist dort als eingeborene und ubiquitär wirkende Kraft bestimmt, die insbesondere das Entdecken und Begreifen regiert sowie die Leistungskraft des Gedächtnisses ausmacht. Das Ingenium begründet das rationale Vermögen der Seele zum Entdecken, Verstehen, und Lehren jedweden Wissens und zugleich unsere natürliche Fähigkeit, durch die wir dies alles bewerkstelligen. Per analogiam kann man es auch Tieren zuschreiben, und im metonymischen Gebrauch den durch das Ingenium entdeckten Künsten. Als *Eumatheia* sei das Ingenium auch Voraussetzung für die richtige praktische Anwendung des Wissens. Die Variationen des Ingeniums hingen vom jeweiligen körperlichen Temperament und der geistigen *Disposition* ab, sowie von deren Hilfsvermögen wie der Phantasie.
Goclenius' Lexicon ist aber alles andere als in diesem Sinne ingeniös, sondern eine in schlichtem Latein

sei dasjenige *körperliche* Vermögen,[179] dessen besondere Fähigkeit darin bestehe, alle Unterschiede von Proportionen am deutlichsten darstellen zu können. Im Kontext der Memoria-Lehren, in dem das Verhältnis von künstlichem zum natürlichen Gedächtnis geklärt werden muß, beginnt Descartes sich daher mit den physiologischen Bedingungen des Erinnerns und Speicherns von Sinneseindrücken zu beschäftigen, was in den *Olympica* noch ausgeklammert blieb. In den *Regulae* versucht er erstmals eine physio-psychische Theorie des Wirkens der Einbildungskraft systematisch auszuformulieren.

Außer der bildlichen Gestaltung der Proportionalverhältnisse ist als weiterer Schritt ein mehrmaliges Durchlaufen der langen Ketten gefordert, denn dies führt zur Kenntnis der Zusammenhänge und eröffnet die Möglichkeit, sie als Einheit zu überschauen, wie wenn man, um das Beispiel aus dem *Musicae compendium* wieder aufzunehmen, beim Hören eines Musikstücks den Zusammenhang der einzelnen Teile als Melodie wahrzunehmen beginnt. Bis es dahin kommen kann, muß auch hier wieder während der Deduktion, damit der Zusammenhang der Ketten gewahrt bleibt, der ganze Weg vom ersten Bild zu den weiteren stets erinnert werden.[180] Bei kurzen Ketten reiche dazu das natürliche Gedächtnis aus, bei längeren aber muß das künstliche Gedächtnis zu Hilfe kommen und der Deduktion seine Gewißheit leihen.[181] Durch häufiges, kontinuierliches und ununterbrochenes Durchlaufen

---

geschriebene, gelehrte Kompilation damaliger Wissensbestände, – ein Exempel, das „toutes les sciences ramassées ensemble" repräsentieren könnte. Ganz anders Descartes' Traumtext, der geradezu ironisch die lexikalische Definition des Ingeniums gegen das Lexikon selbst ausspielt und die mit ihm verbundenen Vorstellungen qua Form und Inhalt mit seinen *Olympica* einlöst. Hinzu kommt, daß wie Gabbey und Hall (1998, S. 667) notierten, Goclenius den Dichter Ausonius auch noch falsch aus dem Gedächtnis (!) zitiert, wodurch Descartes' Assoziationen zum *Corpus Poetarum* gelenkt werden, in denen die Verse im Unterschied zum Lexikon korrekt stehen. Auch in bezug auf die Gedächtnisleistung des Ingeniums erweist sich im Traum die Dicheranthologie dem Lexikon überlegen.
Der entscheidende Abschnitt aus Goclenius' Eintrag zum Ingenium lautet: „proprie, si continet vim feliciter ac facile inveniendi ac fingendi in hominibus et vim memorie (teste Cicer.). Improprie si accipitur analogice in brutis quibusdam [...] vel metonymice, pro artibus, quae ingenii beneficio discuntur, vel inveniuntur [...] Ingenium maxime proprie dictum, est facultatis rationalis animi constitutio, ad intelligendum aliqid, sive inveniendo, sive discendo. Seu ingenium est naturalis aptitudo seu facultas, qua nos discimus, et per nos ipsos cogitamus, seu invenimus aliquid. [...] Inginii pars est *eumatheia*, id est recta constitutio ad disciplinas apprehendendas. [...] Varietatis ingenii pendet tum ex temperamento corporis, tum ex varia dispositione mentis, et constitutione organoru, et facultatem administrarum, ut *phantasikaes*, (imaginatricis)." (Goclenius, *Lexicon philosophicum*..., S. 241f.) . Zu beachten ist, daß auch Descartes' Bestimmung: „imaginari vel concipere" eine Definition aus Goclenius' Lexicon aufzugreifen und zu variieren scheint: „Cognoscens hic est sensus vel intellectus" (ebd., S. 1045)! Der von Goclenius ins Spiel gebrachte Cicero verteidigte in *De Oratore* (I, 5) die universale Bildung als Voraussetzung für die Redekunst: Ingenium im Sinne von Begabung oder Talent reicht nicht aus, vielmehr muß das Ingenium geschult werden. Die Auffassung, daß das Ingenium ein zu schulendes Talent sei, findet über Vitruv (*De architectura,* I 1,3) Eingang in italienische Kunsttraktate, wobei zunehmend das Ingenium weniger mit den handwerklich-künstlerischen, sondern mit den geistig-kreativen Fähigkeiten verbunden wird. Vgl. Martin Kemp, *Der Blick hinter die Bilder. Text und Kunst in der italienischen Renaissance,* Köln 1997, S. 294-330; Bätschmann, Einleitung zu Alberti (2000), S. 72-77.

179 Die Phantasie wird als körperliches Vermögen bestimmt in Reg. 12,8 und Reg. 14,6.

180 Reg. 7, S. 41, AT X, S. 387.

181 Reg. 3, S. 19-21, AT X, S. 369-371. Z.B.: „Sed hoc ita faciendum fuit, quia plurimae res certo sciuntur, quamvis non ipsae sint evidentes, modo tantum a veris cognitisque principiis deducantur per continuum et nullibi interruptum cogitationis motum singula perspicue intuentis; non aliter quam longae alicujus catenae

dieser Ketten kann jedoch diese Hilfe immer entbehrlicher gemacht und die von der *ars memorativa* leihweise gestiftete Verbindlichkeit in die Gewißheit der intuitiven Überschau der ganzen Kette übergehen. Die intuitive Erkenntnis ist somit nicht nur Anfangspunkt, in diesen Fällen ist sie Ergebnis eines Lernprozesses:

> „Aus diesem Grunde werde ich sie in einer Art zusammenhängender Bewegung der Einbildungskraft, die das Einzelne intuitiv erkennt und in eins damit zu dem anderen übergeht, mehrere Male durchlaufen, bis ich gelernt habe, von der ersten bis zur letzten so schnell überzugehen, daß ich fast ohne Anteilnahme des Gedächtnisses das ganze in einer Intuition zu überschauen glaube. Auf diese Weise nämlich wird, indem man dem Gedächtnis zu Hilfe kommt, auch der Trägheit des Ingeniums abgeholfen und seine Kapazität im Erfassen in gewisser Weise erweitert. Wir fügen aber hinzu, daß diese Kette nirgends unterbrochen sein darf."
>
> „Quamobrem illas continuo quodam imaginationis motu singula intuentis simul et ad alia transeuntis aliquoties percurram, donec a prima ad ultimam tam celeriter transire didicerim, ut fere nullas memoriae partes relinquendo, rem totam simul videar intueri; hoc enim pacto, dum memoriae subvenitur, ingeni etiam tarditas emendatur, ejusque capacitas quadam ratione extenditur. 2. Addimus autem, nullibi interruptum debere esse hunc motum"[182]

Dabei solle man sich auf das Notwendigste beschränken, die Aufmerksamkeit von allem Überflüssigen frei halten, damit das Wichtige leichter im Gedächtnis bewahrt werden kann. Zu dessen Entlastung schlägt Descartes eine Abkürzungskunst vor, nämlich „gewisse abkürzende Zeichen" an die Stelle der zu erinnernden Sachverhalte zu setzen, „die je kürzer um so bequemer sein werden, wenn sie nur ausreichen, ein Versagen des Gedächtnisses zu verhindern."[183] Solche Zeichen sind abstrakte *simulacra*.[184] Konsequenterweise behauptet Descartes, genau diese mnemotechnischen Vereinfachungsverfahren bereits bei der Konzeption der *Regulae* angewendet zu haben und bezeichnet sein eigenes Gliederungsprinzip selbst mit dem topischen Dispositionsbegriff der „catenatio"![185]

Entsprechend liegt den *Regulae* der topische Gedanke der *inventio*, also der Auffindung oder Erfindung, der rechten begrifflichen Einteilung zugrunde, die kein mathematisches

---

extremum annulum cum primo connecti cognoscimus, etiamsi uno eodemque oculorum intuitu non omnes intermedios, a quibus dependet illa connexio, contemplemur, modo illos perlustraverimus successive, et singulos proximis a primo ad ultimum adhaerere recordemur. Hic igitur mentis intuitum a deductione certa distinguimus ex eo, quod in hac motus sive successio quaedam concipiatur, in illo non item; et praeterea, quia ad hanc non necessaria est praesens evidentia, qualis ad intuitum, sed potius a memoria suam certitudinem quodammodo mutuatur."

182 Reg. 7, S. 41, AT X, S. 188.

183 Reg. 12, S. 85.

184 Zum Simulacra-Begriff siehe: Elisabeth von Samsonow, *Fenster im Papier: die imaginäre Kollision der Architektur mit der Schrift oder die Gedächtnisrevolution der Renaissance*, München 2001.
Im 4. Kap. der *Dioptrik* (S. 89) führt Descartes über das diesbezügliche Verhältnis von Zeichen und „begrifflichen" Bildern aus, daß es kein Bild gebe, das dem von ihm dargestellten Gegenstand völlig gleiche. Es genüge daher, wenn „die Bilder den Gegenständen in wenigen Dingen gleichen. Ihre Vollkommenheit hängt sogar oft gerade davon ab, daß sie den Gegenständen nicht so ähnlich sind, wie sie sein könnten." Descartes Aufkündigung des Mimesis-Postulats wird im zweiten Teil meiner Arbeit, wo es um die Funktion seiner Abbildungen gehen wird, eine zentrale Rolle spielen.

185 Reg. 12, S. 103, AT X, S. 428.

Ordnungsprinzip darstellt, sondern die nur ein für die Erkenntnis der Zusammenhänge hinreichend vollständiges und wie auch immer geordnetes Aufzählen fordert, *welches Descartes als deduktives Verfahren bezeichnet* und das der Schwäche des natürlichen Gedächtnisses „durch eine Art zusammenhängender Bewegung des Denkens zu Hilfe kommen müsse."[186]

7.2) Aufmerksamkeit

In veränderter Terminologie kehrt beim späteren Descartes' dieses methodische Verfahren wieder. In den Erwiderungen zu den 2. Einwänden zu den *Meditationes* reagiert Descartes auf einen Vorschlag Mersennes, er solle doch nach Art der Geometer seine Gründe vortragen, damit diese vom Leser mit „nur einem einzigen Blick" verstanden werden können. Verstehen und Sehen sollen also zusammenfallen, Descartes greift diesen Vorschlag erfreut auf und weist darauf hin, daß er genau dies ja mit seiner Darstellungsweise zu erreichen versucht habe.

Doch nicht nur der frühe Descartes machte sich Gedanken über die beste und einprägsamste Darstellungsweise bei der Vermittlung seiner Philosophie. Durch alle Werkphasen hindurch fordert Descartes für seine Einsichten konstant eine besondere Aufmerksamkeitsleistung seinen Lesern ab. So etwa, wenn er explizit erklärt, es sei bei seiner Darstellungsweise nötig, stets den ganzen Argumentationsgang im Gedächtnis präsent zu haben. Er wählt zu diesem Zweck eine aufmerksamkeitsfördernde und -fordernde, das Gedächtnis affizierende Darstellungsweise, die so das Erbe der poetischen Vermittlungsarbeit[187] im Frühwerk antritt und nun als Demonstrationsmethode einsetzt. Dies mögen einige wenige Beispiele stellvertretend für viele andere belegen:

> „Deshalb verlange ich einerseits mit Recht eine besondere Aufmerksamkeit bei meinen Lesern und habe die Art der Darstellung vor andern ausgewählt, in der ich die Aufmerksamkeit in besonders hohem Grade gewinnen zu können meinte, und aus der meinem Gefühl nach die Leser mehr Nutzen ziehen werden als sie selbst bemerken werden, während sie im Gegenteil aus der synthetischen Art der Darstellung gewöhnlich mehr glauben gelernt zu haben, als sie wirklich gelernt haben."[188]

---

186 „Hoc enim fit interdum per tam longum consequentiarum contextum, ut, cum ad illas devenimus, non facile recordemur totius itineris, quod nos eo usque perduxit; ideoque memoriae infirmitati continuo quodam cogitationis motu succurrendum esse dicimus." Reg. 7, S. 41, AT X, S. 387. Zum Terminus „enumeratio" bei Descartes vgl. Rossi (1983), S. 173-178 und die Einleitung Klaus Hammachers zur am auffälligsten topisch geordneten Schrift: *Die Leidenschaften der Seele,* S. XLV. In Art. 52 (S. 93) dieses Werkes erläutert Descartes sein Verfahren der *enumeratio* so: „Ich werde also eine Aufzählung aller ursprünglichen Leidenschaften vornehmen, gemäß der Ordnung, wie sie aufgefunden werden können."

187 So wird auch im *Musicae Compendium,* S. 6-9 und 59-67, die ästhetische Haltung der Verwunderung mit der seelischen Haltung der Aufmerksamkeit über die durch das Neue hervorgerufene Erregung verbunden.

188 *Meditationes*, Antwort auf die 2 Einwände, S. 143f.

Descartes unterscheidet hier zwischen einer *ratio demonstrandi* und dem *ordo rationum*. Erste ist zwar die apriorisch gültige, ihr folgend kann man von dem ersten Prinzip aus alles weitere analytisch deduzieren, doch sei diese

> „Demonstrationsart […] nicht geeignet um halsstarrige oder unaufmerksame Leser zu überzeugen: Denn wenn man nur das Geringste dessen, was sie sie vorschlägt, sich entgleiten läßt ohne darauf zu achten, so wird die Notwendigkeit ihrer Schlußfolgerungen überhaupt nicht sichtbar."[189]

Mit solchen Lesern möchte Descartes nichts zu schaffen haben. Er habe deshalb keine Abhandlungen oder Theoreme verfaßt, sondern lieber Meditationen geschrieben, „um nämlich damit zu bezeugen, daß es mir nur um die zu tun ist, die sich die Mühe geben wollen, mit mir den Gegenstand aufmerksam zu betrachten und über ihn nachzudenken."[190] Mit der Wahl dieser an den Exerzitien des Ignatius von Loyola orientierten Darstellungsform[191] strebt Descartes eine Intensivierung der Aufmerksamkeit seiner Leser an. In seiner Naturphilosophie hingegen wird sich eine Verlagerung der Aufmerksamkeit weg vom aufmerksamen Geist zum aufmerksam beobachtenden Auge vollziehen, doch auch dort wird Descartes, indem er Darstellungsformen wie den *discours* wählt, den Zusammenhang zwischen Demonstrationsart und Darstellungsform dazu nutzen, andere als rein formallogische Konsekutionen als Erklärungen zu etablieren. Die Reflexion auf die eigene Darstellungsform zeigt sich jedoch auch in einer noch konkreteren Umsetzung der eben dargestellten Einsichten, nämlich wenn Descartes seine Darstellung selbst als Gemälde oder Zeichnung charakterisiert.[192]

7.3) *Ingenium* und *phantasia*

Während Descartes in manchen seiner frühen Texte den Ausdruck „Ingenium" synonym zu „menschlichem Geist" verwendet hatte, scheint er in den *Regulae* seiner ästhetischen Frühphilosophie auch terminologisch Rechnung zu tragen, wenn er nun diesen Begriff in seiner klassischen Bedeutung aufnimmt, so den fundamentalen Bezug der Erkenntniskraft zur Sinnlichkeit immer schon mit anzeigt und es als physio-psychisch agierendes, ästhetisches Vermögen ausweist. Das Ingenium wurde traditionell als Naturkraft verstanden (gignere), die dazu befähigt, Ähnlichkeiten zwischen Dingen zu erblicken, die aber zugleich auch eine

---

189 Ebd., S. 140.

190 Ebd., S. 142: „Die Ordnung besteht allein darin, daß die zuerst vorgebrachten Gegenstände ohne Hilfe der folgenden erkannt werden müssen und alles Folgende dann so zu disponieren, daß es allein durch das Vorhergehende demonstriert wird", weshalb „ich lieber Meditationen geschrieben habe und nicht ‚Dispute' oder ‚Fragen' wie die Philosophen oder ‚Theoreme' oder ‚Probleme' wie die Geometer, um nämlich dadurch zu bezeugen, daß es mir nur um die zu tun ist, die sich die Mühe geben wollen, mit mir ernsthaft nachzudenken und die Sachen aufmerksam zu betrachten."

191 Textuelle Entsprechungen zwischen Ignatius' *Exercitia spiritualia* und den *Meditationes* zeigen auf: Walter John Stohrer, Descartes and Ignatius Loyola: La Flèche and Manresa Revisited, in: *Journal of the History of Philosophy* 17 (1979) 1, S. 1-27, und Nolte (1995). Skeptischer in bezug auf diesen Einfluß sind: Michel Hermans – Michel Klein, Ces Exercises spirituels que Descartes aurait practiqués, in: *Archives de Philosophie* 59 (1996), S. 427-440.

192 Vgl. dazu das Unterkapitel: Das Leben als Gemälde.

Brücke zwischen Menschlichem und Göttlichem bildet, da sie hinter den Erscheinungen die göttliche Ordnung zu erblicken vermag.[193] *Die Evidenzkriterien ,Einfachheit', ,Klarheit', ,Deutlichkeit' und ,Lebendigkeit', mit denen Beziehungen oder Sachverhalte durch das Ingenium erkannt werden sollen, bezeichnen daher genuin ästhetische Qualitäten.* Wie die deutlichere Erkenntnis, die sich (wie oben zitiert) durch die helleren Funken der Poesie einstellt, qualifiziert Descartes die Erkenntnis in den *Regulae* durch ihren Bezug zum Ingenium insofern als ästhetisch, als allein dieses ingeniöse Vermögen dazu in der Lage sein soll, zwischen den Dingen Zusammenhänge zu entdecken und deren einfache und deutliche Erkenntnis zu ermöglichen.

Im Einzelnen unterscheidet Descartes in dieser Phase seines Denkens die einzelnen Erkenntnisvermögen (Verstand, Einbildungskraft, Sinne und Gedächtnis) und ihr Zusammenspiel wie folgt: Allein der Verstand sei in der Lage die Wahrheit zu erkennen, die anderen Vermögen müssen ihm aber zu Hilfe kommen. Die äußeren Sinne erfahren wir als passive, sie empfangen von den Gegenständen Eindrücke „in der gleichen Art, wie das Wachs seine Figur vom Siegel empfängt". Dies sei der erste Schritt und er sei, wie Descartes sich beeilt hinzuzufügen, keineswegs „nur als Analogie" aufzufassen,[194] sondern als tatsächliche kausale Veränderung der Gestalt des empfindenden Körpers durch die Form des äußeren Objektes. Und nichts falle „müheloser in die Sinne" als „die Figur die man berührt und sieht" (ebd.). Diese vom äußeren Sinn aufgenommene, buchstäblich zu ,be-greifende' Figur werde zweitens im gleichen Augenblick an den *sensus communis* weitergeleitet, der drittens seinerseits wieder die Funktion eines Siegels übernehme und nun die „rein und ohne Körper" vom äußeren Sinn kommenden Figuren oder Ideen[195] „in der Phantasie und der Einbildungs-

---

193 In Ciceros *De Inventione* I 30, 49 findet sich eine solche Definition des Ingeniums: „Comparabile autem est, quod in rebus diversis similem aliquam rationem continet". Man vergleiche zu den antiken Lehren des Ingeniums: Grassi (1970, S. 174-178) und ders. (1979, S. 67, 108 u. 227ff.), zur Vorgeschichte der Phantasie und Einbildungskraft: Thomas G. Rosenmeyer, Phantasia und Einbildungskraft. Zur Vorgeschichte eines Leitbegriffs der europäischen Ästhetik, in: *Poetica* 18 (1986), S. 198-247. Was Grassi, der Descartes einen schroffen Bruch mit der humanistischen Tradition zuschreibt (1970, S. 194ff.), nicht wahrhaben will, ist, daß dieser sich in seinem Frühwerk – und wie noch zu zeigen sein wird: nicht nur dort – sich auch dem Sprachgebrauch der Renaissancepoetiken annähert. Auch dort wurde das Ingenium keineswegs nur als Bezeichnung der dichterischen Befähigung gebraucht. Bei Huarte wurde es für die Philosophie fruchtbar gemacht und stand für das kognitive Vermögen, wahre Gestalten formen zu können. Vgl. dazu für den Bereich der Dichtung Grassi (1970), S. 174-180 und für die Malerei: Martin Kemp, From *Mimesis* to *Fantasia.* The Quattrocento Vocabulary of Creation, Inspiration, and Genius in the Visual Arts, in: *Viator* 8 (1979), S. 347-398.

194 Reg. 12, S. 77, AT X, S. 412.

195 So sehr sich Descartes in seinen späteren Werken bemüht, die Idee nur innermental zu bestimmen, so sehr bemüht er sich im Frühwerk sie körperlich zu verankern. Zu der Vorstellung körperlicher Ideen im 17. Jahrhundert und die verschiedenen Verwendungsweisen des Ideenbegriffs bei Descartes siehe: Emily Michael – Fred S. Michael, Corporeal Ideas in the Seventeenth Century Psychology, in: *Journal for the History of Ideas* (1989), S. 31-48. Stephen Gaukroger, Descartes's Early Doctrine of Clear and Distinct Ideas, in: *Journal of the History of Ideas* 53 (1992), S. 585-602; Roger Ariew – Marjorie Grene, Ideas, in and before Descartes, in: *Journal of the History of Ideas* 56 (1995), S. 87-106; E.J. Ashworth, Descartes' Theory of Clear and Distinct Ideas, in R.J. Butler (Hrsg.), *Cartesian Studies,* Oxford 1972, S. 89-105; Alan Gewirth, Clearness and Distinctness in Descartes, in: Moyal, Bd. I (1991), S. 185-203. Andreas Kemmerling, Das Bild als Bild der Idee, in: Jacob Steinbrenner – Ulrich Winko (Hrsg.), *Bilder in der Philosophie und in anderen Künsten und Wissenschaften*, Paderborn 1997, S. 177-198. Perler hat dargestellt, daß Des-

kraft gleich wie im Wachs" abdrückt.[196] Kurz darauf spricht Descartes davon, daß die Sinne auf die Körper wirken, indem sie diese *„abmalen"*.[197] Dies ist im Übrigen der naturalistische Ausgangspunkt für all die Malerei-Metaphern, mit denen Descartes in seinen späteren Schriften seine eigenen Erklärungen beschreibt. Darauf komme ich noch zurück.

Die Phantasie wird hier als „wirklicher Teil des Körpers" [veram partem corporis] bestimmt, der so groß sei, daß seine verschiedenen „Abteilungen" viele verschiedene Bilder aufnehmen und speichern könnten, und dies nenne man das Gedächtnis. Sodann könnten viertens die Nerven im Gehirn von der Phantasie auf verschiedene Weisen in Bewegung versetzt und dadurch Handlungen ausgelöst werden, ohne daß dabei die Vernunft im Spiele sei. Diese tritt erst mit dem fünften Schritt auf den Plan, als rein geistige Erkenntniskraft (vis cognitionis) und nimmt eine Zwitterstellung ein, da sie als einziges Vermögen „einmal zugleich mit der Phantasie Figuren vom *sensus communis* empfängt, ein andermal sich denen zuwendet, die im Gedächtnis aufbewahrt sind, oder auch jene neue bildet, von denen die Einbildungskraft so besetzt wird, daß sie oft nicht ausreicht, zugleich Ideen vom *sensus communis* aufzunehmen oder sie an die bewegende Kraft gemäß der natürlichen Disposition des Körpers weiterzuleiten." Somit „imitiere" die Erkenntnis mal die passive Rolle des Wachses mal die aktive des Siegels, doch dies sei diesmal nur als Analogie zu verstehen. Passiv sei der Erinnerungsvorgang, der sich durch die Verbindung von Erkenntniskraft und Einbildungskraft vollzieht – ein aktives gemeinsames „Zeichnen" neuer Figuren nenne man hingegen etwas „imaginieren oder begreifen" (*imaginari vel concipere*). Allein tätig sei die Erkenntniskraft für das Verstehen (intelligere) zuständig, alle Funktionen zusammengenommen, machten das Ingenium aus, das „bald neue Ideen in der Phantasie zeichnet, bald sich mit den bereits gezeichneten beschäftigt."[198] Man kann somit zwischen Begreifen und

---

cartes den Terminus „Idee" ab 1641 nicht mehr zur Bezugnahme auf physikalische Entitäten in der *imaginatio* verwendet, sondern nur noch zur Bezugnahme auf geistige Entitäten, betont jedoch zu Recht, daß dies nicht heiße, daß Descartes seine Theorie der körperlichen Bilder später aufgegeben habe. Perler *Repräsentation bei Descartes*, Frankfurt 1996, S. 32. Man siehe z.B. die folgende Stelle, in der sowohl von der Idee in neuer Definition als auch von körperlichen Bildern die Rede ist: „Denn ich benenne mit dem Namen Idee nicht einfach die in der Phantasie gespiegelten Bilder; gerade ihnen gebe ich im Gegenteil, insoweit sie auf der körperlichen Phantasie beruhen, nicht diesen Namen; ich benenne aber im allgemeinen mit dem Namen Idee alles, was sich in unserem Geist befindet, wenn wir ein Ding begreifen, auf welche Art wir es auch begreifen mögen." An Mersenne, Juli 1641, AT III, S. 392f.; *Briefe*, S. 246.

196 Reg. 12, S. 79, AT X, S. 414: „Tertio concipiendum est, sensum communem fungi etiam vice sigilli ad easdem figuras vel ideas, a sensibus externis puras et sine corpore venientes in phantasia vel imaginatione veluti in cera formandas, atque hanc phantasiam esse veram partem corporis et tantae magnitudinis, ut diversae ejus portiones plures figuras ab invicem distinctas induere possint, illasque diutius soleant retinere; tuncque eadem est quae memoria appellatur."

197 Reg. 12, S. 83 (Hervorhebung von mir, C.Z.); AT X, S. 416: „item imaginatio agere possit in sensus per vim motricem illos applicando ad objecta, vel contra ipsi in illam, in qua scilicet corporum imagines depingunt".

198 Reg. 12, S. 81f., AT X, S. 415: „Quinto denique concipiendum est, vim illam, per quam res proprie cognoscimus, esse pure spiritualem, atque a toto corpore non minus distinctam, quam sit sanguis ab osse, vel manus ab oculo, unicamque esse, quae vel accipit figuras a sensu communi simul cum phantasia, vel ad illas, quae in memoria servantur, se applicat, vel novas format, a quibus imaginatio ita occupatur, ut saepe simul non sufficiat ad ideas a sensu communi accipiendas, vel ad easdem ad vim motricem juxta puri corporis dispositionem transferendas. In quibus omnibus haec vis cognoscens interdum patitur, interdum agit, et modo sigillum, modo ceram imitatur; quod tamen per analogiam tantum hic est sumendum, neque enim in

Verstehen unterscheiden. Das Begreifen ist ein aktiver, konstruktiver Vorgang, bei dem die bildererfindende Einbildungskraft mit im Spiel ist und die explikative Hypothesen entwirft. Das Verstehen wird zwar dann als wahres Erkennen bestimmt, doch dieses besteht lediglich darin, zu prüfen, welche Hypothese zutrifft und wo man sich täuschen könnte. Werden nicht-körperliche Dinge geprüft, so ist alles Sinnliche auszuschalten. Will der Verstand jedoch körperliche Dinge examinieren, so ist er darauf angewiesen, daß deren Ideen in der Einbildungskraft so distinkt wie nur möglich gezeichnet werden.[199]

7.4) Die Falten des Gedächtnisses

Descartes' Versuch einer Vereinfachung der *ars memorativa* erstreckt sich somit auch auf die Erklärung des natürlichen Gedächtnisses, insofern er das Erinnern psychophysikalistisch nur noch an die Einbildungskraft koppelt und in einem Vorgang innerhalb des gleichen Hirnarreals vonstatten gehen läßt. Vereinfacht werden so traditionelle Auffassungen des Verhältnisses von *imaginatio* und ‚innerem Sinn', die ihre Aufgaben darin sahen, die verschiedenen Funktionen der *phantasia, imaginatio, vis cogitativa, sensus communis* und *memoria* auszudifferenzieren, in unterschiedlichen Gehirnregionen zu lokalisieren und in ihrer Interaktion zu explizieren.

Zu untersuchen, mit welchen Techniken Descartes seine Erkenntnistheorie unterstützt und wie er in seinen Werken die Wirkung seiner Schriften befördern will, scheint mir letztlich ergiebiger, als sich allein an die expliziten Äußerungen zum Gedächtnis zu halten. Bei ihnen herrscht, vor allem in seinem *Traité de l'homme,*[200] die physiologische Erklärungsweise vor, mit der er aber ebenfalls innerhalb des weiteren Rahmens der traditionellen Gedächtnislehren verblieb, zu denen üblicherweise auch vermögenspsychologische Erklärungen gehörten,[201] die erläuterten, auf welche Weise die Sinneseindrücke durch den *sensus communis* im Gehirn verarbeitet werden. Bereits in den *Regulae*[202] finden sich derartige Betrachtungen, später jedoch gibt es auch nach der Etablierung der sogenannten Zwei-‚Substanzen'-Lehre nicht nur eine physiologische Gedächtniskonzeption, sondern Descartes unterscheidet zwischen einem körperlichen und einem intellektualen Gedächtnis, wobei letzteres nur ‚in-

rebus corporeis aliquid omnino huic simile invenitur. Atque una et eadem est vis, quae, si applicet se cum imaginatione ad sensum commu|nem, dicitur videre, tangere, etc.; si ad imaginationem solam ut diversis figuris indutam, dicitur reminisci; si ad eandem ut novas fingat, dicitur imaginari vel concipere; si denique sola agat, dicitur intelligere: quod ultimum quomodo fiat, fusius exponam suo loco. Et eadem etiam idcirco juxta has functiones diversas vocatur vel intellectus purus, vel imaginatio, vel memoria, vel sensus; proprie autem ingenium appellatur, cum modo ideas in phantasia novas format, modo jam factis incumbit".

199 Reg. 12, S. 83, AT X, S. 416f.: „Si vero intellectus examinandum aliquid sibi proponat, quod referri possit ad corpus, ejus idea, quam poterit distinctissi|me, in imaginatione est formanda."

200 *Über den Menschen,* S. 106f., 110-112 u. 118f.

201 Daß es Descartes weniger um den Leib-Seele-Dualismus sondern primär um eine Theorie der kognitiven Fähigkeiten geht, macht Gary Hatfield klar: Descartes' Physiology and Its Relation to His Psychology, in John Cottingham (Hrsg.), *Cambridge Companion to Descartes*, Cambridge 1992, S. 335–370. Eine vom historischen Kontext absehende, aber doch nützliche Stellensammlung zum Themenkomplex: ‚Imagination und Gedächtnis bei Descartes' bietet Clarke (2006 b), S. 81-105.

202 *Regulae,* Reg. 12, S. 79, AT X, S. 414.

offiziell' in den Briefen und vor allem im *Gespräch mit Burman* abgehandelt wird. Hier erklärt Descartes:

> „die Falten des Gedächtnisses [...] brauchen, wie ich glaube, nicht in sehr großer Zahl vorhanden zu sein, um für alle unsere Erinnerungen zu dienen, weil ein und dieselbe Falte sich auf alle einander ähnelnden Dinge bezieht. Außerdem glaube ich, daß es neben dem körperlichen Gedächtnis, dessen Eindrücke durch diese Gehirnfalten erklärt werden können, in unserem Begriffsvermögen noch eine Art von Gedächtnis gibt, das nicht von den Organen des Körpers abhängt und vollständig geistig ist und sich bei den Tieren nicht findet; und es ist hauptsächlich dieses, dessen wir uns bedienen. Übrigens ist es ein Irrtum zu glauben, daß wir uns am besten dessen erinnern, was wir in der Jugend getan haben, denn wir haben damals auch eine Unzahl von Dingen getan, an die wir uns ganz und gar nicht erinnern. Und was die anbetrifft, derer wir uns erinnern, so geschieht das nicht nur wegen der Eindrücke, die wir in der Jugend empfangen haben, sondern hauptsächlich deswegen, weil wir sie seitdem wiederholt und erneuert haben, indem wir uns zu verschiedenen Zeiten daran erinnerten."[203]

---

203 *Briefe*, S. 199 (Brief an Mersenne vom 06. 08. 1640). Vgl. auch den Brief an Mersenne vom 01. 04. 1640, ebd., S. 186, in welchem Descartes ein aus Augustinus' *De Musica* stammendes Beispiel eines Lautenspielers aufnimmt, dessen Gedächtnis in seinen Händen liege: „Ich glaube aber, das zumeist das ganze übrige Gehirn dem Gedächtnis dient, hauptsächlich seine inneren Teile, und das ebenso selbst die Nerven und Muskeln dafür dienlich sein können. So hat zum Beispiel ein Lautenspieler sein Gedächtnis in den Händen. Denn durch die Gewohnheit erworbene Fähigkeit, seine Finger auf verschiedene Weisen zu beugen und anzuordnen, hilft bei der Erinnerung an Stellen, zu deren Ausführung er sie so anordnen muß. Sie werden dies leicht glauben, wenn Sie bitte beachten wollen, daß alles was man lokales Gedächtnis nennt, sich außerhalb von uns befindet. So sind etwa, wenn wir irgendein Buch gelesen haben, alle Spezies [= die sinnlichen Repräsentationen eines Allgemeinen, einer Form oder Gattung; C. Z.], die zur Erinnerung an das darin enthaltene dienen können, nicht allein in unserem Gehirn, sondern es gibt deren auch mehrere in dem Papier des Exemplars, das wir gelesen haben. Und es kommt nicht darauf an, daß diese Spezies keine Ähnlichkeit mit den Sachen haben, an die sie uns erinnern, denn oft haben es die in unserem Gehirn auch nicht mehr. Aber außer diesem Gedächtnis, das vom Körper abhängt, erkenne ich noch ein anderes, ganz und gar intellektuelles, das von der Seele allein abhängt." Vgl. auch den Brief an Mesland vom 02. 05. 1644, ebd., S. 278: „Hinsichtlich des Gedächtnisses glaube ich, daß das Gedächtnis von den körperlichen Dingen von den Spuren abhängt, die im Gehirn bleiben, nachdem irgend ein Bild dort eingedrückt worden ist; und das dasjenige von den verstandesmäßigen Dingen von irgendwelchen anderen Spuren abhängt, die im Gedanken selbst bleiben. Diese sind aber von einer ganz anderen Art als jene, und ich wüßte sie durch kein den körperlichen Dingen entnommenes Beispiel zu erläutern, das nicht sehr von ihnen verschieden sei, während die Spuren des Gehirns dieses geeignet machen, die Seele in derselben Weise zu bewegen, wie es sie vorher bewegt hatte, und sie auf diese Weise zur Erinnerung an etwas zu veranlassen, etwa so wie die in einem Stück Papier oder in einem Wäschestück befindlichen Falten bewirken, daß es geeigneter ist, abermals so wie zuvor gefaltet zu werden, als wenn es niemals gefaltet gewesen wäre." Über Descartes' physiologische Gedächtniskonzeption und ihre Stellung in der Tradition informiert Ernst Florey: MEMORIA: Geschichte der Konzepte über die Natur des Gedächtnis. In: E. Florey – O. Breidbach (Hrsg.), *Das Gehirn – Organ der Seele? Zur Ideengeschichte der Neurobiologie*, Berlin 1993, S. 151-215 sowie Michael Hagner, *Homo cerebralis. Der Wandel vom Seelenorgan zum Gehirn*, Darmstadt 1997, S. 25ff. Darauf, daß im Gedächtnis im Unterschied zu Descartes bei Gassendi und Leibniz Myriaden kleinster Falten angenommen werden, in denen sich die Erinnerungsspuren einspeichern, hat Bredekamp (2004), S. 14ff., hingewiesen.
Ausführlicher werde ich auf Descartes' physiologische Konzeption des Gedächtnisses noch eingehen, wenn ich die unterschiedlichen Visualisierungsversuche des Gehirns untersuche, die posthum zum *Traité de l'homme* unternommen wurden.

Wie dieses intellektuale Gedächtnis arbeitet, bleibt sehr dunkel. Wenn der Geist jedoch auch ohne Gehirn soll denken können, muß er auch ohne Erinnerungsspuren auskommen. Die einzige ein wenig Aufschluß gebende Stelle, welche die den Engeln und körperlosen Seelen mögliche Erinnerung erklären soll, lautet:

> „Das intellektuelle Gedächtnis bestreite ich nicht, denn das gibt es. Wie wenn ich das Wort „König", von dem ich höre, daß es jene höchste Gewalt bedeute, meinem Gedächtnis anvertraue und in der Folge diese Bedeutung durch das Gedächtnis wiedererlange. Das geschieht gewiß vermittels des intellektuellen Gedächtnisses, da zwischen jenen fünf Buchstaben und ihrer Bedeutung kein Zusammenhang von der Art besteht, daß ich ihm diese Bedeutung entnehmen könnte. Aber durch das intellektuelle Gedächtnis erinnere ich mich, daß diese Buchstaben jenes bedeuten. Jedoch ist jenes Gedächtnis mehr ein solches der Universalien als des Besonderen, und so können wir uns nicht vermittels seiner aller Einzelheiten erinnern."[204]

Hier, in der Metaphysik Descartes' und nicht in der Methodologie und Erkenntnistheorie, ist die radikale Ablösung vom sinnlichen Zeichen vollzogen. Nur noch die Bedeutungen werden unabhängig von ihren jeweiligen Darstellungsformen erinnert.

Was die Physiologie anbetrifft, so wird meine spätere Untersuchung zeigen, daß Descartes keinen Unterschied zwischen *natura* und *ars* mehr macht. Die Gedächtnistraktate der Renaissance kann man als Versuche lesen, die *memoria* als zur Kunst gewendete Natur zu beschreiben.[205] Descartes hingegen transformiert die Kunst in Natur zurück, oder besser: er zieht den Unterschied zwischen Kunst und Natur ein. Hinzu kommt sein reflexiver Umgang mit seiner physiologischen Gedächtnistheorie, d.h. er wird versuchen, das Gedächtnis seiner Leser mit Hilfe von Bildern zu prägen.[206]

---

204 *Gespräch mit Burman*, S. 15f. Vgl. auch Desmond Clarke, *Descartes's Theory of Mind*, Oxford, S. 99-105.
205 Vgl. dazu (auch mit Blick auf Schenckel): Samsonow (2001), S. 201f.
206 Vgl. in der vorliegenden Arbeit dazu das Kapitel: „Abbilden und Leserlenkung".

8) Wissenschaft der Wunder

Doch zurück zum frühen Descartes. Wenn der junge Descartes von *figura* spricht, sind, wie bereits gezeigt, nicht nur geometrische Figuren gemeint, sondern allgemein Bilder

Das kann man auch ganz konkret verstehen und auf die Abbildungen innerhalb von Texten beziehen, und damit werde ich mich noch ausführlich befassen. Die meisten der frühen Texte Descartes' sind bilderlos oder sie enthalten, wie im *Musicae Compendium* und den *Regulae,* einfache geometrische Diagramme. Just kurz vor und um 1619 wurden jedoch in Deutschland die Hauptwerke Robert Fludds und Michael Maiers publiziert,[207] die zahlreiche, von Matthäus Merian meisterhaft gestochene, Kupferstiche präsentieren, die äußerst präzise die komplexen magisch-okkulten Gedanken jener spiritualistischen Autoren in dichten Bildern synthetisieren. Ein wiederkehrendes zentrales Motiv dieser Titelkupfer und Textabbildungen war die Vermittlung von sinnlicher und himmlischer Welt mit Hilfe von *simulacra.* Der innere Zusammenhang der Welt wird über Ketten-*symbola*, der *ascensus* zu der himmlischen Sphäre mit Hilfe von Leitern veranschaulicht, Gedächtnistheorien werden durch Abbildungen der am Erinnerungsvorgang beteiligten Vermögen exemplifiziert, etc. Diese Abbildungen sind jedoch grundverschieden von denen, die in den späteren Werken Descartes' auftauchen. Ich bringe zwei zeitnahe Beispiele:

207 Baillet, *Vie de M. Descartes* I, S. 90 (AT X, S. 196) verweist explizit auf Michael Maier im Kontext seiner Darstellung von Descartes' Relation zu den Rosenkreuzern. 1618 waren z.B. Michael Maiers *Atalanta fugiens* und *Themis aurea* erschienen. Fludd veröffentlichte sein Hauptwerk *Utriusque cosmi maioris scilicet et minoris Metaphysica, physica atque technica Historia* 1617. Zur immensen Bedeutung Fludds für die Philosophie- und Wissenschaftsgeschichte des 17. Jahrhunderts siehe: W. Schmidt-Biggemanns Artikel: Bilder des Unsichtbaren: Robert Fludds Konzeption des Weltgeistes, in: Christine Göttler – Wolfgang Neuber (Hrsg.), *Spirits unseen: the representation of subtle bodies in early modern European culture,* Leiden 2008, S. 197-209; Kosmos und Kabbala. Robert Fludds Naturkonzeption, in: Thomas Leinkauf (Hrsg.), *Der Naturbegriff in der Frühen Neuzeit*, Tübingen 2005, S 213-235; Robert Fludds Theatrum memoriae, in: J.J. Berns – W. Neuber (Hrsg.), *Ars memorativa*, Tübingen 1993, S. 154-169.

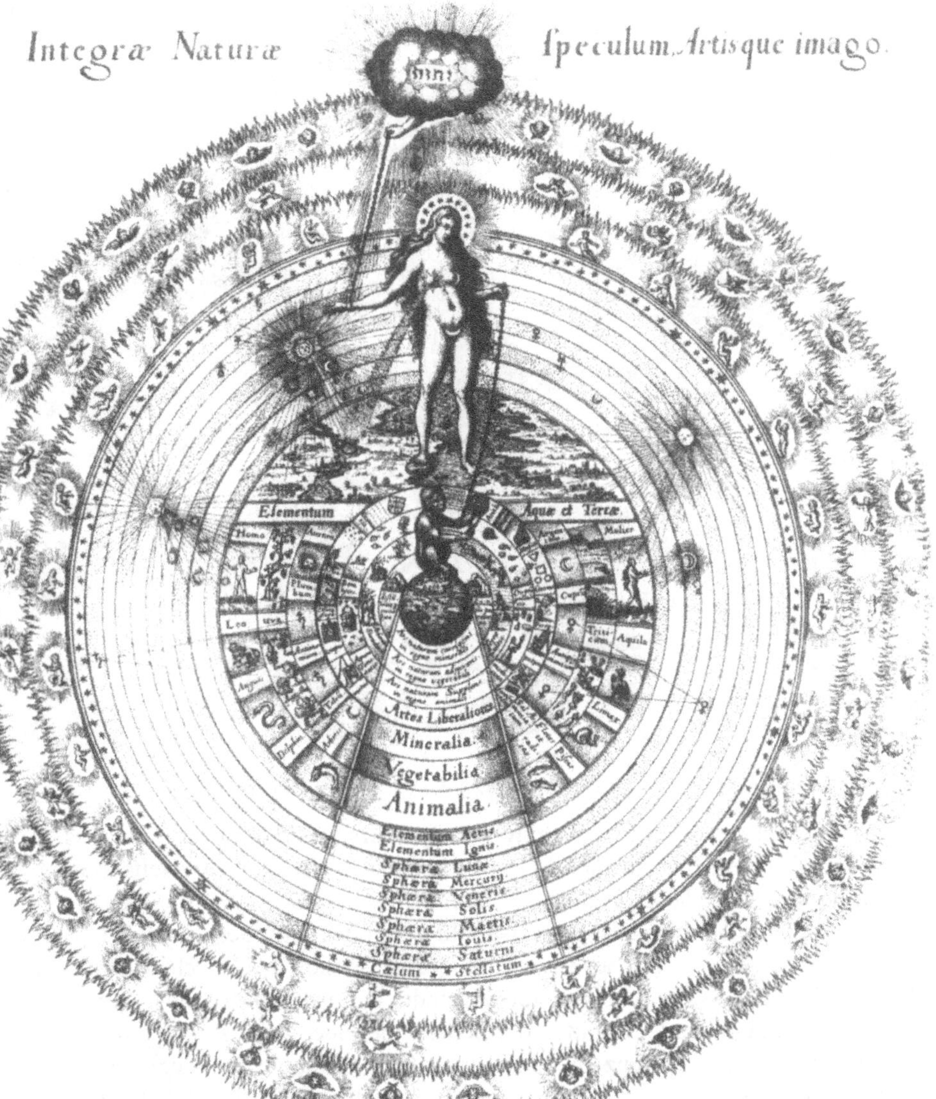

Abb. 2) Robert Fludd, *Utriusque cosmi historia*, Oppenheim 1617.

Abb. 3) Johann Daniel Mylius, *Opus Medico-Chymicum*, Frankfurt a.M. 1618.

Beide Bildbeispiele zeigen jeweils durch die Kupferstecherkunst von Matthäus Merian sehr eindrucksvoll, eine Mikrokosmos-Makrokosmos-Darstellung. Die zweite stammt aus dem 3. Band des *Opus Medico-Chymicum* (Frankfurt a.M. 1618) des Rosenkreuzers Johann Daniel Mylius. Das alchimistische Universalbild verbindet unter dem Titel „Die Herrschaft der Philosophie“ durch graphische Korrespondenzen mythologische, christliche und hermetische Symbole. Eine siderische Scheibe verbindet anschaulich die sonst getrennten Sphären des Himmels und der Erde. Inmitten der Scheibe befindet sich das Symbol für den Stein der Weisen, um ihn herum in konzentrischer Anordnung Symbole der Alchemie. Betrachtet man die untere Hälfte der Scheibe genauer, sieht man, daß es eigentlich 2 Scheiben sind, und die irdische eine Art Drehscheibe, deren unterer Halbkreisbogen mit seinen Symbolen weiterrücken und neue Konstellationen bilden wird. Überall, in der irdischen wie in der himmlischen Sphäre wird mit einem komplexen Verweissystem zwischen Zeichen und Symbolen operiert. Z.B. steht unten auf dem Rücken zweier miteinander vereinigter Löwen, aus deren Rachen sich das Lebenselixier ergießt, ein Alchimist im Sternenmantel, der Tag und Nachthälfte scheidet, mit zwei Beilen in der Hand, den Zeichen der Scheidekunst. Rechts davon erkennt man einen Adler, der mit seinen Schwingen Wasser und Erde beschützt und zugleich Luna / den weiblichen Mercurius mit Aktaion, der Symbolfigur der Verwandlung, trägt. Luna ist wie ihr Gegenpart Sulphur, der wiederum gestützt wird durch den mit seinen Flügeln Feuer und Luft behüteten Phoenix, durch eine Kette mit der himmlischen Sphäre verbunden usw.[208] Nur durch die sichtbaren Korrespondenzen verschiedener Symbolebenen wird deren Verbindung evident.[209]

Trotz der offenkundigen Unterschiede dieser Abbildungen und jenen, noch eingehend zu besprechenden, die sich in Descartes' späteren Schriften finden, liegt die Vermutung nahe, daß der junge Descartes bei seinen Ausführungen noch solche Art von Bildern im Sinn hatte, zumal, wie Descartes' Traum zeigte, er durchaus empfänglich war für Bücher mit schönen Stichen. Im *Discours* berichtet er rückblickend, er habe zu dieser Zeit „alle mir in die Hände fallenden Bücher über die geheimsten und sonderbarsten Wissenschaften gelesen"[210] und schmäht deren Lehren dann freilich als Scharlatanerie.[211] Allerdings war sein früheres Interesse an ihnen ernsthafter, als er später zugeben will, wie seine Vorschläge zur Erzeugung von katoptrischen Anamorphosen,[212] also magischer Spiegeleffekte, belegen. Diese können auch als praktische Konstruktionsanleitung zum Entwerfen von Apparaten gelesen werden, mit deren Hilfe zum einen *sensibilia* auf *olympica* verweisen, zum anderen aber auch Wundererscheinungen jeder Art durchschaut und erklärt werden,[213] indem man zeigt, wie Illusionen künstlich erzeugt werden können:

---

208 Eine vorzügliche Aufschlüsselung der Symbole durch Rosamunde Neugebauer Gräfin von der Schulenburg findet man in: *Matthäus Merian. Katalog zur Ausstellung des Museums für Kunsthandwerk*, Frankfurt a.M. 1993, S. 307.

209 Zum systematischen Status solcher Bilder vgl. man mein Unterkapitel III, 2.3: „Bild-Beweise".

210 *Discours*, S. 9.

211 Ebd., S. 9 und 15.

212 Zum kulturgeschichtlichen Hintergrund der damals in Mode gewesenen Anamorphosen vgl. man die klassischen Arbeiten von Gustav R. Hocke, *Die Welt als Labyrinth*, Hamburg 1957, S. 124-129; Jurgis Baltrusaitis, *Anamorphoses ou perspectives curieuses*, Paris 1952, hier: Kap. III: Descartes. Les Automates et la doute, S. 33-43; und ferner ders., *Der Spiegel. Entdeckungen, Täuschungen, Phantasien*, 2. Aufl. Gießen 1996; Lyle Massey, Anamorphosis through Descartes or Perspective Gone Away; in: *Renaissance Quarterly* 50,4 (1997), S. 1148-1189; B. Newell Decyk, Cartesian Imagination and perspectival art, in: Gaukroger – Sutton (2000), S. 447-486; sowie Joost Elffers – Michael Schuyt – Fred Leemann, *Anamorphosen*, Köln 1975; – die aber leider alle entweder nicht oder nur sehr knapp auf den jungen Descartes eingehen. Das wirkt sich insbesondere für Masseys Interpretation nachteilig aus, da sie in ihrem preisgekrönten Essay gegen Baltrusaitis ins Treffen führt, daß der junge Descartes zwar mit Automaten vertraut gewesen sei, diese jedoch strukturell von den anamorphotischen Bildern zu unterscheiden seien, die von Baltrusaitis behaupteten Zusammenhänge daher historisch wie theoretisch wenig tragfähig seien (ebd., S. 1168). In seinen *Cogitationes Privatae* führt jedoch Descartes genau diese Analogie zwischen Automaten und Anamorphosen aus. Auch durch den Kontakt zu Faulhaber, den Massey nicht erwähnt, läßt sich historisch ein Zusammenhang belegen.

213 Der Diskurs des Wunderbaren hatte vor Descartes einen anderen kritischen Zweig ausgebildet. Beispielsweise bei zwei Autoren, deren Werke Descartes leicht kennen konnte, wurden Wundererscheinungen auf ihre natürlichen Ursachen dadurch zurückgeführt, daß die Wunder künstlich erzeugt und die Mechanismen der Erzeugung offengelegt wurden. Bernard Palissy hatte in seinen *Discours admirables* (1580) Cardano kritisiert, indem er anhand seiner praktischen Erfahrungen, die er als Töpfer und Grottenbauer im Umgang mit Muscheln und Erde sammelte, nachwies, daß dessen Theorien über die Erdformation und Fossilien unhaltbar sind. Wie später Descartes hatte Palissy gefordert, man solle mehr Texte ins Französische übersetzen oder gleich in französischer Sprache schreiben, damit Theorien auch von Leuten, die kein Latein beherrschen, praktisch überprüft und widerlegt werden können. Giulio Cesare Vanini hatte, darüber berichtet auch Mersenne (1623, S. 475ff. u. 500-537), bereits in seinem Traktat *De admirandis naturae deaeque* (1616) vorgeschlagen, daß man mit Hilfe von Spiegelkonstruktionen die Erscheinungen von Engel entzaubern könne. Descartes' *Les Météores* stehen, da es in ihnen auch einen *discours* über den Regenbogen gibt, the-

„Man kann einen Garten entwerfen mit Schatten, welche verschiedene Figuren darstellen [représentent], so etwa Bäume & andere [Dinge]: Ebenso kann man Palisaden zuschneiden, auf eine solche Weise, daß sie aus einer gewissen Perspektive gewisse Figuren darstellen [représentent]. Ebenso kann man in einem Zimmer es so einrichten, daß die Sonnenstrahlen, wenn man sie durch gewisse Öffnungen einfallen läßt, verschiedene Zeichen oder Figuren erzeugen [représentent]: Ebenso kann man an der Wand, in einem Zimmer, Feuer-Zungen, Feuer-Wagen entstehen lassen & andere Figuren in der Luft; alles das durch gewisse Spiegel, welche die Strahlen auf diesen Punkt hin bündeln: Ebenso kann man es anstellen, daß die Sonne, wenn sie in einem Zimmer stark aufleuchtet, scheint, als ob sie immer von der selben Seite her käme, oder daß es scheint, sie ginge vom Okzident zum Orient, alles mit Hilfe von Parabolspiegeln; & es ist nötig, daß die Sonne direkt auf das Dach scheint, in einen Brennspiegel, bei welchem der Brennpunkt genau in einem kleinen Loch sein muß & in einen anderen Brennspiegel mit dem gleichen Brennpunkt auch genau in diesem kleinen Loch, & ihre Strahlen werden in parallelen Linien in das Zimmer zurückgeworfen."[214]

Vom Traumgesicht war es nicht weit zum Feld der optischen Techniken der Illusionserzeugung, die als nach Außen verlagerte Studien der Wirkungsweise der Imagination und Versuche ihrer Steuerung begriffen werden können. Es lassen sich daher mühelos das Erzeugen illusionistischer Phänomene und die oben beschriebenen Funktionen der Einbildungskraft zusammenbringen. Bei den anamorphotischen Illusionen liegt jedoch weniger ein Stufengang hinauf zu den *olympica* vor. Sie vermitteln vielmehr als *simulacra* zwischen den höheren und niederen Seinsstufen. Über die Einsicht, daß die Dinge nicht das sind, was sie zu

matisch in beiden Traditionen, der junge Descartes schreibt über optische Illusionen in ähnlicher Weise und Wirkabsicht wie Vanini. Descartes zeigte sich gegenüber den okkulten Autoren dabei weit aufgeschlossener als Mersenne, der in seinen *Quaestiones celeberrimae in Genesim* (1623), *L'impiéité des déistes* (1624) und *La verité des sciences* (1625) zahlreiche Attacken gegen ‚Atheisten', Deisten, Magier, Alchemisten' und Skeptiker richtete und dabei Marsilio Ficino, Giovanni Pico, Cornelius Agrippa, Giordano Bruno, Cardano, Robert Fludd und Pierre Charron meinte. Angegriffen wurde auch Vanini. Vgl. Bernard Palissy; *Discours admirables, de la nature des Eaux et fonteines, tant naturelles qu'artificielles, des metaux, des sels & salines, des pierres, des terres, du feu & des emaux. Avec plusieurs autres excellens secrets des choses naturelles. Plus un traité de la marne, fort utile et necessaire, pour ceux qui se mellent de l'agriculture ...*, Paris 1580. Zu Palissy: H.R. Schell, Casting Life, Recasting Experience: Bernard Palissy's Occupation between Maker and Nature, in: *Configurations* 12 (2004), S. 1-40.

214 AT X, S. 215f.: „On peut faire en un jardin des ombres qui représentent diverses figures, telles que des arbres et les autres: Item, tailler des palissades, de sorte que de certaine perspective elles représentent certaines figures: Item, dans une chambre, faire que les rayons du soleil, passant par certaines ouvertures, représentent divers chiffres ou figures: Item, faire paraître, dans une chambre, des langues de feu, des chariots de feu et autres figures en l'air; le tout par de certains miroirs qui rassemblent les rayons en ces points-là: Item, on peut faire que le soleil, reluisant dans une chambre, semble toujours venir du même côté, ou bien qu'il semble aller de l'Occident à l'Orient, le tout par miroirs paraboliques; et faut que le soleil donne au-dessus du toit, dans un miroir ardent, duquel le point de la réflexion soit au droit d'un petit trou, et donne dans un autre miroir ardent, lequel a le même point de reflexion aussi au droit de ce petit trou, et rejettera ses rayons en ligne parallèles dedans la chambre." Vgl. auch den Brief vom September 1629, AT I, S. 21: „Il y a une partie dans les Mathematiques, que je nomme la science des miracles, pour ce qu'elle enseigne à se servir si à propos de l'air et de la lumiere, qu'on peut faire voir par son moyen toutes les memes illusions, qu'on dit que les Magiciens font paraitre par l'aide des Demons. Cette science n'a jamais encoreété pratiquée, que je sache, et je ne connois personne que luy qui soit capable." Man vgl. dazu das Ende des 8. Diskurses von *Les Météores*.

sein scheinen, erlauben sie ein Lösen von der sinnlichen Oberfläche. Ein entscheidender Effekt der Anamorphosen ist, daß nicht wie bei der Zentralperspektive ein sicherer Betrachterstandpunkt fixiert wird, eine Leerstelle auf die die Bilder zeigen und an der das Subjekt entsteht. Vielmehr wird dieser Standpunkt der Renaissance gerade aufgelöst und dem Betrachter gleichsam eine exzentrische Position zugewiesen.[215] Die Zentralperspektive ist für die Anamorphose die zu negierende Voraussetzung. Man gewinnt mittels der Phantasmen die nötige Freiheit, um nicht auf niederer sinnlicher Stufe, dem Abbildrealismus, zu verharren. Es bedarf der technisch erzeugten Täuschungen, um dann auch den vermeintlichen Realismus der Sinneswahrnehmung überhaupt als illusionär zu durchschauen. Illusionismus, Fabel, Traum sind die Modi, durch welche sich die Einbildungskraft die nötige Freiheit von der Normal- bzw. Zentralperspektive verschafft. (Hier liegt vielleicht der Schlüssel auch für das spätere Verfahren Descartes', seinen Darlegungen hypothetischen Charakter zu verleihen und vermeintliche Wunder auf ihre mechanistischen Ursachen zurückzuführen [s.o.]. Auch läßt sich nun begreifen, daß in den *Meditationen* nicht, wie üblicherweise angenommen, der Zweifel am Anfang steht, sondern die Freiheit zum Zweifeln dem Zweifel vorausgehen muß. Dieser Spielraum jedoch muß *mit Hilfe der Imagination* allererst gewonnen werden. Zu diesem Zweck wählt Descartes in seinen *Meditationen* bekanntlich wiederum einen Zustand zwischen Wachen und Träumen zum Ausgangspunkt, in welchen zwischen wahr und falsch nicht mehr klar unterschieden werden kann; ebenso gehört eine starke Einbildungskraft dazu, sich einen Betrügergott und seine Täuschungsmöglichkeiten überhaupt vorstellen zu können).[216]

Das Durchschauen himmlischer Erscheinungen mit dem Ziel, den Wunderglauben durch mechanistische Erklärungen zu ersetzen, wird später insbesondere zum Leitmotiv von Descartes' Essay *Les Météores.*

In seinem vermutlich vor 1633 verfaßten, doch erst posthum veröffentlichten Dialog *La recherche de la verité* kündigt Descartes' Favorit Eudoxus das zukünftige Entmystifizierungs-Programm seiner Wissenschaft der Wunder an, das man in dieser Gestalt am ehesten als größtenteils von *Les Météores, Prima cogitationes, De l'homme,* und der *Descriptio* eingelöst ansehen könnte.[217]

---

215 Dies ist gegen pauschalisierende Gleichsetzungen von der Erfindung der Zentralperspektive und der philosophischen Wende zum Cogito-Standpunkt herauszustellen, wie sie z.B. vorgenommen wird in: A. Horn, Das Experiment der Zentralperspektive in Descartes im Diskurs der Neuzeit, in: Niebel – Horn – Schnädelbach (2000), S. 9-32. Differenzierter, weil kenntnisreicher ist hingegen: Leonard Schmeiser, *Die Erfindung der Zentralperspektive und die Entstehung der neuzeitlichen Wissenschaft,* München 2002.

216 Vgl. Silvio Vietta, *Literarische Phantasie: Theorie und Geschichte. Barock und Aufklärung*, Stuttgart 1986, S. 25: „Es ist bemerkenswert und in der Descartes-Forschung vielleicht zu wenig beachtet worden, daß die scheinbar so strenge rationale Ableitung des ersten Prinzips der neuen Philosophie – die Selbstevidenz der denkenden Substanz – in einem ganz und gar phantastischen Kontext und auf den Spuren einer geradezu utopischen Einbildungskraft erfolgt."

217 Vgl. A. Bortolotti, Sulla datazione della ‚Recherche de la verité' di Descartes, in: *Rivista critica di Storia della filosofia* 36 (1981), S. 343ff. Gerhart Schmidts Einleitung zu seiner dreisprachigen Edition der *Recherche* (Würzburg 1981), S. 16ff. Weil ich diese Ankündigung am ehesten im Diskurs über die Meteore für umgesetzt sehe, bin ich von einer früheren Entstehungszeit überzeugt. Ich vermute als Anlaß die im März 1629 von Scheiner bei Rom beobachteten Parhelia, die bei Descartes einen Schub experimenteller Forschung provozierten, die dem Nachweis dienen sollten, daß man solche optischen Wundererscheinungen

„Ich werde Sie die leistungsfähigsten Maschinen und ausgeklügelsten Automaten, die täuschendsten Sinneserfahrungen und die feinsten Trugwerke bewundern lassen, welche die Kunstfertigkeit erfinden mag, und Ihnen deren Geheimnisse aufdecken. Sie werden so einfach und harmlos sein, daß Sie Grund haben werden, gar kein Werk unserer Hände mehr zu bewundern. Ich werde dann zu den Naturwundern übergehen. Nachdem ich Ihnen den Grund aller ihrer Mutationen, die Mannigfaltigkeit ihrer Eigenschaften, die Unterscheidungsmerkmale der pflanzlichen und der tierischen Seele von der unsrigen dargetan haben werde, werde ich Sie mit dem ganzen Aufbau der Sinnendinge bekannt machen. Ich werde beschreiben, was man am Himmel beobachten kann und was man davon als gewiß gelten lassen darf; dann werde ich zu den haltbarsten Hypothesen übergehen in bezug auf das von den Menschen nicht eindeutig bestimmbare, um das Verhältnis der Sinnendinge zu den Gegenständen des Verstandes und dasjenige beider zum Schöpfer zu erklären."[218]

8.1) Automaten und andere kunstfertige Trugwerke

Besser nachvollziehbar wird jetzt auch, weshalb der junge Descartes sich mit merkwürdigen technischen Apparaturen und der Konstruktion von Automaten befaßt hatte:

„Wenn man einen Körper hätte, dessen Gewicht sich nach den Mond-Zeiten verändert, so hätte man eine ununterbrochene Bewegung [motum perpetuum]. Man stelle sich ein Rad vor, dessen Hälfte aus einem anderen Stoff sei, der nicht der Bewegung des Mondes unterworfen ist, wie der Rest des Rades, und derart, daß diese Teile im natürlichen Zustand sich im Gleichgewicht befinden: ohne Zweifel erhält man eine ununterbrochene Bewegung, die den Mond-Zeiten folgt."

„Si esset corpus quod pro ætate mutaret pondus, daret motum perpetuum. Fiat talis rota ubi nigrumsit alterius formæ on subditæ ex tota rota, ita in axe librata ut utraque forma in naturali statu æqualis sit ponderis: haud dubie"[219]

erklären kann. Descartes widmete sich ab 1629 primär der Naturforschung, wie sie der Dialog beschreibt. Keineswegs kann ich Bortoloti zustimmen, wenn er die *Regulae* als grundverschieden von diesem Dialog ansieht (was gegen eine zeitliche Nähe spräche) und überhaupt die ganze Thematik der ‚Wunderdinge' als unvereinbar mit dem reifen Descartes bezeichnet (warum ich das bestreite, werde ich später im Einzelnen darlegen).

218 „Ensuite je vous mettrai sous les yeux les travaux de l'homme sur les objets corporels; et, après vous avoir frappé d'admiration à la vue des machines les plus puissantes, des automates les plus rares, des visions les plus spécieuses, et des tours les plus subtils que l'art puisse inventer, je vous en révélerai les secrets, qui sont si simples, que vous n'admirerez désormais plus rien dans les ouvrages de nos mains. J'arriverai après cela aux œuvres de la nature, et, après vous avoir montré la cause de tous ses changements, la diversité de ses qualités et la raison pour laquelle l'âme des plantes et des animaux diffère de la nôtre, je vous donnerai à considérer l'architecture des choses sensibles. Les phénomènes du ciel observés, et les conclusions certaines qu'on en peut tirer, déduites, je m'élèverai aux conjectures les plus saines sur ce que l'homme ne peut déterminer positivement, pour essayer de rendre compte de la relation des choses sensibles aux intellectuelles, et des unes et des autres au Créateur, de l'immortalité des créatures, et de leur état après la consommation des siècles." AT X, S. 505f.; *Recherche*, dt., S. 43.

219 AT X, S. 230f.

> „Es wird eine Statue aufgestellt, die einiges Eisen an Kopf und Füßen hat. Sie wird auf eine Schnur oder einen sehr dünnen Stab aus Eisen gestellt, der aber in magnetische Kraft getaucht ist [vi magnetica tinctam]. Ebenso sei über ihrem Kopf ein anderer [Stab], der auch in eine magnetische Kraft getaucht wurde, welcher höher sei und an einigen Stellen durch größere Kraft unterschieden. Die Statue hat nach Art des Seiltänzers einen sehr langen Stab in ihren Händen, der innen hohl ist und durch den eine Saite [nervus] gespannt ist, bei welchem ich inzwischen das Prinzip der automatischen Bewegung innen eingeschlossen habe: wenn man sie ganz leicht berührt hat, bewegt die ganze Statue den Fuß nach vorn, sooft sie berührt wird, und [sie bewegt den Fuß] von selbst an Stellen, die von größerer Kraft magnetisch sind, wenn die Stellen [von der Statue] oben berührt worden sind, wie wenn Instrumente geschlagen werden."
>
> „Ponatur statua, aliquid ferri habens in capite & pedibus; ponatur super funem vel virgam ferream exiguam, sed vi magnetica tinctam; item supra caput eius alia fit, vi etiam magnetica tincta, quae altior fit & quibusdam in locis maiori vi distincta. Statua autem habeat in manibus baculum oblongum ad modum funambuli, qui fit excavatus & in eo nervo contentus, cui interea principium motus automati intus inclusi: quo levissime tacto, staua omnis pdem promoveat, quoties tangitur & in locis maiore vi magnetis in summo tactis, sponte, scilicet cum pulsabuntur instrumenta."[220]

> „Die Taube des Archytas, welche zwischen den Flügeln ein durch den Wind leicht bewegliches Gewicht hatte, so daß sie in eine richtige Bewegung verfällt."
>
> „Columba Architae molas vento versatiles inter alas habebit, ut motum rectum deflectat."[221]

Weniger absonderlich erscheinen diese Beschäftigungen Descartes', wenn man einsieht, daß er sich für die Konstruktionsentwürfe der Automaten nicht um ihrer selbst willen interessierte, sondern weil diese für die Fragen nach dem Unterschieds zwischen Natur und Kunst[222] und überhaupt erkenntnistheoretisch relevant waren.

---

220 Ebd.

221 AT X, S. 232. Die Konstruktion auch dieses Instruments bleibt rätselhaft. Laut Kommentar [AT X, Anm. S. 232f.] bezog sich Descartes vermutlich auf Aulus Gellius (Noct. att. X 12, 9). Dort heißt es: „Archytas machte ein hölzernes Modell einer Taube mit solcher mechanischer Begabung, daß sie flog. Sie war durch Gewichte ausbalanciert und durch einen Lufthauch, der in ihr eingeschlossen und verborgen war, bewegt." Archytas' Konstruktion wird auch von Agrippa: De occ. phil. II. 1 und von Gianbattista Della Porta in seiner *Magia Naturalis* (1558, Buch XX, Kap. 10) erwähnt. Nicht unwichtig mag sein, daß Archytas als pythagoreischer Mathematiker, Harmoniker und Mechaniker berühmt war, und sich durch eben jene Erfindung den Tadel seines Freundes Platon zuzog, er habe die Mathematik aus der reinen Sphäre des Unkörperlichen in die sinnliche Welt herabgezogen.

222 Markus Wild hat eine Parallelstelle bei Galilei in dessen *Siderius nuncius* (1610) nachgewiesen, bei der es mit Blick auf die Taube des Archytas um die Unterscheidung zwischen Natur und Kunst geht. Sogar Michelangelos Statuen blieben, so Galileis Protagonist Salviati, unendlich weit hinter den Bewegungen des menschlichen Körpers zurück: „Könnten wir nicht mit Recht sagen, die Anfertigung einer Statue stehe unendlich weit zurück hinter der Gestaltung eines lebendigen Menschen, ja des verachtetsten Wurms? [...] Und welch ein Unterschied mag wohl zwischen der Taube des Archytas und einer natürlichen gewesen sein?" (Galileo Galilei, *Siderius Nuntius. Nachrichten von neuen Sternen*, Frankfurt a.M. 1965, S. 156); Markus Wild, Tiere als ‚bloße' Körper? Über ein Problem bei Descartes und McDowell, in: *Der Körper in der Philosophie – Le corps dans la philosophie / Studia Philosophica*, Bern 2003. Grundsätzlich siehe ders., *Die anthropologische Differenz. Der Geist der Tiere in der frühen Neuzeit bei Montaigne, Descartes und Hume*, Berlin, New York 2006. Descartes hebt diesen Unterschied zwischen Natur und Kunst später (vgl. *Principia* IV, S. 203) bekanntlich auf. Eine nützliche Stellensammlung zu Descartes' Automaten sowie zu

Noch in den *Regulae* hebt er ihre methodische Funktion hervor, da durch die mit ihrer Hilfe bewirkte Irritation von fixen Problemstellungen abstrahiert werden könne, denn „vorzüglich“ Rätsel und Fragen, die listig erdacht wurden, um das Ingenium zu hintergehen und zu deren Lösung zunächst etwas Sicheres vorausgesetzt zu sein scheint, leiten dazu an, tief verwurzelte Vorurteile zu durchschauen.[223] So sei es auch bei einer als Automat konstruierten Tantalus-Brunnenfigur gewesen, die er einmal in einem Schloßgarten gesehen hatte. Solche Illusionen täuschen nicht nur, sie schärfen die Wahrnehmung und Schulen das Mißtrauen:

> „Ebenso steht es, wenn man das Problem stellt, wie das Gefäß gebaut gewesen sein mag, das ich einmal gesehen habe, in dessen Mitte eine Säule stand, der deine Statue des dürstenden Tantalus aufgesetzt war; in diesem Gefäß hielt sich nun das zufließende Wasser zwar ausgezeichnet, solange es nicht hoch genug stand, um in den Mund des Tantalus zu dringen, sobald es aber bis an die glücklosen Lippen heranreichte, floß es auf der Stelle ganz aus. Nun hat es zwar auf den ersten Blick den Anschein, als hätte die ganze Kunst in der Konstruktion dieses Standbildes des Tantalus bestanden, aber in Wirklichkeit bestimmt sie das Problem gar nicht, sondern ist nur Beiwerk. Die ganze Schwierigkeit besteht in der Tat nur in der einen Frage, wie man das Gefäß konstruieren muß, damit das Wasser ganz daraus ausfließt, sobald es eine bestimmte Höhe erreicht hat und keinesfalls vorher. Ebenso darf man schließlich, wenn aufgrund aller Himmelsbeobachtungen, die wir haben, gefragt wird, was man über die Bewegungen der Sterne Sicheres behaupten könne, nicht grundlos, wie es die Alten taten, annehmen, daß die Erde unbeweglich und in die Mitte der Welt gestellt sei …“[224]

den Diskussionen seiner Zeit bietet: L. C. Rosenfield, *From beast-machine to man-machine; animal soul in French letters from Descartes to La Mettrie*, New York 1968. Einschlägig zu Descartes' Einstellung zu den Automaten ist: A. Sutter, *Göttliche Maschinen. Die Automaten für Lebendiges bei Descartes, Leibniz, La Mettrie und Kant* Frankfurt am Main 1988. Zur historischen Diskussion siehe jedoch vor allem die in den genannten Darstellungen unberücksichtigt bleibenden Positionen der Cartesianer La Forge (in dessen Kommentar zu seiner französischen Edition von *De l'homme*), Florentius Schuyl (Vorwort zu seiner Ausgabe von Descartes' *De homine* (1664)) sowie Géraud de Cordemoy, *Dissertations physiques sur le discernement du corps & de l'âme: sur la parole, et sur le système de Monsieur Descartes*, Paris 1664, S. 59ff.

223 Vgl. dazu Gäbe (1972), S. 103, der diese Stelle in Beziehung zu Bacons *Idola tribus* bringt.

224 Reg. 13, S. 113f., AT X, S. 435f. „Item si quaeratur, quomodo constructum fuerit vas, quale vidimus | aliquando, in cujus medio stabat columna, cui imposita erat Tantali effigies quasi bibere gestientis; in hoc autem vase aqua quidem infusa optime continebatur, quamdiu non erat satis alta ut os Tantali ingrederetur; sed statim atque ad infelicia labra pervenerat, tota protinus effluebat: videtur quidem prima fronte totum artificium fuisse in hac Tantali effigie construenda, quae tamen revera nullo modo determinat quaestionem, sed illam tantum comitatur: tota enim difficultas in hoc uno consistit, ut quaeramus quomodo vas sit ita construendum, ut aqua ex eo tota effluat, statim atque ad certam altitudinem pervenerit, prius autem nullo modo. Item denique, si ex iis omnibus, quas circa astra habemus observationes, quaeratur, quid de illorum motibus possimus certi asserere, non gratis assumendum est, terram esse immobilem atque in rerum medio constitutam, ut fecere Antiqui, quia nobis ab infantia ita visum est; sed hoc ipsum etiam in dubium revocari debet, ut examinemus postea, quid certi de hac re liceat judicare. Et sic de caeteris.“

Abb. 4) De Caus, Galathea, gezogen von zwei Delphinen, 1615.

Wirft man von hier aus einen Blick voraus auf Descartes' späteren Umgang mit Automaten, so zeigt sich: Hier, im Frühwerk dienen sie ihm als Gleichnis für alle Phänomene, deren verborgene Ursachen man entdecken muß. Die Kunst ist hier ein Rätselraten, ein Dechiffrieren von sinnlichen Zeichen. Später dient der Automatenvergleich primär dazu, die Verhältnisse zwischen sichtbaren Makrostrukturen und unsichtbaren Mikrostrukturen zu erklären. Im Frühwerk ist der Gebrauch des Automatenbildes eher metonymisch (vom Tantalus weg hin zum Mechanismus), später eher metaphorisch bzw. hypothetisch-pragmatisch (anhand des Tantalus entdecken wir den Mechanismus).[225]

8.2) Zeichenmaschinen

Der junge Descartes zeigt sich auch von Instrumenten fasziniert, welche allesamt der Darstellung oder Messung, d.h. aber auch der Übersetzung und Vermittlung von räumlichen und zeitlichen Proportionalverhältnissen dienen. Solche Instrumente (es handelt sich unter anderem um den sogenannten Storchenschnabel, einen Pantographen), habe er mit eigenen Augen gesehen:

> „Ich habe ein bequemes Instrument zum Übertragen von Bildern allerart gesehen: es besteht aus einem Fuß mit doppelköpfigem Zirkel. Auch ein anderes zum Zeichnen von jeder Art Sonnenuhr, welches durch mich erfunden werden kann. Ein drittes zum Messen

225 Die Frage, inwiefern diese Automaten als Modelle fungieren, wird mich noch im Kapitel „Maschinen, Monster und Mörder" und „Menschenbilder-Maschinenbilder" beschäftigen.

von räumlichen Winkeln. Ein viertes aus Silber zum Messen von Flächen und Bildern. Ein sehr schönes anderes zum Übertragen von Bildern. Ein anderes, das am Schienbein eines Redners befestigt wird, um die [Rede-] Zeit [momenta] zu messen. Ein anderes, um nachts Kriegsgeschütze auf ihr Ziel auszurichten. – Peter Roths Arithmetica philosophica. – Benjamin Bramerus."[226]

Abb. 5) Johannes Faulhaber, *Newe geometrische und perspectivische Inventiones*, Ein Zeicheninstrument zum Übertragen von Bildern, 1610.

Auch seine geometrischen Forschungen dieser Zeit dienen dem Auffinden mittlerer Proportionaler[227], und die Beschäftigung mit der Musik ist ebenfalls auf die Untersuchung und das Messen von Proportionalverhältnissen konzentriert.[228]

226 AT X, S. 241f. „Vidi commodum instrumentum ad picturas omnes transferendas: constat in pede cum circini bicipiti. Aliud quoque ad omnia horologia depingenda, quod per me possum invenire. Tertium ad angulos solidos metiendos. Quartum argenteum ad plana et picturas metiendas. Pulcherrimum aliud ad picturas transferendas. Aliud affixum oratoris tibiæ ad momenta metienda. Aliud ad tormenta bellica noctu dirigenda. – Petri Rothen Arithmetica philosophica. – Benjamin Bramerus. Peter Roth hatte in seiner *Arithmetica Philosophica* (1608) Faulhabersche Rechenaufgaben gelöst. Pantographen, Instrumente zur Perspektivkonstruktion, und zur Militärtechnik konnte Descartes auch in Fludds *Utriusque Cosmi*, Tractatus secundi, Pars V-VII sehen, die dort in großer Zahl abgebildet sind.
227 AT X, S. 235-248.

Für Descartes' *Geometrie* werden diese Instrumente insofern noch wichtig, als es mit Hilfe mechanischer Instrumente möglich war, Ellipsen *idealiter* exakt zu zeichnen. Das heißt jedoch auch, daß erst im Zuge der Entwicklung dieser Instrumente ein neues mathematisches Exaktheitsideal entworfen werden konnte und sich dieses vermeintlich objektive Ideal als abhängig von kulturellen Ideen erweist.[229] Auch das von Descartes in der *Dioptrik* beschriebene Instrument für die Konstruktion hyberbolischer Linsen beruht auf dem Prinzip des Pantographen,[230] die Beschreibung der *camera-obscura* aus der gleichen Schrift geht auf andere in dieser Zeit beobachtete optische Versuche zurück. Der Mathematiker Frans Van Schooten d.J., der Descartes' *Geometrie* illustrierte, hat später einen Ellipsographen entwickelt, der die exakte Konstruktion von Ellipsen erlaubte:

228 Vgl. AT X, S. 227 und *Musicae compendium*.

229 Vgl. dazu das grundlegende Werk von Henk Bos, *Redefining Geometrical Exactness. Descartes' Transformation of the Early Modern concept of Construction. Sources and Studies in the History of Mathematics and Physical Sciences,* Berlin 2001. Ich danke Moritz Epple, der mich nachdrücklich auf dieses Buch hingewiesen hat. Allerdings geht Bos weder auf die Instrumente selbst noch auf den magisch-kabbalistischen Kontext ein, in dem Descartes' frühe Beschäftigung mit ihnen stand. Ferner siehe: Fokko J. Dijksterhuis, Constructive Thinking. A Case for Dioptrics, in: L. Roberts – S. Schaffer – P. Dear (Hrsg.), *The Mindful Hand: Inquiry and Invention from the Late Renaissance to Early Industrialization*, Amsterdam 2007, S. 59-82, hier: S. 67.

230 Die Instrumente wurden nachgebaut, man kann sich einen Eindruck verschaffen auf der Internetseite: http://www.museo.unimo.it/labmat/drawers.htm.

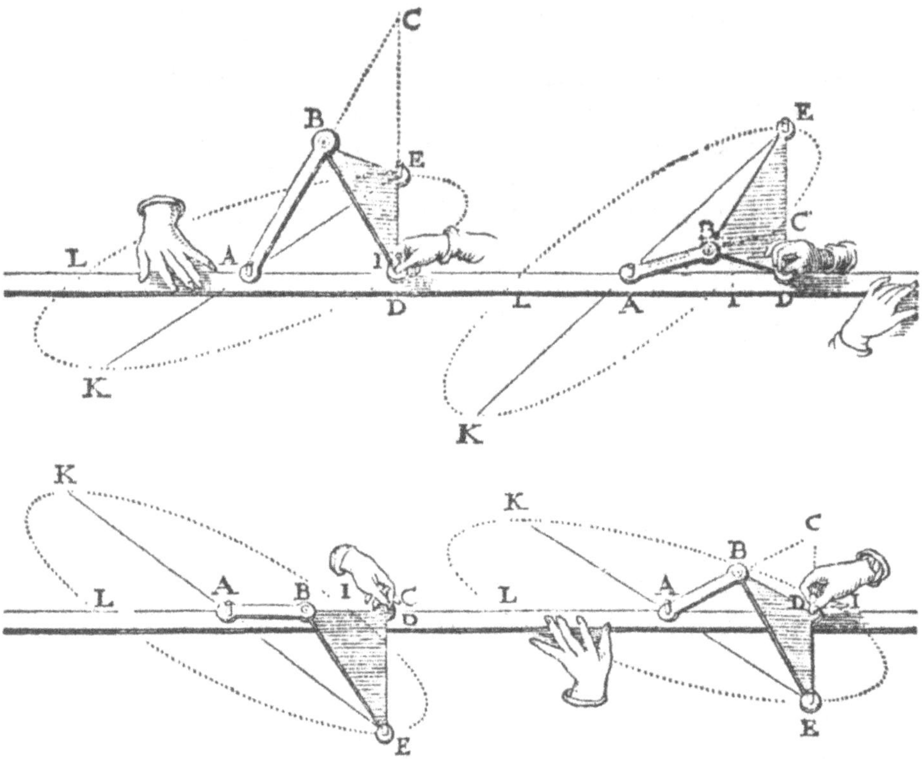

aliquod circùm dicta puncta E, D, veluti centra, ut commodè in ipſis inſeri valeant. Poſtquam hæc igitur ita paraverimus, ſtylumD dextrâ duco per rectam AD, tenens interea regulam immotam ſiniſtrâ ipſi AD adjunctam. Atque dum ſic fertur punctum D per rectam AD (quā ab utraq; parte puncti A indefinitè protenſam intelligo), ac regula AB rotatur circa punctum A: deſcribet ſtylus E in plano circumferentiam ellipſis quęſitę. Quod manifeſtum eſt ex iis, quę capite tertio oſtenſa à nobis ſunt.

E IDEM

Abb. 6) Frans van Schooten, *De Organica Conicarum Sectionum In Plano Descriptione, Tractatus. Geometris, Opticis; Præsertim verò Gnomocis et Mechanicis Utilis. Cui subnexa est Appendix, de Cubicarum Æquationum resolutione*, 1646.

Dieser Ellipsograph ist eine Verbesserung der einfachen Konstruktionsweise von Ellipsen mit Hilfe von Schnüren, die Descartes in seiner *Dioptrik* vorgestellt hatte:

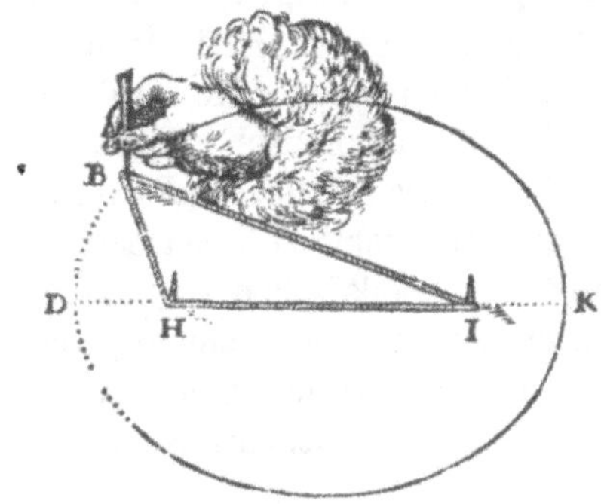

Abb. 7) Descartes/ van Schooten, *La dioptrique*, 1636.

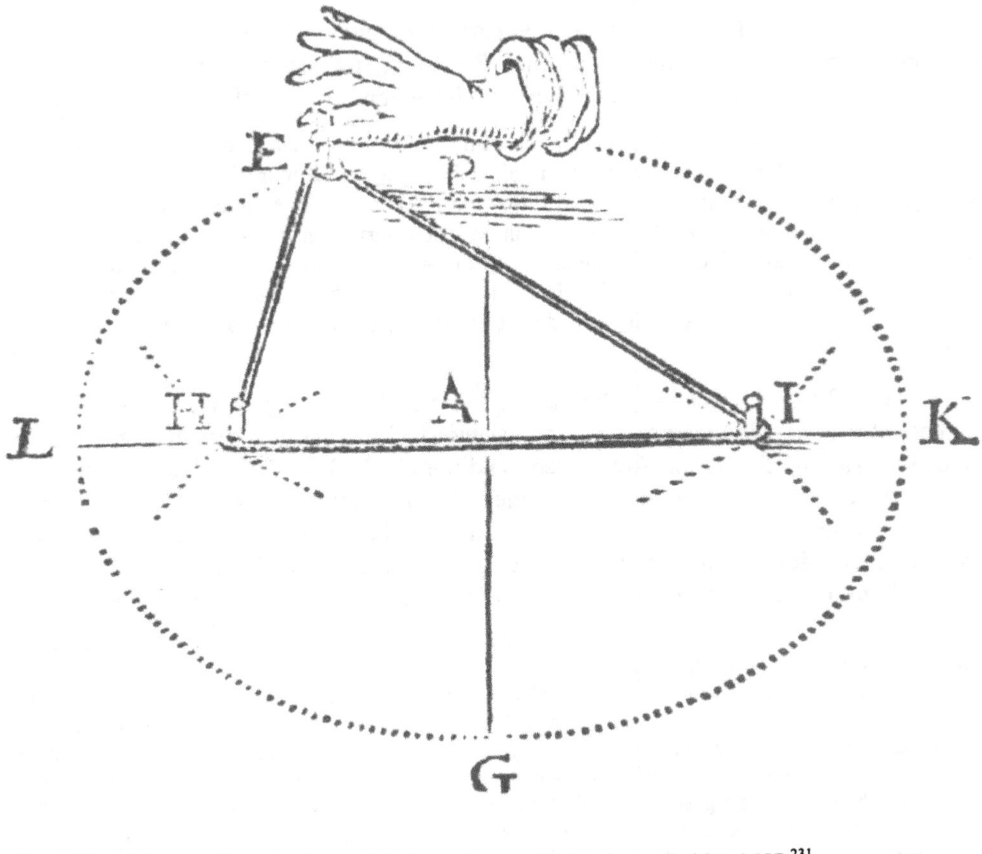

Abb. 8) Van Schooten, *Exercitationum Mathematicarum libri quinque*, Leiden 1657.[231]

231 Vgl. dazu mein Unterkapitel in Teil III: Wissen im Entwurf: Zeichnen und Be-Greifen.

Die Geometrie setzt bekanntlich mit den folgenden Worten ein: „Tout les problèmes de Géométrie se peuvent facilement reduire a tels termes, qu'il n'est besoin par après que de connaitre la longeur de quelques lignes droites, pour les construire.“[232] Es scheint, als ob Descartes seine Vorschläge zur Verbesserung der Gedächtnistheorie nun auf die Geometrie anwendet, die er auch durch das Auffinden weniger Konstruktionsregeln vereinfachen will. Diese Vereinfachung wird dann nicht nur theoretisch erklärt, sondern Descartes liefert das praktische *know how* für die Konstruktion von Ellipsen gleich mit. Gleichwohl bleibt selbstverständlich die mechanisch konstruierte Exaktheit hinter dem Ideal zurück. Dies bedeutet, daß ausgehend von den Maschinen und praktischen Apparaten seiner Zeit Descartes das Ideal eines exakten Mechanimus imaginiert. Nur in einem gedachten Apparat, *also nur in der Imagination*, ist die Ellipse exakt zu konstruieren und es gibt für Descartes keine Verpflichtung mehr, die Realität des Imaginierten nachzuweisen.

8.3) „Ex imitatione cabbala germanorum“. Descartes im Zeichen des Rosenkreuzes

Der junge Descartes denkt auch an andere Nutzanwendungen; so sollen die Studien zu den Proportionen nun auch für die navigatorischen Forschungen fruchtbar gemacht werden, bei denen Himmlisches, die Sternkonstellationen, mit Irdischem ins Verhältnis gesetzt wird.

> „Wenn man beim Verlassen von Bucolia direkt nach Chemnis oder einen anderen ägyptischen Hafen, welcher immer dieser auch sei, gehen will, muß man, bevor man abreist, sich genau jenen Ort merken, an dem Pythius und Pythias an der Mündung des Nils einander gegenüberstehen. Danach muß man, an welchem Ort auch immer [man sich gerade befindet], wenn man seinen Weg finden will, nur schauen, wo sich Pythias befindet & von welchen Dienerinnen der Psyche sie begleitet wird; denn durch dieses Mittel ist zu erkennen, wie weit sie entfernt ist von dem Ort, wo sie in Bucolia war, und man findet seinen Weg.“[233]

In allen diesen Passagen aus dem *Parnassus* herrscht bereits ein anderes Klima als im Traumbericht vor. Sie sind stärker praktisch orientiert. Doch hat man sich zu vergegenwärtigen, daß die Beschäftigung mit Automaten, da diese als Zauberwerke galten, den okkulten *sciences curieuses* zuzuordnen ist,[234] von denen sich Descartes im *Discours*[235] distanziert, und, wie oben gezeigt, daß sich die Frage nach den Maß-, Ordnungs-, und Proportionsverhältnissen vor dem kosmologischen Hintergrund stellt. Schließlich bezeugt der Titel *Parnassus*[236] zum einen, daß die dichterische Einbildungskraft als das entscheidende Ver-

232 Descartes, *La Geometrie*, AT VI, S. 369.

233 „Si, partant de Bucolia, on veut aller droit en Chemnis ou quelque autre port de l'Egypte que ce soit, il faut remarquer exactement, avant que de partir, en quel endroit Pythius et Pythias sont opposés l'un à l'autre à l'embouchure du Nil; puis après, en quelque lieu que ce soit, si l'on veut trouver son chemin, il faut regarder seulement où est Pythias, et de quelles servantes de Psyché elle est accompagnée; car par ce moyen, connaissant combien elle est éloignée du lieu où elle était à Bucolia, on trouve son chemin“ (AT X, S. 227).

234 So greift etwa Agrippa: De. occ. phil. II. 1, exakt auf die gleichen Beispiele zurück, um die „wunderbaren Wirkungen“ der mathematischen Wissenschaften darzutun.

235 *Discours*, S. 9.

236 Der Titel „Thaumantis regia“ wird sich meiner Vermutung nach auf einen Traktat zu dem klassisch-illusionistischen Phänomen des Regenbogens (Thaumas war der Vater der Iris, doch auch sein Name allein:

mögen auch für die Konstruktion von Automaten angesehen wird, zum andern wird mit ihm höchstwahrscheinlich auf eine Novelle aus der ersten Centurie (Nr. 77) aus Trajano Boccalinis *Ragguagli di Parnasso* angespielt. Dies war eine satirische Schrift, die sich eigentlich über die Versuche einer Generalreformation der Wissenschaften lustig machte und die dennoch als Eröffnungstext die Rosenkreuzermanifeste einleitete.[237] Andere Rosenkreuzerschriften erschienen ohne Ortsangabe einfach mit dem Hinweis: „Parnassische Truckerey".[238]

Nach diesen Kostproben der Anwendung der Mathematik auf die Physik, die sich so gar nicht auf den offiziell vorgeschriebenen Bahnen der Philosophiegeschichtsschreibung bewegen, muß man das Verständnis dessen, was zu jener Zeit alles unter dem Namen einer Mathematik auftreten konnte, erweitern. Auf die Beschäftigungen Descartes' paßt durchaus die folgende zeitgenössische Definition des Mathematikers aus den1619 und 1620 zirkulierenden Programmschriften für die Errichtung einer christlichen Gemeinschaft des wirklichen oder vermeintlichen Rosenkreuzers[239] Andreae:

„Wunder"[!] wurde in der Antike mit dem Wunder des Regenbogens in Verbindung gebracht) bezogen haben. Die Erforschung des Regenbogens oblag seit Aristoteles der Wissenschaft der Perspektive, die später bei Grosseteste über die mit der Lichtmetaphorik vermittelte *omnia-in-omnibus*-Vorstellung eine zentrale theologische Funktion erhielt. Zugleich steht der Regenbogen als Zeichen für den Bund Gottes mit den Menschen, auch er vermittelt zwischen Sinnlichem und Übersinnlichem. Zur Geschichte der Erklärung des Regenbogens vgl. man: Michel Authier, Die Geschichte der Brechung und Descartes' „vergessene" Quellen, in: Michel Serres (Hrsg.), *Elemente einer Geschichte der Wissenschaften*, Frankfurt 1994, S. 444-485, hier: S. 454f. und S. 458-464. Carl B. Boyer, *The Rainbow, from myth to mathematics*, New Jersey 1987; A.I. Sabra, *Theories of Light from Descartes to Newton*, Cambridge 1981. Ein ausführliches Literaturverzeichnis und eine vertiefende Diskussion zum Thema finden sich in den Kommentaren in meiner Edition von Descartes' *Die Meteore*.

237 Vgl. dazu: Siegfried Wollgast (1993), S. 302ff. und Paul Stöltzner, „Der Satiriker Trajano Boccalini und sein Einfluß auf die deutsche Literatur, in: *Archiv f. d. Studium der neueren Sprachen und Litteraturen*, Braunschweig, Bd. 103, S. 107-147. Die deutschen Übersetzungen sind neuerdings ediert. Siehe: Traiano Boccalini, *Relationen aus Parnasso*. Übersetzungen von 1614, 1616, 1617 und 1644, hrsg. v. Bettina Bosold-DasGupta – Alfred Noe, Berlin 2009.

238 Z.B.: Justus (1619).

239 Die Taxierung von Andreaes Mitwirken bei der Rosenkreuzerbewegung ist kompliziert. Der historisch interessanteste Bericht stammt aus der Feder von Gabriel Naudé, *Instruction à la France sur la Verité de l'Histoire des Frères de la Roze-Croix* ..., Paris 1623. Zu hoffen ist, daß die für 2008 angekündigte Edition in dieser Frage einiges wird klären können: Johann Valentin Andreae, *Gesammelte Schriften* Bd 3, Rosenkreuzerschriften. Fama Fraternitatis R.C. (1614) – Confessio fraternitatis R.C. (1615) – Chymische Hochzeit Christiani Rosencreutz (1616) – Allgemeine vnd General Reformation der gantzen weiten Welt (1614). Bearb., übers. u. komm. V. Roland Edighoffer, Stuttgart 2008. Zu den Rosenkreuzern siehe: Roland Edighoffer, *Die Rosenkreuzer*, München 1995 und insbesondere: Siegfried Wollgast, *Philosophie in Deutschland zwischen Reformation und Aufklärung 1550-1650*, Berlin 1993, S. 300-345; Mehl (2001); sowie die Klassiker: Yates (1975); Will-Erich Peuckert, *Die Rosenkreutzer. Zur Geschichte einer Reformation*, Jena 1928; Paul Arnold, *Histoire des Rose-Croix*, Paris 1955, der insbesondere auch Descartes' Träume als Widerspiegelung von Episoden aus den Rosenkreuzertraktaten interpretiert, wobei er über sehr vage Analogien nicht hinauskommt, da er die Traumstruktur unberücksichtigt läßt. Vgl. auch: A. Georges-Berthier, *Descartes et les Rose-Croix*, in: *Revue de Synthèse*, t. XVIII, 1939, S. 9-30; G.P. Ersigout, L'Illumination de R. Descartes rosicrucien, in *C.R. du Congrès Descartes*, Paris 1938.

> „Der Mathematiker ist ein Mann von wunderbarer Weisheit, der Instrumente aller Art und jeglicher menschlicher Erfindung anwendet. Seine Aufgabe ist, sich mit Zahl, Maß und Gewicht zu befassen: er kennt die Verbindung zwischen Himmel und Erde."[240]

Tatsächlich ist von Descartes ein Titelentwurf eines entsprechenden Werkes erhalten, welches er unter dem Pseudonym Polybius veröffentlichen wollte:

> „Mathematischer Schatz [Thesaurus mathematicus] des Weltmanns [Cosmopolitani] Polybius worin die wahren Mittel mitgeteilt werden, um alle Schwierigkeiten dieser Wissenschaft zu lösen und in bezug auf sie gezeigt wird, daß der menschliche Geist darüber hinaus nicht gelangen kann: dies, um diejenigen, welche neue Wunderdinge in allen Wissenschaften aufzuzeigen versprechen, zur Zurückhaltung zu bringen und ihnen ihre Leichtfertigkeit auszutreiben; dann auch, um die qualvollen Arbeiten vieler Menschen zu erleichtern, die, in gewisse gordische Knoten dieser Wissenschaft Tag und Nacht verfangen, das Öl ihres Geistes [ingenii] verschwenden: den Gelehrten der ganzen Welt und vorzüglich den hochberühmten Brüdern vom Rosenkreuz in Deutschland erneut dargeboten."
>
> „Polybii Cosmopolitani Thesaurus Mathematicus, in quo traduntur vera media ad omnes hujus scientiæ difficultates resolvendas, demonstraturque circa illas ab humano ingenio nihil ultra posse præstari: ad quorumdam, qui nova miracula in scientiis omnibus exhibere pollicentur vel cunctationem provocandam et temeritatem explodendam; tum ad multorum cruciabiles labores sublevandos, qui, in quibusdam hujus scientiæ nodis Gordiis noctes diesque irretiti, oleum ingenii inutiliter absumunt: totius orbis eruditis et specialiter celeberrimis in G. (Germania) F.R.C. denuo oblatus]."[241]

Mit dieser Dedikation an die Rosenkreuzer ist abermals die Frage nach Descartes' Verbindung zu dieser geheimen Bruderschaft aufgeworfen, die ebenfalls, als Gemeinschaft gelehrter Männer, welche sich jeweils als Erleuchtete präsentierten, eine Generalreformation anstrebte, um die Mühsal der Menschen zu beseitigen.[242] Zumeist wird diese Frage auf dem

---

240 Vgl. G.H. Turnbull, Johann Valentin Andreaes „Societas christiana", in: *Zeitschrift für deutsche Philologie* 73 (1954), S. 407-432 (Lat. Edition); und Bd. 74 (1955), S. 151-185 (Engl. Übers.), hier: Bd. 73. S. 423 bzw. Bd. 74. S. 158. Deutsche Übersetzung nach Yates (1975), S. 164.

241 AT X, S. 214. Vgl. dazu die Beschreibung des „Schauhauses der Mathematik" in Johann Valentin Andreae, *Christanopolis* (Straßburg 1619), hrsg. u. übers. von Wolfgang Biesterfeld. Stuttgart 1975, S. 75f. Ferner vgl.: ebd., S. 88-91 (über Arithmetik und Geometrie). Schneider hält es für möglich, daß Descartes unter dem Pseudonym Polybius in Ulm sich von Johannes Faulhaber in der Rechenkunst unterrichten ließ. Ein Polybius taucht jedenfalls im 41. Kapitel von Faulhabers Schrift *Miracula Arithmetica* auf, welcher zum Lösen von Gleichungen höheren Grades ein Verfahren mit sonderbaren Tafeln und Geheimnisse von Faulhaber selbst in Venedig oder Paris zu veröffentlichen ankündigt. Vgl. ders. (1993), S. 181ff. Schneider weist zudem etliche Parallelen zwischen Faulhabers Rechenkunst und Descartes' *Geometrie* auf und macht plausibel, daß der junge und bis dato in der Mathematik unerfahrene Descartes durchaus von Faulhaber profitieren konnte.

242 Die Rosenkreuzermanifeste *Fama Fraternitatis* und *Confessio Fraternitatis* sind abgedruckt im Anhang von Yates (1975), S. 245-267. Zu Beginn der Confessio heißt es z.B., sie eröffne, daß den Frommen „alle deß menschlichen Lebens Mühseligkeit gelindert" werde (ebd., S. 259). Laut Baillet, der sich überaus bemüht alle Spuren einer Verbindung Descartes' mit den Rosenkreuzern zu verwischen, strebten die Rosenkreuzer mit ihrem Ziel, eine allgemeine Reformation der Welt einzuleiten, nur eine allgemeine Wissenschaftsreform an (*Vie de Monsier Descartes* I, S. 90). Descartes dachte offenbar daran, mit seinem *Thesaurus mathematicus* dem seitens der Rosenkreuzer an alle Gelehrten Europas dringlich ergangenen Aufruf, ihnen ihre Forschungen bekannt zu machen (vgl.: ebd., S. 258), Folge zu leisten. – Gleich ob er dies

Niveau des Anekdotischen beantwortet, auf das es neben anderen Baillet, Mersenne, Poisson und auch Leibniz[243] absichtsvoll gebracht hatten, um sie von vornherein vor ernsthafterer Untersuchung zu bewahren.[244] Tatsache ist, daß sehr viele Stellen aus dem Frühwerk der Sache nach genau so bei Robert Fludd oder Michael Maier stehen könnten, wenngleich ich vermute, daß die vielen Parallelen vom jeweiligen Einfluß Agrippas[245] und, wie Shea im

---

nun wollte oder nicht, auch mit dem Bericht über die göttliche Eingebung durch seine Träume, hätte er sich zwanglos in den Kreis der anderen Illuminati einfügen können. Auch viele anderen Formulierungen entsprechen auffällig Descartes' Passus. Shea (1991), S. 100 und Gaukroger (1995), S. 108, weisen hierzu auf Descartes' mögliche Kenntnis einer anderen Rosenkreuzerschrift hin, dem *Raptus Philosophicus* von 1619, dessen genauer Titel lautet: „*Raptus philosophicus, das ist Philosophische Offenbarungen ganz Simpel und Einfaltig gestellet, und an die Hochlöbliche und berühmte Fraternitet R.C. unterthänig geschrieben.*" In diesem Text träumt auch ein junger Mann, er stünde an einem Scheideweg, an dem er sich fragt, welchen (Lebens-)weg er wählen soll. Schließlich trifft er auf eine Frau, die ihn fragt, wohin er gehe und die ihm ein Buch zeigt, das alle himmlischen und irdischen Dinge enthält, doch diese nicht in methodischer Ordnung. Die Frau offenbart sich als „die Natur", die bisher den Philosophen und Naturforschern verborgen geblieben war.

Die Ähnlichkeiten sind in der Tat auffallend und bereits als solche signifikant, zumal wenn man noch die thematisch verwandten Passagen aus den *Cogitationes Privatae* mit berücksichtigt. Das hatte lange vor Shea und Gaukroger *in extenso* auch bereits Paul Arnold (1952 u. 1955) getan und viel detaillierter Parallelen aufgezeigt. Doch dieser Text war zu der Zeit, als Descartes in Deutschland weilte, nur in deutscher Sprache greifbar und es gibt keinen Hinweis darauf, daß Descartes Texte auf deutsch las. Daher haben Gouhier (1979, S. 140.), der die von Arnold gezeigten Übereinstimmungen als „purement ornamentale" abtat und Cole (1992), S. 214-226, leichtes Spiel, wenn sie nur mit Blick auf diese Schrift die Nähe Descartes' zur Rosenkreuzerbewegung zurückweisen und zugleich die durch andere Parallelstellen belegbare intertextuelle Verweisungsdichte zum Rosenkreuzerdiskurs ausblenden. Neuerdings hat Mehl (2001, S. 104ff.) weitere solche intertextuelle Bezüge aufgewiesen, darunter auch welche zum *Raptus philosophicus*, und klargestellt, daß dieser Text ein keineswegs ernstgemeintes Pastiche gewesen sei, in dem als Kontrahenten Friedrich Grick (= Rodophilus) und Daniel Mögling (= Theophilus) vorgeführt werden. Leider bleibt bei diesem und vielen anderen von Mehls Verweisen die Frage nach Descartes' Lektürefähigkeit deutscher Schriften eine ungeklärte Voraussetzung.

243 „Il est vrai que M. Des Cartes donnait dans sa jeunesse dans des pensées un peu chimériques, on le voit par ses *Olympiques*. Mais je ne crois pas qu'il ait été vraiment Enthousiaste pour quelque temps, comme M. Baillet l'a pris qui n'a pas assez considéré ce que M. Des Cartes entendait par les fondements de la science admirable." Leibniz: Remarques sur l'Abrégé de la vie de Monsieur des Cartes, in: ders., *Philosophische Schriften*, hrsg. v. C.J. Gebhardt, Bd. IV, Hildesheim 1965, S. 315-324, hier: S. 315.

244 Vgl. Baillet: *Vie de M. Descartes* I, S. 90f.: „Monsieur Descartes ne sçavoit pas celuy de leurs statuts qui leur ordonnoit de ne point paroître ce qu'ils étoient devant le monde; de marcher en public vêtus comme les autres; de ne se découvrir ni dans leurs discours, ni dans aucunes de leurs maniéres de vivre. Ainsi l'on ne doit pas s'étonner que toute sa curiosité, et toutes ses peines ayent été inutiles dans les recherches qu'il fit sur ce sujet. Il ne luy fut pas possible de découvrir un seul homme qui se déclarât de cette confrérie, ou qui fût même soupçonné d'en être. Peu s'en falut qu'il ne mît la societé au rang des chiméres. Mais il en fut empêché par l'éclat que faisoit le grand nombre des écrits apologétiques, qu'on avoit publié jusqu'alors, et qu'on continua de multiplier encore depuis en faveur de ces rose-croix tant en latin qu'en allemand. Il ne crut pas devoir s'en rapporter à tous ces écrits; soit parce que son inclination le portoit à prendre ces nouveaux sçavans pour des imposteurs; soit parce qu'ayant renoncé aux livres, il vouloit s'accoûtumer à ne juger de rien que sur le témoignage de ses yeux et de ses oreilles, et sur sa propre expérience. C'est pourquoy il n'a point fait difficulté de dire quelques années aprés, qu'il ne sçavoit rien des rose-croix: et il fut aussi surpris que ses amis de Paris, lorsqu'étant de retour en cette ville l'an 1623, il apprit que son séjour d'Allemagne luy avoit valu la réputation d'être de la confrérie des rose-croix."

245 Parallelen zu Agrippa, *De occ. phil.*, sind u.a.: Enthusiasmus, der zur Wissenschaft befähigt (Buch I. Kap. 60); Taube des Archytas nebst Statue auf dem Seil und Spiegelexperimente (II. 1); Perspektivenlehre

Einzelnen darlegt, von Gianbattista Della Porta[246] herrühren; ebenso gewiß ist, daß die Hoch-Zeit der Rosenkreuzer genau auf die Zeit um 1619 datiert, daß er mit Faulhaber in Kontakt[247] stand und mit Kepler,[248] von dessen ‚enthusiastischem' Inspirationskonzept oben bereits die Rede war, und dessen „Verbindung mit den Rosenkreuzern [...] so eng [ist], daß man ihn beinahe als rosenkreuzerischen Ketzer bezeichnen kann."[249]

Es scheinen also die seltsamen Titel *Olympica* und *Parnassus* rosenkreuzerische Traktate anzukündigen. ‚Olympica' ist überdies in Verbindung mit einer universellen *scientia mirabilis* ein Terminus in Oswald Crolls *Basilica Chymica* (1608), in dessen Nachbarschaft Psalm 138-139 zitiert wird,[250] den sich auch der jungen Descartes notiert;[251] man findet ihn auch in Rosenkreuzer-Titeln von Benedikt Figulus: *Thesaurinella Olympica aurea tripartita* (Frankfurt a.M. 1607) und *Rosarium novum Olympicum* (Frankfurt a.M. 1608).

Der Name ‚Parnassus' wird auch durch einen Bericht Michael Maiers aus seiner *Themis aurea* (1618), einer Descartes bekannten Verteidigungsschrift der Rosenkreuzer, konkretisiert, worin Maier auf die Orte ihrer Zusammenkünfte (Heidelberg)[252] anspielt:

(II. 23), Elementenlehre (I. 3ff.), Samenmetapher (I. 5, 11); *omnia in omnibus* (I. 8), via Ähnlichkeit Aufstieg (II. 23); Mondeinwirkung auf künstliche Dinge (II. 35); Traum und Prophetie (I. 51, 59, 60); Offenbarung von oben (III. 45, 46, 47); *Harmonia-mundi*-Vorstellung (II. 3, 24, 25); Esoterik-Exoterik (III. 2, 3, und Schluß); Wissenschaft als mulier (III. 2).

246 Shea (1991), S. 107ff.

247 Vgl. dazu Kenneth Manders, Algebra in Roth, Faulhaber, and Descartes, in: *Historica Mathematica*, 33 (2006), 2, S. 184-209; Kenneth Manders, Descartes et Faulhaber, in: *Archives de Philosophie* 58 (1995), S. 1-11; Schneider (1993), Ivo Schneider, Wie Huren und Betrüger: die Begegnung des jungen Descartes mit der Welt der Praktiker der Mathematik, in: *Berichte zur Wissenschaftsgeschichte* 20 (1997), S. 2-3, 173-188.

248 Vgl. dazu Gäbe (1972), Kap. 2. u. 3.

249 Yates (1975), S. 233. Ganz im Keplerschen Rosenkreuzer-Horizont verankern den jungen Descartes: Mehl (2001) und Simon (1995).

250 Bei Croll ist von einem „spiritus olympicus, seu homo invisibilis" die Rede, den die Alten noch nicht hätten beobachten können – und auch bei ihm findet sich das ascensus-Motiv des Aufstiegs von den sinnlichen zu den himmlischen Dingen: „Introitus vel ascensus fit, quando per scalam Jacob ex infimo elevor ad supremum: ex sensibilibus ad intellectualia, ex creaturis ad ipsum creatorem ascendo." Zit. nach Mehl (2001), S. 31, der auch die obengenannten Bezüge zur *scientia mirabils* und dem Psalm nennt und diese stark macht, um einen direkten Einfluß auf Descartes zu begründen. Crolls Formulierungen sind jedoch keineswegs originell.

251 „Initium sapientiae Timor Domini", AT X, S. 8.

252 Der Hof des pfälzischen Kurfürsten Friedrich in Heidelberg, des Vaters von Descartes' späterer Brieffreundin Elisabeth von der Pfalz, war das Zentrum der Rosenkreuzer. Im damals als achtes Weltwunder gerühmten, von Salomon de Caus angelegten Schloßgarten befanden sich Brunnen mit Automaten und Schattenspiele, von der Art wie sie Descartes beschrieb. Ein Springbrunnen wurde Parnassus genannt. Vgl. dazu: Salomon de Caus, *Hortus Palatinus*, Frankfurt 1620, digitalisiert zugänglich unter: http://digi.ub.uni-heidelberg.de/diglit/caus1620. Auch der Rosenkreuzer Faulhaber, den Descartes wahrscheinlich in Ulm kennenlernte, besaß eine Sammlung mit Automaten und Instrumenten. Der Niedergang der Rosenkreuzer wurde eingeleitet durch die Niederlage Friedrichs in Böhmen bei der Schlacht am Weißen Berge am 8. Nov. 1620 [!], der Descartes auf der Gegenseite beiwohnte. Drei Tage darauf kommentierte er nochmals seine Träume aus dem Vorjahr. Man kann spekulieren, ob der historische Schlag, der den Rosenkreuzern durch diese Niederlage zugefügt wurde und in dessen Folge man sie vor allem in Frankreich heftig verfolgte, ein äußerer Anstoß für Descartes war, zu ihnen vorsichtshalber auf Distanz zu gehen. Auch könnte gerade die Heftigkeit der Polemik im *Discours* Anzeichen für die Notwendigkeit sein, eine frühere Nähe abzustreiten. Vgl. dazu mit Blick auf Descartes' Verständnis der *admiratio*: Jan Lazardzig, Die Maschine als Spekta-

„Und ich habe zwar dermal einst diese himmlischen Wohnungen gesehen, nicht fern von einem schönen Flüßlein, und einer bekanten Statt, welche ich vermeine, daß es zum Hl. Geist genennet seye. Dieser Ort ist der Berg Helicon, von welchem ich rede, oder *Parnassus* mit zweien Hügeln, darauff das Roß Pegasus einen Brunnen, immerfliessendes Wasser, so noch jetzo fleusset, eröffnet, darin sich Diana badet, und die Venus, als ihre Dienerin oder Magd [...] Hiermit habe ich den Verständtigen und erfahrnen sehr viel, dem unwissendten und unerfahrnen aber sehr wenig offenbaret."[253]

Es verdichten sich die Hinweise. An diesem Punkt treffen sich meine Ausführungen mit denen William Sheas, der aus anderer Perspektive feststellt:

„The grand scientific scheme, the great instauration that Descartes nurtured, was something that he shared with the authors of several Rosicrucian tracts. His answer was novel, but the goal and the quest were less so. The mechanical philosophy had to fit, however uneasily, into a framework of other things that Descartes like most of his contemporaries , believed he understood and about which he spoke but little."[254]

Unverblümt spricht in einem frühen Fragment Descartes aus, aus welchen Quellen seine mathematische Wissenschaft entsprang:

„Hieraus können unendlich viele Theoreme abgeleitet werden und leicht arithmetische Progressionen dargestellt werden, die die Grundlinen bzw. Seiten aller Dreiecke dieser Art umfassen, in Nachahmung der Cabbala der Deutschen."

„Ex quibus infinita theoremata deduci possunt, & facile exponi possunt progressiones arithmeticae, quae bases vel latera omnium eiusmodi triangulorum comprehendat, ad imitationem Cabalae Germanorum."[255]

---

kel. Funktion und Admiration im Maschinendenken des 17. Jahrhunderts, in: Helmar Schwarte – Ludger Schramm – Jan Lazardzig (Hrsg.), *Instrumente in Kunst und Wissenschaft. Zur Architektonik kultureller Grenzen im 17. Jahrhundert*, Berlin 2006, S. 167-193. Zum politischen Kontext: Timothy J. Reiss, Descartes, the Palatinate, and the Thirty Years War: Political Theory and Political Practice, in: *Yale French Studies* (1991), S. 108-45.

253 Michael Maier, *Themis aurea. Das ist Von den Gesetzen und Ordnungen der löblichen Fraternität R.C.*, Frankfurt 1618, S. 179f. (Lateinische Ausg.: *Themis aurea: hoc est de legibus Fraternitatis R.C. Frankfurt*, 1618, S. 143). Vgl. dazu auch Yates (1975), S. 97. Michael Maier gibt eine aufschlußreiche Schilderung der Beschäftigungen während der jährlich stattfinden sollenden „philosophischen pythagorischen" Versammlungen der Rosenkreuzer: „Und darauff solche Philosophi zusammen kommen, welche den Alten an Verstandt, Wissenschaft und Erfahrung natürlicher und wunderbarlichen Sachen, Tugend, und guten Sitten nichts bevorgeben, auch nicht mit unnützen närrischen Fragen den Tag zubringen, sondern die verborgne Geheimnussen d' Natur, herzliche Mathematische *automata*, oder Wercke, so durch Gewicht sich selbst bewegen, Astronomische und Astrologische Inventionen Disputationen erörtern." *Themis aurea*, ebd., S. 172.

254 Shea (1991), S. 120.

255 AT X, S. 297 (Excerpta Mathematica). Wahrscheinlich bezieht sich Descartes in diesem Manuskript unter anderem auf Faulhaber, der sich seine mathematischen Untersuchung zu arithmetischen Folgen mit kabbalistischen Spekulationen über die biblischen Zahlen verband, insbesondere in: Johannes Faulhaber, *Himlische gehaime Magia oder Newe Cabalistische Kunst/und Wunderrechnung/ Vom Gog und Magog. Darauß die Weisen/ Verständigen und Gelerten/ so diser Göttlichen Kunst genugsam erfahren/ heimlich observieren und fleissig außrechnen mögen/ die Beschaffenheit deß großen Christenfeints Gog und Magogs. Auß Teutschem/ Lateinischen/ Griechischem/ unnd Hebraischem /Kunst und wunder Alphabeth/ in verborgene Retzel eingewickelt/ und in Truck gegeben*, Nürnberg 1613, einer Schrift die im gleichen Jahr in Nürn-

Die *imitatio*, darauf hat bereits Gäbe hingewiesen[256] bezeichnet im Sprachgebrauch des jungen Descartes laut der von mir oben bereits ausführlich interpretierten Regel 8 der *Regulae* das Anwenden eines mechanischen ‚Modells' auf ein nicht-mechanisches Phänomen und zwar als „saltem per imitationem".[257] In der *Dioptrik* wird Descartes dafür den Ausdruck „comparaisons" verwenden und versuchen, die Eigenschaften des Lichts mit Hilfe von mechanischen ‚Modellen' zu erklären und genau dieses Verfahren wird ihm zum Leitfaden für seine gesamte spätere Naturforschung. Im Horizont der Spannung zwischen mechanischem Modell einerseits und chaotischen Phänomenen oder sich verändernden Organismen andererseits wird er wenig später seine Methode entwickeln und in unterschiedlichen Kontexten erproben. Welche erkenntnistheoretischen und darstellerischen Konsequenzen diese Spannung für Descartes' Naturphilosophie zeitigte und ihre Gründe sollen in den folgenden Teilen dieser Arbeit noch eingehend entfaltet werden. Wenn ich hier den Terminus ‚Modell' nur in Anführungszeichen gebrauche, ist dies ein erster Hinweis darauf, daß bei genauerer Betrachtung der cartesischen Verfahren sich herausstellen wird, daß man sie mit einem heute üblichen Modellbegriff nicht adäquat charakterisieren kann.

---

berg auch auf Latein unter dem Titel: *Magia arcana coelestis sive Cabalisticus* ... erschien und somit von Descartes gelesen werden konnte. Eine weitere Schrift, auf die hier angespielt werden könnte, ist die von Faulhabers Kombattanten Johann Baptist Hebenstreit: *De Cabbala Log-Arithmo-Geometro-Mantica*, Ulm 1619.

Zur engen Verbindung Descartes' mit Faulhaber siehe: Shea, *The Magic of Numbers and Motion: The Scientific Career of René Descartes*, und Schneider (1993 und 1997). Schneider übersetzt den Terminus „imitatio" in diesem Zitat allerdings falsch als „nachäffen" und unterstellt, daß die Cabbalisten hier verspottet würden (ebd., 1993, S. 185). Viele Thesen und Belege Schneiders werden abermals entdeckt von Manders (2006).

256 Gäbe (1972), S. 40ff.

257 AT X, S. 395.

II. Teil

Descartes' Artistenphilosophie

(Übergänge und Transformationen des ästhetischen Frühwerks)

Einleitung

Die Herausbildung der Cartesischen Methode aus der Frühphilosophie vollzieht sich nicht als Paradigmenwechsel. Es wechselt zunächst jedoch der Themenbereich. Descartes' Interessen verlagern sich weg von den *Olympica* auf die Naturphilosophie, dazu kippt er seine bisherige Methodologie von der Vertikalen in die Horizontale, mit der Konsequenz, daß metaphysische Voraussetzungen in Hypothesen umgewandelt und Substanzbegriffe in Relationsbegriffe transformiert werden. Die Ähnlichkeiten zwischen Dingen und Zeichen werden nicht mehr ontologisch vorausgesetzt, sondern werden mit Hilfe der Imagination konstruiert, um nun die Natur erklären zu können. Die Methoden, die zuvor erprobt wurden, um den über der sinnlich erfahrbaren Welt liegenden Bereich zu erschließen, werden nun auf den unsichtbaren Bereich der subvisiblen Mikrowelten angewendet. Das Finden und Erfinden verläßt den enzyklopädischen Kontext und wird in der Natur erprobt, die Bereichstrennung zwischen Metaphysik und Naturphilosophie wird schärfer. In der Metaphysik, die im Frühwerk gerade mit Hilfe der Einbildungskraft erschlossen werden sollte, trachtet Descartes danach, die Imagination auszuschließen. Im Gegenzug wird die gesamte Naturphilosophie, insofern es eben nicht um die Frage ihrer metaphysischen Grundlagen, sondern um die Forschungspraxis geht, also fast immer, auf die Leistungen der Imaginatio gegründet. Auch die Mathematik wird spätestens mit *La Géometrie* antiplatonistisch konzipiert und ist gerade in bezug auf die Funktion der Einbildungskraft von der Metaphysik unterschieden: „Denn der Teil des Geistes, der den Mathematikern am meisten hilft, nämlich die Einbildungskraft, schadet den metaphysischen Spekulationen mehr, als er dienlich ist."[258] Descartes, den ‚Rationalisten', gibt es, wenn überhaupt, nur in seiner Metaphysik, – den „mathematischen Fundamentalisten Descartes" nirgends.

Descartes ändert im Zuge der Neuorientierung seiner Interessen einzelne Schlüsselbegriffe in ihrem Status und paßt sie an die neuen Aufgabenstellungen an, doch ihre Positionen beläßt er strukturell ähnlich. Dies bedeutet, daß sich im Hinblick auf die Form der cartesischen Methode mehr vom Frühwerk auch in den späteren Schriften durchhält, als gemeinhin für möglich gehalten wird, insbesondere was die Funktionen von Imagination und Analogie anbetrifft: Illumination wird zur Intuition (an die Stelle des göttlichen Lichts tritt das natürliche Licht, welches nur noch einen indirekten Bezug zum göttlichen Licht hat), die externe Validation der Offenbarungswahrheit wird zur Selbstevidenz,[259] aus der Gedächtniskunst

---

258 *Briefe*, S. 179.
259 Regeln Nr. 3 u. 4.

eine Heuristik[260], aus der Zahlenmystik eine *mathesis universalis*, das Sendungsbewußtsein zur Allmacht der Gedanken,[261] die *similitudo* wird zur Ähnlichkeit (resemblance) und später zum bloßen Zeichen herabgestuft, bei dem es nicht mehr auf Ähnlichkeit ankommt, – Einbildungskraft und Phantasie als Inspirationsquellen der Erkenntnis werden zu körperlichen und geistigen Funktionen des Erkennens, der Enthusiasmus als Dispositionsfaktor des Gehirns abgelöst zum einen von der Aufmerksamkeit, zum andern von physiologischen bzw. mikrophysikalischen Dispositionen, die jeweils höchste Aktivität der *spiritus animales* erlauben, – die innermentalen Dispositionen werden nach Außen verlagert und als Basis für jedwede Naturerklärung gesetzt. Die Bilder behalten ihre Vermittlungsfunktion, doch sie vermitteln nun entsprechend nicht mehr zwischen höheren Welten und dem Diesseits, sondern zwischen subvisiblen Welten, Gedankenexperimenten und der phänomenalen Welt.

Die innere Genese des Denkwegs Descartes' stellt sich nun eher als ein unter traditionellen Zielvorgaben und nach traditionellen Problemstellungen sukzessiv erfolgender Transformations- und Verlagerungsprozeß dar und nicht als ein radikaler Wechsel vom ontologischen zum mentalistischen Paradigma. Es gibt auch für den Cartesianismus keinen absoluten Anfang.

Einen solchen Anfang behauptet jedoch Descartes im *Discours de la méthode*. Sind die Kontinuitäten und Übergänge vom Frühwerk zu den späteren Schriften einmal herausgearbeitet, erhebt sich daher die Frage, warum Descartes im *Discours* die Ursprünge seiner Methode verschweigt, zugleich aber ausgerechnet den Winter 1619 als den entscheidenden Zeitpunkt darstellt, auf den er alle seine späteren Entdeckungen zurückdatiert. Die Aufdekkung der Divergenz zum tatsächlichen Frühwerk stößt dazu an zu fragen, ob das sogenannte mentalistische Paradigma notwendigerweise seine Ursprungsgeschichte verleugnen mußte, sei es aus wissenschaftspolitisch-strategischen Erwägungen,[262] der Tradition gänzlich jedes Recht zu bestreiten, damit die eigene Position sich als neu durchsetzen kann, sei es deshalb, weil der Mentalismus darauf angewiesen ist, seine Grundlage, die autonome Selbstevidenz der Axiome, nicht als Mythos durchschaubar zu machen. Die höheren Wahrheiten dürfen nicht geworden sein, sonst wären sie keine höheren mehr.

Yates war der Ansicht, daß, wer die Geschichte des methodischen Denkens schreiben wolle, die Umgestaltungen der *ars memorativa* studieren sollte, und prophezeite, daß dann sich herausstellen könnte, „daß die okkulte Umgestaltung des Gedächtnisses in dem Gesamtprozeß der Suche nach einer Methode eine wichtige Stufe war.“[263] Wie man sah, bestätigt selbst die Entwicklungsgeschichte von Descartes' Denken diese Prognose. Descartes'

---

260 Regeln Nr. 5-7.
261 *Discours*, S. 43.
262 So stellt jedenfalls Authier die vergleichbare Rolle Descartes' in der Geschichte der Optik dar, die ihn zu heftiger und gleichwohl begründeter Polemik provoziert: „Wenn Barbarei als systematische Absage an die Geschichte zu charakterisieren ist, darf man vor der Behauptung nicht zurückschrecken, daß das Erscheinen des »*Discours* de la methode« [...] der barbarische Gründungsakt des wissenschaftlichen Rationalismus ist.[...] Gepriesen sei die reine Vernunft! Descartes braucht nur ein wenig zu räsonieren, und schon verblassen die Leistungen und Entdeckungen zweier Jahrtausende [...] Mit Descartes vollzieht sich keine wissenschaftliche Revolution, allenfalls eine Revolution in der Darstellungsweise wissenschaftlicher Resultate. Alle Entdeckungen sind präsent, doch die Akteure sind verschwunden [...] Die Genialität Descartes' liegt in seiner unbedingten Skrupellosigkeit gegenüber älteren Theorien.“ Authier (1994), S. 472-476.
263 Yates (1990), S. 221f.

frühe Denkphase stellt somit für die Geschichte der Methodologie ein äußerst aufschlußreiches Beispiel einer synthetischen Position dar, bei welcher die verschiedenen Traditionen der Gedächtnistheorie zu einer eigenständigen Variante vereinigt werden, in der sowohl quantifizierende als auch sinnlich-qualitative Elemente aufgenommen sind. Descartes' Versuch, Bilder mit Methode zu ordnen, ist als ein wichtiger Zwischenschritt bei der Umwandlung der traditionell in der *ars memorativa* entwickelten Methodenkonzepte zu einer allgemeinen Methodologie anzusehen. Das Organisieren der Bilder in einem Traumtext, die durch ihre Außergewöhnlichkeit aufmerksamkeitsstiftende und gedächtnisaffizierende Präsentation des Bildmaterials durch Traum und Fabel, das Synthetisieren von Einzelbildern zu einem Gesamtbild, die Herstellung von Ketten und der dazugehörige kosmologische Horizont, das Schöpfen aus okkulten Traditionen und die bedeutende Rolle der Einbildungskraft für die Erkenntnis, alle diese hier aufgewiesenen Faktoren kennzeichnen Descartes' Frühphilosophie als jenen spezifisch ästhetisch geprägten frühneuzeitlichen Wissenskulturen zugehörig, denen man seine Philosophie sonst entgegenstellt. Innerhalb dieser wissenskulturellen Kontexte, und somit keineswegs als *creatio ex nihilo*, vollzieht Descartes eine allmähliche Auffächerung jeweils begrenzter traditioneller Methodenkonzeptionen zu einer allgemeineren und nach Gegenstandsbereichen ausdifferenzierten Methodologie. Einseitig an der Schulphilosophie orientierten Darstellungen der Vorgeschichte des Cartesianismus muß dies verborgen bleiben.[264] Es gilt also, auch Descartes als dem vermeintlichen Prototyp des modernen Szientismus Gerechtigkeit widerfahren lassen und jenseits von der vereinfachenden Alternative von Irrationalismus und Rationalismus die Herausbildung seiner Methodologie aus dem ästhetischen-okkulten Wissenskulturen seiner Zeit einer komplexeren Betrachtungsweise zu unterziehen.

Die Übergänge und Transformationen sollen nun anhand von vier Themenbereichen herausgearbeitet werden, den Darstellungsformen (1), den Schlußformen (2), der Wende zur Empirie (3) und dem Einsatz von Bildern (4), wobei das letzte Thema bereits voraus auf den folgenden Hauptteil verweist.

---

264 Vgl. Wilhelm Risse, Zur Vorgeschichte der cartesischen Methodenlehre, in: *Archiv für Geschichte der Philosophie* Bd. 45 (1963), S. 269-291.

1) Darstellungsformen

1.1) Theatrum philosophicum

Yates hat insbesondere auf die Theatralität der Rosenkreuzer-Bewegung hingewiesen, die ihr ganzes Auftreten als *ludibrium*, als Komödienschauspiel, inszenierten.[265] Damit fällt womöglich ein neues und scharfes Schlaglicht auf das berühmteste Zitat aus Descartes' Frühwerk:

> „Wie die Schauspieler, dazu ermahnt, nicht die Scham auf ihrem Gesicht sehen zu lassen, eine Maske aufsetzen: so handle auch ich: In dem Augenblick, da ich dieses Welttheater betrete, bei welchem ich bisher ein bloßer Zuschauer war, trete ich maskiert hervor."
>
> „Ut comoedi, moniti ne in fronte appareat pudor, personam induunt: sic ego, hoc mundi theatrum conscensurus, in quo hactenus spectator exstiti, larvatus prodeo."[266]

Dieses Zitat wird üblicherweise nach einem Blick in Curtius' Standardwerk[267] auf den Welttheater-Topos bezogen und als Ausdruck eines „Fassadenkonformismus"[268] gedeutet. Descartes als „Philosoph mit der Maske" ist zu einem philosophiehistorischen Topos geworden.[269] Genauer betrachtet ist jedoch diese Deutung nicht stimmig. Die Vorstellung, daß die

---

265 Yates (1975), S. 60 und S. 151ff.

266 AT X, S. 213.

267 Vgl. Ernst Robert Curtius, *Europäische Literatur und Lateinisches Mittelalter,* 10. Aufl. Bern 1984, S. 148-154.

268 Vgl. Nolte (1995), S. 173-178.

269 Vgl. Christiane Schildknecht, *Philosophische Masken. Studien zur literarischen Form der Philosophie bei Platon, Descartes, Wolff und Lichtenberg*, Stuttgart 1990; Schildknecht (1990b), S. 110-120, bes.: S. 117. So auch schon: Maxim Leroy, Descartes, Le philosophe au masque, Paris 1929. Auch Helmar Schramm verkennt die Ambivalenz des Masken- und Theatermotivs bei Descartes und überschätzt in diesem Zusammenhang die Bedeutung von dessen unter dem akuten Eindruck von Galileis Inquisitionsprozeß (1633) formulierten Devise, daß derjenige gut gelebt hat, der ein zurückgezogenes, abgeschirmtes Leben geführt hat („bene vixit, bene qui latuit": AT I, S. 286). Schramm kommt zu Schluß, daß Descartes einem „Konzept der defensiven Maske" zugeneigt habe. Vgl. Helmar Schramm, *Karneval des Denkens: Theatralität im Spiegel philosophischer Texte des 16. und 17. Jahrhunderts*, Berlin 1996, S. 157-164, hier: S. 164. Descartes' vermeintliche Lebensmotto wird ansonsten meist auf Ovid zurückgeführt (Tristia, 3, 4, 25;), geht aber eigentlich auf Epikur zurück: „láthe biósas! Lebe im Verborgenen!", Epikur, fr. 551) und wurde bereits von Plutarch heftig kritisiert. Vgl. dazu: Plutarch, Ist „lebe im Verborgenen" eine gute Lebensregel?, Darmstadt 2000. Descartes' Devise ist aber, abgesehen vom Verzicht, Le Monde zu publizieren, durchaus doppeldeutig, denn zieht man die anderen Theater- und Maskenmetaphern Descartes' heran, zeigt sich, daß obgleich Descartes sich verbirgt, er seine Gedanken keineswegs im Privaten zurückhält, sondern die Maske erlaubt ihm gerade, sie auszustellen, um zuzuschauen, wie auf sie reagiert wird.

Diese Lesart der Theatermetapher erlaubt auch, den vermeintlichen Widerspruch auszuräumen, den Gaukroger darin erkennen will, daß sich Descartes mit dem Amsterdamer Verleger Elzevier für die anonyme Publikation des *Discours* mit den *Essais* ausgerechnet einen Verlag ausgesucht hat, der eng mit dem Kopernikanismus verbunden war: „The fact that Descartes should have first thought of a publishing house so closely associated with Galileo and Copernicanism contrasts strongly with his caution in other respects, for he not only had left cosmological theory out but wanted to publish the works anonymously. This surely indicates a significant degree of indecision in Descartes' mind, which is hardly surprising", Gaukroger (1995), S. 321. Zwar meint van Otegem, *A bibliography of the works of Descartes (1637-1704)*, 2002, es sei vermutlich Golius gewesen, der für Descartes den Verlag ausgesucht hat, doch das halte ich für unwahrscheinlich.

ganze Welt eine Bühne und wir nur Akteure eines Spiels sind, dessen Regie Gott führt, der auch einziger Zuschauer ist, paßt nicht dazu, daß Descartes zunächst Zuschauer bleiben konnte. Im zitierten Passus wird eindeutig der Entschluß mitzuspielen betont. Mit seiner Absichtserklärung, nun auf der Bühne aufzutreten, akzentuiert Descartes eher einem anderen Aspekt der barocken Theatermetaphorik. Im Unterschied zu Curtius hat insbesondere Barner in seiner mittlerweile ebenfalls längst zum Klassiker avancierten Studie zur Barockrhetorik[270] die aktivische Komponente dieser Metapher hervorgehoben: Der Mensch tritt als *persona* in Erscheinung, als Schauspieler und Rhetor. Somit liegt hier weniger beim Tarnen, als vielmehr beim Wirken-können der entscheidende Akzent. Es sei daran erinnert, daß Descartes, wenn er über Lichtspiegelungen spricht, diese mit dem Verb „représenter", d.h. aber auch „darstellen", „Theater spielen"[271], verknüpft. Auch das Theater ist *par excellence* ein *Zwischenreich*, vergleichbar den Spiegelillusionen und Traumphantasmen, in denen die Cartesische Vermittlung von *sensibilia* mit *olympica*, und zwar jedesmal *via simulacra*, sich ereignen sollte. Die Maske gehört zur täuschenden Schauseite der Welt, doch über diese Repräsentationsfunktion hinaus erlaubt sie dem Menschen in ihrem Schutz zu agieren und freier aufzutreten. Dies erklärt auch die Selbststilisierung Descartes' zum gottgesandten Propheten, die er so stilsicher zu inszenieren weiß.[272]

Wie bereits Benjamin Nelson bemerkte, entspricht insbesondere das Bild, das Descartes von sich als Träumenden entwirft, den zeitgenössischen Erwartungen an das Auftreten eines innovativen Philosophen, der die traditionellen Grenzen und Ordnungen des Wissens im Zeichen göttlicher Offenbarung überschreitet.[273]

Descartes hat seine Publikation in allen Belangen überaus sorgfältig vorbereitet, zudem war Elzevier das berühmteste Verlagshaus seiner Zeit, – Descartes wußte, worauf er sich einläßt. Auch daß er seine erste Publikation ohne seinen Namen drucken ließ, widerspricht dem nicht, im Gegenteil, da er 200 Exemplare sofort selbst verschickte, war es jedem in der gelehrten Welt klar, wer der Autor ist.

270 Wilfried Barner, *Barockrhetorik*, Tübingen 1970, hier: Exkurs S. 86-135: „Theatrum mundi" – Der Mensch als Schauspieler, S. 93. Vgl. ferner auch: Richard Bernheimer, Theatrum Mundi, in: *The Art Bulletin* 38, 4 (1956), S. 225-247; Frances A. Yates, *Theatre of the World*, London 1969.

271 Barner (1970), S. 90.

272 Auch andere Formen der frühen Selbstinszenierungen sind in ihrer Metaphernwahl durch und durch konventionell und bleiben dies teilweise auch noch bis ins Spätwerk, etwa Descartes' Gegenüberstellung von Stadt und Landidylle, mit der lonely-crowd-Kritik einerseits und der klassischen Verklärung der pastoralen Idylle, die otium zum Philosophieren gewähre, andererseits. Die Stilisierung zum einsamen zurückgezogenen Philosophen auf vertrauten Schienen dient der Außenwirkung. Vgl. dazu: Kevin Dunn, A Great City is a Great Solitude. Descartes's Urban Pastoral, in *Yale French Studies* 80, Baroque Topographies: Literature/History/Philosophy (1991), S. 93-107.

273 Benjamin Nelson, Die Anfänge der modernen Revolution in Wissenschaft und Philosophie – Fiktionalismus, Probabilismus, Fideismus und katholisches ‚Prophetentum', in: ders., *Der Ursprung der Moderne. Vergleichende Studien zum Zivilisationsprozeß*, Frankfurt 1986, S. 94-139. Die Theatralisierung des Denkens hob wiederholt Jean Pierre Cavaillé mit Blick auf Descartes als Grundzug der philosophischen Selbstinszenierung in der frühen Neuzeit hervor und beleuchtet sie vor dem Hintergrund der Inszenierung und Repräsentation von Wissen am Hofe. Geträumtes Wissen sei eine Form, den Regeln der höfischen Kommunikation zu entsprechen. Jean-Pierre Cavaillé, *Descartes, la fable du monde*, Paris 1991, Cavaillé (1995), S. 113-128, und ders. Veillé-je ou si je dors?, une question sceptique, entre théâtre et philosophie, in: N. Dauvois – J.-P. Grosperrin (Hrsg.), *Songes et songeurs (XIIIe-XVIIIe)*, Paris 2003, S. 113-128. Ihm folgt darin Albert Schirrmeister, Traum und Wissen in der Frühen Neuzeit. Erste Annäherungen, in: *Zeitsprünge. Forschungen zur Frühen Neuzeit* 5 (2001), S. 297-310; ders., Rationalität und Geschichte. Zum Status von geträumter Wahrnehmung in spezifischen kulturellen Kontexten der Frühen Neuzeit, in: N. Karafyllis – J.

In bezug auf die Wissenschaften bleibt die Theatermetapher entsprechend ambivalent – man erinnere sich: „larvatae nunc scientiae sunt" – erst unmaskiert zeigen sich die Wissenschaften in solcher Schönheit, daß ihre zusammenhängende Ordnung erkannt wird. Hier wurden die Wissenschaften nicht äußerlich durch die Metaphysik getarnt, sondern ihre metaphysische Struktur durch ihre Maske gerade verborgen.

Die Schauspielerei bedeutet nicht in erster Linie, daß der Akteur in ein Rollenkorsett eingezwängt ist. Passive und unfreie Marionetten waren auch beim frühen Descartes nur die Tiere, den freien Willen des Menschen zählt er zu den von Gott geschaffenen *mirabilia*:

> „Die große Perfektion, die man bei gewissen Handlungen der Tiere beobachtet, läßt uns vermuten, daß sie keinen freien Willen haben."
>
> „Ex animalium quibusdam actionibus valde perfectis, suspicamur ea liberum arbitrium non habere."[274]

> „Drei *mirabilia* schuf Gott: Dinge aus dem Nichts, den freien Willen [liberum arbitrium], & den Gott-Menschen."
>
> „Tria mirabilia fecit Dominus: res ex nihilo, liberum arbitrium, et Hominem Deum."[275]

Fokussiert man die Theatermetapher historisch und geographisch enger, stößt man wiederum auf die Rosenkreuzer. Diese nennt Andreae in der *Mythologia christiana* (1618) „eine bewundernswerte Fraternität, die in ganz Europa ihre Komödien spielt."[276] Und in einem Dialog läßt er die Wahrheit *in persona* auftreten und sagen:

> „Ich habe aber nichts damit zu tun [mit der Bruderschaft des Rosenkreuzes]. Als es sich vor nicht allzulanger Zeit ereignete, daß ein Paar Leute die Szene eines Schauspiels auf

Schmidt (Hrsg.), *Zugänge zur Rationalität der Zukunft*, Stuttgart, Weimar 2002, S. 95-111, vor allem anhand von Beispielen aus Keplers ebenfalls 1619 erschienener Schrift *Harmonices Mundi* und seinem *Somnium*. Ich kann Schirrmeister jedoch nicht zustimmen, wenn er pauschal die potientielle Subversivität des geträumten Wissens behauptet und sich dabei auf Hobbes beruft: „In der theatralisierten Darstellung des Denkens bleibt damit immer die potentielle Subversivität des einsam geträumten Wissens sichtbar, die nicht zufällig ausgerechnet im *Leviathan* des Thomas Hobbes betont wird. In der Passage des ersten Teils im Kapitel *Von der Empfindung* ... warnt er vor Gespenster-, Feen- und Geisterglauben und fordert in diesem Zusammenhang, die Schulen müßten eine vernünftige Lehre der Einbildung fördern, mit einer aufschlußreichen Begründung: ‚Wäre diese abergläubische Furcht vor Geistern verschwunden und damit Weissagungen aus Träumen, falsche Prophezeiungen und viele andere Dinge, die davon abhängen und mit denen schlaue und ehrgeizige Leute das einfache Volk mißbrauchen, so wären diese Menschen viel eher zum bürgerlichen Gehorsam geeignet, als sie es jetzt sind." Abgesehen davon, daß Hobbes Position deutlich später formuliert wurde als die des frühen Descartes', sagt dieses Zitat nicht das aus, wofür es bürgen soll. Zum einen gilt die Hobbes'sche Weisung einer bestimmten Adressatengruppe, dem Volk, und gerade nicht dem wissenden Philosophen, der sich durchaus das traditionelle Arsenal der Rhetorik zu explanatorischen Zwecken zu nutzen machen kann (vgl. Detel – Zittel, Hobbes und die Historiographie, in: *Zeitsprünge* (2001), S. 330-346 zum andern schließt es nicht aus, daß es neben falschen Prophezeiungen auch richtige geben könne. Kurzum: Das Berufen auf Träume, um den eigenen Status als Wissender zu legitimieren, war kein subversiver, sondern ein eher konventioneller Akt.

274 AT X, S. 218.

275 Ebd. Auch hier wird der Ausdruck „mirabilia" als Terminus zur Bezeichnung der Mysterien verwendet, die sich nicht mit der Vernunft erklären lassen.

276 Johann Valentin Andreae, *Mythologiae Christianae* ... Libri tres, Straßburg 1618, Bd. VI. 13, S. 290. Übersetzung zit. nach Yates (1975), S. 153.

> der literarischen Bühne mit einigen geschickten Teilnehmern darzustellen planten, stand ich als Zuschauer beiseite und sah zu, wie die Mode der Zeit gierig neue Impulse aufnimmt. Ich betrachtete den Kampf zwischen den Büchern als Zuschauer auch nicht ohne Interesse.[277]

Im *Discours de la méthode* wird Descartes seinen womöglich auf der Ketzerbühne erfolgten Auftritt mit nämlichen Worten widerrufen:

> „In all den neun folgenden Jahren reiste ich nur in der Welt herum, in der Absicht, in all den Komödien, die sich da abspielen, lieber Zuschauer als Mitspieler zu sein." „Et en toutes les neuf années suivantes, je ne fis autre chose que rouler cà et là dans le monde, tâchant d'y être spectateur plutôt qu'acteur en toutes les Comédies qui s'y jouent)."[278]

1.2) Das Leben als Gemälde, die Philosophie als Roman

Neben die Theatermetaphorik treten ab dem *Discours* jedoch zunehmend andere Leit-Metaphern, wie die des Gemäldes, der Fabel und des Romans. Wenn Descartes also den magischen Kontext seiner frühen Philosophie verläßt, verabschiedet er nicht zugleich deren zentrale ästhetischen Motive und Darstellungsmodi, sondern nutzt diese auch bei der Ausarbeitung seiner späteren Philosophie und Wissenschaft. Unterstellt man, daß Descartes seine aus seinen früheren Studien gewonnenen methodischen Erkenntnisse nicht schlicht vergaß, dann kann man auch annehmen, daß es in seinen Augen Sinn hatte, von ihnen weiterhin Gebrauch zu machen. Gesucht gewesen wäre demnach aus der Sicht des jungen Descartes' zunächst einmal eine Darstellungsform, die das Gedächtnis entlastet, die Aufmerksamkeit der Leser einfängt, und das Verstehen auf einen Blick ermöglicht. Die Metaphern des Romans, des Gemäldes oder der Fabel bleiben zwar ähnlich ambivalent wie die Theatermetapher, dienen aber ebenso dazu, präzise und reflexiv das eigene Darstellungsverfahren zu charakterisieren. Doch damit nicht genug. Wie ich gleich belegen werde, sind für Descartes mehrere weitere Aspekte für die spätere Verwendung ästhetischer Darstellungsformen entscheidend, die er auch selbst expressis verbis benennt. Denn erstens erlauben sie, alle neuen wissenschaftlichen Erkenntnisse und die dazu führenden Methoden konsequent als Hypothesen vorzutragen, da sie von Anbeginn in einen fiktionalen Rahmen gestellt werden. Zweitens ermöglichen sie auch andere (ästhetische) Modi der Verknüpfung – narrative oder deiktische – von Argumenten, Metaphern, Abbildungen und Themen, fernab formallogischer Deduktionsregeln. Drittens ermöglichen Sie dem Leser seiner Schriften neue Formen des aktiven Nachvollzugs und auf diesem Wege der Bestätigung von Descartes' Behauptungen. Die Gemäldemetaphorik offeriert ferner Analogien zu Descartes' Wahrnehmungstheorie in seiner *Dioptrik*, in der das Netzhautbild als *peinture* bezeichnet und die Netzhaut mit einer Leinwand *(linge blanc)*[279] verglichen wird.

So heißt es gleich zu Beginn des *Discours*: „Ich werde in dieser Schrift gern die Wege offen zeigen, die ich gegangen bin, und darin, wie in einem Gemälde mein Leben darstellen

277 Ebd. S. 329. Übers. zit. nach Yates (1975), S. 155.
278 Descartes, *Discours*, AT VI, S. 28.
279 Descartes, *Dioptrique*, AT VI, S. 126. So auch bei Plempius (1632).

(representer ma vie comme en un tableau).“ Das Gemälde dient demnach zum einen dazu, das Leben offenzulegen, zum andern seine Konturen markant hervortreten zu lassen, ihm also eine Physiognomie zu verleihen. In diesem Sinne hatte bereits Montaigne seine *Essais*, die Descartes bestens kannte, als Bild bezeichnet und erklärt:

> „Indem ich dieses Bild (figure) nach mir formte, mußte ich, um die wesentlichen Züge aus mir herauszuholen, derart oft die rechte Haltung einnehmen, daß das Modell selbst erst feste Konturen darüber gewonnen, sich gleichsam selbst erst ganz durchgestaltet hat. Indem ich mich für andere malte, legte ich klarere Farben in mir frei, als sie es ursprünglich waren“.[280]

Hiermit ist ein weiterer Aspekt benannt, nämlich die deutlichere und farbigere Darstellung, und damit der Rückverweis auf das Künstlertum, der sich ebenfalls bei Descartes finden läßt. Dessen *Discours de la méthode* leitet die drei folgenden Essays – *Dioptrique, Météores, Geometrie* – nur ein. Interessant ist, wie Descartes im Kontext der Vorbereitungen zu seiner ersten Publikation, erstmals die Schrift *Les Météores* erwähnt, von der er bereits im Oktober 1629 eine erste Fassung an Mersenne schickte, den er im Begleitbrief beschwor:

> „Ich bitte Sie übrigens, zu niemandem in der Welt davon [von *Les Météores*] zu sprechen: denn ich habe beschlossen, es als Probe meiner Philosophie öffentlich auszustellen und mich hinter dem Gemälde (derrière le tableau) zu verstecken, um zu hören was man dazu sagt.“[281]

Man erkennt leicht: Das ‚*larvatus prodeo*‘-Motiv kehrt nun in Gestalt des Apelles-Motivs wieder. Descartes bezeichnet hier seine ganze Schrift als ein Gemälde. Mit der Gemälde-Metaphorik verknüpft sich jedoch nicht nur das Motiv des Wechselspiels von Sich-Verstecken hinter dem Bild und öffentlicher Präsentation, sondern ebenso der Anspruch auf künstlerische Meisterschaft, die wiederum entsprechende Beobachterqualitäten voraussetzt. Zusammen mit den anderen beiden Essays war *Les Météores* jedoch Bestandteil der ersten wissenschaftlichen Veröffentlichung Descartes'. Dies bedeutet: *Die Wissenschaft Descartes' inszenierte sich in zentralen Teilen auch öffentlich von Anbeginn als Kunst.*

Entsprechend ziehen sich durch die ganze Schrift Malereimetaphern – sein Beschreiben der Natur nennt Descartes selbst oft ein Malen oder Zeichnen und er spricht beispielsweise davon, daß er die Wolken oder den Regenbogen „porträtiere“. Was man sich in bezug auf *Les Météores* darunter vorzustellen hat, soll später ausführlich dargestellt werden, hier sollen zunächst einige andere, in deutlicher Parallele stehende Beispiele aus dem *Discours* und *Le Monde* vorgestellt werden, die zunächst die statische Gemäldemetaphorik mit der narrativen Fabelstruktur verknüpfen. Die oben zitierte Stelle aus dem *Discours*, in der Descartes erklärt, er wolle sein Leben als Gemälde präsentieren, ergänzt er um den berühmten Hinweis, daß er „aber diese Schrift nur als eine Geschichte [histoire] vorlege, oder – wenn Sie

280 Michel de Montaigne, *Essais* II, 18 (deutsch 1998), Bd. II, S. 330.

281 AT I, S. 23. Descartes benutzt hier einen Topos der damaligen Zeit. Vermutlich spielt er hier direkt auf Christoph Scheiner an, der sich während seines Disputes über die Sonnenflecken (1612-1613) selbst „Apelles latens post tabulam“ nannte. Chr. Scheiner, *Pantographice, seu Ars Delineandi Res Quaslibet per Parallelogrammum,* Rom 1631, Proemium. Vgl. dazu E. Reeves, *Painting the heavens. Art and Science in the age of Galileo*, Princeton 1997, S. 201-205.

lieber wollen – als eine Fabel".[282] Diese Erklärung ist insofern bemerkenswert, als Descartes mit ihr auf die klassischen rhetorischen Arten der Narration: *historia, fabula*, und *argumentum* anspielt und seinen Diskurs dann nicht als *argumentum* (also als erfunden, aber möglich) ausweist, sondern als Darstellungsform, in der die wahre *exempla* überliefernde *historia* mit der fiktionalen *fabula* zusammenfallen kann.[283] Was dies bedeuten könnte, wird klarer, wenn man einige weniger bekannte Stellen über den Nutzen poetischer Gestaltungs- und Erfindungskraft aus *Le Monde* mit in Betracht zieht:

> „Aber damit die Länge dieser Abhandlung für Sie weniger ermüdend wird, will ich einen Teil davon in das Bild einer Fabel kleiden, in welcher, wie ich hoffe, die Wahrheit genügend deutlich erscheinen und nicht weniger angenehm anzusehen sein wird, als wenn ich sie ganz unverhüllt darstellte. [...] Erlauben Sie also für kurze Zeit Ihrem Denken, diese Welt zu verlassen, um eine andere, ganz neue aufzusuchen, die ich in Ihrer Gegenwart in den imaginären Räumen entstehen lasse."[284]
>
> „Und ich beabsichtige nicht wie sie [= die Philosophen], die Dinge zu erklären, die sich in der Tat in der wirklichen Welt befinden, sondern nur eine [Welt] nach Belieben zu erfinden, in welcher es nichts gibt, was auch die gröbsten Köpfe nicht fähig wären zu begreifen, und die dennoch genau so geschaffen sein könnte, wie ich sie erfunden habe."[285]

Die Fabel steht nicht im Gegensatz zur Wahrheit, auch wenn sie diese nicht nackt zeigt, so dient sie gleichwohl zu ihrer deutlichen wie angenehmen Darstellung. Descartes spricht hier wie ein Kunsttheoretiker, der sich vor dem Verismus Caravaggios bewahrt. Wie man hingegen die Wahrheit ästhetisch gestaltet, teilt er seinen Lesern detailliert mit und gibt dabei Einblick in die Werkstatt seiner Artistenphilosophie:

> „Und um hier ein Gemälde (tableau) anzufertigen, das Ihnen gefällt, ist es notwendig, daß ich sowohl Schatten wie helle Farben verwende. So gebe ich mich damit zufrieden, die

---

282 *Discours,* S. 7. In einer neueren Arbeit gibt auch Grimaldi erste Fingerzeige auf die Zusammenhänge zwischen der Catena-Metaphorik, der Vorzugsstellung der Imagination, der ästhetischen Deduktion, der Universalwissenschaft sowie der Fabel- und Baum-des-Wissens-Metaphorik bei Descartes. Vgl. Nicolas Grimaldi, *Descartes et ses fables*, Paris 2006. Weitere Darstellungen finden sich bei: Jean-Luc Nancy, Mundus Est Fabula, in: *Modern Language Notes* 93, 4, French Issue: Autobiography and the Problem of the Subject (1978), S. 635-653; John D. Lyons, Subjectivity and Imitation in the *Discours de la Méthode*, in: *Neophilologus* 66 (1982), S. 508-524; Jean-Pierre Cavaillé, Mundus est fabula. Les enjeux philosophiques du motif de la fable du monde chez Descartes, in: Dolores Toma – Anca Christodorescu – Vlad Alexandrescu (Hrsg.), *Autour de Descartes*, Bukarest 1998, S. 99-116. Thomas Keutner, Mundus est fabula. Descartes und das Problem der Repräsentation, in: Petra Gehring – Thomas Keutner (Hrsg.), *Diagrammatik und Philosophie*, Amsterdam 1992, S. 75-88.

283 Vgl. Cicero, *De Inventione* I 27: „Narratio est rerum gestarum aut ut gestarum exposition [...] Ea, quae in negotiorum expositione posita est, tres habet partes: fabula, historia, and argumentum: Fabula est in qua nec verae nec veri similes res continentur, cuius modi est: ‚Angues ingentes, alites, iuncti iugo [. . .] Historia est gesta res, ab aetatis nostrae memoria remota; quod genus: ‚Appius indixit Karthaginiensibus bellum.' Argumentum est ficta res, quae tamen fieri potuit. " Vgl. auch: *De Orat.* II., S. 264-265.

284 Descartes, *Die Welt*, S. 39.

285 Ebd., S. 45. Vgl. auch die entsprechende Charakteristik im Brief an Mersenne vom 15. 11. 1630, AT I, S. 179 : „car ma fable de mon monde..."

Beschreibung, die ich begonnen habe, fortzusetzen, da ich keine andere Absicht (dessein) hege, als Ihnen eine Fabel zu erzählen."[286]

Im *Discours* bekennt er entsprechend:

> „Ich hatte anfänglich die Absicht, Alles darin auf zunehmen, was ich über die Natur der körperlichen Dinge zu wissen meinte. Aber ebenso wie die Maler, weil sie auf ebenen Fläche (tableau plat) nicht alle verschiedenen Ansichten eines soliden Körpers gleich gut darstellen (représenter) können, eine hauptsächliche auswählen, die sie allein in das Licht stellen; die anderen Seiten schattieren sie (ombrageant) und lassen sie nur so weit hervortreten, wie man sie beim Betrachten der Hauptansicht sehen kann."[287]

Es bedarf folglich eines Zusammenspiels von Verstand und Einbildungskraft. Wenn Licht und Schatten eingesetzt werden, dann macht der Verstand von den Sinnen Gebrauch, um die Erkenntnis zu verbessern. Auf diese Weise werden dann der Text des *Discours* und sein Autor porträtiert. Ganz so, wie er selbst es beschreibt, geht Descartes wie ein Maler vor, der ausgewählte Sujets ins Licht rückt und andere im Schatten zeigt, so daß man sich mit einem Blick ein Gesamtbild der ganzen Themenlandschaft machen kann, das wie folgt aussieht:

> „So fürchtete auch ich, daß ich in meinem Discours nicht Alles, was ich im Kopf hatte, würde aufnehmen können, und exponierte deshalb ausführlicher nur meine Gedanken über das Licht und fügte dann etwas über die Sonne und die Fixsterne hinzu, von denen das Licht beinahe allein ausgeht; ferner von dem Himmel, der es uns sendet; von den Planeten, den Kometen und der Erde, weil sie das Licht zurückwerfen, und von den auf der Erde befindlichen Körpern, soweit sie farbig oder durchsichtig oder leuchtend sind, und endlich behandelte ich den Menschen, weil er der Zuschauer [spectateur] ist."[288]

Die Ordnung des *Discours* ist eine dramaturgische und eine visuelle zugleich, sie folgt dem Weg des Lichts und somit der ästhetischen Selbstpräsentation des Welttheaters in absteigender Reihe von der Sonne bis zum Menschen, der wiederum Zuschauer des ganzen ist. Als Betrachter der Welt betrachtet er sich zugleich selbst, und indem er sich betrachtet, betrachtet er die Welt.

Nochmals stellt Descartes in diesem Kontext klar, daß es ihm mit diesen Gemälden oder Theaterauftritten oder fiktiven Fabeln keineswegs darum geht, seine Ansichten zu verbergen, sondern im Gegenteil darum, diese kontrastreich konturieren und freier aussprechen zu können, dabei zugleich nutzlosen Diskussionen auszuweichen:

> „Damit dies alles ein wenig Schattierung bekommt (pour ombrager) und ich meine Urteile freier aussprechen könnte, ohne mich deswegen den bei den Gelehrten anerkannten Lehrmeinungen anschließen oder gar widerlegen zu müssen, entschloß ich mich sogar, diese Welt ganz ihren Streitigkeiten zu überlassen und nur von dem zu reden, was in einer neuen Welt geschehen würde".[289]

Solche Passagen wie die gerade zitierten, sind im Lichte von Fabel-Auffassungen der Wissenskulturen des 17. Jahrhunderts zu diskutieren. Man sollte sie weder einfach wegwischen

286 Descartes, *Die Welt*, S. 57.
287 Descartes, *Discours*, AT VI, S. 41.
288 *Discours*, AT VI, S. 41.
289 *Discours*, AT VI, S. 42f.

noch unterschätzen. Angesichts von Descartes' Ausführungen in *Le Monde* gelangt Tripp in seinem Nachwort bezeichnenderweise zur Auffassung, in dieser Schrift werde Kohärenz nicht durch Deduktion hergestellt, sondern durch analogisierende Konstatierungen nur versichert. Auf solche Weise stelle „Descartes im Fortgang der Erläuterung seiner Kosmogonie *qua fabula* eine Verbindung zwischen Gott, menschlicher Seele und Materie her."[290] Abgesehen davon, daß Tripp übersieht, daß es ja gerade der entscheidende Punkt sein kann, daß sich Descartes' Auffassung von Kohärenz nicht mit der heute üblichen deckt, folgt er allzu leichtgläubig einer verbreiteten Auffassung zur Stellung der Fabel im 17. und 18. Jahrhundert, die z.B. von Starobinski wie folgt zusammengefaßt wird:

> „In einer Kultur, die das Nebeneinander einer sakralen und einer profanen Sphäre duldet, nimmt die Fabel offensichtlich den profanen Ort ein – sie bevölkert die weltlichen Vergnügungen. Wir können sogar sagen, daß die Fabel durch ihren eingestandenen Mangel an Wahrheit selbst das Indiz der Nichtigkeit der weltlichen Existenz ist. Die Fabel will nur Fiktion und Ornament sein und, wenn es hoch kommt, gelehrte Erinnerung. Ihre Autorität ist von Anfang an gegenüber der religiösen Autorität für nichtig erklärt. Das ästhetisierte Heidentum, das auf den alleinigen Anspruch des Anmutigen und des Schönen beschränkt ist, stellt für die christlichen Orthodoxien keinen gefährlichen Rivalen dar – außer wenn die Seelen sich dabei ungehörig festhalten lassen und sich an den unreinen Beispielen der heidnischen Götterwelt erfreuen."[291]

Der Diskurs über die Fabel und den Mythos in der frühen Neuzeit kritisiert die Fabel jedoch keineswegs pauschal als zu entlarvende Fiktionen, sondern begreift diese als heuristische Instrumentarien zur Auffindung, Erzeugung und Vermittlung von Wissen.[292] Nicht nur bei Bacon ist dies offenkundig, auch Descartes muß als prominenter Zeuge für dieses Fabel-Verständnis gelten. Jörg-Jochen Berns korrigiert Starobinskis Thesen entsprechend mit Blick auf Bacon, indem er diesen entscheidenden Punkt hervorhebt:

> „Das Vertrauen darauf, daß durch Mythologie etwas zu finden wäre, was weder aus den etablierten Wissenschaften noch aus der Bibel zu gewinnen ist, wird demnach um die Zuversicht ergänzt und verstärkt, daß aus mythischem Denken eine Heuristik, eine Kunst des Suchens und Findens, abzulauschen und abzufiltern wäre, die mittels moderner allegorischer Poesie sich ebenfalls der Naturerkundung nutzbar machen ließe. Somit bliebe der Mythos nicht allein mehr erklärungsbedürftiges Phänomen; einmal entschlüsselt, könnte er in allegorischer Poesie selbst zum Schlüssel werden.[293]

In den späteren Teilen meiner Arbeit werde ich zeigen, daß die von Tripp verächtlich gemachten fabulösen Analogien insbesondere in der Naturphilosophie Descartes' dezidiert heuristische und kognitive Aufgaben übernehmen.

---

290 In: Descartes, *Die Welt*, S. 150 (Nachwort).

291 Jean Starobinski, Fabel und Mythologie im 17. und 18. Jahrhundert, in: ders., *Das Rettende in der Gefahr. Kunstgriffe der Aufklärung*, Frankfurt 1990, S. 318-351, hier: S. 324.

292 Vgl. dazu Zittel (2002).

293 Jörg Jochen Berns, Gott und Götter. Harsdörffers Mythenkritik und der Pan-Theismus der Pegnitzschäfer unter dem Einfluß von Francis Bacon, in: Italo Michele Battafarano (Hrsg.), *Georg Philipp Harsdörffer. Ein deutscher Dichter und europäischer Gelehrter*, Berlin, Bern 1991, S. 23-81, hier: S. 54. Vgl. dazu neuerdings auch: Michael Thimann, *Gedächtnis und Bild-Kunst. Die Ordnung des Künstlerwissens in Joachim von Sandrarts Teutscher Academie*, Freiburg 2007.

Die zentrale Bedeutung der Form für Descartes' Philosophieren zeigt sich auch bei seinen anderen Schriften: In seinem Brief an Picot, der den *Principes* vorangestellt wurde, gibt er klare Leseanweisungen:

> „Ich hätte gerne noch eine Benachrichtigung hinzugefügt darüber, wie man dieses Buch zu lesen hat; ich wünschte nämlich, daß man es wie einen Roman zunächst ganz durchlese, ohne seine Aufmerksamkeit allzusehr anzustrengen oder sich bei den Schwierigkeiten, auf die man stoßen mag, aufzuhalten, damit man nur so ungefähr und im ganzen weiß, worüber ich darin gehandelt habe."[294]

Man lasse nur kurz die späteren Schriften Descartes' Revue passieren: Der *Discours* und *Le Monde* präsentieren sich als Fabel, der *Discours* ist zudem eine Autobiographie, *Les Météores* werden als Gemälde und alle Erklärungen darin explizit als Hypothesen bezeichnet, die *Meditationes* sind Meditationen in Exerzitienform, die *Principia* werden als philosophischer Roman deklariert, die *Recherche* ist ein Dialog; darüber hinaus sind *Dioptrique, Geometrie* und *Météores* Essays, von denen die ersten beiden aus Diskursen bestehen, und *De l'homme* ist ein einziges langes Gedankenexperiment, das Descartes mit dem Satz beginnt: „Ich stelle mir einmal vor, daß der Körper nichts anderes als sei eine Statue oder Maschine aus Erde."[295] Für viele seine Ausführungen wählt zudem Descartes exklusiv das Medium des Briefes.

Kurzum, in fast allen seinen Schriften präsentiert Descartes Wissen in ästhetischer Form und er versucht sich dabei, wie im Übrigen seine Zeitgenossen Bacon und Hobbes, als Autor in verschiedenen literarischen Gattungen. Es wird noch im Einzelnen zu zeigen sein, inwiefern das Wissen dadurch nicht nur auf ästhetische Weise repräsentiert, sondern auch erzeugt, geordnet und validiert wird.

Im Kontrast zur deutschen Descartes-Rezeption bei Kant, Hegel oder Cassirer (mit der Ausnahme: Leibniz), hat man in Frankreich die ästhetische Dimension von Descartes' Schriften bis weit ins 18. Jahrhundert hinein klar gesehen – man hat sie zuweilen gerade zum Gegenstand der Kritik gemacht. Daß Descartes Romane schreibe, war im 18. Jahrhundert zum geflügelten Wort geworden.[296] Voltaire spottete, Descartes' sei mit einer so „glänzenden und starken Einbildungskraft" geboren worden, daß ihn „die Natur beinahe zum Poeten gemacht" habe. Da sich seine starke Einbildungskraft auch noch mit einem starken Hang zur Systematik verband, sei „seine Philosophie sehr bald zu nicht anderem als einem erfindungsreichen Roman (roman ingénieux) geworden, der den Ignoranten aber sehr wahrscheinlich vorkomme."[297] Man muß sich Voltaires Wertung nicht zu eigen machen, sondern kann ihm schlicht bescheinigen, daß er den Zusammenhang zwischen

---

294 Descartes, *Prinzipien* (ed. Buchenau), S. XXXIX.

295 Descartes, *Über den Menschen*, S. 44.

296 Man vergleiche dazu die zahlreichen Belege bei Schütt (1998), S. 17-50, insbes. ebd., S. 28ff.: „Descartes' philosophische Romane".

297 Voltaire, *Lettres philosophiques*, M. XXII, S. 128 u. 131. Zitiert nach Schütt (1998), S. 27. Entsprechend berief man sich auch in anti-rationalistischen Ästhetiken, wie z.B. in den gegen Gottscheds Verstandes-Poetik gerichteten Schriften Bodmers und Breitingers, auf Descartes. Ich erinnere nur an das Motto der vorliegenden Arbeit: „Der Scribent ist bemühet, die Phantasie der Leser mit Gedancken anzufüllen, das heißt in der Sprache des Hrn. Descartes, er will ihnen Bilder von den Dingen in das Gehirne mahlen. Die Phantasie des Lesers ist das Tuch, auf welchem er seine Gemählde aufträgt." Bodmer (1741), S. 39.

Imagination und Systembildung bei Descartes richtig erkannt hat. Dies tat ausgerechnet der Erzmaterialist de La Mettrie, der zugleich die fundamentale Rolle der Imagination für die Ausbildung der Wissenschaft analog zu ihrer Bedeutung für die Kunst herausstrich und hierin gerade den Schlüssel für Descartes' Erfolg erkannte:

> „Die schönste, größte, stärkste Imagination ist also auch die, die am geeignetsten für Wissenschaft und Kunst ist. Ich will hier nicht entscheiden, ob man in der Kunst des *Aristoteles* oder *Descartes* mehr Geist braucht, um etwas zu erreichen, als in der des *Euripides* oder *Sophokles;* oder ob die Natur bei der Erzeugung *Newtons* mehr Aufwand getrieben hat als bei der *Corneilles* (was ich sehr bezweifle). Mit Sicherheit jedoch war es allein die Imagination, die, auf unterschiedliche Gebiete angewandt, den Triumph und unsterblichen Ruhm dieser Männer bewirkt hat."[298]

Weitere wichtige Zeugnisse für eine ästhetisch reflektierte Wahrnehmung der literarischen Verfahren des Schriftstellers Descartes' durch seine Zeitgenossen sind wiederum die tatsächlichen Descartes-Porträts.[299] Ein schlagendes Beispiel ist das Bild des Amsterdamer Malers Jean Baptist Weenix (Abb. 9), das vermutlich 1647 in Utrecht entstand.

Weenix' Porträt zeigt Descartes, der ein geöffnetes Buch in den Händen hält. Descartes' Blick wendet sich zum Betrachter und fordert ihn auf, auf der sichtbaren Buchseite den dort riesengroß stehenden Satz zu lesen: „Mundus est fabula". Gesetzt, hier wird, was sehr wahrscheinlich ist, auf den *Discours de la méthode* angespielt (*Le Monde* war 1647 noch nicht publiziert), dann wird nun Descartes' Philosophie beim Wort genommen und tatsächlich in Gestalt eines Gemäldes präsentiert. Das Bild zeigt die buchstäbliche Bildhaftigkeit der cartesischen Physik. Es ergibt sich eine Iteration: Im Bild erklärt Descartes die Welt zur Fabel. Seine Physik wird dadurch aber nicht, wie z.B. Bordo meint,[300] verleugnet, sondern sie wird ja erklärtermaßen im Bild *als Fabel* entworfen. Wenn ich jedoch die Welt als Fabel entwerfen will, brauche ich dazu ästhetische Mittel: Die Fabel bleibt im Bild. Über das Bild gelangt man zur Analogie und von dieser zur Welt. Will man diese Welt verstehen, muß man ihre ästhetischen Konstruktionsmodi kennen, erst sie erlauben eine präzise Explikation der cartesischen Physik. Wie diese ästhetische Konstruktion der cartesischen Physik funktioniert, werde ich später noch konkret vorführen.

---

298 J.O. de La Mettrie, *Der Mensch als Maschine* (1748), Nürnberg 1985, S. 48.

299 Werkausgaben wurden meist mit Porträts versehen, die entweder eigens angefertigt oder nach tatsächlichen Gemälden gestochen wurden. Die Autorenporträts hatten Funktionen zugeschrieben bekommen, die heute vergessen sind. Hobbes, Descartes und ihr verlegerisches Umfeld zum Beispiel glaubten auf der Basis atomistischer Grundideen, daß vom Porträtbild Strahlungen kleinster Teilchen ausgehen, die den Leser treffen und kausalmechanisch innerlich bewegen sollen. Entsprechend umsichtig komponierte man das den Werken beizufügende Porträt und sorgte für hohe Qualität in der künstlerischen Ausführung. Aus diesem Einsatz von Bildern wird offenkundig, daß auch von Descartes und Hobbes bei der Überzeugungsarbeit nicht allein auf das Argument vertraut wurde. Vgl. dazu: Horst Bredekamp, *Thomas Hobbes' visuelle Strategien*, Berlin 1999, S. 169ff.

300 Bordo (2000), ebd., S. 241.

Abb. 9) Jean Baptist Weenix, *Descartes, mundus est fabula*, 1647, Utrecht, Centraal Museum.[301]

301 Zum Weenix-Porträt siehe auch: Jonathan Bordo, Picture and Witness at the Site of the Wilderness, in: *Critical Inquiry* 26,2 (2000), S. 224-247, hier: S. 238-242. Bordo datiert das Bild allerdings auf 1630, dann hätte er auf dem Bild 34 Jahre alt sein müssen. So alt sieht er nicht aus und außerdem ist das Fabula-Motiv erst nach dem Erscheinen des *Discours* bekannt geworden. Es gibt auch eine Zeichnung von Jan Lievens, der Descartes sehr ähnliche Züge wie bei Weenix verleiht, und diese stammt aus dem Jahre 1647. Vgl. dazu die knappen Hinweise bei: Richard Watson, *Cogito ergo sum. The life of Descartes*, Boston 2007, S. 174f.

Ein anderes Frontispiz zu einer posthumen deutschen Ausgabe naturphilosophischer Texte[302] stellt Descartes den Lesern in seiner Studierstube vor, *légère* im Hausmantel und im bequemen Sessel sitzend. Keineswegs wird er jedoch als ein sich vor der Welt verschließender, in seiner Kammer einsam vor sich hin meditierender Philosoph gezeigt, sondern als ein Verfechter praktischer Naturforschung, der beim Schreiben seiner Werke jederzeit die ganze Fülle der Natur im Blick hat: Der Vorhang zur Natur ist zurückgezogen und gibt den Blick frei auf Descartes' Forschungsgebiete: ein Lichtstrahl reißt die dunklen Wolken auf (Meteore und Optik) und dringt mit Macht ins Zimmer ein, durch beide Fenster sind Landschaften, Felsen, Büsche und Bäume zu erkennen (der eine Baum scheint fast aus Descartes' Kopf zu wachsen), ein Skelett grüßt oben von der Wand neben der Säule herab, Meßgeräte, Kompaß, Zirkel und Uhr liegen auf dem Schreibtisch gleich neben dem Tintenfaß parat, der Fuß weist auf zwei Globen und somit auf Descartes' umfassende Kenntnis von Welt und Erde. Descartes wird nicht im Schreibakt vertieft gezeigt, sondern wie er sich, während er noch die Feder führt, dem Betrachter offen zuwendet.

302 Das Frontispiz befindet sich nicht, wie manchmal behauptet wird, zum Beispiel bei Gaukroger, dessen Buch: *Descartes' System of Natural Philosophy* (2002) es als Coverillustration ziert, in den in Amsterdam 1701 erschienenen *Opuscula Posthuma, physica et mathematica* Descartes', sondern in: *Renati Des Cartes opera philosophica*, Frankfurt am Main, 1692.

Abb. 10) Frontispiz zu *Renati Des Cartes opera philosophica*, Frankfurt a.M. 1692.

1.3) Der Diskurs als Form

Nicht allein der *Discours de la méthode* ist ein Diskurs. Sowohl die *Dioptrik* als auch die *Meteore* bestehen aus mehreren Einzel-Diskursen zu unterschiedlichen Themen, die *Geometrie* zwar aus Büchern, doch auch diese sind, wie die gerade genannten Diskurse, im parlando-Stil gehalten. Ein hervorstechendes Kennzeichen dieser Diskurse ist die durchgängige Anrede des Lesers. Die Leseranrede setzt Descartes zudem auch in anderen Schriften als rhetorisches Mittel ein, z.B. in *De l'homme, Le monde*[303] und in den *Principia*. Von vornherein dialogisch ist naturgemäß sein Dialog *Recherche de la verité* konzipiert.

Wie man gleich sehen wird, hat Descartes mit Bedacht als Darstellungsform für einige seiner Texte den *Diskurs* gewählt. Jedoch wird von Seiten der traditionellen Descartesforschung alles, was man angesichts der Darstellungsform *discours* mißverstehen kann, auch mißverstanden, da hier meist an den *Meditationes*' gewonnene Klischeevorstellungen das Verständnis regieren. Descartes wird zum Vorkantianer erklärt, der die Wende zur Subjektivität in der Philosophie vollziehe, sich dabei von der Welt isoliere, um in seinem einsamen Bewußtsein das *fundamentum inconcussum* der Erkenntnis allein via Selbstreflexion zu finden. Seinem Philosophieren wird daher ein antikommunikativer, monologischer Grundzug unterstellt.[304] Um Descartes als Begründer des mentalistischen Paradigmas und reinen Bewußtseinsphilosophen stilisieren zu können, muß die dialogische Struktur seiner Texte entweder ignoriert,[305] durch falsche Übersetzungen getilgt,[306] oder zu einem bloßen Selbstgespräch heruntergespielt werden. Hinzu kommt, daß selbst Autoren, die kenntnisreich über den Dialog der Renaissance schreiben können, wie Karlheinz Stierle, nur den *Discours de la méthode* lesen und diesen, von seinem Kontext isoliert, zum alleinigen Muster erheben. Auf diese Weise gelingt es Stierle, der offenen, dialogischen Darstellungsform, wie sie etwa bei Montaigne auftrat, Descartes' Diskurse entgegenzustellen, deren Novität er darin erblickt, daß sie strikt an die Identität des denkenden Ichs gebunden seien.[307] Während Montaigne im polyzentrischen Gespräch divergierende Erfahrungsfelder zur Darstellung bringen konnte, und so qua Form den Zerfall der (angeblich) geschlossenen Weltsicht des Mittelalters zur Darstellung bringen und reflektieren konnte, setze Descartes „dem die Vorstellung vom

303 Zu *Le Monde* als Diskurs vergleiche den leider sehr allgemein bleibenden Aufsatz von S. Romanowski, Descartes: From Science to Discourse, in: *Yale French Studies* 49 (1973), S. 96-109.

304 Vgl. Schildknecht (1990) und z.B. das Fazit zu Descartes im Artikel „Diskurs" von D. Böhler – H.Gronke, in: G. Ueding (Hrsg.), *Historisches Wörterbuch der Rhetorik*, Bd. 2, Tübingen 1994, Sp. 764-819, hier: Sp. 788: „Der Erkenntnisdiskurs ist prinzipiell einsam; und er muß es angeblich sein, um die Autonomie und über diese die gewißheit der richtigen Erkenntnis sicherzustellen. [...] Freilich macht Descartes' traditionell ‚theoretischer', inkommunikativer Rahmen den Zweifelsdiskurs zur Sache des einsamen Bewußtseins und zeichnet dadurch den Weg der Philosophie – als Bewußtseins- bzw. Subjektphilosophie – mindestens bis zu E. Husserl vor."

305 Die deutsche Ausgabe der *Dioptrik* eliminiert unsinnigerweise die Untertitel, die explizit jedes der zehn Kapitel als „Discours"ausweisen.

306 Karl Rothschuh ersetzt in seiner Ausgabe *Über den Menschen* „zur Verbesserung der Lesbarkeit und des Stils" (ebd., S. 30) die Leseranreden konsequent durch ein Objektivität heischendes, unpersönliches und passives ‚man': ‚man sieht', ‚man erkennt' etc, statt: ‚wie Sie sehen', ‚Sie werden verstehen' etc.

307 Karlheinz Stierle, Gespräch und Diskurs. Ein Versuch im Blick Auf Montaigne, Descartes und Pascal, in: R. Warning – K. Stierle (Hrsg), *Das Gespräch* (Poetik und Hermeneutik 11), München 1984, S. 297-334, hier: S. 321.

Denken als einem in sich selbst identischen Vollzug entgegen, der unter dem Gesetz der Einheit steht.“[308] Die ‚Ich-Instanz‘ spielt jedoch für die ‚Diskurse‘ der *Dioptrik* und der *Meteore* keine oder – im Falle des 6. Diskurses der *Meteore* über den Schnee – eine andere Rolle (nämlich die Wendung zur Naturbeobachtung, von der noch ausführlich die Rede sein wird). Noch nicht einmal kann behauptet werden, daß im *Discours de la méthode* eine vom Ich als Flucht- oder Ausgangpunkt garantierte Einheitlichkeit tatsächlich im Vollzug vorgeführt wäre. Im 1. Teil wird eine stoische Moral verworfen, im 3. Teil bekennt sich Descartes zu ihr. Die ersten beiden Teile erzählen aus Descartes' Leben, dazwischen sind rhapsodisch methodische Regeln eingestreut. Die letzten Teile bringen Referate aus unterschiedlichen Stoffgebieten, deren Material sich mit den eher beiläufig vorgeschlagenen und (im Unterschied zu den *Regulae)* nicht recht explizierten Methoden gar nicht einholen läßt. Außerdem geht Descartes auch hier dazu über, die Leser mit einzubeziehen, sie direkt anzusprechen, und darüber hinaus kollektive experimentelle Forschungsanstrengungen für die Zukunft zu fordern.[309]

Man betrachte nur nochmals den Anfang des *Discours de la méthode*, wo Descartes erklärt, er wolle in dieser Schrift lediglich eine Fabel erzählen, und dies so begründet: „Meine Absicht ist es daher nicht, hier die Methode zu lehren, der jeder folgen muss, um seine Vernunft richtig zu führen, sondern lediglich ersichtlich zu machen, auf welche Weise ich versucht habe, die meine zu führen.“

Ein ‚Diskurs‘ ist bei Descartes als eine Art ‚Unterredung‘ oder ‚Gespräch‘ mit dem Leser zu verstehen, und nicht als Abhandlung. In den Diskursen pflegt Descartes eine ähnliche Form der Kommunikation wie in seinen Briefen. Er tritt nicht belehrend auf, er vermittelt kein deduktives dogmatisches Wissenssystem, sondern erörtert in direkter Zwiesprache mit dem Adressaten Probleme und lädt dazu ein, mitzudenken, eigene Beobachtungen zu machen, und selbst zu experimentieren.

In einem Brief an Mersenne vom März 1637 verteidigt Descartes sich gegen Einwände, die Mersenne gegenüber seiner Titelwahl erhoben hatte. Mersenne hatte zu Bedenken gegeben, daß es für die Gattung ‚discours‘ in Frankreich kein copyright-Privileg gebe und daß das zuständige Büro sich allein deshalb schon weigern würde, seine Schrift zu prüfen, weil sie aus Diskursen bestehe[310] – Diskurse hatten offenbar nicht den Status schützenswerter wissenschaftlicher Beiträge. Descartes ficht dies nicht an, im Gegenteil, er unterstreicht

---

308 Stierle (1984), ebd.

309 Vgl. dazu mein Kapitel: Descartes' Experimental-Philosophie. Daß der *Discours de la méthode* kein methodologischer Traktat ist, sondern eher eine Erzählung oder ein Gespräch, wurde auch in der Descartesforschung öfter bemerkt. Vgl. J. Rée, *Philosophical Tales*, London 1987, S. 10; Claudia Brodsky Lacour, *Lines of Thought: Discourse, Architectonics, and the Origin of Modern*, Durham, NC; London 1996, S. 11-17. Jacques Derrida, Die Romane Descartes' oder die Ökonomie der Worte, in: *Transfer. Sprache und Institutionen der Philosophie*, Wien 2005, S. 43-78; Harald Weinrich, ‚Erzählte Philosophie oder Geschichte des Geistes: Linguistische Bemerkungen zu Descartes und Rousseau, in: ders., *Literatur für Leser*, München 1982, S. 84-202.

310 AT I, S. 659-662: „à cause que cela consiste en discours“. Davon ausgehend hat exzellent den Unterschied von *discours* und *traité* bereits Brodsky Lacour (1996), S. 11-17, herausgearbeitet und erwogen, den vom Titel hergestellten Zusammenhang zwischen Diskurs und Methode als Vorschlag einer diskursiven Methode zu interpretieren.

gerade den vorläufigen, tentatorischen Charakter seiner Methode und bezeichnet das Gespräch als die ihr adäquate Darstellungsform:

> „Aber ich habe nicht ganz verstanden, was Sie hinsichtlich des Titels einwenden; denn ich schreibe nicht *Lehrbuch der Methode* (Traité), sondern Gespräch über die Methode, was dasselbe bedeutet wie *Einführung* oder Anleitung bezüglich der Methode (Préface où Advis de la Méthode), um zu zeigen, daß ich nicht die Absicht (dessein) habe, sie zu lehren, sondern nur von ihr zu sprechen. Denn wie man aus dem ersehen kann, was ich darüber sage, besteht sie mehr in Praxis denn in Theorie, und ich nenne die folgenden Abhandlungen *Versuche mit dieser Methode* (Essais de cette Méthode), weil ich behaupte, daß die Dinge, die sich in ihnen befinden, nicht ohne Methode gefunden werden können."[311]

Descartes hebt ausdrücklich den praktischen Bezug seiner Methode hervor, darauf werde ich ebenso noch zurückgekommen, wie auf den Umstand, daß mit der Form des Diskurses der Schriftcharakter von Descartes' Texten in den Hintergrund tritt und statt dessen der Eindruck eines mündlichen Gespräches bestärkt wird.

Ein Jahr zuvor hatte Descartes Mersenne gegenüber noch vier Abhandlungen, die in Kürze erscheinen sollen, angezeigt.[312] Bis zur Publikation seiner Essays hat er sich in diesem Punkt sehr bewußt korrigiert. Insbesondere die deutschen Leser werden daher durch die Übersetzer und Herausgeber seit jeher mit erkennbarer Tendenz irregeführt, da ihnen der *Discours* stets als Abhandlung oder Bericht vorgesetzt wurde. Auch die Begriffsgeschichte spricht gegen eine solche Übersetzung.[313] Der Ausdruck ‚discorso' bezeichnete in der Renaissancephilosophie im Gegensatz zum Traktat immer Texte in der Muttersprache.[314] In dieser Tradition steht auch noch der französische Ausdruck: *discours*. Wie im Italienischen schwingt in ihm noch die Grundbedeutung des Umherlaufens und Umherirrens mit,[315] die einen *discours* als Darstellungsform für ein tastendes, experimentierendes, unsystematisches und unabgeschlossenes Denken qualifiziert. Der Diskurs ist keine hierarchische Form, in welcher aus einer zentralperspektivischen oder ego-logischen Sicht die Welt geordnet würde, sondern ein Versuch, die Welt und Natur in ihrer Vielfalt zu erfahren. Descartes' Diskurse sind Einleitungen und Unterkapitel seiner Essais! Und der *Discours de la Méthode* dient der „Anleitung des Verstandes und der *Suche* nach der Wahrheit" [Herv. von mir, C.Z.].

Descartes verfaßt sein erstes Buch nicht (wie in der Schulphilosophie üblich) auf Latein, sondern in französischer Sprache. Er verteidigt dies am Ende des *Discours de la Méthode* mit einem spöttischen Seitenhieb auf die Gelehrtenzunft: „Wenn ich französisch, in der Sprache meines Landes, und nicht lateinisch, in der Sprache meiner Lehrer, schreibe, so geschieht dies in der Hoffnung, daß jene, die sich nur ihrer ganz unverdorbenen natürlichen

---

311 Brief an Mersenne vom März 1637, AT I, 349; *Briefe*, S. 77.

312 *Briefe*, S. 75.

313 Z.B. Bericht über die Methode, Stuttgart 2001 (hier kommt noch hinzu, daß Descartes keinen Diskurs *über*, sondern *von* der Methode verfaßt hat. Wie auch Brodsky Lacour (1996, S. 15) bereits bemerkt hat, ist dies ein gravierender Unterschied: das ‚über' suggeriert einen überlegenen Standpunkt, von dem aus über die Methode gehandelt wird).

314 Stierle (1984), S. 310f.

315 Hugo Friedrich, *Descartes und der französische Geist*, Leipzig1937, S. 12.

Vernunft bedienen, besser über meine Ansichten urteilen werden als solche, die nur den alten Büchern glauben. Bei denjenigen, welche guten Sinn mit Studium verbinden, und die ich mir allein zu Richtern wünsche, bin ich mir sicher, daß sie nicht so sehr die Partei für das Latein ergreifen werden, daß sie deshalb es ablehnen, meine Gründe zu verstehen, weil ich sie ihnen in der Volkssprache erkläre."[316] Hier stellt sich Descartes in die Tradition Bernard Palissys, der in seinen *Discours admirables* (Paris 1580) gefordert hatte, man solle lateinische Abhandlungen ins Französische übersetzen –nicht um von diesen Texten belehrt zu werden, sondern um sie endlich aus der Kenntnis der Praxis heraus widerlegen zu können.[317]

Man kann somit mindestens fünf Aspekte des Terminus „Discours" benennen, die in den meisten Descartes-Interpretationen übergangen werden:

Ein *discours* ist für Descartes weder ein Lehrbuch noch ein Bericht oder eine Abhandlung, wie z.B. die deutschen Übersetzungen suggerieren, sondern eine vorläufige Darstellungsform, die nicht den Anspruch erhebt, kodifiziertes Wissen zu vermitteln, sondern die prinzipielle Falsifizierbarkeit des Wissens anzeigt. Ein Diskurs wird zweitens nicht als ein solipsistisches Selbstgespräch geführt, sondern ist eine Unterredung mit den Lesern. Drittes Kennzeichen des cartesischen Diskurses ist, daß er auf Französisch verfaßt ist, was wiederum keiner Abschottung gleichkommt, sondern eine Erweiterung des Leserkreises bedeutet. Damit einher geht viertens die Einladung zur kollektiven Forschung, da ein Einzelner niemals alle nötigen Naturbeobachtungen anstellen kann. Fünftens werden im Diskurs Naturbeobachtungen mitgeteilt und verhandelt, der Diskurs steht somit für ein Öffnen der Philosophie für die Erfahrungswelt und für einen dominanten Praxisbezug: er zeigt die Methode als Praxis.

Die Darstellungsform des Diskurses ist keine äußerliche Zutat, sondern mit ihr trägt Descartes dem Umstand Rechnung, daß er keinen systematisch ordnenden Zugriff auf die Natur hat, sondern einen methodisch forschenden, der zudem kollektive Anstrengungen erfordert. Die offene Form des Diskurses erlaubt es Descartes, seinen Lesern seine Erklärungen von Naturphänomenen als Hypothesen vorzustellen, dabei zu erläutern, wie er zu diesen Hypothesen kam, und diese Erklärungen den Lesern zum Abgleich mit eigenen Erfahrungen zur Prüfung vorzulegen. Diskurs und Essay sind somit nicht nur adäquate literarische Formen der Darstellung von nicht kodifiziertem Wissen, sondern ästhetische Modi offener Forschungspraxis und experimenteller Wissensgenerierung.

1.4) Der Verstand als Maler

In Descartes' Dialog *Recherche de la Vérité* findet sich der klärende Vorschlag, die Phantasie der Kinder mit einer Tafel zu vergleichen, auf der unsere Ideen eingetragen werden müssen, die wie von der Natur abgenommene Portraits der einzelnen Dinge seien.[318] Denn, so heißt es weiter, die

316 AT VI, S. 77.

317 Palissy (1864), S. 166.

318 Descartes, *La Recherche de la vérité*, AT X, S. 507. Gerhard Schmidt übersetzt die „portraits nach der

„Sinne, die Neigungen, die Lehrer und der Verstand sind verschiedene Maler, welche an diesem Werk arbeiten. Die am wenigsten Fähigen machen sich zuerst ans Werk, unter ihnen sind die unvollkommenen Sinne, ein blinder Instinkt und dummdreiste Ammen. Der beste Maler kommt zuletzt, das ist der Verstand. Er braucht auch noch mehrere Lehrjahre und muß lange dem Vorbild seiner Meister nacheifern, bevor er eine ihrer Fehler zu verbessern wagt. Dies ist aus meiner Sicht eine der Hauptursachen, weshalb für uns die Erkenntnis so schwierig ist. Denn unsere Sinne schauen nicht über die gröberen und gemeineren Dinge hinaus, und unsere natürliche Neigung ist ganz korrumpiert. Es gibt wohl hervorragende Lehrer; aber sie können unseren Glauben (créance) nicht zwingen, ihre Gründe anzunehmen, bevor unser Verstand sie geprüft hat, dem allein es zusteht, dies Werk zu vollenden. Aber er ist wie ausgezeichneter Maler (excellent peintre), den man dafür angestellt hat, die letzten Farben auf einem schlechten Gemälde (mauvais tableau) aufzutragen, das junge Lehrlinge entworfen haben. Der Maler mag noch so sehr nach allen Regeln seiner Kunst nach und nach diesen und jenen Strich korrigieren oder aus freien Stücken selbst hinzufügen, was fehlt. Und doch wird er niemals so gut arbeiten können, daß nicht grobe Fehler zurückbleiben, eben weil schon zu Anfang die Zeichnung (dessin) falsch angelegt, die Figuren schlecht plaziert und die Proportionen schlecht gewahrt waren."[319]

Baigrie und Keazor[320] zitieren diese Stelle als ‚instruktiv', da sie zeige, daß Descartes dem Verstand die Rolle zuweise, die unzulänglichen Sinne zu korrigieren. Die zitierte Passage bedient das klassische Klischee, daß laut Descartes die Sinne täuschen und der Verstand allein aus eigener Kraft das ihm vorgelegte falsche Bild verbessert, wobei allerdings hier irritiert, daß der Verstand trotzdem auch als Maler bezeichnet wird. Daß die Phantasie als Malerin tätig ist und Bilder in der Seele malt, ist ein klassischer Topos, der auf Platons *Philebos* zurückgeht und nicht verwundert.[321] Daß die Vernunft male, ist indes eine ungewöhn-

Natur" als „naturgetreue Abbilder" (*La Recherche*, deutsch, S. 44f.), was offenkundig andere Konnotationen hat. Hier, wie im folgenden, habe ich beim Zitieren immer wenn es nötig war, seine Übersetzung verändert.

319 *La Recherche*, S. 45; AT X S. 507f.: „Epistémon. – Il me semble que tout cela s'explique fort clairement, si on compare la fantaisie des enfants à une table d'attente, dans laquelle doivent être mises nos idées, qui sont comme des portraits tirés de chaque chose après le naturel. Les sens, l'inclination, les précepteurs, et l'entendement, sont les peintres différents, qui peuvent travailler à cet ouvrage; entre lesquels ceux qui en sont moins capables, sont les premiers qui s'en mêlent, à savoir des sens imparfaits, un instinct aveugle, et des nourrices impertinentes. Le meilleur vient le dernier, qui est l'entendement; et encore faut il qu'il fasse plusieurs années d'apprentissage, et qu'il suive longtemps l'exemple de ses maîtres, avant qu'il ose entreprendre de corriger aucune de leurs fautes. Ce qui est, à mon avis, une des principales causes pourquoi nous avons tant de peine à connaître. Car nos sens ne voient rien au delà des choses plus grossières et communes, notre inclination naturelle est toute corrompue; et pour les précepteurs, encore qu'il s'en puisse trouver sans doute de très parfaits, si est ce qu'ils ne sauraient forcer notre créance de recevoir leurs raisons, jusqu'à ce que notre entendement les ait examinées, auquel seul il appartient de parachever cet ouvrage. Mais il est comme un excellent peintre qu'on aurait employé pour mettre les dernières couleurs à un mauvais tableau, que de jeunes apprentis ont ébauché; lequel aurait beau pratiquer toutes les règles de son art, pour y corriger peu à peu tantôt un trait tantôt un autre, et y ajouter du sien tout ce qui manque, si est-ce pourtant qu'il ne pourrait jamais si bien faire, qu'il n'y laissât de grands défauts, puisque dans le commencement le dessin a été mal compris, les figures mal plantées, et les proportions mal observées."

320 Baigrie (1996), S. 130, n. 7; Henry Keazor, Esprit cartesien? Issues concerning the influence of Descartes on the works of Nicolas Poussin, in: *Word and Image* 19:3 (2003), S. 151-165, hier: S. 160, n. 12.

321 Platon, *Philebos*, S. 39bff.

liche Vorstellung. Wie Leinkauf vor kurzem gezeigt hat,[322] wird dies bei Ficino behauptet, doch male sie gerade ohne jede Unterstützung durch die körperlichen Vermögen der Phantasia und Imaginatio, oder gar der Lust, wie in Platons *Philebos*, sondern rein im Geist. Wie verhält es sich nun bei Descartes? Beim ihrem Versuch, dies herauszufinden, übersehen Baigrie und Keazor, daß sie aus einem Dialog[323] zitieren und auch dessen Form nicht ignoriert werden darf: Descartes legte die fraglichen Sätze einer Figur namens Epistemon in den Mund. Dieser Epistemon erhebt mit seinem Namen Anspruch auf Wissen, vertritt jedoch ironischerweise dogmatisch traditionelle scholastische Positionen, wohingegen Eudoxus, mit dem er um die rechte Unterweisung des jungen Weltmanns Poliandre konkurriert, eher Descartes Positionen folgt, sich damit bescheidend, „gute *Meinungen*" wiederzugeben. Eudoxus antwortet, nachdem er zunächst grundsätzlich Epistemons Maler-Gleichnis akzeptiert hatte:

> „Aber Sie unterließen es, das Mittel zu nennen, mit dem man sich dagegen [gegen die schlechten Bilder] wappnet. Es besteht darin, wie mir scheint, daß Ihr Maler viel besser daran täte, das Gemälde ganz von neuem zu beginnen, indem er zuerst mit dem Schwamm darüber geht, um alle Pinselstriche, die sich dort finden, wegzuwischen, statt seine Zeit mit Korrekturen zu vergeuden. Ebenso sollte jeder Mensch, wenn er das Lebensalter der Erkenntnis erreicht hat, sich einmal entschließen, aus seiner Phantasie alle unvollkommenen Ideen zu entfernen, die sich bis zu diesem Zeitpunkt dort eingeschrieben haben und er sollte damit anfangen, ganz neue Ideen zu bilden und dabei konsequent die ganze Industrie seines Verstandes beschäftigen (employant si bien l'industrie de son entendement), die, wenn er sie nicht bis zur Perfektion führen kann, er doch zumindest den Fehler weder auf die Schwäche der Sinne wird schieben können noch auf die Regellosigkeit der Natur."[324]

Wie bei der Kritik an Lambert Schenckels Gedächtniskunst wird hier wieder zunächst postuliert, daß erst einmal das Gedächtnis von allen Bildern gelöscht werden soll, bevor es mit neuen besetzt werden kann. Der entscheidende Punkt in Eudoxus' Antwort ist, daß der Verstand, wenn er dann neu seine Ideen in der Phantasie malt, dies nicht alleine tun kann, sondern er muß die gesamte ‚Industrie' in Gang setzen, d.h. mit den Sinnen und der Einbildungskraft kooperieren, um gemeinsam konstruktiv ein neues Naturgemälde zu entwerfen. Im Unterschied zu Epistemons Version liefern hier die Sinne nicht tölpelhafte Bilder, bei

322 Thomas Leinkauf, ‚Malen' als Metapher im Denken der Renaissance, Vortrag am MPI/KHI Florenz, 06. 07. 2007.

323 Zu Descartes' Dialog vor dem Hintergrund der Traditionsgeschichte dieser Form siehe: Vittorio Hösle, *Der philosophische Dialog*, München 2006, S. 108-112. Hösles Urteil jedoch, daß Descartes' Dialog lediglich Ausdruck „spielerischer Freude" sei, aber „dem Geist seiner Philosophie [...] wesensfremd" (ebd., S. 112), ist mit Blick auf die in Descartes' Werk omnipräsenten ästhetischen Formen zu revidieren.

324 AT X, S. 509: „Eudoxe. – Votre comparaison découvre fort bien le premier empêchement qui nous arrive; mais vous n'ajoutez pas le moyen duquel il se faut servir, afin de s'en garder. Qui est, ce me semble, que, comme votre peintre ferait beaucoup mieux de recommencer tout à fait ce tableau, ayant premièrement passé l'éponge par dessus pour en effacer tous les traits qu'il y trouve, que de perdre le temps à les corriger: il faudrait aussi que chaque homme, sitôt qu'il a atteint un certain terme qu'on appelle l'âge de connaissance, se résolût une bonne fois d'ôter de sa fantaisie toutes les idées imparfaites qui y ont été tracées jusqu'alors, et qu'il recommençât tout de bon d'en former de nouvelles, y employant si bien toute l'industrie de son entendement, que, s'il ne les conduisait à la perfection, il n'en pût au moins rejeter la faute sur la faiblesse des sens, ni sur les dérèglements de la nature."

denen dann ein überlegener Verstand nur noch retten kann, was zu retten ist. Sinne und Verstand werden von Epistemon als verschiedene Maler bezeichnet, die nacheinander tätig werden. Nicht so bei Eudoxus. Bei ihm arbeitet die ganze ‚Industrie' auf einmal zusammen und hier wird das in den *Regulae* noch teils unklare Zusammenspiel zwischen körperlicher Phantasie und Verstand präzisiert: Wenn jetzt die Erkenntnis nicht gelingt, sind nicht nur die Sinne schuld, sondern das Gemeinschaftswerk ist gescheitert, wobei der Verstand die größte Verantwortung trägt. Unter seiner Anleitung müssen die Sinne und die Einbildungskraft in der Phantasie ganz neue Gemälde zeichnen (und gerade nicht, wie z.B. in Aristoteles *De Anima* Begriffe bilden). Die Phantasie verhält sich dabei zur Einbildungskraft und zum Verstand wie das Gedächtnis zur Erinnerung. Sie ist eine Tafel, in der Bilder, ‚Porträts', Ideen eingeschrieben werden, nur mit dem Unterschied, daß diese Phantasie diese Gemälde aktiv im Erkenntnisprozeß in Anschlag bringt. Descartes' Kritik an den Sinnen führt somit nicht zu einer gänzlichen Verabschiedung sinnlicher Erkenntnis. Zwar stürzt die Einsicht in die trügerische Verläßlichkeit der Sinne in einen grundsätzlichen Zweifel an allen Gewißheiten. Dieser Zweifel führt dann aber nicht nur dazu, das ganze „bislang erworbene Wissen umzustoßen", das alte Haus nicht nur abzureißen, sondern gleich auch alle Fundamente auszuheben, um ein vollkommen neues Gebäude zu errichten.[325] Der Destruktion folgt die Neukonstruktion. Bei diesem letzten Schritt aber dürfen nicht die alten Fehler wiederholt werden, und dazu müssen Sinne und Verstand zusammenspielen. Welche konkreten Auswirkungen dieses Zusammenspiel bei der Neukonstruktion von Descartes' Naturphilosophie und Methodik hat, sollen die nächsten Kapitel erläutern.

325 Ebd.

2) Schlußformen

In den nächsten Abschnitten werde ich zunächst systematisch den Spielraum ausloten, den der Deduktionsbegriff bei Descartes hat. Anschließend kann so anhand der deduktiven Erklärungen, die Descartes im Rahmen seiner Naturphilosophie gibt, seine Methodik konkreter faßbar gemacht und gezeigt werden, daß die dortigen Schlüsse, obgleich sie abenteuerlich erscheinen, nicht seinem Deduktionsverständnis widersprechen. Anders formuliert: Wenn ich nachher bei Descartes ästhetische Deduktionen oder Bild-Deduktionen in dessen Wissenschaftspraxis rekonstruiere, so wird diese Rekonstruktion auch durch Descartes' theoretische Überlegungen gedeckt sein. Wenn es Schlüsse gibt, die man „sehen" muß, können auch die Abbildungen in Descartes' Texten plötzlich mit anderen Augen gesehen und neu bewertet werden.

2.1) Intuition – Deduktion / Disposition – Deduktion

Die Rede von „Dispositionen" und von „disponieren" ist bei Descartes allgegenwärtig. Um so auffälliger ist es, daß die Klärung dieser Begriffe in der Descartes-Forschung, wenn überhaupt, dann meist nur eine untergeordnete Rolle spielt. Dabei ist *dispositio* bei Descartes Terminus. Descartes setzt ihn sowohl bei der Erklärung mentaler Prozesse als auch bei der mechanistischen Erklärung körperlicher Vorgänge sowie bei der Beschreibung von substanztranseunten Interaktionen zwischen Körper und Seele ein.

Berücksichtigt man stärker als bislang üblich den Begriff der *dispositio* und seine Funktion für Descartes' Erklärungen von Kausal- bzw. Deduktionsverhältnissen jeder Art, wird sich auch unter diesem Blickwinkel zeigen, daß unser bisheriges Verständnis der Eigenart und Reichweite von physikalisch-mechanistischen Erklärungen bei Descartes und davon abhängig das die Leib-Seele-Diskussionen prägende Leitbild vom Körper als Maschine verändert werden muß.

Im Folgenden sollen verschiedene Varianten, wie bei Descartes Dispositionen mit Deduktionen zusammenhängen, miteinander verglichen werden, in der Hoffnung, daß sie sich so wechselseitig erhellen oder problematisieren lassen. Als Varianten wären bei Descartes insbesondere Deduktionen innerhalb von Argumentationen und Deduktionen kausal mechanistischer Art zu unterscheiden. Beide Varianten orientiert Descartes bekanntlich *expressis verbis* an der Mathematik als Ideal. Zunächst rufe ich einen Passus aus dem bereits eingehend von mir interpretierten Frühwerk Descartes' in Erinnerung, der ein Beleg unter vielen dafür ist, daß sich hier bereits der Terminus der *dispositio* – vor allem im Kontext der Beschreibung mentaler Prozesse – findet. Der Enthusiasmus, so hieß es in der Einleitung zu den *Olympica*, müsse den Geist in eine solche Verfassung versetzen , daß er höhere Einsichten empfangen könne:[326] „er [Descartes] wurde so müde, daß das Feuer sein Gehirn ergriff und er in eine Art Enthusiasmus fiel, der seinen schon ermatteten Geist auf diese Weise in

326 AT X, S. 181.

eine Verfassung brachte [disposa], die ihn dazu befähigte, die Eindrücke der Träume und der Visionen zu empfangen."

Es liegt also ein Entsprechungsverhältnis vor zwischen einer bestimmten Disposition des Geistes einerseits und der Art der Träume und Visionen andererseits. Dreierlei fällt vor dem Hintergrund meiner früheren Interpretation der *Olympica* auf: die besondere Disposition des Geistes ereignet sich akzidentiell, sie ist vorübergehender Natur, und: höhere Träume sind ihrerseits anders disponiert als normale Träume, sie können sich nur einstellen, wenn ihnen eine passende Verfassung des Geistes korrespondiert. *Dispositionen sind somit nicht essentialistisch zu begreifen,* noch als fixe Zustände, und es liegt eine Korrelation zwischen zwei so oder so disponierten Entitäten vor: zwischen Traum und Geist, zwischen einem Objekt und seiner Umgebung. Was die durch Fieber und Müdigkeit bedingte enthusiastische Geistesverfassung anbelangt, so könnte man übrigens auch eventuell Descartes' rhetorische Strategie der Erregung von Aufmerksamkeit (attentio)[327] als Versuch deuten, solche besonderen Dispositionen des Geistes planvoll beim Leser herzustellen. Auch der Einsatz von Bildern gehörte dann in diesen Kontext der aktiven Erregung, dauerhaften Fesselung und nachhaltiger Prägung der Einbildungskraft.

In den *Regulae* taucht die *dispositio* im Kontext der Erläuterung des Verhältnisses von Intuition und Deduktion auf. Zunächst empfiehlt es sich daher zu klären, was Descartes unter ‚Schließen' versteht. Sehr oft schon wurde in der Forschung darauf hingewiesen, daß das semantische Feld von „Deduktion" – wie im 17. Jahrhundert überhaupt – so auch bei Descartes sehr vielfältig ist, und das Spektrum der Bedeutungen von: abziehen von, ausführlich darstellen, einen Gedanken entfalten, erzählen, beweisen bis eben zu ableiten und deduzieren reicht. Clarke weist z.B. darauf hin, daß insbesondere auch die Bedeutung von *enumeratio* als Aufzählung bei Descartes mit im Spiel sei. Ihm zufolge benutzt Descartes das Verb deduzieren um eine detaillierte Aufzählung von Schritten in einer Argumentation in einer solchen Weise zu bezeichnen, daß nicht mehr länger die Logik des Arguments, sondern eher die Erzählung, wie Schritt für Schritt auf eine Einsicht die nächste folgt, bezeichnet wird.[328]

In seinen frühen *Regulae* führt Descartes die Sicherheit der Mathematik nicht auf Erfahrung, sondern auf die Deduktion zurück und schlägt damit scheinbar eine axiomatische Methode vor.[329] Nach dem Vorbild der *Elemente* Euklids wären demzufolge aus vorange-

---

327 Zur *attentio* resp. Aufmerksamkeit vgl. Teil 1.

328 Desmond M Clarke, Descartes' Use of ‚Demonstration' and ‚Deduction', in Moyal 1 (1991), S. 237-247. Einen Überblick über die terminologisch weite Verwendung der Begriffe: deductio und demonstratio bei Descartes geben außerdem: W. Detel, Descartes und der wissenschaftstheoretische Fundamentalismus, in: Niebel – Schnädelbach (2000), S. 230-258; Doren A. Recker, Mathematical demonstration and deduction in Descartes's early methodological and scientific writings, in: *Journal of the History of Philosophy* 31,2 (1993), S. 223-244; Steven M. Nadler, Deduction, Confirmation, and the Laws of Nature in Descartes's „Principia philosophiae", in: *Journal of the History of Philosophy* 28,3 (1990), S. 359-383, und: Daniel Garber, Science and Certainty in Descartes, in: M. Hooker (Hrsg.), *Descartes: Critical and Interpretive Essays,* Baltimore, 1978, S. 114-151. Nadler (1990, S. 374f.) weist insbesondere darauf hin, daß überhaupt im 17. Jahrhundert eine Deduktion oder Demonstration im Unterschied zu heute alle möglichen Relationen bezeichnen konnte, von der logischen a priori-Deduktion, einer selbstevidenten Proposition, einer einfachen Kausalerklärung, bis hin zu dem Verfahren, das wir heute Induktion nennen.

329 Vgl. dazu: H.J Engfer, *Philosophie als Analysis. Studien zur Entwicklung philosophischer Analysiskonzeptionen unter dem Einfluß mathematischer Methodenmodelle im 17. und frühen 18. Jahrhundert,* Stuttgart

stellten Definitionen, Axiomen und Postulaten weitere Aussagen abgeleitet und per Schluß bewiesen. Ein solches Verfahren findet man z.B. auch bei Hobbes. Für Descartes ist eine Deduktion jedoch nicht ein Ableiten von Folgerungen aus Prämissen, sondern *eine Kette von Intuitionen.*[330] Wird durch die Vernunft etwas, das möglichst einfach ist, intuitiv erkannt, wird von dieser Einsicht ausgehend, eine weitere Intuition hinzugefügt, die ebenfalls klar und einfach ist. Diesen Übergang nennt Descartes „Deduktion". Die Elemente einer Deduktion müssen durch „eine zusammenhängende und nirgendwo unterbrochene Tätigkeit des Denkens, welche das einzelne deutlich in der Intuition sieht" und aus dem sicher Erkannten mit *Notwendigkeit* deduziert werden, „nicht anders, als wenn wir das letzte Glied einer Kette mit dem ersten zusammenhängend erkennen."[331] Kommt eine Kette von Intuitionen zustande, so garantiert deren Tragfähigkeit den Vollzug der Deduktion. Descartes postuliert also einen notwendigen Zusammenhang der Elemente, gibt jedoch nicht an, nach welcher Regel die Deduktion ihrerseits zu erfolgen hat, so daß die Deduktion hier erscheint, wie eine „lange Abfolge intuitiver Geistesblitze".[332] Manche Interpreten haben daher gemeint, hier habe Descartes psychologische und erkenntnistheoretische Notwendigkeiten vermengt.[333] Die Diskussion darüber läßt sich nur mit solchen Philosophen sinnvoll führen, die zugeben, daß beispielsweise die Elemente einer musikalischen Komposition oder eines Gedichts nicht beliebig, sondern mit einer ästhetischen Notwendigkeit aufeinanderfolgen. Bei Descartes ist die Deduktion jedenfalls nicht psychologisch fundiert, sondern erkenntnistheoretisch. Nachdem der Verstand ‚*gesehen*' hat, daß A = B, dann daß B = C, dann ‚*sieht*' er B als gemeinsames Glied und ‚schließt' von A auf C.[334]

An dieser Stelle kommt die *dispositio* als Ordnungsfaktor ins Spiel. Die fünfte Regel der *Regulae* besagt: „Die ganze Methode besteht in der Ordnung und Disposition dessen, worauf man sein geistiges Auge richten muß, um irgendeine Wahrheit zu entdecken." „Tota methodus consistit in ordine et dispositione eorum, ad quae mentis acies est convertanda, ut aliquam veritatem inveniamus."[335]

1982, S. 126ff. Ferner: H. Schüling, *Die Geschichte der axiomatischen Methode im 16. und beginnenden 17. Jahrhundert*, Hildesheim 1969, S. 41ff.

330 *Regulae*, Regel III, S. 8.

331 Eine Deduktion ist: „worunter wir all das verstehen, was aus etwas anderem sicher Erkanntem *mit Notwendigkeit* erschlossen wird. Aber das mußte so geschehen, weil das meiste zuverlässig gewußt wird, obgleich es selbst nicht evident ist, wofern es nur aus wahren und erkannten Prinzipien durch eine zusammenhängende und nirgendwo unterbrochene Tätigkeit des Denkens, welches das einzelne deutlich in der Intuition sieht, deduziert ist." „per quam intelligimus, illud omne quod ex quibusdam alijs certo cognitis *necessario* concluditur. Sed hoc ita faciendum fuit, quia plurimae res certo sciuntur, quamvis non ipsae sint evidentes, modo tantum a veris cognitisque principiis deducantur per continuum & nullibi interruptum cogitationis motum singula perspicue intuentis." AT X, S. 369 (R III 8).

332 Lojacono (2001), S. 32.

333 Won (1997), S. 60; Sepper (1996), S. 114-156, Gaukroger (1995), S. 115. Dazu teilweise kritisch, doch eine untergeordnete psychologische Bedingung einräumend: Perler (1998), S. 52ff. Vgl. dagegen Detel (2000), S. 249, der herausstellt, daß der Deduktionsbegriff bei Descartes „seine technisch-logische Bedeutung" verliert und „allgemein als das Erfassen der Relationen zwischen mehreren Dingen oder Sätzen verstanden" wird: „Die Intuition ist also für Descartes die zentrale primitive logische Operation; die Deduktion und das Folgern werden in Begriffen der Intuition gedacht, nämlich als Synthesis aus endlich vielen Intuitionen."

334 Vgl. dazu: Nicolas Grimaldi, *Descartes et ses fables*, Paris 2006, S. 77.

335 Reg. 5, S. 28, AT X, S. 380.

Hier ist der Dispositionsbegriff der Rhetorik entlehnt, er dient der Ordnung der Einsichten sowie der Interaktion mit dem Gedächtnis. Dies habe ich bereits ausführlich im ersten Teil dargestellt. An dieser Stelle will ich nur in Erinnerung rufen, daß in der 6. Regel das Ordnen als eine *ars* bestimmt wird, die, als nützlichste von allen, darauf aufmerksam mache, daß „alle Dinge in gewissen Reihen geordnet werden können, nicht zwar insofern man sie auf irgendeine Gattung des Seins bezieht [...], sondern sofern die einen aus den andern erkannt werden können."[336] Eine solche Ordnung ist also keine ontologische Ordnung.[337] Wenn aber die *evidentia* hergestellt werden kann, dann – so hatte es sich bereits früher gezeigt – wird die *dispositio* als diejenige *ars* entscheidend, die die einzelnen Elemente so zu ordnen vermag, daß ihre Verbindung einsehbar wird. Wie bereits dargelegt wurde, spielt hierfür die Einbildungskraft eine um so größere Rolle, je komplexer und unüberschaubarer die zu untersuchenden Verhältnisse sich der intuitiven Erkenntnis darbieten. Descartes erläutert hier sein Verfahren mit Hilfe von Beispielen aus der Mathematik. Das hat viele Interpreten im nachhinein dazu veranlaßt, auch das Disponieren als vergleichendes Ordnen von Sachverhalten ausschließlich nach dem Muster mathematischer Proportionsgesetze zu exemplifizieren.

2.1.1) Denken und Sticken. Die Ausbildung des ‚Spürsinns'

Regel 10 weitet jedoch das Ordnen auf erstaunliche Weise aus. Mit dieser Regel will Descartes dazu anleiten, den Spürsinn auszubilden. Den Spürsinn braucht man, um bei unbekannten Sachverhalten Ordnungsmuster aufspüren und mit anderen Ordnungen in Beziehung setzen zu können. Die 10. Regel postuliert, man solle durch ein mentales Durchlaufen von Ordnungen erst richtig den Spürsinn des Ingeniums entwickeln, zumal dann, wenn bei jemanden nicht von Natur aus ein starker Hang zum selbständigen Forschen vorliegt. In einem solchen Fall solle man

> „zuerst ganz unbedeutende und höchst einfache Verfahrensweisen in Erwägung ziehen, vor allem solche, in denen eine Ordnung herrscht, wie z.B. die Technik der Lein- und Teppichweber oder der Frauen, wenn sie sticken oder die Fäden zu einem Strickmuster von unbegrenzter Mannigfaltigkeit zusammenwirken, ebenso alle Zahlenspiele und alles was zur Arithmetik gehört und Ähnliches, was das Ingenium alles wunderbar übt" („quae omnia mirum quantum Ingenia exerceant").[338]

In dieser ‚wunderbaren' Passage bringt Descartes Denken und Weben, Rechnen und Sticken über das Ordnen zusammen und es zeigt sich, wie tief sein Denken in praktische Alltagskontexte eingesenkt ist und aus diesem erst entfaltet wird.

Schaut man sich mit wachem und geschultem Spürsinn die Welt genauer an, wird man überall ganz *unterschiedliche* Ordnungen erkennen.

> „Weil nämlich dabei nichts verborgen bleibt und alles ganz der menschlichen Erkenntnis angemessen ist, so zeigt es uns aufs allerdeutlichste unzählige Ordnungen auf, alle von-

336 Reg. 6, S. 31, AT X, S. 381.
337 Reg. 7, S. 43f., AT X, S. 389.
338 Reg. X, AT XI, S. 404f.

einander verschieden und nichtsdestoweniger regelmäßig, deren gehörige Beobachtung so ziemlich alles ist, was den menschlichen Spürsinn ausmacht." (Ebd.).

Die mathematischen Dispositionen sind Möglichkeiten unter vielen sehr verschiedenen. Sie können helfen, von ihnen aus qua Schulung des Spürsinns ganz andere Ordnungen zu entdecken, sind aber gerade keineswegs alleinige Stellvertreter der cartesianischen Ordnungsvorstellung. Auch der umgekehrte Weg ist möglich und oft ratsamer, mit Hilfe von Stickmustern seinen Spürsinn zu trainieren, sich klar zu machen, wie aus verschiedenen scheinbar unzusammenhängenden Fäden und Aktionen sich ein Muster abzeichnet, das plötzlich *als Bild* erkannt wird. Dies ist ein von Descartes klar herausgearbeitetes Modell ästhetischer Erkenntnis. Das Ordnen der *textura*, d.h. der Teppiche wie der Texte, wird von ihm ausdrücklich als eine Dispositionsmöglichkeit anerkannt. Wenn es im Folgenden darum gehen wird, bei Descartes selbst in seinen Darlegungen Ordnungsstrukturen und ihre wechselseitigen Zusammenhänge auch angesichts vermeintlich heterogener Bereiche aufzuweisen, so dann unter der Prämisse, daß dies mit dem (traditionell verstandenen) mathematischen Methodenideal allein selbstverständlich nicht gelingt, wohl aber mit dem ästhetischen Verständnis von Dispositionen. Descartes-Exegeten sind oft schnell mit Vorwürfen bei der Hand, daß Descartes in seinen materialen Schriften häufig nur mit Analogien statt Beweisen aufwarte, Nichtabgeleitetes als abgeleitet behaupte oder Wissensgegenstände nur nebeneinander stelle, ohne ihren Zusammenhang einsichtig machen zu können. Diese Kritik verdankt sich womöglich nicht selten allzu planer Vorstellungen möglicher inferentieller oder konstellativer Ordnungsverfahren. Was aus der Perspektive eines rigiden und somit simplifizierten Mathematikverständnisses sich als unberechenbar und in diesem Sinne chaotisch ausnehmen mag, kann aus anderer Perspektive sich als erkennbar geordnet zeigen.

2.1.2) Indirekte Kausalitäten

Während im Bereich des Mentalen durch Phantasie und Einbildungskraft alle möglichen Ordnungen vorstellbar sind, scheinen jedoch im vollständig von mechanistischen Gesetzen bestimmten Bereich der *res extensa* nur einfache Kausalverhältnisse Ordnung in die Welt bringen zu können. Wie sieht es nun also im Bereich des Materiellen und den Wechselwirkung zwischen Leib und Seele aus? Ich sammle zunächst einige Beispiele, die ich dann später, wenn ich mich Descartes' Experimentalphilosophie zuwende, in einen größeren Zusammenhang rücken werde, wobei sich ihre entscheidende Rolle für Descartes' Epistemologie zeigen wird.

Sehr vorläufig gesprochen, bezeichnet Descartes mit Dispositionen Formen indirekter Kausalität. So sah es insbesondere bereits Rainer Specht, der sich mit Blick auf die Leib-Seele-Wechselwirkungen von der Unterstellung eines allzu reduktionistischen Kausalismus bei Descartes auf diese Weise distanzierte. Specht meint, Descartes *erkläre* mit dem Rückgriff auf die *dispositio* jedoch nicht die „Wirkungsweise der Seele auf den Leib und des Leibes auf die Seele", sondern habe diese lediglich „umschrieben".[339] Der Begriff der *dispo-*

339 Rainer Specht, *Commercium mentis et corporis. Über Kausalvorstellungen im Cartesianismus*, Stuttgart 1966, S. 50 u. S. 67.

sitio werde von Descartes vielmehr immer dann eingesetzt, wenn er einer Wirkung keine direkte Ursache zuschreiben könne. Specht verweist nicht ohne Ironie auf die scholastische Engellehre und die dazugehörigen Lehren von der indirekten Verursachung, an deren Argumentationsfiguren sich Descartes in diesem Kontext weiterhin orientiere.

So nehme Descartes z.B. an, daß die Seele durch „eine schlechte Disposition der Organe" in ihren Funktionen gestört, durch bestimmte Dispositionen sogar zu bestimmten Urteilen gebracht werden kann.[340] Umgekehrt ist die Einflußnahme der Seele auf den Körper abhängig von dessen Dispositionen: „Das zeigt, daß die Seele keinerlei Bewegung im Körper hervorrufen kann außer unter der Voraussetzung, daß alle erforderlichen körperlichen Organe geeignet disponiert sind. Aber wenn er (der Körper) über alle jene Organe verfügt, die er zu seiner Bewegung benötigt, dann braucht er die Seele nicht, um sie zu vollziehen."[341] Jede körperliche Bewegung eines intakten Körpers kann also ohne Rückgriff auf die Seele erklärt werden, während umgekehrt die Seele in ihren Wirkmöglichkeiten von den körperlichen Bedingungen abhängt. Überhaupt ermögliche erst die dispositionale Einheit des menschlichen Körpers dessen Vereinigung mit der Seele. So müsse der Leser

> „wissen, daß die Seele tatsächlich mit dem ganzen Körper verbunden ist und daß man genau genommen nicht sagen kann, sie sei in bestimmten Teilen des Körpers mit Ausschluß der anderen, weil dieser eins ist, und zwar aufgrund der Disposition seiner Organe, die sich so eines auf das andere beziehen, daß der Körper defekt ist, wenn eines von ihnen wegfällt, weil die Seele ihrer Natur nach keinerlei Beziehung zur Ausdehnung hat, noch zu den räumlichen Dimensionen oder anderen Eigenschaften, aus denen der Körper zusammengesetzt ist, sondern nur zur Gesamtheit von dessen Organen."[342]

Die Gesamtheit aller Organe soll beim Menschen offenbar mehr sein als die bloße Summe oder bloß funktionale Anordnung der Teile. Von den Körpern der Tiere unterscheidet sich der menschliche nur in diesem Punkt, daß er in der Lage ist, sich mit einer Seele zu vereinigen.[343] Der menschliche Körper unterscheidet sich folglich vom tierischen durch eine andere Disposition. Wie man sich das vorstellen kann, bleibt indes rätselhaft. Menschliche und tierische Organismen unterscheiden sich funktionell in ihrer *dispositio partium* ja gerade nicht. Wie und weshalb kann der menschliche Körper seine Teile derart anders organisieren, daß eine vom Tier verschiedene dispositionelle Einheit sich einstellt, durch die allein er befähigt wird, sich mit der Seele zu verbinden? Darauf komme ich noch zurück.

Ich halte die von Specht ins Zentrum gerückte Frage eher für ein zweitrangiges Spezialproblem derjenigen, die sich für metaphysische Spitzfindigkeiten interessieren. Weit interessanter ist es, die Rolle der Disposition für Erklärungen von Phänomenen der materiellen Welt zu klären, also gerade ihre Relevanz für Descartes' Naturalisierungsversuche des menschlichen Geistes und allgemein für seine Naturphilosophie zu untersuchen.

Die Mechanismen des Körpers ergeben sich Descartes zufolge ihrerseits aus Dispositionen, denn die in ihm sich bewegenden kleinen Materieteilchen, die *spiritus*, sind einzig durch ihre Gestalt disponiert, im Röhrensystem bestimmte Wege einzuschlagen, wenn sie

340 *Über den Menschen*, AT XI, S. 162f.
341 *Über den Menschen*, S. 140, AT XI, S. 225.
342 *Passiones* Art. 30. In Art. 31 spricht Descartes von einem Kommunikationsverhältnis der Lebensgeister.
343 Vgl. Descartes' Brief an Mesland vom 09. 02. 1645.

auf Poren treffen, die wiederum entsprechend passend disponiert sind, um sie durchzulassen, wodurch dann Handlungen oder Empfindungen ausgelöst werden.[344] Temperaturempfindungen erklärt Descartes beispielsweise so:

> „Und es ist zu bemerken, daß alle irdischen Körper viele kleine Poren haben, durch die die kleineren Teilchen hindurch können, aber es viele Körper gibt, deren Poren so eng liegen oder die so disponiert sind, daß sie die größten Teilchen nicht aufnehmen; Und das sind gewöhnlich diese, die sich am kältesten anfühlen, wenn man sie berührt, oder auch nur wenn man sich ihnen nähert. Da ebenso Marmor wie Metalle sich kälter anfühlen als Holz, muß man annehmen, daß ihre Poren nicht leicht die feinen Teilchen dieser Materie aufnehmen können und daß die Poren des Eises, insofern dieses noch viel kälter als Marmor oder die Metalle ist, noch weniger leicht diese Teilchen aufnehmen. Denn ich unterstelle hier, daß man für die Kälte und die Wärme nichts anderes zu begreifen braucht, außer daß die kleinen Teilchen der Körper, die wir berühren, entweder mehr oder weniger stark in Bewegung versetzt wurden als gewöhnlich, sei es aufgrund der kleinen Teilchen dieser feinen Materie oder sei es aufgrund irgendeiner anderen möglichen Ursache; entsprechend bewegen sich auch entweder mehr oder weniger die kleinen Fäden unserer Nerven, die die Tastorgane sind; und wenn sie diese mehr als gewöhnlich in Bewegung setzen, dann verursacht das in uns das Gefühl der Wärme; hingegen wenn sie weniger stark sie bewegen, verursacht das das Gefühl der Kälte."[345]

Descartes' Idee besteht also darin, anzunehmen, daß die Temperatur eines Körpers von der Art der Bewegung bzw. Mischung der kleinen Teilchen, aus denen er zusammengesetzt ist, abhängt. Was wir also als Wärme oder Kälte empfinden, resultiert aus nichts anderem als aus verschiedenen Bewegungsstärken der Teilchen.[346]

Auch Gefühle sind abhängig von einer bestimmten körperlichen Disposition. Teilchen, die zum Gehirn fließen, haben aufgrund ihrer verschiedenen Gestalten unterschiedliche Bewegungswege. Sie verfestigen Liebes- und Haßvorstellungen, die sich bereits im Gehirn befinden und disponieren die Seele zu positiven oder negativen Gedanken.[347] Korrespondierend wird eine bestimmte Gehirndisposition benötigt, damit die bestimmte Empfindungen auslösenden Teilchen ihren Weg nehmen können.

In *Le Monde* erklärt Descartes am Beispiel einer Flamme, „daß ein jeder (Körper) sich in der Weise bewegt, welche ihm aufgrund der Disposition der ihm umgebenden Körper die wenigsten Schwierigkeit bereitet; und daß es in der selben Flamme Teile geben kann, die

---

344 *Über den Menschen*, S. 127.

345 *Meteore,* Diskurs 1. Vgl. *Le Monde*, Kap. 2 und Brief an Mersenne vom 30. 04. 1630: „Denn Sie werden nicht leugnen, daß es im Gold und in den Diamanten gewisse Poren gibt, mögen sie auch noch so klein sein; wenn Sie mir damit zugeben, daß es nichts Leeres gibt, [...] werden Sie zu dem Zugeständnis gezwungen sein, daß diese Poren mit irgendeiner Materie angefüllt sind, die leicht überall eindringt. Nun sind aber Wärme und Ausdehnung nichts anderes als eine Mischung dieser Materie" (*Briefe*, S. 45).

346 Im 8. Diskurs von Les *Météores* formuliert Descartes die Hypothese, daß jene Teilchen der subtilen Materie, „die die Tendenz haben, viel stärker zu rotieren, die Farbe Rot hervorrufen, und diese, welche dazu tendieren, nur etwas weniger stark zu rotieren, Gelb [...] Grün erscheint, wenn sie nur ein wenig langsamer rotieren, und Blau, wenn sie sehr viel langsamer rotieren."

347 „Sodann disponiert das Blut, wenn es reiner und feiner ins Herzen gelangt und sich dort leichter entzündet als gewöhnlich, den kleinen Nerv, der sich dort befindet, in den erforderlichen Zustand, um das Gefühl von Freude hervorzurufen, und wenn dieses Gefühl ganz entgegengesetzte Eigenschaften hat, in den, der notwendig ist, um das Gefühl von Traurigkeit zu erzeugen." *De l'homme* , AT XI 164, dt. 95, S. 126, 106.

nach oben streben [tender] und andere nach unten, geradlinig und kreisförmig, ohne daß dies ihre Natur verändert.“[348]

Jede Flamme bewegt sich in der Richtung, die ihr durch die Disposition ihrer eigenen Teilchen und der Disposition der Teilchen ihrer Umgebung vorgegeben ist. Dispositionen sind somit nicht den Körpern als Kräfte oder essentielle Eigenschaften inhärent. Wenn Körper dazu tendieren sich in eine Richtung zu bewegen, dann solle man sich das Descartes zufolge daher nicht so vorstellen, daß dieser „in sich ein [...] Denken oder einen Willen, der ihn dorthin lenkt, [berge], sondern nur eine Disposition, sich dorthin zu bewegen.“[349]

Wie kann nun ein solches Verständnis von Dispositionen in ein mechanistisches Erklärungsschema integriert und weiter konkretisiert werden?

2.1.3) Apriori-Deduktionen?

Descartes, so könnte man zunächst aber einwenden, habe doch immer wieder behauptet, daß alles in der Natur mit mathematischer Gewißheit erfaßt werden könne[350] und seine Methode so strikt sei, daß jeder deduzierte Satz „pourra tenir lieu d'une démonstration Mathematique“.[351] Wie nun die zum Vorbild erhobene mathematische Methode auf den Bereich der Physik sich übertragen lassen soll, wird in der Forschung sehr kontrovers diskutiert. Es ist schlechterdings schwer vorstellbar, wie die einzelnen Ableitungsschritte von einer allgemeinen Prämisse aus bis zu den konkreten Wissensinhalten des Menschen mathematisch-geometrisch vorgenommen werden können sollen. Wie kann z.B. aus der Cogito-Gewißheit die Beschaffenheit des Kosmos oder der Kreislauf des Herzens mathematisch deduziert werden?

Beim frühen Descartes ist die Erfahrung noch ausgeschaltet, die ganze Methode besteht ja nur in der *Ordnung und Disposition* dessen, worauf sich das geistige Auge richten muß.

---

348 *Die Welt*, S. 15, AT XI, S. 9. Vgl. dazu Specht, *Commercium* 51, der nur die Disposition der Umgebung, nicht das Verhältnis von Gestalt der Teilchen der Flamme und dem Weg in den Blick nimmt.

349 *Die Welt*, Kap. XIII, S. 97-99. Das ist auch gegen Des Chenes Interpretation der dispositio herauszustellen, für die er lediglich die Bestimmungen aus der aristotelischen Metaphysik und der Kategorienschrift aufgreift. Die Übersetzung von dispositio als „transient habitus or state“ (S. 77) halte ich für unzulänglich. Besser ist, wenn man sich nicht zu sehr an Aristoteles' Begriff diathesis (übersetzt ins Deutsche durch ‚Disposition') aus seinem „Lexikon“ Met. D. 19 (1022 b 1-3) oder Cat. orientiert, sondern auch den Ausdruck ‚Disposition' berücksichtigt, wie er in der modernen Diskussion der biologischen Schriften des A. verwendet wird. Danach sollen Dispositionen die essentiellen Eigenschaften der Materie umfassen und diese dadurch von akzidentellen Eigenschaften insgesamt und von den essentiellen Eigenschaften insbesondere der Form (und, wenn vorhanden, von zusätzlichen essentiellen Eigenschaften des Kompositums) abgrenzen. ‚Disposition' umfasst folglich vor allem die wenigen, aber klar umgrenzten Attribute der 4 Elemente und die schon etwas unübersichtlicher werdenden Eigenschaften der homogenen Stoffe wie Hölzer, Metalle, Flüssigkeiten usw. (= Stoffe, die nach antiker Vorstellung in sich keine Formunterschiede mehr aufweisen, die überall die gleiche Struktur aufweisen). Bei Descartes bezeichnen Dispositionen jedoch keine Entitäten, sondern Relationen unter diesen. So gesehen verschwinden die Parallelen zu Descartes' Verwendung des Begriffes und der dispositio bei Aristoteles nicht nur weitgehend, sondern es zeigt sich eine scharfe Differenz.

350 ‚Apud me omnia fiunt mathematice in Natura' (Brief an Mersenne) *Correspondance* AT III, S. 36.

351 Descartes, *Principia* II, § 64.

Später wird das Übergehen von einem Bild zum nächsten jedoch auch im empirischen Bereich methodisch wichtig, denn dann muß in diesem Bereich alles so disponiert werden, daß, wenn sich das empirische Auge darauf richtet, sich eine intuitive Erkenntnis einstellt. Darauf komme ich noch zurück. Konkret sieht das Verfahren beim frühen Descartes wie folgt aus: Zuerst wird alles gesammelt, was über ein Phänomen z.B. das Leuchten oder den Magneten bekannt ist.[352] Dann wird ‚deduziert', was an einfachen Naturen gesucht werden muß, um alle empirisch bekannten Eigenschaften zu erklären, d.h. man begründet, welche Hypothesen ausgewählt werden müssen. Dann wird versucht nach Maßgabe des menschlichen Verstehen-Könnens die Natur zu bestimmen. Gelingt dies jedoch nicht, müssen alle bekannten Möglichkeiten an natürlichen Ursachen eingesetzt werden und zuletzt durch Imitatio, „saltem per imitationem", die Natur etwa des Leuchtens in Erfahrung gebracht werden (Regel VIII, s.o.).

In den *Regulae* hat Descartes den Bereich des intuitiv-deduktiven Wissens noch eingeschränkt. Wie sich dieser Bereich immer weiter öffnet, wird im Einzelnen je nach Schrift eingehend zu spezifizieren sein; ich gehe hier zunächst nur exemplarisch auf die Vorgehensweise in den *Principia* ein. Descartes erklärt dort in einer vielzitierten Stelle aus dem Brief an Picot, daß die Weisheit [sagesse], die in der vollkommenen Kenntnis all der Dinge, die der Mensch wissen kann, um sein Leben zu führen, seine Gesundheit zu erhalten und alle Künste zu erfinden, bestehe[une parfaite connaissance de toutes les choses que l'homme peut savoir tant pour la conduite de sa vie que pour la conservation de sa santé et l'invention de tous les arts], „notwendig aus den ersten Ursachen abgeleitet sein" müsse und daß man mit den ersten unbezweifelbaren Prinzipien zu beginnen habe, von welchen „die Erkenntnis der anderen Dinge derart abhängt, daß die Prinzipien zwar ohne jene, die anderen aber nicht anders als durch die Prinzipien erkannt werden können."[353]

De facto hält Descartes diesen Anspruch aber nicht durch. Sobald er im 3. und 4. Buch auf die Naturerscheinungen zu sprechen kommt, muß er auf die Erfahrung zurückgreifen.[354] Bei der Betrachtung der Himmelskörper beispielsweise räumt er ein:

> „Wie groß die Teile sind, wie schnell sie sich bewegen und welche Kreise sie beschreiben, kann man aus bloßer Vernunft nicht ableiten; denn Gott konnte dies auf unzählige

352 „Sed qui cogitat, nihil in magnete posse cognosci, quod non constet ex simplicibus quibusdam naturis & per se notis, non incertus quid agendum sit, primo diligenter colligit illa omnia quae de hoc lapide habere potest experimenta, ex quibus deinde deducere conatur qualis necessaria sit naturarum simplicium mixtura ad omnes illos, quos in magnete expertus est, effectus producendos; qua semel inventa, audacter potest asserere, se veram percepisse magnetis naturam, quantum ab homine & ex datis experimentis potuit inveniri." (AT X, S. 427).

353 Descartes, *Principes*, AT IX/2, S. 2: „et qu'afin que cette connaissance soit telle, il est nécessaire qu'elle soit déduite des premières causes, en sorte que pour étudier à l'acquérir, ce qui se nomme proprement philosopher, il faut commencer par la recherche de ces premières causes, c'est-à-dire des principes; et que ces principes doivent avoir deux conditions : l'une, qu'ils soient si clairs et si évidents que l'esprit humain ne puisse douter de leur vérité, lorsqu'il s'applique avec attention à les considérer; l'autre, que ce soit d'eux que dépende la connaissance des autres choses, en sorte qu'ils puissent être connus sans elles, mais non pas réciproquement elles sans eux; et qu'après cela il faut tâcher de déduire tellement de ces principes la connaissance des choses qui en dépendent, qu'il n'y ait rien en toute la suite des déductions qu'on en fait qui ne soit très manifeste."

354 Vgl. dazu: Engfer (1996), S. 89ff.

> Arten zustande bringen, und nur die Erfahrung kann lehren, welche er davon ausgewählt hat."[355]

Daher formuliert er seine physikalische Theorie nur als

> „eine Hypothese, die, selbst wenn sie falsch wäre, doch mir der Mühe zu verlohnen scheint, sofern alle ihre Ergebnisse mit der Erfahrung übereinstimmen. Denn dadurch wird sie uns für das Leben gerade so viel Nutzen wie die Wahrheit selbst gewähren, weil man sich ihrer genauso wird bedienen können, um die Natursachen zu bestimmen, alle Wirkungen, die man nur will, hervorzubringen."[356]

Diese sehr baconianisch anmutende Definition wird am Ende der *Principia* aufgegriffen und bestätigt, indem Descartes nun sogar erklärt, daß obgleich seine Erklärungen „in Rücksicht auf die Allmacht Gottes ungewiß" seien, sie für die „Zwecke des Lebens genügen" und es daher hinreiche, wenn manches „für moralisch gewiß gehalten wird."[357] Somit gibt es einen apriorischen Teil und einen aposteriorischen Teil der Physik.

Die Descartesforschung ist angesichts dieser Frage gespalten, das eine Lager – die Traditionalisten wie Daniel Garber, Dennis Des Chene oder Margaret Osler,[358] hält daran fest, daß Descartes aus dem Wesen Gottes die Naturgesetze in einem logisch strengen Sinne deduziert sehen wollte. Diese Deduktion etabliere vollständig die Naturgesetze und bestätige diese metaphysisch. Das andere Lager – darunter Desmond Clarke, Bernard Williams und Charles Larmore[359] – liest Descartes weicher, was besagt, daß für Descartes Deduktionen, die vom Wesen Gottes ausgehen, nur den Spielraum für mögliche Naturgesetze festlegten, wobei dann durch die Empirie Gesetze geprüft und bestätigt oder verworfen werden, deren Kriterien nicht mehr metaphysische Gültigkeit sondern eher explikative Kraft oder Einfachheit sind. Dennoch insistieren auch solche Interpreten darauf, daß Descartes in einem metaphysischen Rahmen a priori festlegte, wie die Naturgesetze ausfallen müssen. Daneben gibt es vermittelnde Positionen, die Descartes' Verfahren als hypothetisch-deduktive Methode im heutigen Sinne rekonstruieren, wonach aus dem Wesen Gottes exklusiv bestimmte Na-

---

355 *Principia* III, § 46. Vgl. auch *Discours* AT VI, S. 65, dt. 2001, S. 121: „Aber ich muß auch zugeben, daß der Bereich des in der Natur möglichen so weitläufig, so unermeßlich ist und diese Prinzipien so einfach und so allgemein, daß ich fast keine besondere Wirkung mehr bemerke, von der ich nicht zunächst erkenne, daß sie auf mehrere verschiedene Weisen davon abgeleitet werden kann und daß meine größte Schwierigkeit für gewöhnlich darin besteht herauszufinden, auf welche dieser Weisen sie von ihnen abhängt. Diesbezüglich weiß ich keinen anderen Ausweg, als erneut einige Beobachtungen zu suchen, die derart sind, daß ihr Ergebnis nicht daßelbe ist, wenn man die Wirkung auf die eine und nicht auf die andere dieser Weisen erklären muß.

356 Descartes, *Principia,* ebd. III, § 44.

357 Ebd., IV, § 204f.

358 Daniel Garber, *Descartes' metaphysical physics*, Chicago 1992; ders. (1978), S. 114-151; Margaret Osler, Eternal Truths and the Laws of Nature: The Theological Foundations of Descartes' Philosophy of Nature, in: *Journal of the History of Ideas* 46 (1985), S. 349-362; Dan Kaufman, God's Immutability and the Necessity of Descartes's Eternal Truths, in: *Journal of the History of Philosophy* 43,1, S. 1-19.

359 Bernard Williams, *Descartes. Das Vorhaben der reinen philosophischen Untersuchung*, 3. Aufl., Weinheim 1996, S. 212-234; Clarke (1982); Charles Larmore, Descartes' Empirical Epistemology, in Stephen Gaukroger (Hrsg.), *Descartes: Mathematics, Physics, and Philosophy*, London 1980, S. 6-22.

turgesetze abgeleitet und als Hypothesen vorgeschlagen werden, ohne daß diese damit bestätigt seien. Die Bestätigung bleibe der Empirie überlassen.[360]

Für alle diese Lesarten aber gilt, daß sie sich an den *Principia* und somit primär an der Physik orientieren. Weite Teile der cartesischen Naturphilosophie können viel radikaler gelesen werden, nämlich daß sich die Naturphilosophie um die metaphysische Grundlegung nicht weiter bekümmert, sondern diese in einen anderen Bereich verweist. Nach einer oft nur kurz in einem Satz vorgenommenen Bereichstrennung („die wahre Natur des Lichts kann hier nicht verhandelt werden" etc.),[361] verfährt Descartes weitgehend induktiv bzw. hypothetisch-deduktiv, wobei weder von a priori-Festlegungen oder Hypothesen die Rede ist, die aus dem Wesen Gottes abgeleitet wären, sondern nur von Beobachtungen, Erfahrungen und darauf aufbauenden Hypothesen. Angesichts der unberechenbaren Prozesse, denen z.B. die Meteore unterliegen, käme es einer Gotteslästerung gleich, diese mit aus dem Wesen Gottes gefolgerten Gesetzen erklären zu wollen. Hier liegt die Kluft zwischen Metaphysik und Physik offen und ist unüberbrückbar.

2.2) Maschinen, Monster und Mörder: Zur Reichweite mechanistischer Erklärungen bei Descartes

Im Folgenden werde ich gegen die vorherrschende Sicht argumentieren, daß Descartes' mechanistische Modelle überaus limitiert seien, wenn es um die Erklärung organischer Vorgänge geht. Statt dessen möchte ich versuchen mit Hilfe einiger weniger Beispiele, die aus Descartes' Kosmologie und Embryologie entlehnt sind, wenigstens schlaglichtartig die erstaunliche Reichweite und Flexibilität seiner mechanistischen Erklärungen deutlich werden zu lassen. Dabei wird es mir nicht nur darum gehen, den Gegenstandsbereich solcher Erklärungen zu beschreiben, sondern auch zu skizzieren, inwiefern die Methodologie und Epistemologie der mechanistischen Philosophie Descartes' gerade von jenen kognitiven Leistungen der Phantasie und der Einbildungskraft abhängen, deren Erkenntnisanspruch er nach üblicher Auffassung entschieden zurückgewiesen hat.[362] Da Descartes schlechthin als *der* exemplarische Vertreter mechanistischen Philosophierens gilt, werde ich dafür plädieren, daß wir auch unser allgemeines Verständnis dessen, was im 17. Jahrhundert alles mit der Bezeichnung ‚mechanistisch' eingefangen werden konnte, eminent erweitern müssen.

Zunächst sei kurz in Erinnerung gerufen, wie aus traditioneller Sicht die Grundannahmen der mechanistischen Philosophie und ihre Rolle bei der Formierung der modernen europäischen Wissenschaft beschrieben werden.

Dijksterhuis resümiert z.B. in seinem Standardwerk zur *Mechanisierung des Weltbildes*: „der wahre Gegensatz zwischen klassischer und mittelalterlicher Naturwissenschaft [wird]

---

360 Nadler (1990).

361 Vgl. dazu meine Einleitung zu: Descartes, *Les Météores / Die Meteore*, Frankfurt 2006.

362 Vgl.: „Der Abstand, der Descartes von der naiven Anschauung und der unmittelbaren phantasievollen Erfassung der Wirklichkeit trennt, tritt hier mit aller Deutlichkeit hervor. Wenn für diese [...] das kausale Geschehen nur unter der Voraussetzung durchgehender Belebung der Dinge seinen Sinn erhielt, so hier umgekehrt das Leben nur als Sonderfall der mathematisch-mechanischen Gesetze gedacht." Ernst Cassirer, *Das Erkenntnisproblem in der frühen Neuzeit* Bd. 1, Darmstadt 1974, S. 467.

erst vollkommen klargemacht, wenn man in die Umschreibung von Mechanik als Bewegungslehre noch das Kennzeichen der mathematischen Behandlung aufnimmt."[363] Primär die Orientierung an der Mathematik charakterisiere die mechanistische Philosophie.

Im mechanistischen Weltbild erscheint die Natur nun nicht mehr länger als Ausdruck eines lebendigen Prinzips, sondern als eine Anordnung von gleichartiger Materie, die sich nach mathematisch exakt darstellbaren Gesetzen bewegt. Es reichen sehr wenige Gesetze, um alles im Kosmos erklären zu können. Diese Erklärungen kommen gänzlich ohne den Rekurs auf lebendige Kräfte oder inhärente okkulte Ursachen aus. „Mechanistisch" bedeute daher soviel wie das Gegenteil von magisch. Die mechanistische Philosophie beanspruche statt dessen, alles in der Natur nur mit Bezug auf die Größe, Gestalt und Bewegung jener kleinen Teilchen, aus denen wahrnehmbare Körper zusammengesetzt sind, erklären zu können.[364]

Ihr Kern sei, so hat es vor kurzem Dan Garber prägnant formuliert, daß die ganze Welt so behandelt werden könne, als bestünde sie aus einer Ansammlung von Maschinen.[365]

---

363 Mathematisch sei die Mechanik in dem Sinne, „daß ihre fundamentalen Begriffe mathematische Begriffe sind, daß sie selbst eine Mathematik ist." (Dijksterhuis 1956, S. 554.) Dieses allzu einfache Bild wurde seither vielfach kritisiert, einerseits von Wissenschaftshistorikern die auf die Bedeutung experimenteller Praxis verwiesen, andererseits jedoch auch von seiten der Mathematikgeschichte. Der Verweis auf mathematische Beweisverfahren sei deswegen anachronistisch, weil es im 17. Jahrhundert keine einheitliches Verständnis davon gegeben haben, wie eine gültige mathematische Definition oder ein mathematischer Beweis idealerweise aussehen muß. Gerade anhand von Descartes Geometrie hat z.B. Henk Bos in seinem Buch *Redefining geometrical Exactness* vorgeführt, wie stark kulturell vermittelte Überzeugungen von Mechanismus und Evidenzen Descartes mathematische Konstruktionen regieren und Mathematik somit ebenso wie andere Wissenschaften tief eingesenkt ist in kulturelle Kontexte. Darauf will ich nicht hier *en détail* eingehen, nur vorläufig festhalten, daß Bos innerhalb der Mathematik des 17. Jahrhunderts sechs verschiedene fundamentale Strategien mathematische Exaktheit zu interpretieren, nachweisen konnte (Autoritätsanrufung, Idealisierung praktischer Methoden, philosophische Analyse von geometrischen Intuitionen, Akzeptanz, der sich daraus ergebenden Mathematik, das Zurückweisen von Regeln, Interesselosigkeit), Bos (2001), S. 15ff.

364 Descartes' Mechanismus-Vorstellung ließe sich aus dieser Sicht so zusammenfassen: Die Erklärung der Naturphänomene beruht auf nur auf der Annahme strikt mechanischer Interaktionen, d.h. auf der Bewegung, Kollision und Vibration von Materie meine Descartes alle Phänomene der Welt erklären zu können. D.h. 1. Alle Phänomene können auf Materie in Bewegung zurückgeführt werden; 2. jede Verursachung muß durch den direkten Kontakt von Körpern erfolgen; 3. es gibt eine fundamentale Differenz zwischen primären und sekundären Qualitäten. 4. nimmt Descartes darüber hinaus die Gleichartigkeit und 5. die unendliche Teilbarkeit der Materie an, und 6. die unendliche Ausdehnung der Welt. 7. wird das Vakuum geleugnet. Selbst wenn man all dies akzeptiert, folgt daraus nicht zwangsläufig, wie stets unterstellt wird, ein durchgehendes Programm einer Mathematisierung der Physik.

365 D. Garber, Descartes, Mechanics, and the Mechanical Philosophy, in: *Midwest Studies in Philosophy* XXVI (2002), S. 185-204, hier: S. 185: „In essence, for the mechanical philosophy, the whole world can be treated as if it were a collection of machines." Vertreter dieser Sichtweise sind u.a.: Sutter (1988); O. Mayr, *Uhrwerk und Waage. Autorität, Freiheit und technische Systeme in der Frühen Neuzeit*, München 1986, S. 82 u. S. 2: „René Descartes war der Inbegriff des mechanischen Philosophen. Die Mechanik war für ihn der Schlüssel zum Geheimnis der Natur; ‚mechanisch' bedeutete für ihn ‚maschinenartig'." Vgl. a. M. Schneider, *Das mechanistische Denken in der Kontroverse. Descartes' Beitrag zum Geist-Maschine-Problem*, Stuttgart, 1993, Kap. 6. u. 7. Aus kulturkritischer Perspektive wurde dieser Befund bestätigt und gegen Descartes gewendet: Für Carolyn Merchant hätte vor allem sein mechanistisches Programm animistische, organische Annahmen über den Kosmos beseitigt und damit den „Tod der Natur" besiegelt (Merchant, S. 193). Natur würde von Descartes als System toter, träger Teilchen betrachtet und primär einem herrschaftlich-manipulativen Zugriff unterworfen. „Descartes reduziert die Einbildungskraft, nach holistischem Welt-

Angesichts des allgemeinen Interesses der heutigen Forschung an der mechanistischen Philosophie, so Dan Garber weiter, sei es überraschend, daß sie bislang kaum richtig verstanden worden sei. Gemeinhin werde unter Berufung auf eine Stelle in Descartes' *Principia* die Mechanik einfach als Teil der Physik begriffen.[366] Descartes' Punkt sei jedoch ein anderer: Maschinen werden konstruiert zu einem bestimmten Zweck. Sie sind Instrumente. Hierin liege eine wichtige Differenz zu menschlichen Körpern, bei denen solch ein Zweck nicht ausgemacht werden kann. Descartes interessiere sich nicht für das, was wir mit Maschinen machen wollen, sondern nur dafür, aufgrund welcher Zusammensetzung der Teile eines komplexen Körpers welcher Effekt mechanistisch verursacht wird.[367] Nach Garber wird für Descartes daher die Mechanik nicht zur Wissenschaft der Maschinen, sondern zur Wissenschaft der Dinge, die aufgrund der besonderen Organisation[368] ihrer Teile agieren.[369] Dadurch ändere sich der Sinn von Mechanik fundamental, es entstehe eine neuartige Mechanik frei von jeder Teleologie, als Wissenschaft von komplexen Körpern, die durch die Größe, Gestalt und Bewegung ihrer Teile determiniert sind. Aus der Struktur dieser Körper könne dann ihr Mechanismus deduziert werden. Der entscheidende Vorzug dieser neuen Konzeption liege darin, daß nun natürliche wie künstliche Dinge, belebte wie unbelebte, mit denselben Prinzipien *einheitlich* erklärt werden können.[370]

Folgt man Garbers Revision, hat man sich bereits ein Stück weit von der traditionellen Mechanismusvorstellung befreit, doch immer noch nicht weit genug.

---

verständnis die Quelle der universellen Erkenntnis, auf die individuelle Tätigkeit individueller Seelen [...] Hexen, Ungeheuer, Nymphen, Satyrn werden zu Erdichtungen der individuellen Phantasie" (Merchant, S. 207). Cottingham wiederum meint, der Vergleich zwischen Maschine und Körper bezöge sich einfach darauf, daß beide sich selbst bewegende Dinge seien. Vgl. John Cottingham, Descartes' Treatment of Animals, in: ders., (Hrsg.), *Descartes*, Oxford 1998, S. 227.

366 „Bis hier habe ich nämlich die Erde und die ganze sichtbare Welt nach Art einer Maschine beschrieben, wo ich nur die Gestalt und Bewegung beachtete" Princ. IV, § 188. Hier, am Ende der *Principia* wird die Mechanik dann einfach als Teil der Physik bezeichnet, und für viele Interpreten erschöpft sich die mechanistische Philosophie in dieser Gleichsetzung. Vgl. z.B.: A. Gabbey, The Mechanical Philosophy and its Problems: Mechanical Explanations, Impenetrability, and Perpetual Motion, in: J.C. Pitt (Hrsg.), *Change and Progress in Modern Science*, Dordrecht 1985; A. Gabbey, Descartes' Physics and Descartes' Mechanics: Chicken and Egg, in: S. Voss (Hrsg.), *Essays on the Philosophy and Science of René Descartes*, Oxford 1993. Vgl. auch Descartes' Brief an einen unbekannten Adressaten, AT V, S. 546: „material mundi machina existit [...] mundum machinae instar ex material constare, vel esse eadem omnes in rebus materialibus motuum causas, atque in machinis arte factis, vel quid simile." In der französischen Fassung der *Principia* und im *Discours* werden die Gesetze (Regles/leges) der Mechanik mit den Naturgesetzen identifiziert (*Principia* IV, § 203), *Discours*. AT VI, S. 54).

367 Garber (2002), S. 198; *Principia* IV, § 203.

368 Der Begriff der Organisation ist heikel. Siehe Francois Jacob, *Die Logik des Lebenden. Eine Geschichte der Vererbung*, Frankfurt 2002, S. 42ff.

369 Garber (2002), S. 199.

370 Die Mechanik des 16. und 17. Jahrhunderts beschäftigte sich vor allem damit, wie schwere Körper in die Höhe bewegt oder aus Kanonen geschossen wurden, wobei vorausgesetzt wurde, daß Körper aufgrund ihrer Schwere dazu tendieren, zu Boden zu fallen. Bei Descartes spielt das Gewicht eines Körpers keine Rolle mehr, und es kann auch nicht eine Tendenz oder innere Kraft zu fallen vorausgesetzt werden, sondern die Gravitation muß ihrerseits mechanistisch erklärt werden. Bei Descartes gibt es für keinen Körper irgendeine Tendenz sich irgendwohin zu bewegen, die Richtungen ergeben sich einzig aus der bestimmen Größe, Gestalt und der Bewegung. Es gibt keine Teleologie.

Garber übersieht, daß bei Descartes' mechanistischen Deduktionen statt von Strukturen von einer anderen, weniger fixen Kategorie die Rede ist, nämlich von Dispositionen bzw. von Relationen der Teile zueinander. Dispositionen hängen an der Gestalt der Teile und an den durch die diversen Gestaltformen ermöglichten Koordinationen dieser Teile.

Dispositionen, so müßte man aus Garbers Darlegungen folgern, seien dann solche Strukturen, die gleichbleiben, wenn sich ein natürlicher oder künstlicher Körper bewegt.[371] Organische Körper wachsen jedoch und bilden ihre Strukturen erst aus, sie verändern sich dabei, Maschinen nicht. Entweder man unterstellt Descartes, er hätte diesen Unterschied nicht gesehen bzw. jede Art von Entwicklung geleugnet, oder das Prinzip der einheitlichen Erklärung wäre verletzt.

Schauen wir uns hierzu eine Schlüsselstelle aus dem *Discours* näher an, die den Herzmechanismus erläutert:

> „Damit übrigens diejenigen, die die Kraft mathematischer Beweise nicht kennen und nicht gewohnt sind, wahre Gründe von den scheinbaren zu unterscheiden, nicht riskieren, dieses hier ohne Prüfung zu bestreiten, möchte ich sie davon unterrichten, daß die von mir soeben erklärte Bewegung ebenso notwendigerweise aus der bloßen Disposition der Organe folgt, die man am Herzen mit den Augen sehen kann, und aus der Wärme, die man mit den Fingern fühlen kann, und aus der Natur des Blutes, die man durch Erfahrung kennenlernen kann, wie die Bewegung eines Uhrwerks aus der Kraft, der Lage und der Gestalt seiner Gewichte und seiner Räder."[372]

Aus der Mathematik werden nur die Gewißheits- und Exaktheitsideale[373] entlehnt, nicht jedoch sind deren Konstruktions- und Deduktionsverfahren Vorbild.[374] Das ist schon ein erster entscheidender Punkt. Zudem wird von Descartes weniger eine strukturelle Erklärung offeriert, d.h. eine Erklärung, die unter Verweis auf eine fixe Struktur einer Entität diese Struktur auch als kausale Ursache für diese Entität postuliert, sondern der Mechanismus folgt aus der individuellen Gestalt, Bewegung und Disposition der Teile. Andernorts schreibt er entsprechend, der Leser solle bedenken,

> „daß die Funktionen in dieser Maschine alle von Natur aus allein aus der Disposition ihrer Organe hervorgehen, nicht mehr und nicht weniger als die Bewegungen einer Uhr oder eines anderen Automaten von der Anordnung ihrer Gewichte und ihrer Räder abhängen."[375]

---

371 Maschinenvergleiche gab es auch vorher, in aristotelischen bzw. vitalistischen Kontext, z.B. bei Harvey, der das Herz mit einer Pumpe verglich oder bei dessen Lehrer Fabricius, bei welchem sich Vergleiche der Membranen, die in den Venen das Blut stauen, um das Herz in Bewegung zu setzen, mit den Schleusen zum Stauen des Wassers zum Antrieb einer Mühle finden.

372 *Discours*, S. 95, AT VI, S. 50.

373 Vgl. *Regulae*, Reg. 2, AT X, S. 366.

374 Ostwald kommentiert dagegen in seiner Ausgabe des *Discours* (Stuttgart 2001, S. 169) diese Stelle: „Descartes verwendet für die Erklärung der Herzbewegung nur mechanische Überlegungen. Für ihn hat die angeführte Demonstration eine mathematische Evidenz, da mechanische Erklärungen durch die Geometrie klar und deutlich formulierbar sind." Ähnlich: Ansgar Beckermann, *Descartes' metaphysischer Beweis für den Dualismus*, Freiburg 1986.

375 *Über den Menschen*, S. 136.

Mir scheint hier eine überaus weite und antimoderne Version des Deduktionsbegriffs eingesetzt zu werden, oder wie soll man verstehen, daß aus den sichtbaren Dispositionen der Einzelteile der Mechanismus folgt?[376] Sichtbare Deduktionen? Die innermentalen Dispositionen der *Regulae* sind nun nach außen verlagert worden, wobei am Anfang einer Deduktion keine Intuition, sondern eine Disposition steht. Mit der „Sichtbarkeit" kommen weitere Bilder ins Spiel, die Descartes in diesem Zusammenhang einsetzt, zuerst sollen im folgenden Metaphern, dann später Abbildungen auf ihre Funktion für diese Arten von Deduktionen untersucht werden.

2.2.1) Artefacta und Ficta

Um hier weiterzukommen, muß man sich die berüchtigten Maschinenmetaphern Descartes näher betrachten.

> „Ich stelle mir einmal vor, daß der Körper nichts anderes sei als eine Statue oder Maschine aus Erde, die Gott gänzlich in der Absicht formt, sie uns so ähnlich wie möglich zu machen, und zwar derart, daß er ihr nicht nur äußerlich die Farbe und die Gestalt aller unserer Glieder gibt, sondern auch in ihr Inneres alle jene Teile legt, die notwendig sind, um sie laufen, essen, atmen, kurz alle unsere Funktionen nachahmen zu lassen, von denen man sich vorstellen könnte, daß sie aus der Materie ihren Ursprung haben und lediglich von der Disposition der Organe abhängen."[377]

Mit diesem Paukenschlag eröffnet Descartes seine Schrift *Über den Menschen*. Der Vergleich des Körpers mit einer Maschine – Descartes nennt an dieser Stelle „kunstvolle Wasserspiele, Mühlen und andere ähnliche Maschinen" – ist berüchtigt. Der Mensch als Maschine wurde zum Sinnbild für eine neuzeitliche technomorphe Vorstellung von Körper und Natur, zur Signatur mechanistischen Denkens.[378]

---

376 Mechanistische Erklärungen von Strukturen sollten peripatetische Erklärungen bei der Erklärung natürlicher Phänomene ersetzen: Sie bilden einen eigenen Erklärungstyp. Im Unterschied zu nomothetischen oder genetischen Erklärungen liegen strukturelle Erklärungen vor, wenn Eigenschaften oder Verhaltensweisen einer komplexen Entität durch den Verweis auf die Struktur dieser Entität erklärt werden. Der Terminus ‚Struktur' wiederum bezeichnet – ich folge hier McMullin – ein Set von konstituierenden Entitäten oder Prozessen und die Relationen unter ihnen. Solche Erklärungen sind kausal, weil die zur Erklärung herangezogene Struktur auch als Ursache des zu erklärenden Phänomens betrachtet werden kann. In der mechanistischen Philosophie gebe es typische Beispiele: Hier sei es vor allem die Struktur, zusammen womöglich mit nomothetischen Kausalbeziehungen, die die Phänomene verursacht, und weniger die individuelle Gestalt, Bewegung oder Disposition: „It is the *structure,* together perhaps with nomothetic causal relationships, that causes the phenomena, rather than any individual body, motion or disposition". Ernan McMullin, Structural Explanation, in: *American Philosophical Quarterly* 15 (1987), S. 139-147, hier: S. 139.

377 Descartes, *Über den Menschen*, S. 44. Einen Überblick über Descartes' Maschinenmetaphern gibt neuerdings Vaccari (2008).

378 Z.B.: Bernd Remmele, *Die Entstehung des Maschinenparadigmas: technologischer Hintergrund und kategoriale Voraussetzungen*, Opladen 2003; Karl Rothschuh, Technomorphes Lebensmodell contra Virtus-Modell (Descartes gegen Fernel), in: *Sudhoffs Archiv* 54 (1970), S. 337-354; Günther Pflug, Descartes und das mechanistische Menschenbild, in: *Medizinhistorische Journal* 17 (1982), S. 3-19. Daß dies eine heikle Verallgemeinerung ist, kann allein schon der Umstand belegen, daß sich Maschinenmetaphern auch in Texten von Naturforschern finden, die zu den Verfechtern des Vitalismus und Animismus zählten. Hartsoe-

Offenkundig hat Descartes diesen Interpretationen selbst mit seinem Entwurf eines künstlichen Maschinen-Menschen Vorschub geleistet, denn er verführt leicht dazu, sich allzu enge, reduktionistische Vorstellungen über Descartes' Körperauffassung zu machen, derart, daß mit ihm eine Art Bauplan für einen Menschen vorgelegt werde, den man dann wie eine Uhr zusammensetzen könne. Doch die Sache ist komplexer als sie scheint.

Zunächst ist festzuhalten, daß Descartes in *Über den Menschen* nicht einen empirischen Menschen beschreibt, sondern erklärtermaßen einen fiktiven. Für diesen fiktiven Menschen denkt sich Descartes ideale Funktionszusammenhänge aus, die dann in einem nächsten Schritt mit dem am empirischen Körper durch Beobachtungen gewonnenen Wissen konfrontiert werden. Die Beobachtungen geraten an ihre Grenzen, wenn es um subvisible und um komplexe Wirkzusammenhänge geht. Hier kann das Modell der Beobachtung helfen, wie genau, werde ich noch darzulegen versuchen.

Descartes beschreibt auch in den *Principia,* daß gerade an jenem entscheidenden Punkt,[379] wo von sichtbaren Phänomenen auf unsichtbare Ursachen geschlossen werden muß, ihm zu Hilfe kam, daß er Automaten[380] und Wasserspiele in Gärten und künstlichen Grotten beobachten und ihren Mechanismus studieren konnte:

> „Da ich nun gleichartige Wirkungen an einigen sichtbaren Dingen bemerkte, so nahm ich an, daß sie aus einem ähnlichen Zusammentreffen solcher Körper hervorgegangen seien, zumal wenn es schien, daß für sie keine andere Erklärungsweise ausgedacht werden kann. Dabei haben mich die durch Kunst gefertigten Werke nicht wenig unterstützt *[Atque ad hoc arte facta non parum me adjuverunt];* denn ich finde nur den Unterschied zwischen ihnen und den natürlichen Körpern, daß die Verfertigungen der Kunstgebilde [arte factorum] meistenteils durch so große Instrumente geschieht, daß sie leicht mit den Sinnen wahrgenommen werden können [ut sensu facile percipi possint], – dies ist [ohnehin] erforderlich, damit sie von den Menschen hergestellt werden können; dagegen hängen die natürlichen Wirkungen beinahe immer von gewissen so kleinen Organen ab, daß sie sich allen Sinnen entziehen."[381]

---

ker beschreibt seine Beobachtungspraxis eines Phänomens, dessen Substruktur er nicht sehen kann, aber dessen Mechanismus er doch begreifen will, beispielsweise wie folgt: „Wer es unternimmt, die Naturphänomene zu erklären, ist einem Menschen vergleichbar, der vor eine äußerst komplizierte Maschine geführt wird, der er von außen weder sehen noch überprüfen kann." Hartsoecker, zitiert nach: Jacob (2002), S. 48.

379 „Kein Mensch wird bestreiten, daß es besser ist, nach dem Muster der in den großen Körpern durch unsere Sinne wahrgenommenen Vorgänge über die zu urteilen, die an den kleinen Körpern geschehen, aber wegen ihrer Kleinheit nicht wahrgenommen können, als zur Erklärung dieser neuen Dinge, ich weiß nicht welche, auszudenken, die mit den wahrgenommenen keine Ähnlichkeit haben." (Princ. IV, § 201)

380 Die Automatenmetaphorik findet sich bereits in Aristoteles' *De generatione Animalium* Bl. 734b 9ff, wo der Samen als sich selbst organisierender Automat beschrieben wird: „Es ist aber möglich, daß A zunächst B bewegt und B dann C, ebenso wie bei den wunderbaren Marionetten. Die ruhenden Teile von ihnen sind nämlich irgendwie im Besitz einer Fähigkeit zu einer bestimmten Bewegung, und wenn etwas von außen den ersten Teil von Ihnen in Bewegung setzt, so bewegt sich alsbald der anschließende Teil tatsächlich. So wie nun bei den automatischen Maschinen in gewisser Weise jene äußere Kraft die Teile nicht dadurch bewegt, daß sie irgendeinen Teil berührt, wohl aber dadurch, daß sie früher einen berührt hat, so wirkt in gleicher Weise auch das, von dem der Samen kommt, oder was den Samen gebildet hat, jetzt aber keinen mehr berührt. In gewisser Weise aber tut die in ihm enthaltene Bewegung dies, so wie das Hausbauen das Haus baut."

381 *Principia* IV, S. 203. Es ist somit reichlich verständnislos, bei Descartes in diesem Kontext eine ‚un-

Die Unsichtbarkeit der Mikrowelt ist für Descartes doppelt gegeben. Zum einen gibt es kleine Teilchen, denen man sich mit immer besseren Instrumenten graduell annähern kann, zum andern gibt es aber auch prinzipiell unsichtbare Wirkmechanismen kleinster Teilchen, denen man nur mit Hilfe der Imagination beikommen kann. Zur Erklärung solcher subvisibler Wirkmechanismen im Körper verfiel er auf die Idee, in Analogie zu den Maschinen auch den menschlichen Körper als ein hydraulisches System von Röhren, Federn und anderen Mechanismen darzustellen:

> „Und tatsächlich kann man die Nerven der Maschine, die ich beschreibe, sehr gut mit den Röhren der Maschine bei diesen Fontänen vergleichen, ihre Muskeln und Sehnen mit den verschiedenen Vorrichtungen und Triebwerken, die dazu dienen, sie in Bewegung zu setzen, ihre *spiritus animales* mit dem Wasser, das sie bewegt, wobei das Herz ihre Quelle ist und die Kammern des Gehirns ihre Verteilung bewirken. Weiterhin gleichen die Atmung und andere solche Tätigkeiten, die bei ihr (der Maschine) natürlich und gewöhnlich sind und die vom Laufe der Spiritus abhängen, den Bewegungen einer Uhr oder einer Mühle, die durch den regelmäßigen Wasserfluß unterhalten werden. Die Objekte der Umwelt, die allein durch ihre Anwesenheit auf die Sinnesorgane einwirken und sie (die Maschine) dazu veranlassen, sich auf verschiedene Weise zu bewegen, je nachdem, in welcher Verfassung sich die Teile des Gehirns befinden, sind wie Besucher, die bei ihrem Eintritt in einige Grotten mit diesen Fontainen, ohne daran zu denken, selbst die Bewegungen verursachen, die sich da in ihrer Gegenwart abspielen: denn sie können dort nur über bestimmte Steinfliesen eintreten, die durch ihre Lage verursachen, daß eine badende Diana, der sich die Besucher nähern, sich im Schilf versteckt. Und dringen sie weiter vor, um sie zu verfolgen, dann verursachen sie, daß ein Neptun auf sie zukommt und mit einem Dreizack bedroht.

---

freiwillige wissenschaftliche Phantastik' zu diagnostizieren und Irrtümer zu bemängeln, die sich ergäben aus „Systemzwang oder aus einer Grenzüberschreitung: was als Erklärungsmethode für eine einfache Maschine taugt, muß für Descartes auf für den lebenden Mechanismus richtig sein." G. Scholz, Erfindungsgeist und Bildlichkeit in der neuzeitlichen Wissenschaft, in: *ZÄK* Sonderheft, Hamburg 2002, S. 69-88, hier: S. 76.

Abb. 11) De Caus, Konstruktion des Neptunbrunnens, Hortus Palatinus, 1615.

Oder wenn sie in irgendeine andere Richtung gehen, veranlassen sie, daß dort ein Seeungeheuer hervortritt, das ihnen Wasser ins Gesicht speit, oder ähnliche Dinge, je nach dem Übermut des Technikers, der (die Fontänen) erbaut hat. Und wenn schließlich eine vernunftbegabte Seele in dieser Maschine sein wird, wird sie ihren Hauptsitz im Gehirn haben und dort wie der Fontainenmeister sein, der den Verteiler, an dem alle Röhren dieser Maschinen zusammenkommen, bedienen muß, wenn er in irgendeiner Weise ihre Bewegungen beschleunigen, verhindern oder ändern will.“[382]

Es ist jedoch entscheidend richtig zu verstehen, *wie* Descartes sein Maschinen-‚Modell‘ auf den subvisiblen Bereich überträgt. Fast alle Interpretationen gehen dabei davon aus, daß hier erstens eine Ähnlichkeitsrelation in Gestalt einer Strukturisomerie behauptet werde, und zweitens, daß diese versage, wenn es um die Beschreibung komplexerer Wirkzusammenhänge und Prozesse gehe. Das Automatenmodell könne zwar noch Bewegungsabläufe erhellen, nicht aber Entwicklungen. Körper werden jedoch, wie gleich zu zeigen sein wird, auch nach Descartes nicht zusammengesetzt wie Automaten, sie entstehen und sie verändern sich.[383] Die hier zumeist vorgenommene Unterstellung, daß es eine Strukturisomerie zwischen Automat und Körper gebe, ist daher dramatisch unterkomplex.[384]

---

382 *Über den Menschen*, S. 56. Von hier aus, darauf hat zu Recht Jan Lazardzig in seiner grundlegenden Arbeit *Theatermaschine und Festungsbau: Paradoxien der Wissensproduktion im 17. Jahrhundert* (Berlin 2007), S. 195 , hingewiesen, läßt sich auch eine Brücke zwischen Descartes’ Vorstellungen zwischen den Theaterspektakeln von Automaten in Grotten und den Imaginationsprozessen im Gehirn schlagen, auf die ich, Lazardzigs Vorschlag relativierend, im Unterkapitel: ‚Traumtheater‘ noch eingehen werde. Auch in ders. (2006), S. 182. Descartes hat solche Automaten bereits in seiner Jugend studiert. Vgl. dazu den 1. Teil meiner Arbeit.

383 Descartes’ Beispiele beziehen sich offenbar auf die Automaten, die im Schloßgarten des Winterkönigs in Heidelberg aufgestellt waren. Hinweise auf die antike Automatentradition und auf Montaignes Beschreibung der Gärten von Pratolino im *Journal du voyage de Michel Montaigne en Italie, par la Suisse et l’Allemagne* als wahrscheinliche Quelle für Descartes gibt: van Hoorn (1972), S. 203f. Eine buchstäblich ‚statuarische‘ Lesart von Descartes’ Mensch-Automaten wird dagegen favorisiert von Aurélia Gaillard, *Le corps des statues: le vivant et son simulacre à l’âge classique (de Descartes à Diderot)*, Paris 2003, S. 75-82.

384 Eine originelle Deutung, die das Problem erkennt und eine überraschende Lösung vorschlägt, stammt von E.T. McMullen, The Origin of Descartes’ Mechanical Philosophy, in: *Georgia Journal of Science* 60,2 (2002) S. 127-144. Descartes’ Idee, Organismen als Maschinen zu betrachten, konfligiere mit dem offenkundigen Umstand, daß organische Körper im Unterschied zu Maschinen sich entwickeln und wachsen, sich reproduzieren, sich regenerieren. Warum also der scheinbar unsinnige Vergleich zwischen Lebewesen und Maschinen? McMullin verweist auf Descartes’ militärische Ausbildung, wo er sowohl in das spezifische Ingenieurswesen als auch in eine zunehmend mathematisierte Kriegskunst eingeführt wurde. Eine Erfahrung, die er dabei machte, sei gewesen, daß Soldaten wie Automaten eingesetzt wurden und dies sei womöglich die Inspirationsquelle für den Automatenvergleich. Offenkundig beseitigt McMullins Hinweis nicht die Spannungen zwischen Automatenmodell und Körper. Außerdem hat Descartes selbst auf die Grottenspiele hingewiesen, bei deren Anblick ihm die Idee des Automatenvergleichs gekommen sei, diese entspringt somit einem ästhetischen Kontext. Ein solcher kann zwar bedingt auch für die Kriegskunst geltend gemacht werden, dann aber wäre eher auf Descartes’ verloren gegangenen Fechttraktat zu verweisen, denn solche Traktate basierten ebenfalls auf dem Versuch einer Mathematisierung, genauer: Geometrisierung der Bewegungsabläufe. Der schönste aller Fechttraktate, der berühmte *Trattato di scientia d’arme* des Mathematikers und Philosophen Camillo Agrippa (Rom 1553) zeigt in grandiosen Kupferstichen die geometrischen Figuren, die der Fechter mit seiner Klinge beschreiben soll, – im Anschluß folgt ein philosophischer Dialog. Hier wäre es angemessener zu sagen, es handele sich um die Geburt der Philosophie aus dem Geiste der Fechtkunst. Zur Geschichte der Fechtkunst vgl. man allgemein den vorzüglichen, allerdings im Hinblick auf Descartes’

An einer bekannten Stelle seiner *Principia* hebt Descartes hervor, daß es keinen prinzipiellen Unterschied gebe zwischen Natur und Kunst, da

> „alle Regeln[385] der Mechanik in die Physik gehören, in der Weise, daß all die Dinge, die künstlich sind, auch natürlich sind. Denn es ist beispielsweise für eine Uhr durch ihre Räder, aus denen sie gemacht ist, genauso natürlich die Stunden anzuzeigen, wie es für einen Baum natürlich ist, Früchte zu tragen".[386]

Descartes kassiert den Unterschied zwischen künstlich und natürlich — zu Lasten des Natürlichen, hat man zumeist beklagt, das nun in das Prokrustesbett der Technik gezwungen werde. Man kann jedoch die Optik hier umkehren, und nicht die Baummetapher auf die der Uhr hin, sondern umgekehrt, wie es auch der Text tut, die Metapher der Uhr in Richtung Baummetaphorik lesen. Dies zumal wenn in den *Principia* zuvor und im unmittelbaren Kontext sich Passagen finden, die eine solche Lesart nahelegen. Ist es weniger absurd, zu versuchen, die Uhr nach dem Vorbild des Baumes zu verstehen als umgekehrt? Wird man jedoch nicht mehr nur isoliert einzelne Lieblingsstellen herausgreifen, sondern den Kontext hinzunehmen, dann wird man einige liebgewonnene Vorstellungen darüber, was bei Descartes Mechanismus heißt, preisgeben müssen.[387]

Fechtkunst despektierlichen Band: Sydney Anglo, *The martial arts of Renaissance Europe,* New Haven (2000).

385 Die lateinische Fassung spricht hier von „rationes" (AT VIII, S. 326), die französische von „regles", die deutsche Übersetzung entscheidet sich bezeichnenderweise für „Gesetze" (*Prinzipien*, S. 245), was eine viel strengere Auffassung von Mechanik suggeriert, als sie der Text (an dieser Stelle jedenfalls) hergibt.

386 *Principia* IV, § 203, AT IX, S. 321f. Vgl. auch Descartes' Brief an More 05. 02. 1649: „Deinde quia rationi consentaneum videtur, cum ars sit naturae imitatrix, possintque homines varia fabricare automata, in quibus sine ulla cogitatione est motus, ut natura etiam sua automata, sed arte factis longe praestantiora, nempe bruta omnia, producat." AT V, S. 277. „Dann, weil die Kunst eine Nachahmerin der Natur ist, und die Menschen verschiedene Automaten herzustellen imstande sind, in denen es Bewegung ohne jedes Denken gibt, scheint es in Übereinstimmung mit der Vernunft zu sein, daß auch die Natur ihre Automaten produziert, die um Längen denen der Kunst überlegen sind: die Tiere eben."

387 Gisela Loeck, *Der Cartesische Materialismus, Maschine, Gesetz und Simulation. Eine Studie der Intensionalen Ontologie der Naturwissenschaft*, Frankfurt 1986, hat ohne jedes Echo schon vor Jahren moniert, daß „Mechanismus" als schillernder Begriff in der Descartes-Literatur oft eingesetzt wird, ohne den Begriff selbst zu befragen. Margaret Dauler Wilson (*Descartes*, London 1978, S. 99, 183, 186) spreche z.B. von „mechanistischen Erklärungen", aber auch von „mechanistischen Begründungen" und „mechanistischen Modellen", wobei zum einen (1) einfach allgemein „scientific explanations" gemeint sind, zum anderen (2) aber spezifischere Erklärungen, die mit der Mechanik, also einem Teilgebiet der Physik zusammenhängen. In der Tat werde ich in der Folge zeigen, daß erstens die Rede von mechanistischen Modellen gerade mit Descartes' Gebrauch von mechanistischen Erklärungen in Konflikt gerät und zweitens die Einschränkung auf nur ein Teilgebiet der Physik für Descartes' Naturphilosophie gerade nicht gilt. Bei Anthony Kenny (*Descartes*, New York 1968, S. 203) wird der Mechanismusbegriff sogar noch enger gefaßt, und gar die Standardanalogie der Welt als Uhr als nicht mechanistisch zurückgewiesen: Descartes' „Mechanism ist he theory that all natural phenomena can be explained by the motion of geometrical matter. It is not just a matter of seeing everything as clockwork; even the simplest clock, as naturally explained, is not a mechanistic system, since it involves the action of weight, and weight is neither motion nor a geometrical property of matter. The essence of matter of Descartes, we must recall, is simply extension." Nach diesem rigiden Verständnis müßten die meisten von Descartes' als mechanistisch qualifizierten Inferenzen, insbesondere alle jene in physiologischen Erklärungen, wie etwa bei der Gärung (AT 11, S. 228 u. AT 8, S. 256f.), aus seiner Philosophie eskamotiert werden.

2.3) Weisen der Welterzeugung (1): Perspektivenwechsel, Projektion, Analogie und Deduktion

Wie mechanisch ist Descartes' „mechanistische Philosophie"? Was geschieht, wenn man nicht nur die Physik, sondern auch die Biologie und die Meteorologie, die ihrerseits nach Descartes' Anspruch mechanistisch erklärt werden sollen, mit einbezieht? Descartes' Gebrauch von Analogien *auf der Vorstellungsebene* geht hier weiter, insbesondere wenn er seine kosmische Wirbeltheorie auf andere Bereiche überträgt und dort überall Entsprechungen behauptet. Das kühnste und phantastischste Exempel dafür ist seine Embryologie.[388] Es ist schwer von der Hand zu weisen, daß die Darstellungen von Embryologie und Kosmologie von denselben Leitvorstellungen beherrscht werden, nämlich der des Wirbels und der Gärung, und daß bei beiden der Aufbau *mechanistisch* aus den gleichen Verteilungsprinzipien, Gestalten und Disposition der jeweiligen Materieteilchen erklärt werden soll.

Die Parallelen wurden gelegentlich in der Forschung registriert, am ausführlichsten bei Carter,[389] dann bei Roger, Rothschuh, und Fuchs[390], jedoch von Des Chene bestritten, und von Bitbol-Hesperies wie auch von Gaukroger,[391] die Carters Interpretation nicht einmal erwähnen, ignoriert. Carter zieht weitgehende Parallelen, wobei er zu übertreiben scheint, wenn er für Descartes' Theorie die Annahme exakter Entsprechungen zwischen der Anzahl

---

388 Descartes' Embryologie findet sich in *Description de corps humain, Primae cogitationes circa generationem Animalum* und den *Excerpta Anatomica,* AT XI, S. 505ff. Descartes Kosmologie, die natürlich als solche auch Wissenschaftshistorikern phantastisch genug erscheint, wurde primär im Hinblick auf den Fortschritt hin rezipiert, den das mechanistische Erklärungsmodell gebracht hat. Dieses Modell ließ sich auf seine allgemeinen Prinzipien reduziert im Bereich der Kosmologie bis zu einer gewissen Grenze plausibel anwenden, im organischen Bereich war es indes weniger erfolgreich. De facto hat man in der Rezeptionsgeschichte Descartes' Embryologie von der Kosmologie getrennt. Man kennt sie daher entweder nicht, oder weiß sie als historischen Sondermüll gut deponiert und gesichert in der Descartesgesamtausgabe, welche einige der einschlägigen Texte nur auf latein enthält. Mir geht es nicht darum, Descartes' Embryologie zu neuen Ehren zu bringen, indem ich sie etwa als raffinierter konzipiert als bislang gedacht darstelle, sondern mich interessieren Art und Status der Beziehungen, die zwischen embryologischen und kosmologischen ‚Modellen' von Descartes bestehen. Just für diese Relationen, so mein Verdacht, ist die Rolle der Einbildungskraft zentral. In einer internalistischen Rekonstruktion des mechanistischen Kosmos-‚Modells' läßt sich die Rolle der Einbildungskraft zu einer bloßen Hilfsfunktion marginalisieren. Untersucht man aber die Beziehungen zwischen verschiedenen ‚Modellen' geht dies nicht mehr. Mit einem engen Verständnis der mechanistischen Philosophie muß man das cartesische Projekt, auch den organischen Bereich kausalmechanisch zu erklären, als absurd und gescheitert belächeln. Historisch wie systematisch lohnender erscheint mir, sich der Fremdheit und ästhetischen Vielfalt von Descartes Bildwelten und Bilddeduktionen zu stellen, ihren Erklärungsanspruch zur Kenntnis zu nehmen und dabei das eigene Verständnis darüber, was ‚mechanistisch' ist in der ‚mechanistischen Philosophie', grundlegend zu ändern.

389 R.B. Carter, *Descartes' medical philosophy: the organic solution to the mind-body problem*, Baltimore 1983; ders.: Descartes' Bio-physics, in: Moyal (1991), S. 195-219.

390 T. Fuchs, *Die Mechanisierung des Herzens. Harvey und Descartes – der vitale und der mechanische Aspekt des Kreislaufs*, Frankfurt 1992; Karl Rothschuh, Descartes erklärt die Bildung des Foetus, in: Gerrit A. Lindeboom (Hrsg.), *Circa tiliam: studia historiae medicinae Gerrit Arie Lindeboom, septuagenario oblata*, Leiden 1974, S. 278-291.

391 A. Bitbol-Hespériès, *Le Principe de vie chez Descartes*, Paris 1990; dies., Cartesian physiology. Descartes Natural Philosophy, in: Gaukroger – Sutton (2000), S. 349-382; S. Gaukroger, Towards a deteleologized Physiology: Descartes on Embryology and Perceptual Cognition, in: *La Lettre de la Maison Francaise* 13 (2001), S. 39-52; ders., *Descartes' system of natural philosophy*, Cambridge 2002.

der einzelnen Planetenformationen und der Ausbildung der Organe behauptet.[392] Solche Analogien, etwa wenn das Gehirn mit Merkur, Herz und Lungen mit der Sonne und die Genitalien mit der Venus parallelisiert werden, laden sich zwangsläufig mit symbolischen Bedeutungen.[393] Die Parallelen sind von Descartes jedoch nur funktional gemeint, d.h. es kommt ihm darauf an, das Formationsprinzip zu explizieren; wie dann die Reihenfolge im Einzelnen abläuft, darüber läßt sich nach Descartes streiten, denn das kann erst die empirische Überprüfung erhellen. Er selbst ändert hier auch immer wieder die Abfolgen, etwa wenn er in *De l'homme* zuerst das Herz entstehen läßt, das sich in den *Primae Cogitationes circa De Generationem Animalium* erst als drittes Organ ausbilden soll.[394] Diese Änderung nimmt er nicht aufgrund eines Gleichschaltungswunsches mit der Planetenfolge vor, sondern weil er dies bei eigenen Beobachtungsreihen, die in seinen *Excerpta anatomica* dokumentiert sind,[395] in klassisch aristotelischer Manier anhand der sukzessiven Sektion von Hühnereiern festgestellt hatte.[396]

Allein die Komposition der Descartes-Schriften weist bereits auf analogische Bezüge zwischen unterschiedlichen Gegenstandsbereichen, jedenfalls wenn nicht Editoren sie planvoll zerstört haben: *Le Monde*, Descartes' kosmologischer Traktat und *De l'homme* sollten gemeinsam innerhalb eines Bandes publiziert werden. Sie haben eine ähnliche Grundstruktur: Untersucht werden soll zuerst hypothetisch der Aufbau einer fiktiven Welt, dann in Analogie dazu der Aufbau eines fiktiven Menschen. Diese fiktiven Konstruktionen, die Weltmaschine und die Menschmaschine, können dann mit der empirischen Welt verglichen werden. Descartes verweist am Ende des 13. Kapitels von *Le Monde* selbst darauf, daß die fiktive Genesis der Welt auch einen fiktiven Menschen benötigt, dessen Auge so beschaffen sein muß, daß er die Welt in analoger Weise sieht, wie wir die unsere. Davon wolle er aber erst später handeln, das heißt, die Darlegung der Kosmogonie sei an dieser Stelle noch nicht

---

392 Dennoch vermag ich Des Chenes (2001) pauschale Zurückweisung von Carters Postulaten nicht zuzustimmen. Des Chenes Interpretation verdankt sich einer rein ideengeschichtlich ausgerichteten Interpretationsweise, die sich auf die Fortwirkungen der aristotelischen *Metaphysik* innerhalb der Biologiegeschichte versteift hat und deshalb dazu neigt, andere Kontexte auszublenden. Dies gilt insbesondere für die biologischen Schriften des Aristoteles, aber auch für platonisierende Denkfiguren, etwa von Analogien bei der Ausbildung von Erklärungssystemen, die sich wie bei vielen seiner Zeitgenossen auch bei Descartes finden, aber auch für Begriffskonstellationen innerhalb des cartesischen Werks sowie seiner zeitgenössischen Diskussionspartner. Des Chene wendet im Einzelnen gegen Carter ein, daß er unzulängliche Belegstellen heranziehe (S. 43ff.). Carters umfangreiche Arbeit basiert aber keineswegs auf diesen 3 Stellen, sondern auf dem Aufweis von Parallelen zwischen Kosmologie und Embryologie, und die dafür angezogenen Stellen werden von Des Chene meist nicht diskutiert. Des Chene behauptet, Descartes hinge einer Präfigurationstheorie an und es gebe bei ihm so etwas wie ein „Ur-animal" und „Ur-planet" (S. 46f.) und der Dispositionsbegriff wird teleologisch interpretiert. Die Nicht-Zielgerichtetheit der chaotischen Ausgangsmaterie ist jedoch entscheidend für Descartes' Theorie.

393 Carter (1983), S. 192-212.

394 Descartes, *Über den Menschen*, S. 165 und *Primae Cogitationes circa De Generationem Animalium.*

395 Vgl. *Excerpta Anatomica*, AT XI, S. 620: „Quantum notare potui ex dissectione pullorum plus quam triginta omnis aetatis, quos ex ovis eduxi: Die 2da, incipit aliquid apparere, hoc est cor: est formatum, & sanguinem versus superficiem tam albuminis quam vitteli mittit. 3tia die, caput & spina dorsi ad extremitatem pterygii usque formata sunt. 5ta die, cor optime videtur puliare" usf.

396 Das ist ein weiterer Hinweis auf die immense Rolle, die Beobachtung und Erfahrung bei Descartes spielen. Die Versuchsreihen waren von Fabricius' *De formatione ovi, et pulli,* Padua 1625, angeregt. Vgl. Brief an Mersenne vom 02. 11. 1646 (AT IV, S. 555).

vollendet, sondern sie verlange einen weiteren Discours, einen Discours über einen fiktiven Menschen.[397] Die *Principia* wiederum enden zwar mit ihrem 4. Teil, doch es waren weitere vorgesehen, die die Entstehung des Menschen analog zu den vorherigen Teilen explizieren sollten.

In den *Principia* wird explizit auf die Gleichheit der Entstehungsvorgänge hingewiesen. Im Paragraph 45 des dritten Teils der *Principia* kündigt Descartes wieder einmal an, er wolle nun „sogar zur besseren Erklärung der Naturgegenstände in der Aufsuchung ihrer Ursachen höher hinaufgehen, als das nach meiner Ansicht eigentlich nötig ist."[398] Wie auch im Frühwerk gibt es hier den Schritt über den normalen Gang der Darlegung hinaus zu letzten Zusammenhängen und hier findet sich in nuce jene öfters seitens der Forschung geleugnete Analogiebildung zwischen Kosmologie und Embryologie.

> „Unzweifelhaft ist die Welt von Anfang an in aller Vollkommenheit geschaffen worden, so daß in ihr die Sonne, die Erde, der Mond und Sterne existiert haben, und daß es auf der Erde nicht bloß Samen und Pflanzen, sondern diese selbst gab, und auch Adam und Eva nicht als Kinder geboren, sondern als erwachsene Menschen geschaffen worden sind. Dies lehrt uns die christliche Religion und auch die natürliche Vernunft [...] Allein dennoch ist es zur Erkenntnis der Natur der Pflanzen und Menschen viel besser, zu untersuchen, wie *Kinder nach und nach in den Bäuchen der Mütter sich ausformen und Pflanzen aus ihren Samen entstehen, als sie nur so zu betrachten*, wie sie Gott geschaffen hat. Können wir daher gewisse Prinzipien entdecken, die einfach und leicht faßbar sind, uns aus denen, wie aus den Samen, die Gestirne und die Erde und alles, was wir in der sichtbaren Welt antreffen, abgeleitet werden kann, wenn wir auch wissen, daß sie so nicht entstanden sind, so werden wir doch auf diese Weise ihre Natur weit besser erklären, als wenn wir sie nur so, wie sie jetzt sind, beschreiben."[399]

---

397 „Man muß also wissen, daß die Menschen dieser neuen Welt von solcher Natur sind, daß , werden ihre Augen angestoßen, sie davon eine Empfindung haben, die derjenigen, die wir vom Licht haben, entspricht, so wie ich weiter unten ausführlicher darlegen werde." (*Le Monde*, S. 113, AT XI, S. 97). Vgl. auch: „Von dieser Beschreibung der leblosen Körper und Pflanzen ging ich zu den Tieren, insbesondere zum Menschen über. Da meine Kenntnisse hier aber nicht hinreichten, um in der bisherigen Weise darüber sprechen zu können, d.h. um die Wirkungen aus den Ursachen abzuleiten, und aus welchen Samen die Natur sie hervorbringt, so begnügte ich mich mit der Annahme, daß Gott den menschlichen Körper in seiner äußeren Gestalt, wie in der Bildung seiner inneren Organe ganz dem unsrigen ähnlich aus dem von mir beschriebenen Stoffe geschaffen habe, und daß er anfänglich keine vernünftige Seele noch sonst etwas von einer lebenden und empfindenden Seele in ihn gelegt, sondern in seinem Herzen nur eines von den Feuern ohne Licht entzündet habe, das ich eben erwähnt habe, und das ich mir von gleicher Art vorstellte, wie es bei der Erhitzung des Heues sich zeigt, sobald dieses feucht zusammengepackt wird, oder bei der Erhitzung des jungen Weines, wenn man ihn mit den Schalen gähren lässt. Denn bei Prüfung der daraus in dem Körper hervorgehenden Verrichtungen fand ich genau dieselben wie bei uns, ohne daß wir daran denken, und ohne daß unsere Seele, als der von dem Körper unterschiedene Teil, dessen Natur nach dort Obigen nur in dem Denken besteht, etwas dazu beiträgt." Descartes, *Discours*, S. 54.

398 In der französischen Edition der *Principes* streicht Descartes durch einen zusätzlichen Eingangssatz zu diesem Paragraphen dessen Wichtigkeit noch mehr heraus: „Et tant s'en faut que je vueille qu'on croye toutes les choses que j'ecriray, que mesme je pretens en proposer icy unes que je croy absolument estre fausses."AT IX, § 123.

399 *Principia* III, § 45. Der kursiv hervorgehobene Passus stammt aus der französischen Fassung. Sie präzisiert die knappere frühere lateinische Version, die übersetzt lautet: „die allmähliche Entstehung aus den Samen zu untersuchen".

Mindestens zwei Punkte sind hierbei hervorzuheben. Erstens der Vollzug eines Perspektivenwechsel auf genetische Erklärungen von Naturphänomenen, zweitens die dadurch entstehenden Analogien zwischen Kosmogonie und Embryologie.

Mit dem Perspektivenwechsel innerhalb der Naturphilosophie jedoch ist die Schwäche des eigenen Automaten-Vergleichs eingestanden: Die Automatenmetaphorik operiert mit der Analogie zu bereits erwachsenen Menschen. Der Strukturvergleich ist lediglich der Ausgangspunkt:

> „Nous commencerons par ceux qui sont les plus généraux, et dont tous les autres dependent: à scavoir, par l'admirable structure de ces mondes visible."[400]

Die Erklärungskraft dieses ‚Modells' reicht somit nur bis zu dem Punkt, an dem auch die Genese in die Erklärung miteinbezogen werden muß. Descartes bestreitet hier jedoch keineswegs, daß Gott nicht die Entstehung der Erde und des Menschen leiten kann; die Frage danach fällt nur nicht in das Ressort der Naturphilosophie.

Bereits im *Discours* hatte Descartes erklärt, „die Natur sei leichter zu begreifen, wenn man sie allmählich entstehen sieht, als wenn man sie als fertiges Werk betrachtet."[401] Nun wechselt Descartes also die Perspektive, wobei er aufpassen muß, diese genetische Beschreibung erstens ohne die Annahme einer Zielgerichtetheit vorzunehmen, und zweitens, *die erschlossene Genese nicht für die wirkliche Genese zu halten.* Doch auch diese Erklärung nennt er Deduktion, mit ihr gelingt immerhin eine pragmatische bzw. hypothetische Erklärung von Naturphänomenen.[402] Was in der sichtbaren Struktur des „wunderbaren Kunstwerks" des menschlichen Körpers erscheint, dient ihm zur Projektion möglichst einfa-

---

400 Descartes, *Principes* III, § 1, AT IX, S. 103; „admirable" ist erläuternder Zusatz Descartes' in der französischen Ausgabe.

401 Descartes, *Discours* AT VI, S. 46. Im *Gespräch mit Burman* wird ebenfalls der erkenntnistheoretische Perspektivenwechsel anhand von Descartes' hier sogenannter ‚Abhandlung über Lebewesen' [= *Beschreibung des menschlichen Körpers*] festgestellt: „Denn obwohl es ihm nur um eine Funktionsbeschreibung des Lebewesens zu tun war, sah er ein, daß er dazu kaum imstande sei, ohne die Ausbildung des Lebewesens seiner Entstehungsweise nach zu erklären [animalis conformationem ab ovo explicare]". Descartes, *Gespräch mit Burman,* S. 88f. In einem späten Brief an Elisabeth vom 25. 01. 1648 erklärte Descartes, er hoffe, eine Schrift mit der „Beschreibung der Funktionen des Tieres und des Menschen" zu beenden. Während er daran arbeitet habe er es „sogar gewagt [...] dabei die Art und Weise erklären zu wollen, auf die das Tier von Beginn seiner Entstehung ab gebildet wird [dont se forme l'animal dés les commencent de son origine]. Ich sage das Tier im Allgemeinen; denn für den Menschen im Besonderen würde ich die Unternehmung mangels genügender diesbezüglicher Erfahrung nicht wagen." *Briefe*, S. 408, AT V, S. 112.

402 Vgl. Descartes, *Prinzipien* IV, § 204: „Wenn man auch vielleicht auf diese Weise erkennt, wie alle Naturkörper haben entstehen können, so darf man daraus doch nicht folgern, daß sie wirklich so gemacht worden sind. Denn derselbe Künstler kann zwei Uhren fertigen, die beide die Stunden gleich gut anzeigen und äußerlich ganz sich gleichen, aber innerlich doch aus sehr verschiedenen Verbindungen der Räder bestehen, und so hat unzweifelhaft auch der höchste Werkmeister alles Sichtbare auf mehrere verschiedene Weise hervorbringen können. Ich gebe diese Wahrheit bereitwilligst zu, und ich bin zufrieden, wenn nur das, was ich geschrieben habe, derart ist, daß es mit allen Erscheinungen der Natur genau übereinstimmt. Dies wird auch für die Zwecke des Lebens genügen, weil sowohl die Medizin und Mechanik, wie alle anderen Künste, welche der Hilfe der Physik bedürfen, nur das Sichtbare und deshalb zu den Naturerscheinungen Gehörige zu ihrem Ziele haben. Und damit Niemand glaube, daß Aristoteles mehr geleistet habe oder habe leisten wollen, so erklärt derselbe im I. Buche seiner Meteorologie im Eingang des 7. Kapitels ausdrücklich, daß er über das den Sinnen nicht Wahrnehmbare glaube genügende Gründe und Beweise beizubringen, sobald er nur zeige, daß das Wahrnehmbare nach seinen Voraussetzungen so hätte entstehen können.

cher Annahmen über die Verfaßtheit der nicht sichtbaren Mikrowelt.[403] *Das Maschinen-Modell dient somit nur als eine Art Sprungbrett.* Mit ihm wird eine erste Ausgangshypothese formuliert, an der zu lange festzuhalten jedoch schädlich ist. Für Modelle gilt, was Descartes in bezug auf die Funktionsweise von Bildern und Worten immer wieder betont hat, daß es bei ihnen gerade nicht auf die Ähnlichkeitsrelation ankomme. Automaten-Modelle, Bilder und Worte sind Zeichen, die auf Konventionen beruhen. Man muß sie decodieren.[404]

2.3.1) Himmels-Körper und menschliche Körper im Fluß. Analogien zwischen Kosmogonie und Embryologie

Daher gilt es nun, ‚gewisse Prinzipien zu entdecken', aus denen alles andere *hypothetisch* ‚abgeleitet' werden kann, und Descartes macht sich sogleich daran, diese zu explizieren. Wie müssen wir uns das vorstellen? Descartes nimmt an, daß am Anfang die Welt aus gleichen Teilchen bestand, die in Bewegung gesetzt wurden, Wirbel ausbilden, in deren Zentrum sich flüssige Körper bilden.[405]

Alles ist im Fluß, der Kosmos, die flüssigen Himmel, ein einziger Materiestrom. Statische Elemente und alle Strukturen sind nur transitorische Stationen innerhalb eines permanenten universellen Fließgeschehens. In diesem hydrodynamischen Modell der Kosmogonie wird die weitere Ausbildung des Kosmos erläutert mit Hilfe einer Verbindung von Teilchen-Kombinatorik und Mechanismus. Aus dem hypothetisch angenommenen einheitlichen Ausgangsmaterial werden die sich durch Anwendung mechanistischer Gesetze ergebenden Kombinationsmöglichkeiten der Teilchen durchgespielt, um so zu einer vollständigen Übersicht aller denkbaren Gestaltungen zu gelangen.[406] Zuerst haben wir also einheitliche Teil-

---

403 „Schließlich, was den Rest der Dinge angeht, die ich vorausgesetzt habe und die durch keinen Sinn wahrgenommen werden können, so sind sie alle so einfach und so allgemein, und dabei nur in so kleiner Zahl vorausgesetzt, daß wenn man sie aus der verschiedenen Zusammensetzung und dem wunderbaren Kunstwerk *[merveilleux artifice]* vergleicht, das in der Struktur der sichtbaren Organe erscheint, man viel mehr Anlaß hätte, zu denken, daß ich einige von ihnen, die sich in uns befinden, ausgelassen habe, als daß ich eines vorausgesetzt habe, das nicht in uns ist." *Über den Menschen*, S. 134, AT XI, S. 201.

404 Vgl. *Le Monde*, Kap. 1; *Dioptrik,* Kap. 4.

405 „Wir wollen deshalb annehmen, daß der ganze Stoff, aus dem die sichtbare Welt besteht, im Anfange von Gott in möglichst gleiche Teilchen von mittlerer Größe geteilt worden...daß sie alle zusammen soviel Bewegung in sich gehabt haben, als jetzt in der Welt besteht, und daß sie gleiche Bewegung gehabt haben, sowohl die einzelnen um ihre eigenen Mittelpunkte und von einander getrennt, so daß sie den flüssigen Körper bildeten, wie wir den Himmel vorstellen", *Principia* III, § 46.

406 „Ich glaube auch nicht, daß man einfachere, verständlichere und wahrscheinlichere Prinzipien der Dinge wird ausdenken können. Denn wenn auch vielleicht aus einem Chaos nach denselben Naturgesetzen die jetzt vorhandene Ordnung abgeleitet werden könnte, wie ich dies darzulegen früher unternommen hatte, so scheint doch eine solche Verwirrung mit Gottes, des Weltschöpfers, höchster Vollkommenheit weniger zu stimmen, als das Maß, und die Ordnung und das Chaos kann auch nicht so deutlich von uns erkannt werden. Kein Verhältnis und keine Ordnung sind aber einfacher und verständlicher als die, welche überall aus der Gleichheit bestehen. Deshalb nehme ich hier an, daß alle Teilchen des Stoffes im Anfange sowohl nach Größe als nach Bewegung einander gleich gewesen sind [...] Es ist auch gleichgültig, mit was der Anfang gemacht wird, da es doch später nach den Naturgesetzen verändert wird. Es wird allerdings auch eine andere Annahme möglich sein, aus der dieselben Wirkungen (obgleich vielleicht künstlicher) durch dieselben Naturgesetze abgeleitet werden können; denn mit ihrer Hülfe wird der Stoff alle Gestalten, deren er fähig ist,

chen anzunehmen, die keine Kugelgestalt haben können, da es sonst Lücken im Raum geben würde, und die Annahme, daß diese Teilchen sich bewegen. Nichts weiter wird nach Descartes erfordert, um die gesamte Entstehung der Welt ableiten zu können. Descartes' Konzeption ist anti-atomistisch, insofern sie keine unveränderlichen Teilchen als Mikrobausteine postuliert, sondern in ihr die Teilchen grundsätzlich als teilbar und veränderbar gelten. Die Teilchen der Ursprungsmaterie bewegen sich nicht von sich aus, sondern es muß angenommen werden, daß sie bei ihrer Erschaffung von Gott in Bewegung versetzt wurden. Die Unterschiede zwischen den Teilchen resultieren folglich einzig aus einem einzigen einheitlichen Prinzip, dem der Bewegung. Es gibt schnellere und langsamer sich bewegende Teilchen. Die in Bewegung sich befindenden Teilchen stoßen gegeneinander, zersplittern in verschiedene Formen, wetzen einander ab, zerreiben sich wechselseitig. So entstehen die verschiedenen Elemente. Kleine, sehr feine und ungeheuer schnelle, flexible Feuerteilchen, die sich so heftig bewegen, daß sie in jeden Zwischenraum eindringen. Sie sind der Sonnenstoff, die alles durchdringende Flüssigkeit der Welt; es entstehen Luftteilchen, die etwas langsamer, größer, starrer und von nahezu runder Form sind, sie sind der Himmelsstoff. Feste Erdteilchen bilden sich, die schwer beweglich und schraubenförmig sind, weshalb sie sich untereinander fest verhaken können und Stoff für die Planeten sind. Wenn alle Teilchen in Bewegung sind, können sie dies nicht in geradlinigen Bahnen tun, da es ja keinen leeren Raum gibt. Sie bewegen sich folglich kreisförmig und bilden unzählige Materiestrudel, Wirbel aus feiner Himmelsmaterie. Aus ihnen bilden sich die Himmel. Descartes verabschiedet hier ohne viel Federlesens die alte Vorstellung eines (einzigen) Himmelgewölbes. Im Zentrum der Wirbel befinden sich die schnellsten und leichtesten Teilchen, sie verdichten sich durch die Rotation, und es bilden sich die Fixsterne und die Sonnen. Um diese Sonnen herum drehen sich die Teilchen je nach ihrer Größe und Geschwindigkeit in verschiedenen Abständen vom Rotationsmittelpunkt. Die schweren Erdteilchen schließen sich zu Planeten und Kometen zusammen. Beides sind gleichsam verkümmerte Sonnen, da sie ihren Wirbel nicht selbst aufrechterhalten können. Die Planeten schwimmen lediglich in der Himmelsströmung der mittleren und feineren Materie, von der sie eingefangen, eingebettet und mitgerissen werden. Durch die durch den inneren Wirbel entstehenden zentrifugalen Kräfte werden die Planeten ganz nach außen getrieben. So reisen die Planeten an den Rändern der Himmel auf entfernten Bahnen. Die noch schwereren Kometen können sogar aus ihrem Himmel hinaus- und in den benachbarten hineingeschleudert werden. Planeten, die nah zum Zentrum kreisen, bewegen sich schneller, da der dortige Materiestrom schneller fließt und sie mitreißt. Doch die Planeten bewegen sich langsamer als der sie umgebende Materiestrom, wie langsame Schiffe auf einem schnelleren Fluß. Durch diesen Geschwindigkeitsunterschied rotieren die Planeten um ihre eigene Achse, und bilden einen eigenen Wirbel aus, durch den sie wiederum kleinere Planeten, wenn sie zufällig auf diese treffen, einfangen und zu ihrem Mond machen.

---

nach und nach annehmen, und wenn wir diese Gestalten der Reihe nach betrachten, werden wir endlich zu der gelangen, welche die der jetzigen Welt ist [...] so bedenke man, daß die Teilchen, in die der ganze Stoff der Welt im Anfange geteilt angenommen worden, damals Kugelgestalt nicht gehabt haben können, weil mehrere Kugeln nebeneinander den Raum nicht ausfüllen. Welcher Gestalt sie aber auch gewesen sind, so mußten sie doch im Laufe der Zeit rund werden, da sie mannigfache in sich zurücklaufende Bewegungen hatten"; *Principia* III, § 47f.

In diesem hydrodynamischen Modell der Kosmogonie sind die Unterschiede der Teilchen zunächst nur phoronomisch bedingt, *die vor Descartes häufig gestellte Frage nach der ursprünglichen und wahren Gestalt der Teilchen ist ihm daher gleichgültig.* Sein Interesse ist fokussiert auf das, was nach dem ersten Schöpfungsakt sich ereignet haben müßte. Auch die Wärme- und Kältegrade resultieren aus der Drehgeschwindigkeit. In den Wirbelzentren der Sonnenteilchen entsteht Hitze, die über das Licht auf die entfernter fließenden größeren Teilchen als Antriebskraft einwirkt. Wärme und Feuer des Lichtes bedingen Transformationsprozesse, so wie Holz verbrennt und sich dabei in feine Luft und Rauchteilchen und gröbere Ascheteilchen trennt. Aus den Kombinationen der verschiedenen Teilchenarten entstehen vielfältige Gestalten, die nach Descartes sich in drei Hauptarten gruppieren lassen. Teilchen, die baumartig verästelt sind, gleichsam Arme haben, so daß sie sich leicht verhaken. Grobe, vieleckige Teilchen und längliche, glatte in der Form von Stäben. Einzig die Gestalt der Teilchen disponiert diese also zu bestimmten Verbindungen. Descartes nimmt somit keine mathematischen Deduktionen vor, sondern bildet Ketten von imaginativ erzeugten Bildern, deren Zusammenhang intuitiv eingesehen wird. Deduktionen ergeben sich bei Descartes eher über deiktische Bezüge zwischen intuitiv erfaßten Bildern oder zwischen imaginierten Elementarformen. Wie genau dies erfolgt, werde ich in den späteren Kapiteln noch *en detail* zu rekonstruieren versuchen.

In diesem Zusammenhang interessiert zunächst Descartes' Behauptung, daß ausgehend von diesen kosmogonischen Hypothesen auch die menschliche Entstehung plausibel *deduziert* werden könne. Auch hierbei warnt er wieder explizit, daß man nicht von der fertigen Gestalt als Modell ausgehen solle, da dies das Verständnis behindere, sondern die genetische Betrachtung vorziehen soll:

> „Damit schließlich die Kenntnis, die man von der Gestalt bereits fertig gebildeter Lebewesen hat, nicht daran hindert, die Gestalt, die sie beim Beginn der Bildung haben, zu begreifen, muß man den Samen als eine einzige Masse auffassen. Aus ihr hat sich zuerst das Herz gebildet."[407]

Ausgangspunkt ist wieder eine einheitliche flüssige Materiemasse[408], aus der Descartes alle weiteren Entwicklungsvorgänge ‚deduzieren' will. Vorstellungen einer Reproduzierbarkeit qua DNA präludieren in seiner Konzeption:

> „Würde man alle Teile der Samenmasse irgendeiner Art von Lebewesen im einzelnen genau kennen, z.B. vom Menschen, dann könnte man allein daraus und aufgrund rein mathematischer und sicherer Gründe die gesamte Gestalt und den Aufbau eines jeden einzelnen Körperteils ableiten, wie man auch umgekehrt, wenn man einige Einzelheiten dieses Aufbaus kennt, daraus die Art des Samens ableiten kann."[409]

Aus den Samen könnten auch die Gestirne und die Erde und alle sichtbaren Phänomene abgeleitet werden, selbst jene, von denen wir wissen, daß sie anders entstanden sind, könn-

---

407 Descartes, *Beschreibung des menschlichen Körpers*, S. 173.

408 Vgl.: „Damit schließlich die Kenntnis, die man von der Gestalt bereits fertig gebildeter Lebewesen hat, nicht daran hindert, die Gestalt, die sie beim Beginn der Bildung haben, zu begreifen, muß man den Samen als eine einzige Masse auffassen. Aus ihr hat sich zuerst das Herz gebildet" (*Beschreibung des menschlichen Körpers*, S. 173.)

409 *Beschreibung des menschlichen Körpers*, S. 183.

ten auf diese Weise in ihrer Natur weit besser erklärt und beschrieben werden.[410] Bei der Explikation des aus den Partikeln des Samens entstehenden Organismus' sowie bei der Darstellung der Bewegungstendenzen der Materieteilchen verwendet Descartes nahezu die gleichen Formulierungen und Erklärungen, mit denen er in den *Principia* und in *Les Météores* die Entstehung kosmischer Phänomene aus der Gestalt der einzelnen Partikeln und deren Wirbelanordnung erläutert.[411] Er verweist selbst auch auf diesen Bezug.[412] Durch die Verschmelzung von Samenflüssigkeiten entstehe eine fermentive Anfangsreaktion, eine Art Gärung und somit wieder Hitze als Antriebskraft, welche die Teilchen früh zum Kreisen bringt.[413] Gärung wird somit auch als mechanischer Vorgang begriffen. Die Vorstellung der Gärung bildet in Descartes' Biotechnik das dynamische Leitprinzip, welches an die Seite des Formierungsprinzips des Wirbel tritt. Es wird bezeichnenderweise per Analogie erschlossen:

> „Denn so wie man sieht, daß der Sauerteig den frischen aufquellen läßt und der Bierschaum genügt, um das als Gärungsstoff für anderes Bier zu dienen: so läßt sich leicht glauben, daß die Samen der beiden Geschlechter einander als Keim dienen, indem sie sich miteinander vermischen."[414]

Zum „genauen Verständnis" müsse der Leser zudem

> „beachten, daß sich die Teile aller Körper die leben und durch Nahrung unterhalten werden, d.h. aller Lebewesen und Pflanzen, unaufhörlich auswechseln; daher gibt es keinen anderen Unterschied zwischen den sogenannten *Fluida*, wie das Blut, Flüssigkeiten, Spiritus, und den sogenannten *Solida,* wie Knochen, Fleisch, Nerven, Haut, als den, daß sich jedes Teilchen der letzteren sehr viel langsamer bewegt als die Teilchen von jenen."[415]

Tiere und Pflanzen unterscheiden sich somit nur nach der Disposition und Fixiertheit ihrer Teile. Pflanzen seien festgelegter.

> „Es genügt zu sagen, daß der Samen der Pflanzen, der ja hart und fest ist, seine Teile auf eine Art angeordnet und plaziert haben kann, die nicht geändert werden darf, ohne daß dies sie unwirksam macht; aber mit den Samen der Tiere ist es nicht das Gleiche. Er ist sehr flüssig und wird normalerweise durch die Vereinigung der beiden Geschlechter erzeugt. Er scheint nur eine zusammengegossene Mischung zweier Flüssigkeiten zu sein, wobei die eine der anderen als Gärungsmittel dient." [416]

Fünf verschiedene Arten von Teilchen, die zunächst eine einheitliche Samenmasse bilden, separieren sich und ergeben fünf verschiedene Sinne, da sie durch ihre unterschiedliche Gestalt von ihrer Umgebung gezwungen werden, verschiedene Wege einzuschlagen. Die Gestalt der Teilchen bringt sie in eine bestimmte Lage. Gestalt und Disposition bestimmen

410 *Principia* III, AT VIII, S. 99f.

411 *Beschreibung des menschlichen Körpers,* S. 166, vgl. *Principia* (ebd.) III, § 45, 54, 69, 120, IV § 26, 29-31, 38, 98.

412 *Beschreibung des menschlichen Körpers,* S. 166, vgl. Principia III, § 45.

413 *Beschreibung des menschlichen Körpers,* S. 164f.

414 *Beschreibung des menschlichen Körpers,* AT XI, S. 253

415 *Beschreibung des menschlichen Körpers,* S. 158, AT XI, S. 247.

416 *Beschreibung des menschlichen Körpers,* S. 164, AT XI, S. 253, vgl. *Primae Cogitationes circa De Generationem Animalium,* AT XI, S. 505f.

die Funktion. Diese Teile kommen wie im Kosmos so auch im Foetus früh zum Kreisen. Die Samenmasse zerfällt in verschiedene Partikel, weil die Wärme Teile fortstößt, zerfasert, zertrennt, welche sich dann wiederum je nach ihrer Art gruppieren, locker vernetzen und Zwischenräume entstehen lassen.[417] Es ist also nicht wie bei Aristoteles der männliche Samen als aktive *forma* angenommen, der auf das weibliche Menstrualblut als passive *materia* trifft. Die Wärme entsteht bei Descartes durch Gärung, nach der Vermischung von männlichen und weiblichen Spermien, die „in gleicher Weise wirkt wie in jungen Weinen, wenn sie aufwallen, oder im Heu, das man eingebracht hat, bevor es trocken war."[418]

Hier, anhand der Ableitung der Sinne aus der Verteilung und Gestalt der Spiritus kann nun vorläufig, d.h. bis später anhand von Descartes' Einsatzes von Bildern weitere Präzisierungen erfolgen, gezeigt werden, wie er sich eine *Deduktion* vorstellt. *Wir müssen unser Verständnis dessen, was eine ‚mechanistische Erklärung' ausmacht, komplett frei machen von den späteren Vorstellungen der modernen Technik und den Begriff des ‚Mechanismus' ungleich viel weiter fassen.*[419] *Die Entstehung von Planeten und Foeten läßt sich nicht berechnen, aber dennoch soll man sie „deduzieren" können.* Wenn es z.B. um die Entstehung der Sinnesorgane im Foetus geht, die sich aus der Gestalt und Lage der kleinen Materieteilchen, also der Spiritus, mechanistisch abgeleitet werden sollen, ‚deduziert' Descartes diese wie folgt. Es gibt:

1. Luftteilchen, sie haben eine geringe Größe und sind unaufhörlich in Bewegung. Es gibt einerseits unregelmäßige und hinderliche, andererseits einheitlichere und gleitfähigere. Die unregelmäßigen Luftteilchen dringen nach oben und nach vorne vor, sie bilden die Augen.[420]
2. Die einheitlichen Luftteilchen bilden die Organe des Geruchssinns.
3. Unregelmäßige und ungleichartige, dickere Teilchen, die durch ihre größere Masse mehr Kraft haben, aber nicht hinderlich sind: Sie wählen den kürzesten Weg, nehmen noch einige Luftteilchen mit und bilden so die Ohren.

---

417 *Beschreibung des menschlichen Körpers*, S. 166.

418 *Beschreibung des menschlichen Körpers*, S. 165, zur Gärung vgl. auch *Principia* IV, § 92.

419 Schon Poisson hatte in seinem erstaunlich hellsichtigen Kommentar zu dem von ihm unter dem Titel *Traite de la Mechanique* herausgegeben Brief Descartes an Huygens vom 05. 10 1637 (AT I, S. 432ff.) gewarnt: „Or il faut prendre garde à ne se pas tromper touchant le mot de Mechanique, qui ne signifie pas seulement cette Science qui apprend à composer des Machines, ou à en conoistre les parties; mais sous ce mot on renferme aussi toutes les differentes manieres dont un corps se meut par rapport à de certaines loix de la nature qu'on ne peut jamais contester. Ainsi on peut considerer tout le Ciel comme un corps composé de plusieurs parties, qui ont correspondance et liaison les unes aux autres, par des certains mouvements qu'elles se communiquent, et la consideration de ce mouvement, de la disposition, figur, et situation de parties, fait toute la science Mechanique, dont les principes sont aussi infaillibles que les demonstrations les mieux receues. Des mesme aussie on peut considerer le corps humain comme un Automate ou Machine, qui par les dependances et enchainemens des parties qui les composent, se meut en la maniere que vous voyons tous les jours." Nicolas Poisson: Remarques sur Les Mechaniques de Monsieur Descartes, in: René Descartes: *Traité de la Mechanique*, hrsg. v. N. Poisson, Paris 1668, S. 18f.

420 Vgl. *Beschreibung des menschlichen Körpers*, S. 172: „Und wenn man die Eigenart der Luftteilchen überprüft, ist es leicht zu erkennen, daß sie ihren Weg am wenigsten niedrig von allen nehmen und am meisten in Richtung auf den vorderen Teil des Kopfes, wo sie beginnen, die Organe des *Geruchssinnes* zu bilden, während diejenigen, die eine einheitlichere und gleitfähigere Gestalt haben und unterhalb der Luftteilchen strömen, sich zum vorderen Teil des Kopfes hinwenden, wo sie beginnen, *Augen* zu werden."

4. Andere haben eine einheitliche und glatte Gestalt, sie sind wie Flüssigkeiten leicht zu transportieren, können sie sich gut hintereinander und langsamer bewegen. Sie „fließen von der Gehirnbasis zur Zunge, zur Kehle und zum Gaumen hinab, wo sie den Nerven den Weg bereiten, die die Organe des Geschmacksinns werden sollen."
5. Der unbestimmte Rest an Teilchen löst sich allmählich auch von der Samenmasse ab, folgt aber nicht geschlossen den Weg der anderen durch die Wirbelsäule zum Gehirn, sondern zerstreut sich wo immer es möglich ist, und bildet so den Tastsinn aus.

Diese verblüffenden und selten in der Forschung berücksichtigten Übereinstimmungen zwischen Kosmologie und Embryologie deutet Rothschuh als ‚Nachhall' der barocken Idee von der Entsprechung von Mikrokosmos und Makrokosmos, [421] und würde man ihm darin folgen, dann läge bei Descartes tatsächlich eine fundamentale bildliche Analogie im eingangs erwähnten platonistischen Sinn vor, die sich auf der Abbildung des Kosmos aufbaut. Mir scheint dies zu weit zu gehen, denn Descartes war kein Universalienrealist (Perler). D.h. er meint nicht, daß es eine universale Form des Wirbels gebe, die *in re* existiere und die dann anderen materiell oder immateriell in verschiedenen Entitäten zugleich präsent sei und auf diese Weise die Ähnlichkeit herstelle. Vielmehr gibt es nach Descartes nur Materieteilchen, die sich so anordnen, daß sie eine Wirbelform annehmen, und darin ähneln sie anderen Materieteilchen, die sich auch so anordnen. Es wäre somit unsinnig nach der Form oder dem Formierungsprinzip ‚Wirbel' unabhängig von den konkreten Materiepartikeln zu fragen. Außerdem sind Wirbel von der barocken Kreis-Kosmologie zu unterscheiden. Wirbel sind primär über ihre Bewegungsart definiert, sie haben keine fixe Struktur wie ein Kreis.

Daß Descartes dies klar war, läßt sich anhand einer Rekonstruktion der Genese seines Wirbelbegriffs zeigen: In *Die Meteore* bezeichnet Descartes jene Teilchenbewegungen, die er später „vortex" oder „tourbillons" nennt, noch als „cercles". Mit diesen „cercles" befindet sich Descartes terminologisch noch inmitten der traditionellen Kreismetaphorik der Physiologie (im weiten Sinne verstanden). Ein Kreis ist ein Strukturmodell, mit ihm lassen sich stabile Analogien herstellen, insbesondere Mikrokosmos-Makrokosmos-Analogien. Der Physiologie-Historiker Rothschuh sieht z.B. überall Kreise und ordnet Descartes' Wirbel entsprechend ein. Das Wort „tourbillons" verwendet Descartes in *Die Meteore* aber bereits auch, es ist die Bezeichnung für Kugelblitze. Diese unberechenbaren Kugelblitze bringen die Erleuchtung, denn nach ihnen benennt Descartes' dann seine Wirbel. Mit dieser Vorstellung polyzentrischer Wirbel ist die dualistische Mikrokosmos-Makrokosmos-Analogie nicht mehr vereinbar.

Ganz im Gegensatz zu landläufigen Darstellungen der wissenschaftlichen Revolution im 17. Jahrhundert werden über die Kreisvorstellung jedoch gerade in der sogenannten empiristischen Philosophie metaphysische oder gar animistische Lehren vorausgesetzt. Das vielleicht erste experimentalphilosophische Werk der Wissenschaftsgeschichte: *De Magnete – Vom Magneten* von William Gilbert trug den bezeichnenden Untertitel *Physiologia nova*.[422]

---

421 Einleitung zu *Über den Menschen*, S. 16.

422 Die ‚Physiologie' umfaßte zu dieser Zeit offenbar nicht nur die Lehre von den Lebensprozessen, sondern sie war allgemein ein Synonym für das, was wir heute Naturwissenschaft nennen. Die moderne Scheidung von organischen und anorganischen Vorgängen war noch nicht vollzogen. „Physiologie wurde von ‚einer Lehre von der Natur' zu einer ‚Lehre von der Natur des Menschen' und schließlich zu einer Lehre von den Lebensvorgängen an und von Körpern. Dieser erste Bedeutungswandel vollzieht sich zwischen 1500

Gilbert begriff die Erde als beseelten Körper. Er war überzeugt, sie könne sich in der selben Weise wie ein Magnet aus eigener Kraft selbst bewegen. Viele seiner Experimente, die zeigten, daß die Magneten sich bewegen, stellte er vordringlich mit dem Ziel an, zu belegen, daß sie offenbar eine Seele besitzen müssen. Weitere Experimente sollten zeigen, daß auch die Erde sich wie ein Magnet verhält und von da aus war es nicht mehr weit zu dem Schluß, daß die Erde eine Seele besitze. Die Erde, so Gilbert, sei daher eine *mater comunis*, eine Mutter von allem, in deren Leib die Metalle sich bilden. Die magnetische Anziehung von Eisen durch einen Magneten bezeichnete er mit dem Ausdruck ‚coitio'.

Nicht nur in Mikrokosmos-Makrokosmos-Lehren der Renaissance oder von Pansophen wie Robert Fludd wurde also von solchen Übereinstimmungen ausgegangen. Auch beim anderen Heroen empirischer Wissenschaft, William Harvey, findet sich diese Verbindung von Kosmologie und menschlichem Körper: Harvey schilderte seine berühmte Entdeckung des Blutkreislaufes zunächst als einen rein mechanischen Vorgang, bei dem das Herz die Funktion der Pumpe übernimmt. Dann jedoch setzt er diesen Kreislauf mit dem des Wassers in der Natur gleich, das bei Sonnenhitze als Dampf von der feuchten Erde aufsteigt und als Regen wiederkehrt. Auf diese Weise erzeuge es Generationen von Lebewesen. Der Blutkreislauf entspreche zudem dem des jährlichen Wetterzyklus', der durch die Annäherung der Sonne an die Erde und ihrer darauf folgenden Abkehr bestimmt sei. Beide Bewegungen wetteiferten mit der Kreisbewegung der Himmelskörper.

> „Und so in aller Wahrscheinlichkeit geschieht es auch durch die Bewegung des Blutes mit dem Körper. Alle Teile werden ernährt, erwärmt und lebendig gemacht durch das wärmere, luftigere, ich möchte sagen: nahrhafte Blut; und dieses wird in der Berührung mit den Teilen abgekühlt, verdickt und sozusagen erschöpft, so daß es zu seinem Ursprung, dem Herzen, zurückkehrt, als zu seiner Quelle, dem innersten Tempel des Körpers, um dort seine Vollkommenheit und Kraft wiederzugewinnen. Hier wird es durch die natürliche Wärme wieder flüssig gemacht, kraftvoll, brennend, ein Schatz des Lebens, es wird mit Geist getränkt, und man könnte sagen, mit Balsam. Und wieder wird es von dort ausgesandt, und das alles geschieht durch die Bewegung, den Schlag des Herzens. Folglich ist das Herz der Anfang des Lebens, die Sonne des Mikrokosmos, wie die Sonne ihrerseits das Herz der Welt genannt werden könnte. Denn durch die Kraft und das Schlagen des Herzens wird das Blut bewegt, bereitet und zum Leben erweckt [...] Denn das Herz ist in der Tat die Vollkommenheit des Lebens, der Ursprung aller Tätigkeit."[423]

Über die Kreisvorstellung eine Verbindung von Mikrokosmos und Makrokosmos herzustellen, war ein Gemeinplatz der Zeit. Harvey entwarf jedoch auch eine Theorie der Epigenesis in *De Generatione Animalum,* in der er den Wechsel der Generationen als Zyklus beschreibt, der vom Samen über das Blut zum erwachsenen Lebewesen führt, und von dort wieder zurück zum Samen als dem Anfang der nächsten Generation. Über die Vorstellung des Zyklus verknüpft Harvey seine verschiedenen Forschungsbereiche miteinander.

---

und 1700." Karl Rothschuh, Der Begriff der „Physiologie" und sein Bedeutungswandel in der Geschichte der Wissenschaft, in: *Archives Internationales d'Histoire des Science* 40 (1957), S. 217-225, hier: S. 217.

423 Harvey, *De motu cordis*, Kap. 8. Vgl. A. Gregory, Harvey, Aristotle and the Weather Cycle, in *Studies in History and Philosophy of Biological and Biomedical Sciences* 32 (2001), S. 153-168 sowie: Jarmo Pulkkinen, The role of Metaphors in William Harvey's Thought, in: C. Zittel – G. Engel – R. Nanni (Hrsg.), *Philosophies of Technology: Francis Bacon and his Contemporaries*, Leiden, Boston 2008, S. 253-286.

Es ist daher aufschlußreich, zu sehen, wie Descartes diesen Topos aufgreift und sich dadurch, daß er ihn verändert, von seinem Hauptkonkurrenten im Bereich der Medizin, Harvey, kritisch absetzt. Dem scheint jedoch zu widersprechen, daß Descartes zuweilen auch klassische Struktur-Analogien, die für unseren heutigen Blick überhaupt nicht mit Denken kompatibel zu sein scheinen, das sie just an die sonst durch seine genetische Betrachtungsweise ausgehebelten Mikrokosmos-Makrokosmos-Lehren der Renaissance erinnern. So finden sich in den *Excerpta anatomica* aus dem Jahr 1631 unter der Überschrift „*Partes similares Excrementa et Morbi*" Analogiebildungen, die in ihrem Schematismus noch jener Gegenüberstellung von *sensibilia* und *olympicis* aus den *Cogitationes privatae* [424] gleichen, die ich im ersten Teil interpretiert habe:

> „Praeter spiritum animalem, constat homo spiritu animali nostro aeri homogeneo, humore aquae homogeneo, et solidis partibus quae cum terra possunt comparari. Ex spiritus animalis mixtura cum humore fit spiritus vitalis, igni comparabilis."[425]

Die Korrespondenzen wären demnach:

Spiritus animales: Luft;
Humor: Wasser;
‚Solide Teile' eines Körpers: Erde;
Humor + Spiritus animalis = spiritus vitalis: Feuer.

In den *Prinzipien* wiederum wird der alte, bereits in Aristoteles' *Meteorologie*[426] angestellte Vergleich zwischen Venen des Körpers und den unterirdischen Gängen der Erde, durch die Flüsse ziehen oder Winde wehen, aufgegriffen: „Deshalb fließt das Wasser, wie das Blut der Tiere in deren Arterien und Venen, ebenso in den Venen und Flüssen der Erde im Kreise." „Atque ita, ut animalum sanguis in eorum venis et arteriis, sic aqua in terrae venis et in fluviis circulariter fluit."

Die französische Ausgabe wartet wieder mit erstaunlichen Zusätzen Descartes auf. Hier heißt es nun sogar, der Wasserlauf der Erde *imitiere* jenen im Körper der Tiere: „De facon que le cours de l'eau en cette Terre imite celuy de sang dans le corps des animaux où il fait un cercle coulant sans cesse fort promptement de leurs veines en leurs arteres, et de leurs artères en leurs veines."[427]

Diese Stellen lassen sich jedoch als taktische Schachzüge der cartesischen Wissenspolitik interpretieren: Indem Descartes seine neuen Erklärungen manchmal streiflichtartig in einem vertrauten Rahmen präsentierte, vermochten die damaligen Leser sie so an klassische Topoi anzudocken, wodurch sie ihnen weniger befremdlich vorkommen konnten.

---

424 AT X, S. 218.
425 AT XI, S. 601 (1631). Vgl. dazu auch Pierre-Alain Cahné, *Un autre Descartes*, Paris 1980, S. 103.
426 Aristoteles, *Meteorologie*, II, 36a 14ff., insb.: 366b 15.
427 *Principia* IV, § 65, AT VIII, S. 244 und *Principes* AT IX, S. 237.

2.3.2) Liaisons dangereuses et harmoniques

Üblicherweise wird der cartesische Mechanismus so dargestellt, daß mit ihm alle magischen oder sympathetischen Relationen aus der Philosophie verbannt würden. Francois Jacob resümiert z.B: die cartesische Position:

> „Durch denselben Mechanismus wird die Gesamtheit der lebenden und unbelebten Körper von jeder verdächtigen Beziehung, von jeder auf Sympathie und Antipathie beruhenden Anziehung oder Abstoßung abgeschirmt. Das Spiel der magischen Kräfte wird damit unmöglich, den physikalischen Kräften wird alles möglich."[428]

Bislang rekonstruierte ich entsprechend Descartes' Erklärungen auf der Basis einer rein mechanistischen Kombinatorik. Es gibt jedoch mindestens zwei Entstehungsvorgänge, deren Erklärung Descartes Mühe bereitet, weil das Resultat der Genese im Verhältnis zur chaotischen Ausgangsmasse zu häufig zu regelmäßig oder gar vollkommen ausfällt. Die hexagonale Form von Schneekristallen wäre ein solches Beispiel, auf das ich noch in anderem Zusammenhang zurückkomme. Ein zweites wäre die regelmäßig gleich verlaufende Ausbildung des Menschen. Bei der Organisation der Teile des Foetus muß Descartes daher noch weitere Lenkungsprinzipien unterstellen. Es gibt ihm zufolge daher so etwas wie einen Informationsaustausch entweder zwischen Seele und Körper[429] oder eine Kommunikation der Teilchen untereinander. Das ist eine Vorstellung, die einigen Descarteshagiographen regelrecht peinlich sein muß, denn man hat sie stets zensiert, obgleich sie jedoch integraler Bestandteil seines mechanistischen Konzeptes ist. Descartes schwebt hier bereits die Idee einer Entwicklungsmechanik vor, wie sie über zwei Jahrhunderte später beim vermeintlichen Begründer derselben, Wilhelm Roux in seinem Buch *Der Kampf der Theile im Organismus*, ausgearbeitet wurde.[430]

Descartes ist gar nicht soweit weg davon. Bei der Erklärung der embryonalen Entwicklung in seiner erstaunlichen kleinen Schrift *Primae cogitationes circa generationem animalium* geht Descartes so weit, daß er sogar behauptet, daß die Bewegung des Herzen des Foetus die inneren Teile seines Körpers in sympathetische Relationen zueinander bringt und dadurch eine harmonisch koordinierte Ausbildung des Körpers ermöglicht, während hingegen seine äußeren Gliedmassen bei ihrer Entwicklung auf Lenkung von Außen angewiesen seien, sie bildeten sich *„propter sympathiam motus cum matre"*![431] Die Mutter als wird als *„formatrix omnuum membrorum exteriorum"* bezeichnet. Der Sympathiebegriff sowie der der Harmonie werden jedoch von Descartes ins Materialistische gewendet.[432]

---

428 Jacob (2002), S. 44.

429 *Principia* IV, § 189.

430 Roux (1881) liefert eine naturwissenschaftliche Begründung dafür, daß das ganzheitliche Funktionieren des Leibes auf dem Kampf von kleinsten Einzelwesen (bei Roux: Zellen) gegeneinander beruht. Mit Hilfe des neu gewonnenen Verständnisses des Organismus als „innerem Kampf", mithin der Vorstellung einer immanenten ursprünglich produktiven Kraft, welche dann als Organismus auftritt, setzte sich dann Nietzsche von den zu seiner Zeit aufgekommenen biologischen Erklärungsmodellen wie z.B dem Darwins ab, die auf der Vorstellung äußerer Verursachung basierten und entsprechend davon ausgingen, daß zunächst ein Organismus entsteht, welcher erst danach in einem Kampf mit Anderen tritt.

431 AT XI, S. 515. Zur Sympathie-Antipathie-Relation beim frühen Descartes vgl. Teil 1.

432 Die materialistische Konzeption wird zwar scheinbar überschritten, doch muß man hier eine stoische

Descartes führt aus, daß während der Anfangsphase der embryonalen Entwicklung sich „ein permanenter Kampf zwischen Blut und spiritus animales" ereigne, bis sich beide wechselseitig so „erobert" hätten, daß sie miteinander einverständig werden, und das Gehirn generieren.[433] Ist dieser erste Kampf ausgekämpft, treten nun die Prinzipien der Harmonie und der Sympathie auf den Plan. Dies zeige sich insbesondere bei der Ausbildung der Geschlechtsorgane: Die Lage des Embryos im Mutterleib entscheide: Liegt der Fötus mit seiner Vorderseite zum Nabel, so richtet sich sein Geschlecht danach aus und ein Penis stülpt sich nach außen. Liegt er umgekehrt, dann führt die Ausrichtung auf den Nabel dazu, daß sich der Penis nach innen kehrt und eine Vagina entsteht.[434]

Damit wird eine Umkehrung des traditionellen Verhältnisses von Ganzem und seinem Teilen vorgenommen, da nun nicht mehr eine Vorstellung von Ganzheit als vorgängig gedacht ist, in welche die Einzelelemente zu integrieren sind, sondern Ganzheit sich über die Koordination der Einzelteile erst herstellt. In diesem Übergang vom alten Organismusgedanken zum immanent prozessual-dynamischen Verständnis der Disposition und Organisation der Teile vollzieht sich auch eine grundlegende Änderung in der Auffassung des Lebens.

2.3.3) Cur ergo aliquando fiunt monstra? „Warum also entstehen manchmal Monster?"

Eine besondere Disposition der Teile kann also für Harmonie stehen, sie gewährleistet die funktional optimale Entwicklung. Gerät die *dispositio* durcheinander, kann es zu Abweichungen kommen. Dieses Durcheinanderbringen muß jedoch irgendwie ausgelöst werden. Descartes meint, die Imagination könne hier die harmonische Entwicklung irritieren. Da die Abgrenzungen zwischen Körpern fließend sind, ist es für Descartes unproblematisch, die Entstehung von Monstern und Hermaphroditen zu erklären.[435]

Konzeption der Sympathie unterstellen, d.h. daß auch Sympathie durch winzige Teilchenbewegungen kausal materialistisch verursacht werden. Je nachdem, ob man hier die *simulacra* materialistisch oder immatieriell deutet. So gewendet kann der Sympathiebegriff selbst noch bei La Mettrie eingesetzt werden. Warum verursacht der Anblick einer schönen Frau eine Erektion? „Hat das was in bestimmten Organen vorgeht, seine Ursache in der Natur der Organe selbst?" – fragt La Mettrie und antwortet: „Keineswegs, wohl aber in der gegenseitigen Beziehung und in der Art von ‚Sympathie' zwischen jenen Muskeln und der Imagination [...] Mittels jener *Harmonie* [...] wird man die materielle Einheit des Körpers fassen können." J.O. de La Mettrie, (1985 (1748)). *Der Mensch als Maschine*, Nürnberg. Die Annahme einer ‚organischen Sympathie' ist besonders für das 18. Jahrhundert gut belegt, etwa bei Albrecht von Haller und Jean Astruc. Vgl. dazu: Georges Canguilhem, Animaux Décapités et Sympathies organiques, in: *La Formation du concept de réflexe aux XVII et XVIII siècle*, Paris 1955, S. 89-107. Man vergleiche auch den Artikel: „Sympathie" von De Jaucourt in der *Encyclopédie* Diderots und d'Alemberts.

433 AT XI, S. 505f.

434 *Primae Cogitationes circa De Generationem Animalium,* AT XI, S. 516.

435 Vgl. „Expecto cur aliquis caperata fronte dicat esse ridiculum, rem tanti momenti, quanta est hominis procreatio, fieri ex tam levibus causis. Sed vero quas velint graviores, quam Naturae legis aeternas? Forte ut ab aliqua Mente fiant? A qua autem? An immedieate a Deo? Cur ergo aliquando fiunt monstra? An a sapientissima ista Natura, quae non nisi ex humane cogitationis desipientia habet originem?" *(Primae Cogitationes circa De Generationem Animalium* AT XI, S. 24). In einer allerdings später von Descartes gestrichenen Passage erklärt er, daß der Härtegrad der Ausscheidungen des Foetus entscheidet, welches Geschlecht mechanisch ausgebildet wird. Scheidet der Foetus liquidere Teilchen aus und hält solidere zurück, so wird er

Es finden sich in diesem Kontext bei Descartes sogar Beispiele für Überlegungen, die seinen Dualismus zu erschüttern scheinen, etwa wenn er annimmt, daß die Einbildungskraft manchmal sogar in der Lage sei, *aktiv* auf die materielle Welt einzuwirken. Bilder der Einbildungskraft seien dann nicht nur dem Gehirn immanent, sondern können auf Wanderschaft gehen und aus der Ferne wirken. Sie sind ja körperliche Phänomene und dadurch auch in der Lage, kausal zu wirken. Mersenne hatte Descartes etwa mit der Frage konfrontiert, wie Muttermale entstehen. Solche Muttermale galten als Zeichen des Teufels, für die die intensiv ‚sündigen' Vorstellungen der schwangeren Mutter verantwortlich gemacht wurden. Deren Einbildungskraft werde dann besonders stark angeregt, wenn sie entweder in Schrecken versetzt wird oder aber, wenn die Frau etwas sehr stark begehrt, was sie nicht bekommen kann.

Descartes beansprucht, diese Frage endlich beantworten zu können:

> „Ich könnte Ihnen außerdem noch zeigen, wie die Bilder manchmal durch die Venen und Arterien einer schwangeren Frau bis in bestimmte Glieder des Kindes gelangen können, das sie unter dem Herzen trägt. Hier bilden sie die Muttermale, die den Gelehrten so viel Kopfzerbrechen bereiten."[436]

Auch bei Descartes vermag also ein imaginiertes Bild ein körperliches Symptom hervorzubringen. Die von Descartes behaupteten Korrespondenzen zwischen Mutter und Kind werden durch gleiche Dispositionen erklärt und so in das mechanistische Modell integriert. Wie weit Descartes dabei geht und wie nahe er dabei magischen Lehren von Korrespondenzen auch im Hinblick auf ihre medizinische Anwendung kommt, verdeutlicht das folgende Zitat, das wiederum aus einem Brief an Mersenne stammt:

> „Da die Muttermale dem Kinde nicht aufgeprägt werden, wenn die Mutter nicht von der Frucht ißt, nach der sie Verlangen hat, so ist es durchaus wahrscheinlich, daß sie zuweilen

---

männlich. Ist der Foetus schwächer und kann die solideren Teile nicht behalten, so wird er weiblich. Der wohltemperierte Foetus indes scheidet beides gleich aus, er wird zum Hermaphroditen: „Notandum: faeces istae sunt flatus et urina, non stercus, (flatus autem efficit aeque vel magis robustum quam aliae faeces). Iam vero si valentior sit foetus ex natura robustiori, plus urinae ex eo purgatum est, quam stercoris crassi (tunc sola glans emersit ex corpore, quae deinde praeputio tecta est flaccescente cute); ideoque penis prior perforatur et prominet, foetusque est masculus. Si vero foetus excernat plus solidi excrementi, reineatque intra s acuosos humores, sit naturae mollioris, priusquam perforatur podex, per quem exiens solidum excrementum premit inguina, impeditque ne pudenda foras promineant, sed ea intus protrudit, et sit foemina. Si denique sit tam aequalis temperis, ut utrumque eodem momento perforetur, quod raro contingit, sit Hermaphroditus." *Primae Cogitationes circa De Generationem Animalium* AT XI, S. 523f.

436 Descartes, *Dioptrik*, S. 98, vgl. a. Descartes' Brief an Mersenne vom 27. 05. 1630, in *Briefe* S. 54, in dem Descartes einräumt, noch nicht genug über diese „einer Prüfung würdigen Sache" zu wissen, um dieses Phänomen erklären zu können, und den Brief an Meysonier vom 29. 01. 1640, ebd., S. 182: „Betreffs der Bilder kleiner Hunde aber, die im Urin der von tollwütigen Hunden Gebissenen erscheinen sollen, gestehe ich Ihnen, daß ich das immer für eine Fabel gehalten habe. Und wenn sie mir nicht versicherten, sie durchaus deutlich und gut ausgebildet gesehen zu haben, würde ich auch jetzt noch Mühe haben, es zu glauben, obgleich die Ursache dafür, falls es stimmt, daß man sie sieht, in irgendeiner Form gegeben werden könnte, wie ebenso für die Merkmale, die die Kinder durch die Gelüste ihrer Mütter erhalten." Und: *Über den Menschen*, S. 110, AT XI, S. 177: „Und ich könnte hier hinzufügen, auf welche Weise die Spuren dieser Ideen zum Herzen gelangen und so auf das ganze Blut ausstrahlen und wie diese sogar durch bestimmte Vorgänge der Gebärmutter dazu bestimmt werden können, sich den Gliedern des Kindes aufzuprägen, das sich in ihrem Innern bildet."

auch geheilt werden können, wenn das Kind von dieser Frucht ißt. Denn dieselbe Disposition, die im Gehirn der Mutter vorhanden war und ihr Verlangen verursachte, findet sich in seinem und entspricht der markierten Stelle, ebenso wie die Mutter, als sie sich zur Zeit ihres Verlangens an der Stelle rieb, die Wirkung ihrer Vorstellung darauf übertragen hat. Denn im Allgemeinen entspricht jedes Glied des Kindes dem der Mutter, wie man aus mechanischen Gründen beweisen kann. Mehrere Beispiele bezeugen es, von denen ich früher ein bemerkenswertes bei Forestus437 gelesen habe, und zwar von einer Frau, die, als sie sich während ihrer Schwangerschaft den Arm gebrochen hatte, mit einem Kind niederkam, das den Arm wie sie gebrochen hatte. Und indem er auf diesen Arm des Kindes dieselben Heilmittel anwandte wie auf den der Mutter, heilte er beide getrennt." 438

Diese Erklärung, wie vor allem auch die bereits erwähnte Variante, daß nicht nur Muttermale, sondern auch die kräftigen Vorstellungen der Mutter sich im Gehirn des Embryos einprägen können[439], taucht auch bei Agrippa[440], Paracelsus[441] und Athanasius Kircher[442] auf, sie

---

437 Forestus (1522-1597) war Praktiker, der sich vor allem bei der Bekämpfung der Pest in Delft einen Namen gemacht hatte. Dem Kommentar zufolge hat vermutlich Descartes eine Schrift aus dem 1623 als medizinisches Kompendium veröffentlichten *Observationem et Curationem Medicinalium ac Chirurgicarum Opera Omnia*, eine durchaus spannende Lektüre, da sich hierin ein Kapitel den Frauenkrankheiten, insbesondere der Hysterie widmet, das ganz in der Tradition Galens die Masturbation der Frau durch den Arzt als Heilmethode propagiert. Forestus hat diese im Übrigen sehr lukrative Methode in seiner Praxis angewandt. Vgl. dazu: Rachel P. Maines, *The Technology of Orgasm: „Hysteria," the Vibrator, and Women's Sexual Satisfaction*, 1998. Dies ist insofern interessant, als die Hysterie nun als Krankheit des Geistes auf mechanischem Weg durch körperliche Stimulation, also durch Veränderung der körperlichen Disposition positiv beeinflußt werden können soll. Zu Forrestus s.a.: Henriette Bosman:*Petrus Forestus Medicus*, Amsterdam 1996.

438 Brief an Mersenne vom 30. 07. 1640 (AT III, S. 120f., *Briefe*, S. 190f.)

439 Im Artikel 136 der *Passions de l'Ame* findet sich eine weitere Belegstelle, diesmal in einem von Descartes veröffentlichten späten Text, in der wiederum unbewußte pränatale und frühkindliche Prägungen als Ursachen für spätere vermeintlich grundlose Affektreaktionen angenommen werden, etwa wenn sie die schwangere Mutter an einer Rose sticht oder ein Kind sich vor einer Katze erschrocken hatte: „So zum Beispiel ist es leicht aufzufinden, wie alle die ungewöhnlichen Aversionen, die einige etwa hindern, Rosenduft ertragen zu können, oder die Gegenwart einer Katze oder ähnliche Dinge, nur daher kommen, daß sie das Gefühl ihrer Mutter miterlitten hatten, als sie schwanger war und derartig verletzt wurde. Denn mit Sicherheit gibt es solche Verbindungen zwischen allen den Erregungen der Mutter und denen des Kindes in ihrem Bauch, daß dasjenige, was einem zuwider ist, auch dem anderem schadet. Und der Rosenduft kann so starke Kopfschmerzen bei einem Kind verursachen, als es noch in der Wiege lag, oder auch eine Katze kann es sehr erschrocken haben, ohne daß jemand darauf geachtet hätte oder daß es selbst noch davon irgendwie Erinnerung hätte. Dennoch bleibt die Idee der Aversion, die es dann für jene Rose hatte oder gegenüber jener Katze, in seinem Hirn bis zum Ende seines Lebens eingeprägt." *Leidenschaften*, S. 207. Der Schauder (l'horreur) sei von Natur aus angelegt, um „der Seele einen plötzlichen und unerwarteten Tod vorzustellen, derart, daß selbst wenn es nur die Berührung eines Wurms wäre, oder das Geräusch eines fallenden Blattes, oder sein Schatten, das den Schauder hervorruft, man doch die Erregung sogleich fühlt, als wenn eine offensichtliche Todesgefahr sich den Sinne darböte. Das läßt eine plötzliche Tätigkeit entstehen, welche die Seele dazu bringt, alle Kräfte anzuspannen, wenn sie ein gegenwärtiges Übel vermeiden will" das sind Flucht oder Aversion (ebd., S. 89). In dieser Schrift behauptet Descartes nur die Zusammenhänge zwischen Schreck (Horreur) und späterer Angst (crainte/peur), es kommt ihm hier nur darauf an, zu zeigen, daß die Imaginatio die Möglichkeit hat, auf die Affekte einzuwirken und sie zu kontrollieren. Da der Hauptgrund der Furcht (peur) Überraschung sei, gäbe es nichts besseres, Vorüberlegungen anzustellen und sich alle möglichen Ereignisse, die Furcht einflössen können, vorzubereiten (ebd., S. 176).

440 Vgl. z.B. Agrippa, *De occulta philosophia*, Kap. 65, S. 164f.: „*Wie die Leidenschaften der Seele nach außen auf einen fremden Körper wirken.* [...] So glaubt Avicenna, daß ein Kamel falle, wenn einer mit seiner

findet sich aber ebenfalls als seriös befundener Forschungsgegenstand bei Kepler, Harvey, Sennert, More, Gassendi,[443] Malebranche,[444] Regius,[445] in den *Philosophical Transactions* der

---

Einbildungskraft es verlange. So sieht man im Urine derer, die von einem wütenden Hunde gebissen wurden, Hundegestalten. In ähnlicher Weise wirkt das Gelüste einer schwangeren Frau auf einen fremden Körper, indem ihre Leibesfrucht mit dem Male der verlangten Sache bezeichnet wird. So gehen viele Mißgeburten aus den grotesken Vorstellungen der Schwangeren hervor."

441 Vgl. z.B. das Kapitel: *Über die Zeichen der Monstra der Menschen* aus Paracelsus *De rerum natura*, aus: Der Himmel der Philosophen. Magische, alchemistische und astrologische Schriften, Jena 1988, wo in nahezu wörtlicher Übereinstimmung Descartes Beispiel erwähnt wird. Die Erklärung ist dann grundsätzlich anders, gleich aber die Parallelität der behaupteten Entstehungsgesetze von Kosmos und Embryo: „wisset, daß nicht alle monströsen Zeichen von den Himmelskörpern allein ihren Ursprung haben, sondern oft auch von den Gestirnen des menschlichen Gemüts. Die dann immer und jeden Augenblick mit der Phantasie, Aestimation und Imagination wie im oberen Firmament auf und absteigen. Daraus folgt nun, daß durch Furcht und Schrecken der schwangeren Frauen viele Monstra und Kinder mit monströsen Zeichen geboren werden, mit denen sie im Mutterleib gezeichnet werden [...] Wenn nun die schwangere Frau anhebt, sich etwas einzubilden, so hat ihr Himmel den ganz gleichen Gang wie der Himmel des oberen Firmaments, wo alle Augenblicke die Himmelskörper auf und absteigen. So steigen sie auch hier auf und ab, die Gestirne des Mikrokosmos bewegen sich durch die Einbildung so lange, bis ein Angriff geschieht, durch welchen bei der schwangeren Frau die Gestirne eine Influenz und Impression geben. Dies geschieht so, wie einer eine Marke aufdrückt oder einen Stempel aufschlägt. Diese Zeichen und Muttermäler können daher Impressionen der unteren Gestirne genannt werden. [...] Nicht weniger wichtig ist, daß etwas den Kindern anhangen bleibt und impressioniert wird, wenn die Gestirne der Mutter oft und stark auf das Kind einwirken, wenn ihr Gelüste nicht durch die Tat vollbracht wird. Ein Beispiel: Wenn die Mutter ein Gelüste bekäme, etwas zu essen oder zu trinken und es ihr doch nicht zuteil werden kann und die Gestirne in ihr selbst ertrinken und untergehen müssen, indem sie dem Gestirn widersteht und es nicht angreift, so bleibt dieses Gelüst dem Kinde ein Lebenlang anhängen, so daß es dessen nie gesättigt werden kann." S. 160f. Oder in *De Pestillate*, Werke Bd. V, S. 197: „Denn seht eine gelüstige schwangere Frau, wie sie so leicht sich selbst durch Anschauung etlicher Dinge vergißt und die Frucht eine solche Form und Bildung überkommt, wie das gewesen ist, was die Frau angesehen hat... Sogar wenn die Frau schon nichts ansichtig wird und denkt nur daran, sie wollte zum Beispiel solche oder solche Dinge essen, wie Erdbeeren, usw., und wenn sie die nicht haben kann, und greift in ihren Gedanken irgendwohin, so wißt ihr, daß es viel und oft geschehen ist, daß die Frucht in ihrem Leib, nachdem sie auf die Welt kommt, auch eine Erdbeer an sich trägt."

442 Kircher vertrat die Auffassung, Muttermale seien die Frucht der mütterlichen Einbildungskraft, Henry More hingegen interpretierte sie als Manifestationen des „Geistes der Natur" selbst. Vgl. Daston – Park (2002), S. 351.

443 Vgl. auch Gassendi, *De Phantasia,* Opera II (Lyon 1658), S. 424.

444 Auch bei Malebranche gibt es interessante Stellen zur Wirkung der Einbildungskraft, deren Bedeutung nach wie vor seitens der Forschung selten gesehen wird. Z.B.: „Il est vrai que cette communication du cerveau de la mére avec celui de son enfant, a quelquefois des mauvaises suites, lorsque les mères se laissent surprendre par quelque passion violente. Cependant il me semble que sans cette communication, les femmes et les animaux ne pourroient pas facilement engendrer des petits de même espéce. Car encore que l'on puisse donner quelqueraison de la formation du fœtus en géneral, comme Monsieur Descartes l'a tenté assez heureusement; cependant il est tres-dificile sans cette communication de lamére avec l'enfant d'expliquer comment une cavale n'engendre point un bœuf, et une poule un œuf qui contienne une petite perdrix, ou quelque oiseau d'unenouvelle espéce." Nicolas Malebranche, De la recherche de la vérité, in: Geneviève Rodis-Lewis (Hrsg.), *Oeuvres complètes de Malebranche* I, Paris 1962, S. 243. Dazu: Andrew Pyle, *Malebranche*, London 2003, S. 180. Weitere passende Fundstellen zu Malebranche finden sich bei Francois Jacob, der zu den wenigen zählt, die die traditionellen Oppositionen zwischen Alchemie und mechanistischem Denken auflockern. Vgl.: Jacob (2002), S. 69f.

445 Heinrich Regius, *Philosophia naturalis*, 2. Aufl., Amsterdam 1664, S. 300-304.

Royal Society[446] und, vermittelt über Boerhaave, sogar noch bei La Mettrie (der Borhaave übersetzte).[447] Auch Buffon und Voltaire bezeugen ausdrücklich diese Kraft der Imagination, Voltaire führt sogar eigene Augenzeugenberichte an.[448]

Die Imagination hat nicht nur eine poetisch-heuristische Funktion, im Rahmen der Naturphilosophie Descartes' fungiert sie als körperliches Vermögen, die ursächlich kleinste *spiritus* in Austauschbewegungen bringt und das Gehirn eines werdenden Menschen pränatal oder frühkindlich prägt.

2.3.4) Mechanistische Magie

Obgleich damals allgemein offen diskutiert, wird die Idee, daß die Einbildungskraft der Mutter auf den Embryo einwirkt seitens der heutigen Forschung gelegentlich so ‚entschuldigt', daß sie „dem skeptischen Zweifel in besonders hohem Maße widerstand."[449] Doch verdankt sich diese Idee keineswegs lediglich einem vermeintlich residualen Einfluß okkulter Unterströmungen im aufkommenden Rationalismus, sondern gehörte damals in eine weithin geführte Diskussion über die Reichweite mechanistischer Erklärungen. Henry More, Cudworth und Leibniz haben an der mechanistischen Erklärung der Natur kritisiert, daß sie nicht die Wundererscheinungen und Abirrungen der Natur erfassen könne.[450] Zu den Standardbeispielen für auf mechanistische Weise vermeintlich unerklärbaren Phänomene gehörten die Formen geometrischer Kristalle, die Regenbögen, sympathetische Heilungen, auf Menschen wachsende Pflanzen, Musikinstrumente, die gemeinsam vibrieren, der Magnetismus und die Wirkung der mütterlichen Einbildungskraft auf die Entwicklung des Fötus. Doch weder bestritt Descartes diese Phänomene überhaupt noch versuchte er sie aus dem Bereich rationaler Erklärungen als bloße Einbildungen auszuschließen, sondern er fühlte

---

446 Vgl. Extract of a Letter, Written from Paris, Containing an Account of Some Effects of the Transfusion of Bloud, And of Two Monstrous Births, &c., in: *Philosophical Transactions* Bd. 2 (1666-67), S. 479f. und: Part of a Letter from Dr. Ashe, the Lord Biship of Cloyne, dated March the 26th, 1687, concerning the Effects of Imagination the Vertues of Mackenboy, &c., in: *Philosophical Transactions* Bd. 20 (1698), S. 293f.

447 Bemerkenswerterweise findet sich ausgerechnet beim radikalen Materialisten La Mettrie eine diesbezügliche Würdigung Malebranches: „Da ein offenkundiger Austausch zwischen Mutter und ungeborenem Kind stattfindet und schwerlich zu bestreiten ist ... nehmen wir an, daß der Fötus das Temperament der mütterlichen Imagination mitempfindet (wie weiches Wachs auch jeden Eindruck aufnimmt), und das intensive Eindrücke der Mutter sich auf diese Weise auf den Fötus übertragen können. Obwohl dies noch nicht voll verstanden werden kann, ist es [...] eine Ehrenrettung für Malebranche, der von Autoren, die die Natur nicht gründlich beobachten und ihren Ideen unterordnen wollen, allzusehr wegen seiner Leichtgläubigkeit verspottet wird." J.O. de La Mettrie, *Der Mensch als Maschine,* Nürnberg 1985.

448 Vgl. den Artikel Voltaires, Imagination, imaginer, für die *Encyclopédie* Bd. 8, S. 560-563.

449 G. MacDonald Ross, Okkulte Strömunge in: *Der Neue Überweg. Philosophie des 17. Jahrhunderts,* Bd. 1,1, S. 201; Klaus Hammacher im Kommentar zu Descartes, *Die Leidenschaften der Seele,* Hamburg 1994, S. 351f.

450 Henry More war der Auffassung, Descartes mechanistische Erklärungen seien in bezug auf den Magnetismus oder das Fallen schwerer Körper zwar eindrucksvoll, doch „für verschiedene Sorten von Pflanzen und anderen Dingen, die weit mehr Kunstfertigkeit und Kuriosität an sich haben als der direkte Fall eines Steines auf den Boden" sei es weit schwieriger eine Erklärung zu finden. Henry More, *The Immortality of Soul,* London 1622, S. 192, zit. nach: Daston – Park (2002), S. 351.

sich durch Berichte über derartige Wunder vielmehr besonders herausgefordert. Gerade auf diesem populären Gebiet könnte die Überlegenheit der eigenen Methode besonders öffentlichkeitswirksam vorgeführt werden. Descartes geht dabei sogar zuweilen so weit, die gegen ihn ins Feld geführten Phänomene gerade zu einer Bestätigung seiner eigenen Naturphilosophie umzumünzen:

> „Die Geschichten von der auf der Stirn eines Mädchens wachsenden Seide und von dem auf dem Körper eines Spaniers blühenden Dornstrauchs verdienen es wohl, daß man sich sehr eingehend darüber unterrichtet. Bezüglich der Seide kann ich nicht glauben, daß es wirkliche Seide ist, die dort wächst, sondern ein Fleischauswuchs [...] Während Sie aber sagen, daß man dieses Phänomen nicht zu erklären, wenn man bei Tieren nicht ein anderes Lebensprinzip als Hitze annimmt, scheint es mir im Gegenteil, daß man es damit viel besser erklären kann als auf andere Weise. Denn da die Hitze ein gemeinsames Prinzip für die Tiere, die Pflanzen und die anderen Körper ist, ist es kein Wunder, daß ein und dasselbe dazu dient, einen Menschen und eine Pflanze leben zu lassen, während sich diese Prinzipien nicht so gut miteinander vertragen würden, wenn man irgendein Lebensprinzip für die Pflanzen brauchte, das nicht von derselben Art wie das für die Tiere wäre."[451]

Die von konkurrierenden Philosophen gegen Descartes ausgespielten Phänomene finden sich erstens bei ihm auch und zweitens nicht als obskure Überbleibsel, sondern sie sind integrale Bestandteile des cartesischen mechanistischen Denkens. Man kann weite Teile des Werks Descartes' als Versuch sehen, die von seinen Zeitgenossen als Wundererscheinungen bestaunten Phänomene in sein mechanistisches Denken zu integrieren. Keineswegs trifft ihn daher der oft erhobene Vorwurf, er hätte sich aus Texten anderer Philosophen einfach nur zusammengeklaubt, was sich gut in seine eigene Theorie einbauen läßt und alles andere ignoriert.[452] Die Konsonanzen zwischen Musikinstrumenten finden sich im *Compendium musicum*, Regenbögen und Schneekristalle erklären die *Météores*, die Wirkung der mütterlichen Einbildungskraft wird unter anderem in seiner Embryologie expliziert, dem Magneten sind allein in den *Principia* 50 Artikel des vierten Teils gewidmet. Auch die *Météores* sind von Anbeginn an als Wissenschaft der Wunder deklariert. In deren 6. *Discours* widmet sich Descartes mysteriösen Naturerscheinungen und versucht zu erklären, was geschieht, wenn Blut, Milch, Fleisch, Steine und Tiere vom Himmel regnen. Die Phänomene werden von ihm akzeptiert, doch anstelle einer Hypostase okkulter bzw. vitalistischer Ursachen sollen nun transparente mechanistische Erklärungen treten. Ausgerechnet in den *Principia* findet sich diese Erklärungsweise in einer besonders detaillierten Form, die zudem noch in der späteren, höchstwahrscheinlich von Descartes selbst um erläuternde Zusätze ergänzten französischen Ausgabe mit überaus erstaunlichen Beispielen veranschaulicht wird (die im folgenden Zitat von mir kursiv hervorgehoben werden).[453]

---

451 Descartes, *Briefe*, S. 192 (Brief an Mersenne, 30. 07. 1640). AT III, S. 122.

452 So charakterisiert im Anschluß an Hatfield z.B. Gaukroger die Vorgehensweise Descartes'. Vgl.: „the episode with Harvey may perhaps be seen as an example of how Descartes picked and chose – from among the available descriptions of vital phenomena and conceptions of vital functioning – those most suited for translation into the mechanistic idiom." Gaukroger (1995), S. 272.

453 Die bis vor kurzem maßgebliche deutsche Ausgabe der *Principia* reiht sich ein in die Phalanx katastrophischer Editionsleistungen bei der Herausgabe von Descartes' Werken. Arthur Buchenau legt seiner

„Ausgehend von den Beispielen der bereits erklärten Dinge, kann man alle der am meisten verwundernden Wirkungen (tous les plus admirables effets), die es auf der Erde gibt, erklären.

Übrigens *wünsche ich hier, daß man auf die kleinen Bänder oder anderen kleinen, langen und sich dauernd bewegenden Teilchen acht gebe;* diese aus der Materie des ersten Elements gebildeten Teilchen können innerhalb der Gänge der irdischen Körper die Ursache nicht bloß von mancherlei Anziehungen sein, wie sie in dem Bernstein und Magneten bestehen, sondern auch von unzähligen anderen äußerst wunderbaren Wirkungen. Denn die Bildungen in einem Körper haben in ihrer Gestalt etwas Eigentümliches, wodurch sie sich von allen anderen unterscheiden. Da sie nun die schnelle Bewegung des ersten Elements, dessen Teile sie sind, beibehalten, so reichen die kleinsten Umstände hin, sie in dem Körper festzuhalten, in dessen Gängen sie sich dann nur umher bewegen, oder sie aufs schnellste zu vertreiben, so daß sie alle anderen irdischen Körper durchwandern und selbst an die entferntesten Orte in kürzester Zeit gelangen, *ohne durch irgendeinen Körper, den sie auf ihrem Weg begegnen, aufgehalten oder abgelenkt zu werden.* Finden sie nun dort eine Materie, die zur Aufnahme ihrer Wirkung disponiert ist, so können sie *vollständig seltene und wunderbare (entierement rares et merveilleux)* Wirkungen hervorbringen: *Wie die Wunden eines Toten zu bluten anfangen können, wenn sich der Mörder ihm nähert; so wie die Einbildungskraft von Schlafenden, und auch ebenso die von Wachenden in Bewegung versetzt wird, und ihnen Gedanken eingibt, die sie vor Dingen warnen, die entfernt von ihnen eintreffen, indem sie größere Gefährdungen oder Freuden von engen Freunden fühlen läßt, die bösen Absichten eines Mörders oder ähnliche Sachen.* Und endlich wird man einsehen, wie wunderbar die Eigenschaften des Magneten und des Feuers sind, und wie ganz von denen der übrigen Körper verschieden: wie eine ungeheure Flamme aus dem kleinsten Funken in einem Augenblick sich entzünden kann, *wenn sie in eine größere Menge Pulver fällt,* und wie groß deren Gewalt ist; bis zu welcher ungeheuren Entfernung die Fixsterne ihr Licht ringsum *in einem Augenblick* ergie-

---

Übersetzung die lateinische Edition der *Principia* zu Grunde, nimmt dann jedoch die nur der französischen Edition beigegebenen Briefe, den Widmungsbrief an Picot sowie den Brief an Elisabeth mit in seine Ausgabe auf. Er stimmt Charles Adams Einschätzung zu, daß die Zusätze der französischen Ausgabe von Descartes selbst stammen und erklärt, daß er sich die Freiheit nehme, auch aus den französischen Text gelegentlich als Vorlage zu seiner Übersetzung zu wählen. Das heißt jedoch keineswegs, daß er alle Zusätze berücksichtigen würde. Wann er dies tut und wann nicht, wird jedoch nur gelegentlich angezeigt, ebenso willkürlich wie das Wechseln zwischen lateinischer und französischer Vorlage beim Übersetzen. Der hier von mir zitierte Zusatz wird von ihm willkürlich weggelassen, vermutlich hat sie ihm nicht in sein Descartesbild gepaßt. Die Konsequenz ist eine deutsche Patchwork-Ausgabe, zu der es weder ein lateinisches noch französisches Pendant gab, voller subjektiver Retuschen. Descartes (1921). *Die Prinzipien der Philosophie. Mit Anhang: Bemerkungen René Descartes' über ein gewisses in den Niederlanden gegen Ende 1647 gedrucktes Programm*, Hamburg 1921. Vgl. S. XVff. Die lateinisch-deutsche Neuausgabe der *Principia*, von Christian Wohlers [Descartes (2005] zeichnet sich gegenüber Buchenaus Ausgabe durch eine beherzte Neuübersetzung aus, doch Sensibilität für die Bilder kann man auch ihr nicht nachsagen. Die Bilder werden im Anhang gebracht. Die Zusätze der französischen Ausgabe werden nicht ergänzt, was insofern nachvollziehbar ist, als hier eine zweisprachige Ausgabe vorgelegt wird. Dennoch wäre zumindest in den Kommentaren es angebracht gewesen, auf Unterschiede einzugehen. Wohlers entledigt sich dieser Forderung, indem er erklärt, daß er die Zusätze nicht für echt hält, – doch er begründet diese Einschätzung nicht, und so bleibt zu vermuten, daß sie ihm inhaltlich suspekt waren. Dabei belegen späte Texte wie die *Passions de l'Ame* eindeutig, daß die Zusätze zu den *Principes,* Descartes' damaligem Denken nicht widersprechen. Auch terminologisch erlaubt sich Wohlers im Übrigen anachronistische Freiheiten, etwa wenn er die spiritus mit Gasen übersetzt. Hier ist Buchenau trotz seiner heute altväterlich anmutenden Diktion genauer.

> ßen und anderes, dessen Ursachen ich, wie mir scheint, überzeugend aus den allbekannten und allgemein anerkannten Prinzipien, d.h. aus der Größe, Gestalt, Lage und Bewegung der *verschiedenen* Teilchen der Materie in diesem Werk abgeleitet habe, und man wird sich hiernach leicht davon überzeugen, daß es in den Steinen und Pflanzen keine so verborgenen *Qualitäten*, keine so wunderbaren und *befremdlichen* Wirkungen der Sympathie oder Antipathie noch eine andere so *seltene* Sache in der ganzen Natur gibt (wenigstens von dem, was man auf rein körperliche Ursachen, d.h. solche, die des Denkens und *des freien Willens*) entbehren, beziehen muß, dessen Grund nicht aus denselben Prinzipien abgeleitet werden könnte, so daß es keiner Zuhilfenahme anderer weiter bedarf."[454]

Ohne die Zusätze übersieht man leicht, daß Descartes keineswegs mit dem Glauben an das Auftreten wunderbarer Phänomene aufräumt, sondern daß er beansprucht solche Wundererscheinungen mit seinen Prinzipien besser erklären zu können. Wie bei der Erklärung des Magneten, wo schraubenförmige Teilchen durch parallel gelegene, schneckenhausförmige Einbahnstraßengänge des Magneten oder der Erde flitzen und – eine große Wirbelbewegung ausführend – außen herum wieder zurückkehren, so kann der Leser hier selbst folgern, wird auch zwischen Mörder und Leiche eine auf spezifischen Gängen und Teilchenformen resultierende korpuskulare Wirbelbewegung die Ursache für das Bluten sein. Der Aberglaube besteht für Descartes nicht im Glauben an Geistererscheinungen,[455] sondern in den falschen Erklärungen.

Descartes' Zusatz bezieht sich zudem auf eine in dieser Zeit gut dokumentierte Tatsache, die sich nicht zuletzt bei Bacon bezeugt findet.[456] Hierin zeigt sich, daß auch allgemein das

---

454 AT IX, 308f.

455 Vgl. den Brief an Philibert de la Mare aus dem Jahr 1649, AT V, S. 462f.

456 Offenbar hatte Descartes mittlerweile Bacons immens erfolgreiches Spätwerk *Sylva Sylvarum* gelesen. Denn auch bei diesem vermeintlichen Herold der wissenschaftlichen Revolution findet sich dieses Beispiel aufgenommen unter den „Experimental facts": „It is an usual observation, that if the body of one murdered be brought before the murderer, the wounds will bleed afresh [...] It may be, that this participateth of a miracle, by God's just judgement, who usually bringeht murders to light: But if it be natural, it must be referred by imagination." Bacon, *Sylva Sylvarum* Nr. 958. Z.B. geht Bacon in diesem Kontext auf verborgene Beziehungen der Sympathie oder Antipathie ein und nennt hier als Beispiel die „vielbezeugte" Beziehung zwischen dem Tod eines nahen Blutsverwandten und dem inneren Gefühl, mit dem der Angehörige diesen Tod auch von fern spürt. Bacon berichtet, daß er selbst, als er in Paris weilte, den Tod seines Vaters zwei oder drei Tage zuvor in einem Traum angekündigt bekam (*Sylv.* 986). Vgl. auch als Beispiele für *actio in distans* den Paragraphen zum „torpedo marina" (*Sylv.* 993) oder auch: „„... and to the sense, which is God's lamp, lucerna, Die spiraculum hominis, will inquire with all sobriety and severity, whether there to be found in the footsteps of nature, any such transmission and influx of immateriate virtues; and what the force of imagination is; either upon the body imaginant, or upon another body: wherein it will be like that labour of Hercules, in purging the stable of Augeas, to seperate from superstitious and magical arts and observations, any thing that is clean and pure natural" (*Sylva Sylvarum* § 900). Auch bei Harvey finden sich solche Schlüsse auf empirischer Basis, etwa nachdem er kurz vorher besprungene Hirschkühe seziert hatte: „Als ich aber nach wiederholten Untersuchungen immer noch nichts im Uterus fand, begann ich zu zweifeln und mich zu fragen, ob der Samen des Männchens möglicherweise durch Anziehung oder Einspritzung seinen Weg zum Sitz der Empfängnis finden könne? Und wiederholte Prüfung führte mich zu dem Schluß, daß nicht das Geringste vom Samen diesen Sitz erreichte." Harvey, *Works,* übers. v. Willis, S. 278 u. S. 478. Auch bei der Erklärung der Befruchtung der Henne folgte Harvey der Ansicht seines Lehrers Fabricius, daß kein Kontakt zwischen Ei und Sperma stattfinde, sondern daß vielmehr dem Samen die Fähigkeit zuerkannt werden müsse, durch eine sympathetische oder magnetische Kraft par distance, also ohne materiellen Kontakt das Ei zu befruchten. Die Zeugung erfolgt bei Harvey nicht als Vermischung weiblicher und männlicher Elemente.

mechanistische Denken nicht als simple Gegenposition zu magischen Strömungen verstanden werden darf. Ebenso wie mechanistische Philosophen die Naturphilosophie der Renaissance oft gnadenlos vereinfachten, entwarfen Gegner des Mechanismus von ihm von Anfang an ein reduktionistisches Zerrbild, das man heute nicht mehr ungeprüft tradieren sollte.[457]

Hutchinson und Meinel arbeiteten vielmehr heraus, daß „die naturwissenschaftliche Revolution des 17. Jahrhunderts die okkulten Qualitäten nicht beseitigt, sondern sie im Gegenteil an zentraler Stelle in ihr Weltbild integriert.“[458] Was bislang als Anomalie galt, wurde nun in ein einheitliches Erklärungsschema gebracht, wodurch die bisherigen Anomalien zu Normalfällen oder Testfällen der wissenschaftlichen Untersuchung avancierten. Die Ursachen der okkulten Qualitäten blieben zwar nach wie vor unbekannt, doch gerieten die verborgenen Qualitäten durch die hypothetisch eingeführten Erklärungsschemata in den Bereich der praktischen Verfüg- und Manipulierbarkeit.[459] Thomas Leinkauf wiederum hat diese Auffassung weiter präzisiert, indem er nachwies, daß sich während dieser Transformationsprozesse auch die Semantik des Ausdrucks ‚okkult‘ veränderte, der nicht mehr auf ein qualitatives Inneres, sondern auf nicht Sichtbares bezogen wird.[460] Mit Blick auf Descartes könnte man nun sagen, daß der Unterschied zwischen manifesten und okkulten Qualitäten durch Descartes' Erklärungs-Strategie eliminiert wird, denn es ist bloßer Zufall, wenn ein Mechanismus im subvisiblen Bereich abläuft.

Auch innerhalb des späteren Cartesianismus empfanden manche solche Passagen, wie ich sie hier zitiert habe, als Auftrag, das cartesische Projekt in diesem weiten Sinne fortzusetzen. Claude Gadroy sah z.B. in Descartes einen neuen Kolumbus, der eine unbekannte neue Welt entdeckt habe, deren Kultivierung er aber seinen Nachfolgern habe überlassen müssen. Diese neue Welt sei den alten Philosophen ebenso fremd wie den antiken Navigatoren der neue Kontinent Amerika.[461] In einer Schrift, die früher sogar als von Descartes ver-

---

Den männlichen Samen versteht Harvey als eine „plastische Kraft“, als eine spirituelle Fähigkeit, die aus der Ferne auf den weiblichen Uterus und die weibliche Seele einzuwirken vermag. Beim Koitus könne die Seele der Frau beeinflußt werden und über deren Einbildungskraft dann die Bildung des Embryos.

457 Zu einer Kontroverse zwischen mechanistischer Philosophie und Apolegeten von Wundererscheinungen anhand des Muttermalbeispiels vgl. Daston – Park (2002), S. 341-354.

458 Meinel (1992), S. 21-44, hier: S. 24ff.

459 Vgl. Meinel, ebd., wie bereits Yates, Rossi und Leinkauf, sowie neuerdings auch John Henry, *The Scientific Revolution and the Origins of Modern Science,* London 1997, unterläuft die althergebrachten simplifizierenden Gegenüberstellungen von Magie und Wissenschaft und das damit verbundene Fortschrittscredo. Vgl. dazu auch: Thomas Leinkauf, Der Naturbegriff in der Frühen Neuzeit, in: ders., *Der Naturbegriff in der Frühen Neuzeit. Semantische Perspektiven zwischen 1500 und 1700*, Tübingen (2005), S. 1-20, hier: S. 19. Dieses ist jedoch gerade in Lehrbuch- und Überblicksdarstellungen ungebrochen. Die Leitidee ‚Von der Magie zur Wissenschaft‘ regiert z.B. Perlers und Copenhavers Darstellungen. Vgl. Dominik Perler, Rene Descartes. Das Projekt einer radikalen Neubegründung des Wissens, in: Lothar Kreimendahl (Hrsg.), *Philosophen des 17. Jahrhunderts*, Darmstadt 1999, S. 69-90, hier: S. 72f. u. Brian Copenhaver, The occultist Tradition and its critics, in: Garber – Ayers (Hrsg), *The Cambridge History of Seventeenth-Century Philosophy,* Cambridge 1998, S. 454-512, S. 475ff.

460 Thomas Leinkauf, Der Natur-Begriff des 17. Jahrhunderts und zwei seiner Interpretamente: ‚res extensa‘ und ‚intima rerum‘, in: *Berichte zur Wissenschaftsgeschichte* 23,4, S. 399-418.

461 „Il faut aussi avouer que Descartes estoit trop riche de son propre fond, pour pouvoir mettre en usage tous les biens qu'ils nous a laissez. C'est à nous à recueillit cette precieuse sucession, & à en menager tous les avantages. Et de mesme que ces fameux Pilotes ayant fait la decouverte, d' un nouveau pais, en laissent

fasst galt, sah er sich entsprechend legitimiert, die ‚mechanistischen' Erklärungen Descartes' auf die Astrologie und die okkulten Wirkkräfte von Talismanen auszudehnen.[462]

2.3.5) Resumé

Mit einem engen Verständnis der mechanistischen Philosophie muß man das cartesische Projekt, auch den organischen Bereich kausal-mechanistisch zu erklären, als absurd und gescheitert belächeln. Historisch wie systematisch lohnender erscheint mir, sich der Fremdheit und ästhetischen Vielfalt von Descartes phantastischen Weltentwürfen und bildhaften Deduktionen zu stellen, ihren Erklärungsanspruch zur Kenntnis zu nehmen und dabei das eigene Verständnis darüber, was ‚mechanistisch' ist in der ‚mechanistischen Philosophie', grundlegend zu ändern.

Wie gezeigt, muß genau beachtet werden, daß Descartes die Maschinenmetaphorik bei seinen Erklärungen des menschlichen Körpers im Wissen um deren Grenzen einsetzt. Ein weiterer Aspekt, der mit der Automaten- und Maschinenmetaphorik verbunden ist, wird später noch geklärt werden müssen: Wie nehmen sich zu den Maschinenmetaphern die Versuche aus, den Körper mit Hilfe von Abbildungen zu erklären?

Nach der ersten Überprüfung des Einsatzes von Maschinen-Metaphern und -Modellen sei jedoch hier darauf hingewiesen, daß durch diese einigen prominenten Darstellungen die Grundlage bestritten wird. Für Arno Baruzzi, Sutter und Stollberg-Rilinger nämlich führe gerade das erkenntnistheoretisch eingesetzte Maschinenmodell, da es grundsätzlich die Berechen- und Beherrschbarkeit der Welt behaupte, zur Liquidation des Bildes: Die in der Alltagswelt begegnende Maschine stehe sowohl als Schau- wie als Sprachbild „gerade für das Projekt einer vollständigen Entbilderung der Welt. Die Maschine als eine Metapher, die den Tod der Metapher bedeutet."[463] Die Maschine sei daher die Metapher der Bilderfeinde und Metapherngegnern.[464] „So ist sie im Grunde eine Modelldefinition, die nun ihrerseits als Definitionsmodell sich anbietet. Die Maschine wird zum Urbild der Definierbarkeit. Sie ist nicht bloß Exempel, Folge und Effekt unserer Definierfähigkeit als vielmehr zugleich das Muster, der Grund und die Effizienz für unser Definieren überhaupt."[465] Nicht von ungefähr blendet Baruzzi die gesamte Naturphilosophie Descartes' aus und stempelt ihn als reinen Idealisten ab. Im Hinblick auf die Reichweite von Descartes' mechanistischen Erklärungen

---

la culture aux colonies qui vienne aprés eux; nous pouvons aussi dire que Descartes ayant fait la découverte, d'un nouveau monde, nous a laissé le soin de le cultiver: ce monde, dis je, qui n'a pas esté moins inconnu aux Philosophes anciens, que les terres de L' Amerique l'ont esté aux Pilotes de l'antiquité." Claude Gadroys, *Le systeme du monde selon les trois hypotheses*, Paris 1675, Preface (ohne Seitenzahl). Vgl. dazu: Roger Ariew, Cartesian Empiricism, in: *Revue roumaine de philosophie* 50 (2006), S. 71-85, hier: S. 72. Ariew spricht gar von einem „Cartesian occultism".

462 Claude Gadroys, *Discours sur les influences des astres selon les principes de M. Descartes*, Paris 1671. Vgl. dazu: Gaston Bachelard, Un livre d'un nommé R. Decartes, in: *Archéion* Bd. XIX, 1937, S. 161-171.

463 Arno Baruzzi, *Mensch und Maschine: das Denken sub specie machinae*, München 1973, S. 61, Sutter (1988), S. 68.

464 Barbara Stollberg-Rilinger, *Der Staat als Maschine. Zur politischen Metaphorik des absoluten Fürstenstaats*, Berlin 1986, S. 32.

465 Baruzzi (1973), S. 61.

und auf seine Wissenschaftspraxis muß jedoch erstens der hier unterstellte Modellbegriff eingeschränkt werden, zweitens wird die Vorstellung einer Definierbarkeit alles Mechanischen im totalen Sinne Baruzzis zweifelhaft und drittens nimmt sich die hier postulierte Gegnerschaft zu den Bildern und Metaphern geradezu als absurd aus, da, wie zu zeigen ist, die Explikation des Mechanismus bei Descartes von dessen Repräsentation und ästhetischer Konstruktion nicht zu trennen ist und die Bilder gerade nicht verschwinden, sondern allerorten in seinen Texten eingesetzt werden.

3) Descartes' Experimentalphilosophie

Als Descartes 1646 in Egmond von einem jungen Adligen besucht wurde, bat ihn dieser, ihm seine Bibliothek zu zeigen und fragte, welche Bücher in Physik und Astronomie er am meisten schätze. Descartes, so berichtet Baillet, „führte ihn in die hinteren Räume, wo ein langer Gang war. Er zog einen Vorhang weg. Dahinter lag ein ganzes Kalb, das er gerade sezierte. ‚Hier, lieber Herr', sagte Descartes, ‚das ist meine Bibliothek'".[466]

Baillets Anekdote, in der Descartes den Vorhang lupft und seine empirische Praxis geschickt wie eine Theaterszene inszeniert, verweist darauf, daß noch der späte Descartes die Beobachtung am Objekt der Buchgelehrsamkeit vorzieht. Die Ausrichtung auf die Empirie kennzeichnet jedoch alle naturphilosophischen Schriften Descartes'. Es ist an der Zeit, sich der Bühne der Natur zuzuwenden, um sich anzuschauen, wie sich dort die in Descartes' Naturphilosophie vorgeschlagenen Methoden zur Erklärung von Naturphänomenen in der Praxis bewähren.

3.1) Descartes und der Mpemba-Effekt

Kann heißes Wasser schneller als kaltes frieren? Im Jahre 1963 machte ein Schüler in Tansania namens Ernesto Mpemba beim Herstellen von Speiseeis in der Schule eine wundersame Entdeckung: er fand zu seiner Freude heraus, daß er schneller sein Ziel erreichen kann, wenn er entweder heiße oder zuvor erhitzte und wieder abgekühlte Milch ins Gefrierfach stellt. Als ihm jedoch sein Physiklehrer Newtons Abkühlungsgesetz nahebringen wollte, widersprach er daher hartnäckig und wurde von der Klasse ausgelacht: er treibe „Mpemba-Physik". Er experimentierte unverdrossen weiter und beobachtete zugleich, daß sein Verfahren bei den Eisherstellern seiner Stadt eine bekannte Praktik war. Ein Schulrat erfuhr von der Sache, wiederholte die Experimente erfolgreich und publizierte mit ihm gemeinsam einen Artikel.[467] Seither ist das Phänomen akzeptiert und wird ‚Mpemba-Effekt' genannt.[468]

---

466 Baillet, Das Leben des Descartes, S. 121.

467 E.B. Mpemba – D.C. Osborne: Cool? in: *Physics Education* 4 (1969), S. 172-175.

468 Vgl. die Artikel von Monwea Jeng (1998), Can hot water freeze faster than cold water?", http://math.ucr.edu/home/baez/physics/General/hot_water.html und „Hot water can freeze faster than cold?!? (2005), http://arxiv.org/PS_cache/physics/pdf/0512/0512262.pdf (mit weiterführenden Literaturangaben),

Was Ernesto Mpemba nicht wissen konnte: Das Phänomen hatte bereits Aristoteles beobachtet und auch bei Francis Bacon ist es beschrieben.[469] Am genauesten hat das Experiment jedoch Descartes in seiner Schrift *Les Météores*[470] und in seinen Briefen erklärt. So schreibt er in einem Brief an Mersenne vom 01. 03. 1638:

> „Ich wundere mich darüber, daß Sie davon sprachen, das zu bezeichnen, was Sie in meinem Buch an Fehlern bei Experimenten finden werden; denn ich wage zu versichern, daß es kein falsches darin gibt, weil ich sie selbst angestellt habe, und namentlich jenes, das Sie bei dem *warmen* Wasser beobachten können, das eher als das *kalte* friert; dabei habe ich nicht *warmes* und *kaltes* gesagt, sondern *daß das Wasser, das man lange über Feuer gehalten hat, eher friert als anderes;* denn um dieses Experiment richtig anzustellen, muß man das Wasser nach dem Kochen kalt werden lassen, bis es denselben Kältegrad erreicht haben hat, wie das aus einem Brunnen, dann muß man Wasser aus diesem Brunnen nehmen und diese beiden Wasser in gleicher Menge in gleiche Gefäße tun. Es gibt aber wenige Leute, die imstande sind, Experimente richtig anzustellen, und oft findet man, wenn man sie falsch macht, ganz das Gegenteil von dem, was man finden muß."[471]

Descartes hatte mit seinem contra-intuitiven Beispiel recht, denn es ist unter gleichen Bedingungen möglich, daß selbst 90 Grad heißes Wasser schneller den gefrorenen Zustand erreichen kann als etwa 18 Grad warmes Wasser. Von der späteren Wissenschaft wurden die Beschreibungen dieses Phänomens jedoch als unvereinbar mit Newtons Abkühlungsgesetz betrachtet und lange Zeit als bloße Folklore abgetan, bis es, bezeichnenderweise fernab der *scientific community,* rehabilitiert wurde. Dies ist ein erhellendes Fall-Beispiel dafür, wie die Formulierung eines Naturgesetzes die empirische Wahrnehmung zurüsten und einen bestimmten Typ von Naturbeobachtung verächtlich machen kann. Descartes' Physik war in vielen Bereichen „Mpemba-Physik" und das eben gebrachte Zitat ist durchaus für seine

---

sowie David Auerbach, Supercooling and the Mpemba effect: When hot water freezes quicker than cold, in: *American Journal of Physics* 63.10 (1995), S. 882-885; ders., Wasser, Eis und der Mpemba-Effekt, in: *Spektrum der Wissenschaft* 4 (1996), S. 15. Man muß jedoch festhalten, daß Descartes gerade nicht den am meisten kontra-intuitiven Fall gewählt hat, nämlich daß heißes Wasser schneller gefriert, sondern mit wieder erkaltetem Wasser experimentierte. Dennoch hätte er auch diesen Effekt mit seiner Theorie einfangen und erklären können, denn er geht davon aus, daß sich die Teilchenpartikel durch das Erhitzen verändert haben. Heutige Erklärungen ähneln im Prinzip denen Descartes', vgl. M. Chaplin, Water Structur and Behavior", http://www.lsbu.ac.uk/water/explan4.html#mpemba. In bezug auf die wissenschaftshistorische Einschätzung der Beobachtung des Mpemba-Effektes gibt es in der Descartesforschung – so weit ich sehe – keinerlei Studien. Außer der oben genannten Erwähnung bei Thomas Kuhn entspann sich lediglich eine sehr knappe Brief-Diskusssion zwischen Gallear und Deeson darüber, ob dieser Effekt im 17. Jahrhundert zum allgemeinen Wissen gehörte oder nicht. Vgl.: R. Gallear, The Bacon-Descartes-Mpemba phenomenon, in: *Physics Education* 9 (1974), S. 490 und Eric Deeson, Bacon-Descartes-Mpemba, ebd., *Phys. Educ.* 10 (1975), S. 124f. Die Einschätzung von Descartes' Mpemba-Experiment durch Scott ist indes in ihrer Ignoranz bemerkenswert: „This statement, which the simplest of experiments could have refuted, was repeated with elaborate details in a letter to Mersenne, and it emphasises Descartes' readiness to rely on *a priori* conclusions." J.F. Scott, *The scientific work of René Descartes (1596-1650)*, London 1976, S. 67.

469 Aristoteles, *Meteorologie* 348 b32; Francis Bacon, *Novum Organum* (1620), *The Works of Francis Bacon*, New York 1869, hrsg. v. J. Spedding – R.L. Ellis – D.D. Heath, Bd. VIII, S. 179-203, 235, 337 (dieses Beispiel ließ sich auch Thomas Kuhn nicht entgehen, in: *Die Struktur wissenschaftlicher Revolutionen*, Frankfurt 1991, S. 31).

470 AT VI, S. 238.

471 AT II, S. 29.

Forschungspraxis repräsentativ: Descartes beobachtete und experimentierte sein ganzes Leben lang, ohne vorschnell Gesetze zu formulieren.

Dies will jedoch weder zum üblichen Descartes-Bild passen noch zu den gängigen Darstellungen in der Wissenschaftsgeschichte, denen zufolge die Wende zur Empirie und zum Experiment im Zeichen Bacons sich primär in England mit der Gründung der *Royal Society* vollzogen habe.[472] Descartes figuriert in diesen Darstellungen als der große Antipode Bacons. Insbesondere Descartes wird allgemein verantwortlich gemacht für die Teilung von empirisch gestützter Philosophie einerseits und rationalistischer Deduktion von ersten Prinzipien andererseits.[473] Eine nähere Betrachtung von Descartes' Forschungspraxis wird dieses Bild als drastische Verfälschung enthüllen. Descartes war in vielen Bereichen seiner Naturphilosophie in erster Linie ein empirisch arbeitender Forscher. Er reihte sich damit ein in eine überall in Europa tätige Gemeinschaft von Experimentalphilosophen. Die weitgespannten Briefnetzwerke von Mersenne und dem Baconianer Nicolas de Peiresc, an denen auch Descartes partizipierte, dienten dem Austausch von Experiment- bzw. Erfahrungsberichten.[474] Die zahlreichen englischsprachigen Darstellungen, in denen große Entwicklungslinien der empiristischen Philosophie von Bacon bis Locke aufgezogen werden,[475] bedürfen dringend einer Revision, die die wissenschaftliche Praxis des Humanismus und auch des sogenannten Rationalismus viel stärker einbezieht, weite Teile Europas nicht länger ausklammert und die einseitige Orientierung an den mathematisch-physikalischen Wissenschaften aufgibt. Auch ist all das, was in der frühen Neuzeit unter ‚Technik', ‚Experimental-Philosophie' und wissenschaftlicher Praxis verstanden werden konnte, viel bunter als oft dargestellt. Berücksichtigte man z.B. in der historischen Betrachtung endlich die frühneuzeitliche Meteorforschung, sähe man sich gezwungen, das gesamte Bild der vermeintlichen Formierungsprozesse der Moderne erheblich zu verändern. Denn Leitbilder der Historiographie wie z.B. ‚Kopernikanische Revolution', ‚mechanistische Welterklärung', ‚Welt als Uhr oder Maschine' ‚mathematische Methode' und das dazugehörige Bildarsenal werden als Signum der Epoche vor allem zunächst anhand astronomisch berechenbarer Phänomene gewonnen und dann auf den gesamten Bereich der sublunaren Sphäre ausgedehnt und deren Bild dadurch grob verzerrt, da man in diese unweigerlich die Vorstellung berechenbarer Regelmäßigkeit und maschinenhafter Gesetzesförmigkeit transportiert. Der sublunare Bereich ist aber, im Unterschied zu gesetzesförmigen und daher berechenbaren Lauf der Planeten in der supralunaren Sphäre, weitgehend chaotisch, dynamisch und unberechenbar, ihn experimentell zu erforschen war das Ziel zahlreicher Naturphilosophen – auch das von Descartes.[476]

---

472 Vgl. Shapin – Schaffer, *Leviathan and the Air-Pump. Hobbes, Boyle, and the experimental life*, Princeton 1985, und dazu Zittel (2002).

473 Dazu kritisch: Engfer (1996), Perler (2003), Lüthy (2000).

474 Zum Experimental-Diskurs bei Pereisc vgl.: P.N. Miller, *Peiresc's Europe: Learning and Virtue in the Seventeenth Century*, New Haven 2000; Peiresc and the First Natural History of the Mediterrean, in M. Mulsow – J. Assmann (Hrsg.), *Sintflut und Gedächtnis*, München 2006, S. 167-198. Die zentrale Rolle die die empirische Beobachtung im Kreise der Humanisten spielte, diskutiert: S. Taussig, L'éruption du Vésuve de 1631: Naudé et Gassendi, in: D. Bertrand (Hrsg.) *Mémoire du volcan et modernité* (Paris: 2004), S. 345-368. Dies., Les libertins erudits au pied du volcan: l'eruption du Vesuve de 1631, in: *Intellectual News* 14; ferner: Lorenzo Bianchi, *Tradizione libertina e critica storica da Naudé a Bayle*, Milano 1988.

475 Z.B.: Garber – Ayers (1998).

476 Vgl. dazu meine Einleitung zu: Descartes, *Les Météores / Die Meteore*, Frankfurt 2006.

3.2) Erfahrung bei Descartes

Man kann nicht behaupten, daß das Thema: ‚Erfahrung bei Descartes' von der Forschung vernachlässigt worden sei. Dennoch ist es erstaunlich, daß die Descartes-Interpreten meistens nur zitieren, was Descartes über Erfahrung schrieb, und sich nicht anschauen, wie sich Descartes in seiner konkreten Forschungspraxis Experimente ausdachte, sie durchführte, darstellte und über sie berichtete. So wurde immer wieder, von Blake, Gewirtz, Gäbe, Engfer, Clarke bis Garber,[477] die Frage diskutiert, ob Descartes ausgehend von evidenten ersten Prinzipien mathematisch-fundamentalistisch die Erklärungen für Naturphänomene deduziere, um dann die Erfahrung nur noch zu befragen, welches Naturgesetz denn in diesem oder jenem Fall zur Anwendung komme – oder ob er eher als praktischer Naturforscher zu verstehen sei, der induktiv vorgeht, seinen Theorien hypothetischen Status zuschreibt und damit gar in die Nähe Bacons rückt. Die Argumente beider Seiten sind oft ausgetauscht und die immer gleichen Stellen, die mal die eine, mal die andere Lesart stützen, häufig genug zitiert worden. Doch daß es die immer gleichen Stellen sind, über die in diesem Zusammenhang debattiert wird, deutet darauf hin, daß Descartes sich selbst nicht sonderlich dafür interessiert hatte, den Status der Erfahrung theoretisch zu erörtern.

Zweifellos macht jedoch das Sammeln und Austauschen von ‚Erfahrungen' den Großteil von Descartes' wissenschaftlichen Aktivitäten aus. Beck befand daher zu Recht: „Of all great philosophers, none, with the exception, perhaps, of Aristotle, devoted more time to experimental observation than Descartes."[478] Descartes jagte zeitlebens unermüdlich nach ‚Erfahrungen', d.h. nicht nur, daß er unentwegt selbst eigene Versuche anstellte, sondern auch, daß er anderen Naturforschern ständig ihre Resultate zu entlocken suchte. Seine Briefe an Kollegen sind Lehrstücke der Wissenspolitik, d.h. der Strategie und Taktik des Informationserwerbs und der gezielten Verteilung oder Geheimhaltung von Beobachtungsdaten und Experimentberichten, und beim Handeln mit Informationen zeigt sich Descartes auf der Höhe seiner rhetorischen Kunst. Wenn er sich in seinen Briefen dennoch gelegentlich erlaubt, andere, etwa moralphilosophische Fragen aufzuwerfen, entschuldigt er diese Art müßigen Zeitvertreibs bezeichnenderweise damit, daß unterdessen ihm ‚Erfahrungen' (experiences) in seinem Garten in Gestalt der dortigen Pflanzen ‚wachsen'.[479]

In welchem Sinn spricht Descartes hier von „Erfahrungen" / „experiences"? Und in welchem Zusammenhang stehen solche Erfahrungen mit seiner Methode? Bekannt ist, darauf hat unter anderem Desmond Clarke hingewiesen, daß Descartes, obgleich der Sprachge-

---

477 R. Blake, The Role of Experience in Descartes' Theory of Method, in: *The Philosophical Review* 38.2 (1929), S. 125-143. A. Gewirtz, Experience and the Non-Mathematical in the Cartesian Method, in: *Journal of the History of Ideas* 2 (1941), S. 183-210. Gäbe (1972); Ch. Larmore, Descartes' Empirical Epistemology, in: Gaukroger (1980), S. 6-22; B. Williams, *Descartes, the project of pure enquiry*, Atlantic Highlands, N.J. 1978; Clarke (1982); Engfer (1996); K. Petrus – J. Freudiger, Empirisches bei Descartes, in: *Studia Philosophica* 55 (1996), S. 31-52; Gaukroger, *Descartes' system of natural philosophy*, Cambridge, New York 2002; Garber (2001); Ariew (2009).

478 L.J Beck, *The method of Descartes. A study of the Regulae*, Oxford 1952, S. 239.

479 So heißt es z.B. in einem späten Brief an Chanut vom 15. 06. 1646: „daß ich, während ich die Pflanzen meines Gartens wachsen lasse, von denen ich einige ‚Erfahrungen' (experiences) erwarte, um die Fortsetzung meiner Physik zu versuchen, mich zuweilen auch damit beschäftige, an die besonderen Fragen der Moral zu denken."

brauch seiner Zeit es erlaubt hätte, nicht zwischen ‚experiment' und ‚expérience' differenziert hat und sowohl Beobachtungen, Experimente und Erfahrungen als ‚expériences' bezeichnete. Auch der lateinische Ausdruck „experimentum", so Clarke, „doesn't have any special connotations of a scientific experiment in his vocabulary".[480] Heutige Übersetzungen vereindeutigen diesen Sprachgebrauch je nach Kontext vermeintlich sinngemäß. Dies jedoch könnte die Gefahr mit sich bringen, daß wir heute nicht mehr erkennen, was für Descartes gerade das Gemeinsame in allen „expériences" gewesen sein könnte. Man könnte vielmehr fragen: Hatte es für Descartes Sinn, hier nicht zu trennen?

Um bei dieser Frage weiterzukommen, muß man sich anschauen, wie Descartes konkret „Erfahrungen sammelte". Dies hat man bislang zumeist sehr selektiv getan, fokussiert auf das, was wir heute Experimentieren nennen, und selbst bei diesen Experimenten konzentrierte man sich meistens auf ausgewählte Beispiele aus dem Bereich der Optik: die Kollaborationsversuche zum Zwecke des Instrumentenbaus mit Ferrier, die von Shea, und neuerdings von Burnett und Dupré[481] untersucht wurden, die Prismen-Experimente zur Erklärung des Regenbogens und Descartes' Gebrauch der Camera obscura. Bei letzteren Experimenten arbeitete Descartes, wie neuerdings gezeigt werden konnte, mit Plempius zusammen, in der Absicht, die Physiologie des Auges zu erklären.[482] Außerhalb dieses Bereichs wurden schließlich vor allem die späten Barometerexperimente registriert.

Es wird mir nicht möglich sein, alle Arten von Experimenten und Beobachtungen, die Descartes als Naturforscher in Bereichen durchführte, die wir heute als Physiologie, Psychologie, Anatomie, Embryologie, Chemie, Physik, Meteorologie, Astronomie, Musik, Geologie und Mechanik bezeichnen, hier in all ihrer Vielfalt vorzustellen, doch ich will versuchen, einige „Leit-Motive" herauszupräparieren, um womöglich einem spezifisch cartesischen Experimentierstil auf die Spur kommen. Wenn in der Folge von ‚Experimentierstil' oder ‚Experimental Philosophie' die Rede sein wird, so sei dies aber nur als stilistische Variation zu begreifen, mit der ich die Verkürzung, die auch der heutige Terminus „Erfahrung / experience" mit sich bringt, auszugleichen versuche: es sind also ‚Experiment', ‚Beobachtung' und ‚Erfahrung' zusammenzudenken. Mit „Experimental Philosophie" meine ich folglich mehr, – nicht nur, wie Descartes Experimente nach heutigem Verständnis durchführt, sondern wie das Experimentieren im Sinne von einem Ausprobieren und Basteln

---

480 Clarke (1982), S. 19-24. Grundsätzlich dazu, welche systematisch unterscheidbaren Konzepte des ‚Empririschen' im 17. Jahrhundert anzutreffen waren: W. Detel, War Gassendi ein Empirist? in: *Studia Leibnitiana* 65 (1975), S. 178-221.

481 S. Dupré, *Newton's Telescope in Print. The Role of Images in the Reception of Newton's Instrument* (http://sarton.ugent.be/publications/preprints); Shea (1991); ders., Descartes and the French artisan Jean Ferrier, in: *Annali dell'IMSS di Firenze*, Anno VII, fasc. 2, 1982, S. 145-160. D.G. Burnett, *Descartes and the Hyperbolic Quest: Lens Making Machines and their Significance in the Seventeenth Century*, Philadelphia 2005; Georges Canguilhem, Descartes und die Technik, in ders., *Wissenschaft, Technik, Leben. Beiträge zur historischen Epistemologie*, Berlin 2006, S. 7-22. Ferner: Fokko J. Dijksterhuis, Constructive Thinking. A Case for Dioptrics, in: L. Roberts – S. Schaffer – P. Dear (Hrsg.), *The Mindful Hand: Inquiry and Invention from the Late Renaissance to Early Industrialization*, Amsterdam 2007, S. 59-82.

482 Vgl. Katrien Vanagt, ‚The Role of the 'Camera Obscura' in Early Modern Medical Conceptions about the Eye, erscheint in: Helen King – Manfred Horstmannshoff – Claus Zittel, *Blood, Sweat, and Tears. The Changing Concepts of Physiology from Antiquity into Early Modern Europe*, Leiden, Boston 2010. Dort der Hinweis auf: Vopiscus Fortunatus Plempius, *Ophtalmographia, sive de oculi fabrica*, Amsterdam 1632.

zu einem methodischen Grundzug bei Descartes wird, bei dem das Unterscheiden zwischen passiven Beobachten und aktiven Experimenten keine systematische Notwendigkeit hat.

3.3) Primat der Praxis

„Je nachdem ob ich künftig die Möglichkeit haben werde, mehr oder weniger Beobachtungen experiences zu machen", erklärt Descartes in seinem *Discours de la méthode*, werde „ich auch mehr oder weniger in der Erkenntnis der Natur fortschreiten." Um sein Wissen über die Natur erweitern zu können, muß Descartes seine Methode mit der Praxis konfrontieren, – die Erklärungen der Naturphänomene lassen sich nicht aus evidenten Prinzipien am Schreibtisch deduzieren, sondern mühsam nach und nach durch praktische Forschung erarbeitet werden. Wer es anders hält, erntet Descartes' Spott: Viele

> „behandeln oft die schwierigsten Fragen so unordentlich … als versuchten sie, vom untersten Stockwerk eines Gebäudes mit einem Sprung auf das Dach zu kommen ... *so auch jene Philosophen, die die Erfahrung mißachten (experimentis neglectis) und dann glauben, daß die Wahrheit aus ihrem eigenen Gehirne entspringe, wie Minerva aus dem Ei des Jupiter"*.[483]

Just aus diesem Grund hängt Descartes nicht nur an den *Discours de la méthode* drei *Essais* an, also Versuche, die die Methode exemplifizieren sollen und publiziert sie gemeinsam in einem Band unter dem Titel *Discours de la Méthode pour bien conduire sa raison et chercher la vérité dans les sciences. Plus la dioptrique, les météores et la géométrie,* qui sont des essais de cette *méthode* (Leiden 1637)[484] und schreibt allein dadurch den *Essais* von vornherein einen experimentellen Status zu, sondern er stellt zudem in einem Brief *expressis verbis* den ganzen *Discours* unter den Primat der Praxis:

> „Ich schreibe nicht *Lehrbuch der Methode* (Traité), sondern Gespräch über die Methode, was dasselbe bedeutet wie *Einführung* oder Anleitung bezüglich der Methode um zu zeigen, daß ich nicht die Absicht habe, sie zu lehren, sondern nur von ihr zu sprechen. Denn wie man aus dem ersehen kann, was ich darüber sage, besteht sie mehr in Praxis denn in Theorie, und ich nenne die folgenden Abhandlungen *Versuche mit dieser Methode,* weil ich behaupte, daß die Dinge, die sich in ihnen befinden, nicht ohne Methode gefunden werden können."[485]

Wie ich bereits in der Einleitung betonte, wurden die Essays nicht einzeln veröffentlicht, sondern als Corpus exemplarischer Schriften, das der *Discours de la Méthode* nur einleitete. Descartes' naturphilosophische Texte werden zumeist nur selektiv aus jeweils fachhistorischer Perspektive gelesen oder wie sein Essay über die *Meteore* von der Forschung mit erstaunlicher Konsequenz nahezu ganz übergangen, mit der absurden Folge, daß man eine Einleitung rezipierte, die verschiedenen Werke, die die dort vorgestellte Methode im Voll-

---

483 Reg. 5, AT X, S. 380.
484 AT VI. Editionen, die die Bilder korrekt wiedergeben, sind: René Descartes, *Opere scientifiche*, hrsg. v. Ettore Lojacono, Turin 1982; René Descartes, *Discours de la Méthode, plus la Dioptrique, les Météores et la Geometrie*, hrsg. v. M. Serres, Paris 1987. Descartes, *Les Météores / Die Meteore*, Frankfurt 2006.
485 Brief an Mersenne vom März 1637, AT I, 349, *Briefe,* S. 77.

zug vorführen sollen, jedoch entweder gar nicht oder nur isoliert in anderen Kontexten zur Kenntnis nahm. Auch editorisch hat man früh den *Discours* von den Essays getrennt, und dies ist Faktor und Symptom zugleich für das bis heute vorherrschende reduktionistische Descartes Bild. Vergleicht man jedoch das vermeintlich mathematisch-deduktive Methodenideal des *Discours* mit den Essays, so fügen sich diesem Ideal viele der dort vorgeführten bunt-abenteuerlichen Anwendungen der angeblich reduktionistischen Methode ganz und gar nicht. Dies gilt im besonderen Maße für seinen Essay über die Meteore, und daß dies so ist, liegt daran, daß die Meteore traditionell als unberechenbare Renegaten im sonst gesetzesförmigen Reich der Naturphilosophie auftreten und von der Theorie prinzipiell nicht leicht einzufangen sind.[486] Was also ist unter praktischer Ausrichtung der Methode zu verstehen? Andernorts spezifiziert Descartes sein Vorhaben genauer:

> „Ich trage zu diesem Zweck die allgemeine Methode vor, die ich in Wirklichkeit nicht lehre; ich versuche aber Proben von ihr in den drei folgenden Abhandlungen zu geben, die ich mit dem discours, in dem davon die Rede ist, vereinige und für die ich als erstes ein aus der Philosophie und Mathematik gemischtes Thema wähle [die *Dioptrik*], als zweites ein rein philosophisches [die *Meteore*] und als drittes ein rein mathematisches [die *Geometrie*].“[487]

Weshalb bescheinigt Descartes erstaunlicherweise ausgerechnet den *Meteoren*, also der von der Philosophiegeschichte fast vollständig ignorierten Schrift, ein rein philosophisches Thema zu verfolgen und was meint er damit? Wiederholt beruft sich Descartes in diesem Zusammenhang auf Bacon, etwa wenn er Mersenne 1630 schreibt:

> „Sie wünschen ein Mittel kennenzulernen, um nützliche Erfahrungen zu machen. Dazu habe ich nichts weiter zu sagen als das, was Bacon darüber geschrieben hat, außer daß, statt zu wißbegierig zu sein, all die kleinen Details einer Sache zu erforschen, es hauptsächlich notwendig wäre, eine allgemeine Sammlung der gewöhnlichsten Dinge anzulegen, solcher, die am sichersten gewiß sind und die man ohne große Ausgaben in Erfahrung bringen kann. Z.B. ob in allen Muscheln die Spirale sich in die gleiche Richtung dreht und zu erfahren, ob es auf der anderen Seite des Äquators genauso verhält.“[488]

Bacon hatte als erste praktische Probe seiner *Instauratio Magna* 1622 ausgerechnet seine *Historia ventorum* veröffentlicht (History of Winds of the first Title in the Natural and Experimental History, for the foundation of Philosophy which is the third part of the Instauratio Magn). Die Naturgeschichte der Winde ist für die Geschichte der empirischen Wissenschaften insofern eine interessante Schrift, als in ihr die Leser direkt aufgefordert werden, Berichte zu sammeln, die nicht von Gelehrten, sondern von Praktikern, in diesem Falle von Seefahrern, stammen. Diese Schrift versammelt alle Arten von Beobachtungen und präsentiert diese ohne erkennbare Ordnung, wobei Mythologeme neben aristotelischen Erklärungen oder einfachen Beschreibungen zu stehen kommen. Die Einträge sind alle sehr knapp, es gibt keine ausführlichen Experimentschilderungen. Während Bacons Aufmerksamkeit gerade den vom Durchschnitt abweichenden Fällen gilt, von denen er sich neue Einsichten

---

486 Weitergehende Erläuterungen gebe ich in der Einleitung und im Kommentar zu: Descartes: *Les Météores / Die Meteore*, Frankfurt 2006.
487 AT I, S. 370, *Briefe*, S. 83f.
488 Mersenne, 23. 12. 1630.

verspricht (wozu er möglichst viele und heterogene Fälle sammelt), will Descartes erst einmal festhalten, was man sicher wissen kann und von diesem sicheren Wissen aus geordnet fortschreiten, weshalb er zunächst einfache Fälle sammelt. Wie Bacon fordert Descartes jedoch, daß man erst einmal möglichst viele Daten zusammenträgt und dies zur Aufgabe kollektiver Anstrengungen mache. So schreibt er an Mersenne:

> „Sie haben mir früher berichtet, daß Sie Leute kennten, die sich darin gefielen, für den Fortschritt der Wissenschaften sogar bis zu dem Punkt zu arbeiten, daß sie alle Arten von Versuchen auf ihre Kosten anstellen. Wenn jemand von dieser Veranlagung es unternehmen wollte, nach der Methode von Verulamius [Francis Bacons] die Geschichte der himmlischen Erscheinungen zu schreiben, und er uns, ohne irgendwelche Gründe oder Hypothesen hineinzubringen, genau den Himmel beschriebe [...] so würde das alles eine Arbeit sein, die dem Publikum nützlicher wärer, als es vielleicht zuerst scheint, und die mir viel Mühe abnehmen würde.“[489]

Auch im *Discours de la Méthode* fordert Descartes wiederholt das Einrichten kollektiver Forschungsprogramme im Sinne Bacons mit utilitaristischer Zielsetzung: „Im Übrigen“ bekennt er z.B.

> „bin ich jetzt so weit, daß ich, wie mir scheint, recht gut sehe, welchen Ausweg man wählen muß, um den größten Teil der Beobachtungen zu machen, die hierzu dienen können; aber ich sehe auch, daß sie so beschaffen und so zahlreich sind, daß weder meine Hände noch mein Einkommen, selbst wenn ich tausendmal mehr als jetzt hätte, für alle ausreichen könnten, so daß, je nachdem ich künftig die Möglichkeit haben werde, mehr oder weniger Beobachtungen zu machen, ich auch mehr oder weniger in der Erkenntnis der Natur fortschreiten werde.“[490]

Seine Prinzipien, meint Descartes weiter, versündigten sich nicht gegen das Gesetz,

> „das allgemeine Wohl aller Menschen zu befördern. Denn sie haben mir gezeigt, daß es möglich ist, zu Erkenntnissen zu gelangen, die sehr nützlich für das Leben sind, und daß man im Gegensatz zu der spekulativen Philosophie, die man in den Schulen lehrt, eine praktische finden kann, durch die wir die Kraft und Wirkungsweisen des Feuers, des Wassers, der Luft, der Sterne, der Himmelsmaterie und aller anderen uns umgebenden Körper ebenso deutlich kennen lernen wie die verschiedenen Tätigkeiten unserer Handwerker und die wir auf eben diese Weise zu allen Zwecken, für die sie geeignet sind, anwenden und so zu Herren und Eigentümern der Natur werden können.“[491]

Dies führt ihn zum baconianischen Projekt

> „der Öffentlichkeit getreu all das Wenige, das ich gefunden habe, mitzuteilen und die guten Köpfe einzuladen, sich zu bemühen, weiter vorzudringen, indem jeder nach seiner Neigung und seinem Vermögen Beobachtungen, die vonnöten sind, beisteuert und auch der Öffentlichkeit aller erlernten Dinge mitteilt, damit die Letzten dort beginnen, wo die

---

489 An Mersenne, 10. Mai 1632. AT I, S. 251, *Briefe*, S. 62f.
490 *Discours,* AT VI, S. 65.
491 Disc., AT VI, S. 62.

Vorhergehenden aufgehört haben, und wir auf diese Weise, Leben und Arbeiten vieler vereinigend, alle zusammen weiter kommen, als jeder es als Einzelner vermöchte."[492]

3.4) Experimente

Welche Experimente hat Descartes denn nun tatsächlich gemacht? Häufig ist nicht zu entscheiden, ob Descartes ein Experiment durchgeführt oder beobachtet hat oder nur behauptete, es getan zu haben. Doch den bisher zitierten Passagen kann man einiges entnehmen: 1. Descartes fehlte Geld für teure Instrumente. 2. Er hatte, obgleich er behauptet, „Millionen von Experimenten" durchgeführt zu haben, zwei linke Hände (auch die wenigen, aus seiner Hand überlieferten Zeichnungen belegen dies auf erschütternde Weise). Damit ergaben sich für ihn ganz ‚handfeste' Schwierigkeiten, die man zur Grundlage einer vorläufigen Typologisierung von Descartes' Experimentierpraxis machen kann. Es gibt:

1. Einfache Beobachtungen, wie z.B. anhand der oben erwähnten Muscheln, die er selbst machen kann und zu denen er dann ergänzende Informationen zum Vergleich einholen kann.
2. Einfache Sehexperimente: Durch Hin-und Herlaufen findet man heraus, daß ein eckiger Turm aus der Ferne rund erscheint. Oder Sehexperimente, durch Manipulation der eigenen Wahrnehmung: Descartes beschreibt z.B. was passiert, wenn er lange sein Auge drückt und wie sich dann plötzlich nachts eine Korona um eine Kerzenflamme zeigt. Es wird hierbei nicht nur eine Beobachtung, sondern zugleich auch seine Selbstbeobachtung mitgeteilt. Unterscheiden könnte man hier noch zwischen Beobachtungen, die Descartes für glaubhaft hält, weil er sie leicht selbst überprüfen kann, andere, die glaubhaft sind, und von Descartes nicht überprüft werden können, prinzipiell aber überprüfbar sind, wie etwa Seefahrerberichte; rätselhaften Beobachtungen, die man überprüfen könnte bzw. die einer Prüfung unwürdig sind, und zwar unwahrscheinlichen Beobachtungen, die aber von glaubwürdigen Zeugen berichtet wurden: diese werden, wenn nötig, von Descartes erklärt.[493]
3. Grobmotorisch durchführbare Experimente. Zum Zerlegen von Tierkadavern braucht es weniger Geschick als zum Umgang mit oder gar Bau von Instrumenten, und Kadaver sind billig zu bekommen. Anatomische Studien betrieb Descartes daher extensiv, aber auch diese häufig gemeinsam mit geschickteren Anatomen wie z.B. Plempius. Werden jedoch nicht Leichen, sondern biologische Veränderungsprozesse studiert, helfen keine Baupläne oder Modelle, diese beobachtet Descartes gezielt anhand der Entwicklung von Hühnerembryonen, mit dem reich bebilderten Buch von

---

492 Ebd., AT VI, S. 63.

493 So heißt es z.B in einem Brief an Meysonier vom 29. 01. 1640, ebd., S. 182: „Betreffs der Bilder kleiner Hunde aber, die im Urin der von tollwütigen Hunden Gebissenen erscheinen sollen, gestehe ich Ihnen, daß ich das immer für eine Fabel gehalten habe. Und wenn sie mir nicht versicherten, sie durchaus deutlich und gut ausgebildet gesehen zu haben, würde ich auch jetzt noch Mühe haben, es zu glauben, obgleich die Ursache dafür, falls es stimmt, daß man sie sieht, in irgendeiner Form gegeben werden könnte, wie ebenso für die Male, die die Kinder durch die Gelüste ihrer Mütter erhalten." AT III, S. 20f.

Fabricius daneben[494], und er studiert Gärungsprozesse. Auch rekurriert er permanent auf Alltagserfahrungen (z.B. um Transformationsprozesse zu erläutern in *Les Météores*[495] auf die Methode, wie Landfrauen Rahm schlagen,), d.h. eine Trennung von wissenschaftlichen und nicht-wissenschaftlichen Erfahrungsbericht gibt es bei ihm nicht.

4. Experimente mit Instrumenten, z.B. den späten Barometerexperimenten[496] oder vor allem das Experimentieren mit einem Prisma zur Erklärung der Lichtbrechung und der Farben des Regenbogens in *Les Météores*. Dies ist eines der seltenen Beispiele für ein Experimentieren im heutigen Sinne und das Lieblingsbeispiel der Descartes-Interpreten, welches aber, wie gleich zu zeigen sein wird, stets in seiner Bedeutung überschätzt wird.[497]
5. Apparate: Automaten hatten bereits den jungen Descartes fasziniert, viele hat er sich z.B. in Grotten angeschaut und auch wenn er diese natürlich nicht zerlegen durfte, so konnte er doch bei Johannes Faulhaber oder in den Büchern von Salomon de Caus im einzelnen deren Zusammensetzung und Mechanik studieren.[498]
6. Destillierexperimente: einfache konnte er selbst machen, kompliziertere hat er entweder in Alchimistenlaboren verfolgt oder z.B. bei Della Porta nachgelesen und in *Die Meteore* beschrieben.[499]

---

494 „Und in bezug auf die Bildung der Hühner im Ei, ist es mehr 15 Jahre her, daß ich gelesen habe, was Fabricius da Aquapendente darüber schrieb, und ich habe manchmal selbst Eier geöffnet, um diese ‚Erfahrung zu sehen' (voir cette experience). Doch meine Neugier (curiosité) ging weiter. Ich ließ früher einmal eine Kuh töten, von der ich wußte, daß sie seit kurzem trächtig war, und zwar deswegen, um ihre Frucht zu sehen. Und als mir bekannt wurde, daß die Fleischer dieses Landes oft trächtige Kühe töten, habe ich veranlaßt, daß sie mir mehr als ein Dutzend Bäuche brachten, in denen sich kleine Kälber befanden, die einen so groß wie Mäuse, andere wie Ratten oder kleine Hunde. Daran habe ich viel mehr Dinge beobachten können als bei den Hühnern, weil deren Organe viel größer und viel sichtbarer sind." AT IV, S. 555.

495 *Meteore,* S. 63, AT VI, S. 148.

496 Vgl. dazu: W.E. Knowles Middleton, *The History of Barometer*, Baltimore 1964.

497 Vgl. AT VI, S. 325f.

498 Vgl. dazu Teil 1 dieser Arbeit.

499 Z.B.: „Oder noch eher so wie das Wasser selbst die kleinen Teilchen jenes Öls, das die Alchemisten gewöhnlich aus trockenen Pflanzen extrahieren, im Destillierkolben nach oben mitnimmt: Nachdem diese [Alchemisten] die Pflanzen mit viel Wasser durchtränkt haben, destillieren sie alles zusammen, und erreichen durch dieses Mittel, daß das bißchen Öl, das die Pflanzen enthalten, gemeinsam mit der großen Menge Wasser aufsteigt." (*Meteore*, AT VI, S. 241). Im *Discours de la Méthode* (AT VI, S. 9) hatte Descartes die Alchemie zusammen mit der Astrologie und Magie den „mauvaises doctrines", den (moralisch) schlechten Lehren zugerechnet. Seine eigene Experimentier-Praxis bezeichnete er zu dieser Zeit und früher manchmal als „Chemie" (z.B. im Brief an Mersenne vom 15. 04. 1630, AT I, S. 137), manchmal nimmt er nur unspezifisch auf die Chemie Bezug (z.B. *Meteore*, 7. Diskurs [322]. Das hält ihn hier offenkundig jedoch nicht davon ab, auf alchemistische Verfahren zu verweisen. Nicht nur diese Passage, sondern auch zahlreiche andere Stellen der *Meteore* (vor allem im dritten und im siebten Diskurs) bezeugen, daß Descartes, auch wenn er alchemistische Lehren zurückweist, in alchemistischen Laboratorien genau zugesehen und dabei viel über die Eigenschaften verschiedenster Stoffe und ihrer Verbindungen gelernt hat. Nur mit großen Einschränkungen läßt sich daher O.R. Blochs These zustimmen, daß nicht bei Lavoisier, sondern von der Sache her sich bereits in den ersten Dekaden des 17. Jahrhunderts die Ablösung der Chemie (im modernen Verständnis) von der Alchemie vollzogen habe. Vgl. Olivier R. Bloch, *La philosophie de Gassendi*, La Haye 1971, S. 235f.

Am 05. 04. 1632 hatte Descartes bereits Mersenne berichtet, er habe verschiedene Experimente angestellt,

Diese Typologisierung erweist sich jedoch bei näherer Betrachtung als vorläufig, denn meistens lassen sich bei Descartes die verschiedenen Dimensionen der Erfahrung nicht trennen, sondern sie sind alle gleichermaßen in ein Zusammenspiel von wissenschaftlicher Imagination, empirischer Beobachtung und theoretischer Spekulation einbezogen. Hier kommen zum ersten Mal auch Abbildungen ins Spiel, denen Descartes für die empirische Erschließung der Natur zentrale Funktionen zuweist. Das sei im Folgenden genauer erklärt, wobei ich versuchen werde, auch die Entwicklung von Descartes' Wende zur Empirie zu skizzieren.

3.5) Zum Zusammenspiel von Beobachtung, bildlicher Konzeption und wissenschaftli cher Erklärung in Descartes' *Die Meteore*

3.5.1 Parhelia

Am Anfang stand ein Bild. Im Jahr 1629 beobachtete der jesuitische Astronom Christoph Scheiner am 20. März in Frascati bei Rom eine seltene Himmelserscheinung: Das Erscheinen mehrerer Sonnen. Dies war ein ebenso spektakuläres, wie schwer zu erklärendes Himmelsphänomen. Scheiners schnell berühmt werdender Bericht über die sogenannten Parhelia oder Nebensonnen zirkulierte in ganz Europa und gelangte auch in die Hände Descartes'. Der Bericht enthielt eine Zeichnung, die Descartes später in seiner Schrift *Die Meteore* aufnahm. Sie war es, die ihn provozierte, eine eigene, bessere Erklärung des vermeintlichen Wunderzeichens vorzulegen.

Descartes' Interesse und wissenschaftlicher Ehrgeiz waren geweckt, er ließ alles andere stehen und liegen, begann Material zu sammeln, zu experimentieren und nur zwei Monate später schrieb er an Mersenne, daß er, bevor er antworten könne, alle seine damaligen Beschäftigungen abbrechen mußte,

---

um herauszufinden, welche „wesentlichen Unterschiede" zwischen den Ölen, den Aquavit oder Weingeist, dem normalen Wasser, dem Königswasser (eaux forts) und den Salzen bestehen (vgl. AT I, S. 243). Vgl. a. den Brief an Mersenne vom 11. 10. 1638: „Obgleich in hinsichtlich der Natur der Öle nicht zwanzig Jahre darauf verwendet habe, um Experimente darüber anzustellen, wie Sie von Herrn de la Brosse berichten, so glaube ich indessen genügend angestellt zu haben, um keinen Irrtum fürchten zu müssen." (*Briefe*, S. 143). Descartes hat an dieser Stelle als Öl der Alchemisten offenkundig ätherische Öle im Blick, deren Herstellung durch Wasserdampfdestillationen aus Pflanzen z.B. von Paracelsus beschrieben wurde. Ätherische Öle haben eine andere Konsistenz als gewöhnliche Pflanzenöle, wie z.B. Sonnenblumenöl. Sie sind hochgradig flüchtige, flüssige Bestandteile duftender Pflanzen, die sich mit Wasser schlecht vermischen, aber gut in fettem Öl oder hochprozentigem Alkohol lösen. Bei der Wasserdampfdestillation wurden zerkleinerte Pflanzenteile in einem Destillierkolben auf einen Rost gelegt, dann von unten Wasserdampf zugeführt, der das ätherische Öl herauslöst und mit sich nimmt. Im Kondensor – das ist ein eng zulaufendes, wassergekühltes Rohr – wird der ölhaltige Dampf aufgefangen und in ein Wasserbecken geleitet. Das erhaltene ätherische Öl ist in der Regel leichter als Wasser und schwimmt daher auf dessen Oberfläche, von wo es abgeschöpft werden kann. Die so gewonnenen Duftöle wurden auch zu therapeutischen Zwecken eingesetzt. Sie galten als Wunder-Öle, weshalb sich ihre Behandlung durch Descartes zu dessen anderen Erklärungen von *admiranda* gesellt.

„um systematisch alle Meteore zu untersuchen. Doch ich meine, jetzt so weit zu sein, um einige Erklärungen geben zu können und habe mich entschlossen, einen Traktat zu verfassen, der die Farben des Regenbogens erklärt (was mir mehr Mühe bereitete als alles andere) sowie allgemein alle sublunaren Phänomene."[500]

Was anfangs nur die Beschäftigung mit einer Nebensache war, wuchs sich rasch zu einem riesigen Langzeitforschungsprojekt aus. Nur wenige Tage nach dem Beginn seiner Studien teilt er Mersenne mit, daß er nun, anstatt „ nur ein Phänomen zu erklären" sich entschlossen habe, „alle Naturphänomene zu erklären, das heißt: die ganze Physik."[501]

500 Brief vom 08. 10. 1629, AT I, S. 23. Zur Zirkulation der Abbildung zu Scheiners Bericht siehe die ausgezeichnete Rekonstruktion von Walter Tape – Eva Seidenfaden – Gunther P. Können, The legendary Rome halo displays, in: *APPLIED OPTICS* Bd. 47 (1934), S. 71-84. Den Autoren zufolge konnte Descartes die Abbildung, die nicht von Scheiner selbst stammt, entweder in einer Abschrift von Peiresc oder einer Schrift Gassendis kennengelernt haben: P. Gassendi, *Phaenomenon rarum, Et illustre, Romae observatum, 20 Martij, anno 1629. Subjuncta est causarum explicatio brevis clarissimi Philosophi, ac Mathematici, D. Petri Gassendi, Ad Illustrissimum Cardinalem Barbarini*, Amsterdam 1629. Doch auch in Beckmanns *Journal* findet sich die gleiche Abbildung mit lateinischer Fassung des Berichts. Vgl. Isaac Beeckman, *[4] Journal tenu par Isaac Beeckman de 1604 à 1634, Tome quatrième (supplément)*, hrsg. mit einer Einl. u. Anm. v. C. de Waard, Amsterdam, Den Haag 1953, Bd. IV, S. 150.
501 An Mersenne, 13. 11. 1629, AT I, S. 70.

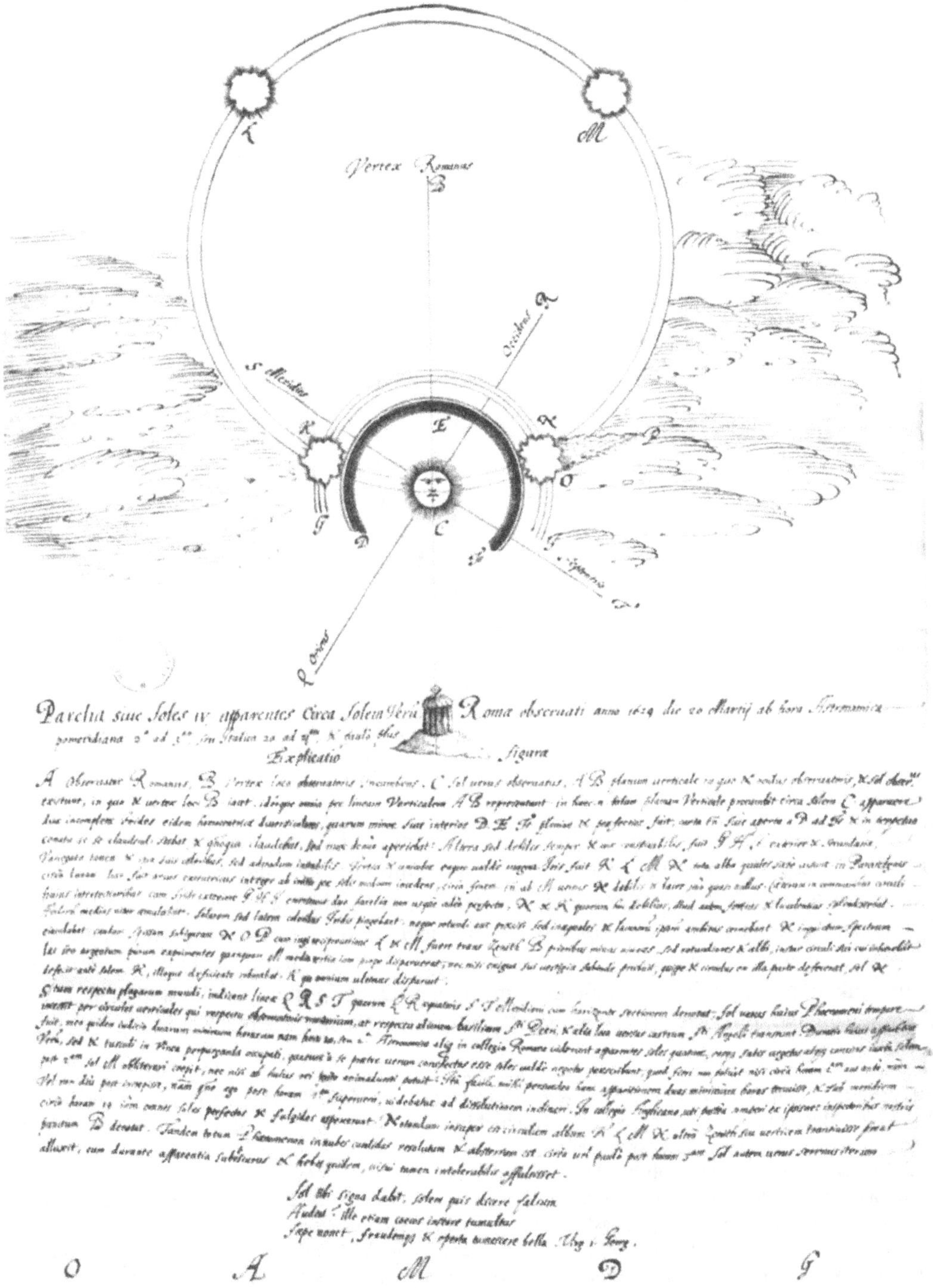

Abb. 12) Christoph Scheiner, Parhelia.

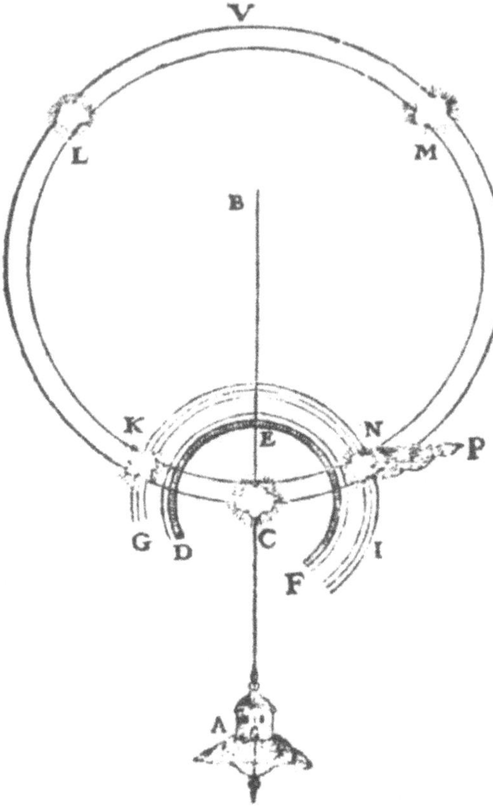

Abb. 13) Descartes, *Les Météores*, Parhelia.

Die folgenden Jahre waren angefüllt mit Experimenten, Beobachtungen und dem Sammeln von Berichten, Material, das später in *Le Monde*, die *Dioptrik* und in die *Meteore* einging. Es ist ein offenes, oft tastendes Forschen, das so gar nicht zum Bild des selbstgewiß die Natur kommandierenden Philosophen, welches man so oft von ihm entwarf,[502] passen will. Descartes blieb dabei stets abhängig von seinen wissenschaftlichen Kontakten, finanziellen Möglichkeiten und zufälligen äußeren Umständen. Dabei gesteht er ein, daß er Schwierigkeiten habe, kompliziertere Experimente[503] im Geiste Bacons, die erst durch die Manipulati-

502 Vgl. J.F Scott, *The scientific work of René Descartes* (1596-1650), London 1976, S. 65, über Descartes' *Meteore*: „Much of it is far too speculative. Its chief blemish lies in Descartes' failure to recognise the decisive nature of even the simplest experiment."

503 Descartes versuchte deshalb mit Instrumentenbauern zu kooperieren, doch letztlich mit wenig Erfolg. Doch auch bei einfacheren Beobachtungen, die in riesiger Anzahl zu machen waren, war Descartes auf Kooperationen angewiesen. So phantastisch manche seiner Spekulationen heute anmuten, eine solide empirische Basis sah Descartes als zwingend erforderlich an. Wenn die Informationen ausblieben, war Descartes in vielen Bereichen daher aufgeschmissen, und zumal in der niederländischen Provinz war er zunehmend wissenschaftlich isoliert. Es drohten dadurch ernsthafte wissenschaftliche Blamagen. Entsprechend macht er Mersenne, der immer mehr mit Berichten geizte, Vorwürfe: „Sie verlangen ein Schreiben bezüglich der Experiences über Quecksilber von mir und zögern doch, mir ihre Experiences mitzuteilen, als ob ich sie

on der Natur Fakten schaffen, auszuführen, und daher mehr und mehr Beobachtungen bevorzuge, für die er keine Apparaturen und Gelder brauche. Seine eigene Geschicklichkeit beurteilt er pessimistisch, weshalb er bekennt, bereits fertig vom Himmel fallende Erfahrungen zu bevorzugen:

> „Wenn Sie auch manchmal ihren Blick aus Ihrer warmen Stube heraus geworfen haben, werden Sie vielleicht in der Luft andere Meteore als jene bemerkt haben, über die ich geschrieben habe und werden mir nützliche Instruktionen geben können. Eine einzige Beobachtung, die ich im Jahr 1635 über den hexagonalen Schnee gemacht habe, war Ursache für den Traktat, den ich darüber verfaßt habe. Wenn alle Erfahrungen, die ich für den Rest meiner Physik brauche, mir auch aus den Wolken fallen könnten und ich nichts als meine Augen benötigte, um sie zu erkennen, verspräche ich mir davon, binnen kurzer Zeit diese zu erlangen. Weil man aber auch Hände braucht, um sie zu machen, und ich keine anderen als meine eigenen habe, verliere ich vollständig die Lust, hier weiterzuarbeiten."[504]

Zwei Jahre später, die *Meteore* waren bereits erschienen, zählt er sich mit seiner Experimentierkunst wieder zu den „wenigen Leuten, die imstande sind, Experimente richtig anzustellen" und erklärt, man finde oft, „wenn man sie falsch macht, ganz das Gegenteil von dem, was man finden muß."[505] Kurzum: Descartes war Baconianer. Weniger das Labor, sondern die Natur selbst ist die Werkstatt der neuen Wissenschaft, das gilt gleichermaßen für Bacon wie Descartes.

3.5.2) Die Ausgangslage

Bevor ich mich nun näher der Schrift *Les Météores* widme, um dort das Zusammenspiel von Bildern mit Descartes' empirischer Naturforschung zu erläutern, möchte ich kurz die Situation skizzieren, die Descartes vorfand, als er sich daran machte, eine eigene, in weiten Teilen vollkommen neue Bildsprache für Meteore zu entwickeln. Als Meteore galten nicht nur Wetterphänomene im heutigen Sinne, sondern sämtliche sublunaren Erscheinungen, darunter Erdbeben und Kometen. Um einschätzen zu können, wie innovativ Descartes' Essay nicht nur für die Meteorologie im damals weiten Sinne war, sondern auch welche Rolle er für die Geschichte der Ikonologie und Ikonographie der Atmosphäre spielt, wären die wechselseitigen Einflußnahmen von Malerei und Wissenschaft zu untersuchen.[506]

Es ist zumindest nicht unwahrscheinlich, daß wissenschaftliche Aspekte im Zuge der rasanten Entwicklung, die die Meteorologie im 17. Jahrhundert nahm, auch für die Maler

---

erraten sollte. Ich darf mich aber nicht dem Zufall aussetzen, weil man falls ich auf eine Wahrheit stieße, meinen könnte, daß ich die Erfahrung hierüber gemacht hätte, und wenn ich sie verfehlte, würde man von mir dann eine um so weniger gute Meinung haben; wenn Sie mich aber gefälligerweise unbefangen an allem teilnehmen lassen, was Sie beobachtet haben, werde ich Ihnen zu Dank verpflichtet sein" [...] Ich bin erstaunt, daß Sie dieses Experiment, wie Herr Pascal behauptet, vier Jahre behütet haben, ohne mir jemals etwas darüber mitzuteilen." 13. 12. 1647, AT V, S. 98-100.

504 AT IV, S. 377f. Vgl. auch: Disc. VI, AT VI, S. 63.

505 An Mersenne, 01. 03. 1638, AT II, S. 29.

506 Solche Wechselwirkungen nimmt Alessandro Nova an. Vgl. A. Nova, *Das Buch des Windes*, Berlin 2007, S. 122f.

zunehmend an Bedeutung gewannen. Man kann jedoch auch die umgekehrte Überlegung anstellen und fragen, ob es nicht ebenso plausibel ist, anzunehmen, daß Innovationen in der Darstellungsweise von Wetterphänomenen neue meteorologische Erklärungen ermöglichten? Doch wie könnte man dies überprüfen? Zunächst müßte man versuchen zu klären, welches die entscheidenden Veränderungen in der Meteorologie der frühen Neuzeit waren, dann könnte man nachsehen, ob diese durch eine neuartige Ikonographie begleitet wurden. Dabei ist es keineswegs einfach anzugeben, welche Texte die Meteorologie maßgeblich veränderten. Durch das ganze Mittelalter hindurch und bis in die Renaissance diente der wissenschaftlichen Erforschung der Meteore die Aristotelische *Meteorologie*[507] als Rahmen und methodisch flexibler Leitfaden. Bereits für Aristoteles galten alle sublunaren Phänomene als unberechenbar, die chaotischen und wechselhaften Meteore forderten gerade dazu heraus, neue wissenschaftliche Hypothesen aufzustellen und zu testen.[508] Die zahlreichen Kommentare zur aristotelischen *Meteorologie* waren daher keineswegs nur epigonal dogmatische Lehrwerke, sondern auch innerhalb ihrer Tradition gab es weitgehende Revisionen aristotelischer Vorstellungen, welche durch die Ergebnisse neuer Beobachtungen erzwungen waren. Somit kam es im 16. und frühen 17. Jahrhundert nicht zu einer simplen Opposition zwischen rückwärtsgewandten Aristotelikern und Protagonisten einer neuen Wissenschaft, sondern die Transformation der Meteorologie vollzog sich in allen Lagern. Daher hätte es keinen Sinn, nach aristotelischen oder baconianisch oder cartesianisch motivierten Wind- oder Kometendarstellungen zu suchen. Neue empirische Erkenntnisse wurden z.B. von Nifo und Pomponazzi in Auseinandersetzung mit der dennoch unbezweifelten Autorität des Aristoteles eingeführt[509], Fromondus' scholastischer Aristoteleskommentar enthält beispielsweise die ersten Langzeitbeobachtungen[510], Niccoló Cabeos hochkomplexe Meteorologie wartet mit neuen Hypothesen über die korpuskulare Mikrostruktur der Wolken auf.[511] Veranschlagen muß man zudem auch noch die experimentellen Forschungen zu Meteoren aus der magischen Tradition.

---

507 Aristoteles, *Meteorologie,* übers. v. H. Strohm (= Werke, Bd. 12), Berlin 1984.

508 Vgl. dazu meine Einleitung zu *Les Météores / Die Meteore.*

509 A. Nifo, *In libros Meteorologicorum, in librum de Mistis, sive Quartum Meteororum, ab antiquis nuncupatum & ordinatum*, Venedig 1560; P. Pomponazzi, *Dubitationes in quartum Meteorologicorum*, Venedig 1563.

510 L. Fromondus, *Meteorologicum libri sex*, Louvain 1627; G. Hellmann, Die ältesten Untersuchungen über Windhosen, in: *Beiträge zur Geschichte der Meteorologie* Bd. 2, 1917, S. 329-334. Dazu: C. Meinel, Les Météores de Froidmont et les Météores de Descartes, in: A. Bernès (Hrsg.), *Libert Froidmont et les résistances aux revolutions scientifiques*, Haccourt 1988, S. 105-129; T. van Nouhuys, The reception of copernicanism in the southern Netherlands: the case of Libertus Fromondus (1587-1653), in: *La Lettre de la Maison Française d'Oxford* (2001), S. 13.

511 Craig Martin hat in den letzten Jahren in einer ganzen Serie von Artikeln unser Wissen über das Nachwirken der aristotelischen Meteorologie in der Renaissance erheblich erweitert. Siehe: C. Martin, With Aristotelians Like These, Who Needs Anti-Aristotelians? Chymical Corpuscular Matter Theory in Niccolò Cabeo's Meteorology, in: *Early Science and Medicine* 11.2 (2006), S. 135-161; ders., Experience of the New World and Aristotelian Revisions of the Earth's Climates during the Renaissance, in: *History of Meteorology* 3 (2006), S. 1-16; ders., Francisco Vallés and the Renaissance Reinterpretation of Aristotle's Meteorologica IV as a Medical Text, in: *Early Science and Medicine* 7 (2002), S. 1-30; ders., Alchemy and the Renaissance Commentary Tradition on Meteorologica IV, in: *Ambix: The Journal of the Society for the History of Alchemy and Chemistry* 51 (2004), S. 245-262. Ferner siehe: S.K. Heninger, *A Handbook of Renaissance Meteorology, with particular reference to Elizabethan and Jacobean literature,* New York 1968.

Immerhin lassen sich in Bezug auf solche neuen Trends der frühneuzeitlichen Meteorforschung, die sich möglicherweise auch bildlich sichtbar manifestierten, zumindest drei charakteristische Faktoren nennen: Erstens wurden neue Instrumente erfunden, die es ermöglichten bislang unsichtbare Vorgänge sichtbar zu machen. Insbesondere ist hier das Wetterglas, eine frühe Form des Thermometers, zu nennen. Da Luft sich ausdehnt, wenn sie sich erwärmt und sich zusammenzieht, wenn sie wieder erkaltet, konnte versucht werden, innerhalb eines Glases diese Luftveränderung zu zeigen und damit Unsichtbares sichtbar zu machen. Giambattista Della Porta, Robert Fludd und insbesondere Cornelis Drebbel[512] entwickelten zu diesem Zweck Wettergläser und bei letzterem sind die persönlichen und beruflichen Verbindungen zu Goltzius sehr eng, so daß ein Austausch mit der Kunst als gesichert gelten kann und gesondert zu untersuchen wäre. Zweitens das Aufzeichnen systematisch durchgeführter Langzeitbeobachtungen (wie in der Astronomie längst üblich), die das bislang vor allem von Seefahrern beigebrachte empirische Material eminent erweiterten.[513] Drittens neue Theorien über die stoffliche Zusammensetzung von Meteoren. Insbesondere die Abkehr von der aristotelischen Theorie der vier Elemente (Erde, Wasser, Luft, Feuer) als materiale Ursachen von meteorologischen Phänomenen und die Einführung einheitlicher, dynamischer und korpuskularer Erklärungshypothesen für die unsichtbare Mikrostruktur von Luft und Wasser veränderte bereits circa 170 Jahre vor Luke Howards *Wolkenklassifikationen*[514] grundlegend die Vorstellung von der stofflichen Beschaffenheit einer Wolke oder von der Körperlichkeit der Luft.

Um der Frage nach der Funktion von Meteordarstellungen für die wissenschaftliche Erklärung weiter nachzugehen, bietet sich ein Text mehr als alle anderen als Quelle an, eine Schrift nämlich, in der selbst ein innovatives und für die Wissenschaft singulär reiches Bildvokabular für die neuen Theorien entworfen wird: Es handelt sich um das wichtigste und einflußreichste Werk der Meteorologie des 17. Jahrhunderts, um René Descartes' Essay: *Les Météores*.

3.5.3) Descartes' „Konkrete Geometrie" oder: Descartes als *Bricoleur*

Die einzige Schrift, in der Descartes seine experimentellen Forschungen dieser Jahre nicht nur im Referat mitteilt, sondern ausführlich der Öffentlichkeit darlegt, sind *Les Météores*.

---

512 Vgl.: G.B. Della Porta, *De aeris transmutationibus*, hrsg. v. A. Paolella, Neapel 2000; R. Fludd, *Integrum morborum mysterium: sive medicinae catholicae tomi primi tractatus secundus*, Frankfurt 1631; Cornelis Drebbel, *Ein kurzer Tractat von der Natur der Elementen und wie sie den Wind, Regen, Blitz und Donner verursachen und wozu sie nutzen*, Frankfurt 1608. Zum Wetterglas und seiner Rolle bei der Sichtbarmachung des Unsichtbaren: Arianna Borrelli, The weatherglass and its observers in the early seventeenth century, in: Zittel – Engel – Nanni (2008). Zur Entwicklung der Wetterbeobachtung und der Wetterinstrumente: G. Hellmann, *Beiträge zur Erfindungsgeschichte meteorologischer Instrumente*, Berlin 1920; ders., Meteorologische Beobachtungen vom XIV. bis XVII. Jahrhundert, in: Hellmann ([1901]1969); ders.: (1927).

513 J. de Acosta, *De natura novi orbis libri duo*, Köln 1592. Solche Seefahrerberichte gingen dann ein z.B. in: F. Bacon, Historia Ventorum (1622), in: *The works of Francis Bacon*, hrsg. v. J. Spedding – R. Ellis u.a., 2 Bde., London 1861.

514 Luke Howard, *On the modifications of clouds*, London 1804.

Mit dieser Schrift legt Descartes den ersten umfassenden wissenschaftlichen Erklärungsversuch der frühen Neuzeit über den Aufbau der Erde sowie sämtlicher Meteore vor und er präsentiert zum ersten Mal öffentlich seine Materietheorie. Im Unterschied zur *Dioptrique* wendet er sich nicht an Handwerker, sondern an ein Publikum mit naturphilosophischen Kenntnissen. Zu Recht konnte er dabei beanspruchen, für zahlreiche bislang rätselhafte Phänomene erstmals plausible Erklärungshypothesen gefunden zu haben. Von den Zeitgenossen wurde Descartes' Schrift durchaus geschätzt, sie ist daher eine unverzichtbare Quelle, wenn man sich klarmachen will, wie im 17. Jahrhundert Meteore, also alle Naturerscheinungen des sublunaren Bereichs, wissenschaftlich erklärt wurden.

In seiner Schrift über die Meteore brach Descartes radikal mit dem aristotelischen Paradigma der Erklärung von Himmelsphänomenen. Aristoteles rekurrierte auf besondere substantielle Eigenschaften der jeweiligen Körper, um deren Veränderungen und Wirkungen zu erklären. Descartes ersetzt diesen Erklärungstyp durch eine mechanistische Theorie, der zufolge alle Phänomene auf der *hypothetischen* Grundlage von Gestalt und Bewegung von einer Sorte von Materieteilchen erklärt werden können. Wie ist es jedoch möglich, mit dieser Ausgangssetzung die ganze Genese und chaotische Vielfalt terrestrischer Phänomene auf einheitliche Weise einzufangen? Deduzieren in einem mathematischen oder logischen Sinne kann man die Entstehung der Winde, der Wolken, der Kugelblitze, Lawinen, Kometen, Erdbeben, der Farben und Dünste oder der Schneekristalle jedenfalls nicht. Da die Meteore den gesamten Bereich aller auf der Erde beobachtbaren Phänomene regieren, beschäftigt sich auch Descartes' Physik größtenteils nicht mit im mathematischen oder logischen Sinne deduzierbaren Phänomenen, sondern mit solchen Erscheinungen und ihren Wirkungen, die beobachtet, mit Erfahrung geprüft und exakt beschrieben werden müssen. Entsprechend sei es nicht die Vernunft, die Himmelserscheinungen mit Gewißheit beurteilen könne: sondern „die Augen sind die sichersten Richter".[515]

Da Descartes in seinen *Meteoren* offenkundig nicht aus obersten Prämissen die Naturphänomene deduzierte, was tat er dann? Das Sammeln, genaue Beschreiben und Vergleichen von einfachen Erfahrungen sind die ersten Schritte, dann sollen die Phänomene auf dieser Grundlage erklärt werden und auch diese Erklärung ist keine rein theoretische, sondern hat ihre explikative Kraft in der Praxis zu demonstrieren. Descartes schlägt vor, mit den einfachen und gewissen Beobachtungen zu beginnen, und dies erinnert offenkundig an die methodischen Regeln, die er in den *Regulae* und im *Discours* nach dem Vorbild der Geometrie ausgearbeitet hatte. Dort sprach er von sicheren Einsichten, von Intuitionen, von denen ausgehend weitere Intuitionen generiert werden sollen, wobei der von ihm postulierte Übergang von einer Intuition zur nächsten ziemlich undurchsichtig bleibt. Descartes' Rede von den einfachen Beobachtungen klingt danach, als wolle er in seiner Wissenschaftspraxis einfach dieses Verfahren aus dem Kopf nach außen verlagern, also statt innermentaler Einsichten sichere Beobachtungen zum Ausgangspunkt wählen. Vergegenwärtigen wir uns noch rasch die 2. und 3. Regel, um diese Vermutung weiter verfolgen zu können: es war als 2. Regel jede

> „zu untersuchende Schwierigkeiten in so viel einfachere als möglich und zur besseren Beantwortung erforderlich war, aufzulösen. Die dritte war, in meinem Gedankengang die

515 *Meteore,* AT VI, S. 277.

Ordnung festzuhalten, daß ich mit den einfachsten und leichtesten Gegenständen begann und nur nach und nach zur Untersuchung der verwickelten aufstieg, und eine gleiche Ordnung auch in den Dingen selbst anzunehmen, selbst wenn auch das Eine nicht von Natur dem Anderen vorausgeht."

„Alterum, ut difficultates [quas essem examinaturus, in tot partes dividerem, quot expediret ad illas commodius resolvendas.Tertium, ut cogitationes omnes quas veritati quaerendae impenderem, certo semper ordine promoverem: incipiendo scilicet a rebus simplicissimis & cognitu facillimis, ut paulatim & quasi per gradus ad difficiliorum & magis compositarum cognitionem ascenderem; in aliquem etiam ordinem illas mente disponendo, quae se mutuo ex natura sua non praecedunt. Ac postremum, ut tum in quaerendis mediis, tum in difficultatum partibus percurrendis, tam perfecte singula enumerarem & ad omnia circumspicerem, ut nihil a me omitti essem certus."[516]

Das Zerlegen eines Problems in seine einfachsten Bestandteile und das sukzessive Beantworten von den einfachen zu den komplexen Fragen aufsteigend, ist, solange man es nur als theoretisches Verfahren versteht, ein bloßes Geistestraining. Das ändert sich, wenn man es nicht nur im Sinne einer neuen, im Anschluß an Pappus fortzuführende mathematische Methode der Analyse und Synthese (*resolutio* und *compositio*) versteht, sondern auch das Verfahren auf Bereiche überträgt, die nichts mit Mathematik zu tun haben. Dann nämlich sind diese Regeln auch als Anweisungen für das konkrete oder hypothetische Zerlegen und Wiederzusammensetzen von Objekten und Erscheinungen der Natur zu explanatorischen Zwecken zu begreifen und somit nicht mehr nur auf Gedankengänge zu beziehen, sondern auf reale und vorgestellte Zusammenhänge in der Natur. Will man verstehen, wie eine Uhr funktioniert, muß man sie in ihre Einzelteile zerlegen und dann in der richtigen Ordnung wieder zusammensetzen. Doch nicht nur Apparate, jedes Naturphänomen läßt sich in seine Bestandteile zerlegen und dann als eine besondere Konstellation dieser Bestandteile erklären.

Woraus sich ein Gegenstand zusammensetzt und wie er sich aufgrund dieser Zusammensetzung verhält, das läßt sich nicht *a priori* sagen, man muß die Dispositionen, Form und Eigenart des jeweiligen Objektes studieren und es auseinandernehmen. Hat man die Einzelelemente einmal beschrieben, kann man das Naturphänomen nun „deduzieren". Eine Deduktion ist auch in diesem Kontext für Descartes kein logischer Schluß, obgleich er sie *expressis verbis* als mathematisch oder mechanistisch qualifiziert. Wollte man z.B. die Eigenschaften der Winde im strengen Sinne herleiten, dann müßte man Descartes zufolge zuvor den „ganzen Aufbau des Universums erklären"[517], was er aber nicht vorhabe. Vielmehr werden einfache Beobachtungen analysiert, ein einfaches Phänomen zerlegt und konkret oder im Geiste wieder zusammengebastelt, dann, wenn dieses Verfahren funktioniert hat, wird es zum Muster für verwandte, aber komplexere Gebilde. Dies war etwa gemeint, wenn Descartes in seiner Embryologie behauptete (s.o.), er könne aus der bloßen Samenmasse einen ganzen Menschen deduzieren.

Diese Bricolage ist je nach Gegenstand unterschiedlich schwer durchzuführen, manche Objekte liegen außer Reichweite, sei es weil sie sich hoch am Himmel befinden oder weil sie zu klein sind, als daß sie wahrgenommen werden könnten, weil sie, wie etwa Lichtspie-

---

516 AT VI, S. 20.
517 AT VI, S. 270.

gelungen, nicht als Objekte existieren, oder weil ihre Beschaffenheit, z.B. bei Luft und Wasser, eine solche De-Konstruktion erschwert und Instrumente eingesetzt werden müssen. Man kann nahezu die gesamte Naturforschung Descartes' als permanenten Versuch interpretieren, mit einfachen Formen solange herumzuspielen, bis ein Phänomen aus seiner Komposition erklärt ist. Descartes hat einen Namen für dieses Verfahren, das er der abstrakten Geometrie gegenüberstellt: er nennt das Zerlegen der Gegenstände in elementare Formen und das Kombinieren mit diesen „konkrete Geometrie" und diese sei eben rein philosophisch, nicht mathematisch.

> „Aber ich habe mich nur entschlossen, die abstrakte Geometrie aufzugeben, das heißt, Fragen nachzuforschen, die nur dazu dienen, den Geist zu üben; und dies tue ich deshalb, um mehr Muße dafür zu haben, eine andere Art von Geometrie zu betreiben (cultiver), die sich mehr Fragen widmet, die der Erklärung von Naturphänomen gelten. Wenn er Lust hat, das zu betrachten, was ich über das Salz, den Schnee und den Regenbogen etc. geschrieben habe, wird er feststellen, daß meine gesamte Physik nichts anderes als Geometrie ist."[518]

Will man einzelne Naturphänomene mit Auge und Hand auseinandernehmen, erreicht die explanatorische Bricolage jedoch schnell eine praktische Grenze. Dann führt Descartes Gestalt-Hypothesen darüber ein, wie die unsichtbaren Mikroteilchen aussehen müssen, damit sie diese oder jene Kombination eingehen könnten. Es ist hier also nicht mehr eine einfache Beobachtung der Ausgangspunkt des Kombinierens, sondern imaginierte Elementarformen. Entsprechend heißt es gleich im ersten Diskurs der *Meteore*:

> „Ich nehme als erstes an, daß das Wasser, die Erde, die Luft und all die anderen Körper, die uns umgeben, aus vielen kleinen Teilchen von verschiedener Gestalt und Größe zusammengesetzt sind, die niemals so gut angeordnet noch so exakt miteinander verbunden sind, daß nicht zwischen ihnen viele Zwischenräume blieben. Und ich unterstelle, daß diese Zwischenräume nicht leer sind, sondern mit jener überaus feinen Materie ausgefüllt sind".[519]

---

518 Brief an Mersenne vom 27. 07. 1638, AT II, S. 268.

519 Descartes, *Meteore*, AT VI, S. 233. Descartes hatte im 6. Teil des *Discours de la Méthode* den Übergang zu den Essays mit dem wichtigen Hinweis auf den hypothetischen Status der dortigen Ausführungen eigens vorbereitet. Er war sich vollkommen dabei bewußt, was er seinen Lesern damit zumutet. Vgl.: „Wenn einiges von dem, worüber ich zu Beginn der Dioptrik und der Meteore spreche, zunächst schockiert, weil ich es als Hypothese bezeichne und scheinbar keine Lust habe, diese [Hypothesen] zu beweisen, so lese man nur aufmerksam und geduldig weiter, und ich hoffe, man wird befriedigt sein; denn die Gründe greifen hier so in einander, daß, sowie die letzteren aus den ersteren, als ihren Ursachen, hervorgehen, auch wieder die ersteren durch die letzteren, als durch ihre Wirkungen, bestätigt werden. Auch darf man sich nicht vorstellen, ich habe hier den Fehler begangen, welchen die Logiker den Zirkelschluß nennen; denn die Erfahrung macht die meisten dieser Wirkungen sehr sicher, und die Ursachen, von denen ich sie abgeleitet habe, dienen weniger zu ihrem Beweis als zu ihrer Erklärung; im Gegenteil werden sie durch jene bewiesen. Ich habe jene Sätze auch nur Voraussetzungen genannt, weil ich glaube, sie aus den obersten oben dargelegten Wahrheiten ableiten zu können; aber dies habe ich nur getan, damit Personen, die meinen, in einem Tage das zu verstehen, worüber ein Anderer zwanzig Jahre nachgedacht hat, sobald man ihnen nur zwei oder drei Worte gesagt hat, und die bei ihrem Scharfsinn und ihrer Lebhaftigkeit um so leichter dem Irrtum unterworfen sind, nicht daraus Gelegenheit nehmen, auf das, was sie meine Prinzipien nennen, eine überschwengliche Philosophie zu errichten, und ich dann dafür verantwortlich gemacht werde." (AT VI, S. 76f.). Man vergleiche dazu auch

Diese zunächst noch abstrakten Basishypothesen werden in der Folge von Descartes anschaulich gemacht und erst in dieser anschaulichen Form werden sie zu Elementen von Metaphernverknüpfungen und malerischen Vergleichen, mit denen die Unterschiede von Teilchen, ihren Verbindungsformen und ihr Übergehen in verschiedene Aggregatzustände erklärt werden. Hat man zugegeben, daß alle Körper aus ein und derselben Materie gemacht sind, können sie sich nur unterscheiden, insofern sie aus Teilen verschiedener Gestalt und Größe zusammengesetzt sind. Die Teilchen des Wassers sind „lang und glitschig wie kleine Aale",[520] weshalb sie sich nicht dauerhaft verbinden, Erdteilchen astförmig, sie verhaken sich fester, und bilden so harte Körper" usw.

Dieser Vergleich wird von Descartes immer weitergesponnen und seine Möglichkeiten für das Bilden von Assoziationsketten ausgereizt, etwa wenn er im ersten Diskurs der *Météores* die Strukturdifferenz zwischen Wasser und Eis ausgehend von der Aal-Metapher überaus anschaulich erklärt und dabei sozusagen im Bild bleibt:

> „Dann, im Besonderen, behaupte ich, daß die kleinen Teilchen, aus denen das Wasser zusammengesetzt ist, lang, untereinander verbunden und glitschig sind wie kleine Aale, die,

den Brief an Vatier vom 22. Februar 1638, der ebenfalls klarstellt, daß *Die Meteore* Erklärungen a posteriori liefern: „Was das betrifft, was ich zu Beginn der *Meteore* angenommen habe, so könnte ich es a priori nur durch die Darlegung meiner ganzen Physik demonstrieren; die Experimente aber, die ich notwendigerweise daraus abgeleitet habe und die von keinen anderen Prinzipien in der selben Weise abgeleitet werden können, scheinen es mir hinreichend a posteriori zu demonstrieren. Ich hatte wohl vorausgesehen, daß diese Art zu schreiben die Leser zunächst vor den Kopf stoßen würde, und ich hätte dem nach meiner Meinung nach leicht abhelfen können, indem ich den ersten Dingen, von denen ich spreche, die Bezeichnung Voraussetzungen nahm und sie unter Angabe einiger Gründe für ihren Beweis erklärte [...] Wie es ja in der Tat nicht immer notwendig ist, Gründe a priori zu haben, um von einer Wahrheit zu überzeugen. So hat Thales, oder wer immer es als erstes behauptete, daß der Mond sein Licht von der Sonne empfängt, ohne Zweifel keinen anderen Beweis dafür gegeben, als den, daß man mit dieser Annahme alle verschiedenen Gestalten des Lichts sehr leicht erklären kann; das hat ausgereicht, um zu bewirken, daß diese Meinung seither ohne Widerspruch durch die Welt gegangen ist. Und der Zusammenhang meiner Gedanken ist ein derartiger, daß ich zu hoffen wage, man wird meine Prinzipien durch die aus ihnen gezogenen Folgerungen, wenn man sie hinreichend beachtet haben wird, um sie sich vertraut zu machen und sie insgesamt erwägen zu können, ebensogut bewiesen finden, wie die Entlehnung des Mondlichts durch die Zunahmen und Abnahmen des Mondes bewiesen ist." (AT I, S. 563f., *Briefe* S. 102; vgl. auch die folgenden Anmerkungen).
Auch Aristoteles konstatiert angesichts der Meteore, daß – abhängig von der Art des jeweils zu untersuchenden Gegenstandsbereichs – unterschiedliche Erklärungsstandards gelten. Vgl. Aristoteles, *Meteor.* 344 a5f.: „Wenn es sich um Vorgänge handelt, die der Sinneswahrnehmung nicht offenliegen, glauben wir der Forderung einer vernunftgemäßen Erklärung genuggetan zu haben, wenn wir sie auf eine mögliche Ursache zurückführen."

520 AT VI, S. 237. Descartes greift diesen abenteuerlichen Vergleich auch andernorts wiederholt auf, z.B. viele Jahre später im Brief an Cavendish vom 23. 11. 1646: „Ich wundere mich auch nicht, über die Art und Weise, auf die ein Ziegelstein zustande kommt; denn ich glaube, daß seine Härte daher stammt, daß die Tätigkeit des Feuers zwischen seinen Teilchen nicht allein die Wasserteilchen hervortreten läßt, die ich mir lang und glatt wie kleine Aale vorstelle, die durch die Poren anderer Körper gleiten, ohne sich dort festzusetzen, und denen nur, wie ich es in den Météores gesagt habe, die Nässe oder Feuchtigkeit dieser Körper widersteht, sondern auch alle anderen Teilchen seiner Materie, die nicht sehr hart und fest sind, wodurch die verbleibenden sich enger miteinander verbinden und so bewirken, daß der Ziegelstein härter als Ton ist, obwohl er größere Poren hat, durch die dann andere Wasser- oder Luftteilchen eintreten, die ihn dadurch schwerer machen." Eine linguistische Analyse dieses Vergleichs findet sich bei: Pierre-Alain Cahné, *Un autre Descartes. Le Philosophe et son langage*, Paris 1980, S. 107f.

> wie auch immer sie sich verbinden und verflechten, sich doch niemals so verknoten oder verhaken, daß sie nicht leicht wieder auseinanderzubringen wären; [...] Das ist die Ursache dafür, daß sie sich in ungeordneten Verbindungen fixieren, eines auf dem anderen liegend, und so einen harten Körper bilden, – bekannt als Eis. Daher können Sie sich den Unterschied zwischen dem Wasser und dem Eis als gleich vorstellen wie den Unterschied zwischen einer Gruppe von kleinen Aalen, die, seien sie tot oder lebendig, durch ein Fischerboot [mit Fischkasten] voller Löcher schwimmen, durch die sie das Wasser eines Flusses treibt und einem Haufen der gleichen Aale, die ganz trocken und steif vor Kälte am Ufer liegen [...] im Gegensatz dazu unterstelle ich, daß beinahe alle Teilchen der Erde, wie auch die der Luft und der meisten anderen Körper, stark unregelmäßige und unebene Gestalten haben; sie sind von solcher Art, daß sie nur ein wenig sich zu verflechten brauchen, um sich zu verhaken und untereinander fest zu verbinden, so wie die vielen einzelnen Zweige eines Busches zu einer Hecke[521] zusammenwachsen. Falls sie in dieser Weise verbunden sind, entstehen harte Körper wie die der Erde oder Holz und andere ähnliche Dinge"[522]

Aus der hypothetisch angenommenen Morphologie der einzelnen Teilchen und ihrer Kombinationen soll der ganze Aufbau und die Entstehung der Natur mit Hilfe bildhafter Ähnlichkeitsbeziehungen „deduziert" werden. Descartes imaginiert zu diesem Zweck ein gigantisches Panorama von unterschiedlichen mikro- und makrophysikalischen Teilchenformationen- und Kollisionen, das er detailbesessen ausmalt und mit vielen Abbildungen und kühnen Analogien und Metaphern[523] veranschaulicht. Die Genauigkeit und Akribie

521 Vgl. dazu *Le Monde*, Kap. 3. „Über die Härte und das Flüssigsein". Descartes erklärt dort, daß er „keinen anderen Unterschied zwischen festen und flüssigen Körpern" finde, „als daß die Teile der einen insgesamt sehr viel leichter getrennt werden können, als diejenigen der anderen." Die Darstellung in Les Météores greift dies auf, wählt jedoch weitaus plastischere Bilder, um den Unterschied zwischen festen und flüssigen Körpern zu veranschaulichen. Jetzt führt Descartes nicht mehr nur eine abstrakte Trennung von Begriffen vor, sondern er versucht konkret den Aufbau, die Komposition der Welt zu erklären.

522 Descartes, *Meteore*, AT VI, S. 233f.

523 Auch auf der Ebene der sprachlichen Bilder bildet Descartes Assoziationsketten zu explanatorischen Zwecken. So sei es bei Salzteilchen „nicht erstaunlich, daß sie einen stechenden (piquant) und durchdringenden Geschmack haben, der sich sehr von jenem des Süßwassers unterscheidet: Denn da sie nicht von der sie umgebenden Materie gebogen werden, müssen sie immer mit der Spitze in die Poren der Zunge eindringen, und durchdringen diese daher weit genug um sie zu stechen (piquer)." *Les Météores*, AT VI, S. 250). Descartes weist die alte Vorstellung zurück, der Geschmack sei eine den jeweils zu schmeckenden Körpern inhärente Qualitität. Seine eigene mechanistische Erklärung des Geschmacks baut er jedoch ganz auf einem Wortspiel mit „piquer" auf: Der stechende Geschmack resultiere aus dem mechanischen Vorgang des Stechens der spitzen Teilchens in die Zunge, wodurch eine Analogie zwischen der äußeren Gestalt der Salzteilchen und dem Geschmack des Salzes hergestellt wird. Der äußerlich-assoziativen Verbindung der Worte über das Wortspiel entspricht dabei durchaus auch der äußerliche Charakter der die Geschmacksempfindung auslösenden Kombination von Teilchenarten. In einem Brief an Mersenne vom März 1638 erweitert Descartes diesen Vergleich um eine Degen-Analogie und treibt ihn so kunstvoll auf die Spitze. Zugleich bringt er seine Erklärung auf diese Weise richtig auf den Punkt: „weil der Schmerz, den man bei einem Degenstich empfindet, nicht im Degen wie in der Empfindung ruht, sondern nur durch die Gestalt seiner Schneide oder seiner Spitze, durch die Festigkeit seines Stoffes und die Kraft, mit der er bewegt wird, verursacht wird, könnten auch andere Körper, die eine Schneide von gleicher Gestalt haben, Schmerz verursachen; die aber andere Gestalten haben, können nicht gefühlt werden, hauptsächlich die nicht, die weich und nicht hart wie ein Degen sind; und schließlich ist der Schmerz nichts anderes in diesem Degen als seine äußere Gestalt und nicht eine innere Qualität [...] Derzufolge erkennt man leicht [...], daß nämlich die Körper, deren Teilchen dieselbe Stärke, Gestalt, Härte usw. wie die des Salzes haben, dieselbe Wirkung haben werden, was den

seiner Beobachtungen und Beschreibungen verdient angesichts vorherrschender anderer Klischeevorstellungen hierbei besonders hervorgehoben zu werden. Descartes ist z.B. in der Lage, sich viele Seiten lang mit phänomenologischer Präzision auf nichts anderes als die Bildung eines Salzkorns zu konzentrieren, sorgsam, minutiös und unendlich geduldig und sowohl durch die immer wieder eingestreuten verblüffenden Vergleiche als auch aufgrund der ganzen kühnen Architektur seines bildhaft aufgebauten Erklärungsgebäudes phantasievoll zugleich. Herkömmliche Kausalerklärungen verabschiedet er hierbei zugunsten von sich aus der zufälligen Disposition von Teilchen, also aus deren Form und Lage sich ergebenden Wirkungsketten. Es ist dies keine operationalisierbare Kombinatorik im Lullistischen oder Ramistischen Sinne, die Descartes hier anwendet, sondern tatsächlich nur das hypothetische Annehmen zufälliger Kollisionen unterschiedlich geformter Teilchen, die dann je nach ihrer Disposition zerspringen, ihre Gestalt verändern, mal hier oder dorthin sich bewegen, mal so oder so sich mit anderen vereinen.

Die Ähnlichkeiten haben aber einen hypothetischen Status. Man könne sich nach Descartes ebensogut andere Gestalten ausdenken, wenn sie nur einfach sind:

> „Man weiß sehr wohl, daß ich nicht davon überzeugen will, daß die Teile des Wassers die Gestalt irgendwelcher Tiere hätten, sondern nur, daß sie lang, miteinander verbunden und biegsam sind. Ist man nun in der Lage eine andere Gestalt zu finden, durch die man alle ihre Eigenschaften erklärt, so wie man es durch diese tut, dann möchte ich durchaus, daß man sie ihnen zuschreibt. Gelingt das aber nicht, dann weiß ich nicht, welche Schwierigkeiten man daraus macht, wenn man sie sich eher nach dieser als nach einer anderen Art vorstellt, da sie ja notwendig irgendeiner Gestalt folgen müssen, und da diese eine der einfachsten ist."[524]

Was man sich vorstellt ist austauschbar, wenn nur die Vorstellung einfach ist. Dann jedoch müssen die Vorstellungsbilder geordnet und flexible Ähnlichkeits-,Muster' hergestellt werden, die als solche intuitiv einsichtig und plausibel erscheinen können. Dafür rekurriert man am besten auf eigene Erfahrungen. Insofern ist die Wahl der Vergleiche nicht beliebig. Man solle nicht glauben, schreibt Descartes, „daß ich auf gut Glück und ohne Grundlage angenommen hätte, daß die Teile des Wassers länglich und glitschig sind wie Aale",[525] da die Erfahrung tausend Hinweise geliefert hätte, die diese Annahmen bestätigen. Descartes wird regelrecht zum Phänomenologen der Natur. Wenn man seine Gestalthypothesen nicht zugeben wolle, dann bittet er „zu bemerken, daß wir mit dem bloßen Auge derartige Teile

---

Geschmack anbetrifft; daß man bei diesem Tatbestand aber nicht wird voraussetzen können, daß diese Körper geschmacklos seien; denn geschmacklos sein heißt nicht, in sich nicht das Empfinden des Geschmacks zu haben, sondern nicht geeignet sein, es zu verursachen. Und die Flüssigkeiten, deren Teilchen andere Gestalten oder Stärken usw. haben, haben nicht den Geschmack des Salzes, können aber einen anderen haben, obschon nicht so stark und scharf, wie auch der Schmerz bei einer Quetschung nicht derselbe wie bei einer Schnittwunde ist; und man kann nicht einen ebensolchen mit einer Feder wie mit einem Degen verursachen, weil jene aus einem viel weicheren Stoff besteht. Schließlich sehe ich nicht ein, warum man will, daß der Geschmack eine dem Salz mehr innewohnende Qualität sei, als der Schmerz dem Degen." (*Briefe*, S. 117f.).

524 AT II, S. 43. Vgl. auch den Brief an Mersenne, *Briefe*,S. 117.

525 AT I, S. 422f.

bei einer großen Anzahl von Körpern wahrnehmen: So erkennen wir z.B., daß es in den Steinen kleine Körper gibt, Adern im Holz und [...] im Fleisch."[526]

Die anhand genauer Beobachtungen gefunden Form- oder Strukturbilder werden dann in den subvisiblen Bereich projiziert und gedanklich bzw. in der Einbildungskraft durchgespielt, ob sie als morphologische Basis für die Erklärungen fungieren können.

Das Berufen auf den *Augenschein* ist ein durchgängiges Motiv des Textes. *Les Météores* bestehen ihrerseits aus Diskursen. Sie sind entsprechend ihrer Bezeichnung Unterredungen mit den Lesern, und in ihnen triumphiert stets die Praxis. Fast alle Erfahrungsberichte sind in persönlicher Form gehalten, z.B. „Ich habe das oder das gesehen oder getan" oder in direkter Anrede: „Sie können sich durch ein einfaches Experiment bewußt machen". Rhetorisch werden der *Discours* und die *Météores* wie im Theater auf Sehen, Sprechen und Zuhören angelegt, ihre Textualität tritt zurück. Der Adressat wird ermutigt, durch seine eigene sinnliche Wahrnehmung Wissen zu erwerben. Der Text ist voll von derart aufmunternder Rhetorik *‚Schauen Sie', ‚Sie werden sehen', ‚legen Sie ihren Finger', ‚wie Sie auf der Abbildung erkennen'* etc. Im *Discours* fordert er z.B. seine Leser auf, sich beim Lesen seiner Beschreibungen zudem ein schlachtfrisches Herz neben das Buch zu legen, um alles, was er ausführt, mit eigenen Augen zu sehen und den Fingern ertasten zu können:

> „Damit man das, was ich hierüber sagen werde, leichter versteht, wünschte ich, daß diejenigen, die nicht in Anatomie bewandert sind, sich die Mühe machten, bevor sie dies lesen, das Herz irgendeines großen, durch Lungen atmenden Tieres vor sich aufschneiden, denn es ist in allem dem menschlichen sehr ähnlich – und sich die zwei Kammern oder Höhlen, die sich dort befinden, zeigen zu lassen."[527]

Der Leser soll nicht einfach passiv bleiben, sondern durch so viele Sinne wie möglich die Objekte wahrnehmen: Es ist dies ein Lernen durch Wahrnehmen, ein Wissen durch Tun.[528] Entsprechend setzt Descartes in fast allen seinen Schriften extensiv Bilder ein.[529] Er tut dies je nach Kontext auf sehr unterschiedliche Weise, was seine Sensitivität für spezifische Leistungen von Abbildungen bezeugt.

Wenn ich also jetzt Meteordarstellungen aus den *Meteoren* diskutiere, so sind die an ihnen von mir erläuterten Charakteristika und Funktionen weder ohne Weiteres auf die Bildfunktionen in seinen anderen Texten zu übertragen, noch auf solche Abbildungen innerhalb von *Les Météores*, die sich optischen Effekten, wie dem Regenbogen, widmen; denn diese

---

526 Ebd., S. 421.

527 Ich rufe nochmals diese eindrucksvolle Stelle in Erinnerung: AT VI, S. 50. „Damit übrigens diejenigen, die die Kraft mathematischer Beweise nicht kennen und nicht gewohnt sind, wahre Gründe von den scheinbaren zu unterscheiden, nicht riskieren, dieses hier ohne Prüfung zu bestreiten, möchte ich sie davon unterrichten, daß die von mir soeben erklärte Bewegung ebenso notwendigerweise aus der bloßen Disposition der Organe folgt, die man am Herzen mit den Augen sehen kann, und aus der Wärme, die man mit den Fingern fühlen kann, und aus der Natur des Blutes, die man durch Erfahrung kennenlernen kann, wie die Bewegung eines Uhrwerks aus der Kraft, der Lage und der Gestalt seiner Gewichte und seiner Räder."

528 *Discours* AT VI, S. 47. Descartes' Rhetorik ist hier an Palissy und Plempius orientiert. Letzterer versucht in seiner aus der Zusammenarbeit mit Descartes hervorgegangen Schrift *Ophtalmographia* (1632) ebenfalls den Leser beständig mit einzubeziehen. Vgl. dazu: Vanagt (2010).

529 Siehe Lüthy (2005), S. 97-133; Zittel (2004), S. 535-601.

basieren auf Experimenten mit einem Prisma, das heißt, man kann sie berechnen und folglich anders darstellen (Abb. 14, 15).

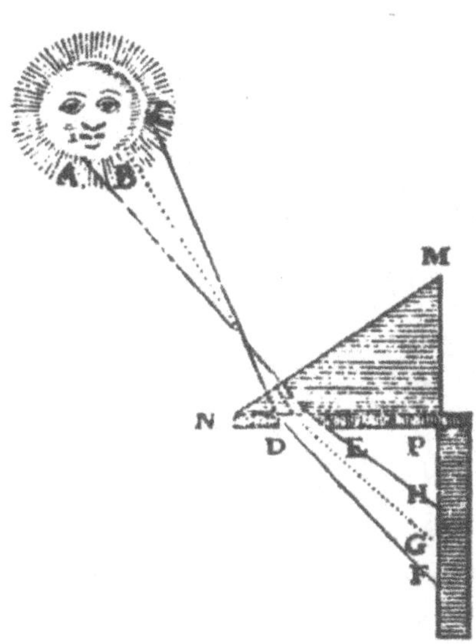

DISCOURS HUITIESME. 265

la ligne HF	la ligne CI	l'arc FG	l'arc FK	l'angle ONP	l'angle SQR
8000	5984	73. 44	106. 30	40. 44	55. 46
8100	6058	71. 48	105. 25	40. 58	64. 37
8200	6133	69. 50	104. 20	41. 10	53. 10
8300	6208	67. 48	103. 14	41. 20	52. 54
8400	6283	65. 44	102. 9	41. 26	61. 43
8500	6358	63. 34	101. 2	41. 30	50. 32
8600	6432	61. 22	99. 56	41. 30	58. 26
8700	6507	59. 4	98. 48	41. 28	57. 20
8800	6582	56. 42	97. 40	41. 22	56. 18
8900	6657	54. 16	96. 32	41. 12	55. 20
9000	6732	51. 41	95. 22	40. 57	54. 25
9100	6806	49. 0	94. 12	40. 36	53. 35
9200	6881	46. 8	93. 2	40. 4	52. 58
9300	6956	43 8	91. 51	39. 26	52. 25
9400	7031	39. 54	90. 38	38. 38	52. 0
9500	7106	36. 24	89. 26	37. 32	51. 54
9600	7180	32. 30	88. 12	36. 6	52. 6
9700	7255	28. 8	86. 58	34 12	52. 46
9800	7330	22. 57	85. 43	31. 31	54. 12

Abb. 14) Descartes / van Schooten, *Les Météores*, Das Prismenexperiment und Abb. 15) Descartes / van Schooten, *Les Météores*, Tabelle zur Berechnung eines Haupt- und Nebenregenbogens, 1637.

Diese Abbildungen zeigen Descartes' Experimente mit einem Prisma zur Erklärung der Lichtbrechung und der Farben des Regenbogens in *Les Météores* und die (scheinbar realistisch dargestellte) Beobachtung eines Haupt- und Nebenregenbogens durch einen Betrachter, die genau besehen jedoch fiktiv ist, da das Bild eine Szenerie entwirft, die wir in der Natur nie sehen könnten (weder können beide Regenbögen von denselben Wassertropfen hervorgerufen werden noch wäre der eigene Blick auf diese Szenerie möglich, denn man kann nicht schräg von der Seite von einem zweiten Standpunkt aus einem Betrachter dabei zuzusehen, wie er zugleich einen Haupt- und Nebenregenbogen beobachtet).

Die berechneten Brechungswinkel und das Prisma als Diagramm sind in das (vorherige) Bild mit dem Regenbogen eingezeichnet, und explizieren den Vorgang auf der diagrammatischen Ebene.

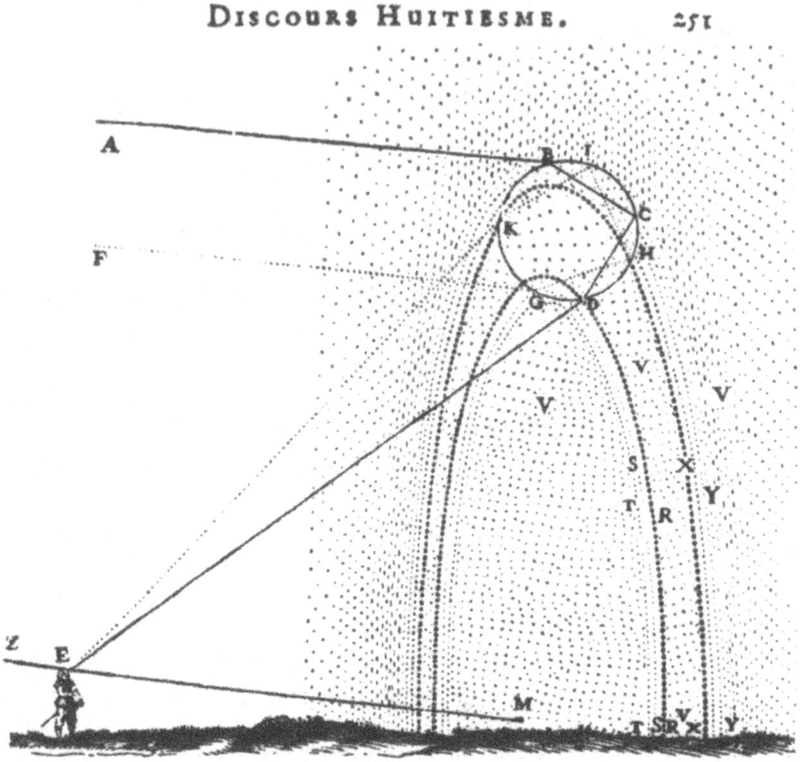

Abb. 16) Descartes / van Schooten, *Les Météores*, Beobachtung eines Haupt- und Nebenregenbogens, 1637.

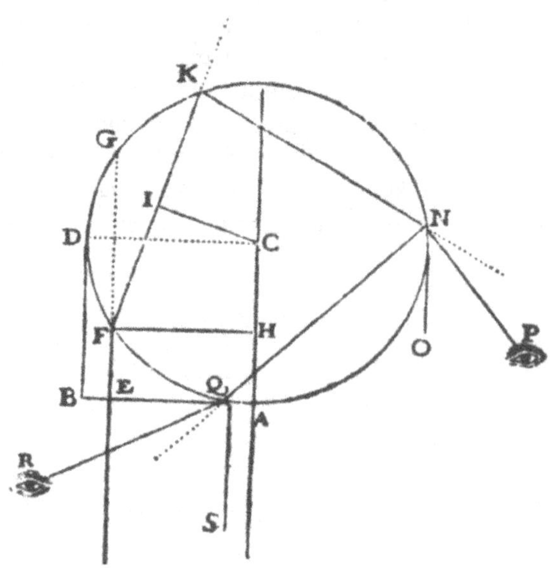

Abb. 17) Descartes / van Schooten, *Les Météores*, Prismendiagramm, 1637.

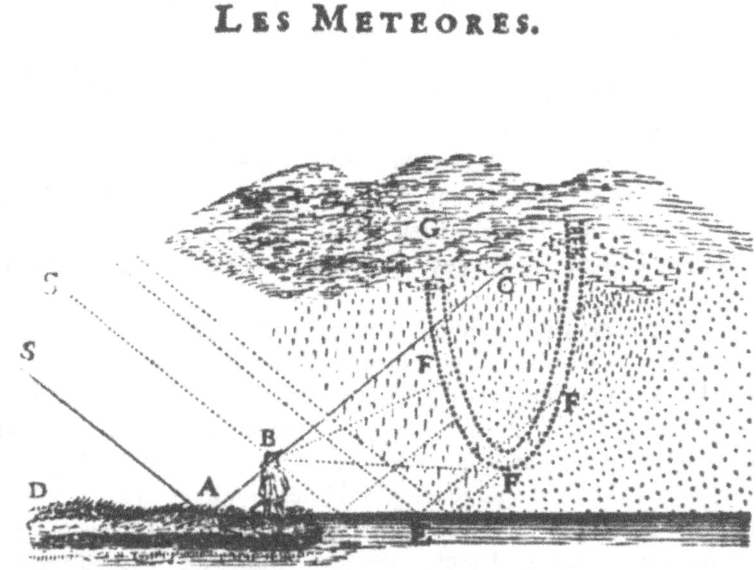

Abb. 18) Descartes / van Schooten, *Les Météores*, Umgedrehter Haupt- und Nebenregenbogen.

Eine solche Mischform von Diagramm und mimetischen Bild, bei der es eigentlich nur auf das Diagramm ankommt, ist bei anderen Gegenstandsbereichen nicht mehr einsetzbar. Wenn sich Descartes-Interpreten überhaupt einmal auf Descartes' *Meteore* einlassen, dann konzentrieren sie sich jedoch just auf die mathematische Erklärung des Regenbogens, da hier Descartes mustergültig seine Methode demonstriert habe.[530] Dabei wird übersehen, daß

530 Vgl. z.B.: J.R. Armogathe, The rainbow. A privileged epistemological model, in: S. Gaukroger – J. Schuster – J. Sutton (Hrsg.), *Descartes Natural Philosophy*, London 2000, S. 249-257; D. Tiemersma, Methodological and theoretical aspects of Descartes' treatise on the rainbow, in: *Studies in the History and Philosophy of Science* 19 (1988), S. 347-364; N. Ribe, Cartesian optics and the mastery of nature, in: *Isis* 88 (1997), S. 42-61; Garber (2001), S. 86-111; Scott (1976), S. 71-83; Simon Werrett, Wonders never cease: Descartes' Météores and the rainbow fountain, in: *The British journal for the history of science* 34, S. 129-147; P. Fisher, *Wonder, the Rainbow and the Aesthetics of Rare Experiences,* Harvard 1999, Jed Z. Buchwald, Descartes' Experimental Journey Past the Prism and Through the Invisible World to the Rainbow, in: *Annals of Science* 65:1 (2007), S. 1-46.
In diesem Kontext wird seitens der Forschung stets jener Brief an Vatier vom 22. 02. 1638 (AT I, S. 559) zitiert, in dem Descartes seinen Diskurs über den Regenbogen als exemplarisch gelungene Beschreibung eines Naturphänomens rühmt. Gleichwohl gibt es auch andere Briefe mit anderen Wertungen, in denen Descartes auch andere Diskurse aus den *Meteoren* als selbstverständliche Exemplifikationen der Methode anerkannt (s.o.). Einige Vertreter der traditionellen Interpretationslinie stützen sich des weiteren auf die Behauptung, Descartes sei in den letzten drei Diskursen seiner *Meteore* zur Mathematik zurückgekehrt und hätte erst damit den Denkraum der Scholastik verlassen. Die ersten sieben Diskurse verzichten gänzlich auf die Mathematik als Untersuchungs- und Erklärungsmethode, daher hat man sie pauschal der scholastischen Tradition zugeschlagen (E. Gilson, Météores cartésien et météores scolastiques, in: *Revue néoscolastique de philosophie* 22 (1920), S. 358-84; 23 (1921), S. 73-84, hier: S. 124). Das hier bei den Interpreten durchscheinende Mathematikideal war offenbar jedoch nicht das Descartes' und führt zu einer historisch wie systematisch künstlichen Spaltung des Werkes in moderne und antiquierte Teile. Descartes separierte keineswegs die letzten Diskurse von den früheren, – editiorisch ohnehin nicht, aber auch nicht methodisch.

die letzten Diskurse der *Meteore*, in denen sich das Prismenexperiment findet, im Unterschied zu den früheren Diskursen einen anderen, ‚irrealen' Gegenstandsbereich haben (Phänomene, die auf bloßen optischen Effekten beruhen und die man daher nicht praktisch zerlegen kann) und *dieser* erfordert die mathematische Beschreibung. Es handelt sich also nach Descartes' Definition bei den hier behandelten Phänomenen nicht um ein rein philosophisches Thema, sondern um ein mit der Mathematik gemischtes. Angesichts der anderen Meteorerklärungen Descartes' taugt die Erklärung eines Spezialfalls aus dem Bereich der Optik keineswegs zum epistemologischen Modell für die naturphilosophische Erklärung der gesamten Physik und die in diesem Kontext zu Einsatz kommenden Bilder nicht als Vorbilder für andere Abbildungen.

Descartes eröffnet seine Bildbeschreibung mit der rhetorischen Finte, er müsse sich deshalb nicht für die befremdliche Neuheit seiner Einsichten entschuldigen, da sie „so einfach und dem gesunden Verstand angemessen" seien. Dem Betrachter drängt sich dennoch hartnäckig die Frage auf, wie sein „gemeiner Verstand", an den Descartes sich richtet, von einer Wahrheit überzeugt werden kann, wenn das sie darstellende Bild den alltäglichen Erfahrungen glatt widerspricht? Weil das Regenbogenbild den Eindruck erweckt, als ob eine reale Beobachtungsszene dargestellt sei, diese aber so unmöglich vorkommen kann, hat ein Kommentator sich dazu verleiten lassen, Descartes' Bilder als ‚Pseudo-realistische Abbildungen des Rationalismus'[531] zu verhöhnen. Doch auch von Authier wird schlicht übersehen, daß es bei einem optischen Effekt eben nicht um eine mimetische Darstellung geht und ‚Realismus' im Sinne eines Abbildrealismus hier überhaupt kein Kriterium für die Adäquatheit oder Akkuratheit dieses Bildes ist.

Zunächst kann man daher hier eine erste wichtige Unterscheidung in Bezug auf die wissenschaftliche Ikonologie der Atmosphäre treffen: Je nach Gegenstandsbereich sind andere Typen von Abbildungen gefordert. Läßt sich ein Phänomen berechnen, so kann man es diagrammatisch beziehungsweise modellhaft darstellen, die Abbildungen fungieren primär als Illustrationen. Anders formuliert: Man hat das Phänomen bereits mathematisch eingefangen und muß es nun nur noch plausibel vermitteln. Läßt sich ein Phänomen jedoch nicht berechnen, übernimmt die Imagination und die sie unterstützenden Abbildungen die Funktion von Bildnetzen, mit denen z.B. die unbeständigen Meteore und ihre unsichtbare Mikrostruktur eingefangen werden soll.[532] Wie dies geschieht, soll nun geklärt werden.

3.5.4) Die Zusammenarbeit mit Künstlern

Bevor ich jedoch auf Descartes' Essay näher eingehe, den ich hier nur in exemplarischen Ausschnitten vorstellen werde, d.h. nur insoweit er einen Beitrag zur Ikonologie der Winde, Wolken und des Schnees leistet, möchte ich vorab festhalten, daß Descartes' Briefwechsel zweifelsfrei eine enge Zusammenarbeit mit den Künstlern, welche die Kupferstiche und Holzschnitte für seine Texte anfertigten, dokumentiert. So beriet er sich vor der Publikation des *Discours de la méthode* und der *Essais* ausgiebig mit Constantin Huygens über alle

531 Authier (1994), S. 461.
532 *Les Météores* (2006), S. 216ff.

Detailfragen der Buchgestaltung, von der Schrifttype, den Rändern, der Absatzgestaltung bis zur Frage, welches Papier man am besten wählt. Physisches Vorbild für die typographische Gestaltung war eine Renaissance-Edition von Machiavellis *Il Principe*[533] (Constantin Huygens schlägt ihm sogar Willem Janszoon Blaeu als Künstler vor, nicht auszudenken, was geworden wäre, hätte Descartes auf ihn gehört).[534]

Ohnehin nehmen die von Descartes selbst besorgten Texte (im Unterschied zu den posthumen Editionen) in der Regel so detailliert Bezug auf die Bilder, daß eine enge Kollaboration zwischen den Illustratoren und Descartes erforderlich gewesen war. Aufschlußreich in Bezug auf Descartes' Einstellung zur Bildqualität ist seine unwirsche Reaktion auf einen Vorwurf von Hobbes, der spottete, ein in der *Dioptrik* gezeigtes Bild, das mit Hilfe von Federbällen die Lichtbrechung darstelle, entspräche nicht dem Text (die Winkel stimmen offenkundig nicht überein):

> „c'est la faute de l'imprimeur, et non pas la mienne [...] Et je ne me suis pas mis en peine de corriger en ce lieu-là la faute de l'imprimeur, pource que j'ai cru aisement qu'il ne se trouveroit point de lecteur si stupide."[535]

Verantwortlich für diese Abbildungen war jedoch nicht der Drucker, sondern Descartes' Schützling Frans van Schooten der Jüngere, dessen Arbeit er genau begutachtete und andernorts ausdrücklich lobte: „Les figures seront presque toutes on bois et on les mettra en chaque page vis à vis du texte ainsi que vous m'avéz fait la faveur de me conseiller. Le fils du Professeur Schoten qui est peintre et Mathématicien les trace toutes et s'en acquitte fort bien."[536] Während des Herstellungsprozesses des *Discours* und der *Essais* teilt er Constatin Huygens mit, daß er den Verleger angewiesen habe, alle Bilder als Holzschnitte „vis à vis du texte en chaque page" einzusetzen.[537] Der Verleger wiederum habe van Schooten, der die Bilder anfertigen sollte, eigens bei sich einquartiert, aus Angst, daß sich dieser, wenn es darauf ankomme, aus dem Staub machen könnte: „le libraire le tient en son logis de peur qu'il ne luy eschappe."[538] Daß Descartes keineswegs die ‚Lizenz' dafür gibt, nach Gutdünken eigene Abbildungen zu seinen Erklärungen anzufertigen, geht auch aus einem späten Brief an Mersenne vom 23. 11. 1646 unmißverständlich hervor: Descartes wirft hierin Regius vor, dieser würde zwar wörtlich seine Erklärungen der Muskelbewegung zweimal wiederholen, seine Ausführung sei „dennoch überhaupt nichts wert, weil er die Hauptsache vergessen hat, da er meine Schrift nicht verstand, und weil er, da er sich meine Abbildung nicht angesehen hat, die seine sehr schlecht gemacht hat, sodaß sie den Regeln der Mechanik widerspricht."[539] Kurzum, Descartes hielt qualitativ gute Bilder unverzichtbar für das

---

533 Vgl. den Briefwechsel mit Constantin Huygens, AT II, S. 653-708. Siehe dazu: J. Cavaillé, Descartes stratège de la destination, in: *XVIIe siècle* 177 (1992), S. 551-559.

534 Vgl. AT I, S. 588: „mais en ce malheur public, qui vous en détourne, il y aura quelque bonheur particulier, si vous vous en fiez à Willem Jansz Blaeu. Il est homme industrieux et exact, versé en mathematique selon sa portée, et qui sera capable de gouverner les tailleurs des vos figures. Si j'en étais cru, ce serait taille de bois."

535 AT III, S. 348 u. S. 357.

536 An Huygens (13. 06. 1636), AT III, S. 611.

537 An Huygens (30. 10. 1636), AT I, S. 613.

538 Ebd., S. 614.

539 Descartes, *Briefe* (1949), S. 361.

Verständnis des Textes und er überwachte deswegen penibel den Produktionsprozeß seiner Abbildungen.[540]

3.5.5) Descartes' Wetter-Porträts

Descartes hält sich in seiner Schrift über die Meteore weitgehend an die traditionelle Reihenfolge der *sujets*, wie sie in den scholastischen Aristoteleskommentaren üblich waren, doch tritt er zu Beginn auf wie ein Theaterdirektor, der durchs Programm führt; etwa wenn er ankündigt, er werde die Dünste durch die Luft begleiten, diese Dünste dann sich an verschiedenen Orten verdichten lassen oder den Regenbogen schön porträtieren.

> „Wir wundern natürlicherweise uns mehr über diejenigen Dinge, die sich über uns befinden, als über solche, die auf unserer Höhe oder unter uns liegen. Die Wolken jedoch übersteigen sehr selten die Gipfel mancher Berge und oft sehen wir sogar welche unterhalb unserer Kirchturmspitzen; trotzdem stellen wir sie uns, weil wir unsere Augen gen Himmel richten müssen, um sie zu betrachten, so hoch vor, daß Dichter und Maler aus ihnen sogar den Thron Gottes formten, und Ihn dort malten, wie er eigenhändig die Pforten der Winde öffnet und schließt, den Tau auf die Blumen streut, und den Blitz auf die Felsen schleudert. Während ich anschließend die Dünste durch die Luft begleite, werde ich untersuchen, woher die Winde kommen. Und indem ich diese an verschiedenen Orten sich verdichten lasse, werde ich die Natur der Wolken beschreiben, und wenn ich diese Wolken sich auflösen lasse, werde ich sagen, was den Regen, den Hagel und den Schnee verursacht; wobei ich nicht jenen Schnee vergessen werde, dessen Teilchen die Form von kleinen Sternen mit sechs überaus perfekt kreisförmig ausgerichteten kleinen Spitzen haben, und die, obgleich sie bereits von den Alten beobachtet wurden, eines der außergewöhnlichsten Wunder der Natur geblieben sind. Ich werde außerdem auch nicht die Stürme vernachlässigen, den Donner, den Blitz und die verschiedenen Feuer, die sich in der Luft entzünden, oder die Lichter, die man dort sehen kann. Doch vor allem werde ich versuchen, den Regenbogen schön zu porträtieren."[541]

Doch damit nicht genug. Wie oben bereits erwähnt, bezeichnete Descartes in einem Brief an einen Freund unter direkter Anspielung auf eine bekannte Apelles-Anekdote auch seine ganze Schrift als ein Gemälde.[542] Ich hatte darauf hingewiesen, daß hiermit von Descartes auch ein künstlerischer Anspruch erhoben werde und daß sich so die Wissenschaft Descartes' als Kunst inszeniere.

Die Rede vom Porträtieren der Wolken ist daher nicht zufällig, sondern verweist auf die konzeptuelle Funktion, die Bilder und Metaphern für Descartes haben und signalisiert, daß die Art der Verknüpfung und Ordnung seiner Beobachtungen und Erklärungen nicht im eng

540 Dies muß angesichts zahlreicher Descartes-Editionen, die die Bilder entweder weglassen, in ihrer Zahl reduzieren oder eigenmächtig verändern, herausgestellt werden.

541 *Die Meteore*, AT VI, S. 231.

542 AT I, S. 23. Vgl. obiges Kapitel: Das Leben als Gemälde. Descartes benutzt hier einen Topos der damaligen Zeit. Vermutlich spielt er hier direkt auf Christoph Scheiner an, der sich während seines Disputes über die Sonnenflecken (1612-1613) selbst „Apelles latens post tabulam" nannte. Chr. Scheiner, *Pantographice, seu Ars Delineandi Res Quaslibet per Parallelogrammum,* Rom 1631, Proemium. Vgl. dazu E. Reeves, *Painting the heavens. Art and Science in the age of Galileo*, Princeton 1997, S. 201-205.

logischen Sinne deduktiv, sondern auf ästhetische Weise erfolgt. Entsprechend ziehen sich durch die ganze Schrift Malereimetaphern, sein Beschreiben der Natur nennt er selbst oft ein Malen oder Zeichnen. Doch was hat man sich darunter vorzustellen?

3.5.6) Die Form des Wassers

Schauen wir uns *Les Météores* dazu näher an. Im ersten Diskurs führt Descartes seine Materietheorie als Grundhypothese ein. Im Anschluß behandelt er die Dämpfe (Diskurs 2), das Salz (3), Winde (4), Wolken (5), Schnee, Regen, Hagel (6); Gewitter und Blitz (7), Regenbogen (8), Sternenkreise und Korona (9) und schließlich die Parhelia (10). Das im ersten Diskurs hypothetisch eingeführte morphologische Alphabet habe ich bereits skizziert, im zweiten Diskurs wendet Descartes es an, um die Form und Verhalten der Wasserteilchen zu erläutern. Er veranschaulicht diese mit einer ersten Abbildung (Abb. 19).

Das Bild ist mimetisch und abstrakt zugleich. Daher kann man – nebenbei bemerkt – hier mit der traditionellen Unterscheidung wissenschaftlicher Bilder in diagrammatische und realistische Darstellungen wenig anfangen. Man sieht eine realistische Felsenformation, erkennt am oberen Bildrand eine Wolke, sonst sieht man seltsame Striche und gepunktete Kreise. Gezeigt wird, wie sich die länglichen Wasserteilchen in unterschiedlichen räumlichen Situationen verschieden bewegen. Gerade die Darstellung der aalförmigen Wasserteilchen, die verschiedenen Formen annehmen können, hatten Descartes und Huygens in ihrem Briefewechsel als diffizilste Aufgabe für den Illustrator erkannt.[543] Unten, im durch die Letter A gekennzeichneten Bereich des Bildes, sind die Teilchen in solcher Bewegung, daß sie sich biegen und miteinander verflechten, wodurch sie sich um die Saltzteilchen des Meeres legen, und den Körper des Wassers bilden. Bei B haben sie Platz und rotieren mit großer Geschwindigkeit, hier haben sie die Form des Dunstes angenommen. In der Region um D werden die feinen Materieteilchen in ihrer Bewegung indes so abgebremst, daß sie ihre langgestreckte Form verlieren. Langsamer werden die Teilchen auch bei E, wo sie unter eine Wolke eingeklemmt sind und sich nicht recht ausdehnen können. Die gestrichelt gezeichnete Kreisform kommt den Teilchen nicht als solche zu, sondern ergibt sich aus der Bewegung. Die bei B dargestellte Rotation wird z.B. von Descartes mit Hilfe eines Experiments erklärt, das der Leser selbst durchführen solle und das er gleich mit abbildet: Wenn wir einen Stab, durch den eine Schnur gezogen ist, „schnell drehen, wird diese Schnur einen Kreis beschreiben und jeden Körper, der sich ihr in den Weg stellt, kräftig wegschlagen." Wird aber die Schnur etwas langsamer bewegt, „schlingt sie sich selbst um den Stab und besetzt daher nicht mehr so viel Raum."[544] Darüber hinaus seien die an den Punkten B, E und F dargestellten Dünste transparent[545] und nicht von der restlichen Luft mit dem Auge zu unterscheiden. Der Dunst bei C hingegen beginnt undurchdringlich und undurchsichtig zu werden, weil seine Teilchen sich nicht dem Fluß der feinen Materie fügen. Wenn jedoch der

---

543 Brief an Huygens (30. 10. 1636), AT I, S. 614: „Il en est maitenant à ce que vous avez jugé le plus difficile, qui est de représenter comment les anguilles de l'eau se disposent dans les nues, et vous pourrez voir déjà ici comment il les a entortiilées autour parties du sel dans l'eau de la mer."

544 *Les Météores,* S. 53, AT VI, S. 243.

545 Ebd., S. 59, AT VI, S. 245.

Strom der feinen Materie viele Teile zusammen in eine Richtung treibt, drehen sich die Partikel „nicht so stark wie üblich, was Sie bei F sehen, wo sie beim Verlassen des Raums E, den Wind G erzeugen."[546]

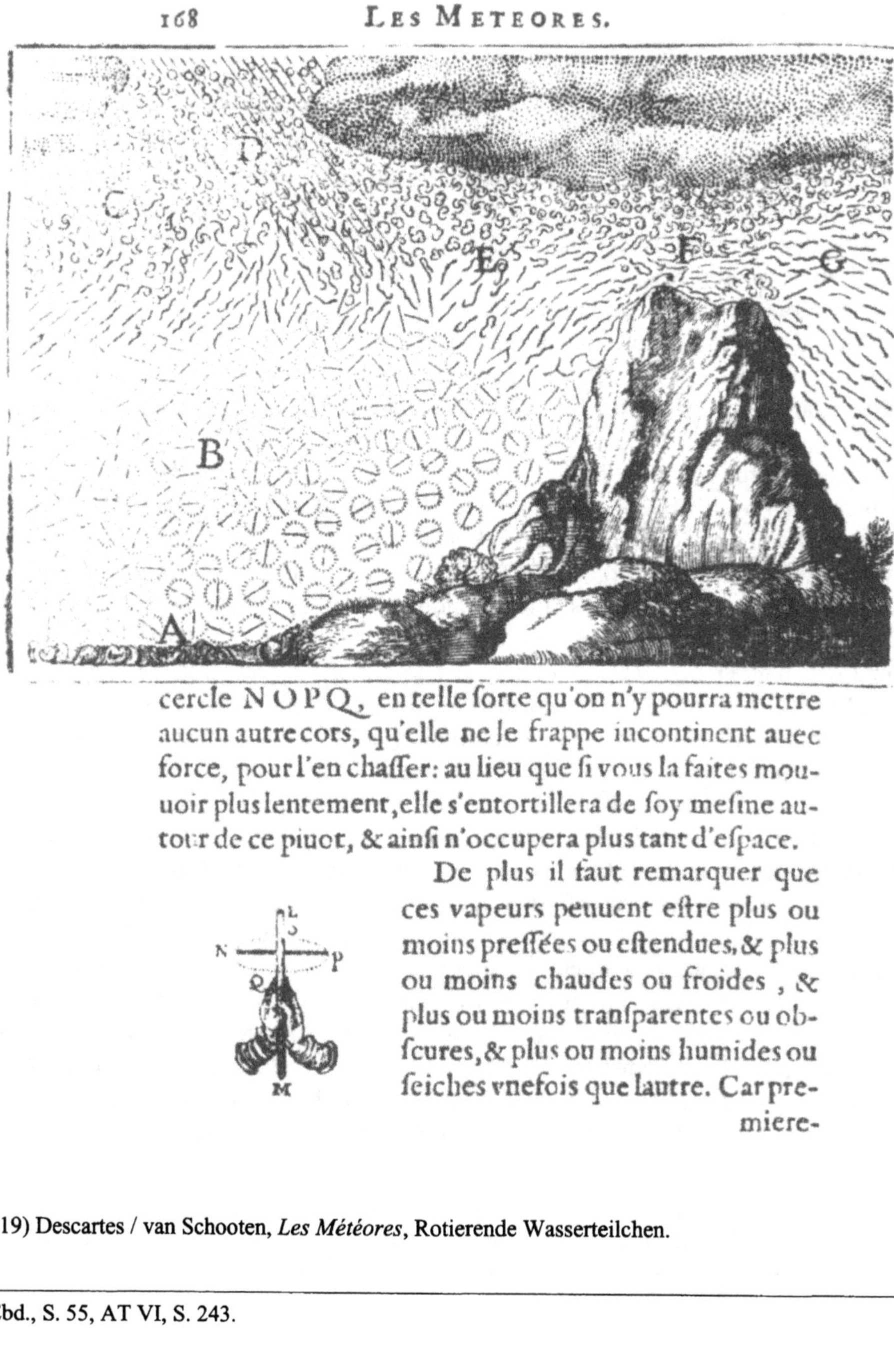

168 LES METEORES.

cercle N O P Q, en telle sorte qu'on n'y pourra mettre aucun autre cors, qu'elle ne le frappe incontinent auec force, pour l'en chasser: au lieu que si vous la faites mouuoir plus lentement, elle s'entortillera de soy mesme autour de ce piuot, & ainsi n'occupera plus tant d'espace.

De plus il faut remarquer que ces vapeurs peuuent estre plus ou moins pressées ou estendues, & plus ou moins chaudes ou froides, & plus ou moins transparentes ou obscures, & plus ou moins humides ou seiches vnefois que lautre. Car premiere-

Abb. 19) Descartes / van Schooten, *Les Météores*, Rotierende Wasserteilchen.

546 Ebd., S. 55, AT VI, S. 243.

Da Descartes zufolge das ganze Universum vollkommen von feinen Materieströmen erfüllt ist, die so winzig sind, daß sie auch alle vermeintlich festen Körper durchdringen können, bedeutet dies, daß auch die ‚realistisch' anmutenden Felspartien Teil des allgemeinen Materieflusses sind. Folglich ist das, was wir real sehen oder fühlen, z.B. Härte, Wärme oder Farben, eine Illusion. Hingegen zeigt das, was diagrammatisch dargestellt wird, wie es wirklich zugehen könnte, wenn auch nur hypothetisch. Die schematischen und realistischen Darstellungspartien stehen sich also weder gegenüber noch ergänzen sie einander, sondern sie veranschaulichen einen fließenden, graduellen Übergang von sich formierender Materie. Descartes' Erklärung ist daher antisubstantialistisch, das heißt er geht nicht davon aus, daß die Farben oder Härte einem Gegenstand als Eigenschaft innewohnen, sondern diese Eigenschaften sind Effekte von Bewegungen, in welche die Teilchen aufgrund ihrer Gestalt unter gegebenen Umständen versetzt werden.

Descartes' Bildbeschreibung erstreckt sich über sechs Seiten, das Prinzip dürfte deutlich geworden sein. Da in den letzten Jahren gerne von wissenschaftlichen Abbildungen behauptet wird, sie würden Evidenz herstellen, sichtbare Argumente oder gar visuelle Beweise liefern, sei hier eines klargestellt: Die Abbildung beweist nichts, sondern sie veranschaulicht eine Hypothese, die Descartes über die subvisible Gestalt winziger Materiepartikel und deren Bewegungsarten aufgestellt hat. Descartes' Bild offeriert gleichsam einen Röntgenblick auf das dynamische Geschehen, das sich unter und auf der sichtbaren Oberfläche der Natur ereignet. Das Bild lehrt die Natur zu dechiffrieren; es ist als solches jedoch nicht selbstevident, sondern Text und Bild erläutern sich wechselseitig und erhalten erst durch ihr Zusammenspiel einen Sinn. Das Bild illustriert deshalb auch nicht einfach nur den Text, sondern es hat insofern eine kognitive Funktion, als es überhaupt erst die verschlungenen Erklärungen über „verschiedenen Gestalten und Veränderungen der feinen Materie, hier anhand der aus ihr sich zusammensetzenden Dünste", die zu einer Zeit mal mehr oder weniger stark zusammengepreßt oder ausgedehnt sein können als zu einer anderen, sowie mehr oder weniger warm oder kalt, durchsichtig oder undurchsichtig, feucht oder trocken" auf einen Blick veranschaulicht und als Bild konzeptualisiert. Descartes' morphologisches Alphabet soll in Aktion vorgeführt werden und dazu muß ein unsichtbarer Vorgang gezeigt werden. Für eine mögliche Abbildung ergibt sich dadurch die doppelte Aufgabe, Unsichtbares sichtbar zu machen und dabei den Prozeßcharakter des Dargestellten nicht durch ein starr-schematisches, strukturisomeres Modell zu verhüllen. Dies lehrt zugleich, Natur anders zu betrachten, sie mit dem Auge analytisch zu zerlegen, doch nicht in Strukturen, sondern in sich bewegende und sich transformierende Teilchenformen.[547] Erst wenn am Ende der Schrift alle in dieser Abbildung verdichteten Gestalt-Hypothesen sich in den verschiedenen Bereichen der Praxis bewährt haben und sich zu einer einheitlichen Erklärung zusammenfügen, können sie, wie Descartes selbst konstatiert – alle zusammengenommen – einen be-

547 Vgl.: „Wenn nun auch dieses Bild, das auf diese Weise ins Innere unseres Kopfes gelangt, immer noch eine Ähnlichkeit mit den Gegenständen behält, von denen es ausgeht, so darf man sich doch, wie ich es Ihnen verständlich genug gemacht habe, die Sache nicht so verstellen, als ob wir durch diese Ähnlichkeit eine Empfindung von ihnen bekommen, als ob es noch andere Augen in unserem Gehirn gäbe, durch die wir sie wahrnehmen könnten. Es sind vielmehr die Bewegungen, aus denen sich das Bild zusammensetzt." *Dioptrik*, S. 99, AT VI, S. 130.

weisähnlichen Status erlangen. Descartes klärt in einem eminent wichtigen Brief an Plempius für Fromondus vom 03. 10. 1637 den Status seiner Untersuchungen:

> „Ich verstehe nicht seine Einwände zu den Seiten [der *Meteore*] 159 und 163. Wenn meine Philosophie ihm [Fromondus] als zu grob [crassa] erscheint, weil sie wie die Mechanik nur die Gestalt, Ausdehnung, und Bewegung [von Körpern] berücksichtigt, dann verdammt er das an ihr, was in meinen Augen gerade über alles zu loben ist und auf das ich am meisten stolz bin. Ich meine, daß ich bei meiner Art zu Philosophieren keine Begründung verwende, die nicht mathematisch und evident ist und deren Schlußfolgerungen nicht durch wahre Beobachtungen [experimentis] bestätigt sind. [...] Ich bin überrascht, daß er nicht bemerkt, daß diese Mechanik heute nichts anderes als ein kleiner Teil der wahren Physik ist, der weil er noch keinen Platz bei der gewöhnlichen [=scholastischen] Philosophie gefunden hat, bei den Mathematikern Unterschlupf fand. Dieser Teil der Philosophie blieb wahrer und unverdorbener als andere, weil er nützliche und praktische Konsequenzen hat, und daher jeder Fehler mit finanziellen Einbußen bestraft wird. Wenn er also meine Philosophie verachtet, weil sie der Mechanik gleicht, so ist das dasselbe, wie wenn er sie verachtet, weil sie wahr ist. [...] Er ist überzeugt davon, daß meine Annahme, daß die Wasserteilchen die Form von Aalen haben, geschmacklos und grundlos sei. [...] Wenn er in der Lage wäre, mit der nötigen Aufmerksamkeit alles was ich in den *Meteoren* und der *Dioptrik* geschrieben habe, zu lesen, würde er zahllose Gründe finden, von denen zahllose Syllogismen gebildet werden könnten, die demonstrierten, was ich sage, wie z.B.: Wenn Wasser flüssiger ist und schwerer gefriert als Öl, dann ist das ein Zeichen dafür, daß Öl aus Teilchen besteht, die sich leichter verbinden, wie die Zweige eines Baumes, während Wasser aus schlüpfrigeren Teilchen besteht, welche die Gestalt von Aalen haben. Ergo, etc. Oder: Wenn in Wasser getauchte Kleider leichter zu trocknen sind als in Öl getauchte, dann ist das ein Zeichen dafür, daß die Wasserteilchen die Form von Aalen haben und daher leichter aus den Poren der Kleider herausgleiten können, und daß die Ölteilchen die Form von Zweigen haben, und daher in denselben Poren hängenbleiben, etc. Oder [...] *Und bei all dem stimmt die Erklärung so vollkommen mit der Erfahrung überein, daß ich nicht glaube, daß es jemandem, der sich mit beidem gut vertraut gemacht hat, möglich wäre, daran zu zweifeln, daß die Sache sich so verhält, wie ich sie hier erklärt habe. Obwohl alle diese Punkte für sich genommen der Konklusion nur Wahrscheinlichkeit verleihen, können sie alle zusammen genommen wie ein Beweis betrachtet werden.* Doch wenn ich versucht hätte, alle diese Schlußfolgerungen im Stile der Dialektiker abzuleiten, hätte ich die Hände des Druckers und die Augen des Lesers mit einem enorm dicken Band ermüdet."[548]

Würde man nur die Darstellung in eine andere Form bringen, könnten laut Descartes dadurch prinzipiell alle in den *Meteoren* auf der Basis hypothetischer Annahmen gemachten empirischen Beobachtungen einen beweisähnlichen Status erlangen, und zwar dann, wenn man alle Einzelpunkte zusammen betrachtet. Die Kohärenz der einzelnen Erklärungen untereinander stiftet eine über die bloße Wahrscheinlichkeit hinausgehende Gewißheit. Das ist zum einen ein enormes Zugeständnis an eine erfahrungsgestützte, hypothetisch-deduktive Vorgehensweise, zum andern muß man dies als Leseanweisung für Descartes eigene Texte und ihr Zusammenspiel mit den Abbildungen betrachten. Die hier vorgeführten Erklärungen

548 Brief an Plempius für Fromondus vom 03. 10. 1637, AT I, S. 412-431, bes. S. 420ff. [Hervorh. von mir, C.Z.].

mögen, isoliert betrachtet, spekulativ erscheinen, gemeinsam aber erhalten sie als Überzeugungskraft, erst dann wird ihre epistemische Konfiguration sichtbar.

3.5.7) Catch the wind

Nachdem Descartes zunächst einmal seine Formenlehre veranschaulicht hat, versucht er in der Folge genauer zu erklären, wie es zur Bewegung kommen kann. Sein vierter Diskurs handelt von den Winden, genauer von den Bedingungen ihrer Entstehung sowie den Graden ihrer Sichtbar- und Unsichtbarkeit. Er eröffnet diesen Diskurs mit einer Definition:

> „Jede fühlbare Bewegung der Luft nennt man Wind und alle unsichtbaren und ungreifbaren Körper nennt man Luft. Daher sagt man, wenn sich Wasser stark verdünnt und in sehr feinen Dunst verwandelt hat, es habe sich in Luft transformiert, obgleich die ganze Luft, die wir atmen, größtenteils nur aus Teilchen zusammengesetzt ist, die sich durch ihre Form und ihre viel größere Feinheit von denen des Wassers sehr unterscheiden."[549]

Die Windentstehung erläutert Descartes dann mit einem aus der Vitruvliteratur und durch Salomon de Caus[550] bekannten Experiment Herons. Offenkundig hat er dieses Experiment nicht selbst durchgeführt, er berichtet von ihm – im Unterschied zu den anderen Beobachtungen in *Les Météores* – lediglich in unpersönlicher Form. Es handelt sich um einen Äolsball.

Das Experiment soll demonstrieren, wie selbst eine geringe Wassermenge einen ziemlich starken Wind erzeugen kann. Descartes bringt eine Abbildung des Äolsballs, um diesen Vorgang genauer auf der Basis seiner Materietheorie zu erläutern. Man erblickt eine vollkommen ausgehöhlte Kugel, in deren unterem Teil sich Wasser in Wellen bewegt. Darüber rotieren die bereits bekannten Wasserteilchen, welche bei der einzigen und winzigen Öffnung D gemeinsam in gestreckter Form aus der Kugel austreten. Zuerst war der Teil ABC voll Wasser und der andere AEC enthielt nichts als Luft,

> „[...] so hielt man die Kugel über das Feuer. Die Hitze agitiert daraufhin die kleinen Wasserteilchen und bringt viele von ihnen dazu, über die Wasserkante AC aufzusteigen, wo sie sich ausdehnen, herumwirbeln und dabei aneinander stoßen und sich anstrengen, voneinander wegzukommen. Und weil sie sich so nicht voneinander entfernen können, außer insofern einige von ihnen durch das Loch D entweichen, machen alle die Kräfte, aufgrund derer sie zusammenstoßen, gemeinsame Sache, um alle die Teilchen, die der

549 *Les Météores* (2006), S. 95, AT VI, S. 265.

550 Der Äolsball wurde von Heron in seinen *Pneumatica* beschrieben (er wird deshalb auch Heronsball genannt). Vitruv greift ihn auf in: *Vitruvii de architectura libri decem. Vitruv. Zehn Bücher über Architektur*, übers. u. komm. v. C. Fensterbusch, Darmstadt 1996 (lib. 1, cap. VI). Salomon de Caus erwähnt ihn in einem Werk über Gartenanlagen, Springbrunnen, Automaten etc. (S. de Caus, *Les raison des forces mouvantes*, Frankfurt 1615), das für den jungen Descartes reiches Anschauungsmaterial für die Schärfung seines Verständnisses mechanischer Zusammenhänge lieferte. Allgemein zur Bedeutung von Maschinendemonstrationen: L. Dolza – H. Verin, Figurer La mécanique: L'Énigme des théatres de machines de la renaissance, in: *Revue d'Histoire moderne et contemporaine* 51-2 (2004), S. 7-37.

Öffnung am nächsten sind, durch diese Öffnung zu jagen: Und so rufen sie einen Wind hervor, der von dort aus in Richtung F bläst."[551]

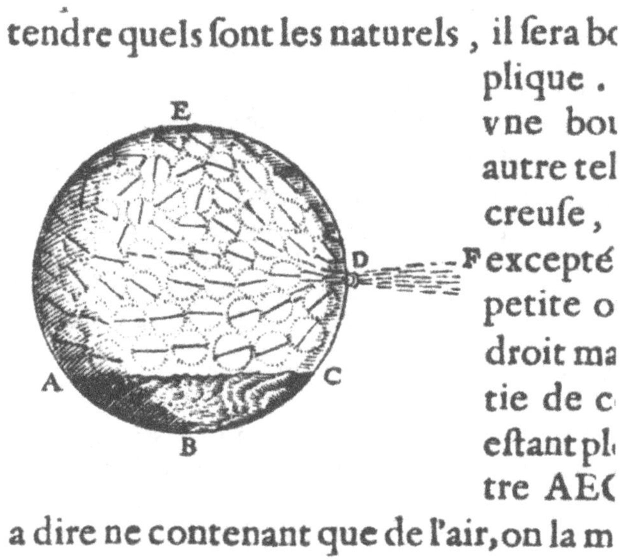

Abb. 20) Descartes / van Schooten, *Les Météores,* Der Äolsball.

Descartes bringt hier also zunächst ein Modell, das helfen soll, den sonst unsichtbaren Prozeß der Entstehung natürlicher Winde sichtbar zu machen und zu verstehen. Sofort aber gesteht er die begrenzte Reichweite seines Modells ein. Im Unterschied zu anderen Modellen in der Wissenschaft, die sich strukturisomer auf fixe Naturphänomene beziehen und deren Aufbau und Funktion erläutern, ist dies nämlich bei komplexeren Prozessen prinzipiell nicht durchzuhalten: In der Natur bilden sich die Dünste im Unterschied zum Äolsball nicht nur ausgehend von einer Wasseroberfläche, „sondern auch von der feuchten Erde, dem Schnee und den Wolken".[552] Zudem würden in der Natur die Dünste niemals so vollkommen eingeschlossen werden können wie in einem Äolsball. Das Modell hat seine Schuldigkeit getan und muß nun aufgegeben werden, und zwar zugunsten einer Darstellung, die, wie in der ersten Abbildung, simultan gegenläufige und multikausal verursachte Prozesse zu zeigen vermag (Abb. 21).

551 *Die Meteore,* S. 97, AT VI, S. 266.
552 *Die Meteore,* S. 99, AT VI, S. 266.

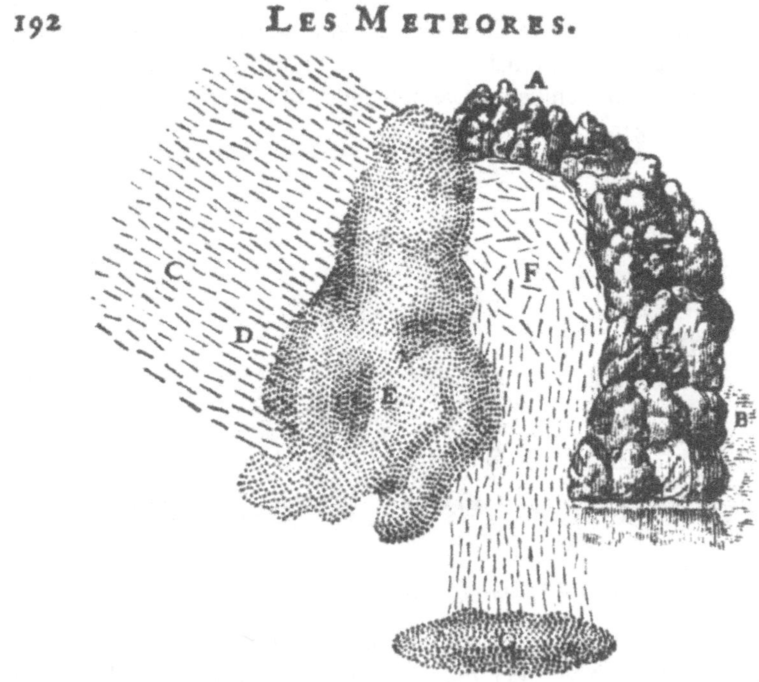

Abb. 21) Descartes / van Schooten, *Les Météores*, Winde und Dünste.

Die Materieteilchen treffen nun statt auf die Kugelwand auf den Widerstand von Dünsten, Wolken oder Bergen oder auf einen Gegenwind, der sie hindert, sich nach allen Seiten hin gleich auszudehnen. Da diese Widerstände aber nur zufällig so wie auf der Abbildung gezeigt vorkommen, und sich ansonsten je nach Region, Beschaffenheit der Natur, Jahreszeit und Temperatur alle Faktoren ändern, läßt sich niemals eine sichere Prognose geben, wie sich einzelne Winde verhalten. Die Prozesse verlaufen weitgehend chaotisch; man kann, so Descartes, nur genau die besonderen dispositionellen Umstände nach seinen Vorgaben registrieren und so zumindest bei den regelmäßigen Hauptwinden Vorhersagen wagen.

3.5.8) Wolkenmalerei

Dünste, die sich ausdehnen, erzeugen Winde, Dünste, die sich verdichten, hingegen Wolken; der nächste Diskurs widmet sich folgerichtig der Wolken- und Nebelbildung. Descartes versucht nun eine Art Film vor dem Film zu zeigen, indem er einzelne Stadien der Wolkenbildung hintereinander vorführt. Auch hier ist wiederum die Grundannahme, daß die Sichtbarkeit oder Unsichtbarkeit von Luft von der Bewegungsgeschwindigkeit ihrer Teilchen abhängt. Dünste können also entweder unsichtbarer oder sichtbarer werden, je nachdem wie schnell sich ihre Teilchen bewegen und welche Verbindungen sie eingehen. Am Unsichtbarsten sind vereinzelte und schnell durch die Luft fließende Teilchen, durch die das Licht ungehindert dringt. Verlangsamen sich die Teilchen und kommen miteinander in Berührung, vereinigen sie sich zu Wassertropfen oder Eisstückchen, „die, selbst wenn sie durchsichtig sind, dennoch durch ihre Oberfläche Lichtstrahlen reflektieren und so sichtbarer werden.“[553] Je langsamer die Bewegung, desto mehr Teilchen verbinden sich, die Masse wird undurchsichtiger und folglich immer sichtbarer. Das folgende Bild (Abb. 22) veranschaulicht einen solchen Verdichtungsvorgang:

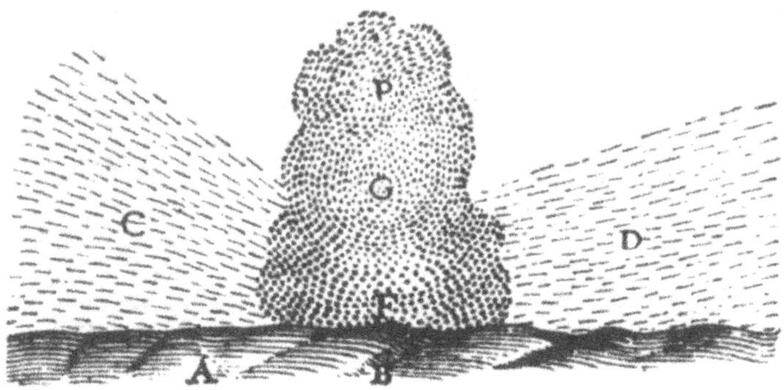

Abb. 22) Descartes / van Schooten, *Les Météores*, Wolkenbildung.

Die sich rotierend zu Wassertropfen verbindende feine Materie formt die Tropfen rund. Zunächst sehen wir eine sich von der Erde erhebenden Dunstglocke, die aus rotierenden Teilchen besteht, und die von zwei gegenstrebigen Winden, C und D, in die Zange genommen wird. Genauer gesagt wurde dieser Dunst dadurch erzeugt, daß diese beiden Winde sich zunächst gegenseitig um den Raum FGP in Stillstand gebracht haben, wo sie einige Dünste zu einer konfusen Masse kondensierten, währenddessen sich an diesem Ort ihre Kräfte ausbalancieren und ins Gleichmaß bringen, dann lassen sie die Luft dort ruhig und still werden. Eine solche dynamische Pattsituation hält indes nie lange an, die Winde weichen einander aus und ziehen auf verschiedener Höhe aneinander vorbei, wobei sie die Dunstmasse zerteilen und formen. Dies zeigt die nächste Abbildung (Abb. 23):

553 Ebd., S. 123f., AT VI, S. 279f.

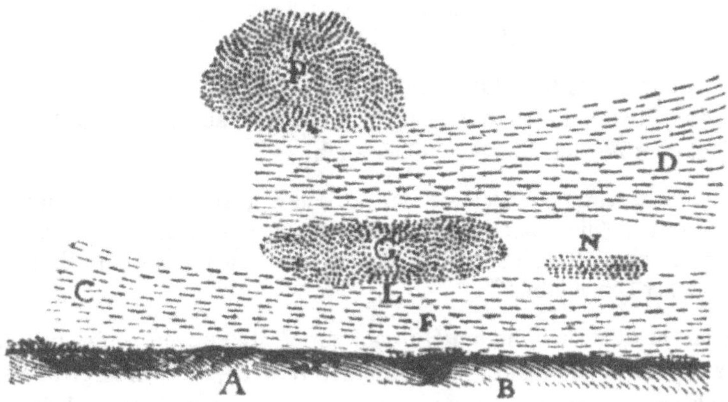

Abb. 23) Descartes / van Schooten, *Les Météores*, Wolkenbildung.

Dem Wind D ist es gelungen, seinen Kurs mitten durch den Dunst hindurch zu nehmen und sowohl diesen zu teilen, als auch den Wind C zu zwingen, unter G hinweg nah der Erde entlang seinen Kurs zu nehmen, wo er bei F die Dunstteilchen in Form von Tau auf die Erde niederfallen lässt. Die mittlere Wolke G wird durch beide Winde in die Länge gestreckt und die auf ihren Oberflächen befindlichen Eisplättchen sowie die auf der Unterseite von P werden zu Eiskristallen zugeschliffen.

Je nach Abstand von der Erde herrschen andere Temperaturen und entsprechend arrangieren sich die Eisteilchen je nach Wolkenstockwerk anders. Wie Descartes zeigt, bestehen Wolken aus verschiedenen Schichten, manche werden durch den Wind abgehobelt und bilden neue Wolken, wie N. Der Wind ist also hier als formende Macht, als Gestalter der Natur tätig, seine Teilchen nehmen andere Teilchenformationen gemeinsam unter Beschuß und verändern sie. Nicht nur die Form der Wolken, sondern auch die der Landschaft bekommt so eine Geschichte, die man nun mit eigenen Augen entschlüsseln kann.

3.5.9) Gespenster am Himmel

Das Auftürmen der Wolken führt mittelbar auch zu den Gewittererscheinungen, letztere behandelt Descartes im siebten Diskurs: Durch die schnelle Bewegung der Wolken, interne Auf- und Abbewegungen sowie durch den Einschluß von Dämpfen zwischen zwei Wolken oder innerhalb einer, entstehen Spannungen, durch die heftige Winde oder Entzündung der Dämpfe, Gewitter, Blitze und Kugelblitze entstehen. Während sich Dünste nur in Eis oder Wasser verdichten können, sind die ölhaltigen Dämpfe Descartes zufolge sogar in der Lage, sich bei entsprechender Einwirkung in feste Körper zu verwandeln. So wie Butter aus Rahm geschlagen wird, könne dann durch heftige Windeinwirkung aus in Wolken eingeschlossenen Dämpfen Manna entstehen, und ein Blitz könne

„sich manchmal in einen sehr harten Stein transformieren, der alles, was ihm begegnet, zerstört und zerschmettert, wenn es unter den sehr durchdringenden Dämpfen eine Menge anderer gibt, die fett und schwefelhaltig sind."[554]

Descartes geht sogar so weit, es für möglich zu halten, daß unter bestimmten Umständen, nämlich wenn die Wolken die Dämpfe stark pressen, sich aus ihnen eine Materie bildet, die „Milch oder Blut oder Fleisch ähnelt."[555] Oder auch,

„wenn sie gebrannt wird, verändert sie sich so, daß man sie für Eisen nehmen kann oder für Steine; oder schließlich, wenn sie sich zersetzt, erzeugt sie in kurzer Zeit einige kleine Tiere: Daher lese man oft, daß unter den Wundern es Regen aus Eisen, Blut, Heuschrecken oder ähnlicher Dinge gibt."[556]

En passant erklärt er hier auch die am Himmel von Zeitgenossen beobachteten Gespensterschwadronen aus einer Kombination vieler kleiner Wolken, die von ihrer Form her Soldaten ähneln und die kleine Feuer erzeugende Dämpfe in sich eingeschlossen haben, wodurch sie kleine Feuer und Geräusche hervorrufen: „Dadurch scheinen diese Soldaten zu kämpfen."[557] Solche Wundererscheinungen werden von Descartes nicht geleugnet, sondern akzeptiert und transparent gemacht. Entsprechend wartet er Vorschläge auf, wie man derartige optische Wunder-Phänomene auch mit Apparaten erzeugen kann, um so ihr Zustandekommen konkret vor Augen führen zu können. Eine Abbildung zeigt eine Konstruktion, die durch Fontainen die Entstehung von Regenbögen vorführbar machen soll (wieder mit zugleich von einem zweiten Standpunkt aus sichtbaren Haupt- und Nebenregenbogen).

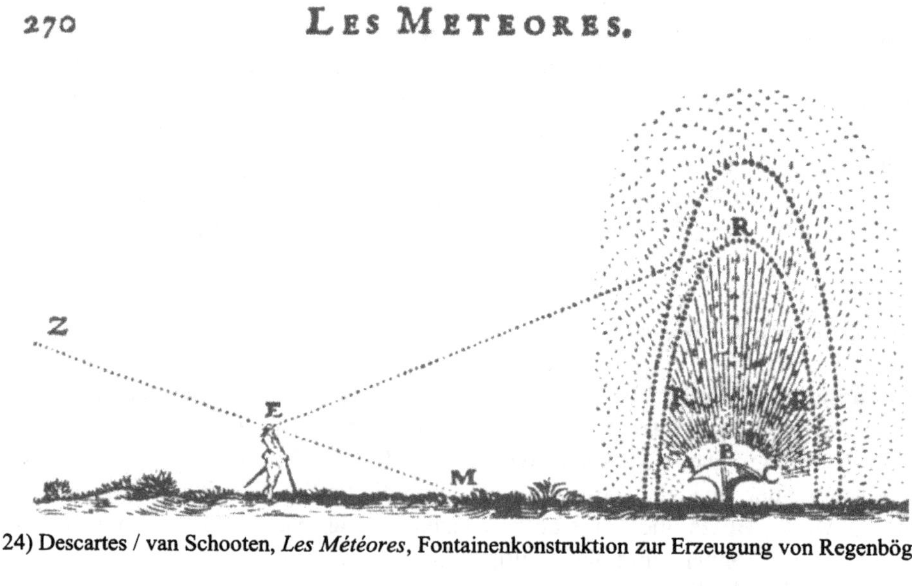

Abb. 24) Descartes / van Schooten, *Les Météores*, Fontainenkonstruktion zur Erzeugung von Regenbögen.

554 Ebd., S. 205, AT VI, S. 319.
555 Ebd., S. 209, AT VI, S. 321.
556 Ebd.
557 Ebd., S. 213, AT VI, S. 323f.

Bei AB und C soll Wasser durch kleine Öffnungen austreten, bei R sich verteilen, und wenn die Sonne bei Z steht und der Winkel MER circa 42 Grad beträgt, dann werde das Auge bei R „unfehlbar ganz genau so einen Regenbogen sehen, wie er am Himmel erscheint."[558] Doch damit nicht genug: Wenn man unterschiedliche Flüssigkeiten verwende, würde man Descartes zufolge ein viel größeres Farbspektrum erhalten und kann so überaus buntes Himmelsschauspiel erzeugen können. Manipuliere man zudem an den Öffnungen ABC, so könne man diverse Gebilde am Himmel z.B. in der Form eines Kreuzes oder eine Säule erscheinen lassen.[559]

3.5.10) Schnee-Bilder

Um Descartes' Wetterbeobachtungen konkreter nachvollziehbar zu machen, möchte ich einen seiner Erfahrungsberichte genauer vorstellen. Es handelt sich um Descartes' Beschreibung des Schnees aus dem sechsten Diskurs von *Les Météores*. Im Unterschied zu Kepler, der wenige Jahre zuvor die geometrische Struktur von Schneekristallen beschrieben hatte,[560] interessiert sich Descartes für die hexagonale Form als solche wenig. Ihm geht es nicht

---

558 *Meteore*, S. 255f., AT VI, S. 343f.

559 Ebd.

560 Johannes Kepler, De nive sexangula et grandine acuminata, in: *Johannes Kepler Gesammelte Werke*, hrsg. v. Max Caspar, IV, München 1941 (1611), S. 259-280; dt.: Johannes Kepler, Über den hexagonalen Schnee, hrsg. u. eingeleitet von Frank Linhard, in: *Zeitsprünge* 4 (2000/1611), S. 246-282 und Johannes Kepler, *Strena Seu De Nive Sexangula*. Neujahrsgabe oder Vom sechseckigen Schnee. Übers. v. F. Rossmann, Berlin 1943 (1611). Wie Descartes gleich zu Beginn der *Meteore* (AT VI, S. 232) hervorgehoben hatte, hält er die hexagonale Struktur des Schnees für eines der seltensten Wunder der Erde, das zwar viel kommentiert, aber noch nicht richtig erklärt worden sei. In einem Brief an Mersenne vom 04. März 1630 (AT I, S. 127) teilt er mit, daß er diesbezüglich Schriften Gassendis und vor allem Keplers Schrift *De nive sexangula et grandine acuminata* (1611) konsultiert habe. Hier kündigt er auch bereits an, die bei Kepler beschriebenen Phänomene in den *Meteoren* exakter erklären zu wollen. Kepler hatte bereits die Hauptformen des Schnees (Sechsecke und Graupeln) beobachtet. Er nahm an, daß erstarrende Dunstkügelchen (sphaerae vapidae) für die Gleichartigkeit des inneren Feinbaus der Materie verantwortlich sind. Dabei deutete er bereits die Möglichkeit an, aus den räumlichen Anordnungsvarianten der Dunstkügelchen die Symmetrieeigenschaften der Schneekristalle abzuleiten. Kepler kann in seiner Schrift über den hexagonalen Schnee bei der Frage, weshalb es zu sechseckigen Figuren in der Natur kommt, mit seiner platonistischen Metaphysik im Hintergrund unbefangener über göttliche Baupläne und deren Harmonie und Schönheit spekulieren. Dabei legt er sich jedoch keineswegs auf eine Lösung fest, sondern führt eine offene Erörterung der in Frage kommenden Erklärungsmöglichkeiten durch. Vgl. Kepler (1943), S. 25 u. S. 28. Keplers Voraussetzung ist allerdings die Annahme, daß es als Formursache eine Erdseele gebe, die sich im Wasserdampf manifestiere: „Es gibt aber ein Formvermögen im Körper der Erde, dessen Träger der Wasserdampf ist, wie es eine menschliche Seele, einen Geist gibt." Diese Erdseele müße nun nicht nur zweckgerichtet verfahren, sie könne auch spielen. So wirke bei der Bildung des hexagonalen Schnees „der formierende Verstand [...] nicht nur auf einen Zweck hin, sondern auch auf Schmuck, er suche nicht nur Naturkörper hervorzubringen, sondern pflege auch flüchtig zu spielen." (ebd., S. 26f.). Weshalb es dabei (und bei den Bienenwaben) zur hexagonalen Form komme, dafür gibt er mehrere mögliche Gründe an und verweist am Ende seiner Schrift auf die Chemiker, die in Zukunft sich der Sache anzunehmen hätten: Vgl. Cecil Schneer, Kepler's New Year's Gift of a Snowflake, in: *Isis* 51.4 (1960), S. 531-535, Robert Halleux, De la Strena de Kepler a la naissance de la cristallographie, in: R. Halleux (Hrsg.), *Johann Kepler, L'etrenne ou la neige sexangulaire*, Paris 1975, S. 109-137.

darum, anhand der erstaunlichen Regelmäßigkeit hexagonaler Kristalle ein allgemeines geometrisches Ordnungsprinzip oder Gesetz der Natur aufzuweisen, sondern er will erklären, wie diese Formen zustande kommen können. Die Ordnung wird ihm dabei eher zum Problem, denn die Regelmäßigkeit der Kristalle ist zu stark, als daß sie einfach durch zufällige Teilchenkombinationen erklärt werden könnte. Descartes weicht daher hier von seiner in dieser Schrift bislang gewählten Vorgehensweise ab, durch das Kombinieren hypothetisch angenommener Teilchenformen die Phänomene zu ‚deduzieren' und beruft sich unmittelbar auf eine Beobachtungstatsache.

Bemerkenswert ist somit, daß Descartes gerade dann in Schwierigkeiten gerät, wenn sublunare Naturphänomene in allzu großer Regelmäßigkeit auftreten. Just dann ändert er die Darstellungsweise und wechselt zu einem narrativen Erfahrungsbericht, in dem er, über zehn Seiten lang,[561] ebenso lebendig wie minutiös und phänomenologisch präzise seine Schneebeobachtungen beschreibt – und mehr noch: er schildert die einzelnen Stadien seines eigenen Erkenntnisprozesses. Dieser Bericht ist ein Solitär unter den frühen Erfahrungsberichten und daher ein Meilenstein in der Geschichte empirischer Naturbetrachtung. Ich kenne keinen vergleichbaren Erlebnisbericht einer Naturbeobachtung vor oder zu dieser Zeit, weder in der Naturphilosophie noch in Malereitraktaten, und fordere jeden Leser auf, mir einen solchen zu nennen. Descartes' exzeptioneller Schneebericht ist zu lang, um hier ganz zitiert zu werden, doch ich will versuchen, einen Eindruck von ihm zu vermitteln, indem ich seine rhetorische Struktur herausarbeite. Nach allgemeinen Erklärungen über Schnee, Hagel und Eis auf der Basis der oben genannten Gestalthypothesen, leitet Descartes seinen Bericht wie folgt ein:

> „Damit Sie aber nicht denken, das, was ich hier rede, sei bloße Meinung, will ich Ihnen von einer Beobachtung berichten, die ich im vergangenen Winter 1635 gemacht habe. Am vierten Februar – die Luft war tags zuvor extrem kalt gewesen – fiel am Abend in Amsterdam, wo ich mich gerade aufhielt, ein wenig ‚Glatteis', das heißt Regen, der gefriert, sobald er den Erdboden erreicht; und hinterher folgte ein überaus feiner Hagel..."[562]

Erstaunlicherweise soll gerade der Übergang von der objektiven Beschreibung zu einer Darstellung in Ich-Form glaubwürdig machen, daß es sich beim Dargelegten nicht um bloße Meinung handelt. Nach dieser Einleitung folgt die zergliedernde Analyse der Beobachtung, und Descartes bringt eine Abbildung, die die verschiedenen Formen der Schneekristalle zeigt. Während der Textredaktion hatte Descartes die Anfertigung dieses Bildes verschieben müsssen, da er noch keine Schneesterne gesehen hatte, die ihm als Muster hätten dienen können. Es hatte lange in Amsterdam nicht geschneit.[563]

Dieses Bild wird, wie übrigens auch viele andere in dieser Schrift, mehrfach, in diesem Falle dreimal, abgedruckt, es wird bei der Lektüre also präsent gehalten. Während die Meteore erklärt werden, soll die *Kontrolle über die Imagination* der Leser erlangt, gesteuert und permanent aufrecht erhalten werden. Außerdem erzeugt nach Descartes das wiederholte

561 Ebd., S. 163-183, AT VI, S. 298-308. Alle Hervorhebungen in den folgenden Zitaten stammen sämtlich von mir.
562 Ebd., S. 163.
563 Vgl. Brief an Huygens (30. 10. 1636): „J'espère qu'avant qu'il vienne aux étoiles de la neige, l'hiver qui s'approche en pourra faire tomber du ciel quelques-unes qui lui serviront de patron."

Betrachten eines Bildes auch einen tieferen Abdruck im Gedächtnis, da letzteres durch die Bilder nachhaltig geprägt werden soll.

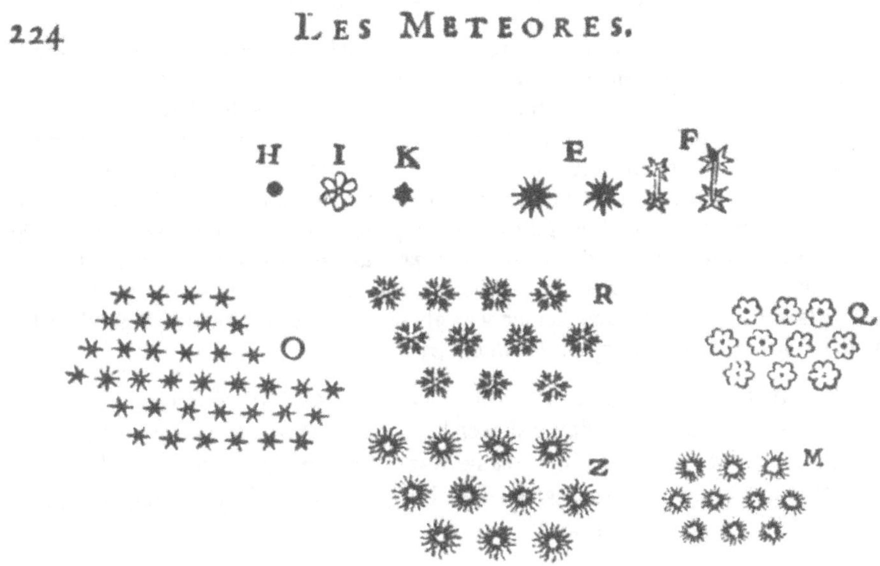

Abb. 25) Descartes / van Schooten, *Les Météores*, Schneekristalle.

Descartes verweist im Text immer wieder auf das Bild, das dem Leser zeigen soll, wie groß und wie beschaffen zu einer bestimmten Zeit ein Schneekristall gewesen sei.

Das Text-Bildverhältnis ändert sich innerhalb der Schrift nun auf auffällige Weise. Das Anfangsbild hatte die dynamischen Teilchenrotationen, die dann später in den folgenden Diskursen von *Les Météores* einzeln geschildert werden, anschaulich synthetisiert. Dieses *tableau* summiert nun scheinbar statisch unterschiedliche Typen von Schneekristallen, – scheinbar, weil jetzt auf der sprachlichen Ebene durch die lebendige Narration sowohl die Entstehung der einzelnen Schneeform geschildert wird als auch diese Formen dann als zeitlich aufeinanderfolgend beschrieben werden. Die Bilder, so wird im Laufe des Berichts deutlich, folgen einer Kette von sprachlichen Vergleichen, durch die die Schneeflocken mal als Zahnräder, als Sterne, als Rosen und Schwertlilien beschreiben und veranschaulichen diese. Die vermeintlich statische Abbildung wird durch die Interaktion mit dem Text in Fluß gebracht.

Aufgrund der ständigen rhetorischen Fingerzeige auf Abbildungsdetails muß der Leser dauernd zwischen Bild und Text hin- und herwechseln, z.B.: „Ich befand, daß seine Körnchen nur ein bißchen größer waren als diejenigen, die bei H dargestellt sind sowie daß sie Tropfen des gleichen Regen gewesen waren und in höheren Luftregionen gefroren sind."[564] Dies führt Descartes zu seiner ersten Einsicht: „Jetzt verstand ich, daß der Wind, der in diesem Moment sehr stark und kalt wehte, die Kraft gehabt hatte, beim Gefrieren der Trop-

564 *Meteore*, Ebd., S. 163.

fen ihre Form zu verändern."[565] Dann macht Descartes eine weitere Beobachtung, die mit der ersten abgeglichen werden muß. Im Bericht dominieren jetzt Äußerungen des Erstaunens und das Erstaunen wird dann mühsam in Verstehen überführt:

> „Was mich jedoch dabei am *meisten verblüffte*, war, daß ich unter den Tropfen, die als letzte niederfielen, welche bemerkte, die um sich herum sechs kleine Zähne hatten, ähnlich wie bei den Zahnrädern der Uhren und etwa so wie Sie es bei I sehen. Und diese Zähne waren sehr weiß wie Zucker, während hingegen die Körnchen, die aus einem durchsichtigen Eis bestanden, fast schwarz zu sein schienen. Und *es sah offenkundig so aus,* daß die Zähne aus einem sehr feinen Schnee gemacht waren, der sich um die Körnchen herum festgesetzt hat, nachdem diese bereits geformt waren, so wie weißer Reif, der sich über die Pflanzen legt. All das *wurde mir erst ganz am Ende klarer*, als ich auf ein oder zwei stieß, die um sich herum unzählig viele kleine Härchen hatten, die aus einem Schnee bestanden, der matter und feiner war als der Schnee der kleinen Sternchen [...] Nur hatte ich *solange Mühe mir vorzustellen* [...]"[566]

Nun stellt Descartes seine erste Hilfshypothese auf: *„bis ich schließlich auf den Gedanken* kam, daß dieser Wind sehr leicht einige dieser Körnchen unterhalb oder jenseits einer Wolke mit sich tragen konnte und dort – gesetzt sie waren klein genug – hat halten können."[567]

Aus den Beobachtungen ergeben sich erste Folgerungen und die – zunächst nur wahrscheinliche – Erklärung des Phänomens:

> „Und dort mußten sie sich so angeordnet haben, daß jedes von ihnen auf der gleichen Ebene von sechs weiteren umgeben wird, – der gewöhnlichen Ordnung der Natur folgend. Zudem war es sehr *wahrscheinlich*, daß die Wärme, die sich kurz zuvor hoch in der Luft befinden mußte, um den von mir beobachteten Regen auszulösen, dort auch einige Dünste in Bewegung versetzte, die vom gleichen Wind gegen diese Körnchen getrieben wurden, wo sie in Form von kleinen, sehr zarten Härchen gefroren. Und *vielleicht* halfen die Dünste sogar sie dort zu halten [...]"[568]

Am darauffolgenden Tag werden zusätzliche Informationen gesammelt:

> „Am nächsten Morgen gegen acht Uhr beobachtete ich noch eine andere Art von Hagel [...] Doch sie [die Schneekristalle] waren so perfekt hexagonal geschnitten, mit sechs derart geraden Seiten und sechs so gleichen Winkeln, daß es für Menschen unmöglich ist, etwas so Exaktes herzustellen."[569]

Nachdem das Auge am Vortag geschult worden war, kann nun schnelles ‚Seh-Urteil' gefällt und eine verbleibende ‚Rest-Schwierigkeit' benannt werden: *„Ich sah sofort,* daß diese Plättchen vorher kleine Eisknäuel gewesen sein mußten, [...] Und ich *sah,* daß dieser Wind zur gleichen Zeit [...] Es verblieb nur die kleine Schwierigkeit, daß diese Eisklümpchen [...]".[570]

565 Ebd.
566 Ebd., S. 163f.
567 Ebd., S. 165.
568 Ebd., S. 167.
569 Ebd., S. 167f.
570 Ebd., S. 169.

Descartes schildert ausführlich, wie es ihm in der Folge immer besser gelingt, durch zusätzliche Beobachtungen seine Erklärungshypothesen zu fundieren. Er zieht daraus weitere Schlüsse, die in Selbstberuhigung münden. Die Phänomene können in den theoretischen Rahmen der ganzen Schrift eingeordnet und qua Analogien und Vergleiche „in absoluter Sicherheit" erschlossen werden. Wie der Wind die Wellen formt, so formt er auch die Wolkenoberfläche; alles wird nun leicht verständlich, es häufen sich Formulierungen, die die zunehmende Sicherheit im Erkennen und Urteilen ausdrücken:

> „Doch ich *beruhigte* mich bald darauf selbst, als ich mir klar machte, in welcher Weise der Wind immer agiert und wie er beim Streichen über eine Wasseroberfläche deren Teilchen der Reihe nach verbiegt, ohne die Oberfläche deswegen rauh oder uneben zu machen. Denn *nun erkannte* ich, daß der Wind *absolut sicher* in derselben Weise die Wolkenoberfläche verbiegt und in Wellen formt [...] Es war jedoch leicht für mich *zu verstehen* [...]. Und *ich wunderte mich überhaupt nicht [...] Denn ich dachte, [...] Denn während ich beobachtete [...] schloß ich [...]. Schließlich staunte ich auch nicht mehr* über die zwölfstrahligen Doppel-Schneesterne, die hinterher herabgefallen waren, *denn ich befand [...] . Das brachte mich zum Schluß,* [...]. Die Heftigkeit des an jenem Tage ohne Unterlaß wehenden Windes *machte mir mit großer Evidenz die Ursache klar,* welche die Sternchen herabfallen ließ."[571]

Am Ende berichtet er von einer Beobachtung, die er drei Tage später machen konnte und die seine bisherige Schilderung endgültig bestätigen sollte:

> „Drei Tage später schließlich, als ich Schnee fallen sah, der sich ganz aus kleinen Knoten oder Knäuel zusammensetzte, welche von einer großen Menge miteinander verflochtener Härchen umgeben waren, die überhaupt keine Sternchenform hatten, *bestätigte ich mich* in meinem Glauben an all das, was ich mir vorgestellt habe, während ich diese Materie berührte."[572]

Die genaue Angabe von Tageszeiten und der Beobachtungsumstände sowie die minutiöse selbstreflexive Schilderung des eigenen Beobachtungs- und Erkenntnisprozesses erhöhen die Glaubwürdigkeit des Berichts, denn sie ermöglichen dem Leser, das Finden der Erklärungsmuster nachzuvollziehen und für den eigenen Gebrauch einzuüben und die cartesische Meinung als Wissen *zu bestätigen.* Nicht das kleinste Detail darf daher unterschlagen werden. Beobachten, Experimentieren, Beschreiben und Darstellen greifen ineinander, das Auge und die Vorstellungskraft werden durch die lebendigen Beschreibungen und die beigefügten Abbildungen im analytischen Sehen geschult, das Auge soll lernen, eine Schneeflocke in ihre Bestandteile zu zerlegen, das heißt sie morphologisch zu erfassen, damit dann im Anschluß nach und nach immer besser Erklärungshypothesen aufgestellt und Rückschlüsse über die Formungsprozesse gezogen werden können. Das Ziehen dieser Schlüsse gelingt umso leichter und schneller, je wissender das Auge wird – die Gestalthypothesen werden in Urteile überführt, die Irritationen und das Staunen münden im beruhigenden Wissen.

Genausowenig wie die Abbildungen einfach den Text illustrieren, ist daher die Bildbeschreibung bloße Beschreibung. Die Bildbeschreibung ist selbst anschaulich, lebendig, und

571 Ebd., S. 169-181.
572 Ebd., S. 183.

voller visueller Metaphern und Vergleiche: Schneekristalle seien wie Sterne, Schwertlilien, Rosen oder Knäuel geformt, Wolken wie Wellen, Eis wie am Ufer liegende gefrorene Aale. Die visuelle Metaphorik schafft so die Voraussetzung, um die Kluft zwischen Text und Bild zu überbrücken, das scheinbar statische *tableau* in Bewegung zu versetzten und im Vollzug des Brückenschlags der ganzen Erklärung Kohärenz zu verleihen.

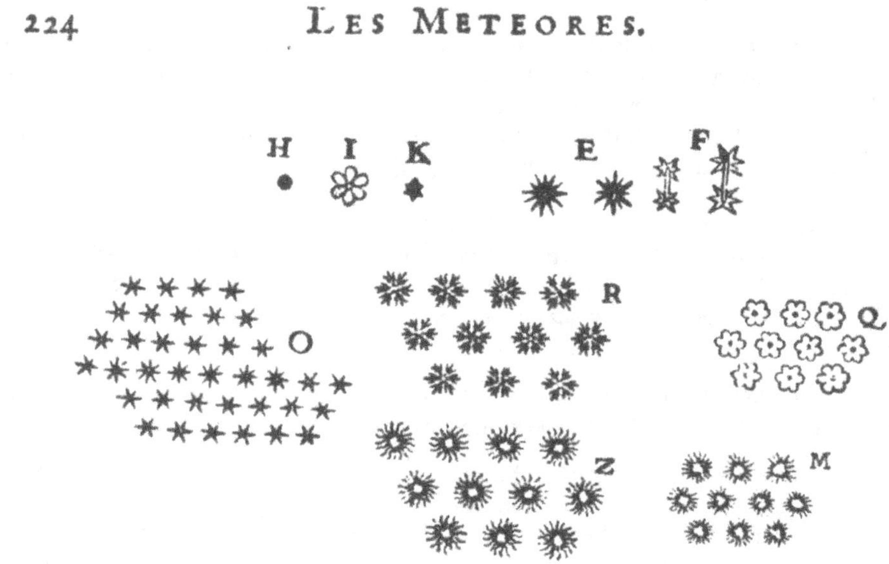

Abb. 26) Descartes / van Schooten, *Les Météores*, Schneekristalle.

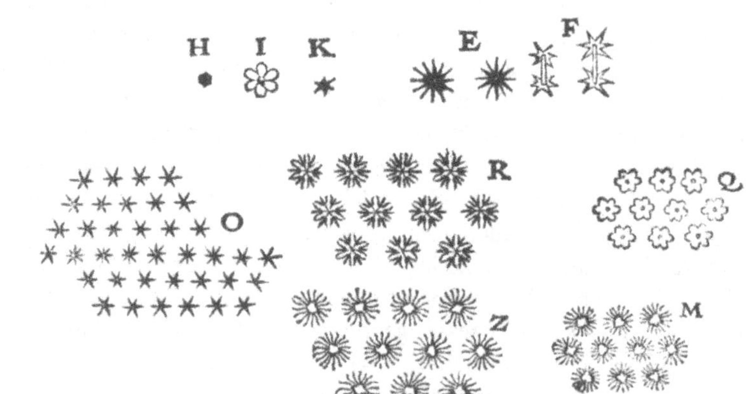

Abb. 27 Descartes / van Schooten, *Specimina* [Fig. 70].

Bereits in der lateinischen Ausgabe naturphilosophischer Texte Descartes' von 1644, die auch eine Übersetzung der *Météores* enthält,[573] kam es zu teils schwerwiegenden Verfälschungen dieser Bilder, die jene erwähnte Kohärenz nicht mehr erreichbar werden ließen: Perspektiven wurden verändert, Buchstaben hinzugefügt oder vertauscht. Corinna Lucia Vermeulen hat alle diese Abweichungen in ihrer mustergültigen Neuedition der *Specimina* akribisch notiert.[574] Auch das Schneekristallbild wurde so verändert, daß Text und Bild nicht mehr recht miteinander interagieren. Dies ist nicht leicht zu sehen, man vergleiche daher beide Versionen en detail.

Das Schneesternchen K soll die im Text erläuterte hexagonale Form veranschaulichen, diese ist in der lateinischen Edition ebenso verschwunden wie die unterschiedlichen Längen der Strahlen der Sternchen bei E, dafür hat H plötzlich Kanten. Auch die Form eines präzise zugeschnittenen Sterns, die die Schneekristalle bei O zeigen sollen, ist leicht verändert, des weiteren das Verhältnis von Zentrum und Härchen bei Z und M. Offenbar wurde bereits in der lateinischen Ausgabe Descartes' Konzept der intimem Verschränkung von Abbildung und Beschreibung nicht mehr die nötige Aufmerksamkeit zuteil.

In seiner wenige Jahre nach Descartes' Tod erschienenen Darstellung der cartesianischen Naturphilosophie meinte der Cartesianer Regius die Entstehung der Schneekristalle noch mit einer eigenen Abbildung erläutern zu müssen. Gleich nach der Wiedergabe einer amputierten Tafel der Schneekristalle aus *Les Météores*, wartete er mit einer eigenen Bilderfindung auf, die einen Schneesturm mit van Goghscher Verve inszeniert.

Wie Distelköpfe auf einem höchst dynamisch gezeichneten Farn, nehmen sich nun die Schneeflocken aus, deren Bildung und Transformationen aus einer einheitlichen Bewegung heraus erklärt werden sollen. Regius nahm einige der Pflanzenvergleiche Descartes' allzu wörtlich und vernachlässigte dabei krass die verschiedenen Formierungsstadien der je sich anders bildenden Schneekristalle, deren peinlich genaue Beobachtung wiederum Descartes' Darstellung und Analyse auszeichnete.

573 Descartes, *Specimina philosophiae: seu Dissertatio de methodo rect`e regendae rationis, & veritatis in scientiis investigandae: Dioptrice, et Meteora*, Amsterdam 1644.

574 Descartes, *Specimina philosophiae*. Introduction and Critical Edition, hrsg. v. Corinna Lucia Vermeulen (Doctoral thesis Utrecht University) 2007, Url: http://igitur-archive.library.uu.nl/dissertations/2007-1019-202001/, S. 64-66, und S. 323-372.

Abb. 28) Regius, *Philosophia Naturalis*, 1654, S. 193.

3.5.11) Zwischenresultat

Zusammenfassend, könnte man sagen: Die Eigenart sublunarer Phänomene bewog Descartes dazu, seine Schrift über die Meteore als eine Schule des Sehens anzulegen. Um chaotische Prozesse theoretisch einfangen zu können, muß das Auge für detailgenaue empirische Beobachtungen schrittweise geschult und eine neue Beschreibungs- und Bildsprache sowie ein sehr weites Verständnis von Deduktion entwickelt werden, das auf konkreten Beobachtungen und exakter Phantasie fußt. Bilder unterstützen die Imagination und die Vernunft sowohl beim Entwerfen als auch beim Fixieren und Validieren von Wissen. Die Kriterien wie ‚fiktiv' versus ‚realitätskonform' werden somit als historisch-systematische Kategorien für philosophische Erfahrungskonzepte obsolet. Das Kriterium der Übereinstimmung zwischen unproblematisch empirischer Beschreibung und Wirklichkeit ist hier kein passender Maßstab, sondern wie die Wirklichkeit beschaffen ist, wird durch eine Kunst der explorativen Beobachtung und imaginativen Veranschaulichung selbstbestimmt festgelegt.[575]

Reizvoll wäre, der Frage nachzugehen, wie nun das Verhältnis der avanciertesten Meteortheorie des 17. Jahrhunderts zur malerischen Praxis dieser Zeit einzuschätzen ist. Descartes hat den Malern seiner Zeit jedenfalls viele fertige Bildkonzepte angeboten, um die unsichtbare korpuskulare Beschaffenheit der Luftteilchen sichtbar zu machen, die uns aus heutiger Sicht attraktiv erscheinen: Er hat das Verständnis für die stoffliche Zusammensetzung der Wolken und der Luftteilchen verändert und eine Art Röntgenblick auf die Natur eröffnet, der es erlaubt, nicht nur Wetterphänomene in ihren ursächlichen Zusammenhängen neu zu sehen, sondern auch die Gestaltung von Landschaften durch den als Teilchenstrom aufgefaßten Wind nachzuvollziehen. Denn Luft besteht aus veränderlichen Teilchen, deren Körperlichkeit wie die des Wassers nun plastisch vorstellbar geworden ist, und die durch ihre permanente Bewegung alle Naturphänomene unter Dauerbeschuß nehmen und formen. Schnee besteht aus kleinen hexagonalen Kristallen, die ein kalter Wind unter genau eruierbaren Bedingungen geformt hat. Wolken bestehen aus auf verschiedene Stockwerke verteilten Wasserteilchen und Eisplättchen, sie haben mehr Eis, je höher sie schweben, sie werden von Winden abgehobelt und geformt, und je nachdem wie das Eis geschliffen wurde, ruft dies andere optische Effekte hervor, wenn Licht auf die Wolke fällt. Ein Maler könnte also durch die Darstellung einer bestimmten Wolkenform andeuten, welche Winde zu diesem Zeitpunkt wehen oder vorher geweht haben müssen und wie das Licht sich brechen muß. Eine zerklüftete Küstenlandschaft würde die Materialität des Seewindes spürbar machen. Es könnten nun auch unterschiedliche Winde, die entweder aufeinander treffen oder übereinander vorbeiziehen, zugleich dargestellt werden. Überhaupt könnte er das ganze Wettergeschehen und das Licht viel dynamischer auffassen, denn keine Form besteht *per se*, sondern ist das Resultat bestimmter Teilchenkollisionen.

Weitgehend im Dunkeln liegt noch, ob sich diese neuen naturphilosophischen Erklärungen und die mit ihnen einhergehenden wissenschaftlichen Visualisierungsangebote überhaupt beziehungsweise mit welcher zeitlichen Verzögerung in der Wolken- und Schneemalerei niedergeschlagen haben. Wenn ja, bei wem? Wenn nein, warum eigentlich nicht?

Da sich Descartes zufolge die gesamte Natur aus unsichtbaren Korpuskeln zusammensetzt, kommt unser gesamtes Wissen über sie nur dadurch zustande, daß wir uns makroskopische Bilder von ihnen machen. Wenn Descartes von Materieteilchen, die man nicht sehen kann, behauptet, sie hätten bestimmte Formen und seien in Wirbelbewegung, wendet er Metaphern und Bilder kognitiv an, d.h. er *konzeptualisiert* den subvisiblen Bereich mittels analogischer Bilder. Hierfür hat man Descartes zufolge gar keine Alternative, als die Einbildungskraft einzusetzen und Vergleiche anzustellen. Wie also können die Eigenschaften der unsichtbaren Korpuskeln von der Einbildungskraft erfaßt werden, oder anders formuliert,

575 Vgl. zum Verhältnis Fiktionalität-Realität in Texten der frühen Neuzeit: Wolfgang Neuber, Zur Gattungspoetik des Reiseberichts. Skizze einer historischen Grundlegung im Horizont von Rhetorik und Topik, in: Peter J. Brenner (Hrsg.), *Der Reisebericht. Die Entwicklung einer Gattung in der deutschen Literatur*, Frankfurt 1989, S. 50-67.

wie kann die Kluft zwischen unsichtbarer Welt und den sichtbaren Bildern im Gehirn überbrückt werden?

Es ist ein Vorschlag Peter Galisons, daß bei Descartes die Bilder just diese Aufgabe übernehmen, die sichtbare Welt mit der unsichtbaren zu verknüpfen.[576] Insofern haben sie vermittelnde Funktion. Die Abbildungen in den Texten führten demnach die Arbeitsweise der Einbildungskraft im Vollzug vor. Es bleibt jedoch bei Galison unklar, wie die Verknüpfungsoperationen genau vonstatten gehen und was aus ihnen für die ganze Wissenskonzeption folgt.

Man könnte mindestens 5 Alternativen des Mitwirkens der *imaginatio* formulieren:

1. Die Einbildungskraft bereitet die Deduktion, also den Übergang von einer Intuition zur nächsten, lediglich vor.
2. Sie führt uns zur korrekten Deduktion, sie leitet an.
3. Sie ist der Prüfstein für die richtige Deduktion.
4. Die Einbildungskraft organisiert die Ketten der Intuitionen, sie prägt und konzeptualisiert die zu erklärenden Bereiche derart, daß aufgrund der Analogien allererst ein Übergangsschritt vollzogen werden kann. Die zu vergleichenden Elemente werden so geordnet und disponiert, daß sie in der Anschauung synthetisiert und erkannt werden können. Visuelle und sprachliche Bilder, also Metaphern, spielen hierbei zusammen. Analogie und *imitatio* beschreiben somit keine bloßen Relationen zwischen Bereichen, die für sich selbst so oder so strukturiert sind, sondern sie strukturieren und ordnen diese Bereiche allererst so, daß der Übergang von einem zum anderen vollzogen und *idealiter* intuitiv einsichtig werden kann.
5. Gesetzt, Punkt 4 trifft zu, dann würde über den Einsatz von Bildern zumindest innerhalb einer gemeinsamen Wissenskultur auch die Intersubjektivierung und Validierung von Wissen ermöglicht.

Ob und wieweit diese vorläufigen Bestimmungen, die mehrheitlich weit darüber hinausgehen, den Bildern eine bloße Vermittlungs- oder Repräsentationsfunktion zuzuschreiben, zutreffen, muß durch genauere Analysen der Rolle von Bildern in und für Descartes' Argumentationen geklärt werden. Das geschieht im folgenden Teil dieser Arbeit.

---

576 Peter Galison, Descartes'Comparisons: From the Invisible to the Visible, in: *ISIS* 75 (1984), S. 311-326.

III. Teil

Abbilden und Überzeugen bei Descartes

1) Bilder des ‚Rationalismus'?

Im vorangegangen Kapitel wurden die Bildfunktionen in Descartes' Schrift *Les Météores* expliziert. Das muß nicht wenige verblüffen, gilt doch Descartes als einer der Erzfeinde sinnlicher Erkenntnis in der Geschichte der Philosophie. Diesen Ruf hat er sich durch Überlegungen erworben, wie er sie vor allem in seinen *Meditationes* anstellte:

> „Ich nehme also an, alles was ich sehe, ist falsch."[577]
>
> „... es ist sogar möglich, daß ich nicht einmal Augen habe, um damit etwas zu sehen; ganz und gar unmöglich aber ist es, daß ich, wenn ich sehe oder (was ich nicht länger als verschieden setze) wenn ich denke, daß ich sehe – daß ich selbst, der ich denke, nicht etwas sei."[578]
>
> „Da sehe ich gerade zufällig von meinem Fenster aus Leute auf der Straße vorübergehen; ich bin gewohnt [...] zu sagen: ich sehe sie. Was sehe ich denn außer Hüten und Kleidern, unter denen auch Automaten stecken könnten? Ich urteile aber, es seien Menschen. So erfasse ich also das, was ich mit den Augen zu sehen meinte, in Wahrheit nur durch das Urteilsvermögen, welches meinem Geiste innewohnt."[579]

Diese bekannten Zitate genügen bereits, um die Problemstellung für die folgenden Überlegungen zu formulieren: Welche Funktionen können überhaupt Bilder in den Texten eines Philosophen haben, der der Wahrnehmung derart mißtraut?[580]

---

577 Descartes *Meditationen*, S. 77, AT VII, S. 24.

578 Descartes, *Meditationen*, S. 95, AT VII, S. 33. Vgl. *Discours* S. 77, AT VI, S. 40: „wie wenn diejenigen, die gelbsüchtig sind, alles in der Farbe gelb sehen, oder wenn die Sterne oder andere weit entfernte Körper uns sehr viel kleiner erscheinen, als sie sind. Denn schließlich dürfen wir uns, ob wir nun wachen oder schlafen, immer nur von der Evidenz unserer Vernunft [persuader qu'a l'evidence de notre raison] überzeugen lassen. Und es muß beachtet werden, daß ich sage, von unserer Vernunft und nicht von unserer Einbildungskraft noch von unseren Sinnen: Wenn wir auch die Sonne klar sehen, dürfen wir aufgrund dessen nicht schliessen, daß sie von der Größe wäre, wie wir sie sehen; und wir können uns sehr deutlich einen Löwenkopf auf dem dem Körper einer Ziege vorstellen, ohne deswegen schliessen zu dürfen, daß es auf der Welt eine Chimäre gäbe, denn die Vernunft sagt uns nicht, daß das, was wir sehen oder uns vorstellen, auch wahrhaft so sei. Aber sie sagt uns wohl, daß alle unsere Vorstellungen oder Begriffe irgendeine Grundlage in der Wahrheit haben müssen.'

579 Descartes, *Meditationen*, S. 94f., AT VII, S. 32. Diese Stelle ist jedoch bereits tückisch, weil rhetorisch gebrochen: Der Blick durch das Fenster rahmt die Szenerie zu einem Bild oder einer Theaterszenerie, auf der kostümierte Automaten auftreten. Unverkennbar ist auch hier wieder der barocke Theatertopos aufgerufen und Descartes fungiert als Erzähler oder besser: als Impressario eines illusionistischen Schauspiels. Vgl. dazu allgemein: Jan Lazardzig, *Theatermaschine und Festungsbau. Paradoxien der Wissensproduktion im 17. Jahrhundert*, Berlin 2007, sowie ders.: Die Maschine als Spektakel. Funktion und Admiration im Maschinendenken des 17. Jahrhunderts, in: Helmar Schwarte – Ludger Schramm – Jan Lazardzig (Hrsg.), *Instrumente in Kunst und Wissenschaft. Zur Architektonik kultureller Grenzen im 17. Jahrhundert*, Berlin 2006, S. 167-193.

580 Auch Dennis Sepper, der immerhin zu den wenigen Descartes-Interpreten zählt, die die kognitive Rolle der Einbildungskraft beim frühen Descartes erkannten, bestreitet diese aufgrund solcher Stellen für das spätere Werk: „Imagination, after all, is unreliable and even deceptive" (1993, S. 142). Sepper beachtet jedoch nicht den metaphysischen Kontext, in dem diese Zitate stehen und verwechselt einen Themenwechsel mit einem Positionswechsel. Kein Wunder daher, daß sich Sepper wundert: „In his scientific work and even in his mature philosophical writings Descartes frequently resorted to images. [...] Are such ‚facts' about imagination in Descartes isolated and aberrant, or do they reveal something deeply ingrained in his

Zu den wenigen unumstößlichen Gewißheiten der Philosophiegeschichtsschreibung zählt die Lehrmeinung, daß Descartes' Skepsis gegenüber der sinnlichen Wahrnehmung und seine rationalistische Lösung den Ausgangspunkt für das neuzeitliche methodische Philosophieren markiert. Descartes habe die sinnlich-qualitative Naturauffassung der Renaissance verabschiedet und sei mit seinem mechanistischen Allerklärungsansatz zum entscheidenden Wegbereiter der modernen naturwissenschaftlichen Denkweise geworden.[581] Wissenschaft habe sich (seither) primär auf wahre und unerschütterliche Urteile der Vernunft zu stützen.

Descartes' sogenannter wissenschaftstheoretischer Fundamentalismus wird, darauf habe ich in der Einleitung bereits hingewiesen, auch aus kulturhistorischer Perspektive immer wieder als radikaler Wendepunkt dargestellt, dort aber kritisch. Im Zeichen Descartes' sei empirisches, auf Sinnesdata fußendes, individualheuristisch gewonnenes Wissen in seiner Geltung dramatisch depotenziert worden.[582] Wie bereits früher in dieser Arbeit erwähnt, wird insbesondere bei Foucault und seinen Anhängern Descartes als Architekt einer neuen ‚mechanistischen Episteme' vorgeführt, die das auf Analogien und Ähnlichkeiten basierende Denken der Renaissance abgelöst habe.[583] Foucault formulierte z.B. provokant und wirkungsvoll:

> „In der einförmigen Helle seiner verschlossenen Sinne hat Descartes mit jeder möglichen Faszination gebrochen, und wenn er sieht, ist er sicher, was er sieht."[584]

---

thought?" (S. 142). Dazu treffend: Suck-Young Won, *Das Problem des Skeptizismus bei Descartes und Locke*, Göttingen 1997, S. 101f.

581 Stellvertretend: Dijksterhuis (1956); H. Breger, Der mechanistische Denkstil in der Mathematik des 17. Jahrhunderts, in: H. Hecht (Hrsg.), *G.W. Leibniz im philosophischen Diskurs über Geometrie und Erfahrung,* Berlin 1991, S. 15-46; M. Schneider, *Das mechanistische Denken in der Kontroverse. Descartes Beitrag zum Geist-Maschine-Problem,* Stuttgart 1993; Fuchs (1992); Brian Baigrie, Descartes' Scientific Illustrations and ‚la grande mecanique de la nature', in: B. Baigrie (Hrsg.,) *Picturing Knowlegde. Historical and Philosophical Problems Concerning the Use of Art in Science*, Toronto 1996, S. 86-134. Hier wird jeweils Descartes pauschal mit einem Denkstil identifiziert, wobei die Vorstellung darüber, was unter mechanistischem Stil zu verstehen sei, die heutige ist, welche dann zurückprojiziert wird. Speziell zur Zurückweisung der Bilder äußert sich: H. Gouhier, Le refus du symbolisme dans l'humanisme cartesien, in: Enrico Castelli, *Umanesimo e Simbolismo*, Padua 1958, S. 65-74.

582 Zum einen ist dieser Befund eines Bilderschwundes auf eine einseitige Orientierung der Wissenschaftsgeschichte an den mathematischen Wissenschaften zurückzuführen (in anderen Disziplinen wie Biologie und Medizin geht man bis heute selbstverständlich mit Abbildungen um), zum andern auf spezifisch kontinentale Traditionen, in welchen systemphilosophische Konzeptionen gegenüber empiristischen lange dominierten. So ergeben sich je nach Perspektive durchaus ganz unterschiedliche Befunde: während angloamerikanische Wissenschaftshistoriker die zunehmende Bedeutung der Abbildungen etwa im 17. Jahrhundert konstatieren, kommen kontinentale Kulturhistoriker mehrheitlich zum Schluß, daß durch die in dieser Zeit beherrschende Stellung ramistischer bzw. systemphilosophischer Konzeptionen und den von dort her gestellten Aufgaben, Bilder nicht mehr mit Begriffen zu konkurrieren vermochten. Die zuvor innerhalb der Rhetoriktradition entscheidenden individual-heuristischen, kasuistischen Funktionen von Bildern wurden dramatisch depotenziert und gingen verloren. Vgl. dazu Wolfgang Neuber, Kasuistische und systematische Wissensordnungen, in: Detel – Zittel (2002), S. 185-196.

583 So anhand eines konstrastierenden Vergleichs der Wahrnehmungskonzeptionen Keplers mit Descartes' bei Gerard Simon, A propos de la théorie de la perception visuelle chez Kepler et Descartes: réflexions sur les rôles du mécanisme dans la naissance de la science classique, in: *XIIIe colloque international d'Histoire des sciences,* Actes, Moskau 1971, Bd. 6, S. 18-24.

584 Michel Foucault (1993), S. 247.

Insbesondere wird Descartes angekreidet, daß es infolge seiner Verabsolutierung des rationalen Erkenntniskonzeptes zu einem „Wirklichkeitsverlust“ in der Philosophie gekommen sei und er durch die Abwertung und Fragmentierung der sinnlichen Wahrnehmung die Anschauung als Erkenntnisorgan nachhaltig destruiert habe.[585] Da Descartes die sinnliche Wahrnehmung und mit ihr auch die Bilder als Quelle der Täuschung wirkungsvoll denunziert habe, führte dies nach vorherrschender Meinung generell in den Texten der cartesischen Tradition zu einem Bilderverbot und damit zu einem Verschwinden all jener ästhetischen Wissensrepräsentationen, die mehr als bloße Illustrationen zu sein beanspruchten.[586]

Sybille Krämer und Horst Bredekamp eröffnen beispielsweise ihren unlängst erschienenen Sammelband *Bild Schrift Zahl* mit dem programmatischen Satz: „Lange, vielleicht allzu lange, galt Kultur als Text.“ Ihr neuer Schlachtruf lautet entsprechend: ‚Wider die Diskursivierung der Kultur‘.[587] Mit ihrer Kritik, daß im bisherigen Kulturverständnis die „epistemische Kraft der Bildlichkeit“ verkannt worden sei, reihen sie sich ein in eine ganze Serie von jüngeren Publikationen, in deren Zentrum die Untersuchung der Funktionen von Bildern in Wissenschaft und Kultur steht. Auch die in jüngerer Zeit sich stark entfaltende *Bildwissenschaft*, die zum einen die Bildvergessenheit in der Philosophie- und Wissenschaftsgeschichtsschreibung beseitigen will, zum andern die einseitige Orientierung der Kunstgeschichte am ästhetischen Bild korrigieren und um das wissenschaftliche Bild ergänzen soll, verstärkt und prägt diesen Trend.[588]

Doch auch in der Wissenschaftsgeschichte (ganz im Gegensatz zur Philosophiegeschichtsschreibung) wurde diese Entwicklung befördert. Zahlreiche einschlägige Monographien und Sammelbände sind in den letzten Jahren erschienen, die die zentrale Rolle der Bilder für die Wissensgenerierung thematisieren. In erster Linie wurde für die Geschichte baconianisch orientierter Wissenschaftsprogramme die in der frühen Neuzeit, insbesondere seit 1600, zunehmende Bedeutung empirischer Demonstrationen und deren Dokumentation durch Bilder herausgestellt.[589]

Blickt man jedoch in zentrale Schriften jener Zeit, so registriert man mit einiger Verwunderung: Bacons Hauptwerke haben keine Textabbildungen, sondern nur Titelkupfer,

---

585 Vgl. Brigitte Scheer, *Einführung in die philosophische Ästhetik*, Darmstadt 1997, S. 38-46.

586 Foucault (1974), J. Manthey, Wenn Blicke zeugen könnten. Eine psychohistorische Studie über das Sehen in Literatur und Philosophie, Hamburg 1983, S. 187-90. Den Bilderreichtum der Philosophiegeschichte findet man hingegen eindrucksvoll dokumentiert bei: Lucien Braun, *Iconographie et Philosophie*, 2 Bde., Straßburg 1994/1996.

587 S. Krämer – H. Bredekamp (Hrsg.): *Bild – Schrift – Zahl*, München 2003, S. 9.

588 Siehe z.B.: Horst Bredekamp: Bildwissenschaft, in: *Metzler Lexikon Kunstwissenschaft*, Stuttgart 2003; ders.: Galilei der Künstler – Der Mond, die Sonne, die Hand, Berlin 2007; Klaus Sachs-Hombach (Hrsg.): *Bildwissenschaft*, Frankfurt am Main 2005; Gottfried Boehm (Hrsg.), *Was ist ein Bild?*, München 1994; James Elkins, *The Domain of Images*, Ithaca, NY, 1997.

589 Vgl. z.B. S. Kusukawa – I. Maclean (Hrsg.), *Transmitting Knowledge. Words, Images and Instruments in Early Modern Europe*, Oxford 2006; W. Lefèvre – J. Renn – U. Schoepflin (Hrsg.), *The Power of Images in Early Modern Science*, Basel, Boston, Berlin 2003; Daston – Park (2002); Hans Holländer (Hrsg.), *Erkenntnis, Erfindung, Konstruktion. Studien zur Bildgeschichte von Naturwissenschaften und Technik vom 16. bis zum 19. Jahrhundert*, Berlin 2000; Caroline A. Jones – Peter Galison (Hrsg.), *Picturing science, producing art*, New York 1998; Mario Biagioli, *Galileo's Instruments of Credit. Telescopes, Images, Secrecy*, Chicago 2006; Olaf Breidbach, *Bilder des Wissens. Zur Kulturgeschichte der wissenschaftlichen Wahrnehmung*, München 2005; P. Machamer, 17th-Century Demonstrations, in: Detel – Zittel (2002), S. 23-38.

Harveys *De motu cordis*, ein Meilenstein in der Geschichte empirischer Wissenschaft, wartet mit lediglich zwei Abbildungen auf und Henry Powers Schriften kommen z.B. ganz ohne Bilder aus.[590] Jedoch sind die meisten Werke von Descartes voll von Abbildungen.

Es ist ist hinlänglich bekannt, daß Descartes rhetorisch immer wieder Gebrauch von kühnen Metaphern und Vergleichen macht, etwa wenn er zu Beginn von *Le Monde* den hypothetischen Aufbau einer fiktiven Welt als Fabel darstellt. Sein Umgang mit sprachlichen Bildern wurde hie und da auch untersucht und einigermaßen verlegen zur rhetorischen Überzeugungs- oder Schutzstrategie erklärt,[591] die allerdings, wie man sich hinzuzufügen beeilte, das argumentative Gerüst selbst nicht tangiere.

Mit den sogenannten ‚Illustrationen' tut man sich jedoch schwerer.[592] In den einschlägigen Editionen, insbesondere der Descartes-Ausgabe von Adam / Tannery, werden viele Abbildungen nicht an ihrer ursprünglichen Stelle gebracht oder gar in den Anhang verbannt.[593] Zudem werden die Bilder, obgleich diese Ausgabe mit Erläuterungen geradezu

---

590 Vgl. Henry Power, Experimental philosophy, in three books: containing new experiments microscopical, mercurial, magnetical: with some deductions, and probable hypotheses, raised from them, in avouchment and illustration of the now famous atomical hypothesis, London 1664. Powers Buch ist zudem über weite Strecken Descartes' Naturphilosophie verpflichtet. Robert Hookes *Micrographia* (1665) nimmt sich im Rahmen der experimentalphilosophen Literatur Englands daher als ein Solitär aus.

591 Siehe Teil I. Vgl. a.: J. Schuster, Cartesian Method as mythic speech: a diachronic and structural analysis, in: J.A. Schuster – R.R. Yeo (Hrsg.), *The politics and rhetoric of scientific method,* Dordrecht 1986, S. 33-95; Schildknecht (1990), S. 92-120; Th. Carr, *Descartes and the Resilience of Rhetoric*, Carbondale 1990; Gaukroger (1995), S. 122.

592 Zwar gibt es Aufsätze wie den von Bruce Eastwood, Descartes on Refraction. Scientific versus Rhetorical Method, in: *ISIS* 75 (1984), S. 481-502 sowie das Buch von L. Ribeiro dos Santos, *Retorica da Evidencia ou Descartes segundo a Ordem das Images,* Coimbra 2001, die die Bilder eigens thematisieren, aber ebenfalls der Rhetorik zuschlagen. Bildbeschreibungen mit anschließenden Analysen sucht man hier vergebens. Eastwood argumentiert vor allem anhand der Abbildungen aus Descartes' *Dioptrik.* Er meint, die *Dioptrik* sei ja eine Schrift für Handwerker und nicht für Gelehrte und um diese überzeugen zu können, verwende Descartes Bilder. Diese in ihrer Tendenz reichlich durchsichtige Argumentation läßt sich, wie auch Lüthy (2006) herausstrich, angesichts der Fülle von Abbildungen in Descartes' Texten, etwa im Nachbardiskurs über *Die Meteore,* nicht halten. *Die Meteore* ist eindeutig ein Text für Gelehrte, weshalb bringt Descartes also hier so viele Bilder? Lüthy ist der einzige, der sich diesen Fragen anhand von eingehenden Bild- und Textanalysen stellt. Der Aufsatz von Christoph Marinero da Silva, A retorica do visual na fisica cartesiana, in: *Revista filosofica de Coimbra* 22 (2002), S. 447-466, folgt hingegem dem gerade genannten Text von Ribero dos Santos getreu. Sylvie Romanowskis einschlägige Studie *L'illusion chez Descartes. La structure du discours cartesien,* Paris 1974, beschränkt sich trotz des vielversprechenden Titels nur auf die Textanalyse. Natürlich gibt es einige weitere Aufsätze, in denen auf Descartes' Bildverwendung eingegangen oder sie zumindest erwähnt wird. Beispiele werde ich in den folgenden Fußnoten nennen. Doch diese Studien stellen vergleichsweise nur einen winzigen Anteil in der Descartesliteratur und sie begreifen die Bilder meist nur als unproblematische Illustration einzelner Sachverhalte. Zu den großen Ausnahmen zählen neben dem wichtigen Aufsatz von Lüthy, der Essay von Rebecca Wilkin, Figuring the Dead Descartes: Claude Clerselier's Homme de René Descartes (1664), in *Representations* 83 (2003), S. 38-66, und die Pionierarbeit Galisons (1984).

593 Die Herausgeber rechtfertigen dieses Verfahren mit Zwängen, die sich durch den veränderten Satzspiegel der neuen Edition ergeben, der es nicht mehr erlaube, die Abbildungen an der vorgesehenen Stelle und in der richtigen Größe zu bringen. Außerdem wolle man sich nicht dazu nötigen lassen, eine Abbildung oft zu drucken. Zugleich zitieren sie eine Herausgebernote zur Edition der *Principes* von 1646, die gerade die Wichtigkeit betont, die Bilder in den Text zu integrieren und mehrfach zu drucken, und in der das Verfahren, sie ans Ende zu stellen, als weit schlechter kritisiert wird. Vgl. „Avertissment", AT IX, 2. Teil, S. IVf.

überfrachtet ist, nur sehr spärlich mit Fußnoten bedacht. Hilflos bis chaotisch ist desweiteren die Editionsspraxis mit Blick auf Descartes' Bilder in den diversen Einzelausgaben seiner Schriften. Manche reduzieren die Anzahl der Abbildungen, minimieren ihre Größe und ändern ihre ursprüngliche Position,[594] andere fertigen eigene Abbildungen an, die die historischen ersetzen sollen.[595] Die gleiche Unbekümmertheit prägt wie selbstverständlich auch die meisten Interpretationen der Werke Descartes':

Es ist, als ob diese Bilder nicht existierten.

Doch es gibt sie, und sie sind teilweise recht abenteuerlich. Damit stellt sich ein Problem ein: Was soll man davon halten, wenn der als ‚Begründer des Rationalismus' gepriesene Descartes an zentralen Stellen seiner naturphilosophischen Schriften Bilder einsetzt, deren Veranschaulichungswert überdies alles andere als klar und selbstevident ist, etwa wenn sie z.B. das Licht mal als Stock, mal als Federbälle oder gepreßten Traubensaft zeigen, Planeten als Schiffe präsentieren, Schraubenteilchen durch die Luft fliegen lassen und das Sehen mit einem Blinden illustrieren?

Eigentlich dürfte es nach ‚cartesischer' Auffassung von Wissenschaft hier keine Schwierigkeiten geben, scheint doch auch allgemein zu gelten, daß im Gegensatz zu den Bildern der Kunst die Verwendung von Abbildungen in wissenschaftlichen Werken klar zweckdefiniert ist.[596] Gottfried Boehm, der einen der wenigen Versuche unternahm, wissenschaftliche

---

594 Vgl. z.B. die deutsche Ausgabe von Descartes' *Dioptrik*, die ursprünglich mehrfach gebrachte Abbildungen immer nur einmal abdruckt. Auch die deutsche Neuausgabe von Descartes' *Principia* bringt die Abbildungen nur auf einer Falttafel am Ende des Buches, und der Herausgeber und Übersetzer Christian Wohlers erklärt unverblümt, er habe die Verweise im Text auf die Abbildungen nicht an ihrer ursprünglichen Position sondern da eingefügt, wo sie ihm „sachlich angebracht" erschienen (*Prinzipien*, ed. Wohlers, S. LXX).

595 Man vgl. die deutsche Ausgabe von *Über den Menschen*, deren Herausgeber Karl Rothschuh in seiner Einleitung erklärt, allein der Text sei maßgeblich, es sei daher legitim, neue Bilder für die Illustration zu erfinden (Descartes, *Über den Menschen*, S. 32) – oder die (überdies fatal die Titel verfälschende und die Reihenfolge der Essays ohne Not und Sinn umstellende) US-Edition Paul Olscamps: Descartes, *Discourse on Method, Optics, Geometry, and Meteorology*, Indianapolis 2001 (Optik ist nicht Dioptrik, Meteoro*logy* etwas anderes als ein Diskurs über Meteore), die in Rotschuhs Sinne kommentarlos eigene, erschütternd primitive Zeichnungen des Herausgebers in reduzierter Zahl und an anderen Stellen als im Original darbietet. Auf diese Edition stützen sich zumeist die englischsprachigen Interpretationen der cartesischen *Essais*.
Besonders in diesem Zusammenhang hervorgehoben zu werden verdient der Aufsatz Brian Baigries (1996). Nachdem sich Baigrie über den repressiven Umgang der Editoren mit Descartes Abbildungen zunächst beklagt hatte (S. 87) und den epistemischen Wert von wissenschaftlichen Illustrationen behauptete, bringt er selbst die Abbildungen aus der *Dioptrik* und den *Meteoren* nach der Olscamp-Edition (S. 91, 94 u. 95), weist diese aber in den Bildunterschriften als Originalabbildungen des Jahres 1637 aus. Bei den posthumen Abbildungen aus *De l'homme* zeigt er gegenüberliegend einmal zwei Abbildungen aus Clerseliers Ausgabe und eine aus Schuyls Edition (S. 92f.), schreibt beide aber Descartes (obwohl sie nicht von ihm stammen) und der Ausgabe von 1664 zu, also der Edition Clerseliers. Man weiß nicht, worüber man sich mehr wundern soll, über Baigries kunstblinde Unsensibilität gegenüber seinem eigenen Forschungsgegenstand oder darüber, daß dieser Aufsatz seither als der Standardaufsatz zum Thema gilt und keiner derjenigen, die ihn beständig zitieren, je an seiner Vorgehensweise Anstoß nahm.

596 Dies trifft auf Descartes' Abbildungen aus seiner *Geometrie* zu. Der mögliche heuristische Wert beim Finden von geometrischen Lösungen spielt allerdings beim frühen Descartes auch eine wichtige Rolle, wie Sepper im Einzelnen belegt. Sepper weist zwar die entscheidende Rolle auf, die die Einbildungskraft und die Bilder hierbei spielen, seine Betrachtung bleibt aber gänzlich auf die mathematischen Beispiele fixiert und er blendet die anderen Bereiche in einer Weise aus, die man als ideologisch bezeichnen muß. In bezug auf die

Bilder von Kunstbildern begrifflich abzugrenzen, listet für die erstgenannten vier charakteristische Defizite auf: Wissenschaftliche Bilder haben 1. „ihren Zweck notwendigerweise außer sich selbst. Sie sind Instrumente. 2. Sie beabsichtigen Eindeutigkeit [...] 3. Sie sind Bilder zum Verbrauch [...] 4. Ästhetische Kriterien wie Anspielungsreichtum, Metaphorizität, visuelle Dichte oder Selbstreferenz sind kaum im Spiel."[597]

Wenn in wissenschaftlichen Bildern in irgendeiner Weise Wissen repräsentiert wird, müssen demzufolge die aus der Sicht des propositionalen Wissens impliziten Wissensgehalte prinzipiell vollständig explizierbar sein, analog etwa zum Fall nicht thematisierter impliziter Hintergrundannahmen. Wie zu zeigen sein wird, treffen die Kriterien Boehms nicht einmal auf Descartes' Bilder zu, geschweige denn auf das Gros wissenschaftlicher Bilder in der frühen Neuzeit.

Gleichwohl ist das Eindeutigkeitspostulat die stillschweigende Voraussetzung für viele Studien zum wissenschaftlichen Bild, die aus wissenschaftshistorischer Perspektive angestellt wurden. Eine sichtbare Folge ist, daß die Relevanz von Bildern für die Generierung von Wissen und die Schulung der Wahrnehmung zwar oft versichert, aber selten konkret vorgeführt wird. Vorzugsweise werden den Bildern pauschal Funktionen zugesprochen. In kaum einer der wissenschaftshistorischen Studien zur Bildverwendung in den Einzelwissenschaften werden die Bilder näher beschrieben, um erst dann anhand ihrer Eigenart und dem Kontext, in dem sie eingesetzt wurden, ihre Funktion zu bestimmen. Wenn einmal auf ein Bild eingegangen wird, so wird meist schlicht aufgezählt, was dargestellt ist.[598] Es fehlt zu einer Bildbeschreibung, die auch das Wie der Darstellung einfängt, offenkundig das methodische Rüstzeug.

In neueren Sammelbänden zu wissenschaftlichen ‚Illustrationen' treten von seiten der Wissenschaftsgeschichte manche Autoren dem kulturhistorischen Zugriff stattdessen energisch mit der Forderung entgegen, man müsse jeweils den theoretischen Stand, den eine Abbildung reflektiere, genauestens kennen. Eine bloß ikonologische Untersuchung sei zum Scheitern verurteilt.[599] Die entsprechenden alternativen Interpretationsvorschläge, die von dieser Seite jüngst vorgelegt wurden, tendieren jedoch dazu, wissenschaftliche Bilder dann wieder doch nur auf ihre illustrative Funktion von Theorien zu reduzieren.[600]

---

verschiedenen Bildverwendungen kommt dies einer radikalen Entproblematisierung gleich. Vgl. Sepper (1996; 1993, 1989). Ähnlich reduktionistisch: P. Boutroux, *L'imagination et les mathematiques selon Descartes,* Paris 1900; N. Kemp Smith, *New Studies in the Philosophy of Descartes. Descartes as Pioneer,* London 1952, Kap. 6.

597 Gottfried Boehm, Zwischen Auge und Hand. Bilder als Instrumente der Erkenntnis, in: Jörg Huber – Martin Heller (Hrsg.), *Konstruktionen, Sichtbarkeiten,* Zürich 1999, S. 215-228, hier: S. 226f. Nach Fertigstellung meines Manuskripts erschien der wegweisende Aufsatz: Christoph Lüthy – Alexis Smets, Words, Lines, Diagrams, Images: Towards a History of Scientific Imagery, in: *Early Science and Medicine* 14, 1-3 (2009), S. 398-439.

598 Z.B.: Volker R. Remmert, *Widmung, Welterklärung und Wissenschaftslegitimierung. Titelbilder und ihre Funktionen in der Wissenschaftlichen Revolution,* Wiesbaden 2005. Auch in Dastons Büchern (Daston – Park 2002, Daston – Galison 2007) verblüfft die Diskrepanz zwischen omnipräsenten Bildern und der Absenz von Bildbeschreibungen.

599 Vgl. dazu pointiert Michael Hagner, Bildunterschätzung – Bildüberschätzung. Ein Gespräch der „Bilder des Wissens" mit Michael Hagner, in: H. Bredekamp – G. Werner (Hrsg.), *Bildwelten des Wissens. Kunsthistorisches Jahrbuch für Bildkritik* 1,1, Berlin 2003, S. 103-111.

600 Siehe zum Beispiel den Sammelband Lefèvre – Renn – Schoepflin (2003) und vergleiche etwa dort den

In philosophischen Studien zum Bildbegriff sieht die Lage noch fataler aus. Es können ganze Bücher über ‚Das wissenschaftliche Bild' oder historische Studien zum Bildbegriff einzelner Philosophen geschrieben werden, ohne daß auch nur eine Abbildung gebracht würde.[601] Bevorzugt werden stattdessem Fragen diskutiert wie: Was ist ein Bild? Gibt es intentionale Bilder? Sind Bilder Zeichen? Gibt es eine Bildsemantik?

Diese Fragen glaubt man klären zu können, ohne auch nur ein Bild näher zu beschreiben. Für die philosophischen Erörterung von Bildern spielt es schlicht meist keine Rolle, ob über ein Dreieck oder eine Raffael-Madonna diskutiert wird, man fragt primär, nach dem Wesen und der Funktion von bildlichen Repräsentationen. Allenfalls behilft man sich gelegentlich mit nackten Diagrammen.

Von Seiten der zur Bildwissenschaft gewandelten Kunstgeschichte hingegen wird darauf insistiert, daß die Abbildungen in wissenschaftlichen Werken selbstverständlich weit mehr als reine Illustrationen oder allegorische Darstellungen von Wissen seien. Allerdings erhält man von dieser Seite regelmäßig nur sehr vage Angaben, worin dieser ästhetische Mehrwert bzw. die epistemologische Valenz der Bilder bestehen soll. Editionen werden vorgelegt, die nur die Abbildungen eines Werkes (oder quer durch die Wissenschaftsgeschichte aus den Büchern herausgelöste Bilder) ohne oder mit wenig Text spektakulär präsentieren, offenbar im Glauben, eine primär ästhetische Rezeption sei hinreichend. Jetzt betrachtet man häufig wiederum die wissenschaftlichen Erläuterungen, weil ohnehin veraltet, als bloß historischen Ballast, dessen man sich am besten weitgehend entledigt.[602] Bilder aus philosophischen oder wissenschaftlichen Werken werden dekontextualisiert, die Argumentationszusammenhänge nicht rekonstruiert, und eine Auseinandersetzung mit der Spezialliteratur zum betreffenden Philosophen resp. Wissenschaftler für verzichtbar erachtet. Beim Versuch, die Funktion von solchen Bildern zu benennen, kommen daher auch versierte Kenner des Bildmaterials zuweilen ins Changieren.[603] Selbst Horst Bredekamp, dem überhaupt erst es zu verdanken ist,

---

Aufsatz von Br. Eastwood – G. Grasshoff, Planetary Diagrams – Descriptions, Models, Theories. From Carolingian Deployments to Copernican Debates, S. 197-226, mit den oben genannten thematisch verwandten Essay Biagiolis.

601 Vgl. stellvertretend für viele: Bas van Fraasen, *The Scientific Image*, Oxford 1980; Oliver R. Scholz, *Bild, Darstellung, Zeichen. Philosophische Theorien bildlicher Darstellung*, Frankfurt 2004; Ferdinand Fellmann, Bild und Bewußtsein bei Giordano Bruno, in: Richard Heinrich (Hrsg.), *Bilder der Philosophie: Reflexionen über das Bildliche und die Phantasie*, Wien 1991, S. 200-222; ders.: Wovon sprechen die Bilder? Aspekte der Bild-Semantik, in: Birgit Recki (Hrsg.), *Bild und Reflexion: Paradigmen und Perspektiven gegenwärtiger Ästhetik*, München 1997, S. 147-159.

602 Z.B. M. Kemp, *Visualizations. The nature of book of art and science*, Oxford 2000; M. Kemp – M. Wallace, *Spectacular Bodies*, London 2000 (deutsch: *Bilderwissen. Die Anschaulichkeit naturwissenschaftlicher Phänomene*, Köln 2003); R. Robin, *The Scientific Image*, New York 1993; St. Klossowski da Rola, *The Golden Game*, London 1988. Zu nennen sind auch Editionen von nur spärlich kommentierten Bildtafeln aus Werken von Vesalius, Albinus, Fludd, Kircher, M.S. Merian etc. Terminologisch sorgsame Kommentare zu den Abbildungen finden sich immerhin in: J.V. Hansen – S. Porter, *The Physician's Art. Representations of Art and Medicine*, Durham 1999.

603 Als prominente Zeugnisse terminologischer Konfusion sind insbesondere die o.g. Texte von Kemp zu nennen sowie ders., Temples of Body and Temples of the Cosmos. Vision and Visualization in the Vesalian and Copernican Revolutions, in: Baigrie (1996), S. 40-85. Anhand der Abbildungen von Vesalius unter der Überschrift: ‚Vesalius' Veracity' findet sich z.B. die Vermischung der Bestimmungen: ‚Wahrheit', ‚visueller Beweis', ‚Demonstration' und ‚wahrhaftiger Augenzeugenschaft' und ‚firsthand knowlegde' in: M. Kemp, *Vizualisations*, S. 22f. Ähnlich verfährt auch M. Pozsgai, Unmittelbare Vermittlung. Anatomie und Autor-

daß man bei Philosophen wie Hobbes, Galilei und Leibniz[604] endlich bemerkt, daß sie massiv Bilder eingesetzt haben, gerät in Not, wenn er z.B. Galileis Bildstrategien begrifflich einzufangen versucht.[605] Galileis Tuschzeichnungen wird etwa gleichzeitig bescheinigt, daß er sie als ‚sichtbare Argumente' eingesetzt habe und daß ihnen ‚Evidenz' zukomme; sie seien ‚sichtbare Zeugnisse' oder ‚Beweise', sie stabilisierten das Gesehene und mit ihnen bediene Galilei sich des Prestiges und der rhetorischen Überzeugungskraft der Kunst.

Um eine Bestimmung der Bildfunktionen indes genauer leisten zu können, müßte man zunächst die hier entscheidende Frage beantworten, was denn eigentlich in diesem Kontext Beweis oder Argument heißen kann, wann und wie Bilder überhaupt argumentieren oder etwas beweisen können? Ein Argument ist noch kein Beweis, unter letzterem kann man vielerlei verstehen und was subjektiv oder objektiv im Sinne einer anschaulichen Gewißheit evident ist, muß oder kann gerade nicht bewiesen werden.[606] Dies war den Autoren des 16. und 17. Jahrhunderts sehr bewußt. Gesteht man zu, daß wissenschaftliche Bilder mehr als bloße Illustrationen oder allegorische Darstellungen von Wissen sind, sieht sich die Bildwissenschaft noch mit einer ganzen Reihe weiterer, überaus vertrackter Fragen konfrontiert, sobald sie genauer die Bildfunktionen beschreiben will: Besitzen Bilder kognitive Eigenschaften? Strukturieren sie etwa in kategorialer Weise unsere Wahrnehmung? Wenn ja, wie? Können Bilder und Bildordnungen kulturelle Wahrnehmungsparadigmen organisieren, die dann sowohl die Genese als auch Validierung von Wissen regieren? Müssen mit Hilfe von Bildern erst neue „Sehkulturen" etabliert werden, damit neue Wissensgegenstände und Zusammenhänge kollektiv akzeptiert werden können und kann man diese Leistung dann nicht nur allgemein und vage, sondern distinkt erfassen? Wie funktionieren etwa im wissenskulturellen Kontext der Experimentalphilosophie genau die *demonstrationes ad oculos?* Stiftet die gelungene Darstellung im Bild Evidenz bei einer wissenschaftlichen Entdeckung? Können Bilder etwas beweisen, kann man mit ihnen argumentieren? Bereiten sie Intuitionen bzw. wissenschaftliche Entdeckungen vor oder leiten sie gar an? Welche Rolle spielen Bilder in den Wissenschaften bei der Bildung von neuen Hypothesen und Modellen sowie deren Transfer in andere Wissensbereiche? Lassen sich bestimmte wissenschaftliche Stile mit Blick auf den Bildeinsatz unterscheiden? Wie ist das Zusammenspiel von sprachlichen Bildern (Metaphern) und Textabbildungen? Gibt es einheitliche epochenspezifische Bildsprachen in der Geschichte der Wissenschaft? Gibt es kontexttranszendierende Kriterien für die Akkuratheit von wissenschaftlichen Abbildungen bzw. falls nicht, welche Konsequenzen ergeben sich aus einer relativistischen Bestimmung dieser Kriterien?

Es scheint, daß die Bildwissenschaft für das Beantworten dieser Fragen auf die Philosophie angewiesen ist, doch ist es nicht so einfach, von dieser brauchbare Auskünfte zu be-

---

schaft in *De humani corporis fabrica* (1543), in: *Zeitsprünge* (2002), S. 254-282, etwa S. 256.

604 Z.B.: Horst Bredekamp, *Die Fenster der Monade – Gottfried Wilhem Leibniz' Theater der Natur und Kunst*, Berlin (2004).

605 H. Bredekamp, Gazing Hands and Blind Spots: Galileo as Draftsman, in: *Science in Context* 13,3-4 (2000), S. 423-462, hier: S. 428 u. 449f. Deutsch z.T. als ders., Galilei als Künstler, in: B. Ecker – B. Sefkow (Hrsg.), *Übergangsbogen und Überhöhungsrampe naturwissenschaftliche und künstlerische Verfahren*, Hamburg 1996, S. 54-63.

606 Als ‚selbstevident' galten auch bei den meisten antiken Autoren, wie dann später in der Frühen Neuzeit, gerade keine Bilder, sondern „nur Sätze über das Vorliegen eigenpsychischer Zustände, insbesondere Wahrnehmungen." Detel (1974), S. 178-221, hier: S. 182.

kommen, da dort die soeben angesprochenen Probleme meist ohne den konkreten Bezug auf das jeweilige Bild selbst verhandelt werden. Dies gilt insbesondere im Hinblick auf den in diesem Kontext besonders wichtigen Begriff der „Evidenz". Zwischen Bildanalysen und Evidenztheorien müssen daher tragfähige Brücken erst noch gebaut werden. Einer philosophischen Standarddefinition nach bezeichnet Evidenz „in erkenntnistheoretischen Zusammenhängen eine Einsicht die ohne methodische Vermittlungen",[607] also ohne Logik, Regel, oder förmlichen Beweis zustande kommt. Evidenz und Intuition sind Gegenbegriffe zur diskursiven bzw. begrifflichen, d.h methodisch durch Beweis, Erklärung etc. fortschreitenden Einsicht. An die Stelle von Ketten von logisch aufeinanderfolgenden Sätzen sollen Ketten von Evidenzen treten.

Dieser Unterschied zum diskursven Denken begründet traditionellerweise auch die Vagheit des Evidenzbegriffs. Die Analysen des intuitiven Wissens sind und waren stets weit entfernt von dem Grad an Differenziertheit, wie ihn die Analysen des diskursiven Wissens erreichen. Daß Wissen vor Augen gestellt wird, sagt noch nichts aus über die Art und Weise wie dies geschieht, ob dies verschiedenen Kontexten je anders zu geschehen hat, und welchen Status jeweils dem so gezeigten Wissen zuerkannt wird. Im Gegenteil liegt es in der Natur der Evidenz, daß man gerade nicht mehr weiter fragt, sondern sich mit einem: ‚aha, ja so ist es', begnügt.

Ein Wissen qua Evidenz kann präsent sein oder nicht, aber es ist nicht irrtumsfähig; es zeichnet ein alternativloses Wissen aus, das geschaut, berührt, oder via Erleuchtung zuteil wird. Wer beansprucht, eine solche Evidenzerfahrung gemacht zu haben, setzt sich sofort dem Irrationalismusvorwurf aus. Ein Opponent kann jederzeit einfach sagen, ihm wurde diese Evidenz nicht zuteil, er sehe es nicht, oder er sehe anderes. Sobald man den Bereich der eigenen Selbstvergewisserung verläßt, reicht das Berufen auf das bloße Faktum der Evidenz nicht aus, und es müssen Strategien entwickelt werden, um den Gegner dazu zu bringen oder zu zwingen, das evidente Faktum anzuerkennen. Daher treten die Evidenzpostulate, die mit Bildern in wissenschaftlichen Texten einhergehen, stets im Rahmen von Argumentationen oder Verfahren auf, die zur Anerkennung der Evidenz überzeugen oder zwingen sollen. Dies mag im Bereich der Mathematik noch gelingen, in anderen Gebieten, etwa der Biologie, ist dies ein schwieriges Unterfangen, da es dort ganz verschiedene Hintergrundtheorien und Visualisierungsstile gibt.

In der frühen Neuzeit erfuhr das rhetorische Modell von Evidenz einen radikalen Funktionswandel, und seither dient die Evidenz nicht mehr nur der lebendigen Vergegenwärtigung von Bildern in der Phantasie der Zuhörer, sondern wird mit Hilfe von gedruckten Bildern und öffentlichen Experimenten nach Außen verlagert, wodurch sie zugleich in ganz unterschiedliche Funktionszusammenhänge tritt, ohne indes ihre rhetorische Dimension ganz preiszugeben. Seither gibt es keine allgemeinen Standardkriterien mehr für Evidenz, die man als gültige Ausgangsbasis für die eigenen Analysen voraussetzen könnte. Dies gilt auch für den Bereich des wissenschaftlichen Bildes, der nur vermeintlich durch die Zweckgebundenheit der in ihm eingesetzten Bilder im Unterschied zur Kunst klare Kandidaten für Bildevidenz liefert.

---

607 Vgl. den Artikel „Evidenz" in: Jürgen Mittelstrass (Hrsg.), *Enzyklopädie Philosophie und Wissenschaftstheorie*, Bd. 1, Stuttgart 2004, S. 609.

Evidenz-Theoretiker mögen zum Teil anderer Ansicht sein, aber die Herausgeberinnen und der Herausgeber des aktuellen Sammelbandes: *Evidentia. Reichweiten visueller Wahrnehmung in der Frühen Neuzeit*, formulieren zweifellos verbreitete Auffassungen, wenn sie sagen: „Während im Bereich von Rhetorik und Poetik evidentia der literarischen Fiktion der imaginativen und sprachlichen Kompetenz eines Autors bedarf, verzichtet die wissenschaftliche Abbildung im Kontext von Empirie und Naturerfahrung auf den rhetorisch-fiktiven Charakter, verschleiert ihr Gemachtsein und tritt als Beweis auf."[608] Insbesondere ab dem 17. Jahrhundert kennzeichne ‚Evidenz' ein Wissen, das aus der Anschauung gewonnen wird. Das „e-videri – ‚herausscheinen, hervorscheinen'" mache „das Unausweichliche einer solchen Erscheinung deutlich, ihre Wirkkraft leuchtet aus dem Gesehenen selbst hervor und trifft den Betrachter mit der Gewalt einer von außen an ihn herangetragenen Tatsache".[609] Es sei die „Herstellung von autoritären oder autorisierten Bildern in den Naturwissenschaften häufig. Die Darstellung werde zum „beglaubigten Dokument des Gesehenen."[610]

Ich halte diese Bestimmungen der wissenschaftlichen Bildevidenz nicht nur für viel zu allgemein und mit falschen Oppositionen operierend, sondern teilweise für in sich widersprüchlich und falsch.

Vergegenwärtigen wir uns nochmals einige der Kernprobleme: Der Begriff der Evidenz oszilliert zwischen einer Evidenz für innerpsychische Wahrnehmungsakte bzw. Vernunft-Einsichten und dem Vor-Augen-Stellen äußerer Bilder oder Objekte. Eine subjektive Evidenzerfahrung, die durch das Licht der Vernunft ermöglicht wird, hat einen ganz anderen Status als eine Evidenz via Augenschein und je nachdem variieren die Gewißheitsgrade. Dann: Einerseits spricht man von einer ‚Selbstevidenz der Wahrheit' – diese soll jedoch hergestellt werden können und muß entweder subjektiv durch anschauliche Gewißheit oder objektiv durch Zeugen erst beglaubigt werden. In wieweit sind Evidenzen intersubjektivierbar- bzw. objektivierbar oder auch nur kontrollierbar? Ein evidenter Sachverhalt scheint absolut zu sein – tritt jedoch stets relativ zu Kontexten auf. Evidenz sei durch Klarheit ausgezeichnet, – verschleiere jedoch zugleich ihre Stilisierung, ist also undurchsichtig in bezug auf ihr Zustandekommen. Steht am Anfang einer Argumentation eine evidente Einsicht wie bei der Intuition? Oder trägt die Evidenz die Argumentation bzw. gibt es Formen von Zusammenspiel zwischen Argumentationen und Zeigen? Zwischen Darstellungs- und Begründungslogik?

Ereignet sich Evidenz als Epiphanie, wenn die Argumentation nicht mehr weiterkommt, also jenseits des Beweisens, weil alle „Begründungen erschöpft" sind, und man auf den „harten Felsen" trifft, bei dem sich der Wittgensteinsche Spaten zurückbiegt?[611]

Es gibt alle diese Fälle und folglich Differenzierungsbedarf. Doch weiter: Wenn sich zeigen läßt, daß bestimmte Formen der Evidenz identifiziert werden können durch ihre spezifischen Gegenstandsbereiche, – also in der Mathematik andere Evidenzpostulate erhoben werden können als etwas in der Meteorologie, hieße dies, daß die jeweils Evidenz erzeugenden Demonstrationen ihre Gattungen nicht wechseln können, da diese Gattungen

608 Gabriele Wimböck – Karin Leonhard – Markus Friedrich (Hrsg.), *Evidentia. Reichweiten visueller Wahrnehmung in der Frühen Neuzeit*, Berlin 2007, Einleitung, S. 18.
609 Ebd., S. 11f.
610 Ebd., S. 14.
611 Wittgenstein (2000), § 217.

vollständig voneinander separiert sind. In diesem Sinne sind einzelne Arten von Wissen und Wissenschaften epistemologisch und demonstrativ geschlossen. Dies impliziert einen konsequenten epistemologischen Pluralismus, der Folgen für den Evidenzbegriff zeitigt: denn nun können auch widersprechende Einsichten je nach Kontext als evident behauptet werden. Der epistemologische Pluralismus von Evidenzen konfligiert nun allerdings mit dem Evidenzbegriff selbst, da dieser ontologisch oder *common sense*-theoretisch abgestützte, alternativlose Wahrheit verspricht.

Diese grundsätzlichen Fragen sollen nachher just anhand jenes Philosophen, der sich einer ‚ästhetischen' Interpretation am entschiedensten zu widersetzen scheint, diskutiert werden.

Bevor ich die Abbildungen aus Descartes' Schriften behandele, müssen daher noch einige basale begriffliche Unterscheidungen eingeführt werden, damit überhaupt verständlich werden kann, in welchem Sinne Abbilden und Überzeugen zusammenhängen können. Zugleich müssen die damaligen Diskussionen um den Status von Abbildungen zumindest insoweit rekonstruiert werden, daß der historische Spielraum für Descartes' Einsatz von Bildern ausgelotet werden kann, denn dann erst kann deren systematischer Status adäquat bestimmt werden. Vor diesem Hintergrund ist zu auch zu prüfen, ob der oben zitiierte Kriterienkatalog Boehms für das Bestimmen wissenschaftlicher Bilder überhaupt sinnvoll anwendbar ist.

2) Zur Epistemologie des Bildes: Einige begriffliche Vorklärungen und Fallbeispiele

Bevor ich mich eingehend Descartes' Abbildungen zuwende, werde ich einige exemplarische Möglichkeiten der Bildverwendung vorstellen. Ziel dieses Kapitels ist, die übliche Beschreibungsterminologie für Bildfunktionen soweit zu schärfen, daß im Anschluß die unterschiedliche Weisen, wie Descartes in seinen Schriften Bilder einsetzt, ausdifferenziert und ihre je spezifischen Funktionen analysiert werden können.

Vom Sonderfall der in frühneuzeitlichen Texte oft anzutreffenden Frontispize werde ich absehen, da diese erstens je nach Disziplin, Region und geistiger Provenienz sehr unterschiedliche Funktionen übernehmen können und zweitens für die Analyse der Bildfunktionen bei Descartes keine Rolle spielen, da dieser keine Titelkupfer bzw. Titelholzschnitte einsetzte. Zwar unterwerfen sich *Frontispize* in wissenschaftlichen Traktaten keineswegs immer dem Eindeutigkeitsgebot, doch meist positionieren sie den Autor programmatisch im Wissenschaftsdiskurs, erzeugen oder nehmen Einfluß auf einen bestimmten Erwartungshorizont, bereiteten die Lektüre vor und lenken sie in bestimmte Bahnen. Wenn mit einfachen allegorischen Darstellungen operiert wird, stellt die Bildgestaltung kein weiteres Problem dar, denn Allegorien lassen sich auflösen. Sie zeigen ein Programm, das in der Folge entfaltet wird. Obgleich Frontispize einen hohen künstlerischen Aufwand erforderten und daher teuer waren, trugen sie andererseits auch zur Absatzsteigerung bei. Bemerkenswert ist daher zumindest, daß Descartes auf diese prominente Variante des Bildeinsatzes verzichtete. Wie ich anhand von *Les Météores* skizziert habe, ist das Zusammenspiel zwischen Text und Bild bei Descartes sehr eng angelegt. Weitere Analysen werden diesen Befund noch konkretisieren und erhärten. Ein selbständiges Titelbild würde also schlicht zu den für Descartes charakteristischen intimen Bild-Text-Interaktionen nicht passen. Descartes hat kein plakatives Bild*programm*.

Ich werde nun zuerst einige möglichst klare Bildtypen beschreiben und dann zu Mischformen übergehen. Keineswegs wird dabei Vollständigkeit in der Beschreibung der Bildfunktionen angestrebt, sondern ich möchte nur einen kategorialen Apparat einführen, mit dem dann später die Abbildungen bei Descartes in ihrer Besonderheit erfaßt werden können. Den Anfang macht ein unproblematisches Beispiel, nämlich der Sonderfall einer reinen Illustration, dann folgen Abbildungen aus aristotelischen und platonistischen Kontexten, schließlich werde ich Mischformen beschreiben.

2.1) Illustrative Funktion

Auch wenn wissenschaftliche Bilder nicht zu bloßen Illustrationen depotenziert werden sollten und Horst Bredekamp sogar überhaupt den Ausdruck „Illustration" im wissenschaftlichen Diskurs geächtet sehen will, gibt es doch zuweilen den Sonderfall einer reinen Illustration. Eine Illustration nenne ich eine Abbildung, die eine reine Schmuck-Funktion hat. Um ein sehr prominentes Beispiel zu geben: Ein Holzschnitt aus Gilberts *De Magnete* (London 1600) zeigt einen Schmied, wie er mit dem Feuer, Hammer und Amboß ein Eisen in Nord-Süd-Richtung bearbeitet und so magnetisch ausrichtet.

Abb. 29) William Gilbert, *De Magnete*, Schmied, 1600.

Das Bild ist oft in der Sekundärliteratur reproduziert worden, da es den neuen experimentellen Wissenschaftstil Gilberts adäquat einzufangen schien. Wie Ashworth nachweisen konnte, hat der unbekannte Holzschnittkünstler diese Abbildung aus einem illustrierten Buch mit Fabeln Äsops übernommen.[612] In diesem Fabelbuch liegt noch ein schlafender Hund zu Füßen des Schmieds, den der Lärm nicht stört, doch der, das ist der *clou* der Fabel, sofort aufspringt, wenn auch nur das leiseste Geräusch mit seinem Futternapf gemacht wird. Der Hund ist in Gilberts Abbildungen entfernt, und die Himmelsrichtungen sind markiert.

Hiermit will ich weder behaupten, daß alle Abbildungen in Gilberts Text überflüssig sind, noch daß man Bilder nicht in andere Kontexte transferieren kann, in denen sie dann neue Funktionen übernehmen können. Gilberts Schmied-Bild übernimmt jedoch an der Stelle, wo es gebracht wird, weder eine Funktion für den Text, außer eben, ihn zu illustrieren, noch transportiert oder formiert es selbständig Wissen. Es macht nichts von dem sichtbar, was im Text luzide erklärt wird, nämlich wie die Magnetisierung des Eisens vonstatten geht. Zwar kann das Bild trotzdem zum Sinnbild für die neue Magnetismustheorie Gilberts werden und allgemein durch das Zeigen eines handwerklichen Vorgangs für eine Ausrichtung des wissenschaftlichen Interesses auf die Praxis werben, doch die Beziehung zum wissenschaftlichen Gegenstand bzw. zur Argumentation Gilberts bleibt rein äußerlich. Das Bild erhellt schlicht nicht, was der Leser doch verstehen soll, nämlich wie Eisen magnetisiert wird. Es zeigt lediglich einen hämmernden Schmied.
Dergleichen Bilder gibt es bei Descartes nicht.

2.2) Wissensorganisation

Als Beispiele für organisatorische Bildleistungen, die an manche der methodischen Vorschläge des jungen Descartes erinnern, können zuerst Darstellungen ramistischer oder aristotelischer Systeme genannt werden. Sie zeigen die „Philosophie auf einen Blick."[613] Eines dieser Bilder, es ist ein Einblattholzschitt, stellt z.B. in Gestalt eines Gartens, dessen einzelne Abschnitte, Beete und Pflanzen mit Schrifttafeln versehen sind, das aristotelische Organon dar.[614] Der Gang durch den Garten entspricht der Reihenfolge, wie das Organon im Unterricht durchgenommen wurde. Hier liegt der Fall einer bloß *funktionalen Analogie* vor. Die Bildelemente haben als solche mit dem Inhalt nichts zu tun, sie haben keinen informellen Mehrwert, sondern werden metonymisch eingesetzt und sind mit Blick auf die Argumentation prinzipiell substituierbar (was nicht heißt, daß sie nicht durch ihre ästhetische Gestaltung einen Eigenwert bekommen können). Bei solchen Bildern ist offenkundig die durch Laufrichtung und zentralperspektivische Anordnung gestiftete Abfolgelogik entscheidend. Die Bildanordnung hat hier primär eine mnemonische und didaktische Funktion. Vielleicht kann man aber auch weiter gehen und sagen, solche Bilder haben eine im *äußerlichen*

612 W.B. Ashworth, Jr., Marcus Gheeraerts and the Aesopic Connection in Seventeenth-Century Scientific Illustration, in: *Art Journal* 44,2 (1984), S. 132-138.

613 Anhand vieler Beispiele luzide beschrieben in: Bauer (2000). Vgl. zum folgenden: S. 493ff.

614 Vgl. dazu en detail auch den Kommentar Barbara Bauers, Fig. 1: Scala Descensionis virtutum occultarum in inferiora, in: W. Harms (Hrsg.), *Illustrierte Flugblätter des 16. und 17. Jahrhundert*, Bd. 1., Tübingen 1985, S. 2f.

Sinne den Gedankengang (nicht die Wahrnehmung!) organisierende, strukturierende Funktion. Auch solche, die Ordnung äußerlich organisierenden Bilder, findet man nicht in Descartes' Schriften.

Abb. 30) Artificiosa totius logicus descriptio, aus: Harms (Hrsg.) *Illustrierte Flugblätter des 16.* und 17. Jahrhundert, Bd. 1. Tübingen 1985, Nr. 1.2.3) Bild-Beweise

Auch das nächste Bildbeispiel wurde bereits unlängst von Barbara Bauer eingehend erläutert.[615] Es präsentiert auf einem Einblatt, dessen Text vom Rosenkreuzer Johann F. Jungius (1558-1617) stammt, eine platonische Systemkonzeption:

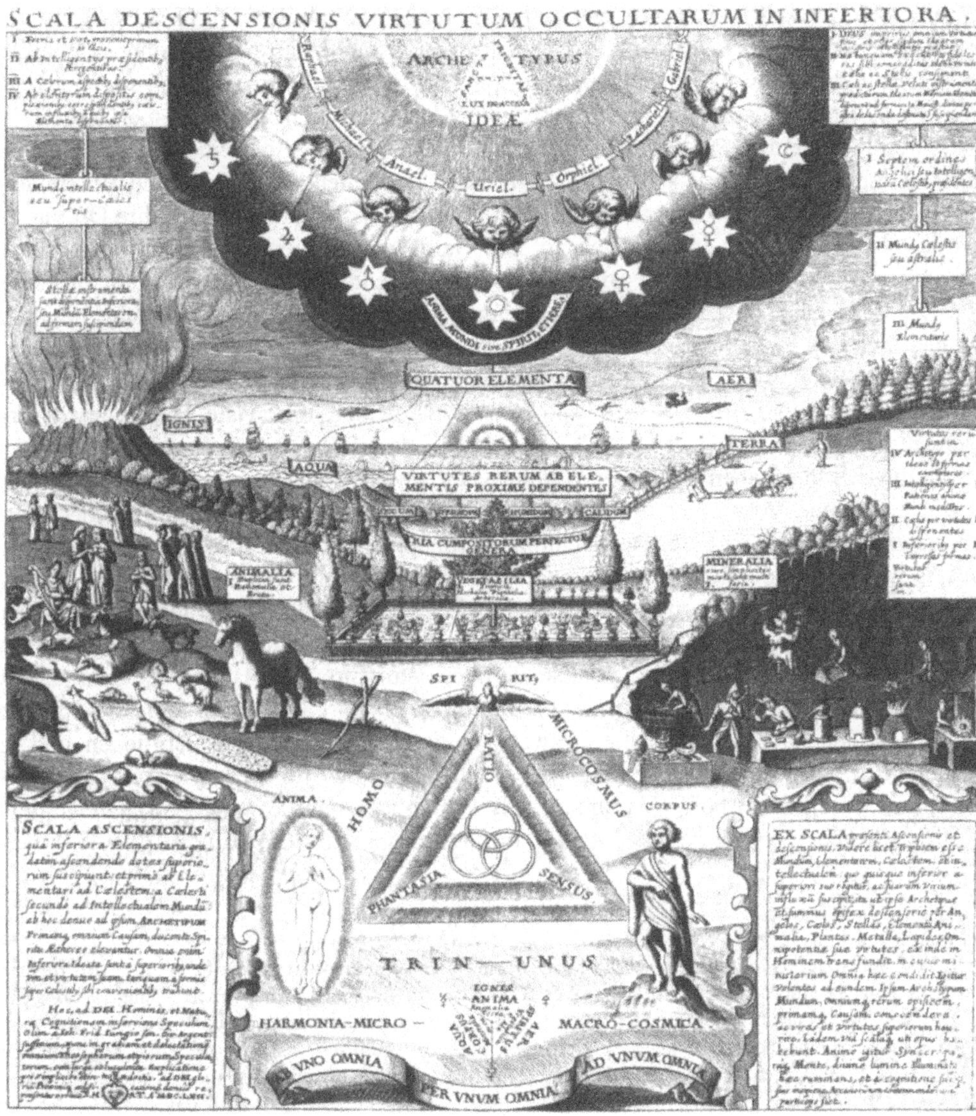

Abb. 31) Scala Descensionis virtutum occultarum in inferiora, aus: Harms (Hrsg.) Illustrierte Flugblätter des 16. und 17. Jahrhundert, Bd. 1. Tübingen 1985, Nr. 3.

615 Vgl. zu diesem Bild: B. Bauer, Die Philosophie auf einen Blick. Zu den graphischen Darstellungen der aristotelischen und neuplatonisch-hermetischen Philosophie vor und nach 1600, in: J.J. Berns – W. Neuber (Hrsg.), *Seelenmaschinen, Gattungstraditionen, Funktionen und Leistungsgrenzen der Mnemotechniken vom späten Mittelalter bis zum Beginn der Moderne*, Wien 2000, S. 481-520, hier: S. 502.

Das Blatt operiert teilweise mit ungegenständlichen Figuren und Linien mit gliedernder Funktion. Wir sehen eine pyramidenförmige Gesamtkonstruktion, welche das Wirken verborgener Kräfte von der göttlichen Idee über die Planeten, die Elemente, dem Reich der animalia, vegetabilia und mineralia bis zum menschlichen Mikrokosmos veranschaulicht. Mensch und Gott korrespondieren qua Dreiecksordnung miteinander. Durch die graphischen Korrespondenzen ist das Blatt von jeder Stelle aus aufschlüsselbar. Die Bildelemente stiften hier keine funktionale sondern eine analogische Ordnung und diese sieht man sogleich. Nur durch die Figuren und graphischen Entsprechungen zeigen sich die Korrespondenzen der sonst vereinzelten entia. Suggeriert wird dabei, daß *entia* und Bilder einander entsprechen, und die Graphik übernimmt selbst *die Form* eines Arguments. Die bildliche Darstellung führt „gleichsam einen kosmologischen Gottesbeweis vor", indem sie durch ihre Ordnungsstruktur verdeutlicht, „wie Gott sich in der Natur manifestiert".[616] Die Mikrokosmos-Makrokosmos-Ordnung, die das Bild als positive Unendlichkeit zeigt, könnte diskursiv weder zu Ende ausbuchstabiert noch überzeugend präsentiert werden. Ähnlich verhält es sich auch bei vielen anderen neuplatonistischen und hermetischen Bildern, etwa bei Fludd, Mylius oder Michael Maier.[617] Solche Bilder hätten die Philosophie des jungen Descartes' veranschaulichen können, in seinem späteren Werk jedoch wären sie unangebracht und fehlen entsprechend.

Alle diese Bilder haben mit äußerer Sinneswahrnehmung nicht viel zu tun, weshalb hier eine für die weitere Argumentation grundsätzliche Weichenstellung vorgenommen werden muß: Es gibt Bilder, die auf der Beobachtung der äußeren Natur beruhen und von dort ihren Maßstab nehmen, und solche, die als innere Bilder unabhängig von der konkreten Sinneswahrnehmung existieren (können sollen), um so für jene als Maßstab zu fungieren.[618] Offenkundig sind daher Bilder, die sich vor einem platonischen Erkenntnishorizont positionieren, in gänzlich anderer Weise akurat, ‚realistisch'oder naturgetreu, als Bilder, die ‚mimetisch' auf äußere Wahrnehmungsgegenstände referieren. Im ersten Fall werden äußere Bilder mit inneren oder als über der Erscheinungswelt rangierenden Ur-Bildern verglichen und an diesen geprüft, im zweiten äußere Bilder miteinander und mit der beobachteten Welt selbst. Isoliert lassen sich daher beide Varianten nicht sinnvoll gegenüberstellen, geschweige denn bewerten, ob sie jeweils besser oder schlechter ihren Gegenstand abbilden.

---

616 Ebd., S. 515.

617 In Michael Maiers *Atalanta Fugiens* (1618) kommt noch die musikalische Dimension hinzu. In einer synästhetischen Gesamtkonzeption sollen u.a. Fugenkompositionen Entsprechungen zwischen Wort (fugiens), Bild und Tonebene (fuga) sinnlich erfahrbar und qua Analogien als Wissen evident machen.

618 Kepler z.B. ist einer jener viel gepriesenen Heroen, die ‚die Autorität des Augenscheins' gegenüber der der Texte ausgepielt hätten. Er wird deshalb schell in die Linie von Vesalius zu Boyle gestellt. Kepler ist zwar modern im Hinblick auf seine Theorie des Netzhautbildes, seine Kriterien dafür indes, was als akurate Abbildung, sei es auf der Netzhaut oder im Buch, gelten kann, sind die folgenden: „Erkennen heißt, das sinnlich äußerlich Wahrgenommene mit den inneren Urbildern zusammenzubringen und ihre Übereinstimmung zu beurteilen, was man sehr schön mit dem Ausdruck;Erwachen' wie aus einem Schlaf ausgedrückt hat. Wie nämlich das von außen Begegnende uns erinnern macht an das, was wir vorher wußten, so locken die Sinneserfahrungen, wenn sie erkannt werden, die intellektuellen und innen vorhandenen Gegegebenheiten hervor, so daß sie dann in der Seele aufleuchten." Kepler, zit. nach E.P. Fischer, Wissenschaft und Kunst. Über die Rolle der Bilder in der Ausübung und Vermittlung von Naturwissenschaft, in: *Jahrbuch für Universitätsgeschichte* 5 (2002), S. 16-40, hier: S. 34f.

Man kann sich dies anhand eines Beispiels aus Vesals *Fabrica* rasch verdeutlichen, einem Werk, das aufgrund seiner Abbildungen stets leichtfertig als Ausgangspunkt neuzeitlicher Erfahrungswissenschaft gepriesen wird. Betrachten wir das berüchtigte Bild der weiblichen Geschlechtsorgane:

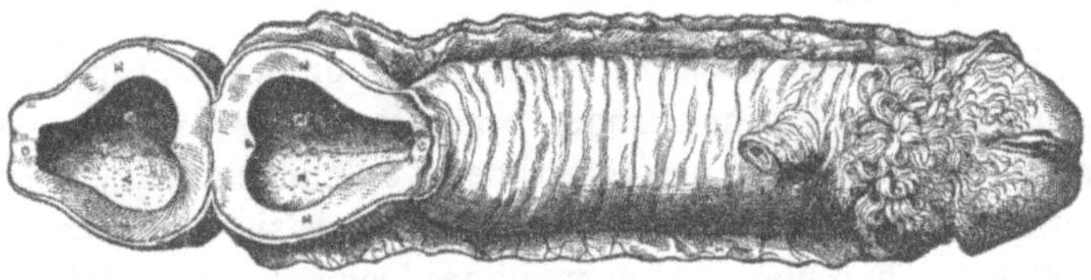

Abb. 32) Andreas Vesalius, Weibliches Geschlechtsorgan, Basel 1543.

Vor dem Hintergrund der Galenischen Tradition,[619] deren auf Korrespondenzen, Analogien und Entsprechungen aufgebaute Kosmologie postulierte, daß es nur ein Geschlecht gibt, fungiert diese Abbildung eben nicht als Darstellung einer selbstevidenten empirischen *Entdeckung*, sondern als bildhafter Beweis einer Proposition. Sie weist die verlangte *gestalthafte* Entsprechung zwischen den Geschlechtern auf, indem sie das weibliche Geschlechtsorgan als nach innen gestülptes männliches zeigt, und der Galensche Kosmos bleibt im Lot. Auch wenn die Abbildung überaus ‚realistisch' ist, fungiert sie deswegen nicht als empirischer Beleg für die kosmologische These. Die Empirie kommt erst einen Schritt später ins Spiel, insofern das Bild eine *normative* Vorgabe macht, die metaphysisch bereits garantierte Inversion der Geschlechter bei den zukünftigen Sektionen in dieser Gestalt tatsächlich zu finden. Mit den durch diese Blätter geschulten Augen sah man sie auch. Das Bild beruht daher nicht einfach auf einem Irrtum oder einer Darstellungskonvention, sondern innerhalb dieser Kosmologie sieht die Vagina ‚realiter' wie ein Penis aus. Daher ist diese Darstellung, solange man in der antiken Kosmologie verbleibt, nicht empirisch widerlegbar. Auch dies gehört zu Vesals vielbeschworenem Empirismus. In diesem platonisierenden Kontext kann man also von Bild-Beweisen sprechen und primär hier ist dies auch historisch wie systematisch legitim.

Dem scheint zu widersprechen, daß es Bilder gibt, denen immer wieder empirische *Beweisfunktion* zugesprochen wurde, gerade etwa den Bildern Vesals, aber auch Harveys und überhaupt den Bildern der aufkommenden Experimentalphilosophie. Mit diesem Bildtyp muß ich mich daher eingehender befassen.

619 Vgl. dazu T. Laqueur, *Auf den Leib geschrieben. Die Inszenierung der Geschlechter von der Antike bis Freud*, München 1996, S. 99ff. und L. Schiebinger, *The Mind Has No Sex?*, Cambridge Mass.-London 1989, S. 163f.

2.4) Bilder und empirische Evidenz

Die sogenannte ‚wissenschaftliche Revolution' des 16. und 17. Jahrhunderts inthronisierte einer verbreiteten Auffassung zufolge

> „die Empirie und das Experiment als grundlegendes Erkenntnisinstrument: [...] Anstatt Autoritäten und Bücherwissen zu vertrauen, werden die Augen zur ultimativen Erkenntnisinstanz. Nur was empirisch erfahrbar und intersubjektiv überprüfbar ist, kann zu einer wissenschaftlichen Tatsache werden."[620]

Zugleich mit dem Experiment hätten auch die Bilder, die in großer Zahl in wissenschaftlichen Werken der damaligen Zeit Eingang fanden, eine Steigerung ihrer Bedeutung erfahren,[621] zum einen, da sie Beobachtungen und Experimente dokumentierten und so den Kreis potentieller Zeugen eminent erweitern konnten, zum anderen, da sie dem neuen Verständnis von Evidenz entgegenkamen, nun über ein augenfälliges Demonstrieren einfach zu zeigen, wie sich eine Sache verhält. Dieses wissenschaftshistorische *big picture* wird jedoch meist weniger anhand historischer Beispiele aus den eminent bilderreichen Humanwissenschaften entworfen, sondern eher mit Blick auf die mathematisch orientierten Naturwissenschaften wie Physik und Astronomie gewonnen. Das zum Thema einschlägige Standardwerk Steven Shapins[622] etwa bringt bezeichnenderweise weder Beispiele für Experimente der *Royal Society* aus dem Bereich der Medizin noch werden medizinische Abbildungen diskutiert. Die Entwicklung in der Medizin wird als analog verlaufend schlicht unterstellt, wodurch sich eine Fortschrittsgeschichte ergibt, derzufolge die ‚leere Buchgelehrsamkeit' der Tradition sukzessive durch praxisnahe, erfahrungsgesättigte Beobachtungen ersetzt würden.[623] Dies geschehe im Übrigen in Konkurrenz zu den angeblich bilderfeindlichen ‚rationalistischen' Wissenschaftsauffassungen jener Zeit, die vermeintlich danach trachteten, die Wirklichkeit aus bloßen Begriffen abzuleiten.[624]

Es sind hier vor allen anderen zwei Heroen der Wissenschaftsgeschichte, deren Werke als Meilensteine auf dem Weg zu einer auf empirische Demonstrationen ausgerichteten Wissenschaftspraxis immer wieder genannt werden: Vesalius und Harvey. Für die gesamte Erzählkonstruktion dieser Art von Historiographie fungieren die Interpretationen ihrer Werke als den Rahmen tragende Ecksäulen. Wird diese dem *big picture* konforme Deutung

---

620 Bettina Heintz – Jörg Huber, Der verführerische Blick: Formen und Folgen wissenschaftlicher Visualisierungsstrategien, in: Heintz – Huber (Hrsg.), *Mit dem Auge denken. Strategien der Sichtbarmachung in wissenschaftlichen und virtuellen Welten*, Wien, New York 2001, S. 9-41, hier: S. 17.

621 Vgl. Albert van Helden – Mary G. Winkler, Johannes Hevelius and the Visual Language of Astronomy, in: J.V. Field – Frank A.J.L. James (Hrsg.), *Renaissance and Revolution: Humanists, Scholars, Craftsmen, and Natural Philosophers in Early Modern Europe*, Cambridge 1994, S. 97-116.

622 Stephen Shapin, *A Social History of Truth*, Chicago 1994. Vgl. auch Stephen Shapin – Schaffer (1985).

623 Vgl. z.B. Mathias Pozsgai, Unmittelbare Vermittlung. Anatomie und Autorschaft in *De humani corporis fabrica* (1543), in: *Zeitsprünge* 5 (2001), S. 254-282, etwa S. 256.

624 Diese (letztlich auf dem Empirismus-Rationalismus Schema Kants basierende) Interpretationslinie hatte für die Kulturwissenschaften im 20. Jahrhundert Ernst Cassirer mit seiner *Philosophie der symbolischen Formen* vorgegeben. Sie dominiert *expressis verbis* nicht wenige aktuelle Auseinandersetzungen um wissenschaftliche Bilder, so z.B. bei: Gunter Scholz, Erfindungsgeist und Bildlichkeit in der neuzeitlichen Wissenschaft, in: Rudolf Behrens (Hrsg.), *Ordnungen des Imaginären. Theorien der Imagination in funktionsgeschichtlicher Sicht. Zeitschrift für Ästhetik und Allgemeine Kunstwissenschaft*, Hamburg 2002, S. 69-85.

Harveys und Vesalius' in Frage gestellt, droht die ganze narrative Konstruktion einzustürzen. Dies geschieht jedoch überraschenderweise dann, wenn man insbesondere Stil, Status und Verwendungsweise von Abbildungen und Artefakten untersucht, um herauszufinden, nach welchen Kriterien die Visualisierungen des menschlichen Körpers erfolgten. Die von mir angestrebte Revision der konformistischen Deutungen Harveys und Vesalius soll dazu dienen, das traditionelle historiographische Narrativ zu verändern, um so die Besonderheit und einzigartigen Stellenwert von Descartes' Gebrauch von Bildern in empirischen Kontexten sichtbar werden zu lassen und sie einer Neubewertung zuzuführen.

Andernorts habe ich bereits dargelegt,[625] daß dieses wissenschaftshistorische Narrativ sich einem spezifisch anglo-amerikanischen Blickwinkel verdankt: einer Hagiographie der empiristisch ausgerichteten, ‚britischen' Traditionen der Wissenschaftsgeschichte, die alles ausblendet, was nicht in diesen Gründungsmythos sich einpassen will und diesem Ziel zuliebe auch innerhalb Englands aufgekommene, lokal spezifische Positionen zu *dem* frühneuzeitlichen Diskurs über Erfahrung generalisiert. In bezug auf die Alternative zwischen vermeintlich bilderfeindlichem Rationalismus[626] einerseits und auf Visualisierungspraktiken gestütztem Empirismus andererseits reichte indes allein ein Blick in zentrale Werke des 17. Jahrhunderts, um massive Zweifel an dieser Legendenbildung zu nähren.[627]

Wie ich im Folgenden zunächst anhand einiger Beispiele aus dem Bereich der Medizingeschichte zeigen will, ist die traditionelle Inthronisierungsgeschichte der Empirie dramatisch unterkomplex. Vesalius war Idealist, Harvey Animist und Bilderfeind, Descartes hingegen war ein wohlkalkulierender Visualisierungsstratege.

Eine weitere Vorunterscheidung ist hier zu treffen. Die Wissenschaftsgeschichte kennt meist nur zwei Grundtypen von Abbildungen, entweder realistisch-deskriptive, mimetische bezogene Bilder oder abstrakte, diagrammatische Bilder,[628] die Funktionen veranschaulichen. Mindestens zweierlei wird regelmäßig dabei unterstellt: erstens, daß weil es sich um wissenschaftliche Bilder handle, sowohl die Veranschaulichung von Funktionszusammen-

---

625 Zittel (2002), S. 87-108.

626 Die Bilderfeindschaft des Rationalismus zählt zum philosophischen Lehrbuchwissen. Vgl. z.B.: Scheer (1997), S. 38-46.

627 Vgl. a. Zittel (2004).

628 Mario Biagioli hat dies in einer Studie zum Streit von Scheiner und Galilei über die Sonnenflecken eindrucksvoll vorgeführt: Um an seinem traditionellen kosmologischen Weltbild festhalten zu können, argumentierte Scheiner angesichts des neu entdeckten Objektes, dessen ontologischer Status unklar war, strikt realistisch: Die Sonnenflecken seien Satelliten, die existieren müssen, weil ansonsten die Sonne kein perfekter Himmelskörper im Sinne des Aristoteles mehr sein kann. Galilei versuchte hingegen sich hier nicht festzulegen, und argumentierte, man könne lediglich zeigen, was das Phänomen nicht ist. Scheiner unterstützte seine ontologische Behauptung mit schematischen Zeichnungen, Galilei seine Kritik an Scheiners Position ebenfalls mit deskriptiven Zeichnungen, die sich allerdings nicht auf das Objekt als Objekt bezogen, sondern auf dessen Bewegung. Im Unterschied zu Scheiner präsentierte er eine Serie von ‚Schnappschüssen' und arrangierte diese zu einer Art *Filmsequenz*, welche vorführte, daß hier keine Trabantenbewegung angenommen werden kann. Diese Zeichnungen wurden später von Hevelius als unzulänglich verspottet, doch innerhalb dieses Disputes erfüllten sie genau ihren Zweck, nämlich eine Veränderung der Sonnenflecken so zu zeigen, daß sie nicht mehr als Satelliten gelten konnten. Sie waren daher nicht weniger akurat als als die Abbildungen von Hevelius, denn in der Zwischenzeit hatten sich bei der Frage, was als relevantes Detail darzustellen sei, die Auffassungen verändert. M. Biagioli, Picturing Objects in the Making: Scheiner, Galilei and the Discovery of Sunspots, in: Detel – Zittel (2002), S. 39-96. Neuerdings auch M. Biagioli, *Galileo's instruments of credit: telescopes, images, secrecy,* Chicago 2006.

hängen als auch die bildliche Wiedergabe von Objekten „eindeutig" zu sein habe[629] und zweitens, daß es in der Wissenschaftsgeschichte ein Fortschreiten in Richtung eines immer stärkeren Realismus' gegeben habe, wobei Realismus mit Empirismus gleichgesetzt werden könne.

Sind jedoch die Naturwissenschaften nicht durch einen privilegierten Zugang zur Natur ausgezeichnet, wie dies Wissenschaftsphilosophen immer wieder behaupten,[630] sondern ihrerseits Teil jeweils unterschiedlicher kultureller Deutungssysteme, dann sind auch ihre Objektivitäts-Exaktheits- und Evidenzideale kulturell variant. Dies wurde bereits von Ludwik Fleck erkannt und als Losung formuliert: „In der Naturwissenschaft gibt es gleichwie in der Kunst und im Leben keine andere Naturtreue als die Kulturtreue."[631] Entsprechend kulturell abhängig und vielfältig ist auch die wissenschaftliche Bildverwendung. Die unterschiedlichen hoch komplexen Formen, in denen Bilder und Theorien interagieren, lassen sich nicht mit Hilfe der üblichen steifen Dichotomien wie normativ-deskriptiv, mimetisch-diagrammatisch erfassen. Bilder und Texte verschränken sich, konstituieren je spezifische Repräsentationsräume, innerhalb derer erst festgelegt wird, in welchem Sinne eine Abbildung idealistisch, realistisch, empirisch oder funktional sein kann. Auch Fleck bezieht seine Beispiele bezeichnenderweise aus den Humanwissenschaften. Bei ihm finden sich die ersten klaren Beschreibungen, wie die wissenschaftliche Vorstellungswelt mit Hilfe materieller Dinge und Praktiken gemäß bestimmter sozialer Voraussetzungen gegen Widerstände konstituiert wird.

Bilder sind konstitutive Elemente eines ‚Denkstils', so lautet der Terminus Flecks. Fleck zufolge sind die Phänomene, die ein Wissenschaftler vor Augen hat, Produkte seiner sozial konditionierten Wahrnehmungsweise, unbewußter Gruppendynamiken, sowie der durch diese Dynamiken erzeugten Praktiken und Technologien. Jedes wissenschaftliche Phänomen ist insofern immer ein technisches Phänomen. Wissenschaftliche Verfahren wie Tests, Experimente, Maßsysteme und Wertungsmethoden sind wirkungsvoll, weil sie als objektiv und neutral betrachtet werden, und sie erhalten diese charakteristische Art von Wirkmacht als Teil eines sich selbst autorisierenden wissenschaftlichen Denkstils genau dann, wenn, wie Fleck formuliert, eine „Harmonie der Täuschungen"[632] hergestellt und dann durch Fachbücher fixiert werden konnte. Wenn die Phänomene und ein Denkstil sich harmonisch zusammenfügen, erzeugen sie für die Träger jenes Denkstils als Effekt einen Objektivitätseindruck.

---

629 Vgl. dazu: Fischer (2002), S. 16-40.

630 Vgl. dazu kritisch: Richard Rorty, Ist Naturwissenschaft eine natürliche Art?, in: ders., *Eine Kultur ohne Zentrum*, Stuttgart 1993.

631 Ludwik Fleck, *Die Entstehung und Geschichte einer wissenschaftlichen Tatsache*, Frankfurt 1980 (1935), S. 48.

632 Aus dem Ausdruck ‚Täuschung' folgt hier nicht, daß es eine ‚richtige' Sicht gebe, sondern daß Täuschungen unhintergehbar sind, insofern jede Wahrnehmung als kontextrelativ begriffen wird.

2.5) Vesalius' Idealismus

Die bildliche Reflexion auf die eigenen Bedingungen der Wissenserzeugung findet sich immer wieder in der Wissenschaftsgeschichte. Bei anatomischen Darstellungen hat man, insofern der Anatom ja zugleich Subjekt wie Objekt der Untersuchung ist, von vornherein eine reflexive Komponente. Es gibt hier sehr oft auch explizite Varianten, etwa bei Valverde die Darstellungen einer Hand, die eine Hand seziert, einer Figur, die sich selbst häutet, einer Leiche, die eine Leiche seziert (ebenfalls dort) oder des Sehens, das sich selbst sieht. Hierfür wäre Georg Bartischs (1536-1606) *Ophthalmoduleia – Das ist Augendienst,*[633] das erste Augenheilkundebuch, ein schlagendes Beispiel (Abb. 33). Der Titel ist bereits doppelsinnig: Bartischs Lehrbuch ist auch ein Dienst am Auge des Lesers.

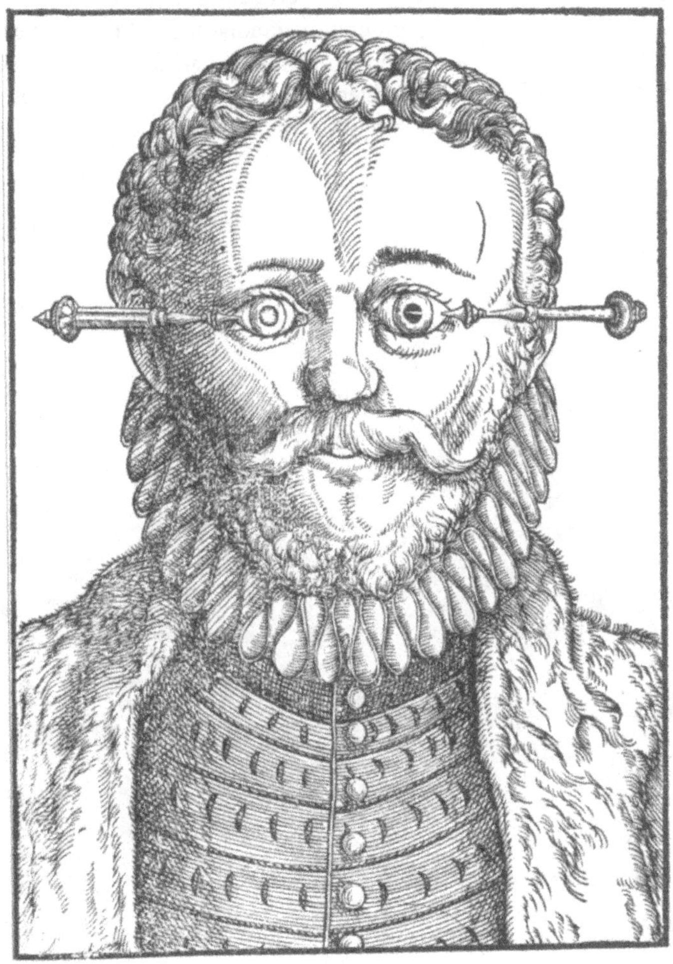

Abb. 33) Bartisch, *Ophtamoduleia.*

633 Georg Bartisch, *Ophthalmoduleia – Das ist Augendienst*, Dresden 1583. Ich danke Wolfgang Neuber, der mich auf dieses Buch aufmerksam gemacht hat.

Einige seiner Bilder lassen sich immer weiter aufklappen und wie durch Falltüren gelangt der Betrachter in immer tiefere Schichten des Kopfes, bis endlich der Sehnerv sichtbar wird. Bartisch lehrt uns das Sehen des Sehens. Selbstreflexivität ist daher sehr wohl eine Grundkonstante beim Einsetzen wissenschaftlicher Bilder und ich werde später noch mehrere Beispiele dafür bringen, daß Descartes diese Funktion sich zunutze macht. Auch bei Vesalius finden sich selbstreflexive Bezüge, allerdings jedoch gerade nicht, um den eigenen Objektivitätsanspruch zu unterminieren, sondern als Strategie der bildlichen Selbstautorisierung z.B. durch Darstellung des eigenen Instrumentariums oder durch die Selbstinszenierung des Anatomen als Künstler. Im 16. Jahrhundert hatten sich bereits durch den Buchdruck und die Verbreitung großer naturhistorischer Bildbände die Möglichkeiten solcher Darstellungen sehr erweitert. In *De humani corporis Fabrica* (1543) präsentiert Vesalius seinen Lesern u.a. die Abbildung seines Werkzeugtischs, auf dem „alles was bei der Durchführung einer Präparation oder einer vollständigen Sektion verwendet werden kann" zu sehen ist, wobei er gleich noch erläutert: „Die hier auf einem Tisch liegend abgebildete Platte, auf der die Instrumente angeordnet sind, ist von der Art wie wir sie bei Vivisektionen verwenden." Außerdem zeigt er ein Schwein, das just auf dieser Platte gefesselt und bei lebendigem Leib seziert wird.

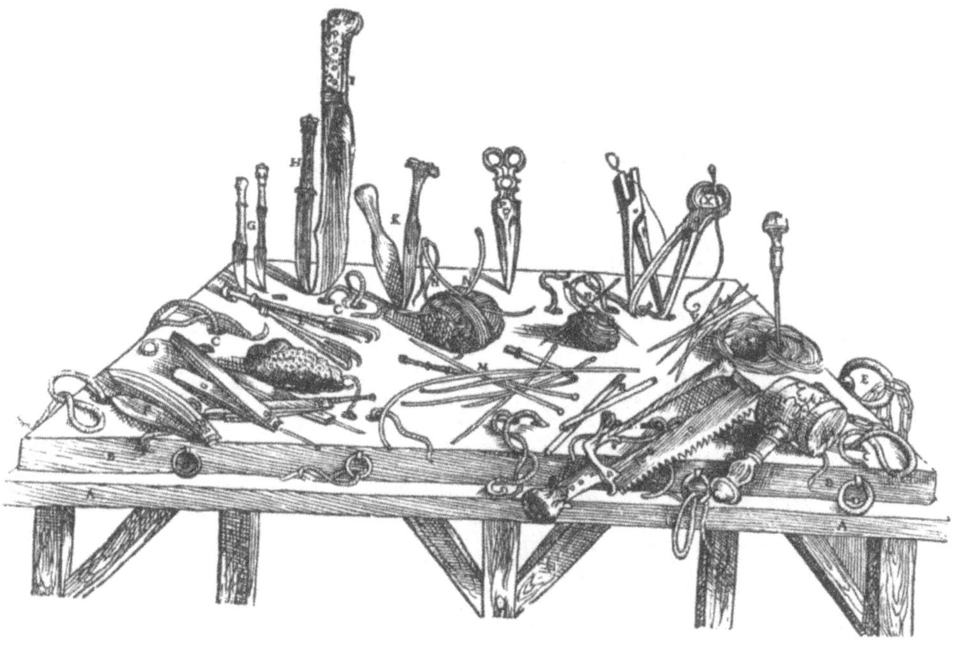

Abb. 34) Vesalius, *De Fabrica*, Werkzeugtisch.

Auch bei den berühmten dramatischen Darstellungen von vor dem Hintergrund toskanischer Landschaften aufgehängten Leichnamen, beschreibt er *en détail*, wie die präparierten Leichname aufgehängt wurden.[634]

Vesalius' mit spektakulären Abbildungen reich ausgestattete Werk setzte Maßstäbe für die wissenschaftliche Buchproduktion, die für die kommenden Jahrhunderte verbindlich bleiben sollten. Die ganze Konzeption des Buchs, mit Titelkupfer, Porträt, Vorreden, ästhetisch anspruchsvollen, detailgenau ausgeführten und präzise erklärten Schautafeln war neu, sie ermöglichte dem Leser gleichsam selbst an einer Anatomiestunde teilzunehmen und mit eigenen Augen zuzusehen, wie anatomisches Wissen bei der Zergliederung eines Körpers entsteht. Die Richtung der Wissensproduktion wurde nun umgekehrt, die wissenschaftliche Wahrheit wird nicht primär durch Bücher vermittelt, sondern entsteht durch Autopsie. Zuerst wird ein Präparat hergestellt und bei der Demonstration erklärt, danach wird es gezeichnet und beschrieben, dann werden Bild und Text gedruckt. Den Weg von der Leiche zum Buchwissen macht auch das Porträtbild klar, das im Unterschied zu früheren Darstellungen, den Anatomen nicht als Lehrenden, sondern als Forscher bei der Arbeit zeigt, die vormals den Gehilfen überlassen war.

Wie die Inschrift auf der Tischkante verrät, ist Vesalius zu diesem Zeitpunkt erst 28 Jahre alt, das lateinische Motto darunter und die antike Architektur verweisen auf seine klassische Bildung. Das Blatt zeigt ihn im Dreiviertelprofil, sein prächtiges, mit Pflanzenornamenten geschmücktes Obergewand unterstreicht seinen selbstbewußten Auftritt ebenso wie der dem Betrachter zugewandte feste Blick. Diese Darstellung ist an Künstlerselbstporträts orientiert. Wenn ein Anatom sich als Künstler präsentiert, so ist dies zum einen der Versuch, die eigene Disziplin zu nobilitieren, zum anderen aber auch ein Hinweis auf seine Tätigkeit. Wie ein Bildhauer modelliert er aus der Leiche den beabsichtigten Körperbau, er schneidet Massen von Fleisch und Gewebe weg und präpariert andere, z.B. dünne Sehnen, die kaum sichtbar sind, heraus.

Es gibt in diesem Blatt weitere selbstreflexive Motive zu entdecken. Zunächst fällt auf, dass Vesalius nicht beim Akt des Sezierens selbst gezeigt wird, sondern wie er das Resultat seiner Arbeit lehrhaft demonstriert. Mit der linken Hand hält er einen übergroß erscheinenden Arm einer ebenfalls überproportional groß dargestellten Frauenleiche,[635] mit der rechten Hand faßt er den *musculus flexor digitorum superficialis*, also den Unterarmmuskel, der die Finger bewegt. Der Text auf dem hinter der Hand hervorlugenden Papier beschreibt ihn. Herauspräpariert und beschrieben wird somit der Muskel, der das Präparieren und Beschreiben möglich macht und der die Hand, die ihn gerade hält, zum Zupacken gebracht hat. Die Hand seziert die Hand, die Hand zeichnet die Hand, die Hand beschreibt die Hand. Nicht nur von Künstlern, auch in der galenischen Tradition der Anatomie wurde der Hand als Meisterwerk der Natur und *specificum* des Menschen eine zentrale Stellung zugewiesen, und die Darstellung von Anatomen, die einen Arm halten oder Hände sezieren, bildete von nun an eine eigene Tradition aus.[636]

---

634 Die Abbildungen aus Vesalius' *Fabrica* sind leicht zugänglich unter: http://images.umdl.umich.edu /w/wantz/ vesd1.htm (21. 03. 2006).

635 In der 2. Auflage der *Fabrica* berichtet Vesalius, er habe die Leiche einer riesigen Frau seziert.

636 Vgl. G. Wolf-Heidegger – Anna Maria Cetto, *Die anatomische Sektion in bildlicher Darstellung*, Basel (1967), Abb. S. 512, 513 und 518.

Abb. 35) Vesalius, *De Fabrica*, Sektion eines Armes.

Auf dem Tisch befinden sich in unmittelbarer Reichweite der Hand ein Tintenfaß mit Schreibfeder und ein Seziermesser, ein weiteres Klappmesser liegt unter der rechten Hand. Thematisch wird auch anhand der Instrumente das Verhältnis von Schrift und anatomischem Handwerk. Die spitze Feder korrespondiert mit dem Seziermesser, das Öffnen des Buchs mit dem Öffnen des Körpers. Bereits der Titelholzschnitt hatte Vesalius beim Sezieren einer geöffneten Frauenleiche gezeigt. Vesalius inszeniert sich selbst zugleich als Autor seiner *Fabrica* und als Anatom, als Schöpfer von Präparat und Text. Die Schreibfeder und das mit einem Auszug aus der *Fabrica* beschriebene Blatt verweisen selbstreferentiell auf den Buchtext, zugleich aber verweisen sie darauf, wie genau dieser Text entstand, nämlich nicht aus anderen Büchern, sondern als Resultat einer eigenhändigen Sektion. Dieses Thema wird in der *Fabrica* unter anderem weitergeführt anhand der Initialen, die, wie hier in und bei der Initiale Q der *Praefatio*, sezierende Putti zeigen. Die Buchstabenspitze wird zum Messer, dessen Schärfe ein Putto prüft.[637]

Abb. 36) Vesalius, *De Fabrica*, Initiale Q.

Vesalius' *Fabrica* wird stets als der entscheidende historische Wendepunkt hin zur modernen Anatomie dargestellt. Zwar basierten seine Lehren noch nahezu vollständig auf denen Galens, doch seine Bilder zeigten zum ersten Mal, wie sich ein Anatom darum bemüht, *firsthand knowledge* zu präsentieren. Diese Abbildungen wie auch das *Titelkupfer* der *Fabrica*, welches eine öffentliche Sektion einer weiblichen Leiche programmatisch an die Stelle eines Studiums aus Büchern rückt, führten dann zu Interpretationen, die Vesalius als ersten Verfechter einer sogenannten empirischen Evidenz ansahen und seine anderen Bilder entsprechend als empirische Demonstrationen qualifizierten.[638]

Was hierbei allerdings zumeist vergessen wird, ist, daß *die Repräsentation einer Demonstration in aller Regel nicht selbst eine Demonstration ist.* Es muß beim Bild die eigene

637 Vgl. Jonathan Goldberg, *Writing Matter. From the Hands of the English Renaissance*, Stanford1990, S. 59-107.

638 So etwa bei Kemp (2003), S. 39-42.

Überprüfung noch folgen, die gewiss selten genug tatsächlich vorgenommen wird. Vesalius erklärt dazu:

> „Tatsächlich unterstützen die Abbildungen das Verständnis sehr, da sie klarer vor Augen stellen, was der Text, gleichgültig wie ausführlich, beschreibt."[639] Aber ‚unterstützen' heißt nicht, wie Vesalius auch bemerkt, ‚ersetzen'. Die Illustrationen können dem Betrachter, welcher nicht an einer Sektion teilnehmen kann, „faszinieren und erfreuen"[640], doch eine virtuelle Demonstration, das stellt Vesalius klar, kann den Betrachter niemals an den Punkt bringen, zu welchem er durch eigene Teilnahme einer richtiggehenden Sektion gelangen würde. Im Widmungsschreiben zu den *Tabulae sex* heißt es:
>
> „Ich weiß, daß diese Art Illustrationen äußerst nützlich für diejenigen sein werden, die an meinen Sektionen teilnehmen mögen. Ich meine, daß es nicht nur schwierig, sondern komplett sinnlos und unmöglich ist, zu hoffen, einzig durch Bilder oder Tabellen zu einem Verständnis der Teile des Körpers [...] zu gelangen, auch wenn niemand bestreiten wird, daß diese hierbei überaus helfen das Gedächtnis zu stärken."[641]

Die Lektüre der Schriften ist einerseits Voraussetzung, um bei der Sektion überhaupt etwas zu sehen. Dennoch entscheidet dann allein das, was man außerhalb des Buches zu sehen imstande ist, über den Wert des Gelesenen. Die Abbildungen alleine verifizieren oder bestätigen nichts. Die Beglaubigung des Beobachteten obliegt bei der Sektion den Teilnehmern und hängt dabei nicht zuletzt an der sozialen Reputation der Zeugen. Die Leser der Bücher indes können nichts beglaubigen, ihre virtuelle Zeugenschaft ist solange keine Bestätigung, als nicht selbst anhand einer Leiche das Bild geprüft wurde.

Die so propagierte Privilegierung des Sehens mit den eigenen Augen läßt sich mit empirischen Programmatiken leicht vereinbaren. Anders ist es im Hinblick auf die Normativität der Bilder. Denn die normativen Bilder geben die allgemeine, typische oder durchschnittlich vorfindbare Struktur des Körpers wieder. D.h. es werden keine individuellen Leichen bildlich präsentiert, sondern die Körper werden für die Darstellung ihrer Besonderheit beraubt, Deformationen werden ausgeglichen, Geschlechtsunterschiede bei den Skeletten getilgt[642] etc. um zu einer kanonischen Darstellung zu gelangen. Vesalius ist hier gemäßigter Idealist:

> „Es ist wünschenswert, daß der für öffentliche Sektionen verwendete Körper so normal als möglich in bezug auf sein Geschlecht, mittleres Alter ist, so daß man andere Körper mit ihm vergleichen kann, wie wenn es sich um eine Statue des Polyklet handle."[643]

Hier ist, übrigens ganz im Einklang mit Galen,[644] der kanonische Aspekt (d.h. die Orientierungsfunktion eines als ‚normal' behaupteten und betrachteten Körpers) und nicht der ideale Maßstab der Statuen Polyklets der Vergleichspunkt. Was die viel beschworene Neudefiniti-

---

639 Andreas Vesalius, *De corporis humani fabrica libri septem*. Basel: Johannes Oporinus 1543 (zit. n. CD-ROM-Ausgabe: Palo Alto, CA: Octavo 1998. 2 CD-ROM, CD I), S. lvi.

640 Ebd.

641 Vgl. Andreas Vesalius, *The Illustrations from the works of Andreas Vesalius*, New York, 2. Aufl. Dover 1971, S. 233 [unter Hinzuziehung des lateinischen Originals übersetzt von mir, CZ].

642 Vgl. dazu: Londa Schiebinger, *The Mind has no Sex. Women in the Origins of Science*, Harvard 1989, S. 213.

643 Zitiert nach Glenn Harcourt, Vesalius and the Anatomy of Antique Sculpture, in: *Representations* 17 (1987), S. 28-62, hier: S. 42.

644 Vgl. Harcourt (1987), S. 58-59, Fn. 46.

on der Anatomie als Erfahrungswissenschaft und ihre vermeintliche Objektivität anbetrifft, so muß man zudem festhalten, daß Vesalius angesichts des extrem spärlichen und zufälligen Ausgangsmaterials höchst suspekte Induktionen vornimmt.

Wie einige seiner Bilder entstehen, wird auf Tafel 5 der *Fabrica* im und durch das Bild selbst transparent gemacht:[645]

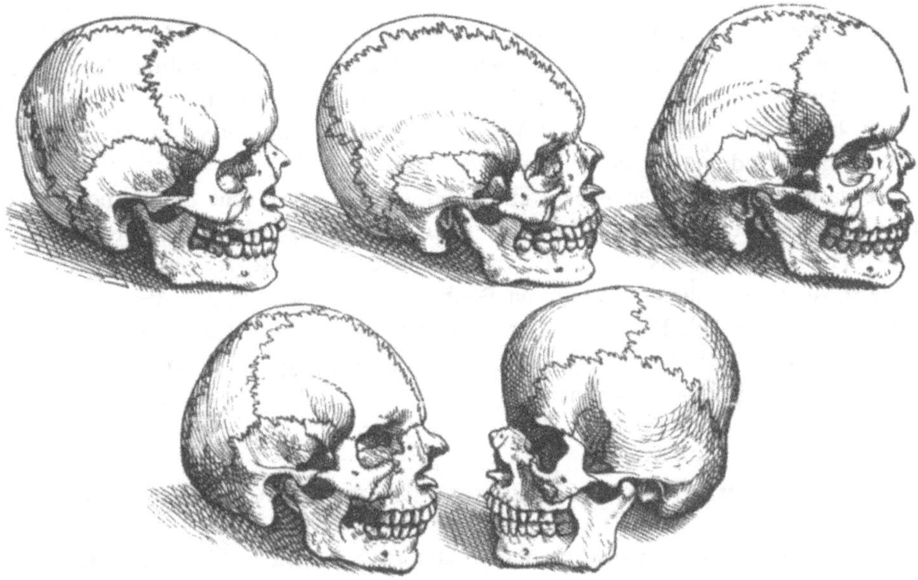

Abb. 37) Vesalius, *De Fabrica*, Schädelvariationen.

Diese Tafel zeigt zunächst einen natürlichen Schädel, dann werden mehrere fiktive ‚abnormale' vorgeführt. Durch das Kontrastieren eines ‚normalen' Schädels mit vier denkbaren, aber nicht empirisch aufgefundenen Schädeln, die alle Deformationen aufweisen, bekommt der erste Schädel eine Funktion verliehen, die er als einzelner erst einmal gar nicht hätte: Die Harmonie der Täuschungen besteht hier darin, daß ein einzelner Normalschädel im Verein mit den fiktiven als Norm-Schädel schlechthin erscheinen muß, obwohl dieser Effekt nicht das Resultat empirischer Beobachtungen, sondern hypothetischer ‚Deduktionen' von Bildvarianten ist. Vesalius scheint diese Unterscheidung jedoch gar nicht zu machen. Er betrachtet die logisch denkbaren Varianten vielmehr als ‚wirkliche' und die via Bilddeduktion erschlossene Norm eine aus dem empirischen Vergleichen abweichender Phänomene herausgeschaute. Gleichwohl handelt es sich bei seinem Normal-Schädel nicht um einen Durchschnittsschädel (dann hätte Vesalius ausreichend viele verschiedene ‚normale' Schä-

645 Zu dieser Tafel und den damit verbundenen antiken Idealvorstellungen vgl. Matteo Burioni: Corpus quod est ipsa ruina docet. Serlios Architekturtraktat und die Antikenrezeption bei Vesalius, in: Albert Schirrmeister (Hrsg.), *Zergliederungen. Anatomie und Wahrnehmung in der frühen Neuzeit*, Frankfurt a.M. 2005, S. 50-77.

del vergleichen müssen und wäre guter Aristoteliker). Sein Programm stellt sich eher als aufgelockerter Platonismus dar, denn die Normvorstellung Vesals ist weder apriorisch noch aposteriorisch, er benötigt bei der Bildung der Ideen den (behaupteten) Rekurs auf die Erfahrung, ohne aber nur mit dieser allein auszukommen.

Wie oben zitiert, soll der Leser der *Fabrica* mit solchen Vor-Bildern im Gedächtnis in die Sektion gehen, damit er dort zwischen Blut, Abfall und körperlicher Unvollkommenheit überhaupt wiedererkennt, was er erkennen soll. Diese Bilder haben hierbei jedoch keine kategoriale Erkenntnisfunktion, nicht *durch* sie soll erkannt werden, sondern vielmehr mit ihnen das Erkennen begleitend unterstützt werden. Daß diese Vorwegnahme des Wahrzunehmenden bzw. Vorstrukturierung des Blickes, es allererst erlaubt, etwas *wieder* zu (v)erkennen, bleibt im toten Winkel von Vesalius' Denkstil und läßt somit die täuschende Harmonie von Vor-Bild und Experiment entstehen.

Von Descartes' Abbildungen ist am ehesten seine oben von mir bereits besprochene Darstellung der Schneekristalle mit Vesalius' Darstellung der Schädelvariationen zu vergleichen. Auch die Schneekristalle sind zwar ‚idealisiert' dargestellt, doch Descartes versucht diese Idealisierung aus der konkreten Beobachtung abzuleiten und die mit dem Bild einhergehende Schulung des Blicks, die das Erkennen des Beobachteten ermöglicht, gerade transparent zu machen. Die Schneebilder Descartes' haben (jedoch nur im Zusammenspiel mit dem Text) eine kognitive Funktion.

2.6) Fabricius' Bilderserien: Empirische Evidenz als Harmonie der Täuschungen

Auf aufschlussreiche Weise läßt sich die oben erläuterte Vorstellung Flecks von der Harmonie der Täuschungen im Zuge eines Vergleichs zwischen Harvey und seinem Lehrer Fabricius erhellen. Fabricius' Leistung wird allgemein unterschätzt, dabei hatte er eine Schlüsselposition in der Formierungsphase der wissenschaftliche Diskurse im frühen 17. Jahrhundert inne. Nicht nur war er Lehrer von Harvey, er war auch Leibarzt Galileis. Seine Schriften und vor allem ihre Abbildungen waren weit verbreitet und prägten sowohl Galileis Denken als auch Descartes' medizinischen Anschauungen. Harvey zählt indes auch deshalb zu den Säulenheiligen der wissenschaftlichen Revolution, gerade weil er mit den Lehren seiner Vorgänger, und insbesondere denen des Fabricius radikal gebrochen und eine neue empirisch ausgerichtete Wissenschaftsauffassung etabliert habe, die an die Stelle von okkulten Ursachen nun empirische Beschreibungen von Funktionen setze. Harvey gilt insofern auch als ein typischer Vertreter des im 17. Jahrhundert sich durchsetzenden mechanistischen Denkstils.

Fabricius' *De formatione ovi, et pulli Tractatus Accuratissimus* (Padua 1621)[646] ist in vielerlei Hinsicht bemerkenswert. Fabricius dokumentiert hierin in Bild und Text genaueste Beobachtungen, und zieht danach aus ihnen theoretische Folgerungen. Die Entwicklung eines Hühnerembryos überprüft er von der Befruchtung des Eis bis zum 24. Tag, indem er täglich ein Ei im entsprechend fortgeschrittenen Stadium öffnet und die Veränderungen

646 H.B. Adelmann, *The Embryological Treatises of Hieronymus Fabricius of Aquapendente. The Formation of the Egg and of the Chick (De formatione ovi et pulli). The Formed Fetus (De formato foetu)*, Ithaca 1942.

registriert. Das tat schon Aristoteles so, und so werden es auch Descartes und Harvey handhaben. Das Besondere an Fabricius' (gleich im Titel hervorgehobenen) Akkuratheitsideal ist, daß er jede seiner Behauptungen mit Abbildungen unterstützt und so eine überaus große Harmonie von visuell vermittelten Vorstellungen und Argumentationen erzeugt. Sein Buch ist ein Musterbeispiel für das Gelingen jener von Fleck beschriebenen ‚Harmonie der Täuschungen'.

Traditionellerweise wurden Embryonen im Mutterleib wie kleine Kinder dargestellt, bei Fabricius wird der Embryo als sich entwickelnder sichtbar gemacht und insofern zu einem neuen epistemischen Objekt. Bilder und Beschreibungen interagieren miteinander, formen und interpretieren gemeinsam einen Forschungsgegenstand.[647] Das Verhältnis der hierfür erzeugten Repräsentationen und ihrem Vorbild ist, wie Rheinberger unter Berufung auf van Fraassen und Goodman allgemein erläutert, durch zweierlei Momente charakterisiert:

> „Erstens durch einen Wechsel in ein anderes Medium, und zweitens durch eine Codierungsregel zwischen Objekt und Medium. Die Codierungsregel muß dabei keineswegs notwendig den Regeln einer Kopie oder Imitation gehorchen. Und folgt man Nelson-Goodman, so erweist sich die Codierung als durchaus reziprok: ‚Das Objekt ist nicht fertig da, sondern ist das Ergebnis einer Form der Weltaneignung. Das Machen eines Bildes hat für gewöhnlich Teil an der Herstellung dessen, was abgebildet wird."[648]

Fabricius setzt also seine täglichen Beobachtungen in Bilder um, die suggerieren, daß sie exakt das darstellen, was er jeweils gesehen hat. Eine Schwierigkeit dabei ist, daß nun ein Beobachtungs*prozeß* abgebildet werden muß. Naturkundliche Illustrationen zeigten bis zu dieser Zeit ausschließlich statische, oft emblematische Bilder, die allenfalls als Zyklen Vorgänge veranschaulichten. Fabricius entwickelt in *De formatione ovi, et pulli* einen neuen Bildtyp, der nun einer seriellen Logik folgt, um so die Entwicklung des Hühnerembryos sichtbar zu machen. Während der reale Beobachtungsprozeß viele Tage einnimmt und eine permanente Gedächtnisleistung dem Beobachter abverlangt, der jedes kleine Detail akribisch mit dem Vorstadium vergleichen können muß, wird mit der Abbildung der Entwicklungsprozeß in seinen charakteristischen Stadien simultan präsentiert und auf einen Blick erfaßbar gemacht. Das Bild zeigt den Gegenstand zudem als von allen Verunreinigungen befreiten:

---

647 Vgl. Nelson Goodman, *Die Sprachen der Kunst*, Frankfurt 1995, S. 48f. u. 40f.

648 Hans-Jörg Rheinberger, Präparate – ‚Bilder' ihrer selbst. Eine bildtheoretische Glosse, in: *Bildwelten des Wissens. Kunsthistorisches Jahrbuch für Bildkritik* 1,2: Oberflächen der Theorie, Berlin 2003, S. 9-19, hier: S. 9.

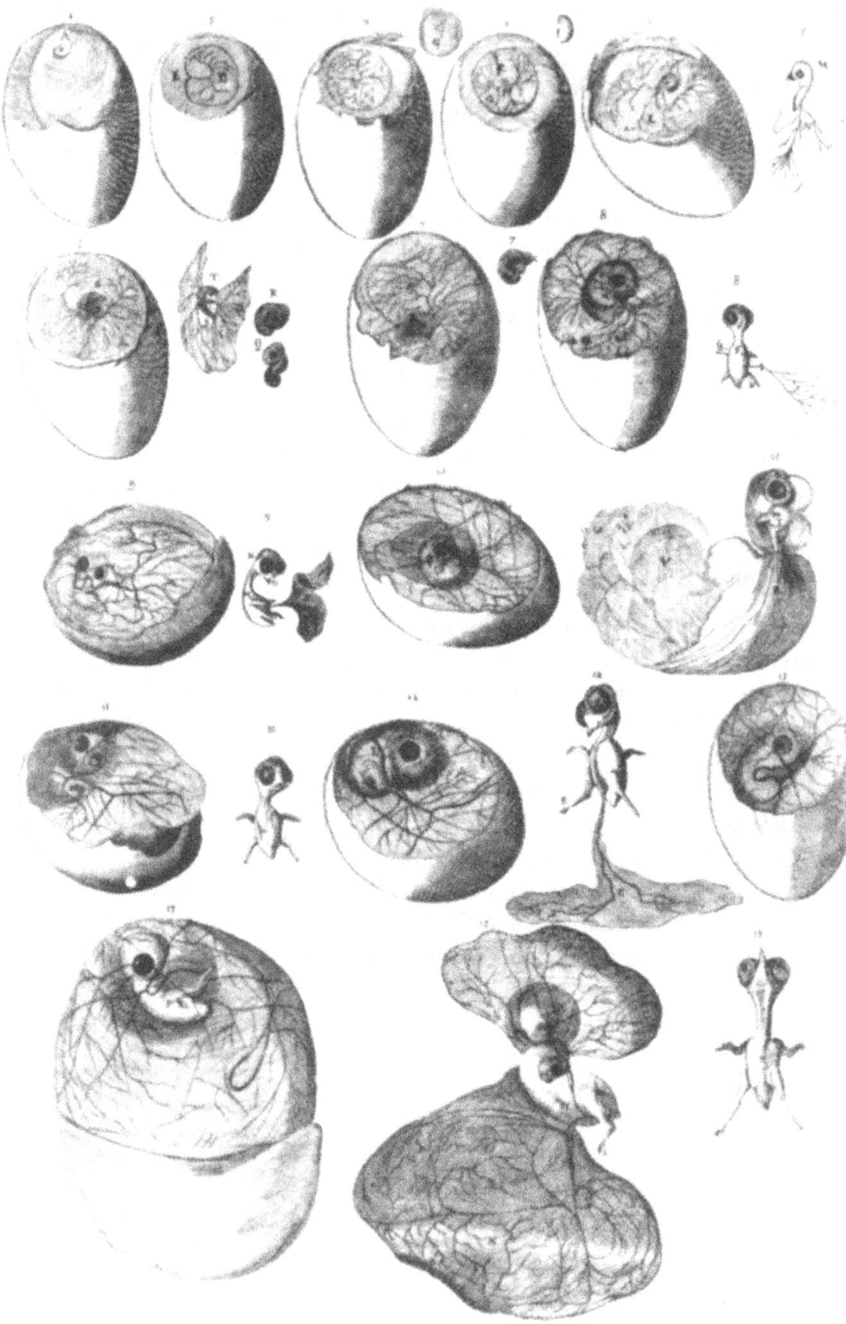

Abb. 38) Fabricius, *De ovo et pulli*.

Fabricius arbeitet mit dem aristotelischen Theorie-Rüstzeug. Er bemüht Wirk- und Finalursachen zur Erklärung der embryonalen Entwicklung und vertritt dabei einen epigenetischen

Standpunkt. Doch wenn er konkret die einzelnen Entwicklungschritte beschreibt, setzt er sich mit Galens Präformationstheorie auseinander (also der Theorie, daß alle Strukturen eines künftigen Lebewesens bereits vollständig in der Eizelle bzw. den Spermien vorgebildet sind, aber noch zu klein, um sie sehen zu können). Diese Theorie modifiziert er deutlich und vergleicht in diesem Kontext die Entstehung des Embryos mit dem Bauen eines Hauses oder eines Schiffs, bei denen zuerst der Rahmen hergestellt werde, dann nach und nach die Strukturen und das Material eingezogen. Das heißt, daß beim Hühnerembryo sich zuerst das Knochengerüst bilde, dann erst kämen auf einmal die weichen Teile, also Leber, Herz, Venen, Arterien, Lungen, Magen und Darm. Mit diesen Behauptungen legte sich Fabricius gleichermaßen quer sowohl zur ‚aristotelischen' Epigenesevorstellung wie sie in der cristlichen Tradition im Mittelalter umgeformt wurde und derzufolge die Eizelle zunächst leer ist und das Lebewesen dann später von Gott geschaffen wird) als auch zur galenschen Präformationstheorie. Dies bedeutete, daß er seine Bilder nicht in den Rahmen etablierter Theorien einpassen und mit deren Hilfe eine täuschend harmonische Übereinstimmung herstellen konnte, sondern ein von den traditionellen Ressourcen sich teilweise emanzipierendes Konzept für die visuelle Herstellung von Evidenz finden mußte: Seine Abbildungen zeigen mit erstaunlicher Akkuratesse im Detail, Schritt für Schritt die Sinnfälligkeit jeder einzelnen Behauptung, die Fabricius über die Entwicklung des Kükens aufstellt. Die Beschreibung und genaue bildliche Darstellung interagieren, bestätigen sich wechselseitig, treiben einander weiter, schaukeln sich hoch zu einem ungemein suggestiven Eindruck von Evidenz.

2.7) Harveys Bilderfeindschaft

Harvey setzt sich in seinen Schriften mit den Auffassungen seines Lehrers Fabricius auf Schritt und Tritt auseinander. Besonders aufschlußreich für sein Verhältnis zu Fabricius und seine generelle Einstellung gegenüber Visualisierungsmöglichkeiten in der Wissenschaft ist seine Vorrede zu den *Anatomical Exercises on the Generation of Animals.* Hat man noch die Rede im Ohr, daß sich durch Harveys neuen funktionalistischen Erklärungsstil eine „wissenschaftliche Revolution"[649] in den Humanwissenschaften ereignet habe, dann klingt Harveys hier formulierte Kritik erstaunlich: Harvey wirft Fabricius vor, daß er zu mechanistisch denke, statt seinen Sinnen zu vertrauen und zu erzählen, was er beobachtet habe:

> „But when he [Fabricius] asserts, that the bones are formed before the muscles, heart, liver lungs and precordial parts ... he follows probabilities according to previous notions rather than inspection; and quitting the evidences of senses that rest on anatomy, he seeks to refuge in reasing upon mechanical principles; a procedure that is anything but becoming in a great anatomist, whose duty it was faithfully to narrate the changes observed taking place day by day in the egg, up to the period when the foetus is perfected."[650]

649 Vgl. I. Bernard Cohen, *Revolutionen in der Naturwissenschaft*, Frankfurt 1994, S. 265-291.
650 William Harvey, *Anatomical Exercises on the Generation of Animals*, übers. v. Robert Willis, Chicago 1952, S. 336.

Harvey geht sogar soweit, und dies stellt die üblichen Auffassungen über seine Bildpraxis auf den Kopf, Fabricius vorzuhalten, daß er Bilder bringe, statt Erklärungen! Harvey hingegen erweist sich als ein ausgesprochener Bilderfeind:

> „And this the rather as he expressly proposed to himself to write in a history of the formation of the chick in the egg, and to exhibit in figures what happens in the course of each successive day. It would have been in harmony with such a design, I say, had we been informed, on the testimony of the senses, of what parts are formed first, together, or subsequently in the egg; and not had mere opinions or musty conjectures, and the instances of houses and ships, adduced in illustration of the order and mode of formation of the parts."[651]

Doch was kann mit dieser Kritik gemeint sein? Denn eigentlich tut Fabricius genau das, was Harvey fordert, nämlich die Entwicklung des Foetus tagtäglich zu dokumentieren. Was Harvey offenkundig stört, ist dreierlei. Erstens der mechanistisch-deduktive Erklärungsmodus, zweitens daß Fabricius entsprechend von mechanistischen Modellen wie Schiffen und Häusern Gebrauch macht und drittens, daß er überhaupt Bilder verwendet. Im Unterschied zur von Fabricius gewählten Darstellungsordnung fordert Harvey eine andere Abfolgelogik, derzufolge zunächst einmal anhand der empirischen Gegebenheiten deren inneres göttliches Ordnungsprinzip erkannt werden muß:

> „shall show in the first place in the egg, and then the conceptions of other animals, what parts are first, and what are subsequently formed by the great God of Nature with immitable providence and intelligence, and most admirable order."[652]

Hat man beim Hühnerei diese göttliche Ordnung[653] bei der Entwicklung des Kükens einmal erkannt, lasse sich diese „by analogy" auf andere Entwicklungsvorgänge übertragen: „For Nature, perfect and divine, is ever in the same things harmonious with herself."[654]

Fabricius, so faßt Harvey seine Vorwürfe schließlich zusammen „rather intended to exhibit the chick in ovo in his figures than to explain its formation in words."[655] Die innere göttliche Ordnung der Allnatur läßt sich nicht abbilden. Hier ist Harvey ganz Platoniker und beruft sich entsprechend an dieser Stelle auch ausgiebig auf Platons Kritik an der Kunst als Schein im Schein.[656]

---

651 Harvey (1952), ebd.

652 Ebd.

653 Harveys Entdeckungen können folglich nicht ohne Weiteres in den Kontext der neuen mechanistischen Philosophie gestellt werden, wie dies etwa noch Richard Westfall, *The construction of modern Science. Mechanism and Mechanics*, Cambridge 1971, Kap. 5, versuchte. Cunningham hat beispielsweise gezeigt, daß die Traditionslinien innerhalb der Anatomie viel verwickelter lagen und allgemein eher darauf hinausliefen, das Handwerk des Schöpfergottes zu enthüllen, als neue experimentelle Methoden zu etablieren. Harveys Schriften entstanden somit in einer anderen naturphilosophischen Wissenskultur, als derjenigen, der man gemeinhin attestiert, die wissenschaftliche Revolution vorangetrieben zu haben. Vgl. Andrew Cunningham, *The Anatomical Renaissance: The Resurrection of the Anatomical Projects of the Ancients*, Brookfield, Vermont 1997.

654 Harvey (1952), S. 336.

655 Ebd., S. 337. Kurioserweise hat Gweneth Whitteridge ihre englische Ausgabe der *Disputations touching the Generation of Animals* (Oxford 1981) mit Illustrationen von Fabricius ausgestattet.

656 Vgl. Harvey (1952), S. 332. Harveys ‚Kunst-Kritik' ist ihrerseits mehrfach gebrochen. Er beruft sich ausgerechnet auf einen Dichterphilosophen, nämlich Seneca, den er – das ist die nächste Brechung – Platon

Aus Harveys Sicht scheiterte Fabricius, weil er seine Beobachtungen eher zeigte als erklärte, d.h. nicht die Idee sondern nur einen Mechanismus vorführte. An den ausführlichen Beschreibungen, die Fabricius seinen Bilder beifügt, bemängelt Harvey, daß es eben Bildbeschreibungen sind und nicht Beschreibungen von Beobachtungen. Die Beobachtungen seien eine Stufe weniger weit entfernt von der Idee. Selbst wenn die Bilder des Fabricius einer mimetischen Logik folgen, müssen sie – so Harvey – von den in einer Beobachtersituation in den Blick genommenen realen Phänomenen prinzipiell so sehr abstrahieren, daß sie diese nicht mehr erklären können. Harveys Kritik an Fabricius mündet schließlich im Vorwurf, daß er eher einem künstlerischen Ideal folge als einem wissenschaftlichen. Die Grenze zwischen Kunstbild und wissenschaftlichem Bild wird jetzt strikt und mit neuem Verlauf gezogen und nun als Opposition zwischen Kunstbild und bilderfreier wissenschaftlicher Beobachtung formuliert. Über viele Seiten hinweg spielt Harvey den Wissenschaftler gegen den Künstler aus.[657]

In diesem Licht lesen sich seine berühmten Bekenntnisse zur empirischen Forschung etwas anders: „I would", schreibt Harvey, „therefore, have you, gentle reader, to take nothing in trust from me concerning the generation of animals; I appeal to your own eyes as my witnesses and judges."[658] Ein seltsamer Appell an die Augen des Lesers, denn in Harveys *De motu cordis* gibt es nur eine Abbildung, und diese Illustration geht just auf Fabricius zurück, der erstmals die Funktion der Venenklappen klar veranschaulicht hatte und in den *Exercitationes de Generatione Animalium* findet sich lediglich ein allegorisches Titelkupfer, welches auch nicht auf eine empirische Beobachtung, sondern auf Harveys *Ex ovo omnia* -Lehre Bezug nimmt.

Darüber, daß Harvey postuliert, man solle auf nichts als seine eigene Augenzeugenschaft vertrauen, doch selbst (so gut wie) keine Bilder dafür anbietet, sondern nur Beschreibungen, hat sich, so weit ich sehe, allein Catherine Wilson gewundert, – sonderbarerweise in einem Buch über die Veränderung der Wahrnehmung in der frühen Neuzeit durch die Erfindung des Mikroskops, das seinerseits ohne Abbildungen auskommt.[659]

Harvey unterscheidet aggressiv zwischen Beobachtung und Abbildung, letzterer mißtraut er, da sie, im Gegensatz zur konkreten Beobachtung und wörtlichen Beschreibung, abstrahiere und unversalisiere! Descartes hingegen, das wird noch zu zeigen sein, mißtraut jedoch weder der Beobachtung, noch der Abbildung, sondern versucht beide zu verschrän-

---

referieren läßt: „Seneca explains this subtlety, according to Plato's views, in very elegant terms: ‚An idea', he says, ‚is an eternal copy of the things that have place in nature. I add an explanation of this definition that the matter may be made plainer to you: I desire to take your portrait; I have you as the prototype of the picture, from which my mind takes a certain impression which it transfers to the canvass. The countenance, therefore, which teaches me and directs me, and from which the imitation is sought, is the idea.'" Ein Bewußtsein über die Selbstbezüglichkeit seiner Rhetorik läßt Harvey indes nirgendwo durchscheinen.

657 Descartes wird die bei Vesalius noch ambivalent gehaltene Spannung zwischen Kunstbild und wissenschaftlichem Bild in die andere Richtung hin auflösen. Für seinen mechanistischen Erklärungsansatz spielt die Unterscheidung zwischen *ars* und *scientia* keine Rolle mehr, sie wird schlicht aufgehoben. Natur und Kunst fallen zusammen, weshalb Descartes ohne Schwierigkeiten von Bildern und Metaphern extensiv Gebrauch machen kann.

658 Harvey (1952), S. 333.

659 Catherine Wilson, *The Invisible World. Early Modern Philosophy and the Invention of the Microscope*, Princeton 1997, S. 108.

ken, um so eine visuelle Basis für seine Verallgemeinerungen zu bekommen. Eine Abbildung kann theoretisch und praktisch von jedem selbst überprüft werden, sie kann eine Beobachtung zugleich anleiten.

Interessanterweise reflektiert Harvey selbst bereits den Unterschied zwischen Beobachtersituation und Abbildung. So wie ein Maler, der ein bestimmtes Gesicht, das er vor Augen hat, zeichnen will, tausend Entwürfe von ihm macht und jedesmal ein anderes Gesicht malt, so würde jede Abbildung nur eine falsche Repräsentation ihres Gegenstandes liefern:

> „This is conspicius among poets and painters, who, although they comtemplate one and the same object in the same place at the same moment, and with all other circumstances agreeing. Nevertheless regard and describe it variously, and as each has conceived or formed an idea of it in his imagination. [...]
>
> Now, the reason is this: that in vision, or the act of seeing itself, each particular is clear and distinct; but the moment the object is removed, as it is by merely shutting the eyes, when it becomes an abstraction in the fancy, or is only retained in the memory, it appears obscure and indistinct. Neither is it any longer apprehended as a particular, but as something that is common and universal.“[660]

Es ist erstaunlich und unbedingt notierenswert: Hier, bei der Darlegung eines Wissenschaftsprogramms, für das das Berufen auf den eigenen Augenschein zentral ist, nicht bei Descartes (der nicht nur Bilder einsetzt, sondern auch explizit ihre positiven Funktionen hervorhebt), finden wir eine entschiedene Bilderfeindschaft. Weil Harvey sein ‚empiristisches' Wissenschaftsprogramm unter platonistische Vorzeichen stellt, gerät er trotz seiner Nobilitierung des eigenen Augenscheins als Erkenntnisinstanz in eine entschiedene Gegnerschaft zur Verwendung von Bildern und Metaphern in der Wissenschaft. Kunst ist für Harvey primär unvollkommene Mimesis im platonischen Sinne von Abbilden. Bilder stehen somit prinzipiell unter Fiktionalitätsverdacht und Harvey vermag sich unter Visualisierung nur eine notwendig unvollkommene und insofern nur täuschende Ähnlichkeitsrelation zwischen Repräsentationen und Wirklichkeit vorzustellen. Andere Kunstkonzepte, wie sie etwa in den Renaissancepoetiken entfaltet wurden, die gerade nicht mehr das Ähnlichkeitspostulat hochhalten, sind Harvey unbekannt. Daß Anschauungen von Phänomenen durch Bilder codiert und durch metonymische Transfers in Vorstellungen übersetzt werden können, daß sie Informationen transportieren und kognitive Leistungen erbringen können, ist Harvey offenkundig fremd. Harvey geht eine ästhetische Sensibilisierung, wie sie Descartes in seinem kulturellen Milieu erfahren hatte, vollkommen ab, und er hegt daher vergleichsweise rustikale Auffassungen von Kunst, Imagination und Gedächtnis. Das schlägt auch auf Harveys Wissenschaftsverständnis zurück, denn für ihn sind Kunst und Wissenschaft in bestimmter Hinsicht vergleichbar:

> „for as art is a habit with reference to things to be done, so is science a habit in respect of things to be known: as that proceeds from the imitation of types or forms, so this proceeds from the knowledge of natural things. Each has its origin in sense and experience, and it is impossible that there can rightly be either art or science without visible instance or ex-

660 Harvey (1952), S. 332.

> ample. In both, that which we perceive in sensible objects differs from the image itself which we retain in our imagination or memory [...].“[661]

Dies führt Harvey zum Schluß, gänzlich den Wert von anatomischen Zeichnungen oder Kupferstichen zu bestreiten, wenn es darum geht, Wissen über den menschlichen Körper zu gewinnen! Denn versuchte man dies, dann verhielte man sich so wie jemand, der sich eine Vorstellung über ihm fremde Länder oder Städte bildet, „or who pretends to get a knowledge of the parts of the human body, from drawings and engravings, which but too frequently present things under false and erroneous points of view.“[662]

Was Harvey nun als eigenes persuasives Konzept entwickelt, nimmt der Tendenz nach bereits die spätere Strategie Robert Boyles vorweg, der bekanntlich einen ‚nackten Stil‘ bei der Beschreibung von Beobachtungen experimenteller Vorgänge gefordert hat.[663] Diese Variante, wissenschaftliche Glaubwürdigkeit und Objektivität zu suggerieren, indem auf jedwedes Ornat verzichtet wird, gelingt bei Boyle dann insofern, als auch tatsächlich der Stil der Experimentberichte betont trocken, deskriptiv und protokollarisch knapp gehalten ist. Bei Harvey finden sich bereits entsprechend Bilderkritik und Metaphernverbot im Verein mit dem Beschwören des Tatsächlichen:

> „so many things are encountered that require naming. Such is the abundance of matter and the dearth of words. But if he would have recourse to metaphors, and by means of old and familiar terms would make known his ideas concerning the things he has newly discovered, the reader would have little chance of understanding him better than if they were riddles that we propounded; and of the thing itself, which he had never seen, he could have no conception.“[664]

Und in der Folge führt Harvey weiter aus, daß man auch mit Neologismen so sparsam wie möglich umgehen solle, da man sonst Unbekanntes mit Unbekanntem zu erklären versuchen würde. Andererseits gebe es neue Entdeckungen, die man mit traditionellen Termini und Metaphern nicht verständlich machen könne. Deshalb greife er selbst so oft es gehe auf traditionelle Bezeichnungen zurück und führe bei neuen Entdeckungen lediglich Benennungen ein.

Zwischen den Neologismen und den metaphorischen „old and familiar terms“ scheint zwar hier schon das Wunschbild eines „plain style“ auf, der es möglich mache, die Dinge ‚so wie sie sind‘ sprachlich zu erfassen. Doch man darf nun nicht erwarten, daß Harvey dieses Ideal dann auch umsetzt. Auch der Text der Vorrede wimmelt nur so von konventionellen Metaphern und was danach folgt ist eine traditionelle, extensiv mit Zitaten untermauerte und umständlich geführte Literaturdiskussion, die dann allerdings immer wieder mit eigenen Beobachtungen abgeglichen wird. Ablesbar ist an dieser Schrift, welche Mühen und Schwierigkeiten es bereitet, ein bereits formuliertes neues wissenschaftliches Ideal auch denkstilgemäß umzusetzen bzw. einen neuen Denkstil harmonisch zu formieren. In dieser

661 Harvey (1952), *Anatomical Exercises*, S. 333.

662 Ebd.

663 Vgl. dazu: Shapin – Schaffer (1985), S. 66. Zu Boyles eigener Metaphernverwendung siehe: Lotte Mulligan – Robert Boyle, ‚Right Reason‘, and the Meaning of Metaphor, *Journal of the History of Ideas* 55,2,2 (1994), S. 35-257.

664 Harvey (1952), *Anatomical Exercises*, S. 336.

Schrift, die Harvey selbst für sein Hauptwerk hielt, ist ihm das nicht gelungen, eher in *De Motu Cordis*, insofern er dort tatsächlich über weite Strecken nah an seinem Material bleibt und mit quantitativen Methoden operiert.

2.8) Demonstrationes ad oculos

Nun gibt es dort doch zumindest eine (vierteilige) Abbildung, von der Harvey bekanntlich Gebrauch gemacht hat und diese zählt zu den berühmtesten der Wissenschaftsgeschichte. Welche Funktion kann dann nun seine berühmte Doppel-Abbildung haben, die in der Erstausgabe von *De motu cordis* jeweils in die Vertikale gedreht die letzten beiden Seiten dieses Traktates ganz einnehmen?

Die beiden Bilder zeigen Harveys Venendruckversuch (Abb. 39). Harveys Abbildung ist insofern aufschlußreich, als sie einen experimentellen Versuch schrittweise vor Augen führt, der von jedem Leser jederzeit ganz leicht selbst angestellt und bestätigt werden kann. Das zu lösende Problem lautete: Wie kann man feststellen, ob es eine Verbindung zwischen Arterien und Venen gibt? Mit dem bloßen Auge sind die Kapillaren nicht zu erkennen. Doch wenn man zuerst einen Unterarm so abbindet, daß kein arterielles Blut in den Arm mehr fließen kann, dann das Band so weit lockert, daß das Blut durch die Arterien in den Arm, nicht aber durch die Venen zurück fließen kann, schwellen die Venen sichtlich an. Folglich muß es eine Verbindung geben. Man sieht, daß, wo und wie das Blut fließt, und zieht daraus seine Schlüsse, wie das Blut sonst fließen muß. Aber ist dies ein Beweis?

Der von Vesal und Harvey verwendete lateinische Terminus, auf den man sich zumeist beruft, um hier die Rede von ‚Bildbeweisen‘ zu legitimieren, lautet: ‚demonstratio‘. Schlägt man die Grundbedeutung in einem besseren Dictionnaire nach, so findet man den folgenden Eintrag:

> „**Demonstratio**, das Hinweisen. 1. eig., das Hinweisen, Hinzeigen, Zeigen (mit den Händen, durch Gebärden usw.) auf einen Gegenstand ...übertr.: A. im allg. die Veranschaulichung, deutliche Darlegung, genaue Angabe, die Unterweisung [...] der Nachweis, Beweis von etwas [...] B. rhet. die anschauliche Schilderung einer Sache...“[665]

665 K.E. Georges, *Ausführliches Lateinisch-Deutsches Handwörterbuch*, 8. Ausg., Darmstadt 1995.

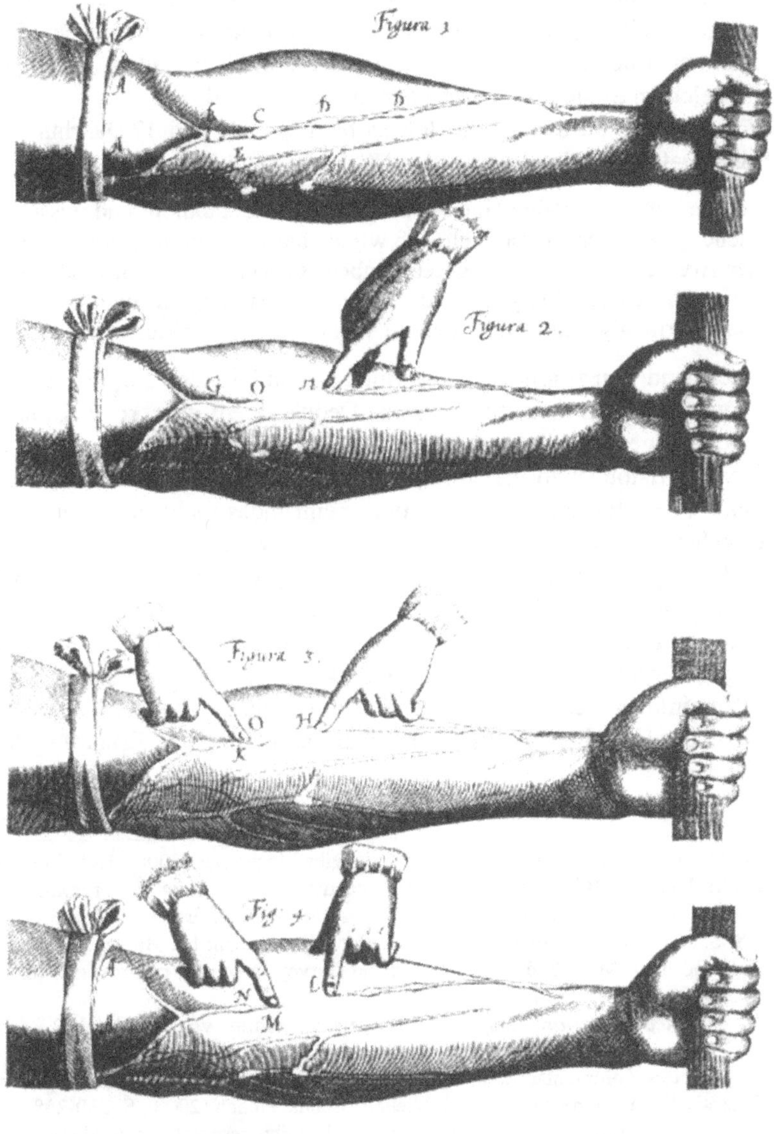

Abb. 39) William Harvey, Venendruckversuch, aus: *De motu cordis*, London 1628.

Demonstratio kann somit sehr verschiedenes bezeichnen, vom bloßen Zeigen bis hin zum Beweis. Was galt für Harvey, Descartes oder Vesal? Das ganze semantische Spektrum von *demonstratio* läßt sich bei diesen Autoren aufweisen und auch, daß zuweilen genau reflektiert wurde, in welchem Sinne dieser Terminus eingesetzt wird.

Für die *demonstratio* im Sinne von Beweis blieb im 16. und 17. Jahrhundert weiterhin die aristotelische Definition als Muster leitend.[666] Diese lautet:

> „Demonstration nenne ich dabei eine wissenschaftliche Deduktion, und wissenschaftlich nenne ich jene, gemäß der wir dadurch, daß wir sie besitzen, wissen. Wenn also das Wissen von der Art ist, wie wir es festgesetzt haben, so hängt auch notwendigerweise das demonstrative Wissen von Dingen ab, die wahr und ursprünglich und unvermittelt und bekannter und vorrangiger und ursächlich im Verhältnis zur Konklusion sind."[667]

Demonstrationen sind demzufolge formal gültige Deduktionen, die Wissen ermöglichen. Ohne Wissen von den Ursachen gibt es zwar Deduktionen, aber keine Demonstrationen. Demonstrationen hängen von ihrerseits nicht demonstrierbaren Prämissen ab. Heute nennt man eher das, was Aristoteles formal gültige Deduktion nannte, Beweis und in diesem Sinne Demonstration.[668] Aristotelische Demonstration meint indes mehr, nämlich daß wahre Prämissen vorausgehen, die qua Demonstration expliziert werden. Die Konstruktion von Demonstrationen hat explanatorische Funktion.[669] Im streng terminologischen Sinn bezieht sich die *demonstratio* somit auf die Explikation von Ursachen oder Setzungen.

Mit dem Aufkommen der neuen empirischen Wissenschaften wird nun nicht auf theoretische Erklärungen verzichtet, sondern diese erhalten einen anderen Status, sie werden zu Hypothesen. Vereinfacht gesagt, vollzieht sich ein erkenntnistheoretischer Perspektivenwechsel weg von der Ursachenerklärung hin zur Beschreibung und Erklärung der Phänome-

666 Eine Übersicht über „17th-Century Demonstrations" gibt Machamer (2000), wobei er allerdings nicht mehr zwischen verschiedenen Bilddemonstrationen binnendifferenziert. Zum Hintergrund vgl.: N. Jardine, Epistemology of Sciences, in: Ch.B. Schmitt (Hrsg.), *The Cambridge History of Renaissance Philosophy*, Cambridge 1988, S. 685-711. Zur Rolle von Erfahrung und Experiment bei Harvey und Descartes ist einschlägig: Geoffrey Gorham, Mind-body dualism and the Harvey-Descartes controversy, in: *Journal of the History of Ideas* 55 (1994), S. 213-234.

667 Aristoteles, *Analytica Posteriora*, hrsg., eingel. übers. u. komm. von W. Detel, 2 Bd., Berlin 1993, S. 71b, 17f.

668 Vgl. Wolfgang Detels Kommentar, ebd., II, S. 61f. und in bezug auf Descartes: ders., Descartes und der wissenschaftstheoretische Fundamentalismus, in: Niebel – Schnädelbach (2000), S. 230-258.

669 Hobbes z.B, den man in manchen Lehrwerken zur Philosophiegeschichte absurderweise unter der Rubrik ‚Empirismus' führt, reserviert das Verfahren der *demonstratio* strikt antiempiristisch in den *Six Lessons* für die geometrische Beweismethode, wobei er den Akzent auf das Konstruieren nach selbst gesetzten Prämissen legt: Unter den Künsten seien ‚diejenigen beweisbar, in denen die Konstruktion des Gegenstands in der Macht des Künstlers selbst liegt, der in seiner Beweisführung (demonstratio) nichts anderes tut als die Konsequenzen seines eigenen Verfahrens abzuleiten'. Und: „Die Geometrie ist deshalb beweisbar, weil die Linien und Figuren, aus denen wir unsere Schlüsse ziehen, von uns selbst gezeichnet und beschrieben sind; und die Staatsphilosophie ist beweisbar, weil wir selbst den Staat aufbauen". Th. Hobbes, *Six Lessons to the professors of the mathematicks* (1656), in: W. Molesworth (Hrsg.), *The English Works of Thomas Hobbes*, London 1839-1845, vol. VII, S. 183f. Zu Hobbes' Rationalismus vgl. die Sammelrezension von U. Weiss, Hobbes' Rationalismus: Aspekte der neueren deutschen Hobbes-Rezeption, in *Philosophisches Jahrbuch* 85 (1978), S. 167-196.

ne. Man betrachtet die Effekte nicht die Ursachen, und spricht von Wahrscheinlichkeit, nicht von Wahrheit.[670] Das wirkt sich auch auf den Begriff der *demonstratio* aus.

Nun gibt es (vgl. Kap. II. 2.1.3) grundsätzlich zwei Hauptvarianten[671] wie man im 17. Jahrhundert mit Theorie und via Erfahrung demonstrieren kann, die laut Specht sich wie folgt darstellen: Man geht im ersten Fall davon aus, daß Gott die Naturgesetze festgelegt hat, in dem er unter mehreren Möglichkeiten wählte. Der menschliche Verstand kann zwar nicht Gottes Wahl rekonstruieren, aber er vermag den Spielraum, den Gott hatte, sich zu vergegenwärtigen, indem er mögliche Naturgesetze formuliert und durch Erfahrung prüft, welche zutreffen. Entscheidend ist hierbei, daß die zugrundegelegten Prinzipien als solche niemals durch Erfahrung falsifiziert werden können, sondern nur überprüft, ob das zutreffende Prinzip seine Anwendung gefunden hat. Was z.B. die Darlegung der Naturgesetze anbetrifft, ist Descartes in seinen *Principia* der Ansicht, es „bedarf [...] für diese Bestimmungen keiner Beweise, weil sie sich von selbst verstehen, und selbst wenn die Erfahrung uns das Gegenteil zu zeigen schiene, würden wir trotzdem genötigt sein, unserer Vernunft mehr als unseren Sinnen zu vertrauen.“[672] Von vielen Interpreten[673] wird Descartes daher dieser fundamentalistischen Position zugeschlagen.

Die andere Variante behauptet, man könne Gottes Spielraum nicht rekonstruieren, sondern nur Hypothesen über mögliche Ursachen formulieren, wobei hierfür schon auf Erfahrung zurückgegriffen werden muß. Diese Hypothesen sind dann selbstverständlich falsifizierbar, aber nicht im strengen Sinne beweisbar, man kann sie allenfalls empirisch *bestätigen*.

In der medizinischen Wissenskultur, der Harvey oder Vesal und natürlich auch Descartes angehörten, war man sich der Differenz von ‚Beweisen‘ und ‚Bestätigen‘ selbstverständlich bewußt. In den Texten dieser Wissenschaftler muß man daher nicht nur genau auf den Wortlaut, sondern auch auf den Begründungskontext achten, um zu entscheiden, in welchem Sinn von *demonstratio* gerade die Rede ist. Harvey spricht beispielsweise von: ‚*Ocular demonstrations*‘. In der Oxford-Ausgabe von *De motu cordis*[674] wird indes *demonstratio* mit „proof“ übersetzt, und confirmare als „to proof“.[675] Die deutsche Übersetzung[676] entscheidet sich ebenfalls für „beweisen“. Auch in den englischen Ausgaben der Werke Vesals findet[677]

---

670 Vgl. dazu: J. Henry, Magic and Science in the sixteenth and seventeenth centuries, in: R.C. Olby – G. Cantor – J.R.R. Christie – M.J.S. Hodge (Hrsg.), *Companion to the History of Science*, London, New York 1990, S. 583-597, hier: S. 590.

671 Vgl. den Abschnitt ‚Empirie und Hypothesen‘, in: R. Specht (Hrsg.), *Die Philosophie des Rationalismus*, Stuttgart 1991, S. 129ff.

672 *Principia* II, § 52.

673 So auch von Specht (1991), S. 129f.

674 W. Harvey, An anatomical disputation concerning the movement of the heart and blood in living creatures, übers. u. eingel. v. Gweneth Whitteridge, Oxford 1976.

675 Für weite Verbreitung des Irrtums sorgt Robin (1993), S. 110.

676 W. Harvey, *Die Bewegung des Herzens und des Blutes*, übersetzt von R. Ritter von Töply, Leipzig 1910 (ND 1968). Vgl. auch die durchgängige Rede von Beweisen bei Harvey in: R. Rullière, Die Kardiologie bis zum Ende des 18. Jahrhunderts, in: R. Toellner (Hrsg.), *Illustrierte Geschichte der Medizin* Vol 2, Augsburg 2000, S. 1055-1103, bes. S. 1082ff.

677 In Vesalius, *On the Fabric of the Human Body*. A Translation of *De humani corporis fabrica libri septem*, übers. v. W.F. Richardson u. Mitarbeit v. J.B. Carman, 2 Bd., San Francisco1998ff., wird in der englischen Übersetzung wiederholt der Ausdruck ‚demonstrates‘ gebraucht, z.B. im Vorwort zur *Fabrica* („I

sich die gleiche Praxis. Dies führt in der Sekundärliteratur regelmäßig zu Behauptungen, *De Motu Cordis* gründe sich auf experimentelle d.h. „anschauliche Beweise" (ocular demonstrations) und sei „ein kurzes Buch von bemerkenswerter Durchschlagskraft, in dem der Leser mit illustrativen und demonstrativen Argumenten niedergeknüppelt" werde.[678] Schauen wir uns Harveys Formulierungen in anderen Übersetzungen und im Original näher an. Es heißt da z.B.:

> „Since all things, both argument and ocular demonstration, show that the blood passes through the lungs and by the force of the ventricles, and is sent to all parts of the body".[679] Oder: „Seeing it is *confirmed by reason and ocular experiment*" oder „*confirmed by ocular demonstration*" („*ocularibus demonstrationibus*") und „*confirmed by ocular testimony*" bzw. „*autopsia confirmassem*"[680] sowie „conclusio demonstrationis de sanguinis [...] Cum haec confirmata sint omnia, & rationibus & *oculatibus experimentis*".[681]

Nirgends wird in diesen Belegstellen die *demonstratio ad oculos* zum Beweisverfahren erklärt. Harvey thematisiert hier die Ursachen nicht, doch nicht deshalb, weil er bestritte, daß es solche gebe: es wird eben nicht mit Ursachen und beweisbaren Prinzipien *demonstriert*, sondern durch die Sinne und die Erfahrung *bestätigt*. Die Sinne und die Erfahrung haben für Harvey zwar die größere Autorität und gewährleisten mehr Klarheit und Distinktheit als die Theorie, doch gleichwohl beachtet er peinlich die Differenz zur aristotelischen Demonstration:

> „Denique hoc est, quod enarrare et patefacere, per observationes et experimenta conabar, non ex causis et principiis probabilibus demonstrare, sed, per sensum et experimentum, confirmatum rederre, anatomico more, tanquam majore autoritate voluit."[682]

Wenn Harvey in *De motu cordis*[683] nach dem letzten einheitlichen Prinzip der Blutkreisbewegung fragt, so verweist er ausdrücklich auf die embryologischen Untersuchungen in sei-

---

have frequently demonstrated the inaccuracy of Galen's teachings", – im Text zu Tafel 5:2, und in den Erläuterungen der Herausgeber, obgleich im lateinischen Original hier nicht einmal ‚demonstratio' steht (Hinweis von M. Pozsgai).

678 So im Standardwerk von M. Boas, *Die Renaissance der Naturwissenschaften*, Gütersloh 1965, S. 309 u. 306f. Auch in der neuen Standard-Edition von A. Bitbol-Hespériès (Hrsg.), *R. Descartes, Le Monde. L'homme* refereriert ihr Kommentar auf die Abbildung Harveys als ‚preuve' (ebd., S. 110). Vgl. entsprechend auch A.C. Crombie, *Von Augustinus bis Galilei. Die Emanzipation der Naturwissenschaft*, Köln 1965, S. 464. Die Theoriegeleitetheit von Harveys Beobachtungen betont hingegen mit Blick auf dessen Illustration des Venendruckversuchs zu Recht Olaf Breidbach in: ders., *Bilder des Wissens. Zur Kulturgeschichte der wissenschaftlichen Wahrnehmung*, München 2005, S. 72-79. Descartes' ‚Bilder des Wissens' werden von Breidbach leider nicht besprochen.

679 Harvey, *De motu cordis*, übers. v. K. Franklin, London 1963, Kap. 14 (so auch Robert Willis in seiner Übersetzung von 1952).

680 Harvey, *De motu cordis*, übers. v. G. Keynes, 1998, Octavo Ed. 54, 5,3 (lat. 6).

681 Harvey, *De motu cordis*, London 1628, S. 32.

682 Harvey, *Exercitationes anatomicae*, London 1661, S. 74. Vgl. dazu: A. Wear, William Harvey and the way of the anatomists, in: *History of science* 21 (1983), S. 223-249, bes. S. 231 u. S. 243, Fn. 14 sowie ders.: The heart and Blood From Vesalius to Harvey, in: R.C. Olby – G.N. Cantor – J.R.R. Christie – M.J.S. Hodge (Hrsg), *Companion to the History of Science*, London, New York 1990, S. 568-582.

683 W. Harvey, *De motu cordis*, in: *Harvei Gulielmi, Opera, quibus praefationem addidit Bernardus Siegfriedus Albinus* (Leyden 1737), S. 88. Zu Harvey vgl. die ausgezeichnete Monographie: Fuchs (1992), die

nem eigentlichen Lebenswerk *De generatione animalium*. Dort heißt es gut aristotelisch: „Jede vollkommene Wissenschaft beruht auf der Kenntnis aller Ursachen.“[684] Dieses letzte Prinzip identifiziert Harvey mit der göttlichen Allnatur selbst und bei ihm triumphiert gerade die Teleologie emphatisch über die neue materialistische Korpuskularphilosophie.[685]

Zirkulation ist ein Beobachtungstatbestand und kein theoretisches Konstrukt. Die Blutzirkulation ist laut Harvey weder eine Theorie noch eine Hypothese, sie kann daher durch die Sinne, Beobachtungen und Experimente weder demonstrativ bewiesen noch falsifiziert werden, sondern nur (demonstrativ) gezeigt und bestätigt. Ob diese Beobachtung dann den Status von Wissen erhält, hängt davon ab, wie diese Beobachtung im Anschluß erklärt wird. Für Harveys Denkstil spielen dafür Bilder, da er sie im Vergleich mit Beobachtungen als grundsätzlich defizitär ansieht, keine Rolle, sondern nur die oben skizzierte narrative Strategie. Harveys Bild zeigt daher nur, wie man empirisch eine Erfahrungstatsache bestätigt, es erklärt nicht, *warum* das Blut zirkuliert. Der Übersetzungsfehler verdeckt also den entscheidenden Punkt.

Welches Verständnis von *demonstratio* hat hingegen Descartes?

Descartes unterscheidet nicht grundsätzlich zwischen experimentell manipulierendem und einfachem Beobachten, differenziert aber ebenfalls explizit die verschiedenen Bedeutungen von *demonstratio*:

> „Sie sagen auch, daß *Wirkungen mit einer Ursache beweisen und dann diese Ursache mit denselben Wirkungen beweisen, ein logischer Zirkelschluß sei,* was ich zugebe. Ich gebe deswegen keineswegs zu, daß dieser einer sei, Wirkungen mit einer Ursache zu erklären und diese dann mit jenen zu beweisen: denn es besteht ein großer Unterschied zwischen *beweisen* und *erklären*. Ich füge dem hinzu, daß man das Wort *demonstrieren* verwenden kann, um das eine und das andere zu bedeuten, zumindest wenn man es nach dem üblichen Gebrauch nimmt, und nicht in der besonderen Bedeutung, die die Philosophen ihm geben. Ich füge ferner hinzu, daß es kein Zirkelschluß ist, eine Ursache aus mehreren Wirkungen zu beweisen, die aus einer anderen Ursache bekannt sind, und dann umgekehrt andere Wirkungen aus jener Ursache zu beweisen. … *Wie die letzten Gründe durch die ersten demonstriert werden, die ihre Ursachen sind, sind es umgekehrt diese ersten durch die letzten, die ihre Wirkungen sind.*“

---

allerdings zwar Harveys Wissenschaft kontextualisiert und ihre animistischen Implikationen nachweist, ihn aber dadurch gerade von Descartes abhebt. Für Descartes wäre indes ebenso die Einbettung seiner Wissenschaftsauffassung in die damaligen Wissenskulturen zu leisten.

684 W. Harvey, *De generatione animalium*, zit. nach Fuchs (1992), S. 188: „scientia quaelibet perfecta, ex causarum omnium cognitione dependet.“ Zu Harveys Aristotelismus vgl. James G Lennox (2006), The Comparative Study of Animal Development: William Harvey's Aristotelism, in Justin E.H. Smith (Hrsg.), *The problem of animal generation in early modern philosophy*, Cambridge 2006, S. 21-46. Lennox beklagt zu Recht, daß sich die Forschung stets an Harveys *De Motu Cordis* orientiert und die methodisch zentralen embryologischen Schriften übergeht (ebd., S. 28f.).

685 Harveys Entdeckungen können folglich nicht in den Kontext der neuen mechanistischen Philosophie gestellt werden, wie dies etwa noch R. Westfall, *The construction of modern Science. Mechanism and Mechanics*, New York 1971, Kap. 5, versuchte. Cunningham hat beispielsweise gezeigt, daß die Traditionslinien innerhalb der Anatomie viel verwickelter lagen und allgemein eher darauf hinausliefen, das Handwerk des Schöpfergottes zu enthüllen, als neue experimentelle Methoden zu etablieren. Harveys Schriften entstanden somit in einer anderen naturphilosophischen Wissenskultur, als derjenigen, der man gemeinhin attestiert, die wissenschaftliche Revolution vorangetrieben zu haben. Vgl. dazu Cunningham (1997).

Es sei keineswegs zweideutig zu erklären,

> „daß da die Erfahrung die Mehrzahl dieser Wirkungen sehr sicher macht, die Ursachen, aus denen ich sie ableite, nicht so sehr dazu dienen, sie zu beweisen, als sie zu erklären, daß aber diese es sind, die von jenen bewiesen werden. Und ich sage, daß sie nicht so sehr dazu dienen, sie zu beweisen, anstelle von, daß sie keineswegs dazu dienen, damit man weiß, daß jede dieser Wirkungen auch durch diese Ursache bewiesen werden kann, im Fall es in Zweifel gezogen wird, und daß diese schon durch andere Wirkungen bewiesen worden ist."[686]

Descartes behauptet, er *könnte* alle Wirkungen *top down* aus Ursachen deduzieren.[687] In der Praxis lasse sich dies jedoch aufgrund der Grenzen des menschlichen Verstehens schwer und schon gar nicht ständig realisieren.[688] Deshalb verfährt Descartes konkret fast immer (!)

---

686 Brief an Morin vom 13. 07. 1638, *Briefe*, S. 124. Vgl. *Discours* AT VI, S. 76: „Denn mir scheint, die Begründungen folgen dort dergestalt aufeinander, daß ebenso das letzte durch das erste, das heißt durch seine Ursachen, so auch umgekehrt das erste durchs letzte, das heißt durch seine Wirkungen erklärt (sont demonstrées) wird. Und man darf nicht glauben daß ich hierbei den Fehler mache, den die Logiker einen Zirkel nennen; denn die Erfahrung macht den größten Teil dieser Wirkungen zu unbestreitbaren Tatsbeständen, und daher dienen die Ursachen, aus denen ich sie ableite, nicht so sehr zu ihrem Beweis, als vielmehr zu ihrer Erklärung und ganz im Gegenteil sind es die Ursachen, die durch die Wirkungen bewiesen werden." Bei Descartes findet sich selbstverständlich kein Hinweis, woher dieses Programm – Hypothesen, logische Prinzipien, Schlußfolgerungen, experimentelle Kontrolle, Validierung der Hypothesen – stammt.

687 Vgl. den Brief an Vatier, 22. 02. 1638: „Was das betrifft, was ich zu Beginn der *Meteore* angenommen habe, so könnte ich es a priori nur durch die Darlegung meiner ganzen Physik demonstrieren; die Experimente aber, die ich notwendigerweise daraus abgeleitet habe und die von keinen anderen Prinzipien in der selben Weisen abgeleitet werden können, scheinen es mir hinreichend a posteriori zu demonstrieren. Ich hatte wohl vorausgesehen, daß diese Art zu schreiben die Leser zunächst vor den Kopf stoßen würde, und ich hätte dem nach meiner Meinung nach leicht abhelfen können, indem ich den ersten Dingen, von denen ich spreche, die Bezeichnung Voraussetzungen nahm und sie unter Angabe einiger Gründe für ihren Beweis erklärte ... Wie es ja in der Tat nicht immer notwendig ist, Gründe a priori zu haben, um von einer Wahrheit zu überzeugen. So hat Thales, oder wer immer es als erstes behauptete, daß der Mond sein Licht von der Sonne empfängt, ohne Zweifel keinen anderen Beweis dafür gegeben, als den, daß man mit dieser Annahme alle verschiedenen Gestalten des Lichts sehr leicht erklären kann; das hat ausgereicht, um zu bewirken, daß diese Meinung seither ohne Widerspruch durch die Welt gegangen ist. Und der Zusammenhang meiner Gedanken ist ein derartiger, daß ich zu hoffen wage, man wird meine Prinzipien durch die aus ihnen gezogenen Folgerungen, wenn man sie hinreichend beachtet haben wird, um sie sich vertraut zu machen und sie insgesamt erwägen zu können, ebensogut bewiesen finden, wie die Entlehnung des Mondlichts durch die Zunahmen und Abnahmen des Mondes bewiesen ist." (AT I, S. 563f.)

688 In einem Brief an Mersenne vom 27. 05. 1638, *Correspondance* (AT II, S. 141f.), geht Descartes sogar so weit, einzugestehen, daß er Demonstrationen in der Physik für unmöglich hält: „Sie fragen mich, ob ich das, was ich über die Brechung geschrieben habe, als Demonstration ansehe; und ich glaube, daß es das ist, zumindest in dem Maße, in dem es in dieser Angelegenheit möglich ist, einen Demonstration zu geben, ohne zunächst die Prinzipien aus der Metaphysik (was ich eines Tages zu tun hoffe, aber was bislang noch nicht getan wurde) abzuleiten, und in dem Maße, in dem andere Fragen der Mechanik oder der Optik oder der Astronomie oder jeder anderen Angelegenheit, die nicht rein geometrisch oder arithmetisch ist, jemals demonstriert worden sind. Aber von mir geometrische Demonstrationen in einer Angelegenheit zu fordern, die von der Physik abhängt, heißt, von mir das Unmögliche zu verlangen. Und wenn jemand nur die Demonstrationen der Geometrie Beweise nennt, dann müßte dieser behaupten, daß Archimedes, niemals etwas in der Mechanik demonstriert hätte, noch Vitellion in der Optik, noch Ptolmy in der Astronomie etc. und dies wird nicht behauptet. In diesen Angelegenheiten ist man zufriedengestellt, wenn die Autoren – nachdem sie einige Dinge vorausgesetzt haben, die nicht offenkundig der Erfahrung widersprechen – von dort aus konse-

nach dem *bottom up*-Verfahren. Er erschließt aus den Wirkungen die Ursachen, die dann lediglich zur Erklärung, und nicht als Beweis herangezogen werden; dann behauptet er deren potentielle Beweisbarkeit und prüft ihre Kompatibilität mit den bereits bewiesenen Ursachen und inwieweit sie in der Lage sind, empirische Phänomene sparsam (und schlicht besser als es die Vorschläge seiner Konkurrenten vermögen) zu erklären. Innerhalb eines Erklärungsmodells sind die Ursachen selbstverständlich empirisch falsifizierbar. Descartes' Einführung von derartigen Gesetzes-Hypothesen bestätigt, was zuvor auch bereits die Analyse seines Dispositionsbegriffs ergab, nämlich daß er kein rein deduktives Physikverständnis hat.[689]

2.9) Evidenz der Bilder?

Ein weiteres Argument dafür, Harveys Demonstrationen nicht als Beweise zu nehmen, ergibt sich daraus, daß die so demonstrierten Phänomene in bezug auf ihre Ursachen verschieden gedeutet werden können. Ein und dasselbe Bild kann daher in sehr verschiedene Theorien integriert werden, woraus folgt, daß sich von ihm aus keine schlagende Evidenz für die eine oder andere Position einstellt, sondern im Gegenteil die theoretische Einbettung allererst ein Bild in einem spezifischen Sinn evident macht. Man kann daher schwer angesichts von Harveys Entdeckung von einem Paradigmenwechsel innerhalb der Medizin vom Vitalismus zum Mechanismus sprechen, wenn gleichzeitig mehrere Deutungssysteme und Denkstile diesen Befund akzeptierten, und Harvey selbst ihn vitalistisch deutete.

Auch Robert Fludd z.B., dessen Werke von den Zeitgenossen in einem Atemzug mit denen seines Freundes Harvey genannt und gemeinsam diskutiert wurden,[690] integrierte just diese Befunde Harveys nahtlos in seine alchemistische Pansophie. An seinem Sprachgebrauch läßt sich zeigen, daß auch die Spekulationen eines Rosenkreuzers auf empirische Evidenz und Exaktheit als Ideale gegründet werden konnten und somit der Spielraum dieser Terminologie für das 17. Jahrhundert sehr viel weiter war, als heute gewöhnlich angenommen wird. In seinem *Amphiteatrum Anatomicum* (1623) behauptet Fludd, es zirkulierten im Mikrokosmos aetherische *spiritus* durch das arterielle System so wie im Makrokosmos die Sonne um die Erde kreise. Bei der Etablierung dieser Mikrokosmos-Makrokosmos-Analogie beruft er sich, wie der Untertitel eines anderen Manuskriptes anzeigt, auf die Methode der „ocular demonstration", die dann „experimental conclusion" und „decyphering a great deale of the hidden mysteries of Nature" eröffne:

quent fortfahren und keinen Fehler der Logik begehen, selbst wenn ihre Annahmen nicht exakt der Wahrheit entsprechen. [...] Oder das, was ich in bezug auf die Brechung beanspruche demonstriert zu haben, hängt nicht direkt von der Wahrheit der Natur des Lichts ab..."

689 Zur Hypothesenbildung bei Descartes siehe: Charles Larmore, L'explication scientifique chez Descartes, in: N. Grimaldi – J.-L. Marion (Hrsg.), *Le Discours et sa méthode*, Paris 1987, S. 109-128.

690 Vgl. z.B. Pierre Gassendi: Epistolica exercitatio in qua principia philosophiae Roberti Fluddi, medici, reteguntur, et ad recentes illius libros adversus R.P.F. Marinum Mersennum ...respondetur, Paris 1630.

„Then in his midle spheare shalt thou erect a pavillion called the hart. Wich lik the sonne in the greater world, shall send forth the essential beames circularly from his centre that therby they animat and vivivy every member of this so Well erected a Microcosme."[691]

Nach den Attacken Gassendis gegen Harvey und ihn stellte Fludd nochmals klar, daß seine pansophische Einbettung die kosmische Zirkulation des Blutes und somit die Befunde seines in den tiefen Mysterien der Philosophie bewanderten Freundes Harvey „exakt ... zu bestätigen scheine" und zwar „demonstratione oculari":

„Hoc exactè illam viri gravissimi Gulielmi Harvei, Medicinae Doctoris pertissimi, arte anatomica, quam clarissimi, necnon in profundi philosophiae mysteriis versatissimi, compatriota mihi charissimi, et collegae fidelissimi, sententiam atq; opinionem confirmare videtur; qua, idq. Consultè et prudenter satis mundum in libello quodam suo, cui titulus est: *Exercitatio anatomica, de cordis sanguinisq; in animalibus motu*; instruit, insigniterq; cum rationibus à Philosophiae arca depromptis, tum multiformi demonstratione oculari declarat motum ipsius sanguinis esse circularem."[692]

Harvey benutzte bezeichnenderweise die gleichen anatomischen Bildatlanten wie Descartes. Die Abbildung des Venendruckversuchs entlehnte er dem *Tractatus anatomicus Triplex* (Frankfurt a.M. 1614) von Fabricius da Aquapendente:

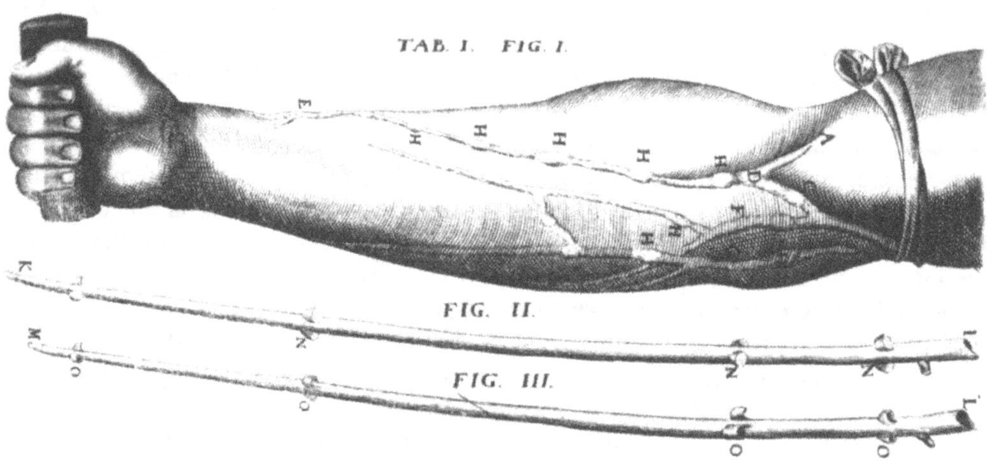

Abb. 40) Bauhin / Fabricius, *Theatrum anatomicum. Tractatus anatomicus*, Triplex.

691 Robert Fludd, A Philosophical Key. Or ocular demonstration opening and decyphering a great deale of the hidden mysteries of Nature, partly by an experimental conclusion, as also by an intellectual speculation... zit. nach Allan Debus, Harvey and Fludd: The irrational Factor in the Rational Science of Seventeenth Century, in: *Journal of the History of Biology* 3,1 (1970), S. 81-105, hier: S. 90.

692 Robert Fludd, Pulsus seu nova arcana pulsuum historia, e sacro fonte radicaliter extracta, (Frankfurt ca. 1630), S. 93.

Auch Descartes konsultierte Abbildungen aus Werken von Fabricius[693] und von Vesalius, diese vermittelt durch das von Harvey ebenfalls geschätzte *Theatrum anatomicum* (Frankfurt a.M. 1605), indem der obere Teil der Fabricius-Abbildung aufgenommen ist.[694] Auf dieser Abbildung jedoch ist ein für die Blutzirkulation entscheidendes Detail gar nicht zu erkennen, nämlich daß die Venenklappen sich nur in eine Richtung öffnen lassen. Fabricius nimmt auch entsprechend an, daß die Venenklappen sich beidseitig öffnen können. Auch auf Harveys Abbildung sieht man zwar nicht direkt die Venenklappe, doch aus dem in Bildserie gezeigten Experiment, geht hervor, daß das Blut nur in eine Richtung fließt und folglich kann die Venenklappe sich nur zu einer Seite öffnen.

Descartes' Stellungnahme zu einem vergleichbaren Experiment Harveys ist aufschlußreich: Er meint, die „offensichtliche Beobachtung" eines Experimentes zur Herztätigkeit, bei welchem man einen Finger in ein frisch ins Herz geschnittenes Loch steckt, „scheint völlig gewiß zu machen" [„assurer", Rothschuh übersetzt: „beweisen"], daß das Herz entgegen seiner eigenen Auffassung sich aktiv kontrahiert, aber „allemal beweist dies nichts anderes, als daß selbst die Beobachtungen uns oft Gelegenheit geben, uns zu täuschen, wenn wir nicht ausreichend die Ursachen prüfen, die sie haben können."[695]

Diese Kritik Descartes richtet sich nicht gegen Harveys Beobachtung, sondern gegen seine Interpretation, zu der er sich durch den ersten Augenschein habe verleiten lassen. Descartes verzichtet daher auch keineswegs selbst darauf, sich auf solche „offenkundigen Beobachtungen" zu berufen: „Man kann nicht daran zweifeln, daß sich im Herzen Wärme befindet, denn man kann sie sogar mit der Hand spüren, wenn man den Körper irgendeines lebenden Tieres öffnet."[696] Harveys Abbildung kann für Descartes daher gar keine besondere Relevanz haben, da sie nicht erklärt, was die Ursache des Blutkreislaufes ist. Von dem Bild ausgehend, müßte man spekulieren. Descartes hält den umgekehrten Weg für vielversprechender, – er stellt zunächst Hypothesen auf und verleiht diesen durch die Bilder Evidenz.

Descartes ist für die Evidenz-Diskussion ein exzeptionell interessanter Autor, viel interessanter als Galilei, Hooke oder Leibniz, denn bei ihm läßt sich studieren, was geschieht, wenn eine bewußtseinsimmanente Evidenzerfahrung (exemplarisch: die Cogito-Gewissheit) nach außen verlagert werden soll und nach dem Modell der intuitiv gefundenen ersten Einsichten, aus denen alle weiteren Erklärungen abgeleitet werden können sollen, nun in der Naturphilosophie imaginativ erzeugte Bilder zum visuellen Bezugspunkt für Argumentationen werden. Im Unterschied zu Harveys Bild weist Descartes den Bildern die Aufgabe zu, ihre eigene Entstehung transparent zu machen und nicht nur Befunde, sondern Erklärungen zu veranschaulichen. Seine Bilder sind nicht mimetisch, sondern versuchen nicht-sichtbare Funktions-Zusammenhänge zu erhellen. Anders formuliert: Evident ist für Descartes auf einem Bild ein naturphilosophischer Sachverhalt dann dargestellt, wenn man anhand der

---

693 Siehe den Brief an Mersenne vom 02. November 1646, AT IV, S. 555.

694 Annie Bitbol-Hespériès hat in ihren Editonen und Kommentaren zu Descartes' physiologischen Texten wiederholt auf Descartes und Harveys anatomische ‚Quellen' hingewiesen, konstatierte hierbei aber nur sehr vage, sie seien von diesen directement inspirées' oder ‚fait echo'. A. Bitbol-Hespériès, Cartesian Physiology, in: Gaukroger – Schuster – Sutton (2000), S. 349-382, 361; Vgl. A. Bitbol-Hespériès (Hrsg.), Descartes, *Le Monde. L'homme*, L, LII, S. 110, 204, u. A Bitbol-Hespériès, *Le principe de vie chez Descartes*, Paris 1990.

695 *Beschreibung des menschlichen Körpers*, S. 153.

696 Ebd.

Darstellungsweise die potentiellen Gründe einsehen kann, also nicht nur sieht, aha, ein Phänomen verhält sich so oder so, sondern auch zugleich begreift, warum dies so ist. Das Bild allein vermag dies nicht zu leisten, sondern nur im Zusammenspiel mit der Theorie. In Descartes' naturforschender Praxis tritt die Evidenz dann meist im 2. Teil von Bedingungssätzen auf. Häufig finden sich Formulierungen, wie, ‚wenn man annimmt daß, ... dann ist evident daß', ‚wenn Sie sich in Erinnerung rufen, daß ... dann sehen Sie auf dem Bild offensichtlich'. Somit hängt die Evidenz bei Descartes an hypothetischen Basisannahmen, die durch das Bild demonstriert werden. *Selbstevident sind Descartes' Bilder nicht, sondern sie sind kommentarbedürftig*. Sieht man von den posthumen Editionen ab, finden sich daher in Descartes' Schriften anatomische Darstellungen in Harveyscher Manier nicht.

Die Feststellung Descartes', man die Wärme des Herzens sei fühlbar, ist überhaupt sehr erhellend, denn von ihr aus fällt Licht auf den entscheidenden Differenzpunkt zu Harveys Befunden. Descartes bestätigt experimentell die alte Lehrmeinung, das Herz habe eine höhere Temperatur als andere blutreiche Organe und er meint, daß das Blut sehr viel langsamer zirkuliere, als Harvey angibt. Das hat Kommentatoren wie Karl Rothschuh oder Bernard Williams dazu verleitet, Descartes gegenüber Harvey als antiquiert abzustempeln: „Entgegen der richtigen Auffassung [von Harvey] nahm er [Descartes] an, daß die Herzbewegung eine rein passive sei. [...] Hier folgt Descartes der Lehre des Aristoteles [...] Die falsche Herzlehre war ein schwerer Mißgriff von Descartes."[697]

Rothschuh verkennt vollkommen Descartes' Erklärungsansatz, der keineswegs aristotelisch ist, sondern den Versuch darstellt, eine Lösung für eine anspruchsvolle physikalistische Theorie zu finden, die auch physiologische Vorgänge auf der Basis weniger Grundannahmen glasklar erklären können soll. Descartes strebt also keine empiristische Biologie an, die von Harveys Erklärungen Gebrauch machen könnte, sondern eine physikalistische. Die nachträgliche Scheidung von ‚richtigen' und ‚falschen' Lehren verdankt sich anachronistischen Wertvorstellungen, die blind gegenüber den Unterschieden und Erfordernissen verschiedener Denkstile sind.

Wenngleich Beobachtungen verschieden interpretiert werden können, sollte es dennoch keine Beobachtung geben, die nicht *potentiell* mit der eigenen Lehre erklärt werden kann. Descartes muß die am Herzen gemachten Beobachtungen in seine dynamische physikalistische Physiologie integrieren können, und dies gelingt ihm nur, indem er postuliert, daß statt der aktiven Herzkontraktion, wie sie Harvey behauptete, die Hitze des Blutes innerhalb des selbst passiv bleibenden Herzens den Blutkreislauf thermodynamisch antreibt. Das Blut dehnt sich Descartes zufolge bei der Erwärmung aus, und ähnlich wie beim Wasserdampf, weitet es dann die Herzkammer, drängt in die Aterien, und läßt das Herz so pulsieren. Descartes hatte aus seiner Sicht gute Gründe, die Deutung von Harveys Beobachtung anzweifeln, denn aus dieser scheint eine ihm suspekte vitalistisch anmutende Erklärung zu folgen. Descartes meint, Harvey müsste eine Art Galenscher *vis pulsifica* als *facultas* annehmen, um

697 Rotschuh, Einleitung zu Descartes, *Über den Menschen*, S. 49; Williams (1981), S. 235, zur Physiologie Descartes': „Diese völlig naturalistische Betrachtungsweise des Phänomenes Leben ist ein charakteristischer Schritt in der wissenschaftlichen Revolution des 17. Jahrhunderts, wenngleich Descartes' eigene Ansicht über den Mechanismus des Lebens in warmblütigen Kreaturen nach dem fortschrittlichsten Muster seiner eigenen Zeit primitiv war: Er hielt an der Verbindung zwischem dem Herzschlag und der Erzeugung der Wärme fest, obwohl Harvey bereits Überlegungen angestellt hatte, die dies widerlegten."

den Herzschlag zu erklären. Die ganze mechanistische Erklärungsweise der Lebensprozesse bräche an einem entscheidenden Punkt zusammen, wenn sich das Herz der geschlossenen Kausalität einer mechanistischen Erklärung entzöge. In einem Brief an Mersenne schrieb Descartes entsprechend über die Bewegung des Herzens, daß „falls, was ich darüber geschrieben habe, sich als falsch herausstellt, der ganze Rest meiner Philosophie nichts taugt."[698]

Ein und dasselbe Bild kann also für Fabricius, Harvey, Fludd oder Descartes einen ganz anderen Status und eine ganz andere Funktion haben und auf unterschiedliche Weise ‚evident' sein. *Die Trias von Bild, Beobachtung und Theorie wird je unterschiedlich aufgespannt.* Daß auf Fabricius' Bild ein Venendruckversuch dargestellt oder direkt beobachtet wird, darüber läßt sich leicht eine Einigung erzielen. Nimmt man eine solche Darstellung oder Beobachtung als Anlaß für weitergehende Schlüsse auf das Warum des entweder am Bild oder im Experiment Beobachteten, fangen die Schwierigkeiten an. Jetzt ist man sich oft noch nicht einmal mehr darüber einig, was man sieht (einen mechanischen Kreislauf nach dem Modell einer Mühle wie bei Fabricius oder nach dem Pumpenprinzip wie bei Harvey? Ein thermodynamischer Vorgang mit dem Herzen als Ofen, der keine Strukturen sondern physiologische Funktionen erklärt? Eine Mikrokosmos-Makrokosmos-Analogie zum Lauf der Sonne?). Im Sprachgebrauch der damaligen Wissenskulturen wird jedoch erst von diesem Punkt an von Evidenz gesprochen, d.h. eine Beobachtung, sei sie nun am Bild oder in der Natur gemacht, ist insofern evident, als sie als offenkundiger Beleg für eine Theorie oder Hypothese herhalten kann. Evidenz wird folglich nicht auf der Bildebene bzw. in einem Experiment selbst hergestellt, sondern in einem Zusammenspiel von Bild, Beobachtungssituation und Theorie. Doch wie ist diese Interaktion zu verstehen? Warum, wann und wodurch erscheint nun also ein Bild als evident? Gibt es eine Art Sehzwang, der qua Selbstbestätigungsmechanismus einen die empirischen Belege sehen läßt, oder muß ausgehend von den Beobachtungen eine anspruchsvolle Theorie gefunden werden, die die registrierten Eigentümlichkeiten zu erklären vermag?

Vielversprechender scheint mir, davon auszugehen, daß vielmehr Leitbilder verantwortlich sind, um die herum ein Begriffssystem gebaut wird, bzw. sprachliche wie visulle Leitbilder gleichermaßen das Begriffs- wie das Wahrnehmungssystem organisieren. Es bietet sich an, hier wiederum Ludwik Flecks Terminus des ‚Denkstils' anzuwenden, der eine bestimmte gestaltbildende Wahrnehmungsweise und ein davon abhängiges Begriffssystem beschreiben soll. Diesen Denkstil begreift Fleck als ein „gerichtetes Wahrnehmen, mit entsprechendem gedanklichen und sachlichem Verarbeiten des Wahrgenommenen",[699] woraus er folgert: „Erkennen heißt also vorerst, bei gewissen gegebenen Voraussetzungen die zwangsläufigen Ergebnisse feststellen." [700]

Solche Leitbilder wirken wie Wahrnehmungsfilter, die alles wegretuschieren was sich nicht zu einer mit ihnen kohärenten Vorstellung zusammenfügen will.[701] Dies erklärt auch,

---

698 Brief an Mersenne vom 09. 02. 1639, AT II, S. 501.

699 L. Fleck, *Entstehung und Entwicklung einer wissenschaftlichen Tatsache* (1935), Frankfurt 1980, S. 54, 130.

700 Ebd., S. 56.

701 Vgl. dazu: D. Draaisma, *Die Metaphernmaschine. Eine Geschichte des Gedächtnisses*, Darmstadt 1999, S. 29.

weshalb der wissenschaftliche Austausch über derartige Befunde überaus schwer ist und es auch im Falle Harveys und Descartes zu keiner Verständigung kommen konnte, und dies nicht obwohl, sondern *weil* bildliche Evidenz je perspektivisch hergestellt werden konnte. Die Evidenz einer Abbildung oder allgemein eines Befundes überzeugt offenkundig nicht denjenigen, dessen Wahrnehmungsparadigma anders organisiert ist und macht umgekehrt resistent gegen aus anderer Optik vorgetragene Einwände.[702] Elemente, die sich bei Harvey zwanglos um das Leitbild der Pumpe gruppieren, müssen sich aus der Perspektive von Descartes, die um das Leitbild des Wirbels zentriert ist, als Anomalien ausnehmen und vice versa. Die hier sichtbar gewordenen unterschiedlichen Denk- und Visualisierungsstile lassen sich untereinander weder abgleichen noch auf den traditionellen historiographischen Deutungslinien verorten.

Als Zwischenresultat der hier vorgenommenen Vorklärung verschiedener Bildfunktion läßt sich festhalten, daß im Gegensatz zum eingangs des Kapitels vorgestellten Kriterienkatalogs Gottfried Boehms:

- erstens bei wissenschaftlichen Bildern vielfach keine Eindeutigkeit gegeben ist.
- daß zweitens wenn vom einem Bild ‚Evidenz' erwartet wird, Skepsis angezeigt ist. Der bloße Verweis darauf, daß Bild evident sei oder einstmals Evidenz gestiftet habe, ist in seiner Vagheit unbrauchbar und enthebt uns nicht der Aufgabe, stets zu fragen, wann und in welchem Kontext was für ein Evidenz-Konzept mit welchen Effekten wie eingesetzt wurde. Wissenschaftliche Bilder hängen von Texten ab, man kann sie selten isoliert verstehen.
- daß man drittens keine einheitliche, generelle Funktion für wissenschaftliche Bilder feststellen kann, noch nicht mal für eine Epoche.[703]

---

702 Nicht nur aus stilistischen Gründen halte ich daher den von Knorr Cetina in die Diskussion gebrachten Neologismus ‚Viskurs' für untauglich. Ein ‚Viskurs soll das Zusammenspiel von visuellen Darstellungen und ihre Einbettung in einen fortlaufenden kommunikativen Diskurs betonen.' K. Knorr Cetina, ‚Viskurse' in der Physik. Wie visuelle Darstellungen ein Wissenschaftsgebiet ordnen, in: Huber – Heller (1999), S. 247. Das hier vorausgesetzte Ideal der kommunikativen Verständigung zerschellt vielmehr gerade häufig am Pluralismus der Bildevidenzen.

703 Da es ungemein viele, kontextrelative Formen des wissenschaftlichen Bildgebrauchs gibt, ist es auch kaum möglich, eine überzeugende Entwicklungsgeschichte etwa des ‚Bildes der Objektivität' zu schreiben. Insbesondere Daston neigt in ihren Arbeiten dazu, anhand von sehr wenigen Beispielen solche alternativen Entwicklungsgeschichten zu konstruieren. Es lohnt zweifellos, das wissenschaftliche Objektivitätsideal zu historisieren, – eine konsequentere Kontextualisierung ergäbe jedoch ein viel disparateres Bild. Vgl. Daston – Galison (2002), S. 29-99; Daston (2001). Charakteristischerweise basieren viele Untersuchungen der Abbildungsstrategien in der frühen Neuzeit auf großzügigen Generalisierungen. Z.B. verfechten Winkler und van Helmont die Ansicht, daß zugleich mit den mit technischer Meisterschaft von Hevelius angefertigten Kupferstichen, die die Mondoberfläche zeigen, eine einheitliche, allgemein für die frühe Neuzeit geltende astronomische Bildsprache entwickelt worden wäre. M.G Winkler. – A. van Helden, Johannes Hevelius and the visual language of astronomy, in: Field – James (Hrsg.), *Renaissance and Revolution: Humanists, Scholars, Craftsmen and Natural Philosophers in Early Modern Europe*, Cambridge 1993, S. 97-116. Dagegen: C. Zittel, Begründungsprobleme neuzeitlicher Wissenschaft an der Schwelle zur Aufklärung: Der Fall Hevelius, in: Chr. Marx – B. Sapala (Hrsg.), *Das geistige Leben in Preussen zur Zeit der Frühaufklärung*, Olsztyn 2002, S. 7-29. Solche Großthesen halte ich für ebenso verführerisch wie falsch, denn es waren, wie hoffentlich später klarer wird, die Zielsetzungen, Funktionen und Kontexte beim Einsetzen von Abbildungen dafür viel zu unterschiedlich. Problematisch ist hierbei auch der teleologische Fortschrittsgedanke, welcher mit der Ansicht impliziert ist, daß man in der Geschichte der wissenschaftlichen Illustration zu immer besse-

- viertens wurde klar, daß die vermeintlich markanten Trennlinien zwischen empiristischer und rationalistischer Wissenschaftspraxis angesichts des Einsatzes von Bildern verwischen oder ganz verschwinden.[704]
- und fünftens zeigte sich, wie oben auch bereits bei der Analyse von Descartes' Bildern aus *Les Météores*, daß die in der Wissenschaftsgeschichte verbreitete Einteilung in schematisch-abstrakte, diagrammatische und normative Bilder auf der einen Seite und mimetische, deskriptive, realistisch auf den konkreten Gegenstand bezogene Abbildungen auf der anderen, schnell zusammenbricht, wenn sie mit historischen Fallbeispielen konfrontiert wird.
- sechtens ist zuzugestehen, daß Selbstreflexivität, Anspielungsreichtum und Interpikturalität auch das wissenschaftliche Bild kennzeichnen können.
- siebtens ist Fiktionalität kein ausschliesslich für Kunstbilder reserviertes Kennzeichen, sondern auch wissenschaftliche Bilder können fiktionale Elemente enthalten oder gänzlich imaginativ sein, ohne deshalb ihren Anspruch auf ‚Wissenschaftlichkeit' aufgeben zu müssen.
- achtens wird man zur folgenreiche Einsicht geführt, daß ein mit einer bestimmten Abbildung einhergehendes Evidenzkonzept nur innerhalb eines Argumentations- bzw.-Meinungssystems gilt und nicht in ein anderes Denksystem überwechseln kann. Die Bilder indes können dies sehr wohl! Die Evidenz hängt folglich nicht am Bild allein.

In der Folge sollen nun jene Schriften Descartes', die Bilder enthalten, betrachtet und via Analyse der jeweiligen Bildfunktionen interpretiert werden. Weil sich die Abbildungen bei Descartes je nach Schrift unterscheiden, ist ihre synchrone systematische Betrachtung nicht sinnvoll. Die Unterschiede rühren zum einen daher, daß verschiedene Themengebiete behandelt werden, zum anderen aber auch entstehen dadurch Differenzen, daß die Produktionsprozesse der einzelen Editionen sehr unterschiedlich waren, für manche Ausgaben z.B. erst posthum Bilder angefertigt wurden. Es gilt also eher, die Differenzen genau herauszuarbeiten, da diese dann erlauben, die jeweilige Besonderheit der Bildfunktionen zu erkennen.

Die Abbildungen aus *Les Météores* wurden oben bereits behandelt, wobei gezeigt wurde, wie eng Descartes den Bericht einer empirischen Beobachtung mit dem Einsatz von Bildern verknüpft, um Schneekristalle erklären zu können, – wie die Imagination von Elementarteilchen im Verein mit Bildern ihm ermöglichen, Hypothesen über die unsichtbare Mikrowelt aufzustellen, – und daß angesichts von Meteoren, die nicht auf optische Effekte zurückführbar und damit berechenbar sind, Descartes' Abbildungen nicht als Modelle fungieren. Die nächste hier eingehend zu behandelnde Schrift ist jedoch primär optischen Phänomenen

---

ren Abbildungen gelange. Damit einhergehende wissenschaftshistorische Legenden, insbesondere jene, daß im 17. Jahrhundert die textorientierte und autoritätsgläubige Buchgelehrsamkeit von der Erfahrungswissenschaft, die Bilder nun anders einsetze, abgelöst worden wäre, verdanken sich den gleichen ideologischen Voreinstellungen.

704 Eine typische neuere Version der traditionellen Gegenüberstellung gibt z.B. M. Ayers: „Gassendi, Hobbes, and Locke all categorically asserted the independent authority of the senses as knowledge-producing faculties […] On the other side, Platonistic or Augustinian philosophers such as Mersenne, Descartes, and Arnauld firmly subordinated the senses to the intellect." Vgl. M. Ayers, The Foundations of Knowledge and the Logic of Substance: The Structure of Locke's General Philosophy, in: G.A.J. Rogers (Hrsg.), *Locke's Philosophy. Content and Context*, Oxford 1994, S. 49-73, hier: S. 49. Kritisch zur traditionellen Dichotomisierung von Empirismus und Rationalismus: Engfer (1996) und Perler (2003).

gewidmet. Kann man also unter Berufung auf die Abbildungen der *Dioptrique* davon sprechen, daß Descartes' Bilder als Modelle fungieren?

3) Bilder-Denk-‚Modelle'? Die Bilder der *Dioptrik*

> „Die Jäger und Matrosen, die geübt sind, weit entfernte Gegenstände zu betrachten, und die Graveure oder anderen Handwerker, die sehr feine Arbeiten verrichten und in der Nähe sehen müssen, erwerben gewöhnlich die Fähigkeit, schärfer zu sehen als andere Menschen. Ebenso ist es mit den Indianern, von denen man sagt, sie hätten starr in die Sonne sehen können, ohne geblendet zu werden."[705]

Die *Dioptrik* ist ein Traktat für Handwerker. Da diese „gewöhnlich nicht studiert haben", will Descartes „sich bemühen, jedermann verständlich zu sein und nichts wegzulassen noch vorauszusetzen, was man von den Wissenschaften dazu wissen muß."[706] Auf die ‚wahre Natur des Lichts' brauche er daher in dieser Schrift nicht einzugehen,[707] es genüge vielmehr, um alle via Experiment erkennbaren Eigenschaften des Lichtes zu erfassen, sich auf einige Beobachtungen zu stützen, darüber Vergleiche anzustellen und Schlüsse zu ziehen.[708] Entsprechend eröffnet Descartes die *Dioptrik* mit dem die fundamentale Rolle der sinnlichen Erfahrung reklamierenden Satz: „Unsere ganze Lebensführung hängt von den Sinnen ab".[709] Der Gesichtssinn sei dabei von allen Sinnen der umfassendste und edelste. Im Anschluß bedient Descartes den Gesichtssinn des Lesers mit zahlreichen Abbildungen. Da die Sinne so wichtig sind, seien auch alle Instrumente, die deren Fähigkeiten verbessern, besonders nützlich, das Fernrohr habe unseren „Blick viel weiter als unsere Väter es sich vorstellen konnten" getragen.[710] Auf kuriose Weise zeigt die Verstärkung der Sinne eine Abbildung, auf der ein im Verhältnis winziger Mensch durch ein riesenhaftes Fernrohr blickt, welches die Sehstrahlen vervielfacht.

---

705 Descartes, *Dioptrik*, S. 129, AT VI, S. 164.

706 *Dioptrik*, S. 70, AT, S. 82f. Vgl. z.B. a. ebd., S. 152, AT VI, S. 211. Zu Descartes' Verhältnis zur Handwerkerkultur siehe das Kapitel II 3.

707 Daß die ‚wahre Natur des Lichts' ausgeklammert wird, ist Alan Shapiro in seinem Aufsatz: In Search of Cartesian Painting: Descartes on the Nature of Light and Colour, in: Carolin Bohlmann – Thomas Fink – Philipp Weiß (Hrsg.), *Lichtgefüge des 17. Jahrhunderts. Rembrandt und Vermeer, Leibniz und Spinoza*, München 2008, S. 29-40, leider bei seinen Spekulationen über mögliche Folgen der cartesischen *Dioptrik* für Künstler ebenso entgangen wie der Umstand, daß Svetlana Alpers Jahrzehnte früher dieses Thema bereits kenntnisreicher traktiert hat (*Kunst als Beschreibung – Holländische Malerei des 17. Jahrhunderts*, Köln 1985). Im selben Band findet sich allerdings ein Beitrag Thomas Leinkaufs, der im Unterschied zu Shapiro die unterschiedlichen Bedeutungsebenen des Lichtbegriffs luzide ausdifferenziert: Thomas Leinkauf, Die Implikation des Begriffes ‚Licht' in der frühen Neuzeit, ebd., S. 91-111.

708 Ebd.: „il n'est pas besoin que j'entreprenne de dire au vrai quelle est sa nature, et je crois qu'il suffira que je me serve de deux ou trois comparaisons, qui aident à la concevoir en la façon qui me semble la plus commode, pour expliquer toutes celles de ses propriétés que l'expérience nous fait connaître, et pour déduire ensuite toutes les autres qui ne peuvent pas si aisément être remarquées."

709 Ebd., S. 69, AT VI, S. 81: „Toute la conduite de notre vie dépend de nos sens, entre lesquels celui de la vue étant le plus universel et le plus noble, il n'y a point de. doute que les inventions qui servent à augmenter sa puissance ne soient des plus utiles qui puissent être."

710 Ebd.

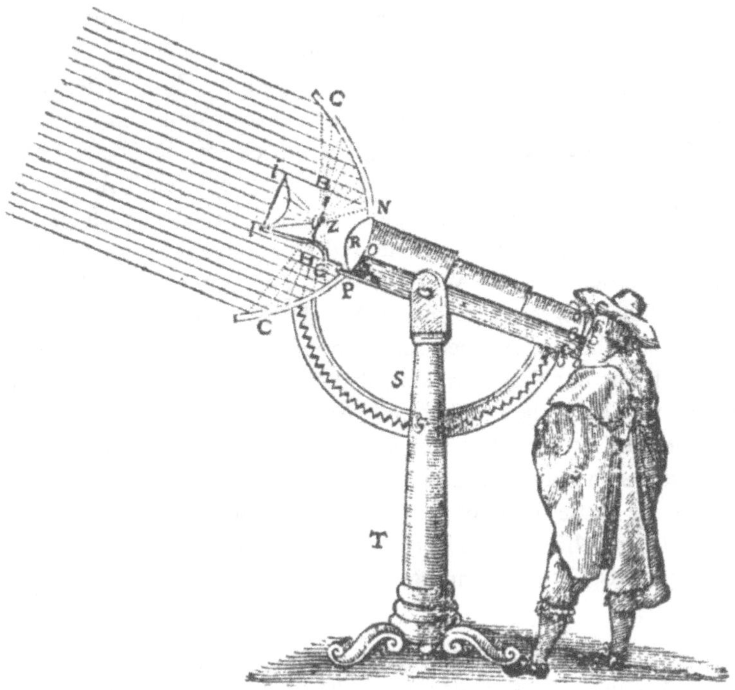

Abb. 41) Descartes / van Schooten, *Dioptrik*, Fernrohr.

Die *Dioptrik* endet ganz handfest mit konkreten Bauanleitungen für Linsenschleifmaschinen und „wunderbaren Erfindungen" wie Fernrohre, die mit detaillierten Abbildungen veranschaulicht werden. Bei den Anleitungen zum Gebrauch der Instrumente begnügt er sich mit allgemeinen Bemerkungen, denn die Anwendung „lehrt die Erfahrung besser als die Gründe, die ich dafür angeführt hätte."[711] Doch habe man bislang zur Schande der Wissenschaft die meisten Erfindungen, die zu einer besseren Erkenntnis der Natur geführt haben, durch bloßes „Probieren auf gut Glück" gemacht. Die *Dioptrik* soll hier offenbar Abhilfe schaffen und ein methodisches Studium des Lichts vorführen, das zeigt, wie man aus Beobachtungen über Vergleiche (comparaisons) und Schlüssen zu sicherem Wissen gelangt.

Zu Beginn der *Dioptrik* appelliert Descartes daher an eine vertraute sinnliche Erfahrung, die dann zum Ausgangspunkt für eine ganze Serie von Bild-Transfers wird:

> „Es ist Ihnen sicher einmal vorgekommen, daß Sie nachts ohne Licht durch ein schwieriges Gelände gingen und sich dabei eines Stockes bedienten. Sie konnten dann bemerken, daß Sie durch die Vermittlung des Stockes die einzelnen Gegenstände ihrer Umgebung fühlen konnten. Sie waren sogar imstande, zu unterscheiden, ob Sie Baum oder Stein, Sand oder Wasser, Gras oder Schmutz oder sonst etwas Ähnliches vor sich hatten."[712]

711 *Dioptrik*, S. 147, AT VI, S. 202.
712 *Dioptrik*, S. 70, AT VI, S. 83f. „Il vous est bien sans doute arrivé quelquefois, en marchant de nuit sans flambeau, par des lieux un peu difficiles, qu'il fallait vous aider d'un bâton pour vous conduire, et vous avez

Dieses Gefühl sei jedoch für Ungeübte ein wenig „wirr und undeutlich" [un peu confuse et obscure], hingegen könnten wir bei Blinden, die ihr Leben lang, mit dieser Methode ihre Umgebung abtasteten, beobachten, „wie vollkommen und genau sie [...] ‚mit den Händen sehen', da ihr Stock ihnen gleichsam zum sechsten Sinn wurde."[713] Dies lasse sich mit dem Licht vergleichen. Das Licht, das seine Strahlen von der Sonne „in einem Augenblick zur Erde"[714] ausbreite, entspreche der Bewegung, die von einem Stockende direkt auf die Hand übertragen werde. Von den abgetasteten Gegenständen geht kein Bild aus, sondern es werden nur verschiedene Arten der Bewegung und des Widerstandes mechanisch übermittelt.

Festzuhalten ist zunächst, daß Klarheit und Deutlichkeit sinnlicher Erkenntnis durch Übung hergestellt werden können. Wie aber soll man sich den Stock als Modell für das Licht genau vorstellen? Begreife ich diesen Vergleich mit dem Blinden als Denk-Modell, das meine mechanistischen Intuitionen schärfen und eine funktionale Analogie explizieren soll, dann stehe ich vor der Schwierigkeit, daß (nach heutigem Verständnis) der Blindenstock unmöglich zur Veranschaulichung der für unendlich gehaltenen Lichtbewegung herhalten kann, denn die Druckwellen haben eine endliche Geschwindigkeit. Eine weitere Schwierigkeit ergibt sich daraus, daß mit dieser Stock-Licht-Analogie die alte Emissionstheorie des Lichts, die immerhin noch Kepler vertrat, nahegelegt wird. So wie die Hand taste das Auge aktiv die Umgebung ab, d.h. es geht vom Auge ein Sehstrahl aus, der durch die Luftpartikel (diese entsprächen dem Stock) die Gegenstände anstößt. „Unser Blinder", schreibt Descartes,

> „fühlt die Körper, die ihn umgeben, nicht nur durch die Bewegung der Körper selbst, wenn sie sich vor dem Stock bewegen, sondern auch durch die Bewegung der Hand, wenn die Körper dem Stock widerstehen. So muß man annehmen, daß die vom Auge wahrgenommenen Gegenstände nicht nur durch ihre eigene Bewegung zum Auge, sondern auch durch die von den Augen ausgehende und sich auf sie richtende Bewegung wahrgenommen werden können. Auch diese ist nichts anderes als Licht."[715]

Wie (so weit ich sehe) nur Michael Hagner klar erkannte, hätte diese Ausführung das ganze Fundament der cartesischen Optik gesprengt, wenn sie konsequent angewendet worden wäre.[716] Solche aktiv leuchtenden Augen, fügt Descartes aber sogleich hinzu, hätten nur Katzen, das menschliche Auge funktioniere, wie die Erfahrung lehre, nur passiv und er beeilt sich zum nächsten Beispiel überzugehen, da „aber doch ein zu großer Unterschied zwischen dem Stock des Blinden und der Luft" bestehe. Offeriert der Vergleich mit dem Blinden eine funktionale Analogie also nur für das Katzenauge? Die Annahme, daß die Augen der Menschen und die der Tiere unterschiedlichen Mechanismen unterworfen seien,

---

pour lors pu remarquer que vous sentiez, par l'entremise de ce bâton, les divers objets qui se rencontraient autour de vous, et même que vous pouviez distinguer s'il y avait des arbres, ou des pierres, ou du sable, ou de l'eau, ou de l'herbe, ou de la boue, ou quelque autre chose de semblable."

713 Ebd.: „mais considérez-la en ceux qui, étant nés aveugles, s'en sont servis toute leur vie, et vous l'y trouverez si parfaite et si exacte, qu'on pourrait quasi dire qu'ils voient des mains, ou que leur bâton est l'organe de quelque sixième sens, qui leur a été donné au défaut de la vue."

714 Ebd., S. 71, AT VI, S. 84.

715 Ebd., S. 71f., AT VI, S. 84f.

716 M. Hagner, Die Entfaltung der cartesischen Mechanik des Sehens und ihre Grenzen, in: *Sudhoffs Archiv* 74,2 (1990).

widerspricht glatt der mechanistischen Theorie. Wenn die strukturelle und funktionale Analogie des Blindenstockmodells aufgrund der großen Unterschiede hier nicht aufgeht, wie ist das Modell dann zu verstehen?

Doch damit nicht genug: Im 6. Diskurs der *Dioptrik* taucht das Beispiel wieder auf, jetzt mit einer zweimal dargebotenen Abbildung, die sehr oft in der Literatur als Veranschaulichung dieser Analogie zitiert wird, aber einige Abweichungen zu ihr aufweist:

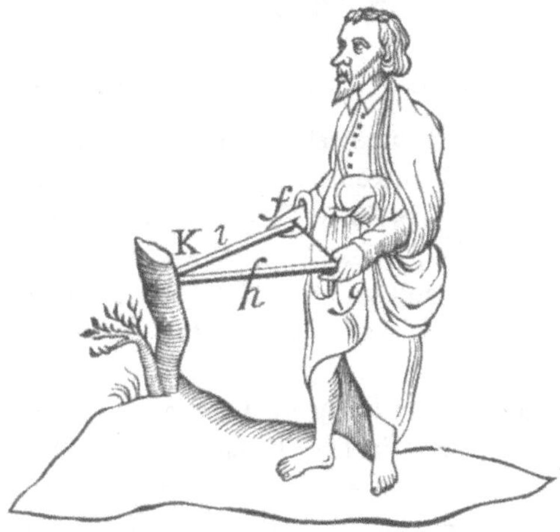

Abb. 42) Descartes, *Dioptrik*, Der Blinde, 1637.

Der Spazierstock, von dem anfangs die Rede war, ist plötzlich durch zwei Blindenstöcke ersetzt. Betrachtet man das Bild genauer, so fällt auf, daß die beiden Blindenstöcke viel zu kurz dargestellt sind und sie sich ohne Kontakt mit einem Objekt in der Luft treffen. So funktioniert nicht das Abtasten, sondern das Abschätzen von Distanzen, und einzig zu deren Erklärung setzt Descartes das Bild ein. Zahlreiche Mißverständnisse dieser Abbildung lassen sich daher einfach beseitigen. Bei der posthum für *De l'homme* angefertigten Illustration der Stockanalogie sind die Stöcke ein wenig länger und berühren einen Baumstumpf. Dieses Bild, obgleich es ebenfalls nur zur Verdeutlichung von Entfernungsmessungen eingesetzt wurde, verleitet zu jener Kontamination von Tast-und Distanzproblematik; es ist daher zu vermuten, daß es stillschweigend in einigen Interpretationen mit dem von Frans van Schooten ausgeführten Bild aus der *Dioptrik* substituiert wird. Es gibt aber noch mehr Unterschiede:

Ikonographisch verweisen der Bart des Mannes und der Hund auf den Typ des blinden Philosophen,[717] der Hund fehlt jedoch auf dem Bild in *De l'homme* [Abb. 43].

717 Bexte will hier eine „kühne" und „radikale Umwertung" der Blindheitsemblematik erkennen, derzufolge dem Blinden das Licht nicht helfe. P. Bexte, *Blinde Seher. Die Wahrnehmung von Wahrnehmung in der Kunst des 17. Jahrhunderts*, Amsterdam, Dresden 1999, S. 85. Die Analogie mit dem Blindenstock war jedoch ein Gemeinplatz in der ophthalmologischen Literatur. Vgl. Eastwood (1984), S. 163, sie läßt sich sogar bis auf die Alte Stoa zurückführen, vgl. Hagner (1990), Anm. 32.

Abb. 43) Descartes, *De l'homme*, Analogie der natürlichen Geometrie des Auges, 1664.

Es handelt sich hier, das ist leicht zu übersehen,[718] um keine Darstellung eines blinden Mannes, und es ist in diesem Text auch an keiner Stelle von einem Blinden die Rede.

Das Blinden*bild* in der *Dioptrik* erläutert Descartes wie folgt: „So wie unser Blinder, die beiden Stöcke AE und CE in Händen hält, von denen ich unterstelle, daß er deren Länge nicht kennt, sondern nur den Abstand seiner beiden Hände A und C und die beiden Winkel ACE und CAE weiß, daraus, wie durch eine natürliche Geometrie, den Punkt E bestimmt."[719]

Was genau Descartes unter „natürlicher Geometrie" versteht, bleibt vage. Dieser Ausdruck kommt sonst nur noch einmal in *De l'homme*[720] vor und wird dort auch nicht näher bestimmt. Entscheidend ist jedoch die als ob-Konstruktion dieser Erläuterung, die wieder darauf hinweist, daß zu bekannten Wirkungen hypothetische Ursachen angenommen werden. Verfehlt wäre demnach, diese natürliche Geometrie apriorisch als eine Art eingeborener Idee zu begreifen.[721]

Die oben erstgenannte Schwierigkeit in bezug auf die Lichtdarstellung kehrt auch beim nächsten Bild wieder:

718 Gaukroger (1995), S. 276.

719 *Dioptrik*, S. 103 [Übersetzung verändert], AT VI, S. 137: „Car, comme notre aveugle, tenant les deux bâtons AE, CE, dont je suppose qu'il ignore la longueur, et sachant seulement l'intervalle qui est entre ses deux mains A et C, et la grandeur des angles ACE, CAE, peut de là, comme par une Géométrie naturelle, connaître où est le point E."

720 *Über den Menschen*, S. 89. Es gibt weder hier noch andernorts eine Textevidenz für Lesarten, die behaupten, die *Dioptrik* sei für Descartes' Wissenschaftsprogramm grundlegend, da sie die Anwendung der Euklidischen Geometrie auf die Natur vorführe. Vgl. Nancy Maull, Cartesian Optics and Geometrization of Nature, in: *Review of Metaphysics* 32:2 (1978), S. 253-276.

721 Wie Bexte (1999), S. 102 und Gaukroger (1995), S. 276. Bexte tendiert auch sonst zur allzu wörtlichen Auslegung der Analogien, insbesondere der Licht-Stock-Analogie.

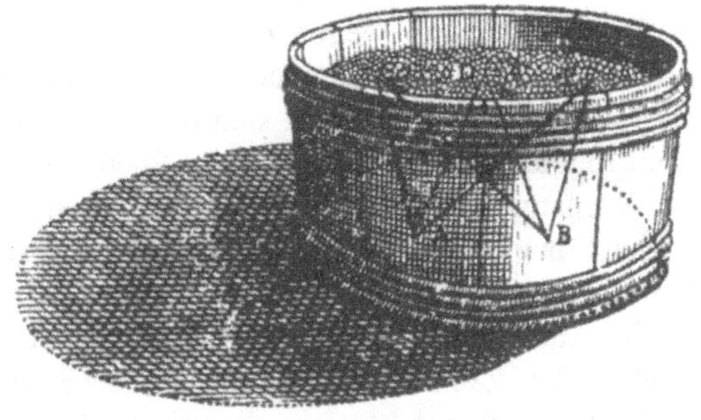

Abb. 44) Descartes, *Dioptrik*, Weinkufen-Analogie, 1637.

Nun ist das Licht nicht hart wie ein Stock, sondern flüssig vorgestellt: Man sieht eine Weinkufe, die mit halbzertretenen Trauben und deren Saft gefüllt ist. Bei gleichmäßigem Treten seien die Beeren und der Most in der Kufe gleich verteilt. Descartes fordert seine Leser auf, zunächst wieder ein vertrautes Bild zu imaginieren und dann von diesem aus einen Vergleich anzustellen, dessen Seltsamkeit ihm nicht zu bewußt zu sein scheint, da er ihn lapidar einführt:

> „Stellen Sie sich eine Kufe zur Zeit der Weinlese vor, die völlig mit halb zertretenen Trauben angefüllt ist [...] Bedenken Sie, [...] daß es in der Natur nichts Leeres gibt [...] Diese Poren müssen mit einer feinen dünnflüssigen Materie angefüllt sein. Dieser feine Stoff kann mit dem Wein in der Kufe verglichen werden [...] Bedenken Sie nun, daß es nicht so sehr die Bewegung der leuchtenden Körper ist, als vielmehr die Tendenz zur Bewegung, die man als ihr Licht betrachten muß."[722]

Öffnet man die beiden sich am Boden der Kufe befindenden Löcher, so hätten sämtliche Flüssigkeitsteilchen das Bestreben, direkt auf die Löcher zu und durch sie hindurch zu fließen, „ohne daß eine dieser Bewegungen durch die andere oder den Widerstand der Trauben, die sich in der Kufe befinden, gestört wird."[723] Auf diese Weise würden sich verschiedene, voneinander unabhängige Strömungen im Bottich bilden, die jeweils ihre eigenen Bahnen beschreiben.

Descartes war Plenist, d.h. er ging davon aus, daß es kein Vakuum gibt, sondern die Welt wie der gesamte Kosmos durch eine feine Materie erfüllt ist, woran er seine Leser bei dieser Gelegenheit erinnert: „Bedenken Sie, was von fast allen Philosophen bestätigt wird, daß es nichts Leeres in der Natur gibt."[724]

Das Tasten mit Blindenstock mit dem Sehen zu vergleichen, liegt zumindest nahe, auch wenn der Vergleich dann im Einzelnen nicht aufgeht. Beim jetzigen Beispiel wird das Vorstellungsvermögen des Lesers stärker gefordert: Die Kufe steht hier für das Weltall, den Wein vergleicht Descartes mit der Materie, die alle vermeintlich leeren Stellen ausfüllt. Die Trauben entsprechen den Luftpartikeln oder anderen durchsichtigen Teilchen. Die beiden

722 *Dioptrik*, S. 72. Vgl. a. AT II, S. 72.
723 *Dioptrik*, S. 72f., AT VI, S. 86.
724 *Dioptrik*, S. 72, AT VI, S. 86f.

Löcher in der Kufe gleichen den menschlichen Augen. Werden sie geöffnet, beginnt im selben Augenblick das ganze Weltall sich zu bewegen, da von allen leuchtenden Gegenständen aus Teilchen in wohlgeordneten geraden Strömen auf das Auge zustreben.

Auch hier hinkt der Vergleich. In der Kufe stören sich die verschiedenen Flüssigkeitsströme sehr wohl, es entstehen Reibungskräfte und durch die Beeren Stauungen des Mosts. Und natürlich hat auch dieser Vorgang eine endliche Dauer. Unklar ist auch, was Descartes hier mit dem Ausdruck „streben“ meint.[725] Vor allem aber ist nicht einzusehen, wenn nun, z.B. von der Sonne aus, ein Strom aus Lichtteilchen wie durch einen Korridor auf das Auge trifft, dieser Strom nicht durch andere Teilchen abgelenkt wird, etwa durch Windteilchen. Genau das aber soll hier mit Hilfe der Weinkufen-Analogie erklärt werden: Es „streben“, so heißt es hier weiter, „alle Teilchen der feinen Materie, die mit der Seite der Sonne in Verbindung stehen, die uns zugekehrt ist, auf einer Geraden nach unserem Auge, sobald es geöffnet ist.“[726] Und das Inhaltsverzeichnis erklärt zum Hauptzweck der Weinkufenanalogie, zu erklären „wie die Strahlen von einigen verschiedenen Objekten gemeinsam in das Auge gelangen können, oder, zu verschiedenen Augen kommend, die gleiche Luftregion passieren können, ohne sich gegenseitig zu behindern oder durch die Luftströme oder die Bewegungen der Winde gestört zu werden“ und „ wie dies die Strahlen nicht daran hindert, exakt gerade zu sein.“[727]

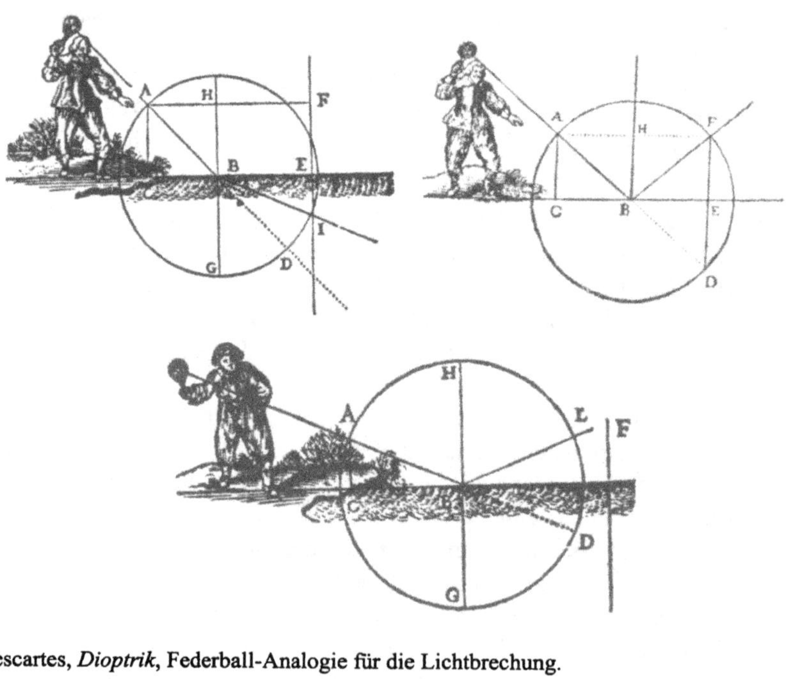

Abb. 45) Descartes, *Dioptrik*, Federball-Analogie für die Lichtbrechung.

725 Mit der *Dioptrik* allein läßt sich diese Redeweise nicht verstehen. Vgl. aber die oben in meinem Kapitel über Dispositionen angeführte Erläuterung Descartes' aus *Le Monde*.
726 *Dioptrik*, S. 73, AT VI, S. 87.
727 AT VI, S. 487.

Mit diesem Bild und dem mit ihm explizierten Vergleich verhält es sich kaum anders: Nun soll das Brechungsgesetz mit Hilfe der Darstellung eines fliegenden Federballs verdeutlicht werden.

Wiederum werden mimetische und diagrammatische Bildelemente miteinander verknüpft, doch diesmal – im Unterschied zu den oben behandelten Bildern aus *Les Météores* – so, daß das Diagramm als Raster über die mimetische Darstellung der Bewegung gelegt ist und diese analysiert.

Im ersten dieser drei Bilder trifft der Ball in einem bestimmten Winkel auf festen Boden und prallt mit demselben Winkel wieder ab und zeigt: Einfallswinkel gleich Ausfallswinkel. Trifft der Ball auf ein dünnes Tuch, dann durchschlage er dieses und wird abgelenkt, im Morast bleibt er ganz stecken und werde absorbiert wie Licht von schwarzen Körpern. Soweit läßt sich der Vergleich noch gut durchhalten. Trifft der Ball jedoch auf Wasser, verlangsamt er seine Geschwindigkeit und wird entgegen dem Einfallswinkel abgelenkt. Das ist in bezug auf die Lichtbrechung zwar auch richtig, der Übergang allerdings von einem optisch dünneren zu einem dichteren Medium bereitet Probleme, denn hierbei verhält sich ein Ball anders. Das Beispiel konfligiert hier insbesondere mit Descartes' eigener Lehre, daß im durchsichtigen und dichteren Medium Wasser die Geschwindigkeit des Lichts zunehmen müßte.[728] Diese Lehre wiederum, daß das Licht sich durch dichtere Stoffe einfacher hindurchbewege als durch leichtere, widerspricht nicht nur dem gesunden Menschenverstand (was Fermat und Leibniz bereits bemerkten), sondern ist wieder schwer mit Descartes' Theorie, daß Licht sich in einem Augenblick ausbreitet, um somit keine endliche Geschwindigkeit haben kann, zu vereinbaren.

Descartes hat kein Modell entwickelt, daß die verschiedenen Veranschaulichungen der Eigenschaften des Lichtes in sich vereinigt. Manche Interpreten haben diese Inkohärenz weggezaubert,[729] andere wiederum, unter ihnen Michel Authier, haben sich sehr über seine Erklärung amüsiert, welche das Sehen durch das im Dunkeln tappen erläutert und kurz hintereinander „behauptet, das Licht sei gleichzeitig fest wie ein Stock, flüssig wie Wein, und diskontinuierlich wie unbewegliche und dennoch bewegliche Bälle."[730] Versteht man diese Bilder, wie z.B. Gertrud Leisegang in ihrer Einleitung zur deutschen Ausgabe der *Dioptrik,* als Denkmodelle, die die Eigenschaften des Lichts unmittelbar anschaulich machen sollen, ohne daß es eines Beweises bedürfe,[731] dann bleibt nur übrig, mit ihr ratlos zu konstatieren,

---

728 Nur wenige Seiten später läßt Descartes seine Analogie kollabieren: „Je härter und fester also die kleinen Teile eines durchsichtigen Körpers sind, um so leichter lassen sie das Licht durch sich hindurchgehen. Das Licht braucht keines der Teilchen von seinem Platz zu verdrängen, wie der Ball die des Wassers verdrängen muß, um seinen Weg hindurchzufinden." *Dioptrik* , S. 83.

729 Ronald Arbini meint gar, in der *Dioptrik* ziele Descartes darauf ab „to solve the well known problems impugning ‚external sense' perception advanced, but never resolved in his philosophical work" (gemeint sind die *Meditationes*) und liefere dazu einen „clear, coherent account of sense perception", und das, obwohl die *Dioptrik* weit früher als die *Meditationes* verfaßt wurden. R. Arbini, Did Descartes Have a Philosophical Theory of Sense Perception? in: *Journal of the History of Philosophy* 23 (1983), S. 317-337, hier: S. 317f.

730 Authier (1994), S. 475ff.

731 Einleitung zur *Dioptrik*, S. 28. Auch Gargani bestimmt die Funktion von Descartes' Imaginationen für die Wissenschaft im Bilden von Modellen, die die Phänomene repräsentierten: „Cartesio, dunque, construiva uno schema di confronto tra esperienza e modello della spiegazione scientifica entro un contesto dominato dalla norma dell'evidenza, dalla rappresentazione di fenomini che sono in vista, disponibili al ricercatore secondo un'attitudine sproblematizzante." Aldo Giorgio Gargani, Funzione dell'immaginazione e modelli

daß diese Modelle weder untereinander noch mit den cartesischen Grundanahmen kohärent sind.

Einen ersten Fingerzeig, wie man diese Schwierigkeiten zwar nicht lösen, dafür aber enttrivialisieren kann, gibt Descartes im Text der *Dioptrik.* Wenn Descartes den Stab des Blinden als Vergleich heranzieht, so erklärt er anhand dieses Beispiels: „Ja es braucht an den Gegenständen nichts zu geben, was unseren Vorstellungen und Wahrnehmungen ähnlich ist."[732]

Jedoch nicht im Text selbst, sondern nur in einem Brief an Mersenne präzisiert er, was er damit gemeint hatte: „Ich habe nicht behauptet, daß das Licht wie ein Stock ausgedehnt sei, sondern wie die Handlungen oder Bewegungen, die durch einen Stock übermittelt werden."[733] Wir sollen also verstehen, wie Licht kausale Effekte erzeugt und dafür ist es nicht nur gleichgültig, wie der Stab dargestellt wird, sondern auch ob die Struktur der Relationen des gewählten Bildes mit der phänomenalen oder tatsächlichen Struktur der äußeren Welt übereinstimmt. Ähnlich äußert er sich an gleicher Stelle über das Weinkufengleichnis: „Ich habe ebenfalls nicht gesagt, daß das Licht wie der Weinmost im Fasse sei, sondern wie die Tätigkeit, mit der die obersten Teile dieses Weinmostes nach unten streben."[734]

Descartes war Anti-Repräsentationalist, seine Abbildungen operieren nicht mit Strukturisomerien und sind daher gerade *keine Modelle* in modernem Sinn. Es ist daher auch hier wieder ein allzu leicht gegen Descartes erzielter Punkt, wenn ihm zuerst ein Operieren mit rigiden mechanistischen Modellen zugeschrieben wird, um ihm dann die Begrenztheit dieses Modells und seine unzulässige Überschreitung vorzuhalten.[735]

3.1) Das Camera-Obscura-Problem

Verfolgen wir das Problem weiter anhand eines anderen bekannten Bildes, das ein Experiment darstellt. Descartes bereitet es mit einem Vergleich vor. Zunächst verweist er auf „die Tatsache", daß Gegenstände, die wir betrachten, „recht vollkommene Bilder in den Grund

della spiegazione scientifica in Harvey e Cartesio, in: *Rivista Critica di Storia della Filosofia* 25 (1970), S. 250-274, hier: S. 260. Vgl. auch Clarke (1998), S. 274. Clarke beruft sich hier auf Descartes' eigene Verwendung des Terminus' „modèle", z.B. in AT I, S. 505 u. 520; AT VI, S. 215, 217 u. 224. Doch wie Clarke selbst angibt, spricht Descartes an diesen Stellen von Diagrammen, Kurven oder einfachen Schemata und diese können gerade nicht, wie Clarke will, mit den Abbildungen aus der *Dioptrik* gleichgesetzt werden.

732 *Dioptrik,* S. 71.

733 *Briefe*, S. 116.

734 Ebd.

735 Das ist ebenso wie gegen Leisegang auch gegen Rodis-Lewis, Baigrie (1996), Hoffmann, Rothschuh, Duchesneau u.v.m. einzuwenden. Vgl. G. Rodis-Lewis, Limitations of the Mechanical Model in the Cartesian Conception of the Organism, in: M. Hooker (Hrsg.), *Descartes. Critical and Interpretative Essays*, Baltimore-London 1978, S. 152-170; Rothschuh (1970), S. 337-354; Paul Hoffmann, Modéle mècaniste et modéle animiste. De quelques aspects de la rèpresentation du vivant chez Descartes, Borelli et Stahl, in: *Revue des Sciences Humaines* 58 (1982), S. 199-210; François Duchesneau, *Les modèles du vivant de Descartes à Leibniz,* Paris 1998. Die Frage der Modelle bei Descartes behandelt außerdem grundsätzlich: T. Keutner, Mundus est fabula. Descartes und das Problem der Repräsentation, in: P. Gehring – T. Keutner – J. Maas – W. Ueding (Hrsg), *Diagrammatik und Philosophie*, Amsterdam 1992, S. 75-88, allerdings auch unter der hier bestrittenen Voraussetzung, daß Descartes' Bilder als Modelle aufzufassen seien.

unseres Auges einprägen". Dies könne man mit der folgenden Situation vergleichen: „Ein Mensch befinde sich in einem völlig verschlossenen Zimmer, das nur ein einziges Loch besitzt, vor das eine gläserne Linse gebracht wird. In einem gewissen Abstand davon, spannt man ein weißes Tuch aus, auf dem das Licht, das von äußeren Gegenständen ausgeht, die Bilder hervorbringt. [Denn man sagt, daß diese Kammer das Auge repräsentiere]. Das Loch ist die Pupille, das Glas entspricht dem Kristallwasser, oder besser allen Teilen des Auges, die eine Brechung hervorrufen. Die Leinwand stellt die innere Haut dar, die aus den Enden des optischen Nervs zusammengesetzt ist."[736]

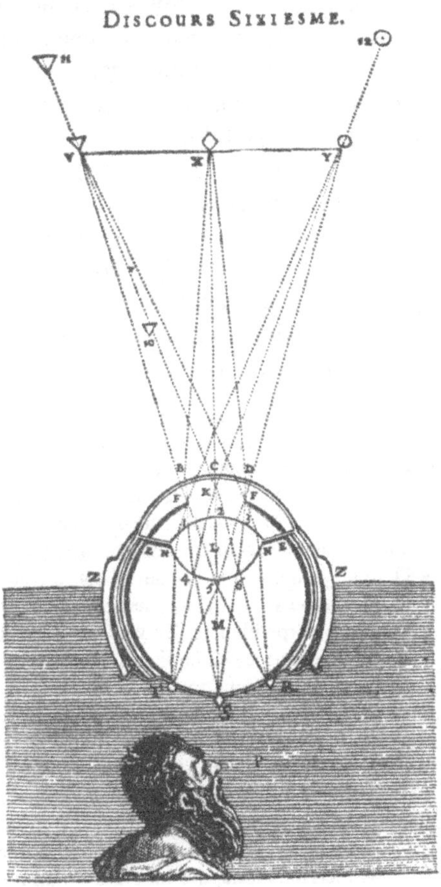

Abb. 46) Descartes, *Dioptrik*, Netzhautbild, 1637.

736 *Dioptrik*, S. 90, AT VI, S. 115: „mais cela n'empêche pas qu'il ne soit vrai que les objets que nous regardons en impriment d'assez parfaites dans le fond de nos yeux; ainsi que quelques-uns ont déjà très ingénieusement expliqué, par la comparaison de celles qui paraissent dans une chambre, lorsque l'ayant toute fermée, réservé un seul trou et ayant nus au-devant de ce trou un verre en forme de lentille, on étend derrière, à certaine distance, un linge blanc, sur qui la lumière, qui vient des objets de dehors, forme ces images. Car ils disent que cette chambre représente l'œil; ce trou, la prunelle; ce verre, l'humeur cristalline, ou plutôt toutes celles des parties de l'œil qui causent quelque réfraction; et ce linge, la peau intérieure, qui est composée des extrémités du nerf optique."

Descartes geht vom vorgestellten Vergleich dann sogleich zur Praxis über, denn durch diese, könne man eine größere „Gewißheit“ über diesen Sachverhalt sich verschaffen. Er fordert die Leser auf, sich ein Auge eines gerade verstorbenen Menschens oder ein schlachtfrisches Auge eines Ochsens zu besorgen. Dann solle man sorgfältig die drei Häute an der Rückseite wegschneiden und den Augengrund durch eine milchig-diaphan gewölbte Scheibe, ein durchsichtiges Papier oder eine Eierschale, ersetzen. Das so präparierte Auge soll in die Wand einer Dunkelkammer eingepaßt werden.[737] Bei richtigem Lichteinfall zeige sich dann auf auf der Scheibe ein Bild, das die äußeren Gegenstände naturgetreu wiedergebe. Das ist eine im Prinzip mögliche Prozedur, die aber sehr großes Geschick verlangt, da das Auge beim Entfernen der Häute leicht auslaufen kann. Descartes unterläßt es hier zu erwähnen, daß er dieses Experiment auch nicht alleine hinbekommen hatte, sondern dafür mit Plempius zusammengearbeitet hatte. Auch die Beschreibung des Verfahrens übernimmt er fast wörtlich aus Plempius' Traktat,[738] nicht jedoch die Abbildung.

Diese zeigt einen bärtigen Mann, der von hinten ein Bild betrachtet, das von außen auf die Rückseite des künstlichen Auges projiziert wird.

Der hier gezeigte Vorgang entspricht in der Tat auf den ersten Blick dem Prinzip der *camera obscura*. Er wird immer wieder von Kulturhistorikern als das klassische Modell der Wahrnehmung für die Neuzeit propagiert. Jonathan Crary spricht gar vom Cartesianischen Paradigma der *camera obscura*[739] und Stoichita erkennt anhand dieser Abbildung bei Descartes Symptome einer Revolution nicht nur des Denkens, sondern auch des Sehens.[740] Ob-

737 *Dioptrik*, S. 90f., AT VI, S. 115f.: „Mais vous en pourrez être encore plus certain, si, prenant l'œil d'un homme fraîchement mort, ou, au défaut, celui d'un bœuf ou de quelque autre gros animal, vous coupez dextrement vers le fond les trois peaux qui l'enveloppent, en sorte qu'une grande partie de l'humeur M, qui y est, demeure découverte, sans qu'il y ait rien d'elle pour cela qui se répande; puis, l'ayant recouverte de quelque corps blanc, qui soit si délié que le jour passe au travers, comme, par exemple, d'un morceau de papier ou de la coquille d'un œuf, RST, que vous mettiez cet oeil dans le trou d'une fenêtre fait exprès, comme Z, en sorte qu'il ait le devant, BCD, tourné vers quelque lieu où il y ait divers objets, comme V, X, Y, éclairés par le soleil; et le derrière, où est le corps blanc RST, vers le dedans de la chambre, P, où vous serez, et en laquelle il ne doit entrer aucune lumière, que celle qui pourra pénétrer au travers de cet oeil, dont vous savez que toutes les parties, depuis C jusques à S, sont transparentes.“

738 Vgl. Vopiscus Fortunatus Plempius, *Ophtalmographia, sive de oculi fabrica,* Amsterdam1632. Die Ähnlichkeiten in der Beschreibung des Camera obscura-Experiments hat Katrien Vanagt herausgearbeitet und darauf hingewiesen, daß nicht nur in der Kontroverse um Harveys' Entdeckung des Blutkreislaufs, sondern auch in diesem Kontext eine enge Beziehung zwischen Descartes und Plempius nachweisbar ist: Dies.: ‚The Role of the ‚Camera Obscura' in Early Modern Medical Conceptions about the Eye', erscheint in: King – Horstmannshoff –Zittel (2010). In der Diskussion Ihres Vortrags, auf den ihr Aufsatz zurückgeht, wies sie jedoch entschieden zurück, daß, wie ich annehme, die Inkonsistenzen in der *Dioptrik* daher rühren könnten, daß Descartes schlicht Plempius' Experimentbeschreibung übernimmt, die sich dann nicht recht in die Argumentation einfügt, da sie von einer Ähnlichkeitsrelation zwischen Ur- und Abbild im Auge ausgeht. Zur wechselseitigen Beinflussung beider im Bereich der Optik und Physiologie des Auges vgl. a. V. Aucante, ‚La vision chez Descartes et Plempius', in: A. Del Prete (Hrsg.), *Il Seicento e Descartes. Dibattiti cartesiani*, Florenz 2004, S. 233-254.

739 Jonathan Crary, *Techniken des Betrachters. Sehen und Moderne im 19. Jahrhundert,* Dresden, Basel 1996, S. 53, siehe auch J.D. Lyons, Camera Obscura: Image and Imagination in Descartes' Meditations, in: D.L. Rubin – M. McKinley (Hrsg.), *Convergences. Rhetoric and Poetic in Seventeenth-Century France,* Ohio 1989, S. 179-195.

740 Victor Stoichita deutet in *Das selbstbewußte Bild. Vom Ursprung der Metamalerei,* München 1998, S. 174-179 u. 224f. das camera obscura Bild als Demonstration, mit der das Sehen des Sehens dargestellt,

gleich das camera-obscura-Modell auch vor Descartes zur Erklärung der Wahrnehmung eingesetzt worden ist,[741] wird regelmäßig auf diese Abbildung verwiesen,[742] um an ihr zu erläutern, daß nach Descartes der Mensch nicht mehr direkt auf die äußere Welt blicke, sondern innere Bilder betrachte, die sich in seinem Kopf befinden. In früheren Theorien, die mit dem Konzept eines inneren Auges operierten, sei dieses direkt auf den äußeren Gegenstand bezogen worden. Nun gebe es einen Bruch im Wahrnehmungsakt. Genau das suggeriert auch die Abbildung von Descartes.

Leider aber widerspricht diese kulturhistorische Deutung avancierten neueren philosophischen Rekonstruktionen von Descartes' Wahrnehmungstheorie. Dominik Perler zeigt z.B. auf,[743] daß die Annahme innerer Bilder gerade in der *Dioptrik* von Descartes bekämpft wird, da sie in einen fatalen Repräsentalismus führt. Denn wenn innere Augen ein inneres Bild betrachten, hat das wahrnehmende Subjekt keinen unmittelbaren Zugang zum äußeren Gegenstand. Auf dessen Existenz kann allenfalls geschlossen werden, wenn eine dem inneren Bild vollkommen gleichende äußere Ursache angenommen wird. Diesen äußeren Gegenstand kann man aber nicht unabhängig vom inneren Bild sehen. Gesetzt also, die Wahrnehmung funktioniert so wie abgebildet, dann kann das wahrnehmende Subjekt niemals gewiß sein, ob das innere Bild eine getreue Kopie des äußeren Objektes ist und hat sich rettungslos dem Skeptizismus ausgeliefert.

Dies deckt sich mit Descartes' theoretischen Ausführungen: Im 4. Discours der *Dioptrik* führt Descartes über das Verhältnis von Zeichen und „begrifflichen" Bildern aus, daß es kein Bild gebe, daß dem von ihm dargestellten Gegenstand völlig gleiche. Es genüge daher, wenn „die Bilder den Gegenständen in wenigen Dingen gleichen. Ihre Vollkommenheit hängt sogar oft gerade davon ab, daß sie den Gegenständen nicht so ähnlich sind, wie sie sein könnten." Descartes bringt als Beispiel einen Kupferstich (!), der gerade durch sein reduktives Verfahren nicht dem Abbildrealismus nachstrebt, sondern die signifikanten Züge hervorhebt. Daher „dürfen oft Bilder, um in ihrer Eigenschaft als Bilder vollkommen zu sein und die Gegenstände besser darzustellen, diesen häufig gerade nicht gleichen." [„pour être plus parfaites en qualité d'images, et représenter mieux un objet, elles doivent ne lui pas ressembler."][744]

---

sein Mechanismus durchschaut und dadurch gedacht werden kann, nach dem Motto: „Was ich sehen kann, kann ich denken". Robert S. Nelson hebt hervor: „No artist, poet, philosopher or theologian of previous epochs would have thought it relevant, as Descartes did, to look through the eye of a dead cow, nor would those prior sages have considered it proper to write about the experience in a formal treatise." Robert S. Nelson, Descartes' Cow and Other Domestications of the Visual, in: ders. (Hrsg.), *Visuality Before and Beyond the Renaissance*, Cambridge 2000, S. 1-21, hier: S. 4.

741 Außer bei Leonardo, insbesondere dann bei Giambattista della Porta, *Magia naturalis*, Neapel 1589; Johannes Kepler, *Ad Vitellionem Paralipomena,* Frankfurt 1604, und bei Plempius.

742 L.Wiesing, Einleitung zu: L. Wiesing (Hrsg.), Philosophie der Wahrnehmung, Frankfurt 2002, S. 22ff.; J.J. Berns, *Film vor dem Film. Bewegende und bewegliche Bilder als Mittel der Imaginationssteuerung in Mittelalter und Früher Neuzeit*, Marburg 2000, S. 17ff.

743 D. Perler, *Descartes,* München 1998, S. 127-139 und ders., *Repräsentation bei Descartes*, Frankfurt 1996, S. 25-37 u. 65-77. Vgl. a. Wolf-Devine (1993), S. 53-56.

744 *Dioptrik*, S. 89, AT VI, S. 113. Weitere Stellen: *Principia* IV § 197, AT VIIIb, S. 320-21; vgl. a. IV, S. 189-90, AT VIII-A 316, *Dioptrique,* AT VI, S. 131; *Le Monde*, AT XI, S. 4-5.

Im 6. Diskurs der *Dioptrik* bestreitet er sogar explizit, daß es so etwas wie ein inneres Auge[745] gebe:

> „Wenn nun auch dieses Bild [cette peinture], das auf diese Weise in unseren Kopf gelangt, immer noch eine Ähnlichkeit [ressemblance] mit den Gegenständen behält, von denen es ausgeht, so darf man sich doch [...] die Sache nicht so vorstellen, als ob wir durch diese Ähnlichkeit eine Empfindung von ihnen bekommen, als ob es noch andere Augen in unserem Gehirn gäbe, durch die wir sie wahrnehmen könnten. *Es sind vielmehr die Bewegungen, aus denen sich das Bild zusammensetzt*, [ce sont les mouvements par lesquels elle est composée] die unmittelbar auf unsere Seele wirken [agissant] und, soweit sie eine Einheit mit unserem Körper bildet, von der Natur dazu eingerichtet sind, in ihr solche Empfindungen hervorzurufen [...] Dabei braucht bei alle dem keine Ähnlichkeit zwischen den Ideen, die die Seele empfängt [oder konzipiert: conçoit] und den Bewegungen, die diese Ideen hervorrufen, zu bestehen."[746]

Bilder respektive Ideen sind nicht statische Abbildungen, sondern aus Bewegungen komponiert. Die Anschaulichkeit tritt in den Hintergrund zugunsten einer Fluxus-Vorstellung.[747] Solche Bilder oder Ideen liefern Informationen und werden von Descartes offenbar als Zeichen verstanden und solche Zeichen beruhen für ihn gerade nicht auf Ähnlichkeitsrelationen,[748] sondern sie sind Funktionen. Die Schlüsselpassage, in der Descartes seine Zeichentheorie auf eine naturalistische Basis stellt, findet sich im ersten Kapitel von *Le Monde*:

---

745 Perler (1996), S. 30, FN 15, hat zu Recht Cottinghams Ansicht zurückgewiesen, daß Descartes sich die Seele als eine Art auf die Zirbeldrüse ausgerichteten inneren homunculus vorstelle, der im Gehirn die Bilder in naiver Manier redupliziere (vgl. J. Cottingham, *A Descartes Dictionary*, Oxford 1993, S. 38f.), da man Descartes zufolge den Akt des „Betrachtens der Seele" von körperlich erzeugten Ideen nicht wörtlich verstehen solle. Es sei eher so, daß die Seele die auf materielle Weise entstandenen körperlichen Ideen auf immaterielle Weise aufnehme (Perler, ebd.).

746 Descartes, *Dioptrik*, S. 99 [Hervorhebung von mir, Übersetzung verändert C.Z.]; AT VI, S. 130: „Ou, encore que cette peinture, en passant ainsi jusques au dedans de notre tête, retienne toujours quelque chose de la ressemblance des objets dont elle procède, il ne se faut point toutefois persuader, ainsi que je vous ai déjà tantôt assez fait entendre, que ce soit par le moyen de cette ressemblance qu'elle fasse que nous les sentons, comme s'il y avait derechef d'autres yeux en notre cerveau, avec lesquels nous la pussions apercevoir; mais plutôt, que ce sont les mouvements par lesquels elle est composée, qui, agissant immédiatement contre notre âme, d'autant qu'elle est unie à notre corps, sont institués de la Nature pour lui faire avoir de tels sentiments [...] sans qu'il doive, en tout cela, y avoir aucune ressemblance entre les idées qu'elle conçoit, et les mouvements qui causent ces idées."
Damit bricht Richard Rortys Großthese, daß ausgehend von Descartes die neuzeitliche Philosophie der Spiegel-Metapher erlegen sei, in sich zusammen. Vgl. Rorty, *Der Spiegel der Natur. Eine Kritik der Philosophie*, Frankfurt 1987.

747 Daß für die Physiker des 17. Jahrhunderts auch in der Optik nicht das Licht, sondern die Erforschung der Bewegung den „Schlüssel zur Physik" an die Hand gab, führt Crombie aus. Vgl. Alistair C. Crombie, *Von Augustinus bis Galilei. Die Emanzipation der Naturwissenschaft*, München 1977, S. 353.

748 Vgl. dagegen Andreas Kemmerling, Das Bild als Bild der Idee, in: Jacob Steinbrenner – Ulrich Winko (Hrsg.), Bilder in der Philosophie und in anderen Künsten und Wissenschaften, Paderborn 1997, S. 177-198, der Ideen und Bilder bei Descartes wie folgt zu unterscheiden vorschlägt „Bilder repräsentieren außenweltliche Dinge vermittels Ähnlichkeit; Ideen repräsentieren nicht durch Ähnlichkeit." Ebd., S. 193. In den *Regulae* sprach Descartes jedoch von „figuras vel ideas" (AT X, S. 414), hier verwendet er ‚peinture' und ‚idée' synomym.

„Sie wissen wohl, daß wir die Worte, die doch keine Ähnlichkeit mit den Dingen besitzen, die sie bezeichnen, durchaus verstehen, und häufig sogar, ohne auf den Klang der Wörter oder Silben zu achten; so kann es vorkommen, daß wir eine Rede gehört haben, deren Sinn wir sehr wohl verstanden haben, aber danach nicht sagen können, in welcher Sprache sie vorgetragen wurde. Wenn folglich die Wörter, die nur durch die Übereinkunft der Menschen etwas bedeuten, genügen, um uns die Dinge erfassen zu lassen, mit denen sie keine Ähnlichkeit besitzen: Warum könnte die Natur nicht ebenfalls ein bestimmtes Zeichen eingerichtet haben, das uns die Empfindung des Lichts haben läßt, obgleich dieses Zeichen nichts an sich hat, was dieser Empfindung ähnlich ist? Und ist es nicht so, daß sie Lachen und Weinen geschaffen hat, um uns die Freude und die Trauer auf den Gesichtern lesen zu lassen?“[749]

Perler rekonstruiert daher Descartes' Theorie so, daß Bilder als Informationsträger verstanden werden sollen, welche komplexe Codes übermitteln, die dann beim Betrachten dechiffriert werden müssen, so wie der Blinde die Informationen, die er durch den Stock erhält, decodiert. Er folgert daraus, daß Descartes, „genau um einen solchen verhängnisvollen Repräsentalismus zu vermeiden," daran festhält, „daß es keine Ähnlichkeitsrelation zwischen einem inneren Bild und einem äußeren Gegenstand gibt, sondern nur eine Kausalrelation.“[750]

Die Sehnerven werden durch bestimmte Teilchenansammlungen gereizt, deren Konstellationen dann entziffert werden. Deshalb werde aber nicht ein inneres Bild hergestellt und mit inneren Augen betrachtet, sondern der äußere Gegenstand sei das unmittelbare Wahrnehmungsobjekt.

Perlers luzide und in sich konsistente Rekonstruktion hat jedoch auch ein Manko: Er geht mit keiner Silbe auf die Abbildungen des Textes und deren Erläuterungen ein. Das Bild zeigt vermeintlich etwas anderes, und in Descartes' Bescheibung heißt es, „daß die Gegenstände, die wir betrachten, recht vollkommene Bilder dieser Gegenstände in den Grund unseres Auges einprägen (impriment d'assez parfaites dans le fond des nos yeux).“[751] Und, kurz darauf, verkündet Descartes auch noch: „Sie werden vielleicht nicht ohne Bewunderung [admiration] und Freude ein Bild sehen, das ganz naturgetreu alle Gegenstände X, Y, V, die sich draußen befinden, perspektivisch widergibt.“[752]

Es scheint, als ob Descartes einerseits in seiner Wahrnehmungstheorie mit dem Vorurteil aufräumt, daß die Erkenntnis der Dinge in der Außenwelt durch Bilder vermittelt werde, die den Gegenständen, von denen sie hervorgerufen werden, in allen Teilen ähneln, und er an-

---

749 Descartes, *Le Monde*, S. 9. In der Logik von Port Royal wird eine solche Zeichentheorie noch ausdifferenziert: „Die sichtbare Beziehung, die zwischen dieser Art Zeichen und den Dingen besteht, zeigt klar, daß man, wenn man dem Zeichen die bezeichnete Sache benennt, nicht sagen will, daß dieses Zeichen wirklich diese Sache ist, sondern daß es deren Bezeichnung und Figur ist. So wird man ohne Umschweife und ohne weiteres von einem Porträt Cäsars sagen, es sei Cäsar, und von einer Karte Italiens, es sei Italien.“ *La Logique ou l'art de penser* (1683), ND Lille 1964, S. 55f.

750 Perler (1998), *Descartes,* S. 132. Vgl. a. ders. (1996), S. 28: „Denn aus der Tatsache, daß die Hirnmuster via Nervreizung von äußeren Gegenständen verursacht worden sind, folgt keineswegs, daß diese Hirnmuster Bilder im wörtlichem Sinn sind. Ausgehend von einer Kausalrelation darf nicht auf eine Abbildrelation geschlossen werden.“ Auch Cassirer (1974), S. 487ff. und Simmons (2003), S. 561.

751 Descartes, *Dioptrik*, S. 90.

752 *Dioptrik*, S. 91. AT VI, S. 115f. „Car, cela fait, si vous regardez sur ce corps blanc RST, vous y verrez, non peut-être sans admiration et plaisir, une peinture, qui représentera fort naïvement en perspective tous les objets qui seront au dehors vers VXY.“

dererseits sich im Widerspruch dazu auf die mimetische Leistung seiner Bilder beruft. Beim zweiten Zitat kann man einfach darauf verweisen, daß hier ein Übersetzungsproblem vorliegt, denn Descartes schrieb: „une peinture, qui representera fort naïvement en perspective tous les objets ..." Die Objekte werden also auch in der *camera obscura* nicht naturgetreu gezeigt, sondern stark vereinfacht *perspektivisch* dargestellt.

Auf der analogen Abbildung wird das Auge entsprechend schematisch und körperlos wiedergegeben, Descartes geht also nicht mimetisch vor. Das ist deshalb zu betonen, da angesichts des sehr auffällig isoliert dargestellten Auges z.B. Molderings in Descartes' *camera obscura*-Bild eine Traditionslinie beginnen sieht, in der das Auge von der Gesamtheit der „sinnlich-körperlichen Beziehungen des Menschen zur Welt" abgetrennt werde.[753] Molderings interpretiert das Bild allzu sehr nach dem Augenschein. Sowohl in der *Dioptrik,* den *Meteoren* als auch im *Traité De l'homme*[754], in denen es auch Darstellungen von Augen ohne Körper gibt, geht es nicht nur um optische Fragen, sondern gerade auch um die physiologischen Bedingungen des Sehvorgangs. Das menschliche Auge wird von Descartes dabei nicht in den Status mechanischer oder gottgleicher Unfehlbarkeit gerückt – auch hier liegt eine deutliche Grenze des camera-obscura-Vergleichs – sondern der menschliche Sehapparat wird ebenso wie die mit ihm verbundenen physiologischen Prozesse als viel unwägbarer und fehlbarer angenommen als die mechanische Bildproduktion der *camera obscura.* Descartes erläutert, daß man, um das Bild richtig sehen zu können, das Auge richtig einstellen müsse: „Das Experiment gelingt, wenn das Auge seine natürliche Gestalt behält, [...] denn sobald Sie das Auge mehr oder weniger stark drücken, wird das Bild sofort mehr oder weniger scharf sein."[755]

Doch was nun die „natürliche Gestalt" des Auges ist bzw. was den richtigen Druck auf das Auge ausmacht und inwiefern dies als Kriterium für zuverlässige Wahrnehmung gelten kann, bleibt unklar, denn die Konditionen werden von Descartes schlicht autoritativ festgelegt. Descartes hat wiederholt versucht, solche Festlegungen seinen Briefpartnern und Lesern dadurch zu vermitteln, daß er derlei Experimente in persönliche Erfahrungsberichte einbettete, deren Glaubwürdigkeit durch die Autorität des Berichtenden gewährleistet werden soll. Daß Descartes über Erfahrungen mit dem eigenen Körper berichten konnte, ist – nebenbei gesagt – ein starkes Indiz dafür, daß auch lange vor der Romantik Experimente mit dem eigenen Körper in wissenschaftlichen Kreisen soweit kulturell akzeptiert waren, daß

---

753 Herbert Molderings, Odilon Redon: ‚L'Oeil comme un ballon bizarre se dirige vers l'infini': Das körperlose Auge als antiimpressionistische Metapher, in: *Zeitschrift für Kunstgeschichte* 68 (2005), S. 91-110, hier: S. 103f. Noch weiter geht Crary (1996), S. 57, der gar zu Descartes' Abbildung bemerkt: „Indem das Auge radikal vom Betrachter getrennt wird und in den formalen Apparat objektiver Repräsentation eingefügt wird, unterläuft das tote, möglicherweise sogar tierische Auge eine Art Apotheose und wird in einen immateriellen Status erhoben." Die *camera obscura* „verkörpert die Stellung des Menschen zwischen Gott und der Welt", sie „bietet einen Blickwinkel auf die Welt, der dem Auge Gottes vergleichbar ist. Sie ist weniger ein ‚mechanisches', als ein unfehlbares, metaphysisches Auge.". Crary folgt hier Sarah Kofmans Kapitel „L'œil de boeuf: Descartes et l'après-coup idéologiques", in dies., *Camera obscura de l'idéologie,* Paris 1973, S. 71-76. In dieser Linie argumentiert auch Robert S. Nelson (2000), S. 4.

754 Solche Abbildungen finden sich in Clerseliers und in Schuyls Edition. Zu diesen Bildern und überhaupt zur Physiologie des Sehens vgl. mein Kapitel: Menschenbilder-Maschinenbilder? Der Bilderstreit um den Traité de l'homme.

755 Descartes, *Dioptrik,* S. 91, AT VI, S. 116f.

derlei Selbststilisierung die Glaubwürdigkeit des Berichts erhöhen konnte.[756] Descartes nahm zu diesem Zweck nicht einfach nur das Auge eines Toten als Demonstrationsobjekt, sondern berichtet – eingebunden in eine lebendige Schilderung einer nächtlichen Bootsfahrt – was geschieht, wenn er gegen sein eigenes Auge drückt. Dabei lasse sich z.B. die Erfahrung machen, daß plötzlich Koronen um Kerzen sichtbar werden können. Dieses Bild entsteht dann offenbar nicht nur, weil ein anderes verzerrt wird, sondern es wird durch die bloße Disposition des Auges erzeugt. Und auch dieser körperliche Vorgang wird in den *Meteoren* durch eine Abbildung veranschaulicht, auf der neben einer Kerze ein ‚körperloses' Auge zu sehen ist.[757] Descartes meint dazu: „Ich lege mich in keiner Weise fest, welche Disposition hier vorlag, denn viele verschiedene können den gleichen Effekt verursachen."[758]

Kurzum, der ganze ‚natürliche' Sehvorgang ist im Kontrast zur *camera obscura* abhängig von den aktuellen physiologischen Bedingungen des Gehirns, d.h. dem Grad der Aktivität, Art der Verteilung und Form der *spiritus* sowie der aktuellen Verbindungen, Dichte und Dicke der Gehirnfasern, durch die die *spiritus* sausen, wobei Fasern und *spiritus* sich gegenseitig auch noch beeinflussen. Dennoch soll Descartes' Abbildung das Sehen erklären. Würde sie, wie Crary und Kofman wollen, den mechanischen Vorgang der *camera obscura* entmaterialisieren und vergöttlichen, wäre sie grob dysfunktional. Es sollte daher noch eine andere Deutung möglich sein.

---

756 Vergleichbare Beispiele für Experimente mit der eigenen Körperlichkeit bringt für das 18. Jahrhundert: Simon Schaffer, Self Evidence, in: *Critical Inquiry* 18,2 (1992), S. 327-362.

757 Vgl. *Meteore*, S. 271ff. „Die Ursache schließlich für jene Höfe, die man manchmal um die Lampen und Kerzenflammen sieht, muß durchaus nicht in der Luft gesucht werden, sondern nur im Auge, das sie betrachtet. Dazu habe ich im letzten Sommer eine sehr deutliche Seh-Erfahrung gemacht. Dies geschah, während ich nachts in einem Schiff reiste. Nachdem ich dort den ganzen Abend meinen Kopf auf eine Hand gestützt hatte, mit der ich mein rechtes Auge verschloß, betrachtete ich zugleich mit dem anderen Auge den Himmel. Nun wurde eine Kerze zu dem Ort gebracht, an dem ich mich befand, und als ich dann beide Augen öffnete, sah ich zwei Koronen um die Flamme, deren Farben zudem so lebendig waren, wie ich es niemals zuvor beim Regenbogen gesehen hatte. AB zeigen die größere Korona, die rot bei A und blau bei B war; CD die kleinere, die auch bei C blau war, aber bei D weiß, und die sich bis zur Flamme ausbreitete. Danach, als ich das rechte Auge wieder schloß, bemerkte ich, daß diese Koronen verschwanden. Öffnete und schloß ich dagegen das linke Auge, erschienen sie weiterhin. Ich war mir daher sicher, daß sie ausschließlich von irgendeiner Disposition herrührten, die mein rechtes Auge angenommen hatte, während ich es geschlossen gehalten habe. Dies war Ursache dafür, daß abgesehen von der Mehrzahl an Strahlen, die es von der Flamme empfing (repräsentiert bei O, wo sie sich versammeln), es dort auch einige gab, die so abgelenkt wurden, daß sie sich im ganzen Raum fO ausbreiteten, wo sie die Korona CD ausmalten, und einige andere im Raum FG, wo sie die Korona AB ausmalten. Ich lege mich in keiner Weise fest [353], welche Disposition hier vorlag, denn viele verschiedene können den gleichen Effekt verursachen. Z.B. wenn es nur ein oder zwei kleine Rillen auf irgendeiner der Oberflächen E, M, P gibt, die aufgrund der Form des Auges sich auf diesem in Gestalt eines Kreises ausbreiten, dessen Mittelpunkt auf der Linie EO liegt; ebenso gibt es dort oft ganz gerade, die sich auf der EO kreuzen, und uns große Strahlen vereinzelt hier und da um die Flammen herum sehen lassen. Oder wenn es etwas Dunkles zwischen E und P gibt – oder sogar an einigen Stellen an den Rändern – vorausgesetzt daß es sich dort kreisförmig ausbreitet. Oder es kann schließlich geschehen, falls die Linse oder die Membranen des Auges auf irgendeine Art ihren Charakter oder ihre Gestalt verändert haben, denn für diejenigen, die eine Augenkrankheit haben, ist es ganz normal solche Koronen zu sehen, die nicht für alle gleich erscheinen." Zu Descartes' Experimenten mit Kerzenlicht und Auge siehe meinen Kommentar zu den *Meteoren*, S. 337.

758 Ebd.

Im Übrigen war es es auch vor Descartes üblich, in optischen Kontexten Augen körperlos darzustellen.[759] Seinen Zeitgenossen dürfte daher dieses Bild weniger zu antimaterialistischen Spekulationen ‚inspiriert' haben, als es dies heute tut.

Es bleibt deshalb genauer zu betrachten, was Descartes meint, wenn er hier von „recht perfekt eingedrückten Bildern" spricht, denn dieser Passus hat nicht wenige Interpreten dazu verleitet, anzunehmen, daß Bilder, die „assez parfaites" auf dem Augengrund eingedrückt werden, ‚ziemlich perfekt' *realistisch* wiedergegeben seien. Doch was ‚realistisch' ist, ist relativ: Wie Joel Snyder erläutert, erscheinen nur unter der Annahme, daß eine realistische Abbildung nahezu naturgetreu (d.h. isomorph oder impressionistisch ähnlich) sei, Descartes' Ausführungen als paradox.[760]

Wie bereits zitiert, dividiert Descartes ja ausdrücklich die Kriterien der „Vollkommenheit" und der „Ähnlichkeit" bei Abbildungen auseinander, die Vollkommenheit einer Abbildung hänge „sogar oft gerade davon ab, daß sie den Gegenständen nicht so ähnlich sind, wie sie sein könnten". Beispielsweise würde ein Kupferstich dadurch entstehen,

> „daß man hier und da ein wenig Tinte[761] auf Papier gebracht hat, und doch zeigt er uns Wälder, Städte, Menschen, ja sogar Schlachten und Geschütze. Obgleich eine Unzahl verschiedener Einzelheiten uns die Gegenstände erkennen lassen, gibt es doch keine einzige Gestalt, der sie völlig gleichen. Und das ist auch noch eine sehr unvollkommene Ähnlichkeit (une ressemblance fort imparfaite), angesichts dessen, daß diese Stiche uns auf einer völlig ebenen Fläche Körper darstellen, die sich mehr oder weniger aus ihr herausheben, oder hinter ihr liegen, und daß sie nach den Regeln der Perspektive Kreise besser als Ovale als wieder durch Kreise, Quadrate durch Rechtecke als wieder durch Quadrate wiedergeben."[762]

Diese Bilder sind also nicht ähnlich, aber doch vollkommene Repräsentationen der Gegenstände.

Das wäre eigentlich schon eine gute Lösung, würde nicht Descartes gleich im nächsten Discours der *Dioptrik* den Illusionsprozeß der *camera obscura* doch als das Erzeugen eines Bildes beschreiben, dessen Farben und Struktur-Relationen mimetisch sich zum Gegenstand verhalten. Das *camera-obscura*-Bild geht somit noch einen Schritt über den Kupferstich hinaus, es operiert mit Farbkorrelationen und Strukturisomorphien:

---

759 Vgl. z.B. die Abbildungen in: David C. Lindberg, *Auge und Licht im Mittelalter: Die Entwicklung der Optik von Alkindi bis Kepler*, Frankfurt 1987.

760 Vgl. dazu Joel Snyder, Picturing Vision, in: *Critical Inquiry* VI (1980), S. 499-526, bes. S. 500. In Snyders Essay finden sich auch interessante historische Verweise auf philosophische Diskussionen der *camera obscura* vor Descartes.

761 Tinte, nicht ‚Tusche', wie Leisegang übersetzt, denn es handelt sich um einen Kupferstich, nicht um eine Zeichnung.

762 Descartes, *Dioptrik*, S. 89, AT XI, S. 113 „Comme vous voyez que les tailles-douces, n'étant faites que d'un eu d'encre posée çà et là sur du papier, nous représentent es forêts, des villes, des hommes, et même des batailles et des tempêtes, bien que, d'une infinité de diverses qualités qu'elles nous font concevoir en ces objets, il n'y en ait aucune que la figure seule dont elles aient proprement la ressemblance; et encore est-ce une ressemblance fort imparfaite, vu que, sur une superficie toute plate, elles nous représentent des corps diversement relevés et enfoncés, et que même, suivant les règles de la perspective, souvent elles représentent mieux des cercles par des ovales que par d'autres cercles; et des carrés par des losanges que par d'autres carrés."

„So haben die drei Punkte RST diesselben Farben und behalten untereinander die gleiche Ordnung wie die drei Punkte VXY und darin besteht offenbar die Ähnlichkeit. Die Vollkommenheit dieses Bildes (Et la perfection de cette peinture) hängt hauptsächlich von 3 Dingen ab: Die Pupille des Auges hat eine bestimmte Größe, und es treten durch sie verschiedene Strahlen in das Auge ein, hier zum Beispiel XB14S, XC25S, XD36S [...]" usw.[763]

Descartes erklärt nicht einfach zuerst ein *camera-obscura*-Bild und analog in einem zweiten Schritt das Netzhautbild. Täte er dies, könnte man sagen, daß beim *camera-obscura*-Bild zwar mimetische Effekte erzielt werden, beim Netzhautbild diese aber sekundär seien – und Snyders Lösung retten. Doch Descartes behauptet ja, man sehe ein solches Bild tatsächlich auf dem Hintergrund eines präparierten Auges. 1619 hatte bereits Christoph Scheiner in seinem Traktat *Oculus hoc est*[764] durch anatomische Sektion es unternommen, das Netzhautbild, wie es Kepler in *Ad vitellionem paralipomena* (1604) beschrieben hatte,[765] nachzuweisen. Wie die *pictura* im Augengrund dann vom Verstand oder der Seele zu interpretieren sei, blieb bei Kepler und Scheiner, ungeklärt und wurde von der Optik an die Medizin delegiert, und dort z.B. in der Kepler fußenden Schrift von Plempius, der *Ophtalmographia* (1632) zu beantworten versucht. Descartes' Abbildung, die genau Keplers Theorie zu illustrieren vorgibt,[766] und Descartes' dazu gegebene Erläuterungen scheinen hier den entscheidenden Punkt der cartesischen Wahrnehmungstheorie zu verdunkeln und überdies zu einem ‚verhängnisvollen Repräsentalismus' zu verführen.

Man könnte daher versuchen, auf eine Metaebene zu wechseln und die Abbildungen ihrerseits als codierte Informationsträger zu deuten. Ohne die Vorgabe, ähnlich sein zu sollen, könnten dann die Abbildungen untereinander in dieser Hinsicht unvereinbar sein, ohne daß dies problematisch wäre. Dennoch bleibt die Frage, wie das Chiffrieren und Dechiffrieren vonstatten geht und wie sich die Abbildung dazu verhält. In der *Dioptrik* findet sich eine Binnendifferenzierung, die womöglich den Ausweg aus dem Dilemma weisen und Perlers interessanten naturalistischen Rettungsversuch mit der Abbildung versöhnen kann, die aber nicht mit den kulturhistorischen Revolutionstheorien in Einklang zu bringen ist. Ich zitiere abermals jenen Passus, der just den *camera obscura-Discours* eröffnet:

„Sie haben wohl eingesehen, daß die Seele es nicht nötig hat, um zu fühlen, irgendwelche Bilder anzusehen, die den Dingen ähnlich sind, die sie fühlt. Das ändert aber an der Tat-

763 Descartes, *Dioptrik*, S. 93, AT XI, S. 120.

764 Christoph Scheiner, *Oculus Hoc Est: Fundamentum Opticum, In Quo Ex Accurata Oculi Anatome, Abstrusarum Experientiarum Sedula Pervestigatione, ex inuisis specierum visibilium tam euerso quam erecto situ spectaculis, necnon solidis rationum momentis Radius Visualis Eruitur; Sua Visioni In Oculo Sedes Decernitur; Anguli Visorii Ingenium Aperitur*, Oeniponti = Insbruck 1619.

765 Vgl. dazu: S. Straker, The ‚Eye Made Other': Dürer, Kepler, and the Mechanization of Light and Vision, in: Louis A. Knafla – Martin S. Staum – T.H.E. Travers (Hrsg.), *Science, Technology, and Culture in Historical Perspective*, Calgary 1976, S. 7-25 und Simon (1971).

766 Auf diese Weise betrachten die Abbildung ausschließlich vor dem Keplerschen Hintergrund z.B. Paolo Mancosu, Acoustics and Optics in the early modern period, in: K. Park – L. Daston (Hrsg.), *The Cambridge History of Science* Bd. 3: *Early Modern Science*, Cambridge 2006, S. 596-631, hier: S. 616 und Svetlana Alpers (1985).

sache nichts, daß die Gegenstände, die wir betrachten, recht vollkommene Bilder dieser Gegenstände in den Grund unseres Auges einprägen."[767]

In den *Regulae* (Regel XII 7; vgl. Teil 1 dieser Arbeit) hatte Descartes bereits eine vierstufige Wahrnehmungstheorie formuliert. Am Anfang steht eine passive sinnliche Wahrnehmung, die, und das sei keineswegs als bloße Analogie aufzufassen, die Gestalt des wahrgenommenen Objektes eingeprägt bekommt wie durch ein Siegel in Wachs. Dann wird dieser Eindruck unmittelbar an den *sensus communis* weitergeleitet. Dieser nimmt nun eine zweite Prägung vor, indem er die sinnlich übermittelte Figur in die Phantasie und Einbildungskraft eindrückt, welche immer noch als körperlich gedacht ist. Danach werden, viertens, diese Bilder von der rein geistigen Erkenntnis erkannt. Der Verstand ist somit passiv und sieht in diesem Fall nur, was die Einbildungskraft ihm vorlegt.[768] Erst bei diesem Schritt ist er nicht mehr auf die Ähnlichkeitsrelation angewiesen, hier dechiffriert er. Beim Betrachten der inneren Bilder kommt es also gar nicht auf deren Ähnlichkeit an, weshalb wir auch nicht wissen müssen, ob sie den äußeren Gegenständen gleichen, daher sind diesbezüglich gar keine skeptischen Einwände zu fürchten. Die inneren Bilder mögen zwar Abbilder sein, aber die Abbildfunktion spielt bei ihrer Betrachtung keine Rolle. Wir können diese Relation getrost hypothetisch als getreu annehmen, ohne daß dies den Erkenntnisvorgang ungewisser macht. Auf der anderen Seite liegt damit nicht einfach ein Bruch im Wahrnehmungsvorgang vor, da die zweite Stufe, also das, was der bärtige Mann auf der Abbildung sieht, eben nicht mehr als Betrachten eines Abbildes aufzufassen ist. Dazu paßt, daß auf Descartes' Abbildung vom Augengrund aus zu dem Auge des Betrachters hin keine Linien eingezeichnet sind, die den Sehprozess verlängern. Kurzum: Es handelt sich deshalb nur zum Teil um eine *camera obscura*-Situation, die folglich nicht *pars pro toto* als Modell des gesamten Wahrnehmungsvorgangs genommen werden darf.

Die Abbildung vermischt durch ihre ‚realistische' Darstellungsweise zwei Ebenen, die systematisch von Descartes unterschieden werden. Solange man nur eine kausale Relation zur Außenwelt betrachtet, müssen innere Bilder als das kausale Bindeglied zwischen den Nervenreizungen einerseits und den mentalen Gedanken andererseits angenommen werden. Sie sind nichts anderes als Konstellationen von *spiritus animales* im Gehirn. Solche Bilder müssen jedoch nicht mehr als innere Objekte angenommen werden, wenn man die kognitive Relation zur Außenwelt erklärt. Dann nämlich werden ohne Erfordernis einer Ähnlichkeit durch die kausalen Bindeglieder hindurch die Dinge in der Außenwelt erkannt.[769] Bei den bisherigen Deutungen der Abbildung wurde fast immer übersehen,[770] daß diese auch so gelesen werden kann, daß sie auf der mechanistischen und der psychologischen Ebene zu-

767 Descartes, *Dioptrik*, S. 90, AT VI, S. 114: „Vous voyez donc assez que, pour sentir, l'âme n'a pas besoin de contempler aucunes images qui soient semblables aux choses qu'elle sent; mais cela n'empêche pas qu'il ne soit vrai que les objets que nous regardons en impriment d'assez parfaites dans le fond de nos yeux."

768 Zu den 4 Stufen siehe: Engfer (1996), S. 64f.

769 Ich danke Dominik Perler, der auf meine Nachfrage mir per Email mit seinen überaus klärenden Erläuterungen hier sehr weiterhalf.

770 Ausnahme: Willem van Hoorn, der sogar ein ganzes Kapitel seines wichtigen Buches mit: „Descartes' No-Resemblance Theory of visual Perception" überschreibt. Vgl. ders., *As images unwind. Ancient and modern theories of visual perception*, Amsterdam 1972, Kap. V.

gleich operiert, teils konkret den mechanischen Vorgang darstellt, teils metaphorisch den kognitiven.

Ein weiteres Indiz für diese Lesart liefert Descartes' Terminologie. In seinem *Traité De l'homme* erläutert Descartes nur den mechanischen Vorgang der Entstehung des Netzhautbildes. Dieses Bild nennt er ‚figure' oder ‚image'.[771] Die Darstellung der Rolle der Seele wird im *Traité De l'homme*[772] zwar immer angekündigt, doch fortwährend aufgeschoben. In der *Dioptrik* behandelt er jedoch zudem die psychologisch-kognitive Seite der Wahrnehmung, und hier bezeichnet er die Netzhaut als „Leinwand" (linge blanc) und das Bild als ‚peinture' oder ‚image'.[773] In den Artikeln 21 und 26 seiner späten Schrift *Les passions de l'Ame* wird Descartes diese Terminologie präzisieren und solche imaginierten Bilder, die nicht durch einen direkten kausal-mechanischen Eindruck im Gehirn entstehen und entsprechend keine eindeutig erkennbaren Ursachen haben, sondern unwillkürlich wie im Traum oder Tagtraum (illusions de nos songes et aussi les rêveries) auftauchen, nun als *Schatten und Bilder* („ombres et peintures") vergangener Nervenreize bezeichnen.[774]

3.2) Abbilden und Leserlenkung

Die soeben angesprochene Theorie der kausalmechanischen Gedächtnisprägung führt zu einem anderen Gesichtspunkt, nämlich der selbstreflexiven Dimension des Einsatzes von Bildern bei Descartes. Daß für didaktische und rhetorische Aufgaben (inklusive für die Memoria) Bilder keine unwichtige Rolle spielen, ist unstrittig. Ich will daher nur andeuten, wie durch die gängige Editionspraxis die Wahrnehmung dieser Bildfunktionen seitens der Descartesforschung auf verheerende Weise vorstrukturiert wird und hierfür noch ein Bild aus *De l'homme* besprechen, das eine physikalische Analogie für das Funktionieren des Gedächtnisses herstellt:

771 Z.B. Descartes, *Über den Menschen*, S. 108, AT XI, S. 175.
772 Z.B. Descartes, *Über den Menschen*, S. 71, AT XI, S. 143.
773 Z.B. Descartes, *Dioptrique*, AT VI, S. 126.
774 Descartes, *Die Leidenschaften der Seele*, S. 39 und 45.

Fig. 30.

Abb. 47) Descartes, *De l'homme,* Physikalische Analogie für das körperliche Gedächtnis, 1664.

Descartes zufolge werden im Gedächtnis Spuren eingeprägt, die nach und nach verwischen, oder aber durch Wiederholung der Eindrücke vertieft werden können. Drückt man eine Art Nadelbürste in ein Tuch, bleiben Löcher zurück, die, auch wenn sie sich danach wieder schließen sollten, sich später leichter wieder öffnen lassen. Wenn man diesen Vorgang wiederholt, werden die Löcher geweitet. Interessant ist, daß Descartes nicht nur die einzelnen Spuren, sondern auch ihr Muster als gedächtnisbildend beschreibt. Insbesondere wenn mehrmals ein bestimmtes Lochmuster erzeugt wurde, reicht es später, nur einige wenige dieser Löcher zu öffnen, um auch die ganze frühere Struktur aufzurufen, d.h. durch ein Erinnerungsbild können assoziativ die benachbarten Erinnerungen geweckt werden.[775] Wiederum also liegt es an der Ordnung und Disposition der Eindrücke, ob und wie sie wiederaufgerufen werden. Es liegt der Schluß nahe, daß Descartes, wenn er derartige funktional explanatorischen Bilder gleich mehrfach einsetzt, solche Gedächtnisspuren, Bahnungen und Strukturen im Gehirn seiner Leser anlegen will, sie auf diese Weise trainieren, disponieren oder regelrecht dazu abrichten will, bestimmte, d.h. Descartes' mechanistische Erklärungen der Funktionszusammhänge automatisch aufzurufen. In der *Dioptrik* wird z.B. das noch eingehend zu behandelnde *camera obscura*-Bild acht Mal abgedruckt. Das ist mit Abstand

775 Vgl.: „so wie, wenn man mehrere Nadeln oder Löcher durch eine Leinwand stäche, wie man es [auf der Abbildung] an der mit A bezeichneten Leinwand sehen kann, so würden die kleinen Löcher, die man dort machte, noch offen bleiben, wie bei a und b, nachdem diese Nadeln schon herausgezogen worden wären. Oder wenn sie sich schlössen, ließen sie Spuren in dieser Leinwand zurück, wie bei c und d, die dann verursachen würden, daß man sie sehr leicht wieder öffnen könnte. Und man muß sogar bemerken, daß, wenn man davon nur einige, z.B. a und b, wieder öffnen würde, die allein verursachen könnte, daß die anderen wie c und d sich auch zu gleicher Zeit wieder öffneten, besonders, wenn sie alle zusammen mehrere Male geöffnet worden wären, und die einen nicht gewöhnt wären, ohne die anderen geöffnet zu werden. Das zeigt, wie die Erinnerung an eine Sache durch die an eine andere geweckt werden kann, die einstmals zur gleichen Zeit wie sie dem Gedächtnis eingeprägt wurde, so wie ich, wenn ich zwei Augen mit einer Nase sehe, mir sofort eine Stirn und einen Mund vorstelle und alle die anderen Teile eines Gesichts, weil ich nicht gewohnt bin, das eine ohne das andere zu sehen." *Über den Menschen*, S. 110ff, AT XI, S. 177ff.

die bei ihm häufigste Darstellung ein und desselben Bildes innerhalb eines Textes (der ‚Blinde' wird zweimal gebracht), die auf diese Weise vor allen anderen deutlich ausgezeichnet wird. Descartes erklärt, wie Bilder sich im Gedächtnis mechanisch einprägen und was passiert, wenn man die Prägung wiederholt. Wenn er selbst einzelne Bilder mehrfach einsetzt, erscheint es mir am plausibelsten hierin eine Selbstanwendung seiner psychologischen und physiologischen Gedächtnistheorie zu erkennen und anzunehmen, daß er die Möglichkeiten des Buchdrucks nutzt, um eine Wahrnehmungskonditionierung seiner Leser vorzunehmen. Die deutsche Ausgabe der *Dioptrik* zeigt das *camera obscura*-Bild indes nur einmal, die englische Edition[776] gar nicht.

Vergleichbare Beobachtungen lassen sich auch anhand von Descartes' *Principia* machen. Der erste Teil, der den Prinzipien menschlicher Erkenntnis gewidmet ist, ist noch bilderfrei; in *pars secunda* befasst sich Descartes mit den Prinzipien der materiellen Dinge und veranschaulicht diese Prinzipien mit einigen entsprechend abstrakt-schematischen Zeichnungen, die teils bereits mehrfach gebracht werden. Der dritte Teil ist überschrieben mit: *De mundo adspectabili*, der vierte Teil ist der Erde gewidmet. Korrespondierend zu den hier dargestellten Themengebieten werden nun die sichtbare Welt, der Kosmos und die Erde auch anhand von Bildern im Buch sinnlich wahrnehmbar gemacht. Diese Bilder werden hierzu vielfach wiederholt. Z.B. werden die beiden großformatigen Kosmosdarstellungen des 3. Teils 11 bzw. 12 mal abgebildet und dies über weite Strecken in unmittelbarer Aufeinanderfolge. Warum tut Descartes das, wenn man doch einfach eine Seite zurückblättern kann, um eine gerade kurz zuvor gesehene Abbildung sich nochmals zu vergegenwärtigen? Der sich durch diese Abbildungspraxis ergebende Eindruck, welcher wiederum nicht in der deutschen Edition der *Prinzipien*, die jede Abbildung nur einmal bringt, erfahren werden kann, ist der einer durchgängigen Bebilderung des Textes. Kaum je hat der Leser während seiner Lektüre der letzten beiden Teile der *Principia* eine Doppelseite mit barem Text vor Augen. Anders formuliert: Descartes läßt hier den Leser so gut wie nie allein mit dem Text, vertraut auffallend nicht allein auf die bloße Überzeugungskraft rationaler Argumentation, noch auf die Anschaulichkeit und Einprägsamkeit seiner sprachlichen Metaphern, die den jeweiligen Vorstellungen, die man sich machen kann, noch zu viel individuellen Spielraum lassen, sondern bemüht sich vielmehr offenkundig um *eine durchgängige Beschlagnahme, Steuerung und Kontrolle der Imagination seiner Leser* durch einen gleichsam parallel mitlaufenden Bilderfilm. Hintereinandergeschaltet ergeben die Abbildungen, die die Entstehungsprozesse von Kosmos und Erde zeigen, eine regelrecht filmartige Sequenz zur Veranschaulichung mechanistisch gedachter Entwicklungsvorgänge, ähnlich wie sie heute als Bildanimationen in Lehrfilmen für den Unterricht eingesetzt werden.

---

776 Descartes, *Discourse on Method, Optics, Geometry, and Meterology* (ed. Olscamp 2001).

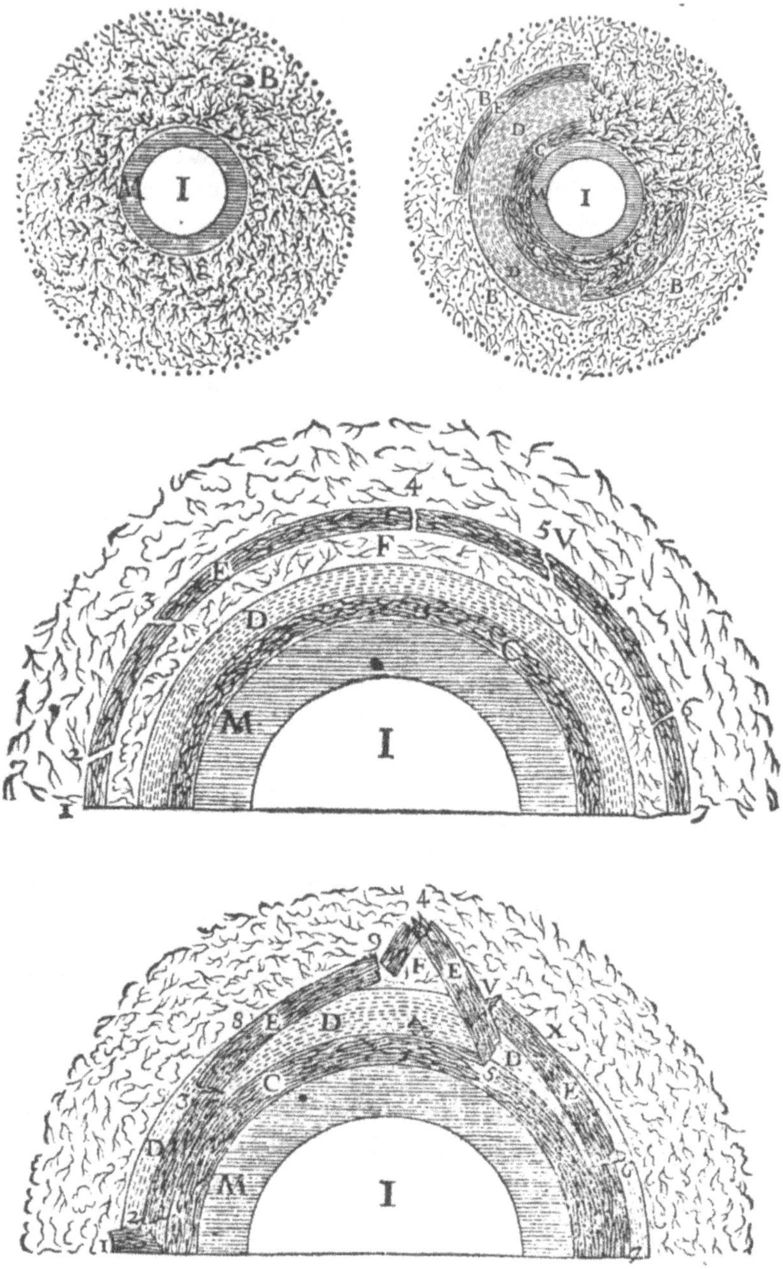

Abb. 48) Descartes, *Principia.*[777]

777 Diese Abbildungen werde ich in einem späteren Kapitel noch ausführlich interpretieren.

Die Ablenkung des Blicks vom Text auf das Bild bzw. die Konkurrenz verschiedener Sinne um die Aufmerksamkeit der Wahrnehmung ist auch Thema weiterer Abbildungen aus der *Dioptrik*, die ihrerseits in diesem Sinne als die Abbildungspraxis reflektierend gedeutet werden können.

Die folgende Abbildung stammt nicht von Descartes selbst, sondern aus *De L'homme.* Sie zeigt wie der Duft einer Blume den Blick auf einen Pfeil abzulenken droht.

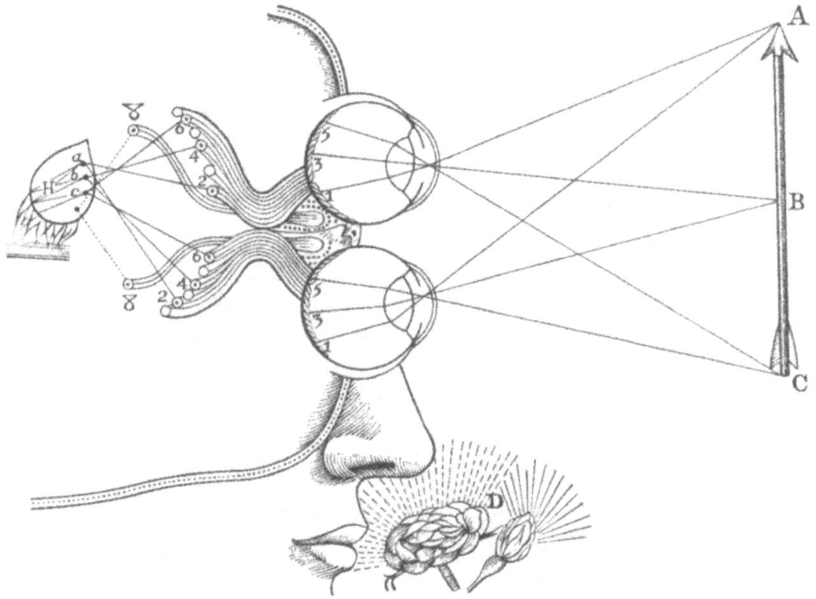

Abb. 49) Descartes, *De l'homme*, Konkurrenz der Sinne.

Die Ablenkung gelingt allerdings nicht, die Aufmerksamkeit bleibt auf den Pfeil gerichtet. Offenbar gibt es eine Hierarchie der Sinne, in der der Sehsinn sich als der durchsetzungsstärkste erweist.

Ein schwerer Konflikt läge vor, wenn der Sehsinn zwischen mehreren Bildern wählen müßte. Descartes bringt entsprechend nie thematisch verschiedene Abbildungen auf einer Seite. Meist zeigt er nur eine Abbildung und diese – jedenfalls in den Erstausgaben – großformatig, selten wird einer Abbildung, wie in *Les Météores,* noch ein kleinere, sie erläuternde zweite Modellabbildung beigegeben.

Es gibt jedoch noch andere Formen von *Wahrnehmungsproblemen,* die Descartes beschäftigen. Warum geschieht es manchmal, daß das Auge Gegenstände an anderer Stelle sieht, als wo sie sich tatsächlich befinden bzw. sie doppelt sieht? Descartes versucht dieses Problem wiederum mit Hilfe von Abbildungen zu erklären:

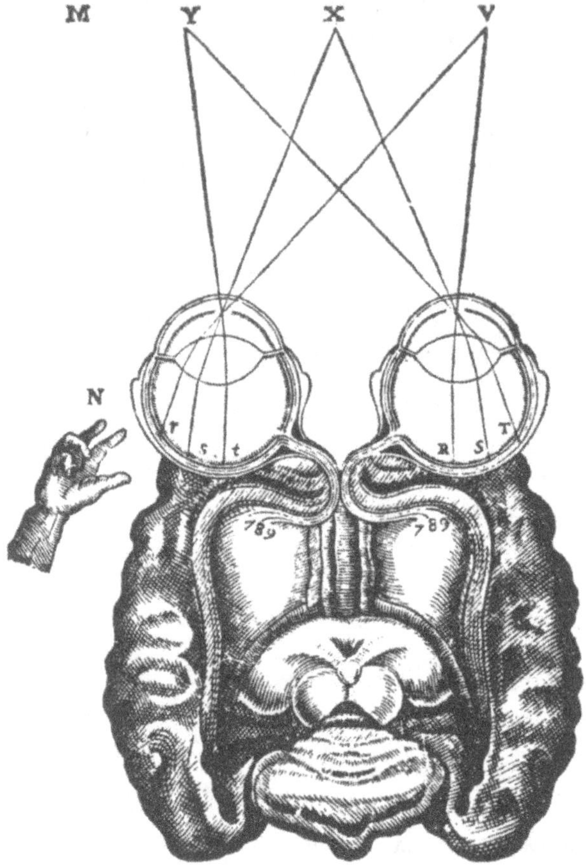

Abb. 50) Descartes, *Dioptrik*, Erklärung der Augenmuskelanalogie.

Wenn das Auge erst so disponiert ist, daß es nach X schaut und ein Finger von hinten seitwärts darauf drückt und dreht, stellt sich das Auge so ein, als würde es nach M blicken und als ob seine eigenen Muskeln es dahin gezogen hätten. Zugleich sollen also M und X mit dem Blick fixiert werden, was dazu führt, daß das Auge sich auf die Mitte Y richtet und ihm M an der Stelle von Y, Y an der Stelle von X und X an der Stelle von V erscheint. Gleichzeitig wird das andere Auge RST weiterhin die Gegenstände an ihrem tatsächlichen Ort sehen, weshalb sie nun doppelt gesehen werden. [778]

778 „Puis, à cause que les impressions, qui viennent de dehors, passent vers le sens commun par l'entremise des nerfs, si la situation de ces nerfs est contrainte par quelque cause extraordinaire, elle peut faire voir les objets en d'autres lieux qu'ils ne sont. Comme si l'œil *rst*, étant disposé de soi à regarder vers X, est contraint par le doigt N à se tourner vers M, les parties du cerveau d'où viennent ses nerfs, ne se disposent pas tout à fait en même sorte que si c'étaient ses muscles qui le tournassent vers M; ni aussi en même sorte que s'il regardait véritablement vers X; mais d'une façon moyenne entre ces deux, à savoir, comme s'il regardait vers Y; et ainsi l'objet M paraîtra au lieu où est Y, par l'entremise de cet œil, et Y au lieu où est X, et X au lieu où est V, et ces objets paraissant aussi en même temps en leurs vrais lieux, par l'entremise de l'autre oeil

Die Hand, die auf dem Bild das Auge ablenkt und zur Täuschung führt, wird im nächsten Bild selbst zum Modell der Erklärung:

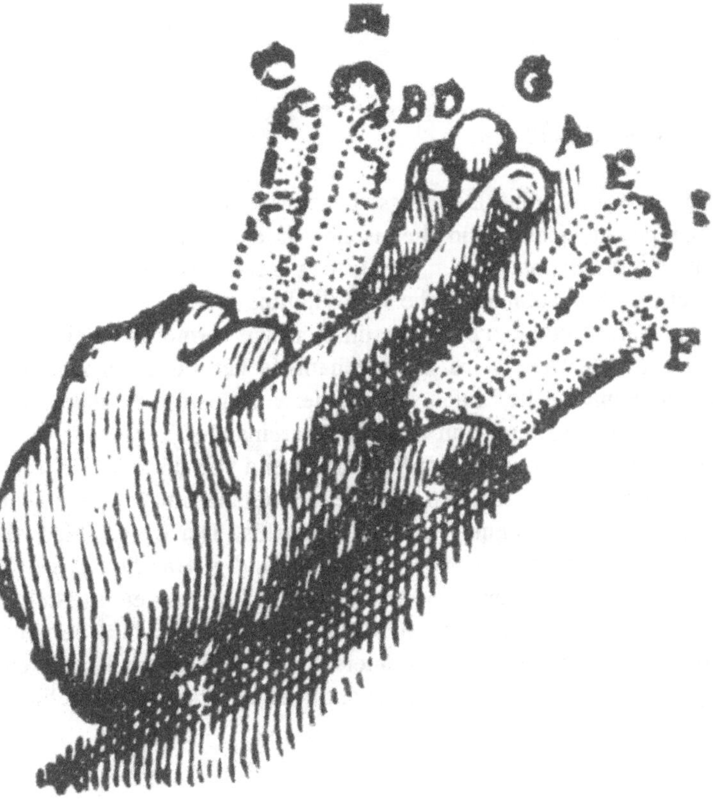

Abb. 51) Descartes, *Dioptrik*.

Wenn die gekreuzten Finger A und D das Kügelchen G halten, streben ihre Muskeln danach, sie zu spreizen (A nach C und B nach D), wodurch das Gehirn so disponiert wird, daß es scheint, als ob A sich bei B und D sich bei E befindet und als ob verschiedene Kugeln, nämlich H und I, berührt werden würden.[779] Hier wird die Erklärung der Wahrnehmungsirritationen durch geschickte Bildtransfers nachvollziehbar gemacht, die den Mechanismus der Täuschung explizieren. Das Bild der Hand referiert also nicht buchstäblich auf die Hand, sondern analogisch auf die Funktionsmechanismen des Auges.

RST, ils sembleront doubles." AT VI, 141f.
Bexte (1999), will in diesem Bild jedoch eine buchstäbliche Analogie dargestellt sehen: Das Auge sehe wie die Hand, Descartes habe, wie beim Blinden, mit dem Bild vorgeführt, wie man „mit den Händen sehe".

779 „En même façon que, touchant la petite boule G des deux doigts A et D croisés l'un sur l'autre, on en pense toucher deux; à cause que, pendant que ces doigts se retiennent l'un l'autre ainsi croisés, les muscles de chacun d'eux tendent à les écarter, A vers C, et D vers F, au moyen de quoi les parties du cerveau d'où viennent les nerfs qui sont insérés en ces muscles, se trouvent disposées en la façon qui est requise pour faire qu'ils semblent être, A vers B, et D vers E, et par conséquent y toucher deux diverses boules, H et I." AT VI, S. 141f.

4) Maschinenbilder / Menschenbilder? Der Bilderstreit um den *Traité de l'homme*[780]

4.1) Explanatorische Bilder?

Als eine der großen Leistungen Descartes' bezeichnet Crombie, daß dieser „die Methode des theoretischen physikalischen und chemischen Modells zu dem wirksamen Werkzeug der Analyse machte."[781] Kann man daher wenigstens Descartes' Abbildungen als evident bezeichnen, insofern sie als explanatorische Modelle fungieren?

Beim jetzt zu betrachtenden, ebenso berühmten wie vermeintlich einfachen Beispiel aus Descartes' *Traité de l'homme* wird ein mechanistischer Funktionszusammenhang veranschaulicht: Durch geometrische Linien symbolisierte Lichtstrahlen gehen von einem Gegenstand aus, einem Pfeil, treffen dann auf die übereinander angeordneten Augen, dringen durch die Linsen zur Retina und zu den Sehnerven und von dort zur Zirbeldrüse im Gehirnzentrum. Dort werden sie zu Impulsen verarbeitet, welche im Arm eine Muskelkontraktion hervorrufen, die die Zeigebewegung des Fingers auslöst. Der Unterschied zu den Abbildungen bei Harvey, Vesalius oder Fabricius ist offenkundig. Das Descartes' Text beigefügte Bild zeigt keine reale Beobachtung, sondern es ist ein Bild von etwas Nicht-Sichtbarem. Es referiert nicht primär mimetisch auf äußere Gegenstände, sondern verläßt die Ebene des phänomenal Beobachtbaren und – darin unterscheidet sich dieses Bild allerdings auch von den Abbildungen aus *Die Meteore* – es versucht übergeordnete strukturelle bzw. funktionale Relationen plausibel zu machen.

---

780 Dieses Kapitel schließt an die Ausführungen zum Maschinen und Mechanismusbegriff aus dem Kapitel 2.2. des 2. Teils der vorliegenden Arbeit an: „Maschinen, Monster und Mörder".

781 A. Crombie, *Von Augustinus bis Galilei*, Köln 1965, S. 470.

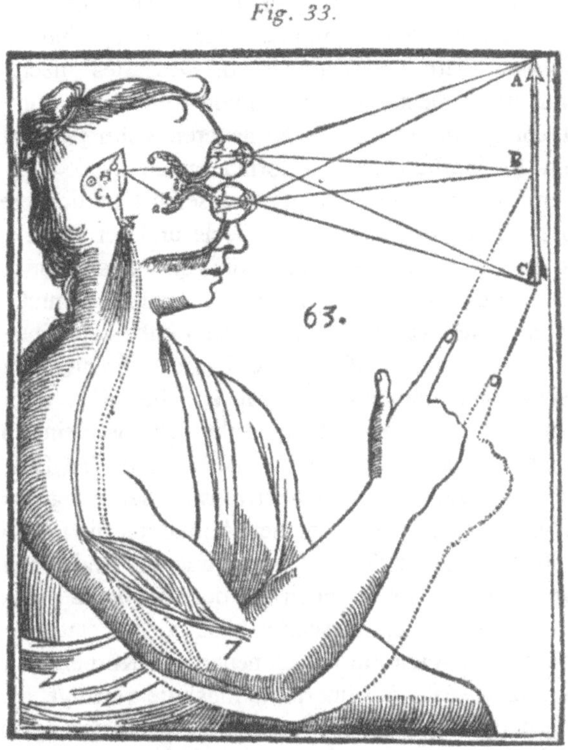

Abb. 52) Descartes, *Traité de l'homme*, Mechanistischer Prozeß der visuellen Wahrnehmung, 1664.

Hier scheint ein unproblematisches Schaubild von Descartes' mechanistischer Erklärung des Sehvorgangs vorzuliegen. Brian Baigrie deutet daher die Funktion dieser Art Abbildungen so, daß sie *unsere mechanistischen Intuitionen* ausbilden und schärfen würden.[782] Wie meine vorherigen Ausführungen über den hypothetischen Status, den Descartes seinen Erklärungen verlieh, verdeutlichen sollten, könnte ein solches Bild, selbst wenn es auf die Ebene der Ursachenerklärungen verwiese, keine Beweisfunktion haben. Es bestätigte aber auch nicht empirisch eine Beobachtung, sondern hätte eine explanatorische Funktion, insofern aus den beobachteten Wirkungen hypothetisch mögliche Ursachen zur funktionalen Erklärung angenommen und diagrammatisch veranschaulicht und plausibilisiert werden. Anhand der Abbildungen aus Descartes' *Dioptrik* konnte man allerdings bereits sehen, wie man mit dieser Interpretationsstrategie schnell auf ungeahnte Schwierigkeiten trifft, da diese Bilder sich weder untereinander als kompatibel noch für sich selbst betrachtet als funktionsanaloge Erklärungsmodelle zeigten. Wie nehmen sich nun im Vergleich dazu die Bilder aus *De l'homme* aus?

Das von mir aus diesem Text als erstes Beispiel ausgewählte Bild ist sehr bekannt, nicht zuletzt weil man es sehr oft auch ohne seinen Kontext reproduziert; – es ziert Umschläge

---

782 Vgl. Baigrie (1996), S. 116.

allgemeiner Darstellungen der frühneuzeitlichen Wissenschaftsgeschichte[783] und zählt zum eisernen ikonischen Bestand der Mythographie einer „wissenschaftlichen Revolution" im 17. Jahrhundert. Nicht nur unsere Vorstellungen von Descartes' mechanistischen Erklärungen des menschlichen Körpers nach dem Vorbild von Automaten wurden von dieser Abbildung maßgeblich mitgeprägt, sie fungiert in der neueren Kulturgeschichte auch generell als Signum eines sich im 17. Jahrhundert neu formierenden Denkstils, der sich darauf beschränke, den Menschen nur noch im Hinblick auf seine Funktionsmechanismen ‚wissenschaftlich-'reduktionistisch zu beschreiben. Die Seele und der Geist stünden in keiner ursächlichen Beziehung zu den Körperfunktionen, die rein physikalistisch zu erklären seien. Seither klagte man Descartes an, er habe den Geist dazu verdammt, in der Maschine zu spuken. Ausgehend von dieser Abbildung lassen sich daher die Entstehung und Karriere dieses zentralen historiographischen Leitbildes verfolgen – und hinterfragen.

Eine erste skeptische Einschränkung in bezug auf die selbstverständlich erscheinende funktionale Angemessenheit dieser Abbildung ergibt sich aus meinen früheren Ausführungen und muß hier nur noch benannt werden: Angesichts des bei Descartes immer wieder stattfindenden erkenntnistheoretischen Perspektivenwechsels weg von statischen hin zu genetischen Erklärungen, droht mit einer solchen Abbildung die Gefahr, einen Erkenntnis*aspekt* zum allein gültigen Gesamtbild zu verabsolutieren. Andererseits könnte man aber gerade mit dem Verweis auf die Abbildungen aus dem *Traité de l'homme* meine bisherige Lesart in Frage stellen und behaupten, Descartes habe ja doch statische Modelle eingesetzt, die mit Hilfe von Strukturanalogien ein maschinenartiges Körperverständnis veranschaulichen. Doch auch wenn man strikt die Interpretationslinie verfolgt, die die Bedeutung der genetischen Erklärungsperspektive bestreitet oder marginalisiert, gerät man, wie ich im folgenden zeigen werde, bei genauerem Betrachten dieser scheinbar einfachen Abbildung (und auch bei anderen) zwangsläufig ins Schlingern. Die auftauchenden Schwierigkeiten liegen auf verschiedenen Ebenen, da sich (auch) in diesem Fall sowohl editorische wie erkenntnistheoretische Fragestellungen als untrennbar miteinander verquickt erweisen.

4.2) Habent sua fata libelli

Sichten wir erst einmal die Lage: Mit Blick auf die Editionen ist grundsätzlich herauszustellen, daß (bis auf zwei erhalten gebliebene grobe Skizzen Descartes') die Abbildungen aus dem *Traité de l'homme* posthum angefertigt und daher im Unterschied zu denen der Essays (*Dioptrik, Meteore, Geometrie*) oder den *Principia* nicht von Descartes selbst autorisiert wurden. Die originalen Abbildungsvorlagen, auf die der Text permanent eingeht, waren nach Descartes' Tod nicht mehr aufzufinden. Mit dem *Traité de l'homme* liegt somit ein wichtiger Text der Wissensgeschichte vor, der dauernd auf nicht existierende Abbildungen verweist, die das Geschriebene plausibel resp. anschaulich hätten machen sollen, woraufhin nach dem Tod des Verfassers die gemeinten Abbildungen hergestellt werden mußten. Man müßte diesen ‚Illustrationen' daher mit skeptischer Vorsicht begegnen und sollte sie nicht

783 Z.B. Henry (2002).

einfach so behandeln, als hätte sie Descartes eigenhändig seinem Text beigegeben[784] und als seien sie deshalb zugleich ‚authentische' Visualisierungen seiner wissenschaftlichen Vorstellungen. Eine solche Nonchalance beim Zuschreiben von Bildern hat interpretatorische Konsequenzen.

De l'homme war bis weit ins 18. Jahrhundert hinein das mit Abstand wirkmächtigste Werk Descartes'. Diese Wirkung verdankte sich vor allem zweier posthumer Editionen, die beide von Medizinern aus Descartes' engsten Umfeld besorgt wurden, reich illustriert waren und die miteinander zunächst mehrere Jahrzehnte konkurrierten, bis sich eine von ihnen endgültig durchsetzte:

> Renatus Des Cartes de homine, figvris et latinitate donatus a Florentio Schuyl. Lvgdvni Batavorvm: Apud Franciscvm Moyardvm & Petrvm Leffen, 1662.[785]
>
> Claude Clerselier (Hrsg.): L'Homme de René Descartes et un Traité de la Formation du fœtus du mesme autheur, avec les remarques de Louys de La Forge, docteur en medecine, demeurant à La Fleche sur le Traité de l'homme de René Descartes et sur les figures par luy inventées, Paris, Charles Angot, Paris 1664.[786]

Beide Ausgaben weisen prominent in ihrem Titel auf die Abbildungen hin. Schuyl nennt sie an erster Stelle und La Forge läßt mit seiner Formulierung absichtsvoll offen, ob die Bilder von ihm oder von Descartes selbst stammen. Dies sind deutliche Hinweise darauf, daß den

---

784 Das ist die Regel. Z.B. Gaukroger, *Descartes' System of natural philosophy*, Cambridge 2002, S. 188 und leider auch Zittel (2004). Auch der Vergleich zwischen unterschiedlichen niederländischen Druckgraphiken und denen des *Traité de l'homme*, den Karin Leonhard und Robert Felfe anstellen (*Lochmuster und Linienspiel. Überlegungen zur Druckgrafik des 17. Jahrhunderts*, Freiburg 2006), verliert seinen Sinn, wenn schlicht berücksichtigt würde, daß diese Abbildungen nicht von Descartes selbst stammen und daß es rivalisierende Abbildungen gab. Vielmehr setzen Leonhard und Felfe in ihrem spannenden Buch voraus, daß es eine Korrespondenz zwischen den von ihnen referierten Passagen aus Descartes' Text und den (von ihnen bezeichnenderweise nicht beschriebenen und spärlich wiedergegebenen) Abbildungen gäbe.

785 Weitere Auflagen: ebd., 1662, Hack 1664, Leiden, Amsterdam: Gaesbaeck 1672; Amsterdam: Elzevier 1677, Blaeu 1686, Frankfurt: Knoch 1692, 1697. Allgemein zur Rezeption siehe: Paul Dibon, Der Cartesianismus in den Niederlanden, in: Jean-Pierre Schobinger (Hrsg.), *Der Neue Überweg. Grundriss der Geschichte, Die Philosophie des 17. Jahrhunderts Bd. 2: Frankreich und Niederlande,* Basel 1993, S. 349-374 u. 460-462. T.H.M. Verbeek, Dutch Cartesian Philosophy, in: S. Nadler (Hrsg.), *A Companion to Early Modern Philosophy*, Oxford 2002, S. 167-182. Tad M. Schmaltz, *Radical Cartesianism. The French reception of Descartes*, Cambridge, UK, New York 2002; ders., (Hrsg.), *Receptions of Descartes: Cartesianism and anti-Cartesianism in early modern Europe*, London 2005. Die Auswahl der in den *De Homine*-Editionen Schuyls aufgenommenen Abbildungen variiert, worauf mich Karin Leonhard hinwies und was ein erster Vergleich mit der Ausgabe aus ihrem Besitz, dem Frankfurter Exemplar, das ich konsultierte und dem Wolffenbütteler digitalsat (http://diglib.hab.de/drucke/ma-708/start.htm) bestätigte. Karin Leonhard danke ich herzlich dafür, dass sie mir die Abbildung 77b aus Ihrem Exemplar zur Verfügung gestellt hat.

786 Später publizierte Clerselier die 3. Auflage der französischen Edition eigens in den Niederlanden: René Descartes, *Les Traitez de l'homme, et de la formation du foetus* ..., Amsterdam: Le Jeune 1680. Ausserdem übersetzte er seine Ausgabe ins Lateinische, damit sollte Schuyls Ausgabe korrigiert und gänzlich überflüssig gemacht werden: Renatus Descartes: *Tractatus de Homine, et de Formatione Foetus. Quorum prior Notis perpetuis Ludovici de La Forge Amstelodami Apud Danielem Elsevirium* 1677. Ihr folgen weitere Ausgaben (ebd. 1686) und u.a. der Text im 3. Band von: *Renati Des Cartes Opera philosophica omnia. In tres tomos distributa omnia haec recensita à Viro clarissimo denuo sunt revisa, & ab innumeris mendis, quibus priores editiones scatebant, repurgata, una cum notis quibusdam & animadversionibus tumultuariis in inuversum opus, huic edition recens adjectis. Sumptibus Friderici Knochi, Francofurti ad Moenum*, Bibliop. Anno MDCXCVII, 1697.

Bildern nicht nur von Descartes (durch ihre Beschreibung im Text), sondern auch von den Cartesianern eine zentrale Funktion bei der Wissensvermittlung zugeschrieben wurde. Sowohl Schuyl als auch Clerselier versahen ihre Editionen mit umfangreichen Einleitungen und Kommentaren, wobei Clerselier in seinem Vorwort – im Unterschied zu späteren Editoren – ausführlich die Herkunftsgeschichte und Funktion der Abbildungen darlegt.[787]

Für eine historisch-systematische Untersuchung zum Text-Bild-Verhältnis in wissenschaftlichen Werken liegt hier daher der aufsehenerregende Glücksfall vor, zwei zeitlich benachbarte Illustrationsprojekte zu einem klassischen Text der Philosophie- und Wissenschaftsgeschichte miteinander vergleichen zu können und zu sehen, wie sie sich unterscheiden, welche unterschiedlichen Wahrnehmungs- und Erkenntnisideale sie postulieren und wie sie sich jeweils zu Descartes' Text verhalten. Wenn es also eine historische Alternative gab, fragt sich zudem, warum sich eine der beiden Seiten durchgesetzt hat.

1662 besorgte Florentius Schuyl (1619-1669)[788], damals noch Professor für Philosophie in Leiden, auf der Grundlage zweier Manuskripte eine erste lateinische Ausgabe von Descartes' *De homine*, die er mit Illustrationen ausstattete.[789] Seit Descartes' Tod im Jahre 1650, hatte sich zuvor Clerselier lange darum bemüht, eine französische Ausgabe herauszubringen. Clerselier vertrat wie Descartes die Auffassung, daß der Verstand, wenn die Einbildungskraft ihm assistiere, weit besser körperliche Dinge erkennen könne, als wenn er dies auf sich allein gestellt versuche. Es waren also Abbildungen für den Text zu beschaffen, zumal von Descartes selbst nur zwei grobe Skizzen überliefert waren. Diese Aufgabe erwies sich als überaus schwierig. Clerselier suchte lange vergeblich nach geeigneten Illustratoren. Nach einem ‚call for illustrations' im Jahre 1659[790] meldeten sich schließlich zwei Interessenten: Gérard van Gutschoven, Professor für Anatomie in Löwen, und der französische Mediziner Louis de La Forge.[791] Clerselier ließ beide unabhängig voneinander an den Illustrationen arbeiten. In dieser Zeit erfuhr Clerselier auch von Schuyls Editionsprojekt und trat mit ihm in Kontakt. Auch Schuyl schickte ihm daraufhin seine Illustrationen, so daß Clerselier nun Abbildungsvorschläge aus den Händen dreier Wissenschaftler vorlagen. Alle Illustratoren waren professionelle Mediziner, keine Künstler.

Eines der Hauptprobleme Clerseliers bei der Beurteilung der ihm zugesandten Abbildungen war, daß das, was Descartes beschrieb, weder mit unbewaffnetem Auge noch mit

---

787 Vgl. Clerseliers „Preface", das teilweise auch abgedruckt ist in: AT XI, S. XI-XXIV.

788 Zu Schuyl siehe: Lindeboom, Florentius Schuyl und seine Bedeutung für die Verbreitung des Cartesianismus in den Niederlanden, in: *Janus* 59 (1972), S. 25-37. Schuyl erwarb erst 1664 an der Universität Leiden, wo er bislang 24 Jahre Philosophie gelehrt hatte, auch den Titel eines Doktors der Medizin und wurde durch die Protektion von Sylvius noch im gleichen Jahr Professor der Medizin. Schuyl wurde bereits früher als Mediziner wahrgenommen, doch seine Publikation von Descartes' *De homine* ermöglichte ihm auch eine akademische Blitzkarriere in diesem Fach.

789 Zur Editionsgeschichte der ersten Ausgaben des *Traité de l'homme* siehe das oben genannte Vorwort Clerseliers sowie: M. van Otegem, The Relationship between Word and Image in Books on Medicine in the Early Modern Period, in: Neuber – Enenkel (2005), S. 614ff; Wilkin (2003).

790 AT V, S. 764.

791 Zu La Forge siehe: J. Isolle, Un disciple de Descartes, in: *Dix-sept. Siècle* 92 (1972), S. 99-131; G. Rodis-Lewis, Louis de la Forge, in: Jean-Pierre Schobinger (1993), S. 409-413. P. Claire, Le matérialisme hobbien vu par Louis de la Forge, in: *Revue international de philosophie* 33 (1979), S. 529-530. Albert G.A. Balz, Louis de la Forge and the Critique of Substantial Forms, in: *The Philosophical Review* Bd. 41, No. 6. (Nov. 1932), S. 551-576.

dem Mikroskop beobachtet werden konnte, denn viele der von Descartes beschriebenen physiologischen Vorgänge werden von ihm in einem Reich kleinster Materiepartikel angesiedelt, in den auch Instrumente nicht vordringen und der somit nur imaginiert werden kann. ‚Objekttreue', die durch eigene Beobachtungen abgeglichen werden könnte, schied damit als Kriterium für die Beurteilung der Abbildungen aus. Nun war der Text, der Clerselier und den Illustratoren vorlag, zwar voll von Beschreibungen und Verweisen auf verloren gegangene oder noch nicht angefertigte Abbildungen, die klarmachen sollten, was Descartes meinte. Doch ohne die Abbildungen ist Descartes' Text, der durchgängig um die Bilder herum komponiert wurde, oftmals unverständlich. Die ersten Illustratoren waren genau mit dieser paradoxen Situation konfrontiert: Sie mußten Bilder für einen für sie weitgehend undurchsichtigen Text finden und die transparente Einheit von Wahrnehmung und Erklärung auf eigene Weise erst neu konstruieren. Gefordert war somit von den Illustratoren, daß sie den Text interpretieren und Abbildungen erfinden, die seinen bzw. überhaupt einen Sinn zutage treten und faßbar werden lassen. Da in diesem Fall die Illustratoren ebenfalls ausgebildete Mediziner waren, stellten sie, wie man vielfach leicht erkennen kann, ihre artistische Phantasie nicht nur in den Dienst der Visualisierung von Descartes' Bildlegenden, sondern sie brachten auch ihre eigenen medizinischen Erfahrungen und Vorstellungen im Namen des wissenschaftlichen Fortschritts ein, durch die Descartes' Buch auf den neuesten wissenschaftlichen Stand gebracht werden sollte.[792] Nicht von ungefähr entschied sich La Forge dafür, Descartes Text zusätzlich ausführlich zu kommentieren: 213 Seiten mit Erläuterungen eines zeitnahen Text sind außergewöhnlich.

Clerselier verwarf Schuyls Vorschläge als unzureichend und traf später eine Auswahl aus dem Fundus der beiden anderen Illustratoren, deren Abbildungen er für gleichwertig hielt. Die Abbildungen van Gutschovens markierte er dann in seiner Edition mit G, die von La Forge mit F und die beiden Abbildungen, die angeblich auf Descartes zurückgehen, mit D.[793]

792 Clerselier lobt sogar ausdrücklich in seinem Vorwort van Gutschoven dafür, daß er sich nicht sklavisch den Auffassungen Descartes' unterworfen, sondern gelegentlich durch eigene Kenntnisse ersetzte. Vgl. Clerseliers ‚Preface', S. xix.

793 Vgl. Clerseliers „Preface".

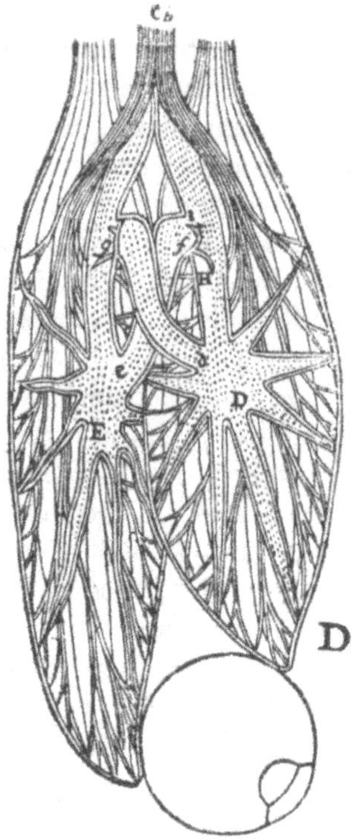

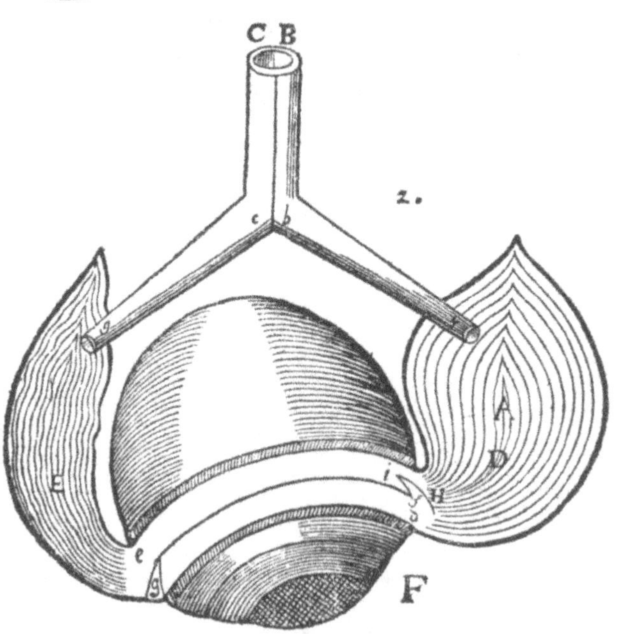

Abb. 53, 54, 55) Darstellung des Augenmuskels nach Descartes, van Gutschoven und La Forge. Durch den Zufluß von Spiritus animales durch die Röhren bf und cg bläht sich der Muskelkörper D auf, wird dadurch verkürzt, und zieht das an ihm haftende Auge heran (und vice versa). Der Zufluß vom Gehirn ist eine Einbahnstraße, die *spiritus* fließen dann entweder durch das Muskelgewebe ab oder vom Agonisten zum Antagonisten. Beide Augenmuskel sind entsprechend durch die Kanäle dg und ef verbunden; die Spiritus verändern, indem sie von einem zum andern fließen, das jeweilige Volumen und bewegen so das Auge hin und her. Dies ermöglicht (analog wie beim Herzen) eine Klappe (Hfi), die sich zwischen den Röhren bf und fe befindet und zwei 2 Falten oder Klapptüren (H und i) hat, die jeweils regulieren, daß der aktuell stärkere Spiritusstrom Vorfahrt bekommt. Diejenige Abbildung, die angeblich von Descartes stammt, scheint drei Klappen zu zeigen, was klar dem Text widerspricht. Die mit D gekennzeichnete Abbildung ähnelt stark der von van Gutschoven, vielleicht hat doch er sie entworfen. Auffällig ist, daß La Forge die Klappen deutlicher zeigt und den hydraulischen Mechanismus betont. Während bei den ersten beiden Bildern zumindest ein Leser, der mit Augenquerschnitten der *Dioptrique* vertraut ist, erkennen kann, daß es irgendwie um das Auge geht, ist die letzte, vermeintlich klarste Abbildung, ohne Kommentar komplett unverständlich.

Seine Entscheidung gegen Schuyl begründete Clerselier im Vorwort zu seiner Edition mit einem vergifteten Kompliment: Schuyls Abbildungen, so Clerselier, hätte er zwar gerne einfach von der lateinischen Ausgabe übernommen, denn sie seien „si ample et si belle". Doch obgleich sie den Illustrationen von van Gutschoven und La Forge im Hinblick auf Gravur und Druck überlegen seien, seien sie mehrheitlich mangelhaft in der Darstellung des Gehirns und der Muskeln sowie insgesamt weniger verständlich (moins intelligibles) und nicht der ‚intelligence' des Textes adäquat:

> „S'il avoit aussi bien rencontré dans les figures des muscles & du cerveau qu'il a inventées, [...] je n'aurois rien voulu faire autre chose, que de remettre ce Traité en sa langue Naturelle, & me serois servy de ses propres figures, qui l'emportent sans doute de beaucoup sur celles que j'ay fait mettre icy, si l'on a simplement égard à la graveure & à l'impression, mais que je croy pour la pluspart estre moins intelligibles que celles-là, & moins propres à l'intelligence du texte."[794]

Clerselier unterstellt (nicht nur hier) unter anderem erstens, daß Descartes' Text verständlich sei und zweitens, daß die Bilder der klaren cartesischen Argumentation zu entsprechen haben. Clerselier war nach Descartes' Tod als der legitime Sachverwalter des cartesischen Erbes weithin anerkannt. Durch seine Editionen von Briefen und bislang unbekannten Werken aus dem Nachlaß Descartes' war er die entscheidende Figur bei der Etablierung und Tradierung eines offiziellen Cartesianismus.[795] Pierre Bayle nennt ihn aufgrund seiner editorischen Bemühungen um das posthume Werk Descartes' als größten Cartesianer, der je auf Erden gelebt hat.[796] Auch die durch seine Edition sanktionierte Favorisierung eines ‚rationalistischen' Bildstils war erfolgreich, seine Kritik an Schuyl war ebenso höflich wie von vernichtender Wirkung. Wie ihm, gelten seither allen Gralshütern des cartesischen Andenkens Schuyls Bilder, sofern sie sie überhaupt kennen, als uncartesisch. Alle heute gängigen *De l'homme*-Editionen, die von Adam / Tannery, André Bridoux, Ferdinand Alquié, Karl Rothschuh, Gianni Micheli, Thomas Steele Hall, Stephen Gaukroger und Annie Bitbol-Hespériès drucken die Illustrationen der Clerselier-Ausgabe nach und alle Interpretationen beziehen sich wie selbstverständlich auf deren Bildprogramm, wohingegen die Bilder Schuyls fast vollkommen vergessen sind.[797] Aus der unerschöpflichen Flut von Descartes-

794 Clerselier, Preface, AT XI, S. XI.
795 Vgl. dazu Wilkin (2003), S. 42f.
796 Pierre Bayle, *Nouvelles de la République des Lettres*, Amsterdam 1684, S. 431-433.
797 Z.B. Descartes, *The world and other writings*, Cambridge (1998), hrsg. v. St. Gaukroger. Descartes, *Le*

Interpretationen gelang es mir nur drei herauszufischen, die sich mit Schuyls Bildern befassen, und selbst aus diesem Trio zweifeln zwei Interpreten, nämlich van Otegem und Rebecca M. Wilkin, nicht an Clerseliers Kritik. Wilkin urteilt:

> „Clerselier rightly points out that Schuyl misunderstood the epistemological function that Descartes assigned to figures, and he accuses him of neclecting Descartes' comparison of the human body to a machine. Underlying Clerselier's criticism of the Cartesian character of Schuyl's figures, however, is the question of the philosopher's posthumous fate. Schuyl's figures underscore the body's mortality and, consequently, evoke the circumstances that engendered them: the author's death. In contrast, Clerselier's illustrators incorporate Descartes' machine analogy into their figures."[798]

Ansätze zu einem Vergleich zwischen den Illustrationen aus Schuyls und Clerseliers Editionen gab es zwar bereits bei Cavaillé, doch Rebecca M. Wilkin kommt das Verdienst zu, deren Abbildungen erstmals eigens zu vergleichen, wofür sie keine im engeren Sinne philosophische Perspektive, sondern einen kulturhistorischen Ansatz wählt. Sie ordnet die Bilder Schuyls der *vanitas*-Tradition zu, da sie sich, weil sie den Körper noch als sterblichen zeigten, auf anatomische Darstellungen der Renaissance und der niederländischen Malerei[799] zurückführen ließen. Descartes' vergleichsweise früher Tod war für viele seiner Anhänger ein Schock gewesen, denn er hatte behauptet, aufgrund seiner medizinischen Kenntnisse sehr lange leben zu können und diese Fama hatte keinen geringen Anteil an der Verbreitung des cartesischen Gedankenguts. Descartes' Tod drohte deshalb die Glaubwürdigkeit seiner Theorie zu erschüttern.[800] Clerselier habe aus Sorge um Descartes' Nachruhm, so Wilkins

monde; L'homme, hrsg. v. Annie Bitbol-Hespériès, Paris 1996; Descartes, *Treatise of man*, hrsg. v. Thomas Steele Hall, Cambridge 1972; Descartes, *Oeuvres et Lettres*, hrsg. v. A. Bridoux, Paris 1953.

798 Wilkin (2003), S. 45. Vgl. a. ebd. S. 58. Otegem (2005), S. 620, nennt Clerseliers Bilder „moderner". Jean-Pierre Cavaillé widmet in seinem Buch *Descartes. La fable du monde*, Paris 1991, immerhin sechs Seiten der Abbildungsfrage von *De l'homme* (S. 147-153). Zwar urteilt er über Clerseliers Illustrationen, sie seien: „en effet fidèles à l'esprit du texte" – doch Cavaillé mißtraut diesem ‚esprit cartesienne' und hält es keineswegs für ausgemacht, daß Descartes sich für Clerseliers Bilder entschieden hätte. Ebd. S. 150. Brian Baigries kunstblinden Standard-Essay (Baigrie 1996) habe ich oben bereits kritisiert. Baigrie bringt zwar eine Abbildung Schuyls (S. 93), schreibt diese aber Clerselier zu und diskutiert sie nicht weiter. Um mit Lessing (*Laokoon* XVI) zu sprechen: „Wer diesen Fehler machen konnte, dem war es erlaubt, von der ganzen Sache nichts zu wissen." Des Chene (2001), S. 74, übernimmt schlicht Clerseliers Urteil.

799 „Rembrandt's *Anatomy Lesson of Dr. Tulp* typifies the triumph of description in Dutch painting of the period, the kind of representation that Descartes' explicitly sought to avoid in his figures, but Schuyl [...] adopts in *Renatus Des Cartes de homine.* He ignores Descartes' dismissal of anatomy ..." Wilkin (2003), S. 49. Wilkin schiebt hier Descartes das in Clerseliers Illustrationen greifbare Repräsententationsverständnis als eigenes unter. Hinzu kommt, daß Descartes keineswegs die Anatomie verworfen hat, sondern sein ganzes Leben lang sich ihr intensiv widmete. Die Intention ihres Verweises auf die niederländische Malerei verkehrt sich dadurch ins Gegenteil und zwingt dazu, die Vorzüge von Schuyls ‚zeittypischer' Repräsentationsformen anatomischer Befunde zu prüfen. Zu Descartes' Wirken in der medizinischen Kultur der Niederlande siehe: Harold J. Cook, *Matters of Exchange. Commerce, Medicine, and Science in the Dutch Golden Age*, Yale 2007, S. 226-266. Zu Descartes und Rembrandt siehe: Jonathan Sawday, Rembrandt und Descartes: Zur Entstehung nationaler Identität, in: Ulrich Bielefeld – Gisela Engel (Hrsg.), *Bilder der Nation. Kulturelle und politische Konstruktionen des Nationalen am Beginn der europäischen Moderne*, Hamburg 1998, zur möglichen Anwesenheit von Descartes bei der legendären Anatomielektion des Dr. Tulp siehe: William S. Heckscher, *Rembrandt's ‚Anatomy of Dr. Nicolaas Tulp': An Iconological Study*, New York 1958.

800 Vgl. dazu Steven. Shapin, Descartes the doctor. Rationalism and its therapies, in: *The British Journal for*

These, Schuyls Abbildungen verworfen, weil er Descartes' Lehren nicht mit Zeichen der Vergänglichkeit in Verbindung bringen wollte und daher auf die funktionalen Automatenbilder gesetzt, denen keine Todesassoziationen mehr anhaften. Schuyl hingegen habe die epistemologische Aufgabe mißverstanden, die Descartes (auch laut Wilkin) den Bildern zugedacht habe, nämlich funktionale Erklärungen plausibel zu machen. Es fragt sich jedoch, ob Wilkin hier nicht gerade Clerseliers Suggestionen erliegt. Die Überzeugung, Descartes habe von Bildern verlangt, als heuristische Werkzeuge zu fungieren, um ein funktionalistisches Körperverständnis zu vermitteln, ist womöglich gerade das Resultat von Clerseliers Bildpolitik. Mit den schematischen Bildern der Clerselier-Edition im Kopf unterstellen wir unversehens dem Text Descartes' eine analoge maschinenartige Konzeption des menschlichen Körpers.[801] Doch gibt es dafür überhaupt eine Textevidenz? Hält Clerseliers Adäquatheitskriterium von Bild und Text überhaupt einer genaueren Überprüfung stand? Welche Vorstellung hätten wir heute von Descartes' mechanistischer Auffassung des Menschen, wenn sein Text nur mit den Abbildungen Schuyls überliefert worden wäre? Die Diskrepanz zwischen den rivalisierenden Entwürfen ist tatsächlich augenfällig, was der These Nach-

---

the History of Science 33 (2002), S. 131-154.

801 Unterstützt wird dieses Bildprogramm durch Clerseliers Vorwort und La Forges Kommentare, die aber in modernen Ausgaben fehlen und somit nicht primär für das Durchsetzen des Maschinen-Bildes verantwortlich gemacht werden können. La Forge erläutert z.B. den Maschinenbegriff strikt funktional und bringt die notorischen Analogien zwischen: Uhr, Automat, Universum und Mensch. Für ihn gibt es keine qualitative Differenz mehr zwischen natürlicher und künstlicher Maschine; alle Passagen, in denen Descartes auf die Entstehung und Entwicklung des Menschen eingeht, werden in La Forges Definition ausgeblendet, die Trennung von Seele und Körper ist noch radikaler durchgeführt, – La Forge wird daher eine okkasionalistische Position entwickeln: „*Machine,* art. 2. Cette supposition est fort vraye; Car le mot de Machine, on ne peut rien entendre autre chose, sinon un Corps compose de plusieurs parties organiques, quiestant unies, s'accordant à produire quelques mouvemens, dont elles ne seroient pas capables, si elles estoient separées. J'appelle parties organiques, toutes sortes de Corps simples ou composez, qui estant unis ensemble, peuvent aider par leur conformation, figure, movement, repos, et situation, à la production des mouvemens, et fonctions de la Machine dont ils sont parties. Cela estant, non seulement les horloges, et autres Automates, sont des Machines; mais encore le Corps de l'Homme, celuy de tous les Animaux, et l'Univers mesme tour entire passer une Machine. Aussi la difference des Machines Artificielles et des Naturelles ne vient pas de ce que les principes prochains de leurs mouvemens sont de divers genres, mais seulement de ce que les organes de celles sont plus petites, en plus grand nombre, et capable de plus de chose, que non pas ceux des autres;" *Traité de l'homme,* ed. Clerselier, S. 156f. Bezeichnenderweise erläutert Thomas Leinkauf das rationalistische *res extensa-* Modell in seiner luziden und instruktiven Untersuchung: „Der Natur-Begriff des 17. Jahrhunderts und zwei seiner Interpretamente: „res extensa" und „intima rerum", in: *Berichte zur Wissenschaftsgeschichte* 23 (2000) S. 399-417, just mit einem Verweis auf die lateinische Variante dieser La Forge-Stelle (ebd., S. 405 u. 415, Anm. 47). Offenbar ist hier der Maschinenvergleich prononcierter angestellt ist als bei Descartes selbst. Zur zeitgenössischen Diskussion vgl. man vor allem die okkasionalistische Position Géraud de Cordemoys, *Dissertations physiques sur le discernement du corps & de l'âme: sur la parole, et sur le système de Monsieur Descartes*, Paris 1664 und vor allem aber Stenos bemerkenswerter *Discours de M. Stenon sur l'anatomie du cerveau*, Paris 1669, S. 12-15 und S. 21f. Steno erklärt explizit, Descartes habe das Maschinenmodell ausschließlich dazu eingesetzt, die Unzulänglichkeit anderer Positionen klar zu machen, und nicht um zu behaupten, der Körper funktioniere tatsächlich so wie eine Maschine. Hier verweist Steno auf die von Descartes bewundernswert erklärte Komplexität physiologischer Vorgänge, die sich dem Maschinen-Modell entziehe. Die Maschinen-Analogie sei jedoch dann von den Cartesianianern ganz wörtlich verstanden worden: „Quelques-uns de ses amis s'expliquent icy [es geht um die Erklärung des Körpers als Maschine] un peu autrement que luy; [...] Monsieur Descartes ne nous parle que d'une machine, qui pourtant nous fait voir l'insufficance de ce que les autres nous enseignent", ebd., S. 13.

druck verleiht, daß es (in diesem spezifischen Fall, jedoch natürlich in den meisten anderen auch) keine eindeutige Korrespondenz zwischen einem noch so sehr an die Anschauung appellierenden Text und einer Abbildung geben kann. Daraus folgt, a posteriori, daß die Abbildung ein ‚Mehr' oder ‚Anders' an Information in sich trägt: Bilder, so kann man nun sagen, fungieren als weitgehend autonome materielle Träger und Produzenten von Wissen.

In der Folge werde ich argumentieren, daß die reduktionistische Vorstellung des cartesischen Menschen als Maschine primär eine von Postcartesianern erfundene ikonographische Idee ist, die Descartes' Text vereinfacht und umdeutet, und die daher weniger durch den Wortlaut des Textes, sondern vielmehr durch die Bilder entfaltet und tradiert wurde. Denn es läßt sich zeigen, daß das Gros der heutigen Interpretationen von Descartes' *Traité de l'homme* (und überhaupt von Descartes' Auffassung vom Menschen) von Clerseliers posthumer Bildprogrammatik einseitig geprägt ist. Es sind Clerseliers Bilder, die im Verein mit den posthumen Vorworten Descartes' Text folgenschwer umdeuten. Die suggestive Harmonie von mechanistischen Credo und graphischer Darstellung wird von nun an dieser Umdeutung zu durchlagendem Erfolg verhelfen.

4.3) Facta und Ficta

Zunächst sind allgemeine Beobachtungen von Besonderheiten und Unterschieden beider Editionen festzuhalten, die dann später anhand eines Vergleichs der Bilder noch konkretisiert werden müssen:

- Clerselier verändert und ergänzt immer da den Text Descartes', wo er es für das Verständnis nötig hält.[802] Wir haben somit einen ohnehin korrupten und nicht autorisierten Nachlaß-Text des *Traité de l'homme* und im Falle der Clerselier-Edition eine stillschweigend ergänzte, den Text stellenweise nach den Vorstellungen des Herausgebers erst „intelligible" machende Druckversion. Dem von Clerselier bis Wilkin für die Abbildungen ins Spiel gebrachte Kriterium der Texttreue fehlt daher eine zweifelsfreie Grundlage. Doch selbst wenn man *unter diesem Vorbehalt* am Postulat der Texttreue festhält, läßt es sich nicht rechtfertigen, den Bildern der Clerselier-Edition eindeutig den Vorzug zu geben, denn:
- Die Bilder van Gutschovens und La Forges sind Holzschnitte, die von Schuyl Kupferstiche. Der Holzschnitt ist das vergleichsweise grobere Medium, für das es schon Ausnahmekönner wie Albrecht Dürer bedarf, um Druckstöcke zu schneiden, die es an Feinheit mit einem Kupferstich aufnehmen können. Der Holzschnitt eignet sich daher besonders gut für diagrammatische Darstellungen. In Kupfer lassen sich hingegen viel leichter detailgenaue Bilder stechen, d.h. Schuyl war mit seiner Technik klar im Vorteil. Darüber hinaus sind Schuyls künstlerische Fähigkeiten denen von Gutschoven und La Forge weit überlegen, etwa im Hinblick auf die Genauigkeit der Darstellung, Bildkomposition und der Behandlung der Perspektive. Clerselier erkennt die ästhetische Minderwertigkeit seiner Abbildungen genau und macht nun aus der Not eine Tugend, indem er eine Trennung zwischen künstlerischem Schau-Wert und wissenschaftlicher Verständlichkeit einführt,

802 Vgl. Baillet, *La Vie de Monsieur Descartes,* Bd. II, S. 402; Wilkin (2003), S. 41.

die der heutigen Trennung von Kunstbild und (vermeintlich eindeutigem) wissenschaftlichen Bild nahekommt. Doch für eine solche Aufspaltung zwischen Kunst und Erkenntnis finden sich mit Blick auf Descartes' eigene Bildverwendung keine entsprechenden Vorgaben. Im Gegenteil: Descartes favorisierte, wie oben dargestellt, den Kupferstich, weil durch ihn viele Einzelheiten sichtbar gemacht und erkannt werden können, gerade wenn die Darstellung nicht Ähnlichkeitspostulaten folgt; er lobte den schärferen Blick der Graveure, weil diese ihre Augen schulten,[803] und macht sich in *Die Meteore* gerade die minutiösen Bild-Entwürfe subvisibler Mikrowelten zunutze, um seine akribische Beschreibungen von winzigen Materiepartikeln phänomenal vorstellbar zu machen und das Verständnis seiner Materietheorie mit Hilfe der Einbildungskraft zu befördern. Gerade die ästhetisch subtile Darstellung unterstützt oder ermöglicht erst gar bei Descartes vielerorts das wissenschaftliche Erkennen, und zwar vor allem dann, wenn sie sich, um nicht sichtbare Wirkungszusammenhänge zu explizieren, vom Postulat realistisch-mimetischer Darstellung zu lösen versteht.

- Schuyl orientiert sich mit seinen Abbildungen sehr eng an zwei Abschriften des Manuskript-Textes, während La Forge und van Gutschoven auch nach Descartes' Tod erfolgte Entwicklungen der Medizin mit in ihre Abbildungen einbeziehen. Da Descartes aber seinem eigenen Zeugnis nach sein eigenes Manuskript Jahre später nur mit Mühe entziffern konnte, gibt es keine letzte Sicherheit, wie zuverlässig die Abschriften (von denen Descartes zwar wußte, sie aber nicht korrigierte)[804]und die aus ihnen konstituierten Textfassungen sind.
- Schuyl nahm sich Frans van Schootens Abbildungen aus den Essays zum *Discours* als Vorbild. Die dortigen Abbildungen weisen oft zugleich mimetische und diagrammatische Elemente auf – entsprechend verfährt auch Schuyl. Seine Bilder veranschaulichen zuweilen auch Vorgänge und sind dadurch viel näher an der Abbildungspraxis der *Dioptrik* und den *Meteoren* als die primär statisch-schematischen Abbildungen aus der Clerselier-Edition. Wie Descartes wiederholt Schuyl einzelne Abbildungen mehrmals und übernimmt dadurch die oben beschriebene cartesische Strategie der gezielten Gedächtnisprägung. Clerselier tut dies nicht. Schuyl adaptiert überhaupt Descartes' Bildsprache der *Discours*-Essays vermutlich zu dem Zweck, sich ihrer kognitiven Funktionen für die Explikation anatomischer Phänomene zu bedienen; – wie weit dieser Transfer in einen anderen Wissensbereich dann gelang, bleibt jedoch zu prüfen. Da Descartes in Kooperation mit van Schooten die Bildproduktion für die Essays genau kontrollierte, können deren Bildstrategien zumindest als von ihm autorisiert gelten. Dies ist mehr als ein bloßes Auto-

803 Descartes, *Dioptrik*, S. 89 u. 120f.

804 Am 23. November 1646 hatte Descartes in einem Brief Mersenne mitgeteilt, es sei nun „12 oder 13 Jahre her, daß ich alle Funktionen des menschlichen Körpers oder diejenigen des Tieres beschrieben habe, aber das Papier, worauf ich das getan habe, ist so verblaßt, daß ich selbst große Mühe habe würde die Schrift zu lesen; jedoch konnte ich nicht umhin, – das ist nun 4 oder 5 Jahre her – es einem vertrauten Freund zu leihen. Dieser machte eine Abschrift, welche wieder von zwei anderen mit meiner Erlaubnis, aber ohne daß ich sie korrigiert habe, abgeschrieben worden ist." Lindeboom (1972, S. 32) vermutet, daß Alphonse Pollot dieser vertraute Freund war. Pollot schenkte jedenfalls 10 Jahre später Schuyl eine Abschrift, eine weitere bekam er vom Ritter van Bergen van Sturck geschenkt. Wie Lindeboom hervorhebt, ist dies ein bemerkenswertes Zeugnis für das große Interesse an der cartesianischen Philosophie, wenn Nicht-Gelehrte seine Manuskripte abschrieben und weiter verbreiteten.

ritätsargument, da diese Bilder eng mit dem Text verflochten wurden und Descartes offenkundig diesem Zusammenspiel eine explikative Funktion zutraute, die von keinem der beiden Medien allein hätte geleistet werden können. Somit wird Schuyls Entscheidung, sich beim Illustrieren an früheren Descartes-Editionen zu orientieren, plausibel. Hingegen unterscheiden sich gerade aufgrund ihres demonstrativ luziden Funktionalismus' ausgerechnet diejenigen Illustrationen La Forges and Gutschovens, die nachmals berühmt wurden, eklatant von den früheren Abbildungen bei Descartes.

Es scheint, daß, wenn wir heute Schuyls Bilder als unvereinbar mit Descartes' Zielen betrachten, dies ein Effekt von Clerseliers erfolgreicher Politik ist, eine funktionalistische Lektüre von Descartes' Schriften zu etablieren, die wiederum ihrerseits weder kompatibel ist mit dem morphologischen Alphabet der *Meteore* noch mit seinen Ausführungen in *De Formatione Foetu* bzw. *Beschreibung des menschlichen Körpers,* ein Text, der gemeinsam mit *Traité de l'homme* in den posthumen Editionen publiziert wurde.

– Wie man auch noch gleich sehen wird, sind zudem die Abbildungen der Clerselier-Ausgabe ihrerseits keineswegs so einheitlich, wie ihr Herausgeber glauben machen will, der gleichsinnige Funktionalismus wird mehr behauptet als praktiziert, d.h. er wird oft primär rhetorisch eingelöst.

Wenn man also mit Descartes' vermeintlichen Intentionen argumentieren wollte, die durch Bilder intelligibel gemacht werden sollen, dann spräche von den Voraussetzungen her weit mehr für Schuyls Bildsprache.

4.4) Intelligible Mechanismen?

Kehren wir zuerst zur bereits gezeigten Abbildung aus dem *Traité de l'homme* zurück.

Georges Canguilhem hat bereits vor mehr als fünfzig Jahren darauf hingewiesen, daß mit ihr etwas nicht stimmt: „Descartes, pour lequel cette figure est faite par un dessinateur autre que Descartes, impose manifestement l'interpretation contraire.“[805]

Daß Canguilhem gerade bei Clerseliers Paradebeispiel einen offenkundigen Widerspruch zwischen Text und Bild erkennt, konterkariert dessen rationalistisches Bildideal. Canguilhem weist mit Recht darauf hin, daß im Unterschied zur Darstellung auf dem Bild, es Descartes' Text zufolge nicht die vom Pfeil ausgehenden Lichtstrahlen sind, welche die Spiritus im Gehirn dazu bringen, sich so zu arrangieren, daß sie über die Nervenstränge das Heben des Arms kommandieren. Der Ausgangspunkt des Mechanismus, der eine Bewegung zu einem äußeren Objekt hin auslöst, liege nicht bei diesem Objekt, sondern im Gehirn. Die entsprechende Stelle lautet bei Descartes:

> „Die wesentliche Wirkung [...] besteht darin, daß die Spiritus, indem sie so aus einigen Stellen der Oberfläche dieser Drüse eher austreten als aus anderen, die Kraft haben können, die Röhrchen an der inneren Oberfläche des Gehirns, in die sie einfließen, den Stellen zuzuwenden, aus denen sie aus der Drüse austreten, wenn sie sie nicht schon dorthin gewandt vorfinden; und dadurch veranlassen sie, daß die Glieder, zu denen diese Röhrchen gehören, sich zu den Orten bewegen, denen diese Stellen an der Oberfläche H ent-

805 Canguilhem (1955), S. 46.

sprechen. Und man beachte, daß die Idee von dieser Bewegung der Glieder nur in der Art und Weise besteht, auf die diese Spiritus in dem Augenblick aus dieser Drüse austreten, und daß es folglich diese Idee ist, die die Bewegung verursacht. Wie hier [auf der Abbildung] kann man z.B. vermuten, daß die Ursache, die das Röhrchen 8 eher zum Punkt b als zu einem anderen dreht, lediglich darin besteht, daß die Spiritus, die aus diesem Punkt austreten, mit mehr Kraft zu ihm als zu allen anderen streben und daß gerade das der Seele die Möglichkeit gäbe zu spüren, daß der Arm sich zum Objekt B dreht".[806]

Fig. 33.

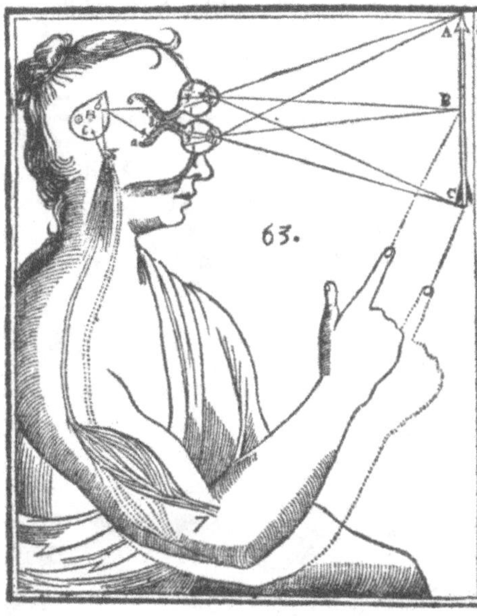

Abb. 56) Descartes, *Traité de l'homme*, Mechanistischer Prozeß der visuellen Wahrnehmung, 1664.

806 Descartes, *Über den Menschen*, S. 114f., AT XI, S. 180f.: „Or le principal effet qui suit de ceci, consiste en ce que les esprits, sortant ainsi plus particulièrement de quelques endroits de la superficie de cette glande, que des autres, peuvent avoir la force de tourner les petits tuyaux de la superficie intérieure du cerveau dans lesquels ils se vont rendre, vers les endroits d'où ils sortent, s'ils ne les y trouvent déjà tout tournés; et par ce moyen, de faire mouvoir les membres auxquels se rapportent ces tuyaux, vers les lieux auxquels se rapportent ces endroits de la superficie de la glande H. Et notez que l'idée de ce mouvement des membres ne consiste qu'en la façon dont ces esprits sortent pour lors de cette glande, et ainsi que c'est son idée qui le cause. Comme ici, par exemple, on peut supposer, que ce qui fait que le tuyau 8 se tourne plutôt vers le point b, que vers quelque autre, c'est seulement que les esprits qui sortent de ce point, tendent avec plus de force vers lui qu'aucuns autres; et que cela même donnerait occasion à l'âme, de sentir que le bras se tourne vers l'objet B."
Der Terminus „Idee" fungiert in diesem Kontext nur als Oberbegriff für alle körperlichen Eindrücke, die die „Spiritus bei ihrem Austritt aus der [Zirbel-] Drüse H empfangen können und die sich alle dem *sensus communis* mitteilen." Ebd. S. 109. Solche Verteilungsfiguren auf der Drüsenoberfläche können entweder durch die Vermittlung der Sinnesorgane zustande kommen oder durch die Erinnerungsspuren früherer Eindrücke. Vgl. Descartes, *Über den Menschen*, S. 117f.

Auch die nächste Abbildung soll zeigen – Descartes wiederholt dies nicht nur hier ausdrücklich –, daß solche Bewegungen „allein durch die Kraft der Spiritus und ohne daß die vernunftbegabte Seele oder auch nur die äußeren Sinne dazu beitragen“[807] ausgelöst werden. Diese Unabhängigkeit von äußeren Objekten erlaube erst zu erklären, daß und warum sich im Gehirn auch ohne äußere Einwirkung Ideen durch die vorangegangen Eindrücke im Gedächtnis bilden können:

> „Denn wenn die Figur eines bestimmten Objektes viel genauer eingedrückt ist als eine andere, und zwar an der Stelle des Gehirns, zu der die Drüse gerade hingeneigt ist, dann werden die Spiritus, die dorthin streben, auch davon den Eindruck aufnehmen. Und so kommen manchmal die Dinge der Vergangenheit wie zufällig in unsere Gedanken zurück, ohne daß das Gedächtnis durch irgendein Objekt, das die Sinne berührt, stärker erregt würde.“[808]

Fig. 34.

Abb. 57) Descartes, *Traité de l'homme*, 1664.[809]

---

807 Descartes, *Über den Menschen*, S. 117f., AT XI, S. 184f.

808 Descartes, *Über den Menschen*, S. 118f., AT XI, S. 184: „Au reste, il faut remarquer que, lorsque la glande H est penchée vers quelque côté, par la seule force des esprits, et sans que l'âme raisonnable, ni les sens extérieurs y contribuent, les idées qui se forment sur sa superficie ne procèdent pas seulement des inégalités, qui se rencontrent entre les petites parties de ces esprits, et qui causent la différence des humeurs, ainsi qu'il a été dit ci-dessus, mais elles procèdent aussi des impressions de la mémoire. Car si la figure de quelque objet particulier est imprimée beaucoup plus distinctement qu'aucune autre, à l'endroit du cerveau vers lequel est justement penchée cette glande, les esprits que tendent vers là ne peuvent manquer d'en recevoir aussi l'impression. Et c'est ainsi que les choses passées reviennent quelquefois en la pensée, comme par hasard, et sans que la mémoire en soit fort excitée par aucun objet qui touche les sens.“

809 Diese Abbildung ist interessant mit Blick auf die Gender-Thematik: Londa Schiebinger, *The mind has*

Descartes' wegweisendes Konzept einer *mémoire involontaire* wird von Clerseliers Abbildung nicht eingefangen, diese zeigt schlicht einen äußeren Reiz und dessen Verarbeitung im Gehirn.

Mit Descartes' Konzeption einer unwillkürlichen Erinnerung hängen zwei weitere Problemkreise der Visualisierung zusammen, der eine (a) umfaßt die Darstellungen körperlicher Interaktionen mit äußeren Objekten, die gemeinhin als Reflexe beschrieben werden, der andere (b) betrifft das Problem, wie die Wirkungsweise der Spiritus im Gehirn adäquat bildlich repräsentiert werden kann, insbesondere wenn es um die Visualisierung unwillkürlicher Gehirnzustände geht, wie Traum und Schlaf.

4.4.1) Reflexionen zum Reflex

Die bereits gezeigten Bilder aus Clerseliers Edition bilden eine Serie mit anderen Abbildungen, die alle vermeintlich reflexhafte Reaktionen auf äußere Objekte erhellen sollen:

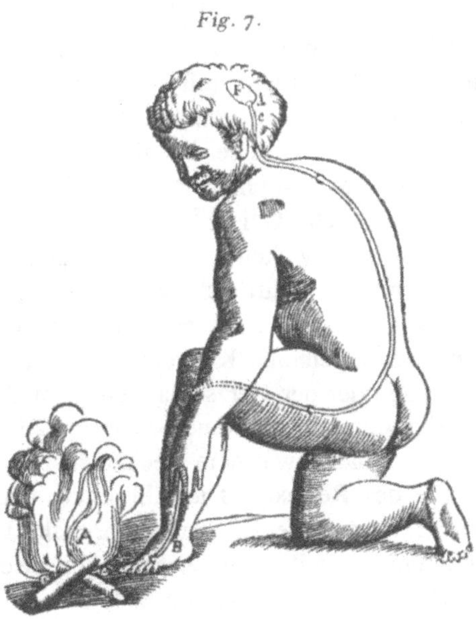

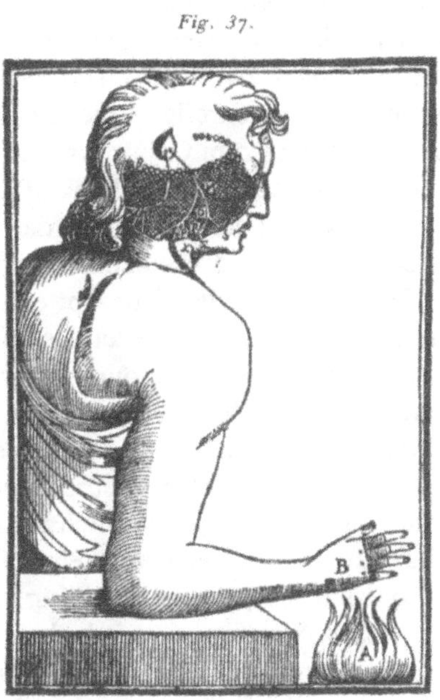

Abb. 58 und 59) Descartes, *Traité de l'homme*, Nervenreize, 1664.

no sex, Cambridge Mass. 1989, S. 126, beobachtet anhand der Darstellung einer Frau auf dem Frontispiz von Lamery's *Course of Chemistry*, daß „the fact that her breasts are bared affirms the truth of the secrets she is about to reveal" (S. 126). Dem stellt sie die Philosophie Descartes' entgegen: „Personification is excised from his [Descartes'] philosophy, as the feminine principle is banished from his world" (ebd., S. 148). Wie man unschwer erkennen kann, zeigt auch La Forges Abbildung eine barbusige Frau. In den verschiedenen Descartes-Editionen gibt es sowohl weibliche als männliche Figuren, weitere Beispiele folgen.

Descartes' Beschreibung des Vorgangs, den das Bild zeigt, lautet so:

> „Befindet sich z.B. (Fig. 7 [Abb. 58]) das Feuer A in der Nähe des Fußes B, dann haben – wie Sie wissen – die kleinen, schnell bewegten Teilchen dieses Feuers aus sich heraus die Kraft, die betroffene Stelle der Haut dieses Fußes in Bewegung zu versetzen. Indem sie dadurch an der kleinen Faser cc ziehen, die – wie Sie sehen – dort befestigt ist, öffnen sie im gleichen Augenblick den Eingang der Pore de, an der diese kleine Faser endet, ebenso wie man in dem Augenblick, in dem man am Ende eines Seilzugs zieht, die Glocke zum Klingen bringt, die an dem anderen Ende hängt."[810]

Wie bei der Lichtstrahl-Blindenstock-Analogie aus der *Dioptrik* geht Descartes auch bei der Analogie zwischen Nervenreiz und Glockenzug von einer instantanen Übermittlung der Teilchen aus. Gaukroger, der diese Passage paraphrasiert, kennzeichnet den Vorgang wie folgt:

> „In the acount of reflex response in *L'homme* he [Descartes!; C.Z.] gives an example of a ‚man machine' [Abb. 58]. [...] Such automatic motion is completly mechanical."[811]

Sehr häufig wird Descartes das Verdienst zugesprochen, er habe als erster körperliche Reflexe beschrieben oder zumindest die Reflexkonzeption antizipiert. Auch Gaukroger hält, wie gerade zitiert, terminologisch an dieser Auffassung fest, obgleich er (im Gegensatz zu den meisten anderen Darstellungen dieses Vorgangs in der Sekundärliteratur) den entscheidenden Unterschied zwischen einem Schutz-Reflex und Descartes' Konzeption erkennt. Schutzreflexe sind Eigenreflexe, die ohne neuronale Vermittlung auftreten. Descartes jedoch zeigt die Verbindung zum Gehirn. Außerdem, und das ist eine zentrale These von Canguilhem, kannte Descartes den Ausdruck „Reflex" gar nicht. Dies sei lediglich eine langlebige Legende, die dadurch entstanden sei, daß fast immer Philosophiehistorikern physiologische Kenntnisse fehlen – und Medizinhistorikern der kritische Geist.[812] Man könnte zwar einwenden, Descartes habe das Konzept eines Reflexes entwickelt, ohne den Begriff dafür zu haben, doch Canguilhem bestreitet das überzeugend und wehrt sich gegen solche „illusions de retrospectives", die gerade durch Clerseliers Abbildungen akkreditiert würden. Er verweist darauf, daß es Descartes vielmehr um eine allgemeine Konzeption unwillkürlicher Bewegungen geht, wozu auch z.B. die Verdauung oder der Herzschlag zählen und bei der stets, wie bereits bei der oben besprochenen Abbildung, primär eine bestimmte Disposition der *spiritus* im Gehirn verantwortlich ist. Descartes habe zwar eine mechanistische Theorie neuromuskulärer Prozesse, doch keine Theorie des Reflexes. Die Abbildung Clerseliers müßte also das Konzept einer unwillkürlichen Bewegung veranschaulichen, nicht das eines bloßen Reflexes. Sie suggeriert jedoch die Gleichzeitigkeit und Gleichartigkeit zweier verschiedener Vorgänge, nämlich des Reizes der Haut und der Muskelkontraktion.
Canguilhems luzide Erläuterung des Reflex-Problems blieb in der (nicht französischsprachigen) Sekundärliteratur ohne Echo.[813]

---

810 Descartes, *Über den Menschen,* S. 69, AT XI, S. 141.

811 Gaukroger (2002), S. 188f. Hammacher unterstellt in seinem Kommentar zu Art. 13 der *Passions de l'Ame* Descartes gar eine „Lehre vom Reflex", obgleich in diesem Artikel gerade nicht von Reflexen die Rede ist. Descartes, *Leidenschaften*, S. 331 u. 25f.

812 Canguilhem (1955), S. 36-42.

813 Canguilhem, (1955), S. 41. „L'essentiel du concept de réflexe ce n'est pas seulement de contenir

Clerseliers Bild hat demzufolge gerade nicht Descartes' Text verständlich gemacht, sondern erfolgreich für ein alternatives Konzept geworben. Die weitere Rezeption des *Traité de l'homme* belegt, daß nicht der Wortlaut des Textes, sondern die durch das Bild suggerierte Konzeption sich durchgesetzt hat, so sehr, daß auch der Text entsprechend selektiv gelesen und passend umgedeutet wurde. Angesichts des dann im Cartesianismus aufkommenden Bilderverbots ist dies ein Treppenwitz der Rezeptionsgeschichte.

Wie veranschaulicht nun Schuyl den gleichen Vorgang?

Auf Schuyls Abbildungen hält ein Knabe, ungerührt wie Mutius Scaevola, seine rechte Hand über ein Feuer. Hierbei wird keine Assoziation des Zurückzuckens und damit auch keine Assoziation eines Schutzreflexes souffliert, denn auch auf dem zweiten Bild hält das Kind seine Hand weiterhin über dem Feuer, wodurch die Aufmerksamkeit des Betrachtenden primär auf das gelenkt ist, was im Gehirn geschieht.[814] Vom Gehirn aus laufen die Verbindungsfäden zur Muskulatur, das somit Ausgangspunkt der folgenden Bewegung ist, die klar getrennt vom zeitlich vorgängigen, durch das Feuer ausgelösten Reiz gezeigt wird. Zugleich ist das Kind nicht maschinenartig dargestellt. Jedoch bleibt die Erregung der Hautteilchen der Hand durch die schnellen winzigen Feuerteilchen unsichtbar, d.h. aber auch, daß der prinzipiell subvisible Vorgang bei Schuyl hier vom Betrachter imaginiert werden muß, während er die äußerlich sichtbare Muskelkontraktion auch entsprechend andeutet.

l'élément ou l'abrégé d'une explication mécanique du mouvement musculaire, c'est d'admettre que part de la périphérie de l'organisme l'ébranlement, quelle qu'en soit la nature, qui, après réflexion dans un centre, retourne vers cette même périphérie. Ce qui distingue le mouvement réflexe, c'est qu'il ne procède pas directement d'un centre, du siège central d'un pouvoir immatériel quelconque. C'est en cela que reside, dans le genre du mouvement, la différence spécifique entre l'involontaire et le volontaire. Or, selon la théorie cartésienne, le mouvement, qui se manifeste à la périphérie, dans le muscle ou dans les viscères, prend sa source dans un centre, le centre des centres organiques, le foyer cardiaque. Sans doute il s'agit d'un centre d'action matérielle et non spirituelle. Et c'est pourquoi il est bien incontestable que la théorie cartesienne est une théorie mécanique, mais ce n'est pas une théorie du réflexe. Il y plus. L'image même qui a suggérré l'invention du mot de réflexe, celle d'un rayon lumineux réfléchi par un miroir, impose qu'il y ait homogénéité entre le mouvement incident et le mouvement réfléchi. Or c'est le contraire chez Descartes. L'excitation du sens, la contraction du muscle sont deux mouvements sans aucun rapport d'analogie tant par la nature du mobile que par mode d'efficacité."

814 Auch bei Clerselier ist korrekterweise kein Reflex gezeigt, doch vermutlich hat der Umstand, daß er mal einen Fuß, mal eine Hand in Feuernähe zeigt, es den späteren Betrachtern erleichtert, dies als jenen Augenblick, in dem sich der Reflex einstellt, zu imaginieren.

Abb. 60) Descartes, *De homine*, Nervenreize, 1662.

Abb. 61) Descartes, *De homine*, Nervenreize, 1662.

Man vergleiche dazu auch die folgende Abbildung, die die Muskelsteuerung durch das Gehirn bei einer Armbewegung veranschaulicht:

Abb. 62) Descartes, *De homine*, Neuronale Muskelsteurung, 1662.

Unbefriedigend bleiben auch diese Abbildungen, da sie kein genaueres Vorstellungskonzept für das Nicht-Sichtbare entwickeln, doch näher am Text als die Bilder bei Clerselier sind sie zweifellos.

4.4.2) Traumtheater

Wenn schon die schematischen Abbildungen bei der Darstellung einfacher Bewegungsprozesse an ihre Grenzen stoßen, ist die Aufgabe einer bildhaften Explikation noch schwerer zu erfüllen, wenn komplexe Interaktionen dargestellt werden müssen, die von den zufälligen Dispositionen der spiritus und ihrer Gehirnumgebung abhängen. Im Kapitel über „Dispositionen-Deduktionen“ habe ich bereits dargelegt, daß Descartes, wenn er sich auf dispositionelle Ursachen beruft, keine kausalmechanischen oder formal deduktiven Wirkungsketten beschreibt, sondern Folgen, die sich aus zufälligen Anordnungen und Kollisionen von Teilchen ergeben. Angesichts der notorisch unbeständigen Meteore versuchte Descartes sogar, wie gesehen, chaotische, nicht berechenbare Wirkzusammenhänge konzeptionell einzufangen. In seinen embryologischen Traktaten hatte er ebenfalls aus Dispositionen von Teilchen einer Samenmasse die Entstehung von Lebewesen „deduziert“.

Auch im *Traité de l'homme,* wo es angeblich nur um mechanische Funktionen geht, fungieren bei Descartes immer wieder spezifische Dispositionen als Explanans.

Der Leser habe sich das Gehirn als „dichtes und eng gefügtes Netz oder Geflecht“ vorzustellen. „dessen sämtliche Maschen ebenso viele kleine Röhrchen sind, durch die spiritus animales eintreten können.“[815] Diese Röhrchen sind allerdings keineswegs mit den Wasserrohren aus den hydraulischen Grottenfiguren (und dem durch sie ermöglichten Mechanismus) vergleichbar.[816] Denn laut Descartes handelt es sich bei den Transportorganen des Gehirns nicht um feste Röhren, durch die ein konstanter Strom von spiritus fließen würde, sondern das Gehirn besteht aus Fäserchen, die sich permanent verändern, an verschiedenen Stellen immer wieder unterschiedlich durchlässig werden, je nachdem wie die gleichermaßen unsteten, mal mehr oder weniger zahlreichen, mal mehr oder weniger schnellen spiritus sie verformen, da zu ihrer wesentlichen Eigenschaft gehöre, „nur durch die Kraft der spiritus, die sie berühren, wie wenn sie aus [heißem] Blei oder Wachs wären, immer die letzten Biegungen, die sie erfahren haben, beizubehalten, bis daß man ihnen eine entgegengesetzte aufdrückt.“[817]

Die spiritus nehmen daher ganz unvorhersehbare Wege und „Umwege“ (détours), „wohin die augenblickliche Disposition des Gehirns sie hinstreben läßt“[818] und je nachdem, wie die aktuelle Verteilung ist, versetzen sie das Gehirn in andere Zustände und erzeugen in ihm unterschiedliche Vorstellungen.

815 Descartes, *Über den Menschen,* S. 101f.
816 So Lazardig (2006).
817 Descartes, *Über den Menschen,* S. 102f.
818 Descartes, *Über den Menschen,* S. 106f. AT XI, S. 173. Zum zu intentionalen Missverständnissen einladenden Terminus: „streben“, s.o. die Erläuterungen im Kapitel: Dispositionen-Intuitionen.

„Stellen Sie sich zum Beispiel vor", ermuntert Descartes, „daß der Unterschied zwischen den beiden Bildern (figures) M und N (Fig. 27, 28 [Abb. 63, 64]) derselbe ist wie der zwischem dem Gehirn eines Menschen der wacht und dem eines Menschen der schläft."[819]

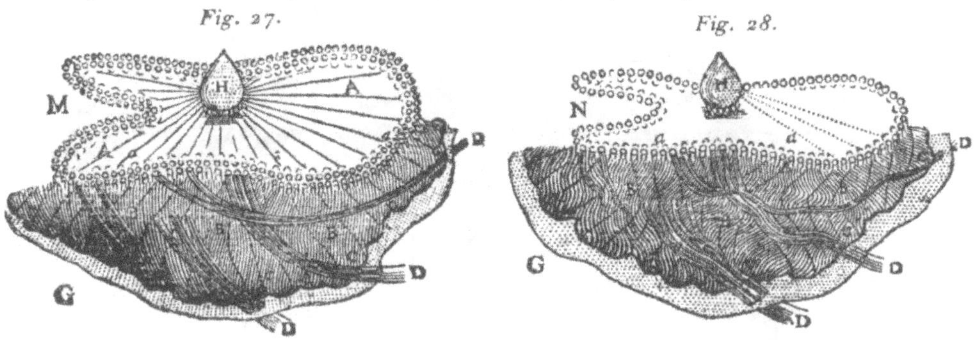

Abb. 63, 64) Descartes, *Traité de l'homme*, Gehirn im Wach- und Schlafzustand, 1664.

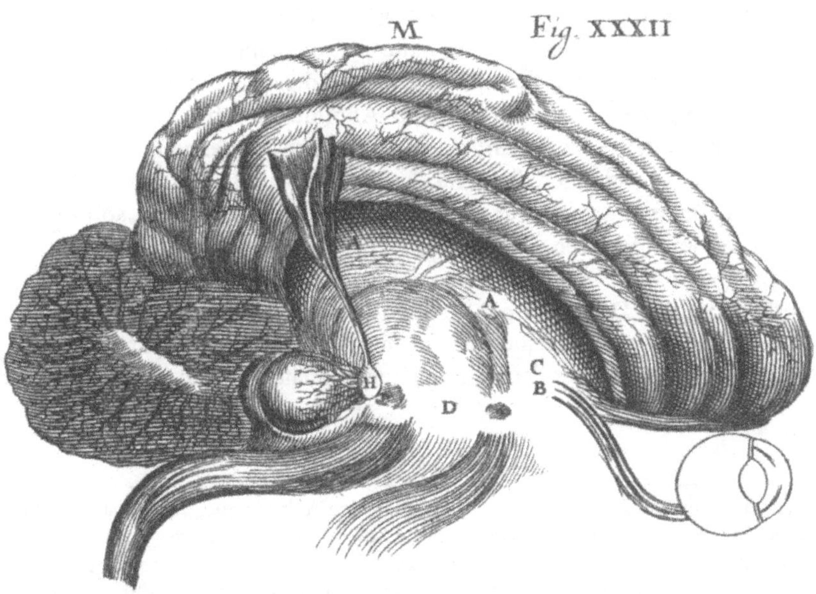

Abb. 65) Descartes, *De homine* (1662, ed. Schuyl), Gehirn im Wach- und Schlafzustand.

819 Descartes, *Über den Menschen,* S. 106f., AT XI, S. 173. Rothschuhs Übersetzung habe ich auch hier korrigiert; er übersetzt „figure" statt mit ‚Bild' als: „Zustand" – und lenkt damit von der spezifischen Funktion, die hier die Abbildung übernehmen soll, ab.

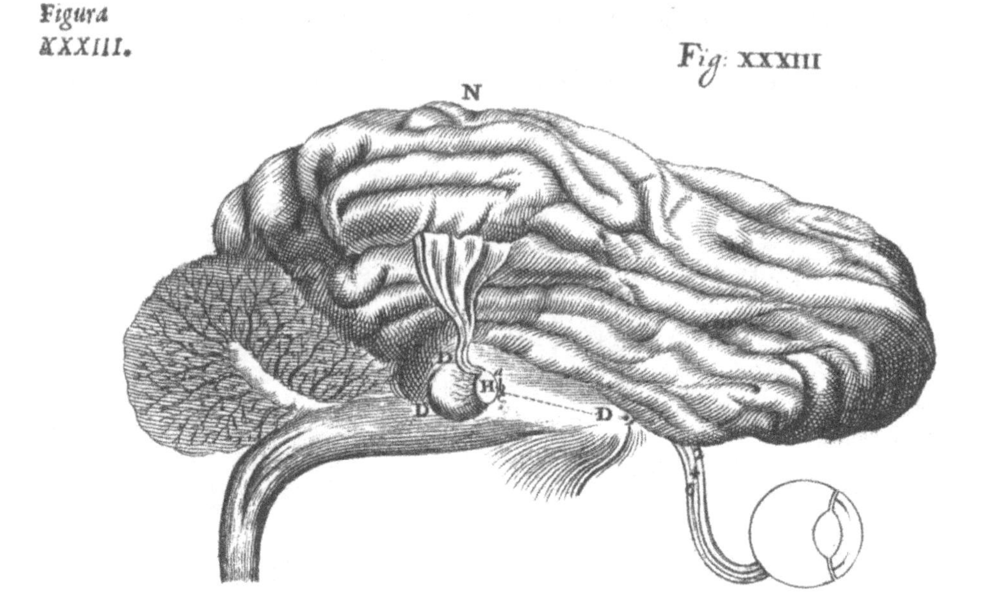

Abb. 66) Descartes, *De homine*, Gehirn im Wach- und Schlafzustand, 1662.

La Forges Gehirndarstellungen sind zu grob, als daß Clerselier sie für die Darstellung des spiritus-Flusses und von Gehirnzuständen hätte nutzen können, er wählt daher in diesem Fall Bilder von van Gutschoven, der sich angesichts dieser Aufgabe offenkundig ziemlich weit vom nackten Schematismus der anderen Abbildungen freizumachen wußte.[820] Descartes appelliert insbesondere in diesem thematischen Zusammenhang immer wieder an den Leser, daß er auf den Abbildungen den Lauf der spiritus – und wie sie miteinander interagieren und kommunizieren[821] – mit eigenen Augen verfolgen soll. Sehen soll er also (wie bei den Meteoren) keine Strukturen, die sich im vorgeblichen Sinne einer ‚mechanistischen Philosophie' wie eine Maschine berechnen ließen, sondern komplexe Spannungszustände und ihre Veränderungen. Descartes geht es hier nicht um die Körpermaschine selbst, sondern er will den Leser zum Zuschauer dessen machen, was die Körpermaschine zwar ‚aufführt' (représente), was man aber dennoch bei keiner anatomischen Sektion sichtbar machen

---

820 Auch das ist ein Einwand gegen Wilkins Deutung, die den Abbildungen bei Clerselier generell bescheinigt: „Their mechanistic figures reproduce Descartes' theory of life, for Descartes likened the human body to a machine." Wilkin (2003), S. 53. Wilkin folgt hier Des Chene (2001). Eine instrumentalistische Deutung vertritt ebenso Schwarte,– und auch er schreibt Clerseliers Bilder Descartes zu. Vgl. Ludger Schwarte, Die Anatomie des Hirns als Instrumentalisierung der Vernunft, in: Helmar Schramm – Ludger Schwarte – Jan Lazardzig (Hrsg.), *Instrumente in Kunst und Wissenschaft. Zur Architektonik kultureller Grenzen im 17. Jahrhundert*, Berlin 2005.

821 Vgl.: „Und dadurch halten die spiritus alle kleinen Fäserchen, aus denen diese Nerven und das Gehirn bestehen, in solcher Spannung, daß die Aktionen, die nur irgendwie die Kraft besitzen, sie zu bewegen, sich leicht von einem ihrer äußersten Enden bis zum anderen mitteilen, ohne daß ihre Umwege, durch die sie verlaufen, sie daran hindern." Descartes, *Über den Menschen*, S. 107, AT XI, S. 174.

kann: die Produktion von Träumen und Imaginationen. Und so appelliert er beständig, hinzusehen: „Regardez“, „vous pouvez voir“, die Abbildung „fait voir“.[822]

Nun: Die linke Abbildung van Gutschovens zeigt das Gehirn als aufgeblähten, gefaserten Blasebalg (D), der von der Zirbeldrüse (H), wie die Striche zeigen sollen, viele spiritus geschickt bekommt. Die Nervenröhren sind straff, weil gut gefüllt, die Region A ist erweitert worden und durch die geöffneten Poren verteilen sich die *spiritus* nach B, C, und D. Die rechte Abbildung deutet hingegen geringe Zirbeldrüsenaktivität an und stellt entsprechend den Blasebalg im erschlafften Zustand dar. Die Nervenstränge sind zwar erschlafft, aber immer noch leicht gewellt, was eine gelegentliche Traumaktivität anzeigt; durch die Stränge gelangen, wie schwache Brisen, die ein schlaffes Segel nicht richtig spannen können, die *spiritus* nur noch gelegentlich zur nun engeren Region (die zuvor mit ‚A‘ gekennzeichnet war), wo sie Träume verursachen.

Was Clerselier bei seiner Rede von der „intelligence du texte“, der die Bilder zu entsprechen hätten, unterschlagen hat, ist, daß Descartes' Text an solchen Stellen seinerseits mit Analogien und kühnen Metaphern aufwartet, die man überhaupt nicht mit strukturisomeren Funktionsmodellen oder mimetisch-realistisch veranschaulichen kann, sondern nur durch imaginäre Szenarien![823] Descartes erläutert den Unterschied beider Gehirnzustände wie folgt:

> „Da nun die Gehirnsubstanz weich und biegsam ist, wären seine Kammern sehr eng und fast völlig geschlossen, so wie sie im Gehirn eines Toten erscheinen, sofern keine *spiritus* in sie einträten; aber die Quelle, die diese *spiritus* erzeugt, ist normalerweise so überreichlich, daß sie (die *spiritus*) in dem Maße, in dem sie in diese Hirnkammern eintreten, die Kraft besitzen, jene (ringsum) umgebende Materie zu stoßen und aufzublähen und dadurch alle die kleinen Nervenfäserchen, die dorthin gelangen, sich anspannen lassen: so wie der Wind, wenn er eine gewisse Stärke besitzt, die Segel eines Schiffes aufblähen kann und alle Taue anspannt, an denen sie befestigt sind. Daher kommt es, daß diese Maschine dann, in der Lage, allen Aktionen der *spiritus* zu gehorchen, den Körper eines Menschen darstellt (représente), der sich im Wachzustand befindet. Oder die *spiritus* besitzen wenigstens die Kraft, nur einige Gehirnpartien anzustoßen und sich spannen zu lassen, während die andern frei und schlaff bleiben; so wie es Teile eines Segels tun, wenn

822 Z.B. AT XI, S. 173.

823 Man kann hier als weiteren erhellenden Beleg für Descartes' Ablehnung äußerlicher Struktur- Modelle (s.o.) seinen Vergleich der Spiritusverteilung mit der Luftverteilung in einer Orgel anführen. Wie ein Organist, der durch sein Spiel Luft in die Blasebälge der Orgel hineindrückt, so könne man sich vorstellen, daß auch das Herz und die Arterien, „die die *spiritus animales* in die Kammern des Gehirns unserer Maschine stoßen, wie die Blasebälge dieser Orgeln sind, welche die Luft in die Windladen stoßen.“ Doch solle man sich bei diesem Vergleich keineswegs an die äußere sichtbare Gestalt halten, wie bei der Orgel, die aussehen mag, wie sie will, kommt es nur auf die Luft, die Pfeifen und die Luftverteilung an. Die Funktionen des Gehirns, von denen er rede, hingen deshalb „in keiner Weise von der äußeren Gestalt all dieser sichtbaren Teile“ ab, „die die Anatomen in der Substanz des Gehirns feststellen [ne dependent aucunement de la figure visible que les Anatomistes distinguent en la substance du cerveau], noch von der seiner Kammern, sondern lediglich von den Spiritus, die vom Herzen kommen, von den Poren des Gehirns, durch die sie gehen, und von der Art und Weise, in der sich diese Spiritus auf diese Poren verteilen.“ Descartes, *Über den Menschen*, S. 96, AT XI, S. 165. Descartes geht vom Sichtbaren aus, doch die Phänomene müssen dechiffriert werden.

der Wind ein wenig zu schwach ist, um es auszufüllen. Dann stellt die Maschine den Körper eines Menschen dar, der *schläft*, und der *allerhand Träume* hat."[824]

Wie erklärt man mit Hilfe eines Bildes die Physiologie einer Traumerfahrung? Descartes operiert hierfür mit einem suggestiven Imaginationszirkel. Die im Traum auftretenden Imaginationen sollen mit Hilfe von Metaphern und Bildern einsichtig gemacht werden, die ihrerseits nicht ‚realistisch', sondern imaginativ sind und bei deren Erfindung man wiederum auf die Erfahrung des Traumes und des Schlafes zurückgreifen muß, also auf eine Erfahrung, die man nur unbewußt machen kann!

4.5) Virtuelle Anatomie

Die Gehirnzustände und ihr Wechseln können auch Schuyls Abbildungen nicht adäquat wiedergeben. Schuyl versucht es mit einer ganze Serie von Gehirn-‚Schnappschüssen', die minimale Veränderungen von Gehirnzuständen sichtbar machen sollen. Seine Abbildungen sind nuancenreicher als die der Illustratoren Clerseliers und sie erzeugen durch ihre Detailliertheit den Anschein einer ‚realistischen' Darstellung des Imaginären, d.h. einer konkretistischen Umsetzung der durch die cartesische Metaphorik erzeugten Vorstellungen. Doch hier liegt auch ihr Problem. Man erkennt z.B. sehr deutlich die Volumenunterschiede zwischen wachem und schlafendem Gehirn und sieht, daß ein Gehirnlappen (D) wie ein Segel mal aufgebläht, mal schlapp ist, und daß beim schlafenden Gehirn nur noch gelegentlich Spiritus durch die Nervenfasern nach A geschickt werden, wo sie Träume verursachen. Doch seine allzu konkretistische Wiedergabe der Segel-Analogie vermag in diesem Fall dem cartesischen Imaginationszirkel nicht gerecht zu werden, da sie behauptet, man könne das Imaginäre tatsächlich äußerlich sichtbar machen, während Descartes durch das Bild nur die Vorstellung eines Vorgangs vermittelt haben wollte. Descartes will, daß mit den Bildern ein Vorgang sichtbar gemacht wird, den man ‚real' nie sehen kann, – Schuyls Realismus suggeriert hingegen, man könne ihn bei der Sektion eines Gehirns beobachten. Hier scheint van Gutschovens etwas linkische Abbildung sogar angemessener zu sein.

---

824 Descartes, *Über den Menschen*, S. 106, AT XI, S. 173. Bereits Aristoteles erklärt in *Über Gedächtnis und Erinnerung, Über Träume* das Auftauchen von Erinnerungen und Träumen durch physiologische Veränderungen im Körper. Die mit der Wahrnehmung einhergehende Bewegung erzeugt einen Abdruck des Wahrnehmungsbildes in der Seele, doch inwieweit dies gelingt, hängt von der Bewegungsgeschwindigkeit ab. In erregtem Zustand sei es schwer, im Gedächtnis ein Wahrnehmungsbild als Erinnerung zu imprimieren, vergleichbar mit dem Versuch ein, Siegel auf fliessendes Wasser zu drücken. (450a30-450b1). Träume wandern, durch Bewegungen verursacht, die Aristoteles mit kleinen Wirbeln in Flüssen verglich, die sich, wenn sie auf Hindernisse treffen, verändern. Bei klarem Wasser erscheinen klare Bilder, bei heftig bewegten Wasser verzerrte, oder gar keine. So sei es nachts beim Träumen, da sich dann im Wahrnehmungszentrum eine durch stärkere Hitze verursachte, größere Bewegungsaktivität entfalte (461a1-14).

4.5.1) Reise ins Herz des Textes

Wenn es jedoch um die bloße Anatomie geht, entfaltet das Schuylsche Darstellungsverfahren eine seiner Stärken. Denn Schuyl entwickelt noch ein weiteres Verfahren, um bildrhetorisch die Realitätsfiktion einer die Erkenntnis anleitenden *demonstratio ad oculos* zu erzeugen: Bei seiner Darstellung des Herzens läßt sich eine Herzklappe aufklappen[825]. Darunter sichtbar wird eine Herzkammer und das in diese vom Vorhof durch die sich öffnende Mitralklappe hinein beförderte Blut. Das Bild erzeugt einen räumlich dreidimensionalen Eindruck. Das Herz wird als bereits für die Demonstration arrangiertes gezeigt, illusionistisch gezeichnete kleine Spieße halten die einzelnen Herzteile auseinander, und deren hyperrealistischer Stich verstärkt den Eindruck, man habe ein konkretes Objekt vor Augen, bei dem der Anatom gerade einzelne Lappen des Herzens fixiert habe, damit man besser sehen kann. Die Darstellung ist superb, besonders bemerkenswert ist, daß die aufklappbaren Teile der linken und rechten Hauptkammer beidseitig bedruckt sind und der Stich in jeder Position akkurat die einzelnen Details des Herzens zeigt. Einst hatte Leroy Crummer diese Tafel zu Recht gerühmt:

> „For delicacy, accuracy and attention to detail, this is probably the finest example of a superimposed flap to be found in medical literature, and further presents a feature not to be found as far as I know in any other illustrations of this type, since both front and back of the plates show details of marvelously executed copperplate engravings; in other words, when the flaps are lifted, the details shown on the inside are just as accurate as the details showing with the flap in position. These two flaps represent windows cut in the right and left ventricle and when the flaps are down the anterior wall of the heart is shown, but when lifted, the finest detail of the mitral and tricuspid valve is represented, marked out exactly as in a class demonstration of the same organ today, by large pins inserted through all of the valvular orifices indicating the direction of the blood stream."[826]

825 Diese Tafel findet sich zwischen den Blättern A -4 and B, und auf den ersten Blick ist sie eine genaue Kopie von Bild 1 einschließlich aller Bezeichnungen – doch die erste Tafel hatte keine Klappen. Auch diese Klappbilder Schuyls hat Wilkin (2003) als erste in der Descartes-Forschung beschrieben, in der Medizingeschichte sind sie zeitweise bekannt gewesen.
Derartige Klappbilder waren im 16. Jahrhundert in Astrologie, Kosmographie und der Anatomie sehr verbreitet. Sie dienten in der Anatomie meist eher den Laien zum Selbststudium, als didaktischen Zwecken im medizinischen Unterricht. Spektakulärstes Beispiel ist vielleicht *Johann Remmelin's Catoptrum microcosmicum*, Augsburg 1619. Doch auch in der Baseler Ausgabe 1554 von Vesalius' *Fabrica* finden sich für den Eigenbau auf S. 314-316 Bilder mit Anleitungen zum Ausschneiden, die dann über die Tafeln gelegt werden. Vgl. dazu: Leroy Crummer, Early anatomical fugitive sheets, in: *Annals of medical history* Bd. 5 (1923, 1925), S. 189-209 u. Bd. 7, S. 1-5; ders., A check list of anatomical books illustrated with cuts with superimposed flaps, in: *Bulletin of the Medical Library Association* 20 (1932), S. 131-139. Laut Crummer (ebd., S. 138) folgt die nächste Ausgabe von *De Homine* (Louvain 1664) noch diesem Prinzip, spätere Ausgaben jedoch ersetzten die Kupferstiche durch Holzschnitte und verzichteten auf die Klappbilder.
826 Crummer (1932), S. 138.

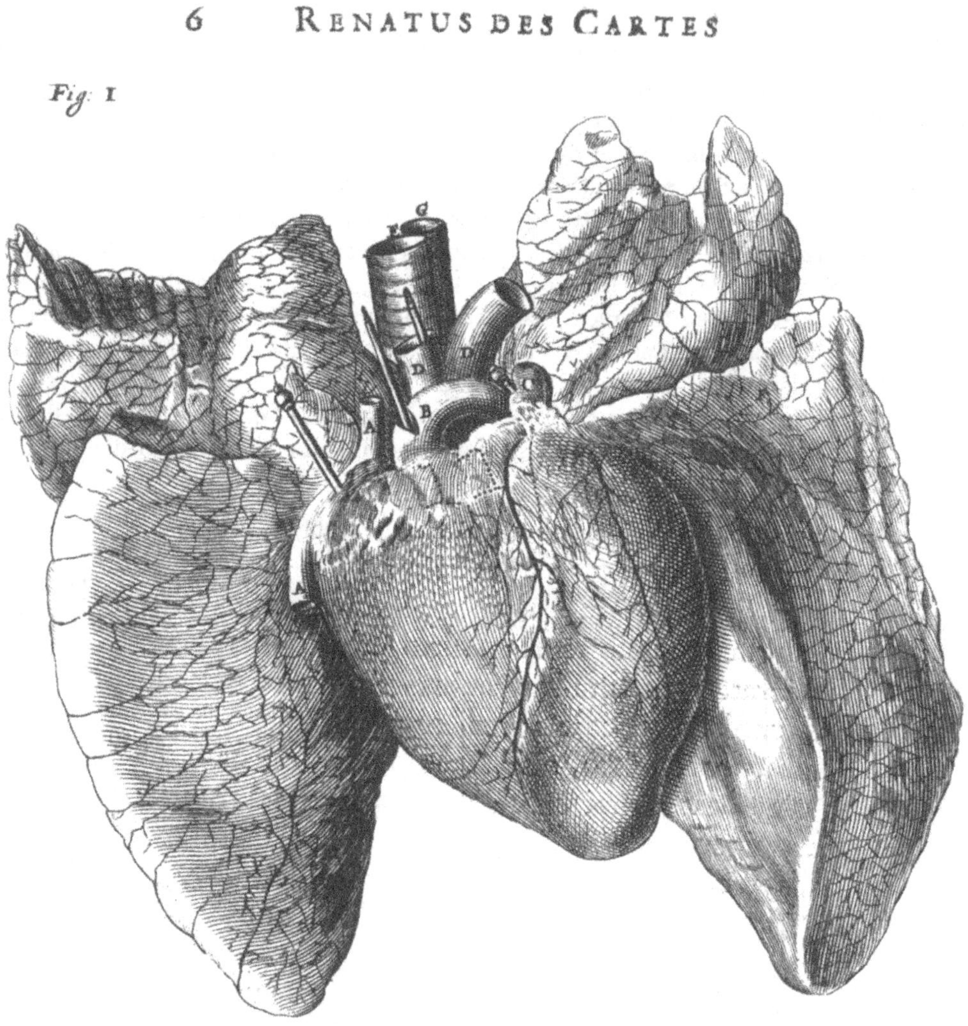

Abb. 67) Darstellung des Herzens und der Lunge bei Schuyl, *De homine*, 1662.

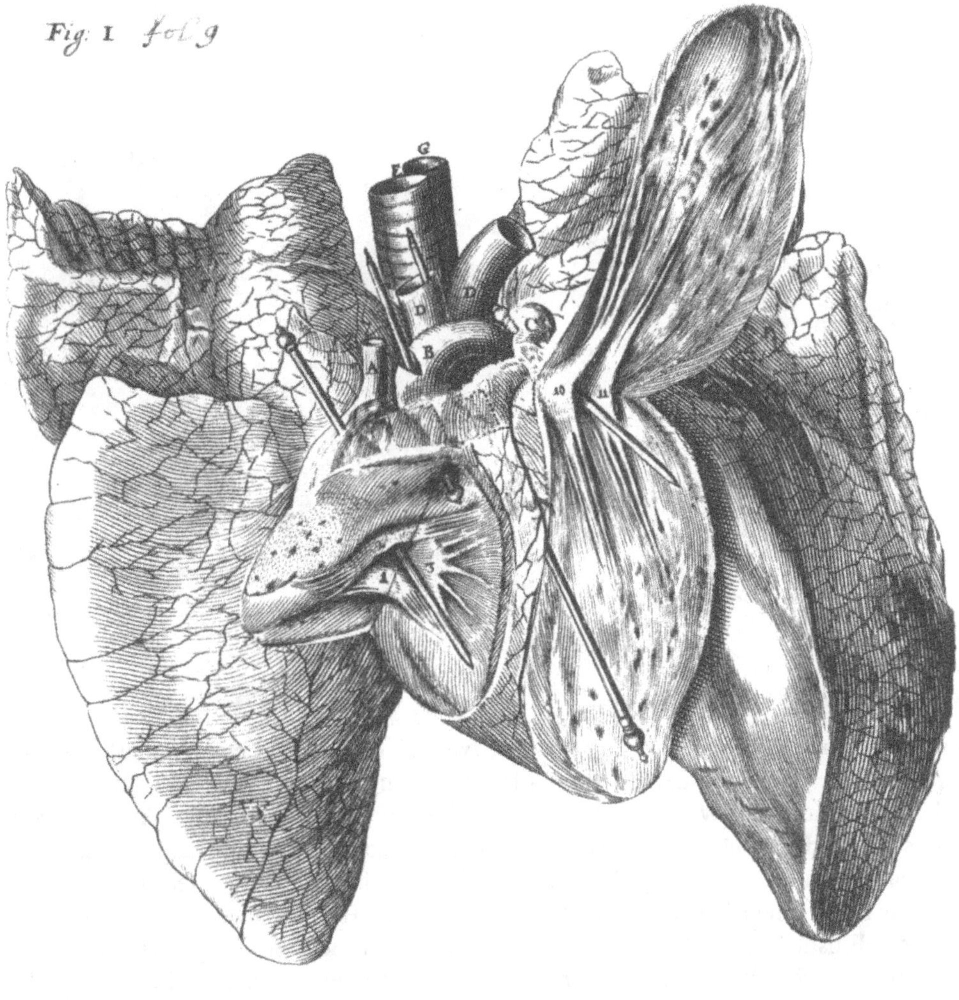

Abb. 68) Darstellung des Herzens und der Lunge bei Schuyl, *De homine*, 1662.

Zitiert habe ich bereits *in extenso* die Passage aus dem *Discours de la méthode,* in welcher Descartes den Wunsch äußert, der Leser möge sich doch zum besseren Verständnis seiner Ausführungen, bevor er weiter lese, ein Herz besorgen und neben dem Buch aufschneiden. Wenig später beruft er sich auf die gemeinsamen Wahrnehmungen, um seine Erklärungen sich davon bestätigen zu lassen, was man am Herzen sehen und mit den Fingern fühlen könne.[827] Schuyl scheint sehr genau diese Stelle gekannt zu haben, denn er versucht den Leser das Aufschneiden des Herzens virtuell mitverfolgen zu lassen, wobei der Leser kein bloßer Leser mehr bleibt, sondern interagieren muß, – d.h. mit den Fingern und Augen während einer fiktiven Anatomiestunde selbst eingreifen muß.

827 Descartes, *Discours*, AT IV, S. 47f. u. S. 51.

Ein Leser, der den Traktat aufschlägt, sieht als erstes:

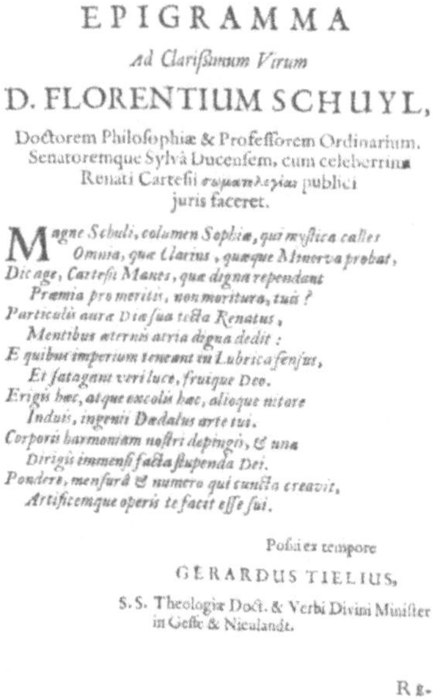

EPIGRAMMA

Ad Clarißimum Virum

D. FLORENTIUM SCHUYL,

Doctorem Philosophiæ & Professorem Ordinarium,
Senatoremque Sylvâ Ducensem, cum celeberrimæ
Renati Cartesii σωματολογίας publici
juris faceret.

Magne Schuli, columen Sophiæ, qui mystica calles
Omnia, quæ Clarius, quæque Minerva probat,
Dic age, Cartesii Manes, quæ digna rependant
Præmia pro meritis, non moritura, tuis?
Particulis auræ Diæ sua tecta Renatus,
Mentibus æternis atria digna dedit:
E quibus imperium teneant in Lubrica sensus,
Et fatagant veri luce, fruique Deo.
Erigis hæc, atque excolis hæc, alioque nitore
Induis, ingenii Dædalus arte tui.
Corporis harmoniam nostri depingis, & una
Dirigis immensi facta stupenda Dei.
Pondere, mensurâ & numero qui cuncta creavit,
Artificemque operis te facit esse sui.

Posuit ex tempore

GERARDUS TIELIUS,

S.S. Theologiæ Doct. & Verbi Divini Minister
in Gesse & Nieulandt.

Re-

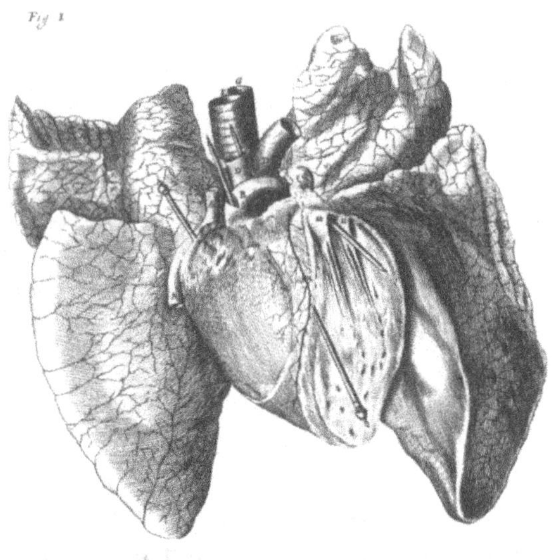

Abb. 69) Descartes / Schuyl, *De homine.*

Auch wenn wir nie genau wissen können, wie ein damaliger Leser reagierte, scheint mir offenkundig, daß nicht der Paratext (das Widmungsgedicht von Gerardus Tielius, das Schuyl als Säule der Weisheit und zweiten Dädalos preist) die Aufmerksamkeit auf sich zog, sondern der Blick des Lesers sofort durch das spektakulär präsentierte Herz gefangen genommen wurde. Die Aufmerksamkeit wird durch dieses Arrangement nicht nur auf das Herz als Sujet gelenkt, mehr noch: Durch das *Bild* des Herzens hindurch beginnt ‚buchstäblich' der Einstieg in den Text. Mit dem Umblättern erreicht der Leser das zweite Bild des Herzens, die scheinbare Kopie des ersten, doch nun mit der erwähnten Klappe. Jetzt können gleichsam die Spieße entfernt werden, das Öffnen des Buches wird mit dem Öffnen des Herzens, der Blick in das Herz mit dem geöffneten und zur Demonstration vorbereiteten Brustkorb parallel gesetzt. Schuyl gewinnt mit seinem ersten Überraschungseffekt die *attentio* des Lesers, dessen Schaulust er sich zunutze zu machen weiß. Die Lektürelenkung vollzieht sich hier demonstrativ über das Bild. Das Auge wird zuerst gewonnen und an die Thematik herangeführt, danach erst kommt der Text. Dieser expliziert das thermodynamische Prinzip des Herz-Lungenkreislaufs, welches jedoch auf dem Bild selbst unsichtbar bleibt. Das abgebildete Herz könnte auch Harveys Position veranschaulichen. Schuyl entschied sich indes einen anderen Aspekt hervorzuheben und sichtbar zu machen: Als thermodynamische Antriebskraft begriffen, figuriert das Herz als das zentrale theoretische Konzept für *De l'homme,* von dem ausgehend qua Analogie viele weitere Körperfunktionen (siehe die obige Erklärung des Augenmuskels) verständlich gemacht werden: Das Bild ist das Herzstück des Textes.

4.5.2) Hauch / *spiritus*

Bei der Explikation des zweiten körperlichen Zentral-Organs, dem Gehirn, kombiniert Schuyl im weiteren Verlauf des Textes diese Art der bildrhetorischen Erkenntnissteuerung noch mit einer Frühversion des Daumenkinos. Acht Abbildungen werden ohne Seitenzählung als eine Serie separiert, die es erlaubt, scheibchenweise unterschiedliche Stadien der Sektion des Gehirns zu verfolgen.[828] Dazwischen, auf dem Folio 118, Bild LIV, findet sich ein weiteres, wiederum beidseitig bedrucktes Klappelement, das so klein und so zart befestigt ist, daß es leicht verloren gehen, aber auch schnell übersehen werden kann. Der Stich zeigt das Gehirn. Zwischen Diencephalon und Rombencephalon, also zwischen dem 3. und 4. Hirnventrikel, ist die Zirbeldrüse als ein Fetzchen verankert, das, wenn man auf das Blatt bläst, in Bewegung versetzt wird. „*Spiritus*" bedeutet ja zunächst einmal: ‚Hauch'. Schuyl nimmt den Begriff offenbar wörtlich und läßt den Leser die *spiritus* auf die Reise schicken, um die Bewegung der Zirbeldrüse zu initiieren.

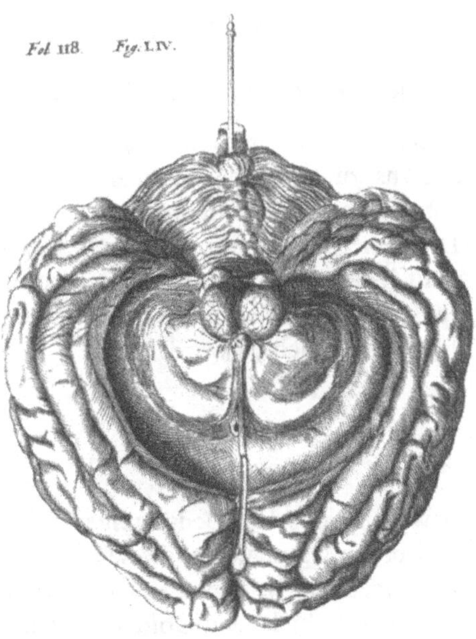

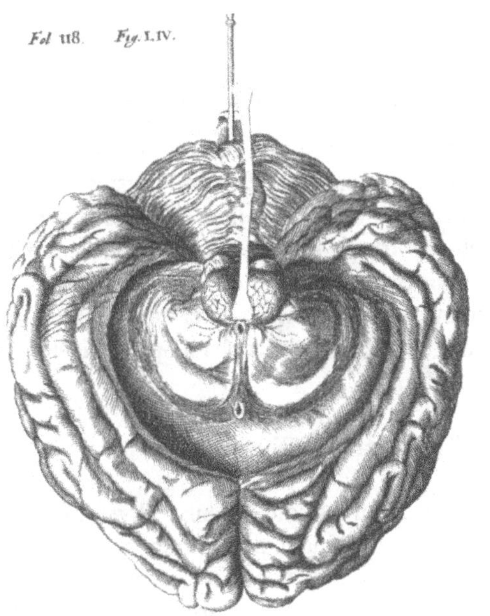

Abb. 70, 71) Descartes, *De homine*, Zirbeldrüse, 1662.

Die entsprechende Textstelle zur Zirbeldrüse „H" lautet:

> „Aber wie ein Körper, der nur an einigen Fäden befestigt ist und der in der Luft nur durch die Kraft des Rauches, der aus einem Kamin aufsteigt, in aufrechter Stellung gehalten würde, unaufhörlich hierhin und dorthin schwanken würde, je nachdem wie die verschiedenen Teile des Rauches verschiedenartig auf ihn einwirken würden, so verfehlen die kleinen Partikel dieser Spiritus, die diese Drüse heben und halten und die fast immer ir-

828 Diesen Punkt hebt auch Wilkin (2003), S. 47f. hervor.

gendwie unterschiedlich sind, nicht, sie in Bewegung zu setzen und sie sich bald zur einen, bald zur anderen Seite neigen zu lassen, wie man es auf der Darstellung (Fig. 32 [Abb. 70-73]) sehen kann."[829]

Der Illusionismus Schuyls ist der verlegenen Darstellung van Gutschovens diesmal um Längen voraus, da letzterer sich nicht recht entscheiden kann, ob er die Zirbeldrüse ungreifbar wie von Rauch bewegt oder doch als wie mechanisch von Fädchen gezogen, darstellen soll.

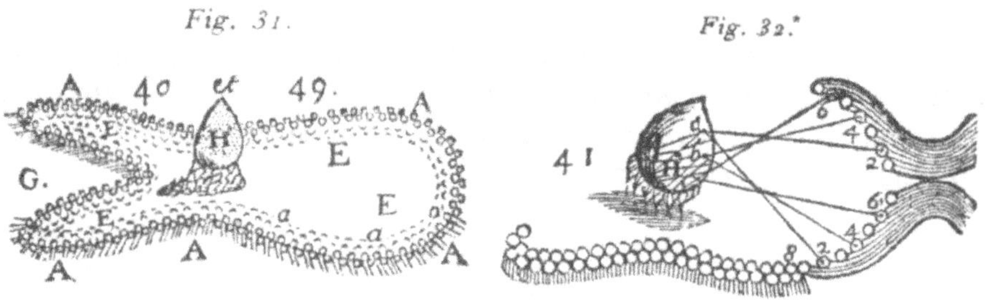

Abb. 72, 73), Darstellungen der beweglichen Zirbeldrüse bei Clerselier, 1664.

Schuyls Abbildung steht indes hier nicht in einer *memento mori*-Tradition, sondern er macht sich die avancierteste Darstellungstechnik des Gehirns zu nutze, die bis dahin entwickelt worden war, denn Vorbilder für dieses Verfahren konnte er z. B. in Georg Bartischs (1536-1606) *Ophthalmoduleia – Das ist Augendienst* (Dresden 1583), finden, dem ersten Augenheilkundebuch, das ich oben bereits kurz vorgestellt habe. Auch einige von Bartischs Bildern lassen sich immer weiter aufklappen, und wie durch Falltüren gelangt der Betrachter in immer tiefere Schichten des Kopfes, bis endlich der Sehnerv sichtbar wird.

4.6) Transparente Illusionen

Die Reflexion auf die eigenen physiologischen bzw. anatomischen Bedingungen der Wissenserzeugung findet sich immer wieder in der Wissenschaftsgeschichte, die sehr wohl auch als eine Grundkonstante wissenschaftlicher Abbildungen gelten kann. Bei anatomischen Darstellungen hat man, insofern der Anatom ja zugleich Subjekt wie Objekt der Untersuchung ist, von vornherein eine reflexive Komponente. Es gibt hier sehr oft auch explizite Varianten, etwa bei Vesalius und Valverde die Darstellungen einer Hand, die eine Hand seziert, – einer Figur, die sich selbst häutet, – einer Leiche, die eine Leiche seziert (ebenfalls dort) oder des Sehens, das sich selbst sieht. Bei Schuyl soll das Bewußtsein die eigenen physiologischen Bedingungen erkennen, was er in Form eines Blicks in das eigene Gehirn zu ermöglichen sucht.

829 Descartes, *Über den Menschen*, S. 113.

Eine selbstreflexive Dimension scheinen auch die folgenden Bilder Schuyls zu besitzen:

Abb. 74) Schuyl / Descartes, Perspektivische Wahrnehmung von Objekten in unterschiedlicher Distanz und unter verschiedenen Umständen, in: Descartes, *De Homine*, 1662.

Abb. 75) Schuyl / Descartes: Perspektivische Wahrnehmung von Objekten in unterschiedlicher Distanz und unter verschiedenen Umständen, in: Descartes, *De Homine*, ed. Schuyl 1662.

Diese Bilder Schuyls beziehen sich auf die gleiche Textstelle wie ihr Pendant in Clerseliers Edition:

Fig. 29.

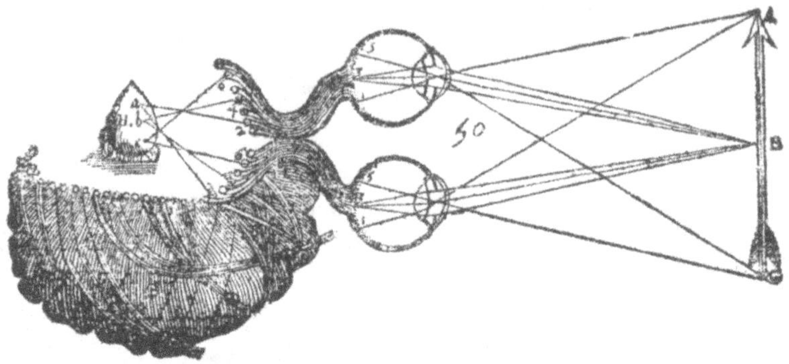

Abb. 76) Descartes / van Gutschoven, *Traité de l'homme*, Perspektivische Wahrnehmung, ed. Clerselier 1664.

Schuyls Abbildungen enthalten schematische und realistische Elemente zugleich, sind also keineswegs „mimetic copies of natural entities“[830]. Sie zeigen perspektivisch getreu, wie unterschiedlich groß verschiedene Objekte in unterschiedlichen Distanzen vom menschlichen Auge wahrgenommen werden. Auf Abb. 74 sieht man sogar im Augenhintergrund das umgekehrte Bild des Turms eingezeichnet.

Daß Türme, die in der Ferne rund aussehen, aus der Nähe betrachtet sich als viereckig erweisen können, hat Descartes bekanntlich als Beispiel für Sinnestäuschungen in der sechsten seiner *Meditationes* angeführt und auch in der *Dioptrik* war er auf diese Erfahrung eingegangen, etwa als er erklärte: „So könnte aus einem Floh ein Elephant werden; denn das Bild, das ein Floh, der aus solcher Nähe betrachtet wird, auf dem Hintergrund des Auges hervorruft, ist nicht kleiner als das eines Elephanten, der dreißig Schritte entfernt ist.“[831] Wilkin meint zu dieser Abbildung [Abb. 76]: „The godlike eye in the sky reflects the omniscence of the reader“,[832] da der Leser nicht nur sehe, wie das Auge Objekte in verschiede-

830 Wilkin (2003), S. 53. Das gilt auch für die Gehirndarstellungen Schuyls, da dort die Illusionsbrechungen (bzw. das Offenlegen des illusionistischen Mechanismus) das Mimesis-Prinzip unterlaufen.

831 Descartes, *Dioptrik*, S. 114, AT VI, S. 155.

832 Wilkin (2003), S. 46. Wilkin versucht auch dieses Bild in Einklang mit ihrer generellen Deutung von Schuyls Abbildungen zu bringen. Ausgehend von Descartes' Metapher, daß das Herz ein ‚Feuer ohne Licht‘ enthalte, („Et sachez que la chair du cœur contient dans ses pore un de ces feux sans lumière“, *Traité de l'homme*, AT XI, S. 123) deutet sie das Feuer im Vordergrund: „The fire, of course, recalls Descartes' alleged life principle.“ (ebd. S. 53). Auch die anderen Bildelemente deutet sie entsprechend: Sie erkennt ein Katapult sowie einen Baum oder Strauch auf den Zinnen des Turms. Katapulte seien Kriegsgeräte, die man ebenso wie die Vegetation nicht innerhalb von Festungen fände, wodurch sich der Turm als Ruine erweise: „The equally misplaced vegetation accentuates the catapult's obsolence, fot it suggests that the fortress is in ruins“ (ebd.). Wilkin schließt daraus: „While Descartes argues that men's bodies resemble machines, therefore, Schuyl's figure suggests that machines – in this case a *machine de guerre* – are like bodies“ (ebd.). Zunächst überzeugt mich Wilkins Rede von einem Lebensprinzip bei Descartes nicht (bei Descartes veran-

nen Distanzen wahrnimmt, sondern auch wie diese Illusion der Distanzen zweidimensional wiedergegeben ist. Das aber sei gerade der Grund, weshalb Clerselier sie abgelehnt habe, auch weil es sich hierbei um eine Art von bildlichen Beschreibungsrealismus handle, den Descartes habe vermeiden wollen.

Doch Schuyl setzt hier ein Bildverfahren aus der *trompe l'oeil*-Tradition gerade deshalb ein, weil er den Illusionismus erklären will. Im Unterschied zu dem Illusionismus bei der Darstellung des schlafenden Gehirns geht seine Bildstrategie hier auf. Der selbstreflexive Einsatz von Bildern entspricht ja auch grundsätzlich den ‚des-illusionierenden' Bildstrategien die Descartes in seiner Schrift über die *Meteore* anwandte, um vermeintliche Wunderphänomene mit Hilfe der Abbildungen ‚durchschaubar' zu machen, überbietet aber insofern das dortige Verfahren, als die Abbildung ihrerseits auf illusionistische Effekte setzt. Überhaupt hat, wie ich früher ausführlich dargestellt habe, sich bereits der junge Descartes intensiv damit beschäftigt, optische Illusionen zu analysieren und ihre Wirkmechanismen zu erklären. In der *Dioptrik* bringt Descartes ein solches körperloses Auge z.B. in der *camera-obscura*-Abbildung, um dort eine perspektivische Repräsentation eines Gegenstands vorzuführen. Das eingezeichnete Auge würde ich daher auch keinesfalls als gottgleich interpretieren, da hätte es Schuyl schon in den Himmel darüber setzen müssen. Auch daß hier Wilkin zufolge eine Beziehung zu einem allwissenden Leser hergestellt sein soll, überrascht, da Descartes den Leser stets lenkt und sukzessive aufklärt. Er vermittelt dabei zumeist Methoden und Techniken, die zur Wissenserweiterung führen können, doch Allwissenheit wird nicht durch das Durchschauen eines Effektes erreicht. Außerdem heißt Descartes' Text „*de l'homme*" (also: *Vom Menschen*) und nicht wie die deutsche Übersetzung behauptet: *Über den Menschen*. Nicht einmal Descartes nimmt die olympische Position ein, sondern er versucht, perspektivisch an den eigenen Standpunkt gebundene, hypothetische Entwürfe fiktiver Menschen und Welten zu formulieren. Je nachdem welche Perspektive man dabei ein-

---

schaulicht die Metapher „feu sans lumière" nur eine thermodynamische Hypothese), dann nicht, daß man Schuyl unterstellt, er habe ein solches Prinzip mit dem Feuer symbolisch dargestellt, zumal sich weitere Beispiele für symbolische Darstellungen bei ihm nicht finden. Warum nimmt man das Bild nicht als gelungene Darstellung unterschiedlicher Wahrnehmungssituationen (der Rauch ist hierbei wichtiger als das Feuer)? Außerdem halte ich die Deutung des Katapults für zweifelhaft, denn zum einen konnten Katapulte durchaus zu Verteidigungszwecken auch innerhalb von Festungen eingesetzt werden, zum anderen handelt es sich wahrscheinlich bei dem dargestellten Objekt gar nicht um ein Katapult, denn zum Schleudern bräuchte man ein Gegengewicht und ein solches ist nicht auszumachen. Dafür sieht man Sprossen am Balken, an dem ein undefinierbares Objekt hängt, was eher auf einen Flaschenzug oder eine Winde hindeutet. Da solche Wehrtürme meistens keine Türen hatten, konnte man in sie nur gelangen, wenn man sich mit Hilfe eines Flaschenzugs auf die Zinnen befördern ließ. Wilkins vanitas-Deutung erscheint mir daher übertrieben, – das Bild läßt sich unspektakulär als weitere Darstellung unterschiedlicher Objektproportionen je nach Distanz lesen (riesiges Auge im Vordergrund – winziger Mensch in der Ferne) oder kann eventuell auch selbstreflexiv gedeutet werden: Descartes hatte ja in der *Dioptrik* bei der Erklärung des Sehvorgangs den Leser dazu aufgefordert, er solle sich das Auge „eines eben verstorbenen Toten" besorgen (AT VI, S. 115). Überhaupt halte ich die von Wilkin aufgespannte Alternative von allegorischer Darstellung und wissenschaftlichem Fortschritt für verfehlt. Nicht nur von Vesalius bis Rembrandt gab es keine Opposition von Allegorik und Wissenschaft in der Anatomie, auch noch Jahrzehnte nach Descartes' Tod, etwa bei Frederik Ruysch, der bei Franciscus Sylvius und Schuyl studiert hatte, gingen allegorische Bildkompositionen und fortgeschrittenster wissenschaftlicher Kenntnisstand zwanglos eine erfolgreiche Synthese ein. Ruyschs Bilder wurden übrigens von Cornelius Huyberts gestochen, der Clerselier vom Verleger Elzevier zuerst als Illustrator für den *Traité de l'homme* vorgeschlagen worden war.

nimmt, die ontologische oder die erkenntnistheoretische, werden unterschiedliche Erklärungen gegeben. Und in Descartes' Naturphilosophie werden verschiedene Dispositionen benannt, die verantwortlich sind, warum sich ein Objekt einmal so und das nächste Mal anders verhält. Descartes' relationaler Perspektivismus wird von Schuyls Abbildung angemessen wiedergegeben.

Selbst das von mir oben bereits interpretierte Gedächtnisbild erscheint bei Schuyl textnäher. Man sieht einen Frauenarm, der ein Muster stickt und dann erst auf einem zweiten Bild einen Griffel, der gröbere Löcher stanzt. Im Vergleich zur mechanischen Prägung via Nadelbürste bei Clerselier macht Schuyls Bildlösung noch zweierlei zusätzlich klar: Erstens können Phantasie und Erinnerung auch frei Bilder erfinden und ins Gedächtnis einprägen, zweitens sind es nicht einfach nur fixe Muster, sondern ganz verschiedene Figuren, die sich *als Bilder* dem Gedächtnis eindrücken und dort haften bleiben: Schuyls Frauenarm stickt eine Blüte, – und entsprechend zeigen auch Descartes' Bilder nicht nur Diagramme.

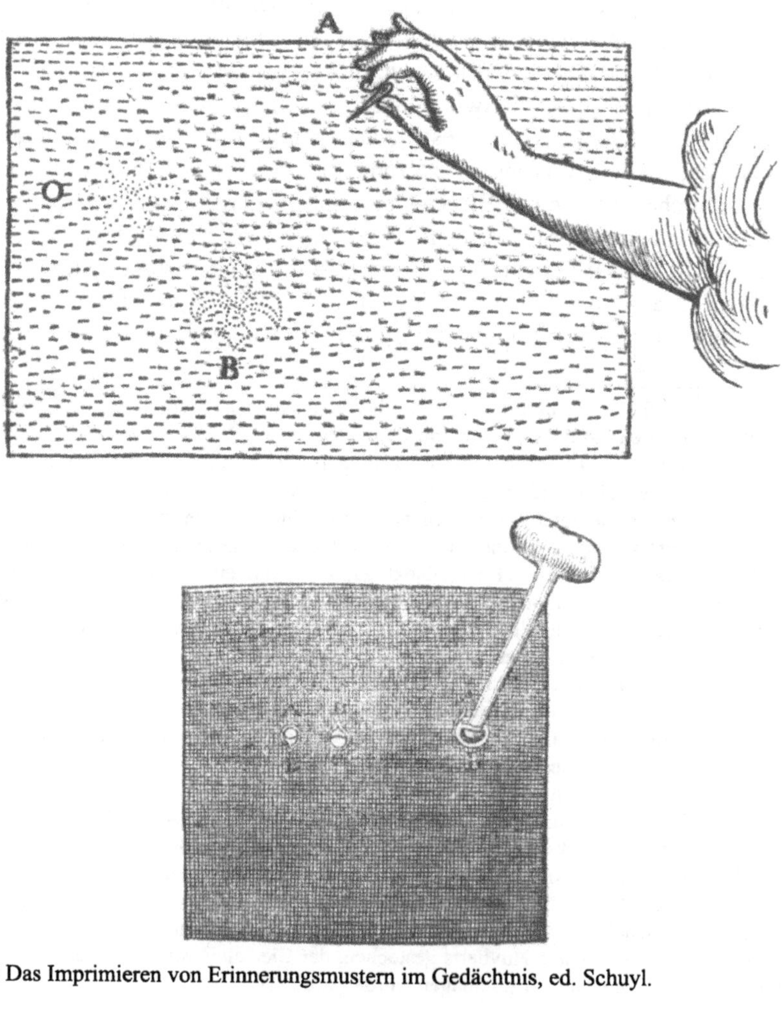

Abb. 77a, b) Das Imprimieren von Erinnerungsmustern im Gedächtnis, ed. Schuyl.

Fig. 30.

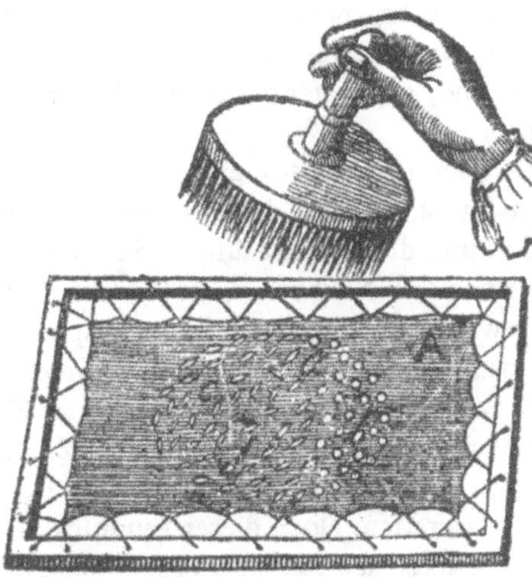

Abb. 78) Das Imprimieren von Erinnerungsspuren im Gedächtnis, ed. Clerselier.

Der Bildvergleich der Clerselier und Schuyl-Edition ergibt, daß Clerseliers Bilder weder näher am Text noch untereinander kohärent, noch für sich betrachtet ‚klar und eindeutig' sind. Ohnehin ist es ein gern gehörtes Märchen in der Philosophie- und Wissenschaftsgeschichte, daß bessere Argumente oder ein überlegenes Wissen dazu führen, daß sich eine Position durchsetzt. Auch bei Clerseliers Editionen müssen andere Erklärungen gesucht werden, um zu verstehen, weshalb sie sich durchgesetzt haben. Clerseliers damalige dominante Stellung unter den Cartesianern ist sicher ein Faktor, doch er erklärt nicht, weshalb bis heute die Abbildungen aus seiner Edition auch über den rein cartesianischen Kontext hinaus so prominent blieben. Wiederum bietet sich an, auf Ludwik Flecks Konzept einer „Harmonie der Täuschungen"[833] zu verweisen und die folgende Hypothese aufzustellen: Die diagrammatischen Abbildungen aus Clerseliers Edition wurden von Anfang an nicht einzeln in ihrem jeweiligen textuellen Zusammenhang aufgesucht und interpretiert, sondern als eine Serie aufeinander verweisender Schaubilder wahrgenommen (was durch die isolierte Tradierung einzelner Bilder bzw. Bilderfolgen belegt wird), die mechanistische Funktionen des menschlichen Körpers einfach verständlich und plausibel veranschaulichen. Entsprechend las man Descartes' Text und erkannte dort das funktionalistische Konzept wieder. Bilder und Konzept bestärken sich gegenseitig: Je sicherer und einfacher die Deutung der Bilder gelingt, desto schneller schwindet die Fähigkeit, etwas anderes zu sehen und zu denken. Die Schärfung des Blicks für mechanistische Zusammenhänge geht mit einer Hemmung einher, dazu nicht Passendes wahrzunehmen. Bilder und Konzepte formieren einen bestimmten Denkstil, innerhalb dessen festgelegt wird, was als ‚realistisch', ‚funktional' oder ‚intelligi-

833 Ludwik Fleck, Schauen, Sehen, Wissen; Über die wissenschaftliche Beobachtung und die Wahrnehmung im Allgemeinen, in: ders., *Entstehung und Geschichte einer wissenschaftlichen Tatsache*, Frankfurt a.M. 1980.

bel' gilt. Je mehr sich Bilder und Begriffe bzw. Konzepte einander entsprechen, desto evidenter oder ‚objektiver' erscheinen beide – die „Harmonie der Täuschungen" erzeugt den Effekt einer Selbstautorisierung. Das ging bei Clerseliers Illustrationen so weit, daß nur eine Gruppe von ihnen als maßgeblich wahrgenommen wurde, die anderen wurden schlicht ausgeblendet. Ausgeblendet wurden auch all die erwähnten Komplikationen, die mit den schematischen Bildern verbunden sind, zugunsten einer Ausrichtung der Bildlektüre auf das Ideal einer cartesianischen *clarté*.

Leitbilder dienen dazu, ein Wahrnehmungs- und Begriffssystem so auszurichten, daß alles Erkennen nichts anderes mehr ist, als nach den gegebenen Voraussetzungen die passenden Beobachtungen zu machen und die zwangsläufigen Schlüsse zu ziehen. Innerhalb des mechanistischen Denkstils erscheint *im Nachhinein* die reduktiv-funktionalistische Variante besonders erfolgreich darin gewesen zu sein, das Zusammenspiel von Bildern und Text zu vereinfachen. Dennoch muß man aufpassen, daß man sich hier nicht zu vorschnellen Verallgemeinerungen verleiten läßt. Man könnte etwa meinen, daß im Zuge kultureller, sozialer und ökonomischer Entwicklungen im 17. Jahrhundert Maschinen eine immer bedeutendere Rolle spielten und damit einhergehend auch die kollektive Bereitschaft wuchs, Wirk-Zusammenhänge funktional zu begreifen. Doch dieser Eindruck ist seinerseits ein Resultat einer selektiven (philosophie-) historischen Rekonstruktion, denn es gab gerade in der Biologie sehr verschiedene ‚Denkkollektive' mit anti-reduktionistischen Denkstilen. Frederik Ruysch, immerhin noch 1720 als Nachfolger Newtons in die Pariser *Academie Royal des Sciences* gewählt, wäre hier nur als ein Beispiel für viele zu nennen.[834] Andererseits konnten auch noch vor dem Erscheinen der posthumen Descartes-Ausgaben von *De l'homme* insbesondere in den Niederlanden auch in der cartesianischen Traditionslinie mimetische Bildstile tradiert und (weniger raffiniert wie bei Schuyl) mit cartesianischen Erklärungsansätzen verbunden werden. Im speziellen Bereich der Anatomie vermochten sich diese Bilder in den Niederlanden dann auch im Verein mit cartesianischen Erklärungen länger halten, wobei leicht ersichtlich diese Abbildungen nicht den Bildstilen, die Descartes favorisiert hatte, entsprechen, da sie selbst nicht mehr auf die Ebene der Ursachen verweisen, sondern (wie bei Harvey) lediglich anatomische Details zeigen. Als Beispiele könnten hier etwa die mimetisch orientierten Abbildungen der Cartesianer Regius und Steno angeführt werden:

834 Vgl. zu anti-mechanistischen Biologiekonzepten im Frankreich des 18. Jahrhunderts z.B.: Thomas Brandstetter: Sentimental Hydraulics. Utopia and Technology in 18th Century France, in: Zittel – Engel – Nanni (2008), S. 495-512.

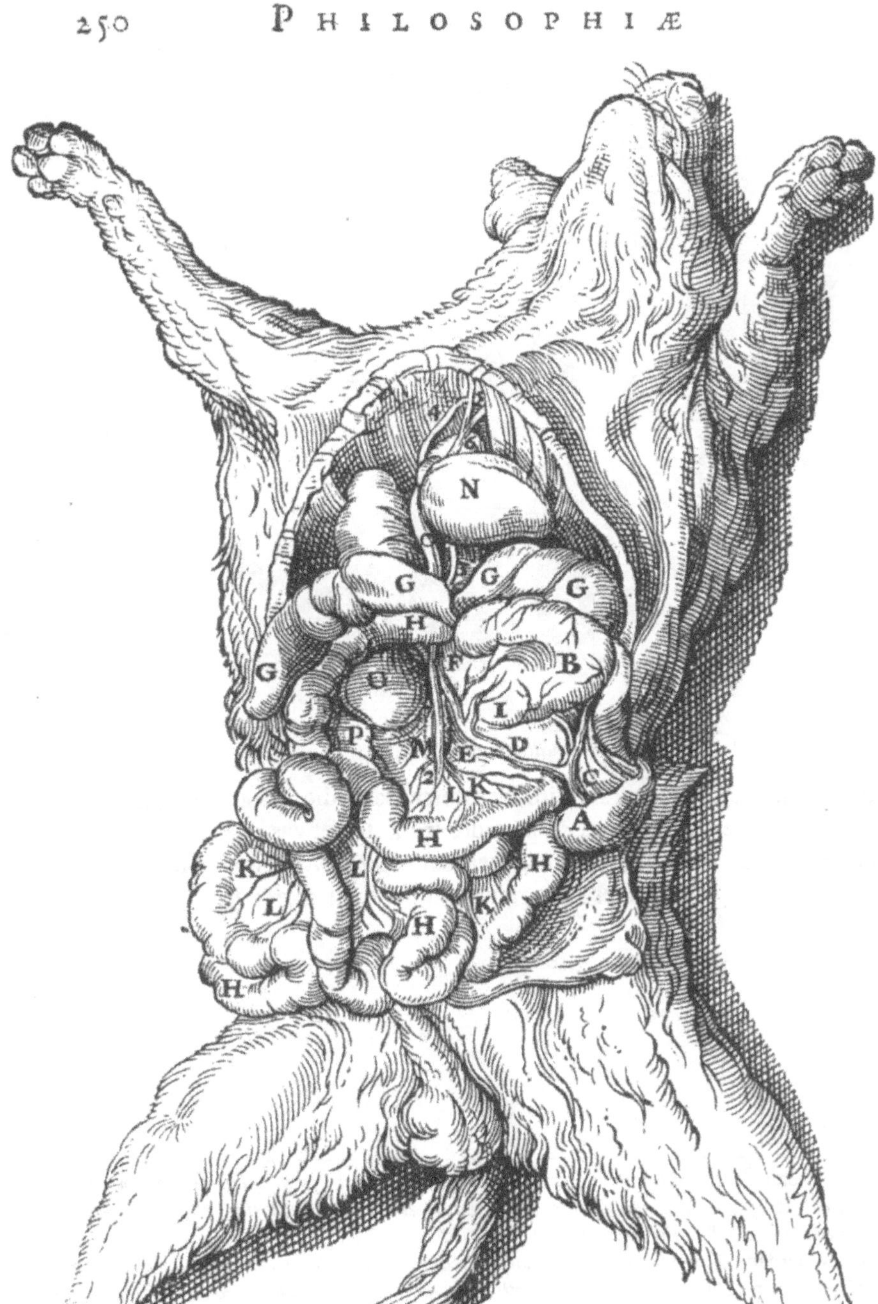

Abb. 79) Heinrich Regius, *Philosophia Naturalis,* 1654.

Abb. 80) Nicolaus Steno, *Obervationes Anatomicae*, 1662.[835]

Ganz unterschiedlich nehmen sich im Vergleich dazu die Maschinenmodelle präsentierenden Abbildungen bei Swammerdam aus, die trotz des etwas späteren Erscheinungsdatums unabhängig von den *De l'homme*-Ausgaben entwickelt worden waren, um Respirationsvorgänge am Beispiel hydraulischer Apparaturen funktional zu erklären.[836]

835 Nicolaus Steno, *Observationes anatomicae quibus varia oris, oculorum, & narium vasa describuntur, novique salivae, lacrymarum & muci fontes deteguntur, et novum nobilissimi Bilsii de lymphae motu & usu commentum examinatur & rejicitur*, Leiden 1662.

836 Jan Swammerdam, *Tractatus physico – anatomico – medicus de respiratione usuque pulmonum: in quo, praeter primam Respirationis in Foetu inchoationem, Aeris per Circulum Propulsio statuminatur, Attractio exploditur, Experimentaque ad explicandum Sanguinis in Corde tam auctum quam diminutum Motum in medium producuntur*, 1667. Zu Swammerdams Cartesianismus siehe: Eric Jorink, *Het Boeck der Natuere. Nederlandse geleerden en de wonderen van Gods Schepping 1575-1715*, Leiden 2006. Allerdings finden sich auch in Regius' *Philosophia Naturalis* von 1654 Abbildungen von einfachen Destillierapparaten, die die Atmung erklären sollen. Vgl. ebd., S. 76-80.

Abb. 81) Swammerdam, *Tractatus-physico-anatomico*, 1667.

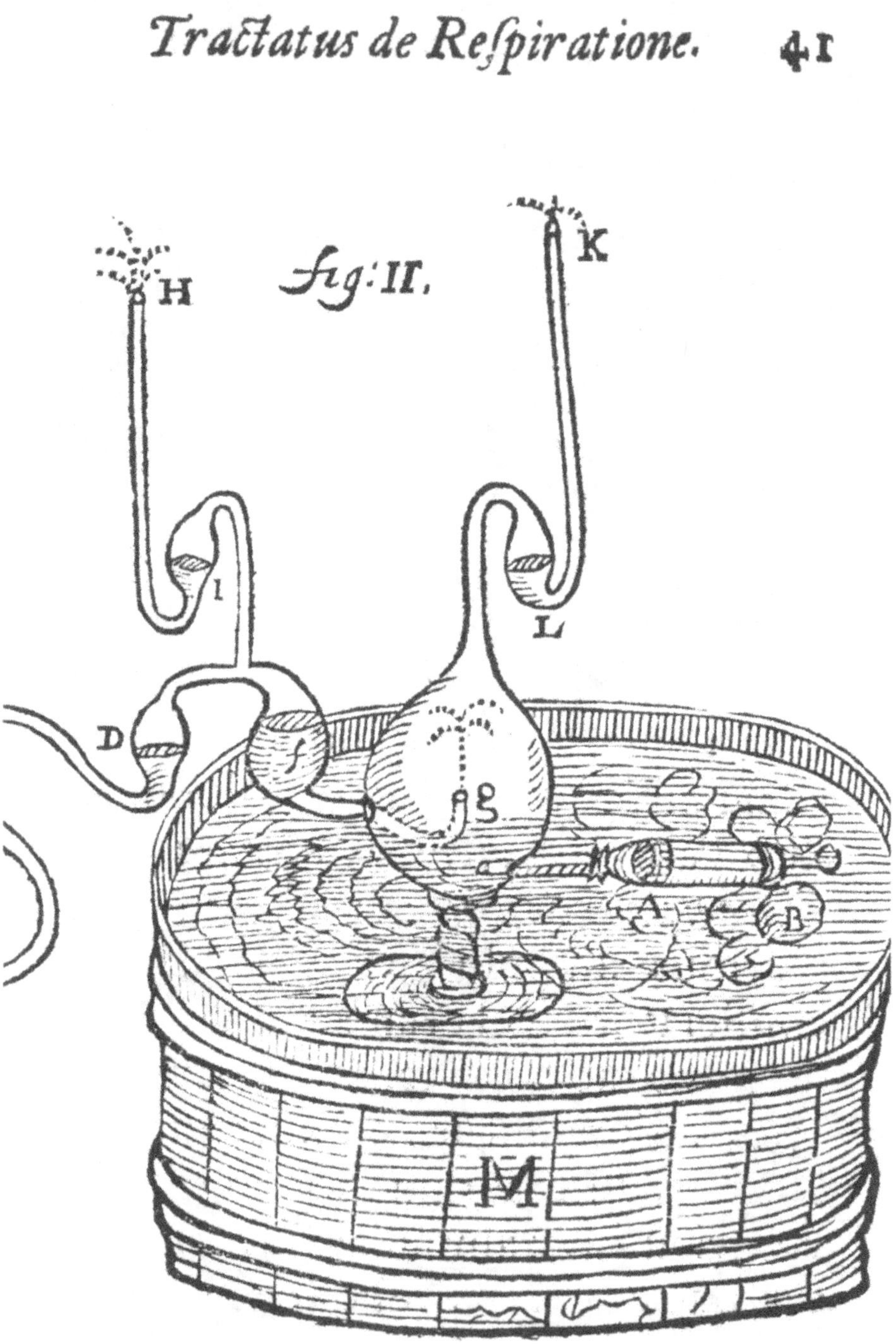

Abb. 82) Swammerdam, *Tractatus-physico-anatomico*, 1667.

Swammerdam versucht mit seinen Abbildungen den Blut-und Lungenkreislauf mit Hilfe von Bildern zu erklären, die Destillierprozesse vorführen. Er ist mit dieser ikonographischen Idee, trotz aller gravierenden sachlichen Abweichungen und Neuerungen, mit denen er in bezug auf die Physiologie der Herzens und der Lunge aufwartet, eher in der Lage, Descartes' thermodynamische Erklärungshypothese verständlich zu machen, als Schuyl mit seinem spektakulären Herz-Bild.

Diese vielen verschiedenen Bildtypen innerhalb des sogenannten Cartesianismus zeigen, daß auch dieser sich keineswegs als eine einheitliche Bewegung formierte. Bei näherer Betrachtung erweist sich der Terminus: ‚Cartesianismus' als ein retrospektiv entworfener und höchst zweifelhaft vereinfachender Sammelbegriff, mit dem überaus kontrovers zueinander stehende Naturforscher und Philosophen unter ein Dach gezwungen werden.[837]

Descartes' Verständnis von mechanistischen Vorgängen war, ich kann dies nicht oft genug wiederholen, weit komplexer als später dargestellt. Überhaupt gab es nicht *den* einzigen mechanistischen Denkstil des 17. Jahrhunderts (noch nicht einmal innerhalb des ‚Cartesianismus'), sondern viele verschiedene Formen. Doch eine Teilvariante hat sich verselbständigt und sich in der Philosophiegeschichtsschreibung erfolgreich zu einseitiger Dominanz aufgeschwungen; dies gelang durch das Etablieren eines leicht einsichtigen und entsprechend schlagkräftigen funktionalistisch-rationalistischen Maschinenmodells. Nicht Descartes, *Clerselier ist der Erfinder des Cartesianischen ‚esprit mécanique'.*

Bilder können sich selbst dann von einem Text lösen, wenn sie mit ihm gemeinsam durch die Welt ziehen. Es gibt keine 1zu1-Entsprechungen zwischen Text und Abbildung. Zuweilen können Bilder sogar, wie hier, dem Text widersprechende wissenschaftliche Einsichten evident erscheinen lassen und gegen den Text durchsetzen (nicht selten werden Bilder dann ohne Text tradiert: Vesalius, Leonardo).

Als passionierte Anwälte des Ästhetischen plädieren wir stets gegen den einseitig szientifischen Reduktionismus und spielen gegen denselbigen den von keiner planen Vernunft einholbaren ästhetischen Mehrwert von Bildern aus. Bei den Abbildungen zu *De L'homme* hätte man das Verhältnis jedoch ganz und gar umgekehrt beschreiben: Descartes offeriert komplexe Erklärungen für dynamische Körperprozesse, insbesondere in bezug auf die unberechenbare Aktivität der *spiritus* im Gehirn sowie in bezug auf Entwicklungsprozesse, die allesamt weder mit den anatomisierenden Bildern Schuyls noch mit den mechanistischen Bildern Clerseliers eingefangen werden können.

Hier kommt durch das Bild nicht eine neue Dimension hinzu, sondern ein Text wird radikal vereinfacht. Clerseliers Edition gelingt dies gründlicher als Schuyl und erfolgreicher als anderen Cartesianern. Seine Bilder setzten sich mit ihrem Maschinenideal gegen die komplexen Organismusvorstellungen, die Descartes' Text erläuterte, durch und schlugen mit ihrem einfachen Bildkonzept zugleich konkurrierende Bildentwürfe aus dem Feld.

Dieses Beispiel für die Erzeugung von Evidenz durch eine mit Hilfe von Bildern vorgenommenen Vereinfachung und radikalen Umdeutung eines subtilen Textes läßt sich ins Grundsätzliche wenden und die zuweilen auch fatale Wirkung von Evidenzproduktionen

837 Man betrachte nur die bunte Mischung an cartesiansischen Schriften, die in der Ausgabe Ariews und Garbers versammelt sind: R. Ariew – D. Garber (Hrsg), *Descartes in Seventeenth-Century England* 10 Bde., Bristol 2002. Zum Problem des vielgestaltigen Cartesianismus siehe: Eric P. Lewis, Cartesianism Revisited, in: *Perspectives on Science* 15.4 (2007), S. 493-522

benennen: Solange sich jeder Leser beim Studieren des Textes selbst im Kopf Bilder entwerfen muß, sind diese vielgestaltig, komplex etc. Werden immer mehr Bilder gedruckt, schickt man die Vorstellungsbilder in die Trichter von Normierungsmaschinen. Clerseliers Edition hatte diese Funktion, der Bilderflut innerhalb des Cartesianismus Herr zu werden. Ein Effekt seiner Abbildungen ist, die Phantasie der Leser zu sterilisieren.

5) Weisen der Welterzeugung (2): Planetenschiffe (Zu den Bildern aus *Le Monde* und den *Principia*)

„j'imagine ou plustost que je trouve par demonstration"
„Die Wirbel des Cartesius sind ja lauter Träume (Reichel)"[838]

5.1) Wer erfand die Bilder zu *Le Monde*?

Bevor ich mich nun den kosmologischen Bildern aus *Le Monde ou Traité de la Lumière* zuwenden kann, muß geklärt werden, ob man die diesem erst posthum veröffentlichten Traktat beigegebenen Abbildungen überhaupt Descartes zuschreiben und entsprechend interpretieren kann? Diese Frage ist von entscheidender Bedeutung für die Beurteilung des Status der Abbildungen und ihrer Funktion, denn es macht einen Unterschied ums Ganze, ob ein Text-Bild-Verhältnis erst nachträglich konstruiert wird oder ob Text und Bilder von vornherein aufeinander bezogen konzipiert wurden. Ich will mich hierfür nicht auf die verstaubte Kategorie der Autorintention berufen, denn selbstverständlich ist es sinnvoll, auch ein Text-Bild-Verhältnis, das erst nachträglich zustande kam, im Hinblick auf die damit erfolgte Lektüre- und Erkenntnissteuerung und deren Rezeptionsfolgen zu untersuchen. Gleichwohl weisen die posthumen Editionen und die Ausgaben zu Lebzeiten Descartes' verschiedene Text-Bildkonstellationen auf, die entsprechend verschiedene Funktionen haben können, und das gilt es zu berücksichtigen.

Für die Bilder zu *De l'homme*, die ebenfalls nach Descartes' Tode veröffentlicht wurden, läßt sich der Produktionsprozeß rekonstruieren und belegen, daß die Abbildungen erst für die spätere Edition angefertigt worden sind, sowie benennen, wer sie entworfen und angefertigt hat. Die sich für diesen Text daraus ergebenden komplizierten Interpretationsfragen wurden im vorigen Kapitel behandelt. Im Falle von *Le Monde* ist es weit schwieriger zu ermitteln, wer diesen Traktat mit Bildern versah und wann dies geschah, da sich zu seinen Abbildungen bis heute keine eindeutigen Hinweise auf den beteiligten Künstler hatten finden lassen. Insofern hat dieser Text eine Sonderstellung unter Descartes' Werken. Die meisten Kommentare schweigen sich daher zur Frage der Urheberschaft der Abbildungen aus oder vernebeln, daß sie nicht wissen, wer den Text ‚illustrierte'. In der Ausgabe Adams und

838 Hans Schulz – Otto Basler – Gerhard Strauss (Hrsg.), *Deutsches Fremdwörterbuch*, Berlin 1995, Eintrag: Atom, S. 496.

Tannerys wird z.B. Clerselier mit den Worten zitiert, der *Traité de la lumière* sei im Unterschied zum von Schuyl illustrierten *De homine* „un texte plus fidèle, avec des figures mieux faites".[839] Doch was soll daraus folgen? Daß Schuyl, der die erste posthume lateinische Ausgabe von *De Homine* (ohne *Le Monde*) herausgab, Vorlagen für *Le Monde* lieferte, die Clerselier benutzen konnte? Der Descartes-Biograph Uwe Schulz[840] behauptet unter Verzicht auf einen Beleg in seiner Vorbemerkung zum Abbildungsteil seines Bandes jedenfalls, daß Schuyl den *Traite de la lumière* illustriert habe. Gaukroger wiederum erklärt in seiner Cambridge-Ausgabe *The world and other writings* (1996), die von ihm gewählten Abbildungen gingen auf Schuyls Illustrationen zurück, welche wiederum Clerselier modifiziert habe, und seine eigene Ausgabe drucke die Bilder „slightly different"[841] zu den ersten Editionen. Offenbar kennt Gaukroger nur Clerseliers Abbildungen, denn soviel Blindheit, daß er die eklatanten Unterschiede zwischen den von Clerseliers ‚Illustratoren' La Forge und Gutschoven verantworteten Abbildungen und denen Schuyls übersehen würde, mag man ihm nicht unterstellen. Erstaunlich ist dennoch, daß niemand die krassen Unterschiede auch dieser eher einfach schematischen und funktionalistischen Abbildungen zu den eher komplex analogischen Bildern in *Le Monde* zur Kenntnis nehmen will.

Ähnlichkeiten in Stil und Technik jedoch gibt es zu den Abbildungen aus *Dioptrique, Les Météores* und den *Principia,* – und diese Texte wurden von Frans van Schooten in enger Kollaboration mit Descartes mit Bildern ausgestattet. Schuyl hingegen orientiert sich zwar auch an den Essays, doch hatte er für seine Edition von *De Homine* eine eigene Bildsprache entwickelt (auf die ich noch zurückkomme) und er besaß überlegenere künstlerische Fähigkeiten als der ‚Illustrator' von *Le Monde*. Hat also Frans van Schooten vielleicht auch für *Le Monde* die Bilder entworfen? Zum Zeitpunkt jedenfalls, als Descartes an eine Veröffentlichung von *Le Monde* dachte, arbeitete er mit van Schooten zusammen, der die Abbildungen für die *Essais* fertigte. Die Vermutung liegt daher nahe, daß van Schooten zu dieser Zeit auch *Le Monde* vorbereiten half und schon Druckvorlagen für die Abbildungen ausgearbeitet hatte, die wegen Descartes' Publikationsverzicht dann aber nicht zum Einsatz kamen.

Schauen wir uns die ersten Editionen genauer an: Le Monde, entstanden 1632/33; erschien zuerst in Paris 1664 unter dem Titel Le Monde de Mr. DesCartes ou le traité de la lumière et des autres principaux objets des sens. Avec un discours du mouvement local, et un autre des fiévres, composez selon les principes du méme auteur.

Ihr folgt im Bildprogramm die lateinische Edition: „Renati des Cartes Mundus, sive Dissertatio de lumine et de aliis objectis primariis", in: *R. Des-Cartes Opuscula posthuma, physica et mathematica Amstelodami* 1701.

Die für Adam und Tannery (und damit heute generell) als verbindlich geltende Referenz-Ausgabe von *Le Monde* besorgte jedoch Clerselier, sie ist enthalten in: *L'homme de René Descartes et la formation du foetus, avec les Remarques de Louis de la Forge... A quoi l'on a ajouté Le Monde ou Traité de la Lumière, du mesme Autheur,* Paris 1677, S. 405-511.

Nicht in der Erstausgabe, sondern nur in dieser Ausgabe von *Le Monde* – dessen ist sich fast niemand bewußt – finden sich die Originale der heute bekannten Abbildungen; auch die

---

839 AT XI, S. II.
840 Schulz (2001), Einleitung zum Abbildungsteil zwischen S. 190 u. 191.
841 *The World* (1996), S. XXXVI.

deutsche Edition Tripps und die vielgerühmte französische von Bitbol-Hespériès[842] folgen ihr. Die Clerselier-Ausgabe reduzierte jedoch gegenüber der Erstedition drastisch die Anzahl und die Größe der Abbildungen und veränderte deren Positionen. Clerselier hat zudem offenbar neue Abbildungen nach dem Muster der ersten ‚Illustrationen' anfertigen lassen, die drucktechnisch besser geraten sind, aber sich zum Teil erheblich von den Vorbildern unterscheiden.

Der ersten Edition wird ein anonymes Vorwort eines ‚D.R.' vorangestellt, in dem erklärt wird, bis auf die Überschriften und einigen Fehlern, die sich in den Figuren finden können, sei alles in diesem Buch von Descartes. Danach folgt das Inhaltsverzeichnis. Dann aber wird noch eine Vorbemerkung „Remarquez" dazwischengeschaltet, in der sich ein weiterer Anonymus zu Wort meldet, der offenbar aus dem engsten Descartes-Zirkel kommt, da er sich an die Leser wendet, die bereits die Handschrift von *Le Monde* gelesen hatten. Dieser erklärt:

> „Que les exemplaires des ce Livre qu'on a vus avant l'impression manquoient en plusieurs choses, principalement vers la page 246. mais que pour les corriger on se pouvoit servir du discours & des figures qui sont dans les principes de la Philosophie, composez par le meme Auteur: Part. 3 Art. 132, 137, 149 &c."[843]

Der Anonymus verweist auf die von van Schooten für die 1644er Edition der *Prinzipien* gefertigten Abbildungen, die die technischen Unvollkommenheiten der Abbildungen aus der vorliegenden Ausgabe kompensieren sollen. Wenn die Diskurse und Bilder aus den *Principia* vom gleichen Autor stammen und zur Korrektur genutzt werden sollen, war offenbar auch die Handschrift von *Le Monde* mit Abbildungen überliefert. Dies würde bedeuten: 1. Der Künstler war Frans van Schooten. 2. Es ist schwer vorstellbar, daß van Schooten nach seiner Bilderfolge zu den *Prinzipien* nochmals neue und schlechtere Abbildungen zur gleichen Thematik gefertigt hat, die zudem noch, wie zu zeigen sein wird, eine frühere Position Descartes' veranschaulichen. Offenbar war der Herausgeber der Erstausgabe von *Le Monde* zum einen noch im Besitz entweder der Entwurfszeichnungen oder gar der fertigen Druckstöcke (was nicht erstaunt, da er ja aus dem engsten Descartes-Kreis stammen muß und Druckstöcke häufig sehr lange aufgehoben wurden) und hat die Ausgabe wahrscheinlich so realisiert, wie von Descartes und van Schooten gemeinsam geplant war. Zum anderen war Frans van Schooten bereits 1660 gestorben und stand für eine zeitgemäße Überarbeitung der Abbildungen nicht zur Verfügung. So erklären sich die Verwendung von im Jahre 1667 vergleichsweise antiquiert schlicht anmutenden Abbildungen und der Verweis auf die von van Schootens Hand stammenden ‚besseren' Bild-Versionen der *Principia*. Kurzum: Die Bilder in der Edition von 1664 können mit großer Wahrscheinlichkeit als von Descartes autorisiert gelten.

Um den Unterschied der Editionen klar zu machen, sei zunächst nur ein erster oberflächlicher visueller Eindruck jeweils einer ganzen Seite gegeben:

---

842 *Die Welt* (1989), *Le monde; L'homme* (1996).

843 *Le Monde* (1664), S. Xf. Gemeint sind hier die einfachen Kugeldiagramme zur Erklärung der Schwere. Auf S. 246 findet sich keine Abbildung.

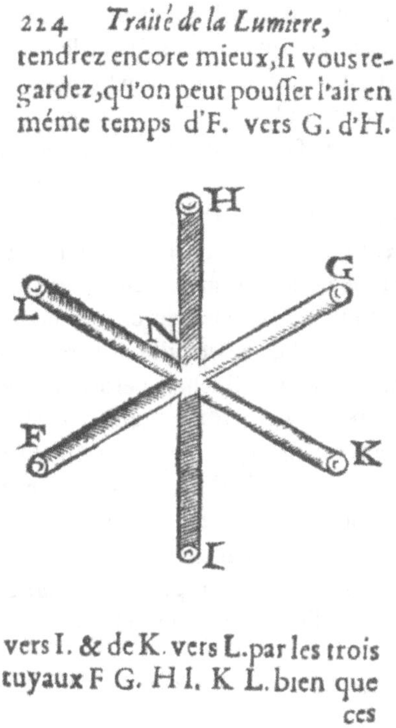
224 Traité de la Lumiere,
tendrez encore mieux, si vous regardez, qu'on peut pousser l'air en méme temps d'F. vers G. d'H.

vers I. & de K. vers L. par les trois tuyaux F G. H I. K L. bien que ces

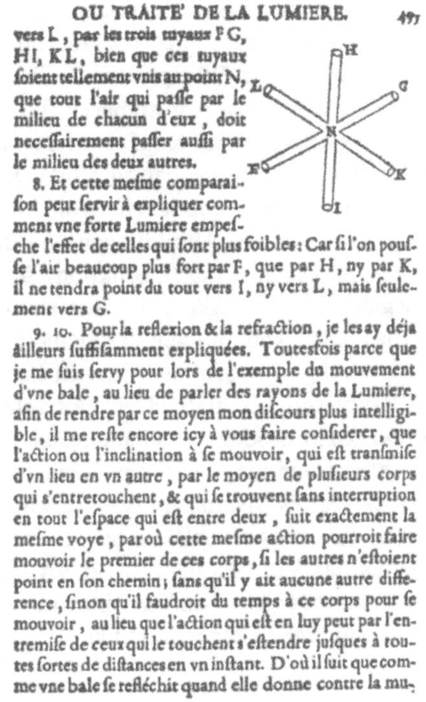
OU TRAITE' DE LA LUMIERE. 497
vers L, par les trois tuyaux F G, HI, KL, bien que ces tuyaux soient tellement vnis au point N, que tout l'air qui passe par le milieu de chacun d'eux, doit necessairement passer aussi par le milieu des deux autres.

8. Et cette mesme comparaison peut servir à expliquer comment vne forte Lumiere empesche l'effet de celles qui sont plus foibles: Car si l'on pousse l'air beaucoup plus fort par F, que par H, ny par K, il ne tendra point du tout vers I, ny vers L, mais seulement vers G.

9. 10. Pour la reflexion & la refraction, je les ay déja ailleurs suffisamment expliquées. Toutesfois parce que je me suis servy pour lors de l'exemple du mouvement d'vne bale, au lieu de parler des rayons de la Lumiere, afin de rendre par ce moyen mon discours plus intelligible, il me reste encore icy à vous faire considerer, que l'action ou l'inclination à se mouvoir, qui est transmise d'vn lieu en vn autre, par le moyen de plusieurs corps qui s'entretouchent, & qui se trouvent sans interruption en tout l'espace qui est entre deux, suit exactement la mesme voye, par où cette mesme action pourroit faire mouvoir le premier de ces corps, si les autres n'estoient point en son chemin; sans qu'il y ait aucune autre difference, sinon qu'il faudroit du temps à ce corps pour se mouvoir, au lieu que l'action qui est en luy peut par l'entremise de ceux qui le touchent s'estendre jusques à toutes sortes de distances en vn instant. D'où il suit que comme vne bale se reflechit quand elle donne contre la mu-

Abb. 83) *Le Monde* (1664), Abb. 84) *Le Monde* (1677).

Der Unterschied ist deutlich, in der ersten Edition *dominiert das Bild den Text*, die Seite wird fast vollständig davon eingenommen, und selbst die Buchstaben im Bild sind größer als die Buchstaben im Text. Diese Beobachtung läßt sich in der Erstedition, die viele Bilder wiederholt, auf sehr vielen Seiten machen. Es ist unmöglich, einfach im Text weiterzulesen, ohne die Bilder zu beachten. Die Clerselier-Edition rückt das Bild verkleinert an den Rand, es wird zur Illustration marginalisiert, das Dominanzverhältnis wird umgekehrt, mit der Tendenz, die Bilder gänzlich zu liquidieren. In den heute geläufigen Editionen ist der Text noch beherrschender, am extremsten in den von Tripp und Gaukroger verantworteten, aber auch in der Ausgabe Adams und Tannerys. Hier beginnt die Bildbeschreibung oft schon mehrere Seiten vor den Figuren, also ohne daß der Leser das Bild zugleich vor Augen gestellt bekommt. Wie liest man eine Bildbeschreibung ohne Bild? Hinzu kommt, nicht bei diesem, aber bei den anderen Abbildungen, daß auf Mehrfachabdruck der gleichen Abbildung verzichtet wird und insbesondere das berühmte Kometenbild statt fünfmal nur noch einmal wiedergegeben ist. Die Lektüre des Textes muß oder soll sich also über weite Strecken ohne jede Bildunterstützung vollziehen, die Erkenntnissteuerung wird primär dem Text überantwortet, die Bilder aus ihren Funktionszusammenhängen gelöst und zu bloßen Illustrationen depotenziert. Das kognitive Potential der Bilder, das sich in ihrem Zusammenspiel mit dem Text beim Erfinden und Erschließen der gleichermaßen von Verstand wie Einbildungskraft konstituierten „Welt" in *Le Monde* entfalten könnte, bleibt weitgehend ungenutzt, mehr noch, es wird für eine einseitig textgestützte, reduktionistische Descartes-

Interpretation eher zu einem Handicap. Schaden nehmen dadurch nicht allein die Bilder, sondern im gleichen Maße auch der von ihnen nun isoliert zu lesende Text, der – beraubt von seinen imaginativen Bildspendern – überfordert ist, wenn es darum geht, aus den lang und länger beschriebenen unsichtbaren Teilchenwelten und ihren Wirkungen ‚klare und deutliche' Vorstellungen im Kopf des Lesers zu formen. Da Descartes' Deduktionen, wie ich wiederholt gezeigt habe, häufig Bild-‚Deduktionen' sind, steht der Leser nun vor der Aufgabe, solche Deduktionen nachzuvollziehen, ohne sich dabei auf das imaginative Fundament, das ihm von den Abbildungen und dem Text zur Verfügung gestellt wird, zu stützen. Man lese nur einmal die ‚Deduktion' der Schraubenteilchen im 4. Teil der neuen deutschen Ausgabe der *Prinzipien*, die den sinnlich-kognitiven Leseakt durch ein beigelegtes Faltblatt, das alle Abbildungen verkleinert zusammenstellt, umständlich verändert. Der Leser wird ständig zum lästigen Suchen nach dem richtigen Bildchen verurteilt und zum schnellen Überlesen veranlaßt. Den Descartes-Interpreten werden dadurch entweder beim Lesen fortwährend produktive Phantasieleistungen abverlangt (die man ihnen nicht selbstverständlich zutrauen mag) oder das Gegenteil, deren Ausschluß; d.h. daß sie sich behelfen, indem sie Descartes' Naturphilosophie als bilderfreies deduktives System radikal ‚re'-konstruieren: als cartesischen Rationalismus. Wie fatal der editorische und interpretatorische Ikonoklasmus das Verständnis des Textes torpediert, soll in der Folge weiter verdeutlicht werden, indem gezeigt wird, wie einzelne Erklärungen Descartes' nur mit Unterstützung durch die *imaginatio* zustande kommen.

5.2) Imaginationen von Bild-Analogien

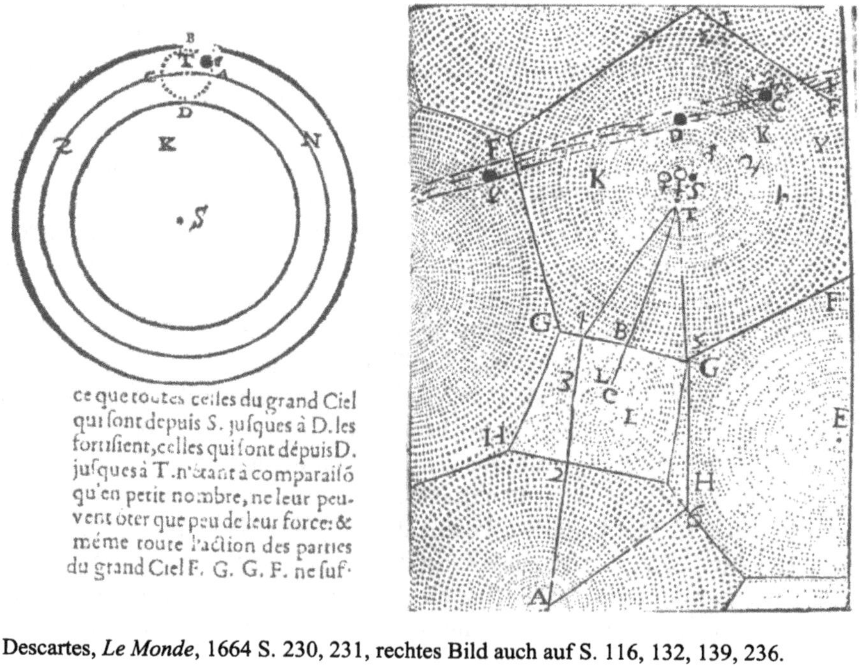

Abb. 85) Descartes, *Le Monde*, 1664 S. 230, 231, rechtes Bild auch auf S. 116, 132, 139, 236.

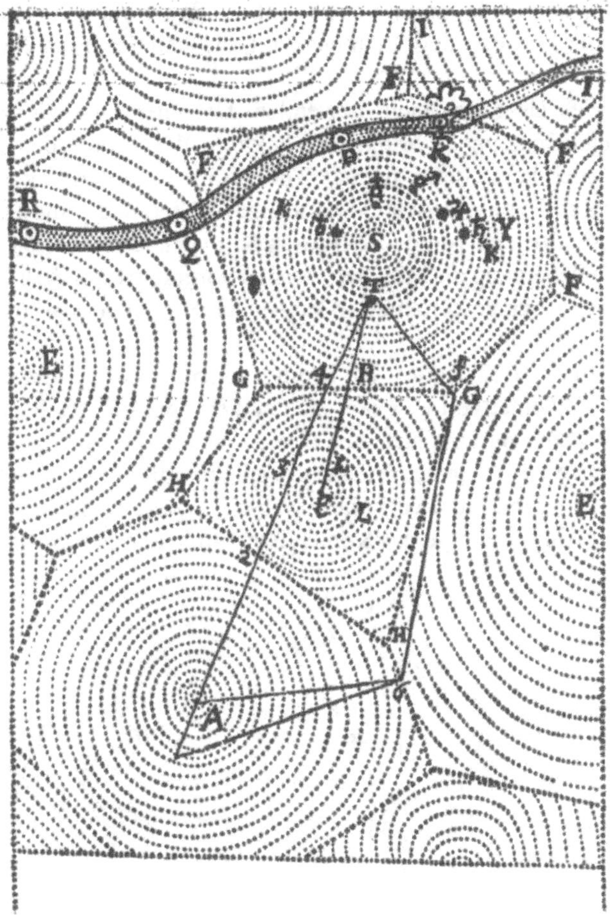

Abb. 86) Descartes, *Le Monde*, 1677, AT X, S. 55.

Auch diese beiden Abbildungen machen Nicht-Sichtbares sichtbar: Wieder wird die mechanistische Grundstruktur des Kosmos nicht mimetisch abgebildet, sondern es soll gezeigt werden, wie die Mechanismen funktionieren. Descartes' Theorie zufolge kann es kein Vakuum geben und auch die Planeten bewegen sich nicht durch den leeren Raum. Das All sei voll mit kleinen Materieteilchen, eine Art feinen Äthers, dessen Teile Stöße übertragen können. Descartes nennt das Plenum. Es ist dargestellt durch die gestrichelten Linien. Gesetzt, es gibt nur eine Welt ohne leeren Raum, dann können sich darin die Teilchen natürlich nicht auf geraden Bahnen bewegen, sondern müssen Kreisbewegungen ausführen. Descartes' Bild zeigt, wie die kosmische Materie durch Wirbelbewegungen sich je nach Größe und Rotationsgeschwindigkeit in jedem Himmel verschieden weit um ein Zentralgestirn wie die Sonne versammelt.

Wie fängt man die Unendlichkeit in einem einzigen Bild ein? Descartes' sich ins Unendliche öffnende Fabelwelt war eine ungeheuerliche Zumutung an das Vorstellungsvermögen seiner Zeitgenossen. Mit Hilfe des Bildes gelang es ihm aber (vorläufig gesprochen), sie anschaulich und damit nachvollziehbar zu machen. Dazu bedient sich Descartes eines neuen

Verfahrens: Der *Bildrahmen* übernimmt die Funktion eines Fensters, in dem nur ein kleiner Ausschnitt der kosmischen Vorgänge sichtbar wird, die sich der Betrachter nun *ad infinitum* ausgedehnt vorstellt.

Doch dabei läßt es Descartes nicht bewenden. Der Grund ist ein mit dieser Kosmos-Konzeption schwer in Einklang zu bringendes Faktum: Was ist mit den Kometen? Zu Descartes' Zeit gab es noch keine befriedigende Theorie für Kometen,[844] geschweige denn Berechnungen ihrer Bahn. Dem will sich Descartes nun stellen und seine Bilderfindung unterscheidet sich hier grundlegend von den zahllosen Kometendarstellungen seiner Zeit.[845] Hier wird keine Wundererscheinung als Himmelszeichen vorgeführt, sondern ein Bild konzipiert, mit dessen Hilfe der irregulär verlaufende Zug eines Kometen wissenschaftlich plausibel erklärt werden soll.

Auf dem Bild ist eine Trasse von I bis R eingezeichnet, auf der ein (in drei verschiedenen Phasen gezeigter) Komet von C, wo er sich aktuell befindet, bis R zieht und dabei verschiedene Sonnensysteme durchkreuzt. Die Trasse ist im Bild aus der ersten Edition nur skizziert, in allen späteren ist sie zur Straße ausgebaut worden. Man sieht, wie ein Komet sich bewegen soll, aber kann nicht verstehen, warum er diese Bahn wählt. Ein zweites Bild wird nötig, das durch eine Analogie das Kometenverhalten erläutern soll.

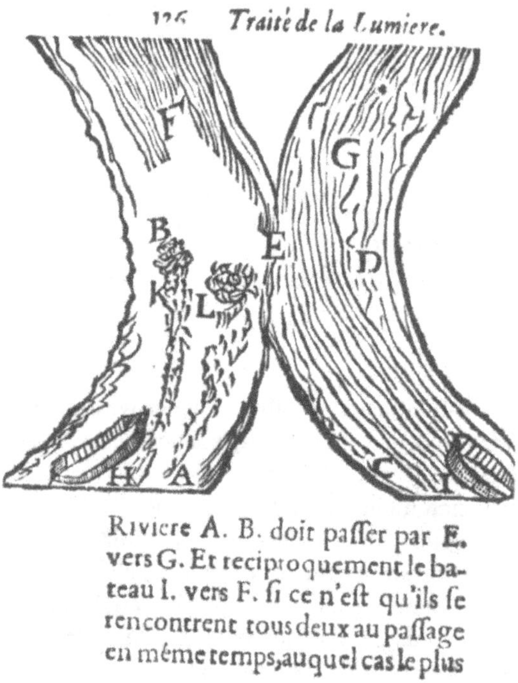

Riviere A. B. doit paſſer par E. vers G. Et reciproquement le bateau I. vers F. ſi ce n'eſt qu'ils ſe rencontrent tous deux au paſſage en méme temps, auquel cas le plus

Par exemple, ſi ces deux Rivieres ſont A B F, & C D G, qui venant de deux coſtez differens, ſe rencontrent vers E, puis de là ſe détournent, A B vers F, & C D vers G; il eſt certain que le bateau H, ſuivant le cours de la Riviere A B, doit paſſer par E, vers G, & reciproquement le bateau I, vers F, ſi ce n'eſt qu'ils ſe rencontrent tous deux au paſſage en meſme temps, auquel cas le plus grand & le plus fort briſera l'autre : Et qu'au contraire l'écume, les feüilles d'arbres & les plumes, les fêtus & autres tels corps fort legers, qui peuvent floter vers A, doivent eſtre pouſſez par le cours de l'eau qui les contient, non pas vers E & vers G, mais vers B; où il faut penſer que l'eau eſt moins forte & moins rapide que vers E, puiſqu'elle y prend ſon cours ſuivant vne ligne qui eſt moins approchante de la droite.

Et deplus, il faut conſiderer que non ſeulement

Lll iij

Abb. 87 u. 88) Descartes, *Le Monde*, 1664 u. 1677.

844 Vgl. u.a. Descartes' Brief an Mersenne vom 10. 05. 1632 und das 3. Buch der *Principia*.
845 Zu den Konventionen frühneuzeitlicher Kometendarstellungen und ihrer Symbolik siehe: Elisabeth Heitzer, *Das Bild des Kometen in der Kunst*, Berlin 1998.

Man sieht auf diesen, wieder in bezug auf das Text-Bildverhältnis und die graphische Gestaltung sehr unterschiedlichen Abbildungen der Editionen von 1664 und 1667, zwei sich berührende Flüsse, die beide Boote mit sich führen und einer auch noch Steine. Wie die Boote auf dem Fluß langsamer sind als dessen Strömung, so sind auch die Himmelskörper langsamer als die Strömung der Himmelsmaterie, die sie mitreißt. Schwerere Körper driften bei der Rotationsbewegung nach außen, so wie die Steine K und L im Fluß, und können daher in den anderen Flußarm überwechseln. Entsprechend sind die Kometen als schwerere Materieverdichtungen zu begreifen, wodurch sie an die Ränder des jeweiligen Himmels getrieben werden und dann über dessen Grenze hinaus in unendlicher Bahn ziehen.

Descartes zählt die Kometen nicht mehr zu den Meteoren, dennoch bereiten sie ihm ähnliche Schwierigkeiten bei ihrer Integration in ein mechanistisches Erklärungsmodell. In diesem Moment greift er auf die Analogie-stiftenden Möglichkeiten von Bildern zurück. Er präsentiert ja keinen Beweis, sondern setzt an dessen Stelle eine Analogie zwischen zwei Bildern. Der Bildvergleich übernimmt hier explanatorische Funktion, das zweite Bild erklärt das erste. Zunächst evoziert Descartes beim Leser dafür die Erinnerung an eine Alltagserfahrung:

> „so wie wir alle Tage die Schiffe und andere im Wasser treibende Körper verschiedenster Art, sowohl die größten und massivsten wie die kleinsten, dem Lauf des Wassers, in dem sie sich befinden, folgen sehen, wenn es sonst nichts gibt, was sie daran hindert."[846]

Um von hier aus allerdings zu einer Erklärung zu gelangen, muß der Leser jedoch in der Folge seine Imagination gegen die eigenen vertrauten Erfahrungen wenden und sich auf einen ebenso schönen wie befremdlichen Vergleich einlassen:

> „Wenn Sie sich also zwei Flüsse vorstellen, die sich an irgendeiner Stelle vereinigen und kurz darauf wieder trennen, bevor ihre Strömungen, die man sich als sehr ruhig und von gleichmäßiger Stärke, aber trotzdem sehr schnell denken muß, die Gelegenheit hatten, sich zu vereinigen, können die Schiffe oder andere hinreichend massive und schwere Körper, die durch den Lauf des einen mitgeführt werden, sehr leicht in den anderen wechseln; während die leichteren sich davon entfernen und durch die Kraft dieses Wassers dorthin zurückgeschleudert, wo es am langsamsten ist."[847]

Dem Vorstellungsvermögen des Lesers wird durch die Fluß- und Schiffs-Analogie zugemutet, hypothetisch den unwahrscheinlichen Fall zu akzeptieren, daß die sich berührenden Flüsse zwar Steine, aber kein Wasser austauschen sowie daß Planeten leichter seien als Kometen und daher in ihrer Bahn blieben.[848]

Descartes führt die Bildanalogie dann überaus detailliert aus und erst durch die Einzelheiten schafft er die Basis für einen Vergleich, der auch das unterschiedliche Verhalten von Kometen und Planeten innerhalb der hypothetischen Fabel-Welt verständlich werden läßt:

> „Wenn z.B. diese beiden Flüsse A B F und C D G sind, die aus zwei verschiedenen Richtungen kommen, sich bei E treffen und sich dann von dort abwenden, A B nach F und C D nach G: dann ist gewiß, daß das Schiff H, das dem Lauf des Flusses A folgt, über E nach G wechseln muß und umgekehrt das Schiff I nach E, wenn sie nicht beide beim

846 AT XI, S. 57-58, *Die Welt*, S. 69.
847 Ebd.
848 Vgl. dazu: Cavaillé (1991), S. 157.

gleichzeitigen Übergang zusammenstoßen, wobei das größere und stärkere das andere beschädigen wird; und daß im Gegensatz dazu der Schaum, die Blätter der Bäume und die Federn, die Pflanzenkeime und dergleichen andere sehr leichte Körper, die bei A treiben können ... nach B gestoßen werden müßen."[849]

Das sprachlich evozierte Vorstellungsbild ermöglicht einen Zwischenschritt, der den Übergang von einem Bild zum nächsten erleichtert. Die Brückenfunktion zwischen Text und Bild, die bei Descartes sonst die visuellen Metaphern übernehmen, wird hier bei der Analogie zwischen zwei Bildern durch einen metonymischen Transfer vom Text ins Bild übernommen, der Kometen zu rollenden Steinen und Planeten zu Planetenschiffen macht. Nun soll der Leser „hier", *d.h. auf dem Bild*, endlich „sehen" können, wie die Kometenbewegung vor sich geht:

„Nun muß man, was die Kometen betrifft, erstens bemerken, daß es davon in dieser neuen Welt im Vergleich zur Anzahl der Himmel wenige geben muß. Denn selbst wenn es am Anfang viele davon gegeben haben würde, hätten sie im Lauf der Zeit bei Ihrem Zug durch die verschiedenen Himmel fast alle zusammenstoßen und sich gegenseitig zerbrechen müssen, wie ich es vom Zusammenstoß zweier Schiffe gesagt habe [...] Wie Sie hier sehen, bleibt der Komet, der seine Bahn entlang der Linie CDQR zieht und bereits weit genug in den Bereich des Himmels FG eingedrungen ist, wenn er sich am Punkt C befindet ..."[850]

Doch damit nicht genug: Descartes behauptet nun, seine Erklärungen ließen sich auch empirisch abstützen und in Gewißheit überführen. Erstaunlicherweise appelliert er dazu wiederum an die Imagination seiner Leser, wobei allein auf der Grundlage einer weiteren Analogie zwischen einem vorgestellten kuriosen empirischen Beispiel und der dazu in Entsprechung imaginierten Planetenmaterie die Bestätigung erfolgen soll:

„Und man kann das alles leicht durch die Erfahrung bestätigen (confirmer tout cecy par l'expérience). Denn wenn man eine große Kugel stößt, die aus mehreren Baumzweigen besteht, welche ohne Ordnung verbunden und übereinander geschichtet sind, wie man sich die Teile der Materie vorstellen muß (qu'il faut imaginer), aus denen sich die Planeten zusammensetzen: so ist gewiß, daß..."[851]

Diese *conclusio* ist keineswegs logisch-deduktiv zustande gekommen, sondern wurde einzig durch die Analogie-Kette von Metaphern, anschaulichen Vorstellungsbildern und deren Transfer auf die konkrete visuelle Ebene der Abbildungen erreicht, die diese Konsekution nicht logisch, sondern *sichtbar demonstrieren* („d'où vous voyez") und autorisieren. *Visuelle Evidenz kann daher sogar auch gegen den empirischen Augenschein konstruiert werden.*

Wie dies genauer vonstatten geht, soll auf der Basis des mittlerweile beim Aufarbeiten des Materials erreichten Zwischenstands nochmals, und nun ausgehend von Bildern der *Prinzipien*, untersucht werden.

---

849 AT XI, S. 58-59, *Die Welt*, S. 69.
850 Ebd.
851 AT XI, S. 67f., *Die Welt* , S. 79.

5.3) Imaginative Analogien und imaginative Deduktionen

In den *Principia*, AT IX-2, 113ff. wird Descartes den Schiffsvergleich einsetzen, um die Bewegung der Planeten zu erklären, ohne dabei auf die aus seiner Sicht obskure Kategorie des ‚Eigenantriebs' zurückzugreifen. Die Planeten treiben wie Schiffe im Strom der Himmelsmaterie. Bei der Erklärung der Kometenbahn verzichtet er auf das Bild mit der Fluß-Analogie. Im Vergleich mit den Abbildungen aus *Le Monde* sind die kosmologischen Darstellungen der *Principia* feiner und detaillierter, vor allem erzeugen sie einen räumlichen, dreidimensionalen Eindruck. Bei dieser Gelegenheit sei darüber informiert, daß sich auch die Abbildungen der lateinischen und französischen Edition der *Prinzipien* unterscheiden, – für die spätere französische Edition der *Principes* hatte Descartes die Abbildungen nochmals durchgesehen, bei einigen Figuren wurden dann manche Details feiner ausgearbeitet; außerdem ist ihr Druck spiegelverkehrt zu dem der *Principia*.

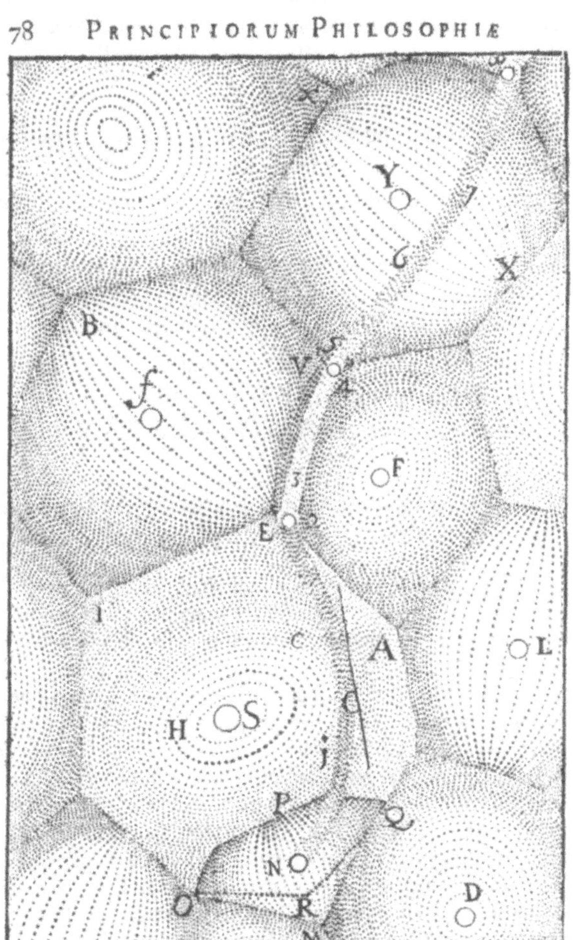

Abb. 89) Descartes, *Principia*, Kometenbahn, 1644, S. 78, 92, 96, 106, 153, 158, 163, 165, 169, 171.

Die Bildlektüre wird nun auf andere Weise gesteuert, d.h. nicht mehr durch die unmittelbare Analogie zwischen zwei Bildern, sondern, wie in *Les Météores*, durch das Decodieren von transitorisch eingeführten Modellen und das Transferieren einfacher Bildimaginationen in komplexere Bilderklärungen. Im letztgenannten Fall funktionieren die Erklärungen so, daß zunächst mit Hilfe von Metaphern einzelne Elementarformen imaginiert und durch einfache Diagramme veranschaulicht werden, aus denen dann die komplexeren explikativen Bilder komponiert werden. Im Einzelnen wurde für die *Principia* dies bereits von Christoph Lüthy luzide herausgearbeitet und gezeigt, wie Descartes zunächst Überblicksschaubilder diverser Teilchenformen gibt, dann aber später immer neue Unterformen von Teilchen einführt.[852] Wie in *Les Météores*, auch darauf hat Lüthy[853] hingewiesen, rechtfertigt Descartes das Einführen seiner Gestalthypothesen mit einem Rekurs auf die Erfahrung:

> „Wie groß nun jene Stücke der Materie sind, wie schnell sie sich bewegen und welche Umkreise sie beschreiben, können wir nicht allein aus der Vernunft bestimmen, weil Gott sie auf zahllose Weise hat lenken können und allein die Erfahrung lehren kann, welche dieser Weisen er den anderen denn nun vorgezogen hat. Daher steht es uns nun frei, von einer beliebigen auszugehen, sofern nur alles, was sich aus dieser ergibt, mit der Erfahrung übereinstimmt.“[854]

Wie bereits dargestellt, basiert das von Descartes vorgestellte Verfahren allerdings auf Projektionen, die von makroskopisch beobachteten Strukturen oder Formen auf die unsichtbaren Mikroteilchen vorgenommen werden, deren Gestalt hypothetisch dann so oder so angenommen wird.[855]

Ein Grundproblem, das sich in den *Principia* stärker stellt als bei den oben untersuchten Abbildungen von *Le Monde*, besteht darin, daß nun nicht mehr in erster Linie die Bewegung des Kometen im Plenum zu erklären ist, sondern auch das Plenum als Plenum dargestellt werden soll, und das ist schlichtweg unmöglich; es bleiben immer Zwischenräume weiß, die man sich als gefüllt nur vorstellen kann. Diese Vorstellung gelang dem Leser in *Les Météores* noch leichter, da insbesondere bei der Abbildung, die das Verdampfen der Wasserteil-

---

852 Vgl. Chr. Lüthy (2006). Lüthy diskutiert in seinem grundlegenden Aufsatz auch zahlreiche Abbildungen aus den *Principia*, auf die ich nicht eingehe.

853 Ebd., S. 113.

854 *Principia* III, § 46: „At quam magnae sint istae partes materiae, quam celeriter moveantur, & quales circulos describant, non possumus sola ratione determinare: quia potuerunt ista innumeris modis diversis a Deo temperari, & quemnam prae caeteris elegerit, sola experientia docere debit“; deutsch (ed. Wohlers), S. 221f.

855 Lüthy hat mir in diesem Punkt zugestimmt: „There is obviously no suggestion here that there are little hands, slings or ‚ants‘ at level of particles. Nor is the comparison meant to be complete. Just as the behaviour of light may be compared to *certain* aspects of the behaviour of grapes in vats, bouncing balls, or blind men's sticks.“ Im Anschluß unterscheidet er zwischen diesem Typ und zwei weiteren Typen von Abbildungen: „the second type of illustrations also relies on comparisons, but these are of a more robust kind, for they suggest that the depicted objects display not only a certain resemblance in behaviour, but indeed the same morphology, albeit at a magnified scale, as the microscopic particles themselves. […] In the forth and last part of the *Principia*, on ‚The Earth‘, pictures abound more profusely than ever. It is here that we also encounter the third and last type of visual comparisons of micro-phenomena with macroscopic shapes, namely those that do not rely on macroscopic analogies, or at least not overtly, but must be taken to represent the particles themselves, in a merely magnified form, in both morphology and behaviour.“ Lüthy (2006), S. 116-119. Diese Unterscheidung hat mir geholfen, meine bisherige Darstellungen (Zittel 2005) zu präzisieren.

chen zeigte, die Rotation der Teilchen akzentuiert wurde und so die Imagination des Betrachters die weißen Stellen schnell ausfüllte. Außerdem abstrahierte diese Abbildung bei der Darstellung der Teilchenformen graduell differenziert und wies auch ,mimetische' Elemente auf. Hier hingegen sollen zwar die Teilchen ebenfalls wirbeln, doch sie tun dies weit weniger dynamisch, sondern eher ordentlich, was womöglich daher rührt, daß Descartes mittlerweile seine frühere Hypothese, daß die Erde aus einen ursprünglichen Teilchenchaos entstand, aufgegeben hatte, weil diese nicht mit der Vorstellung von Gottes Vollkommenheit zusammenstimme. Das Chaos könne außerdem „von uns weit weniger deutlich wahrgenommen werden [*minus distincte etiam a nobis percipi potest*], und es ist kein Ebenmaß oder keine Ordnung einfacher und im Prozeß des Erkennens leichter verwendbar als die, die in der allgemeinen Ausgewogenheit [*aequalitate*] besteht."[856] Die unterstellte Ausgewogenheit führt zu einer entsprechenden harmonisierten Kosmosdarstellung, mit dem erwähnten Nachteil, daß diese das Erkennen der Linienmuster zwar einerseits leicht macht, andererseits aber das visuell Erkannte im Detail schwerer verständlich wird.

Ein weiteres Problem stellte sich für Descartes aufgrund seiner Annahme der unendlichen Teilbarkeit der Materie, da die Grenze der Vorstellbarkeit hier schnell erreicht werde:

> „Und obwohl wir gedanklich nicht verstehen können [cogitatione comprehendere nequeamus], auf welche Weise sich diese unbegrenzte Teilung vollzieht, so dürfen wir gleichwohl nicht daran zweifeln, daß sie geschieht, weil wir klar wahrnehmen [clare percipimus], daß sich diese Teilung notwendig aus der Natur der Materie ergibt, die wir äußerst evident erkannt [evidentissime cognita] haben, und wir zudem wahrnehmen, daß sie zu der Gattung jener Sachverhalte gehört, die durch unseren begrenzten Verstand nicht begriffen werden können [capi non possunt]."[857]

Aus dem Zitat geht klar hervor:

1. Die Verstandeserkenntnis ist begrenzt.
2. Es gibt Sachverhalte, die vom Verstand (allein) nicht begriffen werden können.
3. Wir nehmen dennoch klar wahr, was sich aus der Natur solcher Sachverhalte ergibt.

D.h.: Wenn der Verstand alleine bestimmte Sachverhalte nicht begreift, so folgt daraus nicht, daß diese unbegreiflich sind. Es bleiben die Möglichkeiten, daß Intuitionen oder die Einbildungskraft alleine etwas einsehen oder daß sie dem Verstand auf die Sprünge helfen können. Dies könnte etwa eintreffen, wenn das Imaginationsexperiment, in der Vorstellung ein Materieteilchen immer weiter zu teilen, an die Grenze seiner Möglichkeiten stößt, und das Imaginieren einen natürlich faktischen, doch theoretisch willkürlichen Endpunkt des Teilens erreicht. Nun erfindet die Imagination Elementarformen, mit deren Hilfe sie dann der prinzipiell infiniten Teilbarkeit der Materie durch eine Art pragmatischen Atomismus begegnet. Diesen letzten Fall hat Descartes im Sinn, doch er wird von den meisten Descartes-Exegeten nicht als ein Modus des Begreifens akzeptiert. So hat Christoph Lüthy sich darüber gewundert, wie Descartes seine physikalische Welt aus diesen ersten, vom Verstand nicht faßbaren Teilchen aufbauen könne und zugleich vom Leser erwarte, daß er diese ,unmöglichen' Teilchen auf die Makrowelt übertragen solle. Lüthy konstatiert einen hierdurch motivierten Wechsel im Argumentationsmodus der *Principia:* „As Descartes moves from

---

856 *Principia* III, § 47, deutsch (ed. Wohlers), S. 225.
857 *Principia* II, § 35. deutsch (ed. Wohlers 2005), S. 135, (Übers. verändert, C.Z.).

the realm of metaphysics to that of physical conditions, we witness how, by and by, deduced clear and distinct perceptions yield ever more to visual imagination."[858]

In der Folge, so Lüthy weiter, komme es dann zu vielen gewaltsamen Zusatzannahmen Descartes' und er verwende Abbildungen, deren Klarheit die Probleme der Argumentation verschleierten. Ein von ihm angeführtes Beispiel ist das folgende:

Abb. 90) Descartes, *Principia*, Erklärung der Teilchenrotation, 1644, S. 128.

Das Bild soll zeigen, warum Teilchen sich in einem Wirbel schneller bewegen, wenn sie sich weiter außen befinden, und langsamer, je näher sie dem Zentrum sind. In der Tat kann man Lüthy nur zustimmen, daß man hier erstmal überhaupt nichts sich bewegen sieht, sondern nur zwischen Pflöcken fixierte Kugeln, bei denen unklar ist, warum die oberen nicht herabfallen. Lüthy urteilt: „Before this pictural ‚comparison' can be ‚transfered' to the celestial vortices, the reader, or viewer, will have to do a lot of mental pruning, adjusting, and accelerating."[859]

Es fragt sich jedoch, ob Descartes jemals das klare und deutliche Erkennen und die visuelle Imagination so strikt trennte, wie Lüthy es hier voraussetzt. Wenn, wie von mir in den bisherigen Kapiteln dargestellt, Descartes' Methodologie der Erkenntnis ein permanentes Zusammenspiel zwischen Wahrnehmen, Imaginieren und Begreifen postuliert und man sein Deduktionsverständnis offener faßt, erscheint auch der Denkstil der *Principia* ‚kohärenter'. Nicht nur der Magnet, sondern auch andere Beispiele für *actio in distans*, wie die ‚zu bluten beginnende Leiche', gehören hierher. Auch das gerade angeführte Zitat steht nicht vereinzelt bei Descartes, sondern gesellt sich zu all jenen bereits von mir diskutierten Stellen, die die Limitierung des Verstandes beschreiben und manchmal das Korrigieren bzw. Überschreiten seiner durch die Imagination, zumindest aber ein Zusammenspiel mit ihr fordern. Die Imagination ist konstruktiv tätig, auch die *Principia* sparen im Unterschied zu *Les Météores* dieses Thema nicht aus, doch sie zeigen nicht, daß und wie bei der Imagination von Teilchenformen bereits die empirische Beobachtung vorausgeht und – wie im Schneebericht aus *Die Meteore* – wechselseitig Beobachtung von kleinen Teilchen, Imagination ihrer Mikrostruktur und Rückprojektion zum Zwecke der Erklärung, zusammenspielen.

Lüthy meint zwar, es gebe insbesondere in Descartes' Praxis Anzeichen dafür, daß die Empirie eine wichtige Rolle spiele sowie Hinweise auf ein hypothetisch-deduktives Vorge-

858 Lüthy (2006), S. 110f.
859 Lüthy (2006), S. 118f.

hen, bei dem die jeweils deduzierten Konsequenzen mit den Beobachtungen immer wieder abgeglichen würden, doch sei dies keineswegs Descartes' „offizielle Methode".[860] Offiziell bliebe weiterhin das mathematische Ideal leitend. Das ist eine überraschende Einschätzung, da Lüthy selbst im gleichen Aufsatz zuvor die *Meteore* in verdienstvoller Weise als Schrift gewürdigt hat, die sich an ein wissenschaftliches Publikum wendet. Der Essay *Les Météores* wurde veröffentlicht und folglich hatte in Descartes' Augen seine Methode auch durch diese Schrift ihr offizielles Gesicht gefunden, – deren Physiognomie unterscheidet sich allerdings in der Tat deutlich von dem offiziellen Methodenbild, wie es später von den Cartesianern in Stein gehauen wurde.

5.4) Quid sit perceptio clara, quid distincta

Wenn wir uns von dem Märchen einer offiziellen cartesischen Methode verabschieden, erlaubt uns dies, den Zusammenhang von Wahrnehmung, Imagination und Deduktion unbefangen in Augenschein zu nehmen. In den obigen Zitaten spielte die *perceptio* bereits eine Schlüsselrolle, sie gilt es nun näher zu bestimmen:

> „Was eine klare, was eine deutliche Wahrnehmung ist [*Quid sit perceptio clara, quid distincta*] … Denn für eine perceptio, auf die sich ein sicheres und unbezweifelbares Urteil stützen kann, ist nicht nur erforderlich, daß sie klar, sondern auch daß sie deutlich sei. Klar nenne ich jene, die dem aufmerksamen Verstand gegenwärtig und zugänglich ist: Ebenso wie wir das von uns klar gesehen nennen, das, während es dem betrachtenden Auge gegenwärtig ist, es hinreichend kräftig und offenkundig bewegt. Deutlich hingegen nenne ich jene, die, weil sie klar ist, von allen anderen so unterschieden und umrissen ist, daß sie schlichtweg nichts anderes als das, was klar ist, in sich enthält."[861]

Kommentatoren dieser Stelle haben bemerkt, daß Descartes ‚Deutlichkeit' in logischer, die ‚Klarheit' indes in epistemologischer und optischer Begrifflichkeit charakterisiere, was jedoch in die Irre führe:

> „And yet, the comparison with the attentive eye is misleading, for neither sense perception nor empirical data are much involved in the production of ‚clear and evident ideas'". Weil Descartes, so versichert uns Lüthy, sich an der mathematischen Methode orientiere, sei es „obvious, however, that both propositional truth and deductive procedures are a far cry from ‚distinct' sensory experience."[862] Die Ambiguität liegt jedoch bereits im Ausdruck ‚perceptio', der sich sowohl auf eine mentale wie auch eine sinnliche Aneignung eines Objektes bezieht und hier – wie auch in den *Regulae* – nicht ohne Grund gewählt

---

860 Lüthy (2006), S. 127. Vgl. dagegen Zittel (2007).

861 „*Quid sit perceptio clara, quid distincta* [– Wohlers übersetzt hier mit „Was eine klare, was eine deutliche intellektuelle Erfassung ist." Der unschöne Zusatz soll präzisieren, daß hier die sinnliche Wahrnehmung nicht im Spiel ist, das ist aber falsch.] *Etenim ad perceptionem, cui certum & indubi tatum judicium possit inniti, non modò requiritur ut sit clara, sed etiam ut sit distincta. Claram voco illam, quae menti attendenti praesens & aperta est: sicut ea clarè à nobis videri dicimus, quae, oculo* intuenti praesentia, *satis fortiter & apertè illum movent. Distinctam autem illam, quae, cùm clara sit, ab omnibus aliis ita sejuncta est & praecisa, ut nihil planè aliud,* qu'am *quod clarum est, in se contineat*", *Principia* I, §45.

862 Lüthy (2006), S. 105.

wurde, da er klarstellt, daß auch bei der mentalen *perceptio* die sinnliche Dimension immer mitschwingt bzw. umgekehrt auch eine Perzeption immer etwas erfassen oder auffassen kann. Das ist keineswegs nur als eine psychologische Begleiterscheinung bzw. eine Konfusion logischer und psychologischer Notwendigkeit zu verstehen, sondern das Zusammenspiel von Intuition und (kritisch geprüfter) Wahrnehmung – dies hat Descartes immer wieder zu zeigen versucht – ist die Bedingung auch der Verstandeserkenntnis.

Es ist nämlich erstens zu bemerken, daß es sich bei der hier definierten mentalen Aktivität nicht um eine ruhige, affektfreie, körperlose kontemplative Ideenschau handelt, sondern sich der Verstand und das Auge gleichermaßen in einem dynamischen Zustand der *Aufmerksamkeit*[863] befinden müssen; d.h. das Gehirn befindet sich in Aktivität, die *spiritus animales* sausen nur so herum, – dann, in einer *lebendigen perceptio* wird ein Gegenstand oder eine Idee klar und deutlich erkannt. Klarheit und Deutlichkeit reichen allein also als Kriterien für Evidenz nicht aus, es muß die Lebendigkeit hinzutreten, worin Descartes erkennbar keinem mathematischen, sondern eher dem ciceronischen bzw. quintillianischen Modell[864] für eine überzeugende Rede folgt.[865] Damit es dem Redner gelingt, die Affekte der Zuhörer zu verändern, muß er „Phantasiebilder (phantasiai / visiones)", d.h. klare und lebendige Bilder abwesender Dinge, im Geist entwerfen. Nur wenn er als *euphantasiotos* wirklichkeitsgetreu Dinge, Stimmen und Vorgänge vorstellen kann, kann er überzeugen, indem er nun auch den Lesern sie plastisch und lebhaft vor Augen stellt. Quintillian zufolge ergibt sich aus dieser lebendigen Vergegenwärtigung „die *energeia* (Verdeutlichung), die Cicero ‚illustratio' (Ins-Licht-Rücken) und ‚evidentia' (Anschaulichkeit) nennt", und diese wirken weniger durch die Rede als durch das Vorführen (quae non tam dicere videtur quam ostendere).[866] Auch wenn für Quintillian im Unterschied zu Descartes die Affektwirkung im Zentrum steht, so

---

863 Zur ‚attentio' und ihre Funktion für die Memoria und das Erkennen bei Descartes siehe Teil 1.

864 Quintilianus, *Ausbildung des Redners* VI 2, Darmstadt 1995, S. 29-33.

865 Die Parallele zwischen Quintilians und Descartes' Auffassung über klare und distinkte Ideen hat Gaukroger (1995), S. 119ff. hervorgehoben, dabei aber die psychologische Seite bei der Produktion von Phantasiebilder betont. So verwischt er einige wichtige Differenzen: Erstens geht es Descartes nicht nur um die Affektwirkung, sondern zuerst um die Erkenntnis des Gegenstands mit Hilfe lebendiger Phantasiebilder (man vergleiche dazu meine Ausführungen im 1. Teil der vorliegenden Arbeit zum Zusammenhang zwischen Imaginieren und Begreifen in den *Regulae*). Zweitens: Wie Matthew L. Jones (2006, S. 64f.) zu Recht einwendet, kann in den *Regulae* keineswegs von einer „Doctrine of Clear and Distinct Ideas" (Gaukroger 1995, S. 115) gesprochen werden, da dieses Begriffspaar dort nur zweimal auftaucht (AT X, S. 309: „donec assuescamus veritatem disticte et perspicue intueri"; AT X, S. 407: „ut propositio clare distincte … intelligatur"). Man hätte also in bezug auf die Klarheit und Deutlichkeit zu beachten, daß die Evidenz in den frühen Texten sich dem intuitiven Akt eines besonderen Erkenntnisvermögens, dem Ingenium, verdankt, bei dem Lebendigkeit und Aufmerksamkeit mehr akzentuiert sind als Klarheit und Deutlichkeit. Wie Gaukroger (1995, S. 122) verkennt zudem auch Jones Descartes' Konzeption, da er sie als Mittel der Selbstüberzeugung ansieht und auf diese Weise letztlich doch wieder in Opposition zur rhetorischen Tradition bringen will. Dies ist ein verständlicher Schutzreflex, mit dem Descartes vielleicht vor dem Vorwurf, das alles sei bloße Rhetorik, bewahrt werden soll, doch Descartes' Texte sind, allein schon durch die permanente Leseranrede, darauf ausgerichtet, die Leser zu überzeugen. Auch in den Passagen, in denen Descartes den Vorgang des Sich-Selbst-Überzeugens *lebendig* schildert, stellt er diesen öffentlich zur Schau (etwa im Schneebericht aus den *Meteoren*), und dies dient wiederum der Wirkung auf die Imagination seiner Leser. Just in den hier diskutierten Quintilian-Stellen geht es genau darum, daß der Redner, wenn er selbst sich von seinen Redegegenständen emotional affiziert zeigt, besser andere überzeugen kann.

866 Quintilianus (1995) VI, S. 2, 30 u. 32.

kann diese nur erfolgen, wenn die Sache zuvor vom Redner klar und lebendig erfaßt wurde. Lebendigkeit wird zum Synonym für Evidenz.[867]

Im Vergleich zu Descartes' früherer Erkenntniskonzeption zeigt sich, daß eine Verlagerung weg von der intuitiven Erkenntnis des Ingeniums hin zur klaren, deutlichen und lebendigen Perzeption erfolgt, nicht mehr nur Ideen, sondern alle Gegenstände der Wahrnehmung auf diese Weise erkannt werden sollen, und daß der Zustand des enthusiastisch erhitzten Gehirns, welche in den *Olympica* den Empfang der Träume ermöglichte, nun in eine andere physiologische Erklärung transformiert wird, bei der der entscheidende Faktor: die durch Erregung des Gehirns besondere Disposition zur *evidenten* Erkenntnis von Ideen, später: Gegenstände der Wahrnehmung, beibehalten bleibt. Auf die physiologischen Bedingungen einer klaren *perceptio* werde ich später noch zu sprechen kommen.

Zweitens zeigt der Kontext des von Lüthy als Beleg herangezogenen Paragraphen 203 der *Principia*, den ich bereits früher zitiert hatte, daß der Terminus ‚*perceptio*' sich auf die sinnlich wahrnehmbaren Dinge bezieht, da Descartes hier von Artefakten (arte facta) spricht, die mit so großen Instrumenten gefertigt worden seien, daß sie leicht mit den Sinnen wahrgenommen werden können [ut sensu facile percipi possint].[868] Dadurch könne ihre Fabrikation durchschaut und ihr Herstellungsprinzip auf den unsichtbaren Mikrobereich übertragen werden.

Wie bereits wiederholt gezeigt, hatte Descartes ein sehr viel weiteres Deduktionsverständnis als das der heutigen Mathematik, auf das ihn auch Lüthy verpflichten will.[869] Unterstellt man ihm jedoch ein strenges Verständnis, so kann man nicht anders als zu konstatieren, daß Descartes zu Beginn der *Principia* eine Deduktion aus ersten Prinzipien ankündigt, dann aber diese nicht einlöst, sondern nur hypothetische Erklärungen statt Demonstrationen bietet. Nun muß man sich in der Tat auf Schritt und Tritt über Descartes' seltsame Bilderfindungen wundern.

Lüthy bemerkt desweiteren, daß sich bei Descartes das Verständnis von Deduktion in den *Principia* verändere. Im ersten Buch beziehe Descartes die klaren und deutlichen Ideen auf nicht abbildbare metaphysische Entitäten, dann im 3. und 4. Buch auf die suggestive Klarheit von sichtbaren Bildern. Entsprechend verlagere sich die Darstellung weg von der Deduktion hin zur Persuasion. Kurzum, auch Lüthy zufolge sind die Leistungen der Bilder primär in rhetorischen Termini zu beschreiben; die klassische szientifische Trennung zwischen logischer Deduktion und bildhafter Suggestion setzt er voraus,[870] doch dies tat, wie wiederholt gezeigt, Descartes nicht. Nicht Descartes' Deduktionsverständnis verändert sich, wir müssen das unsere verändern, um zu sehen, daß es für ihn ‚sichtbare Bilddeduktionen'

---

867 ‚Lebendigkeit' oder ‚Lebhaftigkeit' wird bis zum Ende des 18. Jahrhunderts die übliche Übersetzung von *enargeia* und *evidentia* bleiben. Vgl. dazu: Rüdiger Campe, Vor Augen stellen. Über den Rahmen rhetorischer Bildgebung, in: Gerhard Neumann (Hrsg.): *Poststrukturalismus. Herausforderung an die Literaturwissenschaft*, Stuttgart 1997, S. 208-225; Caroline Torra Mattenklott, *Metaphorologie der Rührung*, München 2002, S. 172-208.

868 *Principia* IV, § 203: „Atque ad hoc arte facta non parum me adjuverunt: nullum enim aliud, inter ipsa et corpora naturalia, discrimen agnosco, nisi quod arte factorum operationes, ut plurimum, peraguntur instrumentis adeo magnis, ut sensu facile percipi possint."

869 Vgl.: „Still, the deductive mode clearly [!?] represents his ideal", Lüthy (2006), S. 106; „His ideal remains the structure of mathematical proof, in which hypotheses have no place", ebd., S. 120.

870 Lüthy (2006), S. 105-107, 120 u. 126.

gibt, die von mir bislang vorläufig als ‚Ketten von Intuitionen', ‚materiale Inferenzen', ‚deiktische Bezüge' oder in Descartes' Terminologie als „konkrete Geometrie" bezeichnet wurden.

Es ist daher nicht so, wie Lüthy meint, daß Descartes eher erkläre als deduziere; die Erklärung besteht in einer Bilddeduktion, der ganze Gegensatz zwischen logischer Notwendigkeit und visueller bzw. imaginativer Persuasion ist schlicht anachronistisch in Descartes' Konzeption hineinokuliert.

Man kann vielleicht sagen, daß für Descartes eine Deduktion aus Bildern nicht formallogisch, aber auch nicht willkürlich ist, es für ihn somit auch noch die Möglichkeit einer Art ‚poetischer Notwendigkeit' gibt. Was kann damit gemeint sein?

Wie Lüthy selbst zitiert, zögert Descartes nicht, seine Abbildungen als Demonstrationen zu bezeichnen,[871] was zugegebenermaßen zunächst hier ‚etwas anschaulich zeigen' heißt, – aber eben nicht nur. Da die Bilder ja auch zeigen, wie bestimmte imaginierte Elementarformen aufgrund ihrer Gestalt und Disposition bestimmte Wirkungen zeitigen, sind es sichtbare *Deduktionen,* d.h. Deduktionen, die nur auf der visuellen bzw. imaginativen Ebene gelingen, und die sich dennoch verallgemeinern lassen. Nachdem man sie gesehen und eingesehen hat, können sie auf andere Bereiche übertragen werden. Diese Übertragung nennt Descartes eine (sinnlich) wahrnehmbare *demonstratio*! Man kann daran zweifeln, ob das Transferieren immer plausibel ist, doch allein der Anspruch, eine bildliche Demonstration als ein auch auf andere Bereiche übertragbares Erklärungsmodell zu verwenden, überschreitet den Bereich bloßer Rhetorik und zeigt, daß Descartes andere Kriterien für Wissenschaftlichkeit hatte als seine heutigen Interpreten.

5.5) Ein Beispiel: Planetengeburten, – ‚vernünftig imaginiert'

Auch bei der Darstellung einer Planetengeburt ist keine Abbildung gefragt, die fixe Strukturen wiedergibt, sondern eine, die nicht nur dynamische Übergänge zeigen kann, sondern die vor allem in der Lage sein muß, polyzentrisch organisierte, gleichzeitig ablaufende Wirbelbewegungen unterschiedlicher Teilchen, die sich mit verändernden Geschwindigkeiten in verschiedenen Richtungen bewegen, anschaulich zu erläutern. Descartes' Lösung ist spektakulär, ein höchst komplexes Bild bietet sich dem Leser, das isoliert betrachtet ebenso unverständlich bleiben müßte wie Descartes' Text, der alleine auch keine klare und deutliche Vorstellung dessen, was er erklärt, im Kopf des Lesers erzeugt.

Bevor sich aus dem das ganze Weltall ausfüllenden Materiestrom bestimmte Formen ausbilden können, entstehen zuerst riesige Wirbel, die dann die Trennung der Materie herbeiführen. Im Zentrum der Wirbel sammelt sich feine leuchtende Materie an, aus der sich die Sonne und die Fixsterne herausbilden. Die schwereren Materieteilchen werden durch die Drehbewegung nach außen getragen. Zu jedem Fixstern gibt es dann einen Wirbelraum, in dem sich Materie des dritten Elements ansammelt, aus denen sich die Planeten bilden. Die feine Materie des 2. Elements besteht aus glatten und elastischen Kügelchen, die das Licht

871 *Principia* III, § 136: „Wenn man die Demonstration aller dieser Dinge wahrgenommen hat, ist es leicht, sie auf die Kügelchen der Himmelsmaterie zu übertragen". „Quorum omnium *demonstratione percepta,* facile est illam transferre ad globulos coelestes", Lüthy (2006), S. 118.

weiterleiten. Damit das Weltall sich so konstituieren kann, dürfen sich aber die einzelnen Wirbelräume nicht gegenseitig behindern.

Wie man sich das vorstellen soll, zeigt Descartes' Abbildung, die wiederum durch einen Rahmen einen Teil des unendlichen Kosmos ausschneidet. Die Buchstaben ermöglichen einen Zugriff auf das permanente kosmische Fließgeschehen, sie liegen gleichsam auf einer eigenen Bild-Ebene über den Materieströmen und vermitteln so zwischen Text und Bild.[872]

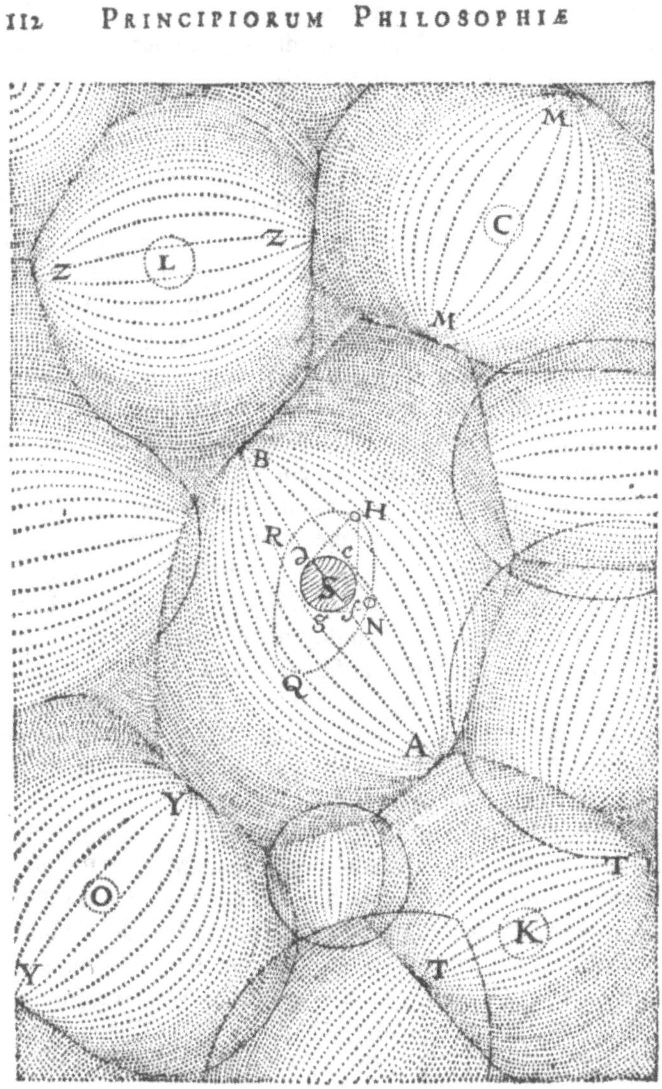

Abb. 91) Descartes, *Principia*, 1644, S. 110, 112, 114, 116, 118, 120, 122, 124, 126, 129, 131.

872 Auf die Funktion der Buchstaben hat mich dankenswerterweise Kathrin Müller aufmerksam gemacht.

Die Wirbelpole müssen an Strömen feiner Materie grenzen, die längs des Äquators anderer Wirbel liegen. Die feine Materie wird von der Rotationsachse je nach Elementart mehr oder weniger stark weggetragen, sofern sie nicht durch die Gegenkraft eines Nachbarwirbels daran gehindert wird, d.h. eine Bewegung weg vom Wirbelzentrum gelingt nur entlang der Wirbelachse des Nachbarwirbels, in deren Richtung folglich von zwei Seiten permanent feine Materie ins Innere einströmt und sich dort konzentriert. Unmittelbar um das Fixsternzentrum bildet sich so ein Wirbel feiner Materie, der Lichtteilchen aussendet. Diese Erklärung ist immer noch schwer nachzuvollziehen, verfolgen wir daher noch genauer, wie die Abbildung sie erläutert. Auf der Abbildung sind die Achsen der Wirbel mit den Buchstaben AB, TT, YY, ZZ und MM bezeichnet, wobei A als Südpol und B als Nordpol angenommen wird; die Fixsternzentren sind markiert mit C, K, O, L, S. Von den Wirbeln L und K gelangt längs der Achse AB feine Materie in den zwischen ihnen liegenden Wirbel AYBM hinein, rotiert dort um dessen Zentrum S. Von S aus driftet sie dann in spiralförmigen Bahnen kreisend immer mehr nach außen, bis sie entlang der Wirbelachsen MM und YY in die Wirbel C und O strömt, deren Pole er berührt, also an den Stellen, wo am wenigsten Widerstand herrscht; während er bei den Wirbeln L und K auf die von deren Polen am weitesten entfernt liegenden Punkte trifft und daher die feine Materie am Ausbreiten gehindert wird. Die dargestellte Hauptbewegungsrichtung des Materiestroms und damit die Blickführung soll also nicht, wie man auf den ersten Blick meint, um S kreisen, sondern entweder von S nach C und O und dann von L und K zurück nach S verlaufen, oder von K und L ausgehen, nach S ins Bild hinein sich wenden und von dort wieder nach außen nach C und O. Dann erst rückt das Geschehen im Zentrum in den Blick. In dem von der Linie HNQR eingeschlossenen Gebiet erhöht sich die Geschwindigkeit der Materieteilchen und sie werden immer feiner, je näher sie dem Zentrum kommen, während ihre Größe außerhalb dieses Gebietes konstant bleibt und sie schneller werden, je weiter sie sich vom Zentrum entfernen. Auf der Bahn HNQR ist ihre Geschwindigkeit dann minimal. Die das erste Element bildende und um den Fixstern S rotierende feine Materie ballt sich dort manchmal zusammen, es entstehen auf der Oberfläche von S Flecken, die den Stern auflockern und er so Teile von ihm von anderen Wirbeln aufgenommen werden können. Dadurch entstehen die Planeten und Kometen. Im Raum defg bewegt sich die von A kommende feine Materie nach d, wo sie auf Kügelchen des zweiten Elements trifft und diese nach B wegstößt, wie umgekehrt, die von B nach F sich bewegende Materie, Kügelchen nach A stößt.

Das Bild veranschaulicht aber neben den Hauptvarianten auch weitere Möglichkeiten. Z.B. wenn die aus den Wirbeln K und L kommende feine Materie des ersten Elements statt auf gerader Bahn nach S nach e oder g sich bewegt, dann werden die Pole fd sich nicht in den durch S von K nach L gehenden Linien befinden, sondern der Südpol f wird sich e nähern, und der Nordpol d nähert sich g. Wenn man annehme, daß der Raum H nur mit der Materie des ersten Elements angefüllt ist, dann würde er, wenn er groß genug ist, mehrere Kugeln des zweiten Elements aufnehmen und alle im Kegel dHf sich befindenden trieben gleichzeitig zur Basis def, wenn man annehme, daß der Raum N nur mit Materie des ersten Elements gefüllt ist, dann sehe man klar ein, daß… usw. Descartes spielt sehr viele Situationen durch und seine Auslegung des Bildes erstreckt sich im 3. Teil der *Principia* von den § 69-89, dabei wird die Abbildung elfmal gebracht. Es fällt schwer, den Wirbelerklärungen im Einzelnen zu folgen, ohne daß sich im eigenen Kopf alles zu drehen beginnt.

Descartes scheint dies zu bemerken und versucht am Ende seine Imagination des Weltalls an die Erfahrung anzudocken, wobei er erklärt, daß wir „nur eine Erscheinung in der Natur hätten, an der seine Darlegung „erprobt" werden könne, nämlich wenn „einmal ein Komet einen solchen Teil des Himmels durchläuft".[873] Auch die Geschwindigkeit mancher Teilchen kann nur durch die Erfahrung ermittelt werden, „und eine solche haben wir nur bei den Kometen".[874] Aber, wie dargestellt, wird Descartes die Kometen wiederum mit Hilfe von Bildern erklären und keine eigenen Berichte[875] realer Kometenbeobachtungen bringen.

5.6) Visus

Stets insistiert Descartes bei seinen Bildbeschreibungen darauf, daß wir nun durch sie die Gründe für das dargestellte Geschehen leicht oder klar einsehen könnten (facile intellegimus), wobei die französische Übersetzung der *Principia* das Verb „intelligere", welches die Verstandeseinsicht betont, durch ein schlichtes: „voir" ersetzt. [876] Zu Beginn des 3. Teils der *Principia*, der der sichtbaren Welt gewidmet ist, hatte Descartes das visuelle Auffassen noch verspottet und angekündigt, er werde dieses durch „unbezweifelbare Vernunfterkenntnis ausbessern".[877] Dann aber, sobald Descartes sich anschickt, Erklärungen zu liefern, greift er auf Bildbeschreibungen zurück und von da an gilt, daß, wenn sich ein Vorgang dem „*visus*" entzieht, er nicht mehr aufgefaßt werden kann.[878]

Im ersten Fall, also wenn Descartes Visualisierungen verspottete, galt die Kritik naiven Beobachtungen, wie etwa, daß der Mond größer sei als die übrigen Sterne, – ganz im Gegensatz dazu verhält es sich beim Betrachten der von Vernunft und *imaginatio* gleichermaßen entworfenen Bilder. Hier korrigiert die Vernunft nicht die Einbildungskraft, sondern die Bilder werden von vornherein ‚vernünftig' imaginiert – und ohne Imagination kann die Vernunft sich hier nicht entfalten, nichts einsehen oder auffassen. Die in einem früheren Kapitel der vorliegenden Arbeit anhand von Descartes' Dialog *Recherche de la verité* spezifierte Tätigkeit des „Verstandes als Maler" wird hier konkret vorgeführt. So löst sich weiter das vermeintliche Paradox auf, das Descartes mit seiner Rede von den subvisiblen Teilchen, die sich per se dem *visus* zu entziehen scheinen und doch imaginiert werden müssen, formuliert hatte. Diese Teilchen entziehen sich der empirischen Beobachtung, sofern sie aber im Bild darstellbar oder genauer: als Bild konzipierbar sind, kann man sie sehen und verstehen. Die Einbildungskraft geht also nicht der Vernunft voraus und wird dann von dieser korrigiert, sondern die Vernunft wird selbst schöpferisch tätig und dies gelingt ihr nur unter Mithilfe der Einbildungskraft. Das Resultat sind vernünftige Imaginationen.

Nun läßt sich eine weitere wichtige Unterscheidung der von Descartes eingesetzten nicht-formallogischen Demonstrationsformen treffen, die meine früheren Ausführungen

---

873 *Prinicipa* III, § 81.
874 *Principia* III, § 83.
875 Berichte anderer werden in sehr oberflächlicher Weise zitiert, z.B. *Principia* III, § 128.
876 *Principia* III, § 80.
877 *Principia* III, § 5, 6.
878 *Principes* III, § 104: „Il se peut faire aussi que les taches qui couvrent quelque astre, soient devenues par succession de temps si épaisses, qu'elles nous en ôtent entièrement la vue."

zum Verhältnis von Intuition, Disposition und Deduktion hier ergänzen: Es gibt für Descartes erstens Deduktionen, die innerhalb einer ununterbrochenen Serie von Intuitionen stattfinden. Zweitens sichtbare Deduktionen, die sich auf Beobachtungen stützen: Der Herzmechanismus, den man fühlen und sehen kann und aus dem dies und jenes folgt. Drittens kennt er Deduktionen, die aus dem Zusammenspiel von empirischer Beobachtung und imaginierten Elementarformen erfolgen, wie bei den Schneekristallen. Viertens gibt es Deduktionen, die sich rein aus den imaginierten Elementarformen ergeben und bei denen die Beobachtung allenfalls nachträglich ins Spiel kommt, das geschieht in den *Principia*. Offenbar tritt die Imagination beim späten Descartes funktional an die Stelle, die im Frühwerk die Intuition einnahm.

Festzuhalten ist an dieser Stelle, daß das kosmogonische Bild als Leit-Bild für die weiteren Abbildungen fungiert. Von ihm ausgehend wird Descartes die dort dargestellten Vorgänge auf den folgenden Bildern heranzoomen, so in den nächsten hier gezeigten beiden Abbildungen, von denen die erste die oben erwähnten Flecken defg zeigen, die sich auf der durchlässigen Oberfläche des vorhin mit S bezeichneten Fixsterns I bilden, während die zweite zeigt, wie viele dieser Flecken um einen Stern vorhanden sein können, bevor dessen Wirbel zerstört wird. Dort liegt der Wirbel C inmitten von 6 weiteren, die verhindern, daß er sich trotz starker Verdichtung der Flecken auflöst.[879]

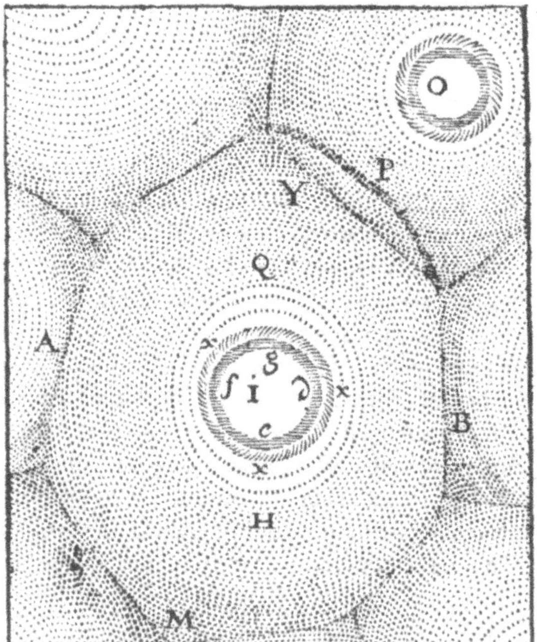

Abb. 92) Descartes, *Principia*, Kosmogonien, 1644, S. 142.

879 *Principia* III § 117 / *Principes* III § 117. „Ayant ainsi vu comment le Soleil agit vers l'écliptique, nous pouvons voir en même façon comment il agit vers les poles."

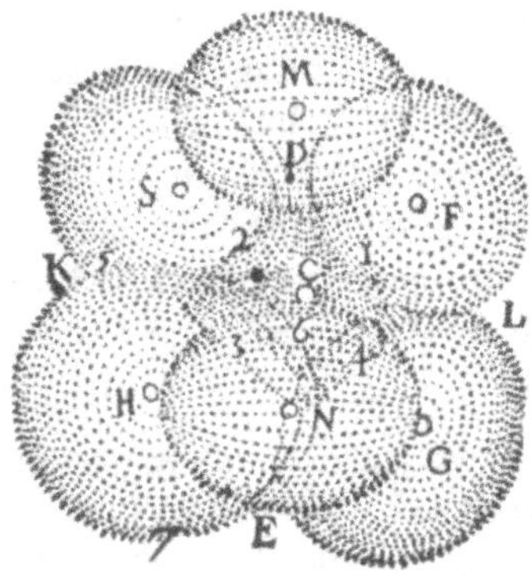

Abb. 93) Descartes, *Principia*, Kosmogonien, 1644, S. 156.

5.7) Cartesische Figurationen und die *Kunst* der Deduktion

> „With Descartes, Atomism had found its painter [...] Indeed, he managed to define a visual terra incognita for several generations of European philosophers and scientists."[880]

Es sei nun versucht, Descartes' Atom-Malerei näher in Augenschein zu nehmen, um ihre Prinzipien zu erkennen. In einem Brief an Mersenne vom 9. Januar 1639 erklärt Descartes selbst unumwunden seine Vorgehensweise und warum er kein Problem darin sieht, die Imagination ‚unmöglicher' Teilchen, die dann als Basis für Erklärungen dienen, als *demonstratio* zu bezeichnen:

> „Ich will Ihnen also mitteilen, *daß ich mir vorstelle, oder vielmehr daß ich durch eine Demonstration finde*, daß es außer der Materie, die die terrestrischen Körper zusammensetzt, noch 2 andere Arten gibt: eine sehr feine, deren Teilchen rund oder fast rund, etwa wie Sandkörner sind ..."
> „Je vous diray donc *que j'imagine ou plustost que je trouve par demonstration* qu'outre la matière qui compose les corps terrestres, il y en a de 2 sortes, l'une fort subtile, dont les parties sont rondes, ou presques rondes, ainsi que les grains de sable ..."[881]

Und weiter:

> [...] „Ich stelle mir in der feinen Materie keine anderen Bewegungen vor, als wie bei allen Körpern, die wir sehen. Wie sich aber das Wasser eines Flusses an einigen Stellen schneller als an anderen bewegt und an einem Ort in gerade Linie fließt, an einem anderen sich dreht usw. trotzdem es von ein und derselben Kraft getrieben wird und sich wie aus einem gleichbleibenden Antrieb bewegt, ebenso muß man Ähnliches von der feinen Materie denken."[882]

---

880 Lüthy (2006), S. 124 u. 103.
881 AT II, S. 483, Hervorhebung von mir, C.Z.
882 Ebd.

Es sind Gedanken- und Imaginationsexperimente, die der Beschreibung der phänomenalen Welt dienen. Die zuweilen aufgekommene Frage, ob Descartes hier entweder mentale oder physikalische Landschaften entwerfe, ist falsch gestellt.[883] Wie beim Problem der Selbstwahrnehmung hängt alles an der Perspektive: Nur in der metaphysischen Betrachtung ergibt sich diesbezüglich eine Grauzone, diese ist aber hier nicht relevant, sondern die erkenntnistheoretische Perspektive. Erkenntnistheoretisch betrachtet fungieren die imaginierte und die reale Gestalt eines Teilchens als konkrete Einheit. Schauen wir uns den Vorgang, wie ihn Descartes sich vorstellt, genauer an:

> „203. Wenn ich den unsichtbaren Körperteilchen eine bestimmte Gestalt, Größe und Bewegung zuschreibe, als ob ich sie sähe, und dennoch anerkenne, daß sie unsichtbar sind, so werden vielleicht deshalb einige fragen, woher ich also diese Eigenschaften kenne. Ich antworte darauf, daß ich zunächst die einfachsten und bekanntesten Prinzipien, deren Erkenntnis in unserem Verstand von Natur aus angelegt ist, allgemein erwogen habe, welche die hauptsächlichen Unterschiede in der Größe, Gestalt und Lage der nur wegen ihrer Kleinheit unsichtbaren Körper sein könnten, und welche wahrnehmbaren Wirkungen sich aus ihrem mannigfachen Zusammentreffen ergäben. Da ich nun gleichartige Wirkungen an einigen sichtbaren Dingen bemerkte, so nahm ich an, daß sie aus einem ähnlichen Zusammentreffen solcher Körper hervorgegangen seien, zumal wenn es schien, daß für sie keine andere Erklärungsweise ausgedacht werden kann.“ [Hervorhebung von mir, C.Z.]
>
> „*At insensilibus corporum* particulis *determinatas figuras & magnitudines & motus assigno, tanquam si* eas *vidissem, & tamen fateor esse insensiles; atque ideò quaerent fortasse nonnulli, unde ergo quales sint agnoscam.* Quibus *respondeo: me primò quidem, ex* simplicissimis & *maximè notis principiis, quorum cognitio* mentibus *nostris à* naturâ *indita est, generaliter* considerâsse, quaenam praecipuae *differentiae inter magnitudines & figuras & situs corporum, ob* solam exiguitatem suam, *insensilium esse possent, & quinam sensiles effectus ex variis eorum concursibus sequerentur. Ac deinde, cùm similes* aliquos *effectus in rebus sensibilibus* animadverti, *eas ex simili talium corporum concursu ortas* existimâsse; *praesertim* cùm nullus *alius ipsas explicandi modus excogitari posse videbatur.*“[884]

Descartes spielt in seiner Imagination diverse morphologische Möglichkeiten für den subvisiblen Bereich durch, die er durch die Beobachtung im makroskopischen Bereich offeriert bekam. Er unterstellt, daß die Vorgänge und Prozesse ähnlich verlaufen: Gleiche Wirkungen, gleiche Ursachen. Der Test für eine vernünftige Imagination ist: 1. ob man die Entstehung der verschiedenen Teilchen so ‚bildlich deduzieren‘ kann (dazu gleich mehr). 2. die Gegenprobe durch das Ausschlußverfahren: Ob man sich eine andere Gestalt denken kann, mit der man den gleichen Vorgang besser erklären könne. Gelingt dies, hatte man bislang mit einer falschen Imagination gearbeitet, d.h. mit einer, die auf ungenauer Beobachtung basiert und die kein oder nur geringes explanatorisches Potential hat. Würde die Gestalt des Teilchen anders imaginiert, dann könnte man die Wärme nicht (oder nur mühsam) als Bewegung erklären. Es muß folglich genau so imaginiert werden, wie es Descartes abbildet.

---

883 „As extended, geometrical figure should belong to the res extensa, but as thinkable, it should belong to the res cogitans.“ D. Nikulin, *Matter, imagination and geometry. Ontology, Natural Philosophy and Mathematics in Plotinus, Proclus and Descartes*, Aldershot 2002, S. 122, vgl. dazu Lüthy (2006), S. 126. Nikulins Problem halte ich für künstlich konstruiert.

884 *Principia* III, § 203.

3. sollen alle Erklärungen zusammenstimmen, also soll Wissen nicht nur im context of discovery, sondern auch im context of justification durch die Imaginatio gerechtfertigt werden.[885]

Es bleibt hier einigermaßen unklar, wie der Transfer von Erklärungen in den Mikrobereich gelingt. Die Formulierung, daß es ein mannigfaches Zusammentreffen unsichtbarer Teilchen geben müsse, das sichtbare Wirkungen zeitigt, ist zunächst sehr vage. Wie soll man sich dieses Zusammentreffen vom Verstand allein nicht faßbarer Figuren vorstellen und das Ursache-Wirkungsverhältnis nach dem Modell der sichtbaren Phänomene konkret konzipieren? Es müssen dafür Vermittlungsoperationen durchgeführt werden und für solche gibt es in Descartes' Werk mehrere Modelle. Zunächst kann man sich entsprechende Stellen aus Descartes' *Cogitationes Privatae* in Erinnerung rufen und nochmals genau auf den Wortlaut achten:

> „Sensibilia apta concipiendis Olympicis: ventus spiritum significant..."
> „Ut imaginatio utitur figuris ad corporea concipienda, ita intellectus utitur quibusdam corporibus sensibilibus ad spiritualia figuranda, ut vento,...."
> „Cognitio hominis de rebus naturalibus, tantum per similutidinem eorum quae sub sensum cadunt: & quidem eum verius philosophatum arbitramur, qui res quaesitas felicius assimilare sensu cognitis."[886]

Durch den Einsatz sinnlich wahrnehmbarer Figuren soll nicht-Sinnliches erkannt werden, – der Übergang von der sinnlich wahrnehmbaren Figur zu den himmlischen Dingen vollzieht sich beim jungen Descartes allerdings als ein Wechsel von einer sinnlichen zu einer symbolischen Ebene. Die Figuren müssen gedeutet werden, um die sich hinter ihnen verbergende eigentliche Bedeutung zu erkennen, was gelingt, wenn ihre Ähnlichkeit gesehen wird. Mit den *Regulae* ändert sich dieses Konzept: „Imaginari vel concipere"[887] meint nun, daß sich mit Hilfe von Figuren von den Sinnen nicht wahrnehmbare Dinge vorstellen lassen, – die Figuren werden funktional eingesetzt und die Funktion besteht ganz konkret darin, eine Vorstellung auszuformen, zu figurieren. Die Ähnlichkeit zwischen den sichtbaren und unsichtbaren Dingen wird nicht als ontologisch vorgängig vorausgesetzt und mit Hilfe der Imaginatio eingesehen, sondern durch die *imaginatio* hergestellt. Dabei wird die ganze frühe Konzeption von der Vertikale in die Horizontale gekippt, nicht mehr über den Phänomenen, sondern durch sie hindurch auf ihre unsichtbare Mikrostruktur richtet sich die Erkenntniskraft. Man vergleiche als ein Beispiel für viele die folgende Stelle aus dem *Traité de l'homme*:

> „Schließlich, was den Rest der Dinge angeht, die ich vorausgesetzt habe und die durch keinen Sinn wahrgenommen werden können, so sind sie alle so einfach und so allgemein, und dabei nur in so kleiner Zahl vorausgesetzt, daß wenn man sie aus der verschiedenen

885 Man sollte entsprechend Garbers Rekonstruktion der cartesischen Methodenrechtfertigung erweitern: „Thus a given item of knowledge is certain not by the virtue of the way we discover it (e.g., by using Cartesian Method), but by the way in which justify it (i.e., by presenting it as the product of intuition and deduction)." Garber (1978), S. 118. Es gibt einen Zusammenhang zwischen Erkennen und Deduzieren als dem Bilden von Ketten aus Intuitionen: Lassen sich Ketten bilden, die explanatorische Kraft haben, ist das Wissen gerechtfertigt.

886 AT X, S. 217ff.

887 AT X, S. 440.

> Zusammensetzung und dem *wunderbaren Kunstwerk* vergleicht, das in der Struktur der sichtbaren Organe erscheint, man viel mehr Anlaß hätte, zu denken, daß ich einige von ihnen, die sich in uns befinden, ausgelassen habe, als daß ich eines vorausgesetzt habe, das nicht in uns ist."[888]

Die Erfindungen der imaginatio sind folglich nicht willkürlich, sondern es handelt sich um ein methodisches Erfinden. Die Mikroteilchen müssen als in bestimmter Weise disponiert imaginiert werden, damit ein kausaler Nexus zwischen ihrer Konstellation und den sichtbaren Wirkung plausibel wird.

5.8) Die Verwandlungen von Phänomenen in Gründe resp. Demonstrationen

Über solche Deduktionen aus Dispositionen habe ich bereits ausführlich gehandelt.[889] Nun geht es mir um den speziellen Aspekt sichtbarer Dispositionen. Man solle, so heißt es beispielsweise in den „2. Erwiderungen an Mersenne" (*Meditationes*), die Gründe nach Ordnung der Geometer disponieren, so daß sie vom Leser *auf einen Blick* verstanden werden können („disposer mes raisons selon la méthode des Géometres, afin que tout d'un coup les lecteurs les puissant comprendre").

In einer zu selten von der Forschung genau betrachteten Passage erläutert Descartes sein Verfahren *des methodischen Erfindens als Sichtbarmachen von Gründen* anläßlich einer abermaligen Erläuterung der von ihm vorgeschlagenen, allseits bekannten Schritte einer Demonstration: 1. Analyse oder Auflösung (resolution) 2. Synthese oder Zusammensetzung (composition):

> „L'analyse montre la vraye voye par laquelle une chose a esté <u>methodiquement inventée, & fait voir</u> *comment les effets dependent des causes*; en sorte que, si le lecteur la veut suivre, & jetter les yeux soigneusement sur tout ce qu'elle contient, il n'entendra pas moins parfaitement la chose ainsi démontrée, & ne la rendra pas moins sienne, que si luy-mesme l'avoit inventée. Mais cette sorte de demonstration n'est pas propre à convaincre les lecteurs opinastres ou peu attentifs: car si on laisse échaper, sans y prendre garde, la moindre des choses qu' elle propose, la necessité de ses conclusions ne paroistra point."
>
> „Die Analyse zeigt den wahren Weg, auf dem eine Sache methodisch [ge- oder] erfunden wurde und macht sichtbar, wie die Wirkungen von den Gründen abhängen, so daß der Leser, wenn er ihr folgen will und seine Augen sorgfältig auf alles, was sie enthält, richten wird, er die so demonstrierte Sache nicht weniger vollkommen verstehen wird und sie sich nicht weniger zu eigen machen wird, wie wenn er sie selbst erfunden hätte. Aber diese Demonstrationsart ist nicht geeignet, um halsstarrige oder unaufmerksame Leser zu überzeugen: Denn wenn man nur das Geringste dessen, was sie sie vorschlägt, sich entgleiten läßt ohne darauf zu achten, so wird die Notwendigkeit ihrer Schlußfolgerungen überhaupt nicht sichtbar."[890]

---

888 *Über den Menschen*, S. 134, AT X, S. 201.

889 Vgl. das Kapitel: Intuition-Deduktion, Disposition-Deduktion.

890 AT Ixa, S. 121f. Ich folge hier der französischen Ausgabe, also den ‚Secondes Reponses', die stärker den visuellen Aspekt akzentuiert. Die „Responsiones" (AT VII) wurden von Clerselier übersetzt, nicht alle Teile wurden von Descartes korrigiert, die Übersetzung der *Secondae Responsiones* jedoch hatte er noch vor

Auch in diesem Fall ist bei der Explikation einer *demonstratio* die visuelle Metaphorik bestimmend, das Auge des Lesers muß sämtliche Details einer Sache aufmerksam registrieren, *erst dann tritt die Notwendigkeit der Deduktionen zutage. Die Einsicht in die Notwendigkeit der Deduktion hängt also vom vollständigen Erfassen aller Einzelheiten der via Analysis demonstrierten = gezeigten Sache ab.* Die Analyse „lehrt" die „Art und Weise wie eine Sache erfunden wird" und ist dadurch der synthetischen Methode überlegen. Das Auge eines störrischen oder unaufmerksamen Lesers erkennt die Notwendigkeit der Deduktionen nicht.

Auch hier bleibt Descartes den methodischen Grundmotiven aus den *Regulae* treu:

> „Aus diesem Grund haben wir eingeschärft, daß man solche Untersuchungen mit Methode durchführen muß, und diese pflegt bei jenen unbedeutenden Gegenständen in nichts anderem zu bestehen, als in der konstanten Beobachtung (observatio) einer Ordnung, die entweder in der Sache selbst oder ausgedacht ist (ordinis, vel in ipsa res existentis, vel subtiliter excogitati..." [891]

Bereits in den *Regulae* hat Descartes verlangt, man solle die besonderen Fähigkeiten, die eine solche *„operatio mentis"* erfordert, kultivieren.[892] Es gelte: „zwei hervorstechende Fähigkeiten des Ingeniums auszubilden, den Scharfblick (Durchblick) nämlich, die einzelnen Dinge in distinkter Intuition zu erfassen, und den Spürsinn, die einen [Dinge] aus den anderen *kunstvoll zu deduzieren*" („simul duas praecipuas ingenii facultates excolere, perspicacitatem scilicet, res singulas distincte intuendo, et sagacitatem, *unas ex aliis <u>artificiose deducendo</u>").*[893]

Wie sieht nun diese *kunstvolle* Deduktion aus? Ein von Geburt an Blinder könne sich niemals eine richtige Vorstellungen von Farben machen, hat jemand aber vor der Erblindung die Grundfarben kennengelernt, die Mischfarben aber nicht, so könne er auch die Bilder der ihm unbekannten Farben aufgrund ihrer Ähnlichkeit *durch eine Art Deduktion bildhaft erschaffen* („imagines ex aliorum similitudine per deductionem quandam effingat"):

> „Sie sollen gar nicht glauben, wenn Sie nicht mögen, daß die Sache sich so verhält, aber was wird Sie daran hindern, eben diesen Hypothesen beizutreten, wenn in die Augen fällt, daß sie die Wahrheit nicht beeinträchtigen, sondern alles nur weit klarer machen, nicht anders als in der Geometrie, wo Sie auch über die Quantität, das die Kraft der Demonstra-

seinem Tod geprüft und dabei die Chance zur Präzisierung genutzt. Die lateinische Version lautet: „Analysis veram viam ostendit per quam res methodice & tanquam a priori inventa est, adeo ut, si lector illam sequi velit atque ad omnia satis attendere, rem non minus perfecte intelligit suamque reddet, quam si ipsemet illam invenisset. Nihil autem habet, quo lectorem minus attentum aut repugnantem ad credendum impellat; nam si vel minimum quid ex iis quae proponit non advertatur, ejus conclusionum necessitas non apparet, saepeque multa vix attingit, quia satis attendenti perspicua sunt, quae tamen praecipue sund advertanda" (AT VII, S. 156f.).

891 Reg. 10, AT X, S. 404.

892 Reg. 4, 9, 14, AT X, S. 372, 400, 440. Vgl. zur Bestimmung der cartesischen Methode als Denkpraxis: Hammacher (1973).

893 Reg. 9, AT X, S. 400. Der Ausdruck ‚Ingenium' wurde auch in den Kunsttraktaten der Renaissance eingesetzt, in deren Nähe Descartes offenkundig gerät. Die italienische Variante: ingegno fungierte dort als Übersetzung für mens, das Ingenium wurde als scharfsinnige Erfindungskraft definiert. Diese durfte aber nicht nur auf sich selbst vertrauen, sondern hattte sich durch das Studium der Natur zu schulen. Vgl. Alberti (2002), S. 156f.

tionen auf keine Weise mindert, obgleich sie in der Physik häufig über ihre Natur anders denken."[894]

Die äußeren Sinne nehmen Figuren wahr, wobei der Begriff der Figur sich nicht nur auf die Wahrnehmung des Auges beziehe, sondern es gibt für Descartes eine „Figur vom Ton, vom Duft und vom Geschmack". Dies so zu konzipieren, sei sehr hilfreich, „weil nichts leichter in die Sinne fällt als die Figur, – man berührt und sieht sie nämlich." Der Begriff der Figur sei daher so „allgemein und einfach" zu konzipieren, „daß er in jedem Gegenstand der sinnlichen Wahrnehmung" stecke. So möge man in bezug auf Farben sich ausdenken, was man wolle, man könne dennoch nicht leugnen, daß Farben ausgedehnt und „folglich figuriert" seien.[895] Hier ist die Geburtsstätte von Descartes' morphologischer Formenlehre. Man muß jedes durch die Sinne wahrgenommene Phänomen in einfache Figuren zerlegen, auch Farben, Töne und Gerüche. Heraus kommen erste sehr abstrakte und im Frühwerk noch als unendlich viel angenommene Elementarformen.

In den *Regulae* schlug Descartes vor, daß wir uns die Unterschiede der Farben so vorstellen können wie die Unterschiede in den folgenden Figuren:

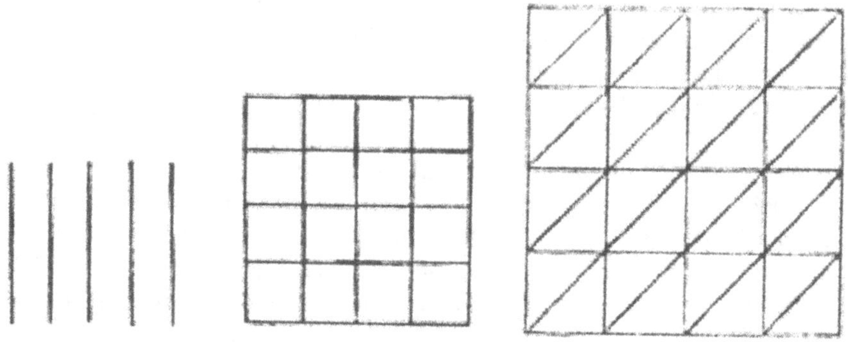

Abb. 94) Descartes, *Regulae*, Farbfiguren.

Die äußeren Sinne seien, auch wenn wir sie auf einen Gegenstand richten, passiv, sie empfangen einen Eindruck und werden dabei verändert wie Wachs durch ein Siegel. Doch ist hier kein simpler Abbildrealismus mit dem Siegel-Gleichnis verbunden, sondern die Analo-

894 Reg. 12, AT X, S. 412: „Neque credetis, nisi lubet, rem ita se habere; sed quid impediet, quominus easdem suppositiones sequamini, si appareat, nihil illas ex rerum veritate minuere, sed tantum reddere omnia longe clariora, non secus quam in Geometria quaedam de quantitate supponitis, quibus nulla ratione demonstrationum vis infirmatur, quamvis saepe aliter in Physica de ejus natura sentiatis."

895 Reg. 12, AT X, S. 413: „Atque haec omnia ita concipere multum juvat, cum nihil facilius sub sensum cadat quam figura: tangitur enim et videtur. Nihil autem falsum ex hac suppositione magis quam ex alia quavis sequi demonstratur ex eo, quod tam communis et simplex sit figurae conceptus, ut involvatur in omni sensibili. Verbi gratia, colorem supponas esse quidquid vis, tamen eundem extensum esse non negabis, et per consequens figuratum; quid igitur sequetur incommodi, si, caventes ne aliquod novum ens inutiliter admittamus et temere fingamus, non negemus quidem de colore quidquid aliis placuerit, sed tantum abstrahamus ab omni alio, quam quod habeat figurae naturam, et concipiamus diversitatem, quae est inter album, coeruleum, rubrum, etc., veluti illam, quae est inter has aut similes figuras, etc.? Idemque de omnibus dici potest, cum figurarum infinitam multitudinem omnibus rerum sensibilium differentiis exprimendis sufficere sit certum."

gie geht nur so weit, daß Descartes annimmt, daß eine ‚Figur' des Tones, des Duftes oder Geschmacks auf die Zunge oder das Ohr, die Haut auftrifft und diese verformt.[896] Beim Konzipieren des ganzen Vorgangs vollzieht sich das, was im heutigen Italienischen das Verb ‚figurare' meint, das man besten mit ‚sich etwas figürlich vorstellen', ‚sich ausdenken', ‚sich ein Bild machen', ‚eine Gestalt geben' übersetzt. Descartes reduziert hier in den *Regulae* alle sinnlichen Qualitäten eines Gegenstands auf abstrakte Formen.

In Memoria-Traktaten der Renaissance war das Figurieren noch konkreter verstanden worden: Giordano Bruno schlug in seiner Schrift *Figuratio aristotelici physici auditu* beispielsweise vor, man solle um eine souveräne Beherrschung des Stoffes zu erreichen, sich fünfzehn aristotelische Schlüsselbegriffe aus dessen Physik unter anderem als Götterstatuen (Minerva, Thetis) vorstellen.[897] Die nicht nur vorgestellten, sondern gedruckten Bilder aus seinem *Corpus Iconographicum*[898] bleiben, wie übrigens die meisten diagrammatischen Darstellungen in der Renaissance-Philosophie,[899] indes an der Geometrie orientiert, seine von ihm selbst hergestellten Figuren folgen in erster Linie einfachen geometrischen Mustern, während Descartes' spätere Abbildungen sich nicht auf die Realisierungen einer primär geometrischen Imagination beschränken und daher andere philosophische Implikationen haben. Descartes' Figurationstheorie in den *Regulae* wiederum ging, wie ich im ersten Teil gezeigt habe, ebenfalls aus mnemotechnischen Fragestellungen hervor, sie postuliert aber im Vergleich zu Bruno ein deutlich abstrakteres Figurationsverfahren. Dennoch wäre es zu simpel, für den jungen Descartes hier nur die Geometrie als Paradigma einer Figurationstheorie zu unterstellen.[900]

Descartes' Figuren eignet weder Permanenz, Stabilität noch Regularität, sie verändern sich je nach Umständen zufällig, sie sind keine Prinzipien, die bestimmte Teilchenformationen generieren oder ordnen, sie dienen lediglich zur situativen Unterscheidung einzelner Teilchen nach ihrer Gestalt und zur ‚Deduktion' der daraus sich ergebenden Kombinationsmöglichkeiten.

---

896 Ebd., S. 412: „Concipiendum est igitur primo, sensus omnes externos, in quantum sunt partes corporis, etiamsi illos applicemus ad objecta per actionem, nempe per motum localem, proprie tamen sentire per passionem tantum, eadem ratione qua cera recipit figuram a sigillo. Neque hoc per analogiam dici putandum est, sed plane eodem modo concipiendum, figuram externam corporis sentientis realiter mutari ab objecto, sicut illa, quae est in superficie cerae, mutatur a sigillo. Quod non modo admittendum est, cum tangimus aliquod corpus ut figuratum, vel durum, vel asperum, etc., sed etiam cum tactu percipimus calorem, vel frigus, et similia; item in aliis sensibus, nempe primum opacum, quod est in oculo, ita recipere figuram impressam ab illuminatione variis coloribus induta, et primam au|rium, narium, et linguae cutem, objecto imperviam, ita novam quoque figuram mutuari a sono, odore, et sapore."

897 Bruno (1879-1891), I,4, S. 136. Vgl. dazu Mulsow (2004) und Otto (2007), S. 63-77.

898 Bruno (2001).

899 Vgl. zu diesen: Thomas Leinkauf, Bild-Symbol, Geometrie und Methode. Philosophische Implikationen der frühneuzeitlichen Textillustration, in: *Bochumer Philosophisches Jahrbuch für Antike und Mittelalter* 11 (2006), S. 73-101. Aber auch wieder bei Spinoza wird diese Bildauffassung dominant. Bezeichnenderweise ist die einzige Schrift, in der Spinoza Bilder einsetzt, sein Versuch, die *Prinzipien* des Descartes' zu geometrisieren: *Descartes' Prinzipien der Philosophie auf geometrische Weise begründet* (1663), Hamburg 1987. Entsprechend selektiv ist Spinozas Auswahl der Bilder, die er Descartes' Schrift entnimmt. Er wählt nur geometrische Diagramme oder einfache mechanische Modelle und läßt die phantastischen Abbildungen Descartes' allesamt beiseite.

900 So Sepper (2000), auch Otto (2007), S. 71-73.

In *Le Monde* (1630) führt Descartes dann eine erste Unterscheidung zwischen Erde, Luft- und Feuer-Elementen ein, doch ohne deren jeweilige Gestalt genauer zu umreißen. Doch in *Les Météores* (1637) bekommen die Teilchen jene konkreteren Gestalten wie die von Aalen oder Ästen verliehen, von denen bereits die Rede war. Deren Veränderlichkeit tritt in *Les Météores* und den *Principia* besonders deutlich zutage, wo die Astform beispielsweise manchmal charakteristisch ist für weiche Körper, dann für Luft, für Dünste oder Schwefel. Wie Norma Emerton zu Recht festgestellt hat, besitzt Descartes daher keinen Formbegriff, sondern er operiert stattdessen nur mit der Annahme veränderlicher Gestalten oder Figuren.[901] Gegen Sepper und ein vorherrschendes Urteil in der Descartesforschung stimme ich Emerton daher ganz zu, wenn sie Descartes' Verhältnis zur Form so charakterisiert: „The love of Geometry that was so marked in Descartes the mathematician seemed to desert him when he turned to particle theory."[902]

5.9) Descartes' Material

Um Descartes' Formenlehre näher betrachten zu können, ist es nötig, zunächst seine Materietheorie mit Blick auf seine späteren Schriften in ihren Grundzügen kurz zu rekapitulieren. Während in *Le Monde* die Erfahrung noch keine Rolle für die Bestätigung der imaginierten Elementformen spielte, wird der Abgleich mit der Erfahrung aber bereits in *De l'homme* postuliert, in *Les Météores* werden die imaginierten Formen teils aus der Erfahrung gewonnen teils mit ihr abgeglichen. In den *Principia* werden die Ableitungen von *Les Météores* nicht mehr eigens vorgeführt, doch mehrfach zur Voraussetzung erklärt.

Descartes kennt für den sublunaren wie supralunaren Bereich nur noch eine Form von Materie, die er ohne Rückgriff auf immatieriell regulierende Prinzipien nur über ihre Ausdehnung bestimmt. Diese Materie teile sich durch Zersplitterung und Rekomposition in verschiedene Element-Untergruppen. Descartes schlägt für die Materie in den *Meteoren* und den *Prinzipien* verschiedene Einteilungen vor. In den *Prinzipien* heißt es:

> „Im ganzen Universum gibt es also nur ein und dieselbe Materie, die allein daran erkannt wird, daß sie ausgedehnt ist. Alle in ihr klar erkannten Eigenschaften laufen also darauf

901 Vgl. Emerton (1984), S. 135. Descartes verwendet zwar den Ausdruck ‚Form', doch erstens spöttisch, wenn er sich über die „scholastischen Formen lustig macht, wie z.B. im Brief an Morin vom 13. 07. 1638: „Denn wenn man erwägt, daß man bei allem, was man bisher in der Physik getan hat, nur versuchte sich einige Ursachen auszudenken, mit denen man die Phänomene der Natur erklären kann, ohne indessen damit Erfolg haben zu können; wenn man ferner die Voraussetzungen der anderen mit meinen vergleicht, das heißt alle ihre *wirklichen Qualitäten* und *substantiellen Formen*, ihre *Elemente* und ähnliche Dinge, deren Zahl fast unendlich ist, allein damit vergleicht, daß alle Körper aus einigen Teilchen zusammengesetzt sind, was man bei mehreren mit dem bloßen Auge sieht und bei anderen mit einer Unzahl von Gründen beweisen kann [...]" (AT II, S. 200, *Briefe*, S. 126, vgl. auch *Die Meteore*, S. 45, AT VI, S. 239); und zweitens, in Kapitel 5-9 von *Le Monde*, um verschiedene Elementgestalten zu bezeichnen, doch auch hier meint ‚Form' weder Formursache oder Ordnungsprinzip, sondern bezeichnet nur die arbiträre Gestalt eines Teilchens.

902 Emerton (1984), S. 135.

hinaus, daß sie teilbar und in ihren Teilen beweglich und deshalb aller der Zustände fähig ist, die aus der Bewegung ihrer Teile folgen."[903]

Descartes nimmt in den *Principia* drei hauptsächliche Element-Untergruppen an, diese sind:

1. feine, sich schnell bewegende und permanent zersplitternde winzige Teilchen, ohne bestimmte Gestalt und Größe, sondern so flexibel und winzig, um jeden kleinen Winkel, den die anderen Elemente lassen, auszufüllen. Das ist die Materie erster Art, der Sonnenstoff oder das Feuerelement;
2. kleine, kugelförmige Teilchen, die auch noch unsichtbar klein sind und sehr schnell in Wirbeln rotieren, wobei sie das Weltall ausfüllen: der Himmelsstoff oder das Luftelement;
3. gröbere und schwerfälligere Teilchen, die durch Verbindungen des ersten Elements entstanden, sehr viele Gestalten annehmen können und die die Erde, die Planeten und die Kometen bilden: diese nennt er Planetenstoff oder das Erdelement.[904]

In *Meteoren* unterscheidet Descartes noch nicht zwischen dem ersten und dem zweiten Element, sondern nur graduell zwischen feiner Materie und grober, terrestrischer Materie. Dies erläutert er in einem Brief näher:

> „Ich setze keinen anderen Unterschied zwischen den Teilchen der terrestrischen Körper und denen der feinen Materie als wie zwischen Steinen und dem Staub, der aus diesen Steinen entsteht, wenn man sie gegeneinander reibt. Und ich glaube, daß es fortwährend einige terrestrische Körper gibt, die durch Reiben die Form der feinen Materie annehmen, und einige Teilchen dieser feinen Materie, die sich mit den terrestrischen Körpern verbinden, so daß es im ganzen Universum keine Materie gibt, die nicht nacheinander alle Formen annehmen könnte."[905]

Die Materieteilchen sind keine Atome, da sie unendlich teilbar gedacht sind, doch haben sie in Descartes' Erklärung die Funktion, die Atome in atomistischen Theorien haben.[906]

---

903 *Prinzipien* II, § 23.

904 *Principes* III, § 52, AT IXb, S. 128 „Qu'il y a trois principaux éléments du monde visible. Ainsi nous pouvons faire état d'avoir déjà trouvé deux diverses formes en la matière, qui peuvent être prises pour les formes des deux premiers éléments du monde visible. La première est celle de cette raclure qui a dû être séparée des autres parties de la matière, lorsqu'elles se sont arrondies, et qui est mue avec tant de vitesse, que la seule force de son agitation est suffisante pour faire que, rencontrant d'autres corps, elle soit froissée et divisée par eux en une infinité de petites parties, qui se font de telles figures, qu'elles remplissent toujours exactement tous les recoins qu'elles trouvent autour de ces corps. L'autre est celle de tout le reste de la matière, dont les parties sont rondes et fort petites, à comparaison des corps que nous voyons sur la terre; mais néanmoins elles ont quelque quantité déterminée, en sorte qu'elles peuvent être divisées en d'autres beaucoup plus petites. Et nous trouverons encore ci-après une troisième forme en quelques parties de la matière: à savoir en celles qui, à cause de leur grosseur et de leur figures, ne pourront pas être mues si aisément que les précédentes. Et je tâcherai de faire voir que tous les corps de ce monde visible sont composés de ces trois formes qui se trouvent en la matière, ainsi que de trois divers éléments: à savoir que le Soleil et les étoiles fixes ont la forme du premier de ces éléments; les cieux, celle du second; et la Terre avec les planètes et les comètes, celle du troisième."

905 Brief an Mersenne, 09. 01. 1639, AT II, S. 485, *Briefe*, S. 158.

906 Vgl. Lüthy (2006), S. 123.

5.10) Descartes' Formenlehre

Aus den Elementhypothesen ergeben sich entsprechende einfache figürliche Formhypothesen. In *Les Météores*, das habe ich bereits ausführlich dargestellt, beschrieb Descartes astförmige Erdteilchen und aalförmige Wasserteilchen, Schneekristalle in diversen Formen oder Salzkörnchen in verschiedenen Anordnungen:

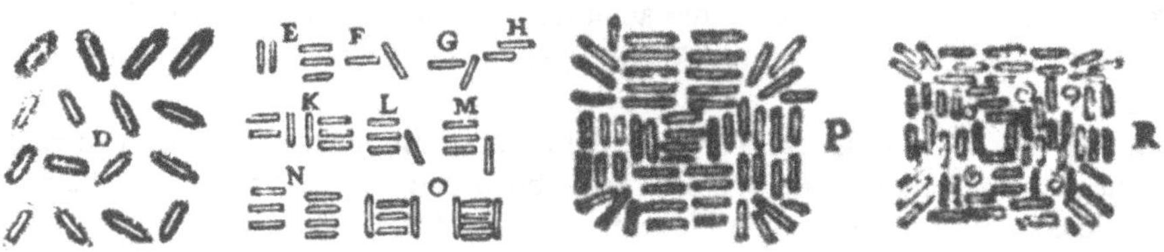

Abb. 95-98) Descartes, *Les Météores*, Elementarteilchen, 1637.

Aus der Gestalt und Lage solcher Elementarformen wurden dann die Eigenschaften und das Verhalten z.B. von Salz in Wasser ‚deduziert'. Aus Figurationen werden Kon-Figurationen, indem aus bestimmten Figuren andere Figuren abgeleitet und in immer komplexere Konstellationen gebracht werden. Dies wäre zumindest eine konkrete Beschreibung dessen, was Descartes unter ‚kunstvollen Deduktionen' verstehen könnte.

Auch in den *Principia* führt Descartes zunächst einfache Formen wie kleine Rechtecke oder Kugeln ein, die die verschiedenen Elemente nicht einfach symbolisch repräsentieren, sondern aus deren Gestalt erst die Erklärung folgen kann. Will man z.B. Descartes' Erklärung der Hitze verstehen, die besagt, daß Hitze keine dem Gegenstand innewohnende Eigenschaft sei, sondern es sich hierbei nur um eine schnellere Bewegung von Teilchen unter bestimmten Umständen handelt, gelingt dies nur, wenn man Descartes' Unterstellung morphologischer Details akzeptiert. Die folgende Abbildung zeigt z.B. die Form des Feuers, die nächste, wie kleine runde Luftteilchen durch das Licht in Bewegung versetzt, d.h. erhitzt werden:

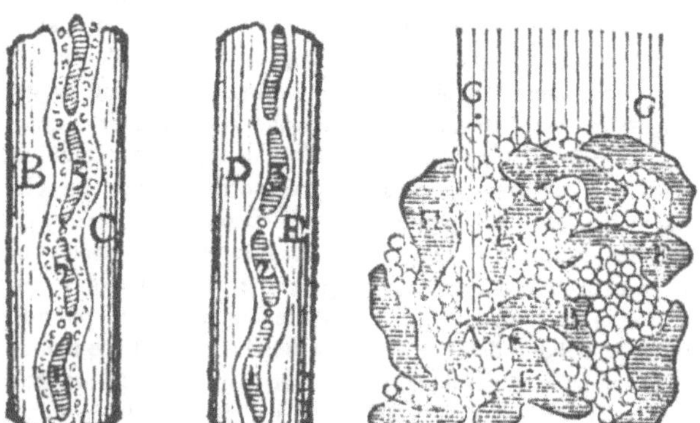

Abb. 99, 100) Descartes, *Principia*, Agitierte Luftteilchen, 1644.

Lüthy hat zu Recht anhand der letzten Abbildung festgestellt, daß die Teilchengestalten, mögen sie auch noch so willkürlich gewählt erscheinen, notwendig sind, damit die Erklärung gelingt: „were particle AB not resting on a conveniently pivot-shaped particle C, it could not see-saw in the manner described and hence not ‚warm up‘ in the process.“[907]

Solche Beispiele, wie durch die Kombination einfacher Elementformen mit äußeren Umständen Konfigurationen entstehen, auf deren Grundlage Naturphänomene erklärt werden sollen, lassen sich sehr viele finden, wobei sehr ähnlich aussehende Formen für ganz unterschiedliche Erklärungen genutzt werden können.

Die nächste Bildfolge, die dem Hitzebild im Prinzip zu gleichen scheint, erklärt, wie Glas entsteht:

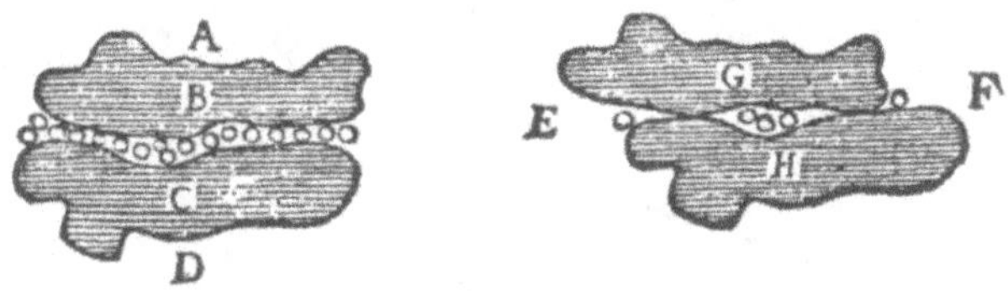

Abb. 101) Descartes, *Principia*, Entstehung von Glasteilchen, 1644.[908]

Sodann gibt es einfache Bewegungs- und Kollisionsbeschreibungen, wie die folgenden:

Abb. 102) Descartes, *Principia* IV, § 112, Bewegung der Salpeterteilchen, 1644.

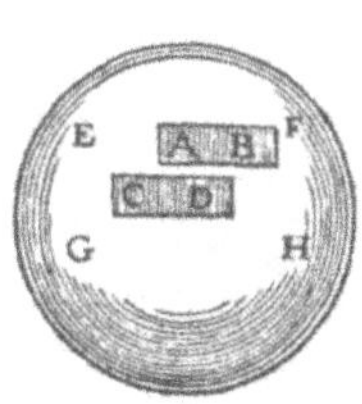

Abb. 103, 104) Descartes, *Principia*, S. 48 u. 60, Teilchenkollisionen, 1644.

Descartes zerlegt mit *perspectuitas* und *sagacitas* die Welt zunächst in einfache figürliche Elemente und gestaltet dann die Welt aus diesen Formen in ‚kunstvolle Deduktionen‘. Er entwirft ein morphologisches Alphabet (Lüthy) und führt dazu zuerst die einzelnen Buchstaben ein, dann bringt er immer komplexere Kombinationen, gleichsam Sätze oder gar Satzfolgen:

---

907 Lüthy (2006), S. 119.
908 *Principes*, § 125.

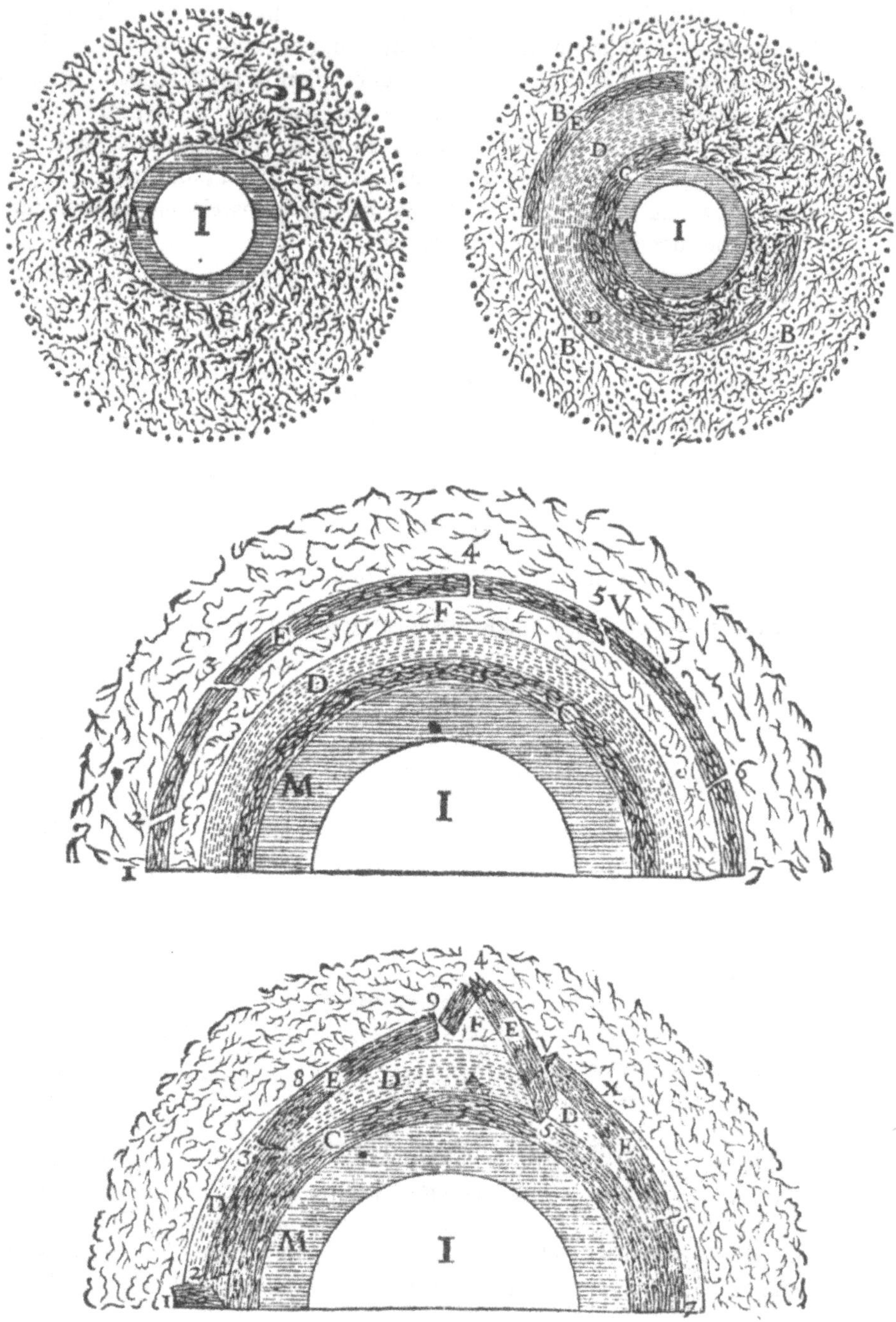

Abb. 105-107) Descartes, *Principia*, Elementformationen, 1644.

Mit diesen vier Schaubildern befaßt sich Descartes z.B. im 4. Teil der *Principia* über fast 70 Paragraphen, die hier nicht *en détail* referiert werden sollten. Das erste Bild zeigt 3 Regionen der Erde, Region I mit der Materie des ersten Elements, Region M dichte, dunkle, eng miteinander verbundene Teilchen des 2. Elements, und Region 3 die unregelmäßigen und durchlässigen Teilchen des 3. Elements. Die folgenden Bilder zeigen allerlei denkbare Konstellationen, die als Erklärungen so unterschiedlicher Phänomene dienen wie die Bewegung der Himmelsmaterie ([Abb. 105], *Principia* IV. § 23), die anfängliche Trennung der oberen Region der Erde in zwei verschiedene Körper und die spätere Teilung in zwei weitere Körper und deren Entwicklung ([Abb. 106], *Principia* IV, § 32, 37, 38, 39), die Verringerung der Masse des 3. Körpers und die Bildung von Rissen im 4. Körper und dessen Aufbrechen ([Abb. 107] *Principia,* § 40, 41, 42) und die dadurch ermöglichte Entstehung von Bergen, Ebenen, Meeren und Quellen ([Abb. 107 unten], *Principia,* § 44, 64).

Mit seinen Elementarformkonfigurationen kann Descartes sehr viel erklären, aber nicht alles. Bestimmte Phänomene lassen sich nicht überzeugend aus seinem Formenalphabet ableiten, dann müssen zusätzliche Formen eingeführt werden, was insofern problematisch ist, weil diesen neuen abgeleiteten Formen funktional der gleiche Status wie den einfachen Elementarformen zugeschrieben wird, obgleich sie weder basal noch einfach sind. Descartes verstößt hier gegen die methodischen Regeln des *Discours.* So deduziert Descartes in den *Principia* umständlich[909] aus dem ersten Element eine neue Gattung von Teilchen, sogenannte *particulae striatae* oder Schraubenteilchen. Diese entstehen, wenn sich Teilchen des ersten Elements durch Kügelchen des zweiten Elements durchkämpfen und sie dabei schraubenähnlich verformen, was die folgende Abbildung veranschaulichen soll:

909 *Principia* III, § 87-93, 87. *Principes,* AT IXb, S. 152: „Qu'il y a divers degrés d'agitation dans les petites parties du premier élément. Après avoir acquis une médiocre notion de la nature des deux premiers éléments, il faut que nous tâchions aussi de connaître celle du troisième. Et à cet effet il est besoin de considérer que la matière du premier n'est pas également agitée en toutes ses parties, et que souvent en une fort petite quantité de cette matière il y a tant de divers degrés de vitesse, qu'il serait impossible de les nombrer. Ce qui peut facilement être prouvé, tant par la façon que j'ai supposé, ci-dessus, qu'elle a été produite, que par l'usage auquel elle doit continuellement servir. Car j'ai supposé qu'elle a été produite de ce que, lorsque les parties du second élément n'étaient pas encore rondes, et qu'elles remplissaient entièrement l'espace qui les contenait, elles n'ont pu se mouvoir sans rompre les petites pointes de leurs angles, et sans que ce qui s'est séparé d'elles, à mesure qu'elles se sont arrondies, ait changé diversement de figures, pour remplir exactement tous le petits recoins qu'elles ont laissé autour d'elles, au moyen de quoi il a pris la forme du premier élément. Et je crois que maintenant encore son usage est de remplir ainsi tous les petits recoins qui se trouvent entre tous les corps, quels qu'ils soient: d'où il est évident que chacune des parties dont ce premier élément est composé, n'a pu au commencement être plus grande que les petites pointes d'angles qui devaient être ôtées de celles du second, afin qu'elles se pussent mouvoir, ou tout au plus que l'espace qui s'est trouvé entre trois de ces parties du second élément joignantes l'une l'autre, après qu'elles ont été arrondies; et que quelques-unes ont pu retenir par après la même grosseur, mais qu'il a fallu que les autres se soient froissées et divisées en une infinité de plus petites parties, qui n'eussent aucune grosseur ni figure déterminée, afin qu'elles se pussent accommoder aux diverses grandeurs des petits espaces qui se trouvent entre les parties du second élément, pendant qu'elles se meuvent."

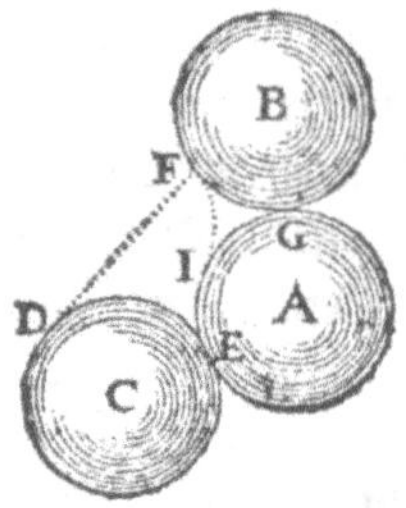

Abb. 108) Descartes, *Principia*, Die Bildung von Schraubenteilchen, 1644, S. 135.

In *Le Monde* gab es diese Schraubenteilchen noch nicht. Ihre Form gleicht, wie Christoph Lüthy mit Scharfblick erkannte, ziemlich genau der italienischen Nudelsorte ‚Fusili'. Diese Schraubenteilchen sind insbesondere für die ‚kunstvolle Deduktion' des Magnetismus notwendig, mit der ich mich nun näher befassen werde.

5.11) Bild-Attraktionen. Descartes' ästhetische Deduktion des Magnetismus

Der wichtigste Referenztext für Descartes' Erklärungen des Magnetismus war William Gilberts *De Magnete* (1600). Gilbert hatte ebenfalls Abbildungen eingesetzt, diese zeigten einfache Modelle für Experimente. Descartes übernimmt einige daraus, weshalb ein Vergleich erhellend zu werden verspricht. Um diesen Vergleich sinnvoll anstellen zu können, seien Gilberts Magneterklärungen kurz in Erinnerung gerufen.

Gilbert nahm an, die Erde sei ein großer Magnet, mit einem nördlichen und einem südlichen Pol. Von dieser Grundintuition aus ersann er seine Experimente, die sich oft auf der Annahme der Vergleichbarkeit der Erde mit dem Verhalten eines Magnetsteins gründeten. Insbesondere baute er eine Miniaturerde als Modell nach, einen kleinen Magneten in Kugelgestalt, den er Terella (kleine Erde) nannte, und mit dem er das magnetische Verhalten praktisch studieren konnte. Die am Modell gemachten Beobachtungen konnten dann auf das Verhalten der Erde übertragen werden. Gilberts Bilder zeigen real existierende Modelle und veranschaulichen, wie diese funktionieren. Auch sie sind also keine Modelle, sondern erläutern nur Modelle.

Immer wieder hat man auf die Bedeutung des Handwerkermilieus für Gilberts Entdeckungen hingewiesen. Trotz des Ruhms, den Gilbert für seine Grundlegung der experimentellen Methode erntete, sollte man aber nicht übersehen, daß er seine Forschungen vor einem animistischen Hintergrund durchführte. Man machte es sich daher allzu einfach, wenn man Gilberts ‚Empirismus' gegen Descartes' phantastische Magnet-Theorie ausspielen wollte. Gilbert begriff die Erde als beseelten Körper und er war überzeugt, sie könne sich auf gleiche Weise wie ein Magnet aus eigener Kraft selbst bewegen. In vielen seiner Experimente versuchte er vordringlich deshalb zu zeigen, daß die Magnete sich bewegen, um zu demonstrieren, daß sie offenbar eine Seele besitzen müssen. Diese magnetische Seele sei der menschlichen sogar überlegen, da sie nicht durch die Sinne sich verführen lasse (wie dies der menschlichen Seele allzu oft widerfahre). Seine weiteren Experimente sollten vorführen, daß sich die Erde wie ein Magnet verhalte. Von da aus war es nicht mehr weit zu dem

Schluß, daß auch die Erde eine Seele besitze. Die Erde, so Gilbert, sei daher eine *mater communis*, eine Mutter von allem, in deren Leib die Metalle sich bilden. Die magnetische Anziehung von Eisen durch einen Magneten bezeichnete er mit dem Ausdruck ‚coitio'.[910]

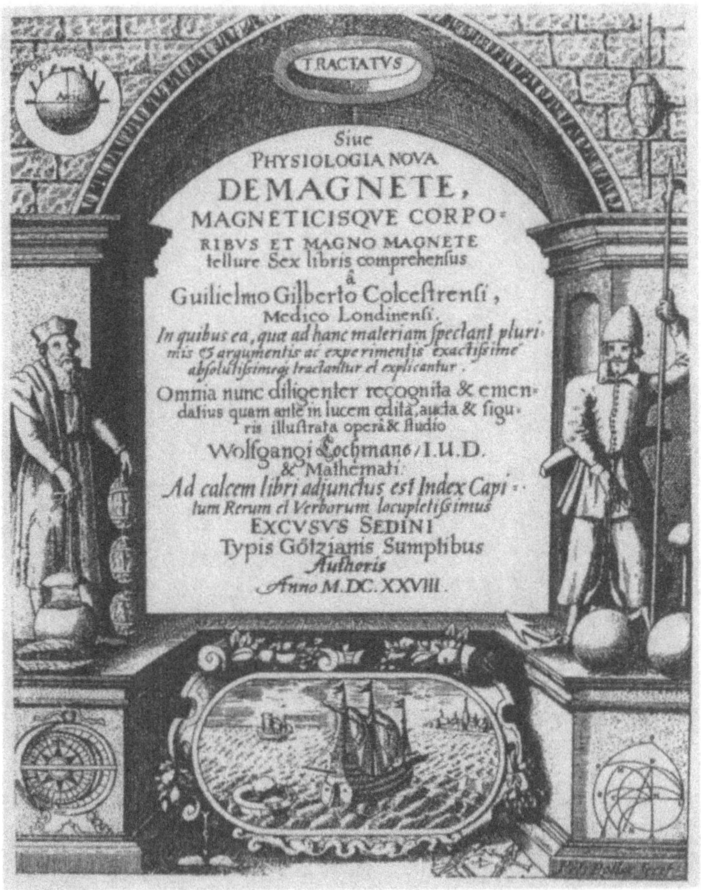

Abb. 109) William Gilbert, *De Magnete*, Frontispiz, 1628 (1600).

Auf dem Titelblatt zur zweiten Auflage von *De Magnete* (Abb. 109) hat Gilbert einige seiner wichtigsten Experimente abbilden lassen. Rechts am Rand, in der Mitte z.B. erkennt man einen Soldaten, der vorführt, daß nicht nur zwei Magnete, sondern auch ungepoltes Eisen immer von einem Magneten angezogen wird. Gilbert vermutete, daß ein solches Eisen, wenn man es in die Nähe eines Magneten bringt, selbst zeitweilig magnetisiert wird und zwar so, daß es angezogen wird und für eine gewisse Zeit alle Eigenschaften des Magneten übernimmt. Nähert man folglich ein Eisenstück dem nach Norden ausgerichteten Pol eines Magneten, wird seine dem Magneten zugewandte Spitze selbst zu einem nach Süden orien-

910 Zu Gilbert: Edgar Zilsel (1976), Martha Baldwin, Magnetism and the anti-Copernican polemic, in: *Journal for the History of Astronomy* Bd. 16 (1985), S. 155-174; Henry (2001), Reeves (2002), Zittel (2004).

tierten Pol, während sein anderes Ende den Gegenpol bildet, der wiederum weitere Eisenstücke anziehen kann.

Die dazugehörige Abbildung findet sich im Buch. Sie stellt dar, wie man diese Hypothese mit Hilfe eines einfachen Experimentes bestätigen kann. Hängt man zwei Eisenstäbchen nebeneinander an zwei Bindfäden, passiert zunächst nichts. Über den Pol einer Terella gehalten beginnen sich die Eisenstücke jedoch plötzlich gegenseitig abzustoßen. Ihre Spitzen wurden durch die Terrella auf gleiche Weise vorübergehend magnetisiert, – und gleiche Pole stoßen sich ab.

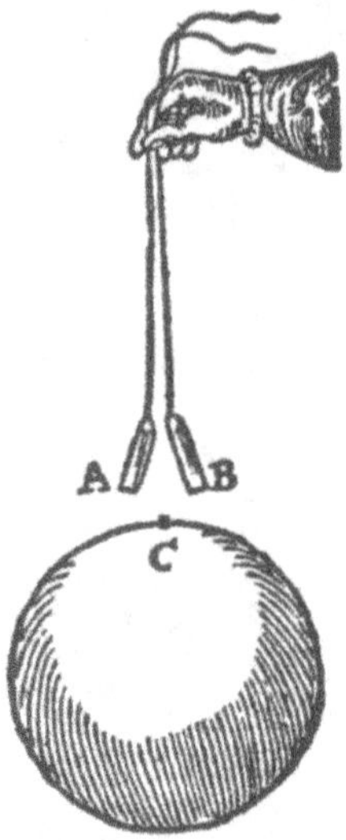

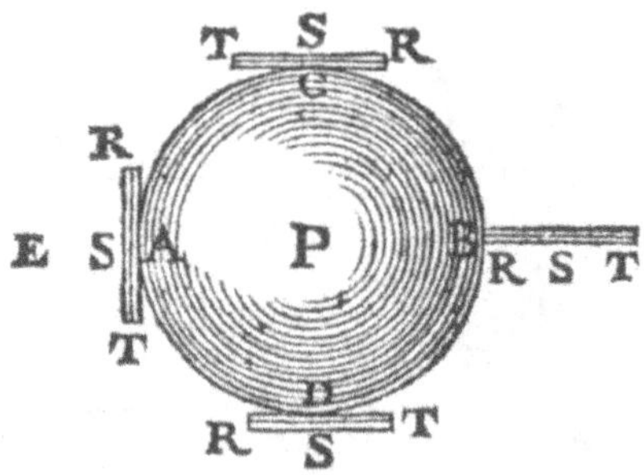

Abb. 110 u. 111) Gilberts und Descartes' Magnetmodelle, *Principia*, 1644

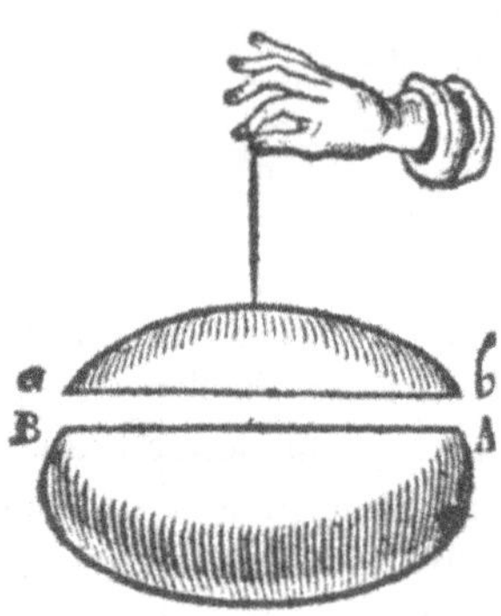

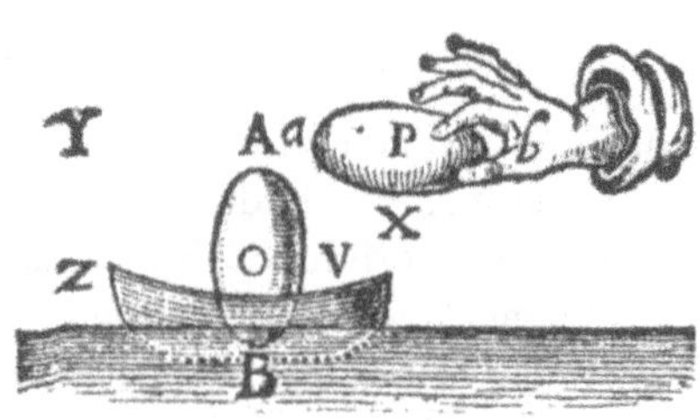

Abb. 112-113) Gilberts und Descartes' Magnetmodelle. Die Bilder 111-113 zeigen die Übernahme einiger auf Gilberts Titelblatt zu *De Magnete* dargestellten Experimente in Descartes' *Principia*, 1644.

Descartes hat Gilberts Abbildungen für die *Principia* teilweise übernommen. Wie in *Les Météores*, wo die Abbildung eines Heronsballs zunächst ein Modell veranschaulichte, um dann durch neue Abbildungen, die dynamische Veränderungen zeigten, ersetzt zu werden, so vollzieht er jedoch auch in den *Principia* bei der Erklärung des Magneten einen Substituierungsprozeß, in dessen Verlauf schematische durch dynamische Repräsentationsformen ersetzt werden. Descartes greift zwar Gilberts Modellbilder auf, aber die eigens für die *Principia* erfundenen Darstellungen unterscheiden sich von Gilberts Abbildungen markant, wie gleich noch deutlich wird.

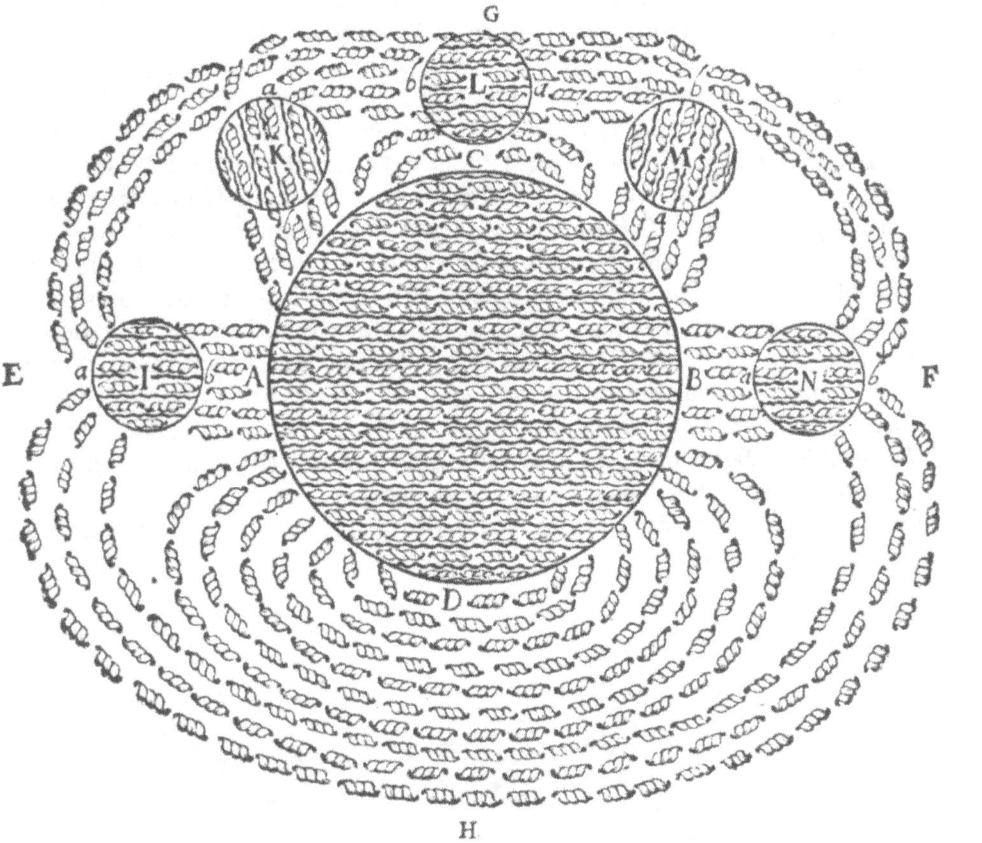

Abb. 114) Descartes, *Principia*, Die Erklärung des Magnetismus mit Hilfe der *particulae striatae*, 1644, S. 271, 273, 274.

Diese Abbildung zeigt eine Art imaginärer Terrella, das heißt, wie bei Gilbert wird vorausgesetzt, daß es eine Analogie zwischen Erde und Magnet gibt: die Erde wird wie ein großer Kugelmagnet betrachtet. Descartes jedoch konstruiert kein Modell, das dann abgezeichnet würde, sondern entwirft ein Bild, das imaginär den Vorgang der magnetischen Attraktion zeigt. Der Magnet bzw. die Erde wird vom mittleren Kreis dargestellt (ABCD), sie ist durchzogen von parallel zur Erdachse verlaufenden Wellenlinien, die schneckenhausartig geformte Gänge darstellen, die sich in großer Zahl durch die ganze Erde ziehen. Sie sind abwechselnd vom Südpol A zum Nordpol B und *vice versa* ausgerichtet. Die früher aus dem ersten Element abgeleiteten Schraubenteilchen, die *particulae striatae*, kommen nun ins Spiel, sie sind rechts- und linksgewunden, kommen von beiden Seiten, dringen aber jeweils nur in den Schneckenhausgang, der die zu ihrer Form passende Windung aufweist, d.h. die einen kommen von A, die andern zugleich von B. Diejenigen Schraubenteilchen, die aus dem Süden vom Himmel bei E kommen, sind in eine Richtung ausgerichtet, die, die von F kommen, in die entgegengesetzte; die erstgenannten finden im Bereich CAD, die letztgenannten im Bereich CBD geeignete Öffnungen, durch die sie ungehindert die Erde passieren und oberhalb und unterhalb voneinander in getrennten Gängen vorbeiziehen. Zurück können sie aufgrund ihrer zweigartigen Widerhaken nicht mehr auf dem gleichen Weg, sondern treffen beim Austreten auf Luft- oder Wasserwiderstand, werden gedreht und teils verändert und durch den Luftstrom außen um die Erde herum zurückgeführt. So setzen sie einen Kreislauf oder Wirbel in Gang.[911] Treffen die Teilchen aber nicht auf störende Hindernisse, sondern auf einen Magneten, können sie, falls sie auf die zu ihnen passenden Gänge treffen, viel leichter vorankommen, wobei es davon abhängt, wie sich die Gänge des Magneten zu denen der Erde ausrichten. Die Abbildung zeigt solche Magneten I, K, L, M und N, die durch den Teilchenstrom entsprechend auf den Nord- oder Südpol ausgerichtet werden. Liegt ein Magnet falsch, so werden die Stöße der Teilchen ihn gewaltsam passend drehen, so daß je nach Lage sich die Ausrichtung des Magneten verändert, z.B. der Südpol a des Magneten L sich zum Nordpol B und der Nordpol b sich zum Südpol A orientiert und so den Magneten parallel zur Erdachse hält, hingegen wenn er schräg davon positioniert ist, sich seine Lage entsprechend verschiebt.

Was geschieht aber nun, wenn sich zwei solcher Erden oder Magneten begegnen? Dies expliziert die folgende Abbildung, welche einen anderen Vorgang fokussiert, bei dem nun nicht mehr Schraubenform der Teilchen eigens visualisiert werden muß, sondern der Akzent auf ihr Fließen gelegt wird:

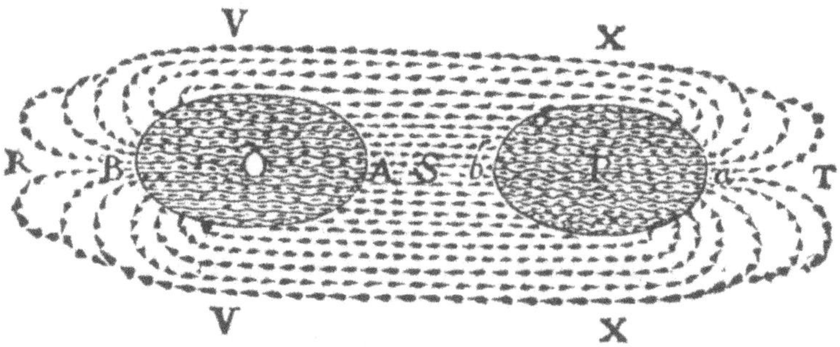

Abb. 115) Descartes, *Principia*, Magnete, 1644, S. 276, 290.

Normalerweise könnten die Schraubenteilchen durch den Kugelmagnet O entweder von A nach B oder von B nach A strömen und dann durch den Luftwiderstand beim Austreten gebremst und außen herum an V vorbei zurück zu R oder S gelenkt werden. Der so entste-

911 Vgl. *Principia* IV, § 146ff.

hende Teilchenwirbel konstituierte dann im Raum RVS die Aktivitäts- oder Kraftsphäre des Magneten, und bei S würde das gleiche passieren wie bei R dargestellt. Werden jedoch die Sphären zweier Magnete wie hier bei S verbunden, so daß der Nordpol des einen dem Südpol des anderen gegenüber steht, können die Schraubenteilchen viel leichter durch den anderen Magneten hindurch als außen herum durch die Luft und können daher auch viel leichter einen gemeinsamen Wirbel RVXTXVR erzeugen als zwei getrennte. Die zwischen ihnen liegende Luft wird weggestoßen, da die Teilchen Platz brauchen, – und die Magnete ziehen einander an. Wäre der Pol jedoch anders ausgerichtet, fänden die Schraubenteilchen keine geeigneten Gänge, sondern träfen vielmehr auf starken Widerstand, – die Magneten stoßen sich voneinander ab.

Vorbild dieses Teilchenverhaltens ist offenbar der Wetterkreislauf und die Wolkenbildung, wie sie in *Les Météores* expliziert werden, doch nun soll ein davon ganz verschiedenes Phänomen, der Magnetismus, erklärt werden. Man könnte dies als willkürlichen Mißbrauch analogischer Modelle,[912] als Täuschungsmanöver oder bildhafte Erschleichung verstehen, doch Descartes versteht seine Erklärung als empirisch abgestützte, mit allen anderen Teilerklärungen kohärente Theorie.

Interessant ist, daß in den rasch nach dem Erscheinen der *Principia* aufkommenden Diskussionen um Descartes' Magnetismus-Erklärung, um diese nicht nur mit Worten gestritten wurde, sondern man auch mit Bildern und Gegen-Bildern versuchte, die wissenschaftliche Deutungshoheit über das provozierende Phänomen des Magnetismus zu erobern. Dringend nötig wäre, Zirkulations- und Wirkungsgeschichten wissenschaftlicher Abbildungen zu schreiben, die eine wichtige Ergänzung zu den bisherigen Darstellungen der Entwicklung der frühneuzeitlichen Wissenschaften sein könnten. Viele der Prozesse, die zur Formierung, Akzeptanz oder zum Verwerfen von Theorien führten, könnten besser nachvollzogen werden. Auch im Bereich des Magnetismus gibt es Bildmaterial in Hülle und Fülle[913] und es kommt im 17. Jahrhundert rasch zu zahlreichen Versuchen, das berühmte Bild aus Descartes' *Principia* umzuprägen, damit es andere Positionen evident erscheinen läßt. Ich kann nur einige Streiflichter auf die Wirkungsgeschichte speziell dieses Magnetbildes werfen.

Zunächst gibt es Propagandisten wie Regius, die Descartes' Abbildung zitieren. Regius unternimmt es darüber hinaus, das cartesische Bildargument noch zu schärfen, in dem er Detail-Abbildungen der Schraubenteilchen zur Verfügung stellt, die so bei Descartes nicht zu finden waren.

---

912 So z.B. R. Palmerino, Bodies in Water and Planets in the Skies: Uses and Abuses of an Analogical Model in Cosmology, in: S. Roux – M. Bucciantini (Hrsg.), *Mechanics and Cosmology*, Florenz 2007, S. 145-168; Lasswitz (1890), S. 80.

913 Für das 18. Jahrhundert siehe z.B.: Patricia Fara, *Fatal Attraction: Magnetic Mysteries of the Enlightenment*, London 2005, und dies., *Sympathetic Attractions: Magnetic Practices, Beliefs, and Symbolism in Eighteenth-Century England*, Princeton 1996.

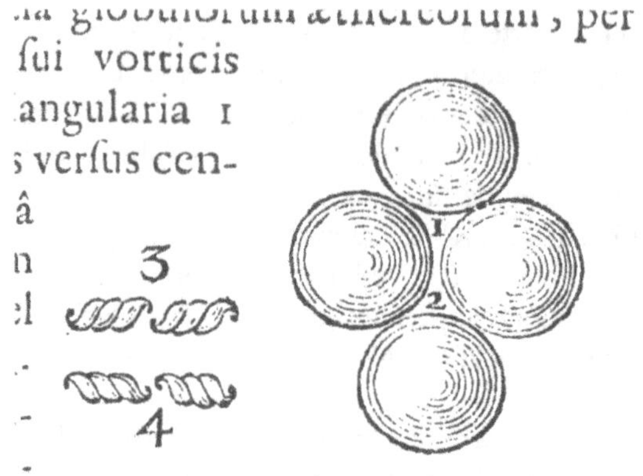

Abb. 116) Regius, *Philosophia Naturalis*, particulae striatae, 1654.[914]

In Henry Mores *Enchiridion metaphysicum* wiederum soll nun das Bild vorführen, daß nicht eine materielle Ursache, sondern der „spirit of nature" verantwortlich für die Attraktion des Magneten ist. Die *particulae striatae* werden zu einer speziellen Sorte der „*particulae magneticae*" entmaterialisiert, welche widerstandslos ihre Kreisbahnen beschreiben. More orientiert sich in diesem Buch, das ansonsten noch viele der eher einfach-schematischen Abbildungen aus Descartes' *Principia* und den Essays zum *Discours* bringt, am jenem Bild Descartes', welches das Zusammenwirken zweier Magnete erklärt. Das zentrale Magnet-Bild der *Principia* wird auffälligerweise nicht reproduziert, sondern stark verändert.

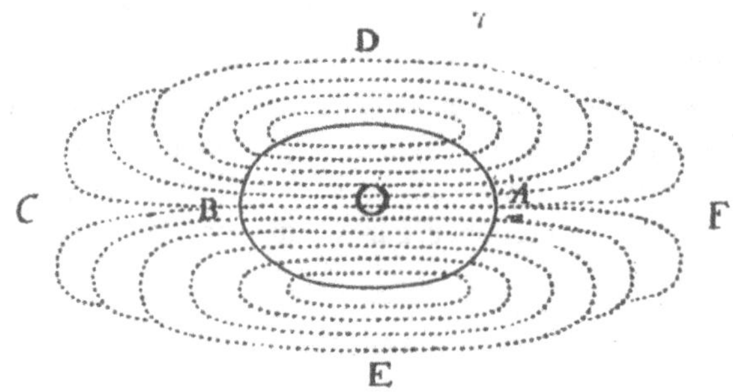

Abb. 117) Henry More, *Enchiridion metaphysicum*, 1671.

In der englischen Ausgabe einer bissig-satirischen, anticartesischen Schrift von Gabriel Daniel: *A Voyage to the world of Cartesius,* sieht das Magnet-Bild auf den ersten Blick sehr ähnlich aus:

914 Vgl. dazu Lüthy (2006).

A Voyage to the World of CARTESIUS.

Printed, ſet off and tinſell'd with High-ſtrain'd Praiſes of the Author, becauſe he gives them a Magiſterial and uſually a diſdainful Air, and we never ſee any Replies affix'd to them, many are habituated to reverence them as *ſecond* Oracles, wherewith he hath confirm'd and explain'd thoſe *former* of his own pronouncing. We ſhall not be ſuch tame Aſſes, as to be impos'd on by *M. Deſcartes's* Reputation and Authority, no more than we would be Vaſſals to the eſteem we have for ſome of his *Diſciples*. We praiſe and highly approve the Advice he gives thoſe who are on the Inqueſt after Truth, to beware of Prejudices, and ſhall put in Practice. Theſe, *Monſieur*, are the chiefeſt of the things contain'd in my *Peripatetick Memoir*. They added ſome few others by word of Mouth, as for Inſtance; That you would have been moſt horribly peſter'd if any one would have track'd you ſtep by ſtep, in the *fourth Part of your Book of Principles*, eſpecially from *Number* 32. to 45. where you are ſo particular, in poſturing and diſpoſing thoſe parts of the *third Element*, of which you form your *Earth*: That there were many things there unſatisfactory to the Mind, and that there was not a Page wherein it might not be reaſonably again and again demanded, why ſuch a thing ought to be rather ſo than otherwiſe, without your being able to give a tolerable Reaſon for it: That they believ'd that piece of your *Phyſicks* was one of thoſe that had moſt contributed to make your Philoſophy paſs with many for a perfect Fable, ill-digeſted and not well hung together: And that your Adverſaries, without troubling themſelves to refute the Propoſitions that you make there, the Diſcuſſion whereof muſt needs be very tedious, had no more to do, than to refer your Readers to the place, to make them as ill-ſatisfied with you as can be wiſh'd.

They proceeded farther to ſay, you us'd to attribute *Properties* to your Elements, which you was ſure to take away again when they were not for your purpoſe. They gave me an Inſtance in the Matter of the *firſt Element*: You attribute as a Property to that Matter a great facility of diviſion and readineſs to change its Figure, ſo as eaſily to inſinuate its ſelf in every place, and fill all ſort of Space whatever. But when 'tis brought for the Explication of the Nature of the Loadſtone, that Propriety growing diſadvantagious, *Deſcartes* thinks fit to change it for a contrary. There is occaſion for a *little Vortex* of chamfer'd Matter round the *Earth*, and about each particular Loadſtone, to give a Reaſon for

U 3 the

Abb. 118) Gabriel Daniel, *A Voyage to the World of Cartesius*, 1692.

Sieht man genauer hin, erkennt man jedoch, daß Daniel genau den umgekehrten Weg wie More gewählt hat. Ein wenig zuviel Druckerschwärze genügt und die Materialität der cartesischen Teilchen wird überbetont. Daniel will nämlich zeigen, daß Descartes' Erklärung scheitern muß, weil die ganze Schrauberei nicht funktieren kann. Auf seinem Bild sind die Gänge verstopft, die Schraubenteilchen verhaken sich, zerstückeln, und das es so kommt, ist laut Daniel auch weit plausibler als zu wähnen, sie könnten sich zu regelmäßigen Wirbeln ordnen.

In Joachim D'Alencés *Magnetologia curiosa* (1690) taucht der Magnet am Himmel auf, während einer Dame die Wirkung des Magneten durch allerlei bunte Anekdoten erklärt wird. Der Neptunbrunnen und die Gartenanlagen erweisen noch von ferne Reverenz an Descartes' Beschreibungen der Automaten. Die in diesem Traktat mitgeteilten Anekdoten haben indes nichts mehr mit Descartes' Erklärung des Magnetismus zu tun. Entsprechend läßt sich anhand des ungenauen Bildes auch nichts mehr verstehen, das Bild steht hier nur noch allgemein als Emblem für ,wissenschaftliches' Erklären überhaupt. Evidenz wird nur noch versichert.

Abb. 119) Joachim D'Alencé, *Magnetologia Curiosa,* 1690.

5.12) Wissen im Entwurf: Be-Greifen und Zeichnen

Anläßlich der Darstellung von Descartes' Figurationslehre der Farb- und Geschmacksempfindungen hatte ich aus den *Regulae* einen Passus zitiert, in dem es hieß, daß eine Verbildlichung hilfreich sei, „weil nichts leichter in die Sinne fällt als die Figur, – man berührt und sieht sie nämlich." Offenbar meint Descartes, daß sich der ganze Imaginationsvorgang nicht nur im Kopf abspielt, sondern es einen Zusammenhang von Auge und Hand gibt. Dies sei nun weiter präzisiert: Wie Horst Bredekamps ‚Galilei'[915] war sich auch Descartes darüber im Klaren, daß nicht nur das Berühren, sondern auch das tatsächliche Zeichnen einer Figur den Erkenntnisakt unterstützt, weil auf diese Weise sich in der Einbildungskraft zugleich eine klarere Vorstellung des Bildes ausformt. Reg. 15 erläutert, „daß es in den meisten Fällen hilft, diese „Figuren" wirklich zu „zeichnen" (describere) bzw. zu „malen" (pingere) und den äußeren Sinnen darzustellen", damit unser Denken aufmerksam gehalten und ihre Bilder (species), konkret vor Augen gestellt, in unserer Einbildungskraft deutlicher ausgeformt werden"[916] (pingere – fingere – plasmare).

Auch in den *Principia* gibt Descartes seiner Figurationstheorie ein physiologisches Fundament, behauptend, daß körperliche Bewegungen das sukzessiv immer deutlichere Ausformen von Gedanken, Vorstellungen und Gefühlen unterstützen. Für diesen Vorgang wird von Descartes insbesondere die Bedeutung des Zeichnens hervorgehoben:

> „Es ergibt sich ferner, daß die Natur unseres Verstandes so eingerichtet ist, daß bloße körperliche Bewegungen innerhalb im Körper ihn zu bestimmten Gedanken treiben, die von diesen Bewegungen kein Bild enthalten; insbesondere zu den verworrenen Bildern, welche Empfindungen oder Sinneseindrücke genannt werden. Denn wir sehen, daß Wörter, sowohl wenn sie ausgesprochen werden als auch wenn sie nur aufgeschrieben sind, in unseren Gemütern alle möglichen Gedanken und Erregungen hervorrufen."

Auf demselben Papier wird dieselbe Feder mit derselben Tinte, je nachdem wie die Federspitze über das Papier geführt wird, Buchstaben einzeichnen, welche die Gedanken von Schlachten, Stürmen, Furien und die Affekte der Verbitterung und Traurigkeit in den Gemütern der Leser erregen; wird aber in anderer, ziemlich ähnlicher Weise die Feder geführt, so wird sie ganz andere Gedanken von Ruhe, Frieden, Lieblichkeit und die ganz entgegengesetzten Affekte der Liebe und Freude bewirken. Man wird vielleicht erwidern, daß die Schrift und die Rede keine Affekte und keine Vorstellungen von Dingen, die von der Seele verschieden sind, unmittelbar im Verstand hervorrufe, sondern nur verschiedene Einsichten, bei deren Gelegenheit die Seele selbst dann in sich die Bilder verschiedener Dinge ausbildet. Was wird man aber über die Empfindung des Schmerzes und Kitzels sagen? Ein Schwert wird unserem Körper genähert, er schneidet ihn; daraus allein folgt der Schmerz, der ebenso verschieden ist von der Bewegung des Schwertes oder der örtlichen Bewegung des geschnittenen Körpers wie die Farbe, der Ton, der Geruch oder Geschmack."[917]

---

915 Bredekamp (2008).

916 *„Juvat etiam plerumque has figuras describere et sensibus exhibere externis, ut hac ratione facilius nostra cogitatio retineatur attenta.* Quomodo autem illae pingendae sint, ut distinctius, dum oculis ipsis proponentur, illarum species in imaginatione nostra formentur, per se est evidens." AT X, S. 453; Bredekamp (2008); Vgl. auch schon: Engfer (1996), S. 66.

917 *Principia* IV, § 197: „Probatur deinde talem esse nostrae mentis naturam, ut ex eo solo quòd quidam

Von hier aus fällt Licht auf eine Eigentümlichkeit vieler Abbildungen Descartes', die z.B. auch bei den Darstellungen der Magnetexperimente vorkommt, nämlich daß sehr häufig Hände mit abgebildet sind. Ich bringe einige weitere Beispiele:

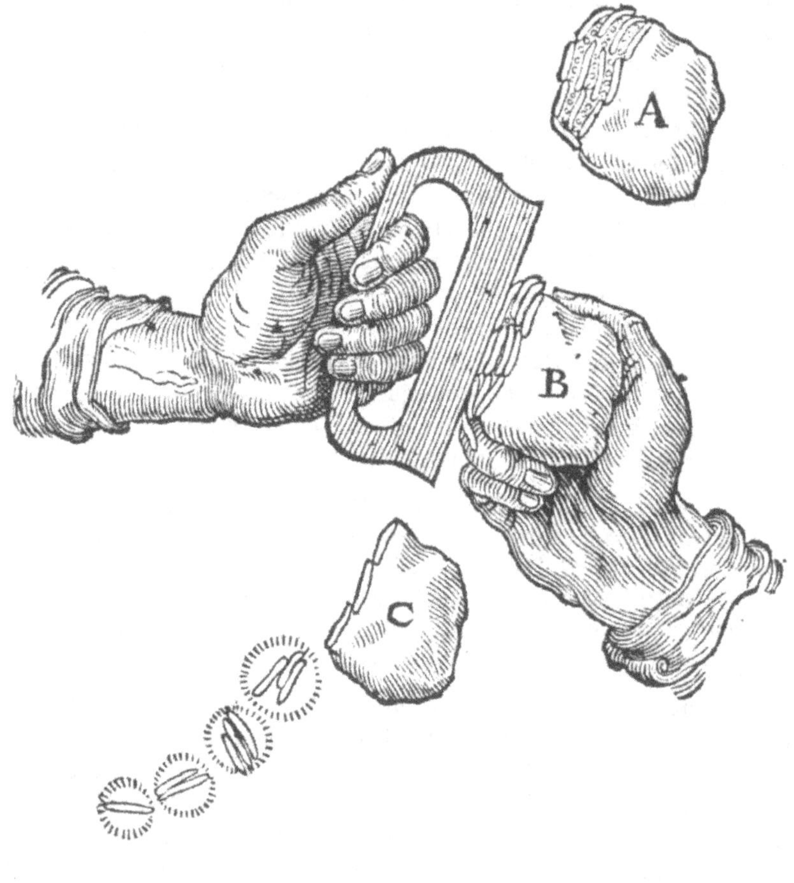

Abb. 120) Descartes, *Principia*, Hände.

motus in corpore fiant, ad quaslibet cogitationes, nullam istorum motuum imaginem referentes, possit impelli; & speciatim ad illas confusas, quae sensus, sive sensationes, dicuntur. Nam videmus verba, sive ore prolata, sive tantùm scripta, quaslibet in animis nostris cogitationes &, commotiones excitare. In eâdem chartâ, cum eodem calamo &satramento, si tantùm calami extremitas certo modo supra chartam ducatur, literas exarabit, quae cogitationes praeliorum, tempestatum, furiarum, affectusque indignationis & tristitiae in lectorum animis concitabunt; si verò alio modo ferè simili calamus moveatur, cogitationes valde diversas, tranquillitatis, pacis, amoenitatis, afectusque planè contrarios amoris & laetitiae efficiet. Respondebitur fortasse, scripturam vel loquelam nullos affectus, nullasque rerum à se diversarum imaginationes, immediatè in mente excitare, sed tantummodo diversas intellectiones; quarum deinde occasione anima ipsa variarum rerum imagines in se efformat. Quid autem dicetur de sensu doloris & titillationis? Gladius corpori nostro admovetur, illud scindit: ex hoc solo sequitur dolor, qui sanè non minùs diversus est à gladii, vel corporis quod scinditur, locali motu, quàm color, vel sonus, vel odor, vel sapor."

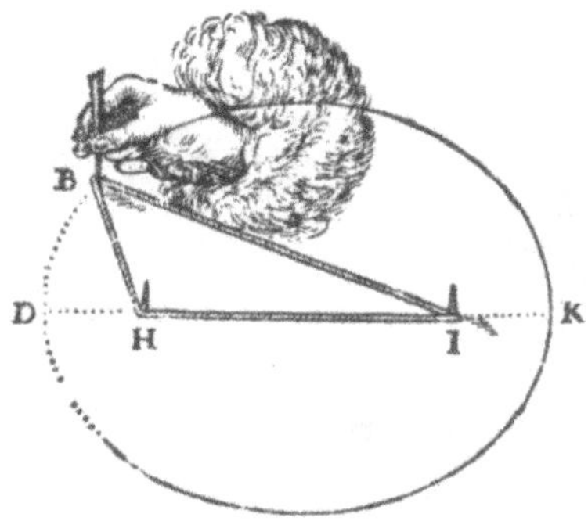

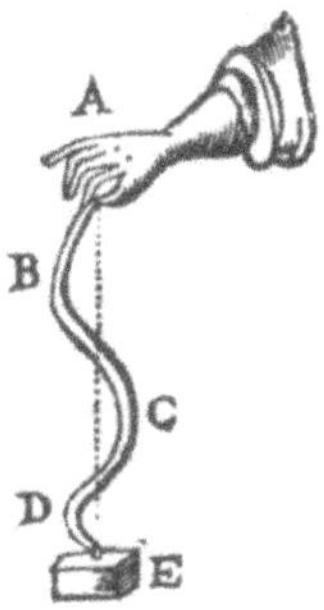

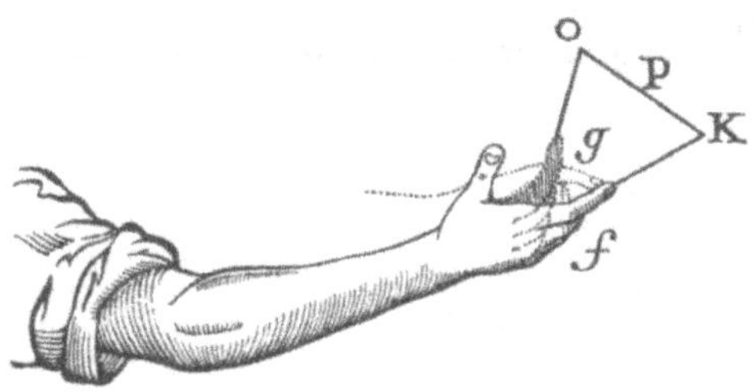

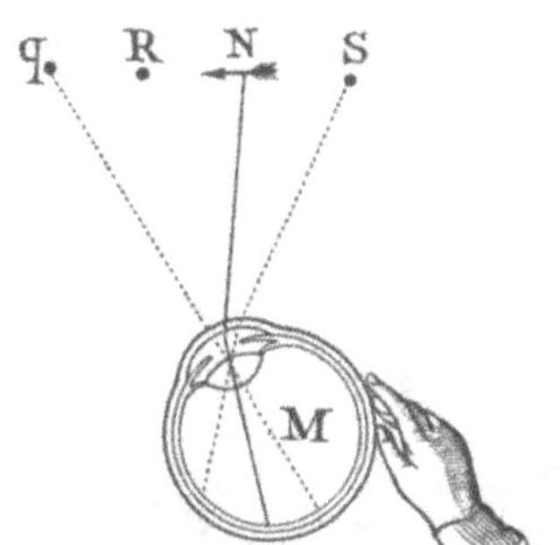

Fig. 18.

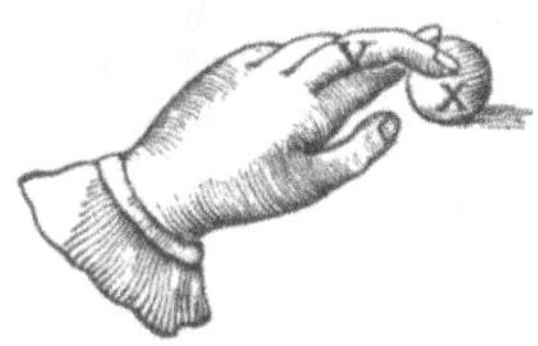

Fig. 19.

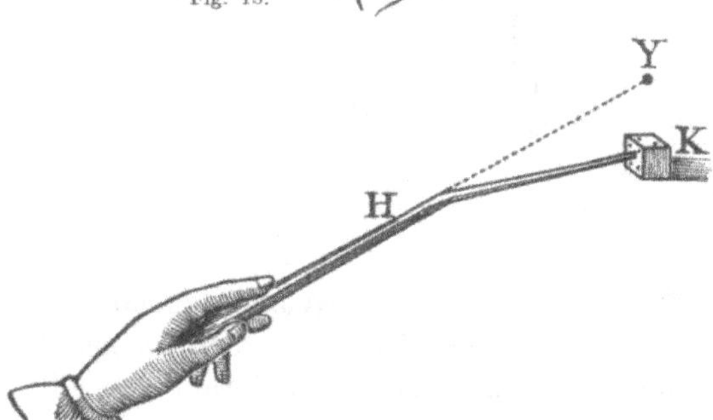

Fig. 20.

Abb. 121-126) Descartes, *La Dioptrique, Le Monde, De l'homme*, Hände.

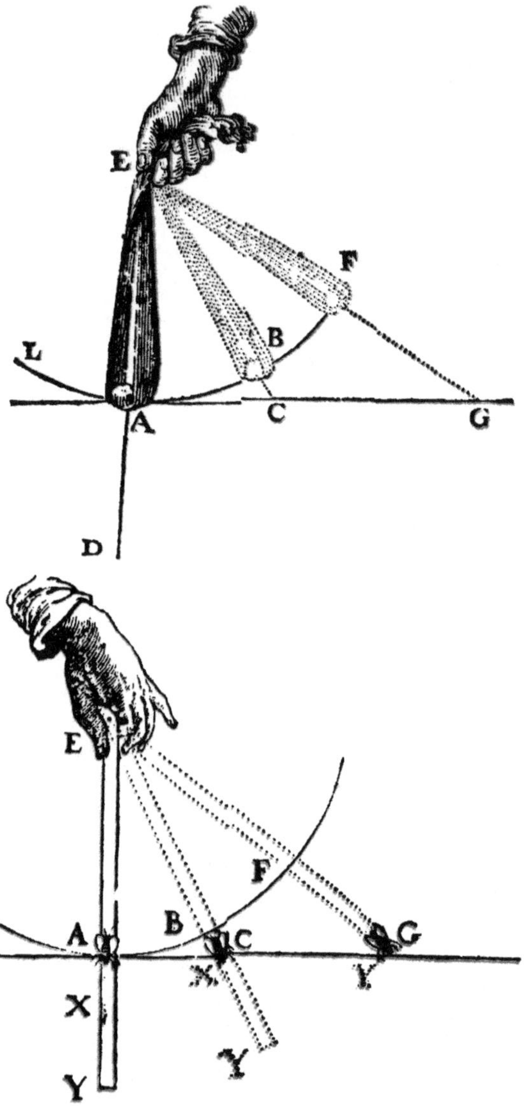

Abb. 127) Descartes, *Principia*, Hände.

Warum werden die Hände mitabgebildet, etwa wenn mit einem Zirkel ein Kreis beschrieben wird?[918] Es liegt nahe anzunehmen, daß Descartes hier erstens absichtsvoll den kausalen Zusammenhang von konkretem Zeichnen und der Formierung einer körperlichen Idee, einem Wahrnehmungsbild, einer Figur im Gehirn, vorführen wollte. Es reicht nicht, einfach

918 Zur Tradition solcher Abbildungen siehe: Jutta Göricke, Greifbare Vernunft: Zur Ikonographie mathematischer Instrumente, in: Holländer (2000), S. 255-296.

einen Kreis oder eine Linie zu denken oder zu betrachten, man muß die Linie ziehen (ebenso wie es laut Descartes' *Discours* nicht genügte, ein Herz zu betrachten, man solle es anfassen, es selbst sezieren). Entsprechend muß man, wie beim 2. Bild zu sehen, sich nicht nur Feuerteilchen vorstellen, sondern sich klarmachen, wie diese mit Hilfe eines Feuersteins aus einem Eisen herausschlagen werden. Erst dann sieht man die Feuerteilchen klar und deutlich ausgebildet. Zweitens zeigt z.B. das Bild aus der *Dioptrik,* wie eine Ellipse mit Hilfe von Schnüren gezeichnet werden kann. Es wurde oben schon darauf hingewiesen, daß durch die mechanische Konstruktion von Ellipsen ein neues Exaktheitsideal in der Mathematik eingeführt werden konnte. Descartes' bzw. van Schootens Bild führt den Akt der Konstruktion vor, es zeigt das Zeichnen des Zeichnens. Diesem Bild kommt dadurch zum einen eine selbstreflexive Dimension zu, vor allem aber macht es zum andern auf den konkreten manuell-konstruktiven Akt der Wissenserzeugung aufmerksam. Wissen entsteht durch Praxis. Diese Praxis ist auch ein ästhetischer *Prozeß*: Wissen entsteht zunächst durch den zeichnerischen Entwurf und die ästhetische Konzeption.

6) Beschluß: Die Chimären der Vernunft

Das Zusammenspiel von Bildern und Vernunft wird von Descartes nicht nur immer wieder selbst ausdifferenziert, gelegentlich zieht er auch lebenspraktische Schlüsse aus seinen Analysen und formuliert diese als konkrete Ratschläge zum rechten Gebrauch von Vernunft und Einbildungskraft. In einem Brief an Elisabeth nimmt Descartes zunächst die folgende strikte Aufgabentrennung vor:

> „Erstens bemerke ich also einen großen Unterschied zwischen diesen drei Arten von Begriffen (notions) darin, daß die Seele nur durch das reine Begriffsvermögen (l'entendement pur) begriffen wird; der Körper, das heißt die Ausdehnung, die Gestalten (figures) und die Bewegungen können ebenfalls durch das Begriffsvermögen allein, aber sehr viel besser durch das von der Einbildungskraft unterstützte Begriffsvermögen (l'entendement aidé de l'imagination) erkannt werden; und die Dinge endlich, die der Vereinigung von Seele und Körper zugehören, lassen sich nur dunkel durch das Begriffsvermögen allein, auch nicht durch das von der Einbildungskraft unterstützte Begriffsvermögen erkennen, sondern sie werden sehr klar durch die Sinne erkannt."[919]

Die einzelnen Aufgaben können und sollen geübt werden, so trainieren „metaphysische Gedanken" das „reine Begriffsvermögen" und dienen dazu, „uns den Begriff der Seele vertraut zu machen"; das Studium der Mathematik hingegen trainiere die Imaginatio „in der Betrachtung von Gestalten und Bewegungen", da sie uns daran gewöhne, „sehr deutliche Begriffe vom Körper" zu bilden. Schließlich solle man jedoch, wenn man die Vereinigung von Körper und Geist begreifen wolle, auf diese Beschäftigungen verzichten, sondern nur „das Leben und die alltäglichen Gespräche" benutzen.

---

919 Brief an Elisabeth vom 28. 06. 1643, *Briefe,* S. 271f., AT III, S. 690ff.

Descartes fürchtet nun, Elisabeth könne glauben, er „spräche hier nicht ernsthaft." Er insistiert daher, hier „ganz wahrhaftig" zu sprechen und beginnt Elisabeth die Hauptregel anzuempfehlen, die er in seinen Studien am häufigsten befolgt und die ihm die meisten Kenntnisse eingetragen habe. Diese Regel sei gewesen:

> „immer nur sehr wenige Stunden täglich auf die Gedanken zu verwenden, die die Einbildungskraft beschäftigen, und sehr wenige Stunden jährlich auf die, die das reine Begriffsvermögen beschäftigen, und daß ich meine ganze übrige Zeit der Entspannung der Sinne und der Erholung des Geistes (relache des sense et au repos de l'esprit) widme."

Die Imaginatio könne man schulen, indem man „ernsthafte Gespräche" führe, letztlich aber durch alles, was die „Aufmerksamkeit" fordere. Ablenkungen, die diese Aufmerksamkeit binden, soll man daher vermeiden.

In Konsequenz aus all dem erklärt Descartes allgemein, es sei notwendig, sich „einmal in seinem Leben die Grundsätze der Metaphysik" klarzumachen und sich diese einzuprägen, danach aber sei es „sehr schädlich seinen Intellekt oft mit ihrer Betrachtung zu beschäftigen, weil er sonst nicht so gut den Geschäften der Imaginatio und der Sinne nachgehen könnte." Das „Beste" sei jedoch,

> „sich damit zu begnügen, die einmal gezogenen Schlüsse in seinem Gedächtnis und Glauben zu bewahren und dann die übrige verfügbare Zeit für das Studium und die Gedanken zu verwenden, bei denen das Begriffsvermögen mit der Einbildungskraft und den Sinnen zusammenwirkt."
>
> „je crois aussi qu'il serait très nuisible d'occuper souvent l'entendement à les méditer, à cause qu'il ne pourrait si vien vaquer aux fonctions de l'imagination et des sens; mais il meilleur est de se contenter de retenir en sa mémoire et en sa créance les conclusions qu'on en a une fois tirées, puis employer le reste du temps qu' on pour l'etude, aux pensées où l'entendement agit avec l'imangination et les sens."[920]

Die Descartes-Interpreten haben sich bislang selten an Descartes' Rat halten wollen.

Wenn Descartes die Einbildungskraft in den *Meditationes* mit Hilfe von Beispielen wie Pegasus und Chimäre beschreibt, wird damit suggeriert, daß man die *imaginatio* auch entsprechend der Eigenheiten ihrer Vorstellungsbilder zu charakterisieren habe. Das Bild einer Chimäre zeigt offenbar, welche Freiheiten sich die Einbildungskraft herausnehmen kann und dies sowohl im Hinblick auf den vorgestellten Gegenstand als auch auf den Nutzen dieser Vorstellung. Eine Chimäre ist ein fiktives Resultat einer marginalen und trivialen Betätigung der Phantasie. Konzentriert man sich jedoch nur auf solche Beispiele,[921] wird man leicht darüber getäuscht, daß Descartes zufolge der Einbildungskraft, insofern sie mit dem Verstand zusammen agiert, im alltäglichen und wissenschaftlichen Erkenntnisprozeß hingegen eine zentrale Rolle zukommt. Mißverständnisse über die Bilder bei Descartes entstehen zwangsläufig dann, wenn zunächst ein vermeintlich gewisser Rahmen begrifflicher Erkenntnis abgesteckt und als cartesische Vernunftkonzeption vorausgesetzt wird, in welchen dann die Bilder irgendwie zu integrieren oder von ihm zu separieren seien. Diese rein vernunftgestützte, ‚rationalistische' Rahmenkonstruktion wird ihrerseits nicht in Frage

---

920 Ebd.

921 Wie z.B. J. Zimmermann, Die Chimären der Einbildungskraft, in: Niebel – Schnädelbach (2000), S. 329ff.

gestellt. Von hier aus können die Bilder (sowie die Träume) kaum anders denn als irrationalistische Fremdkörper betrachtet werden.

Die Analyse von Descartes' Bildverwendung führte jedoch weiter, denn sie zeigte auf, daß das cartesische Wissenssystem durch Analogie- und Korrespondenzrelationen konstituiert wird, seine Deduktionen und Argumentationen von Bildern, Metaphern und Vergleichen unterstützt werden, somit die Einbildungskraft konstitutiv an seiner Wissenskonzeption beteiligt ist, vielleicht sogar, daß es gar nicht anders geht. Darüber hinaus wurde klar, daß nicht nur im sogenannten *context of discovery*, sondern auch im *context of justification* Descartes' kalkulierter Einsatz von Bildern eine zentrale Rolle spielt, da Descartes durch ihn die Imagination seiner Leser steuert. Die Bilder ermöglichen dem Leser, Descartes' ästhetische Wissensentwürfe durch ein kontrolliertes Zusammenspiel von Imagination und Vernunft nachzuvollziehen, zu überprüfen und durch eigene Anschauung zu bestätigen. Wie Descartes uns lehrt, ist der Traum einer rein ‚rationalistischen' Begründung allen Wissens eine Chimäre der Vernunft.

Abbildungsverzeichnis

Ich danke der Universitätsbibliothek der Goethe-Universität Frankfurt am Main für die freundliche Erlaubnis, Abbildungen aus den Ausgaben: Descartes *De homine* (1662), *Renati Des Cartes opera philosophica* (1692) und Bauhins *Theatrum anatomicum* nachdrucken zu dürfen.

Literaturverzeichnis

Acosta, J. de (1592), *De natura novi orbis libri duo* (Köln).

Agrippa, Camillo (1553), *Trattato di scientia d'arme* (Rom).

Agrippa, Heinrich Cornelius (1553 [ND Graz 1967]), *De occulta philosophia* (Köln).

Alberti, Leon Battista (2000), *Das Standbild. Die Malkunst. Grundlagen der Malerei*, hrsg. v. Oskar Bätschmann (Darmstadt).

– (2002), *Über die Malkunst*, hrsg. v. Oskar Bätschmann (Darmstadt).

– (2005), *Zehn Bücher über die Baukunst*, hrsg. v. Max Theuer (Darmstadt).

Alpers, Svetlana (1985), *Kunst als Beschreibung – Holländische Malerei des 17. Jahrhunderts* (Köln).

Alquié, Ferdinand (1988), *Descartes. L'homme et l'œuvre* (Paris).

– (2001), *Wissenschaft und Metaphysik bei Descartes* (Würzburg).

Alt, Peter-André (2002), *Der Schlaf der Vernunft: Literatur und Traum in der Kulturgeschichte der Neuzeit* (München).

Amman, Peter J. (1967), The muscical Theory and Philosophy of Robert Fludd, in: *Journal of the Warburg and Courtauld Instituts* XXX, S. 198-227.

Anglo, Sydney (2000), *The martial arts of Renaissance Europe* (New Haven).

Anstey, Peter R. (2005), *The science of nature in the seventeenth century. Patterns of change in early modern natural philosophy* (Dordrecht).

Apel, Karl-Otto (2000), Das cartesianische Paradigma der Ersten Philosophie: Eine kritische Würdigung aus der Perspektive eines anderen (des nächsten?) Paradigmas, in: W. Niebel – A. Horn – H. Schnädelbach (Hrsg.), *Descartes im Diskurs der Neuzeit* (Frankfurt a.M.), S. 207-229.

Apianus, Petrus (1533), *Cosmographicus liber, ed. Gemma Frisius* (Antwerpen).

Arbini, R. (1983), Did Descartes Have a Philosophical Theory of Sense Perception?, *Journal of the History of Philosophy* 23, S. 317-337.

Ariew, Robert – Marjorie Grene (1995), *Descartes and his contemporaries: Meditations, objections and replies* (Chicago).

Ariew, Roger (1995), *Descartes and his contemporaries. meditations, objections, and replies* (Chicago).

Ariew, Roger – John Cottingham – Tom Sorell (1998), *Descartes' Meditations : background source materials* (Cambridge, New York).

R. Ariew – D. Garber (Hrsg) (2002), *Descartes in Seventeenth-Century England*, 10 Bde. (Bristol).

Ariew, Roger (1998), *Descartes' Meditations: background source materials* (Cambridge).

– (1999), *Descartes and the last scholastics* (Ithaca).

– (2003), *Historical dictionary of Descartes and Cartesian philosophy* (Lanham, Md.).

– (2006^1), The Meditations and the Objections and Replies, in: Gaukroger (Hrsg.), *The Blackwell Guide to Descartes' Meditations* (Blackwell), S. 6-16.

– (2006^2), Cartesian Empiricism, in: *Revue roumaine de philosophie* 50, S. 71-85.

Aristoteles (1953), *Die Lehrschriften* Bd. 6,2: *Kleine Schriften zur Seelenkunde*, hrsg. v. Paul Gohlke (Paderborn).

Aristoteles (1979), *Meteorologie*, hrsg. v. Hans Strohm (Berlin).

– (1993), *Analytica posteriora*, hrsg. v. Wolfgang Detel (Darmstadt), 2 Bde.

Armogathe, Jean Robert (2000), The rainbow. A privileged epistemological model, in: John Schuster – Stephen Gaukroger – John Sutton (Hrsg.), *Descartes' Natural Philosophy* (London), S. 249-257.

Armogathe, J.-R. – V.Carraud (2003), *Bibliographie cartésienne (1960-1996)* (Lecce).
Arnold, Paul (1952), Les „songes" de Descartes' *Cahiers du sud* 39, S. 274-291.
– (1955), *Histoire des Rose-Croix* (Paris).
Ashworth, E.J. (1972), Descartes' Theory of Clear and Distinct Ideas, in: R.J. Butler (Hrsg.), *Cartesian Studies* (Oxford), S. 89-105.
Ashworth, W.B. (1984), Marcus Gheeraerts and the Aesopic Connection in Seventeenth-Century Scientific Illustration, *Art Journal* 44 (2), S. 132-138.
Aucante, V. (2004), La vision chez Descartes et Plempius, in: A. Del Prete (Hrsg.), *Il Seicento e Descartes. Dibattiti cartesiani* (Florenz), S. 233-254.
Augustinus (2003), *De musica.* Eingel., übers. und mit Anm. vers. v. Frank Hentschel (Hamburg).
Authier, Michel (1994), Die Geschichte der Brechung und Descartes' ‚vergessene' Quellen, in: Michel Serres (Hrsg.), *Elemente einer Geschichte der Wissenschaften* (Frankfurt a.M.), S. 444-485.
Ayers, Michael (1994), The Foundations of Knowledge and the Logic of Substance: The Structure of Locke's General Philosophy, in: G.A.J. Rogers (Hrsg.), *Locke's Philosophy. Content and Context* (Oxford), S. 49-73.
Bacon, Francis (1861), *The works of Francis Bacon,* hrsg. v. James Spedding – Robert Leslie Ellis (London).
Bacon, Francis (1990), *Neues Organon* (lateinisch-deutsch), hrsg. v. W. Krohn (Hamburg).
Baigrie, Brian S. (1996), Descartes and la grande méchanique de la nature, in: Brian S. Baigrie (Hrsg.), *Picturing knowledge: historical and philosophical problems concerning the use of art in science* (Toronto), S. 86-134.
Baillet, Adrien (1691), *La vie de Monsieur Des-Cartes* (Paris).
– (2006), *Das Leben des René Descartes* (Klagenfurt).
Baker, Gordon P. – Katherine J. Morris (1996), *Descartes' dualism* (London).
Baldasso, Renzo (2006), The Role of Visual Representation in the Scientific Revolution: A Historiographical Inquiry, in: *Centaurus*, S. 69-88.
Baldwin, Martha (1985), Magnetism and the anti-Copernican polemic, in: *Journal for the History of Astronomy* Bd. 16, S. 155-174.
Baltrusaitis, Jurgis (2. Aufl. 1996), *Der Spiegel. Entdeckungen, Täuschungen, Phantasien* (Giessen).
– (1955), *Anamorphoses ou perspectives curieuses* (Paris).
Balz, Albert G. A. (1932), Louis de la Forge and the Critique of Substantial Forms, in: *The Philosophical Review* 41 (6), S. 551-576.
Balz, Albert G.A. (1987), *Cartesian studies* (New York, London).
Barchilon, Jacques (1984), Les songes de Descartes du 10 novembre 1619, et leurs interpretations, *Papers on French 17th century literature* 11, S. 99-113.
Barner, Wilfried (1970), *Barockrhetorik* (Tübingen).
Baruzzi, Arno (1973), *Mensch und Maschine. Das Denken sub specie machinae* (München).
Baudrillard, Jean – Marc Guillaume (1994), *Figures de l'altérité* (Paris).
Bauer, Markus (1993), Melancholie und Memoria. Zur Theorie von Gedächtnisschwund und fixer Idee im 17. Jahrhundert, in: J.J. Berns – W. Neuber (Hrsg.), *Ars memorativa* (Tübingen), S. 313-330.
Bauer, Barbara (1999), Wie hätte sich Dr. Johannes Faust verteidigen können? Die Struktur der Selbstdarstellung in Autobiographien wissenschaftlicher Neuerer, in: W. Kühlmann – W.-D. Müller-Jahncke (Hrsg.), *ILIASTER. Literatur und Naturkunde in der frühen Neuzeit. Festgabe für Joachim Telle zum 60. Geburtstag* (Heidelberg), S. 41-74.
– (1999), Nicht-teleologische Geschichte der Wissenschaften und ihre Vermittlung in den Medien und Künsten. Ein Forschungsbericht, in: *Wolfenbütteler Barock-Nachrichten* 26 (1), S. 3-35.
– (2000), Die Philosophie auf einen Blick. Zu den graphischen Darstellungen der aristotelischen und neuplatonisch-hermetischen Philosophie vor und nach 1600, in: J.J. Berns – W. Neuber (Hrsg.), *Seelenmaschinen. Gattungstraditionen, Funktionen und Leistungsgrenzen der Mnemotechniken vom späten Mittelalter bis zum Beginn der Moderne* (Wien, Köln, Weimar), S. 481-520.
Bautz-Holzherr, Manfred – Margarethe Pohlen (1991), *Eine andere Aufklärung* (Frankfurt a.M.).
Bayle, Pierre (1684), *Nouvelles de la République des Lettres* (Amsterdam).
Beck, L.J. (1952), *The method of Descartes. A study of the Regulae* (Oxford).
– (1965), *The metaphysics of Descartes. A study of the Meditations* (Oxford).

Beckermann, Ansgar (1986), *Descartes' metaphysischer Beweis für den Dualismus. Analyse u. Kritik* (Freiburg).

Beeckman, Isaac (1953), *[4] Journal tenu par Isaac Beeckman de 1604 à 1634, Tome quatrième (supplément)*, hrsg. mit einer Einl. u. Anm. v. C. de Waard (Amsterdam, Den Haag), S. 150.

Belgioioso, Giulia (1992), *Cartesiana*, Testi e saggi XXIII (Lecce).

– (1998), Descartes e gli artigiani, in: Jean Robert Armogathe (Hrsg.), *La biografia intellettuale di René Descartes attraverso la Correspondance* (Neapel), S. 113-165.

Bernard, Wolfgang (1988), *Rezeptivität und Spontaneität der Wahrnehmung bei Aristoteles. Versuch einer Bestimmung der spontanen Erkenntnisleistung der Wahrnehmung bei Aristoteles in Abgrenzung gegen die rezeptive Auslegung der Sinnlichkeit bei Descartes und Kant* (Baden-Baden).

Bernheimer, Richard (1956), Theatrum Mundi, in: *The Art Bulletin* 38 (4), S. 225-247.

Berns, Jörg Jochen (1991), Gott und Götter. Harsdörffers Mythenkritik und der Pan-Theismus der Pegnitzschäfer unter dem Einfluß von Francis Bacon, in: Italo M. Battafarano (Hrsg.), *Georg Philipp Harsdörffer. Ein deutscher Dichter und europäischer Gelehrter* (Berlin, Bern), S. 23-81.

Berns, Jörg Jochen – Wolfgang Neuber (Hrsg.) (1993), *Ars memorativa. Zur kulturgeschichtlichen Bedeutung der Gedächtniskunst 1400 – 1750* (Tübingen).

Berns, Jörg Jochen – Wolfgang Neuber (Hrsg.) (1998), *Das enzyklopädische Gedächtnis der Frühen Neuzeit. Enzyklopädie- und Lexikonartikel zur Mnemonik. Documenta mnemonica: Text- und Bildzeugnisse zu Gedächtnislehren und Gedächtniskünsten von der Antike bis zum Ende der Frühen Neuzeit* (Tübingen).

Berns, Jörg Jochen – Neuber, Wolfgang (Hrsg.) (2000), *Seelenmaschinen: Gattungstraditionen, Funktionen und Leistungsgrenzen der Mnemotechniken vom späten Mittelalter bis zum Beginn der Moderne* (Wien).

Bexte, Peter (1999), *Blinde Seher. Die Wahrnehmung von Wahrnehmung in der Kunst des 17. Jahrhunderts* (Amsterdam, Dresden).

Beyer, Andreas – Markus Lohoff (Hrsg.) (2006), *Bild und Erkenntnis. Formen und Funktionen des Bildes in Wissenschaft und Technik* (Aachen).

Beyssade, Jean-Marie (1979), *La philosophie première de Descartes. le temps et la cohérence de la métaphysique* (Paris).

– (2001), *Etudes sur Descartes. L'histoire d'un esprit* (Paris).

Biagioli, Mario (2002), Picturing objects in the making: Scheiner, Galilei and the Discovery of Sunspots, in: Wolfgang Detel – Claus Zittel (Hrsg.), *Wissensideale und Wissenskulturen in der frühen Neuzeit* (Berlin), S. 39-96.

– (2006), *Galileo's instruments of credit: telescopes, images, secrecy* (Chicago).

Bianchi, Lorenzo (1988), *Tradizione libertina e critica storica da Naudé a Bayle* (Mailand).

Bitbol-Hespériès, Annie (1990), *Le Principe de vie chez Descartes* (Paris).

– (1995), Les ‚Olympica' et la vocation scientifique de Descartes, in: Fernand Hallyn (Hrsg.), *Les olympiques des Descartes. Études et textes* (Genf), S. 47-72.

– (2000), Cartesian physiology, in: J. Schuster – St. Gaukroger (Hrsg.), *Descartes Natural Philosophy* (London), S. 349-382.

Blake, Ralph M. (1929), The Role of Experience in Descartes' Theory of Method, in: *The Philosophical Review* 38 (2), S. 125-143.

Bloch, Ernst (1913), Die chemischen Theorien bei Descartes und den Cartesianern, in: *Isis*, S. 590-636.

Boas, Marie (1952), The Establishment of the Mechanical Philosophy, in: *Osiris* 10, S. 412-541.

Bodmer, Johann Jacob (1741), *Critische Betrachtungen über die Poetischen Gemählde der Dichter* (Zürich).

Boehm, Gottfried (1969), Studien *zur* Perspektivität. *Philosophie und Kunst in der Frühen Neuzeit* (Heidelberg).

– (1999), Zwischen Auge und Hand. Bilder als Instrumente der Erkenntnis, in: Jörg Huber – Martin Heller (Hrsg.), *Konstruktionen, Sichtbarkeiten* (Zürich), S. 215-228.

Boenke, Michaela (2005), *Körper, Spiritus, Geist. Psychologie vor Descartes* (München).

Bonansea, Bernardino. M. (1956), Campanella as Forerunner of Descartes, in: *Franciscan Studies* 16, S. 37-59

Bono, James Joseph (1995), *The word of God and the languages of man: interpreting nature in early modern science and medicine* (Madison, Wisc.).

Bordo, Jonathan (2000), Picture and Witness at the Site of the Wilderness, in: *Critical Inquiry* 26,2, S. 224-247.

Boros, Gábor (2001), *René Descartes' Werdegang. Der allgütige Gott und die wertfreie Natur* (Würzburg).

Borrelli, Arianna (2008), The weatherglass and its observers in the early seventeenth century, in: *Philosophies of Technology, Francis Bacon and his Contemporaries*, hrsg. v. C. Zittel – G. Engel – R. Nanni (Boston, Leiden), S. 67-132.

Bortolotti, A. (1981), Sulla datazione della ‚Recherche de la verité' di Descartes, in: *Rivista critica di Storia della filosofia* 36.

Bos, H.J.M. (2001), *Redefining geometrical exactness: Descartes' transformation of the early modern concept of construction* (New York).

Boutroux, Pierre (1900), *L'imagination et les mathématiques: selon Descartes* (Paris).

– (1920), *L'Idéal scientifique des mathématiciens dans l'Antiquité et dans les Temps Moderne* (Paris).

Boyer, C.B. (1959), *The Rainbow: From Myth to Mathematics* (Princeton).

Braun, Lucien (1994/1996), *Iconographie et Philosophie*, 2 Bde. (Straßburg).

Bredekamp, Horst (1999), *Thomas Hobbes visuelle Strategien: der Leviathan: Urbild des modernen Staates; Werkillustrationen und Portraits* (Berlin).

– (2000), Gazing Hands and Blind Spots: Galileo as Draftsman, in: *Science in Context* 13 (3-4), S. 423-462.

– (2004), *Die Fenster der Monade: Gottfried Wilhelm Leibniz" Theater der Natur und Kunst* (Berlin).

– (2007), *Galilei der Künstler: Der Mond, die Sonne, die Hand* (Berlin).

– (2007), Bildwissenschaft, in: *Metzler Lexikon Kunstwissenschaft*, Stuttgart 2003.

Breger, H. (1991), Der mechanistische Denkstil in der Mathematik des 17. Jahrhunderts, in: H. Hecht (Hrsg.), *G.W. Leibniz im philosophischen Diskurs über Geometrie und Erfahrung* (Berlin), S. 15-46.

Breidbach, Olaf (2005), *Bilder des Wissens. Zur Kulturgeschichte der wissenschaftlichen Wahrnehmung* (München).

Brodsky Lacour, Claudia (1996), *Lines of thought: discourse, architectonics, and the origin of modern* (Durham, NC, London).

Browne, Alice (1977), Descartes' Dreams, in: *Journal of the Warburg and Courtauld Institutes* XL, S. 256-273.

Bruno, Giordano (1879-1891), *Opere latine conscripta* (Rom).

– (1996), *L'arte della memoria : le ombre delle idee* (Mailand).

– (2001), *Corpus iconographicum. Le incisioni nelle opere a stampa*, hrsg. v. M. Gabriele (Mailand).

Buchwald, Jed Z. (2007), Descartes's Experimental Journey Past the Prism and Through the Invisible World to the Rainbow, in: *Annals of Science* 65:1, S. 1-46.

Burnett, D. Graham (2005), *Descartes and the hyperbolic quest: lens making machines and their significance in the seventeenth century* (Philadelphia).

Frank Büttner (2007), Das messende Auge. Meßkunst und visuelle Evidenz im 16. Jahrhundert, in: Gabriele Wimböck – Karin Leonhard (Hrsg.), *Evidentia: Reichweiten visueller Wahrnehmung in der Frühen Neuzeit* (Münster), S. 263-290.

Busch, Walter (1993), Archaische Mentalität und kollektives Gedächtnis in Vicos Nuova Scienza, in: Jörg Jochen Berns – Wolfgang Neuber (Hrsg.), *Ars memorativa* (Tübingen), S. 250-273.

Buzon, Frédéric de (1998), Images et imagination dans la physique de Descartes, in: Bruno Curatolo – Jacques Poirier (Hrsg.), *L'imaginaire des philosophes* (Paris), S. 99-122.

– (1999), L'estetique de Descartes dans la Correspondance: à propos de la Lettre à Bannius, in: J.-R. Armogathe – G. Belgioioso (Hrsg.), *La biografia intellettuale di René Descartes attraverso la Correspondance* (Neapel), S. 167-192.

Buzon, Frédéric de – Denis Kambouchner (2002), *Le vocabulaire de Descartes* (Paris).

Cahné, Pierre Alain – René Descartes (1977), *Index du Discours de la méthode de René Descartes* (Rom).

Cahné, Pierre-Alain (1980), *Un autre Descartes. Le philosophe et son langage* (Paris).

Campe, Rüdiger (1997), Vor Augen stellen. Über den Rahmen rhetorischer Bildgebung, in: Gerhard Neumann (Hrsg.), *Poststrukturalismus. Herausforderung an die Literaturwissenschaft* (Stuttgart), S. 208-225.

Canguilhem, Georges (1955), *La formation du concept de réflexe aux XVIIe et XVIIIe siècles* (Paris).

Canguilhem, Georges (2006), Descartes und die Technik, in: ders., *Wissenschaft, Technik, Leben. Beiträge zur historischen Epistemologie* (Berlin), S. 7-22.
Carr, Thomas M. (1990), *Descartes and the resilience of rhetoric: Varieties of Cartesian rhetorical theory* (Carbondale).
Carter, Richard B. (1983), *Descartes' medical philosophy: the organic solution to the mind-body problem* (Baltimore).
Carter, Richard, Burnett (1991), Descartes' Bio-physics, in: Georges J.D. Moyal (Hrsg.), *René Descartes: Critical Assesments*, S. 195-219.
Casaubon, Meric (1655), *A Treatise Concerning Enthusiasme* (London).
Cassirer, Ernst (1974), *Das Erkenntnisproblem in der frühen Neuzeit* (Darmstadt).
Cassirer, Ernst (1995), *Descartes. Lehre – Persönlichkeit – Wirkung* (Hamburg).
Caton, Hiram (1973), *The origin of subjectivity. An essay on Descartes* (New Haven).
Caus, de (1615), *Les raison des forces mouvantes* (Frankfurt a.M.).
Cavaillé, Jean-Pierre (1991), *Descartes, la fable du monde* (Paris).
– (1992), Descartes stratège de la destination, in: *XVIIe Siècle,* S. 177, 551-559.
– (1994), Le plus éloquent philosophe des derniers temps. Les stratégies d'auteur de René Descartes, in: *Annales Histoire Sciences Sociales* 2, S. 349-366.
– (1995), L'itinéraire onirique de Descartes: de l'âge des songes aux temps du rêve, in: Fernand Hallyn (Hrsg.), *Les olympiques des Descartes. Études et textes* (Genf), S. 73-90.
– (1998), Mundus est fabula: les enjeux philosophiques du motif de la fable du monde chez Descartes, in: Dolores Toma – Anca Christodorescu – Vlad Alexandrescu (Hrsg.), *Autour de Descartes* (Bucarest), S. 99-116.
– (2003), „Veillé-je ou si je dors?“, une question sceptique, entre théâtre et philosophie, in: N. Dauvois – J.-P. Grosperrin (Hrsg.), *Songes et songeurs (XIIIe-XVIIIe)* (Paris), S. 113-128.
Chappell, Vere – Willis Doney (1987), *Twenty-five years of Descartes scholarship. 1960–1984; A Bibliographie* (New York).
Claire, P. (1979), Le matérialisme hobbien vu par Louis de la Forge, in: *Revue international de philosophie* 33, S. 529-530.
Clarke, Desmond, M. (1982), *Descartes' philosophy of science*, Studies in intellectual history, (Manchester).
Clarke, Desmond M. (1989), *Occult powers and hypotheses: Cartesian natural philosophy under Louis XIV* (Oxford, New York).
– (1991), Descartes' Use of ‚Demonstration‘ and ‚Deduction‘, in: G.D.J. Moyal. (Hrsg.), *Descartes. Critical Assesments* Bd. 1 (London), S. 237-247.
– (1998), Descartes' Concept of Scientific Explanation, in: J.G. Cottingham (Hrsg.), *Descartes* (Oxford), S. 259-280.
– (2003), *Descartes's theory of mind* (Oxford).
– (2006), *Descartes: A Biography* (Oxford).
Cohen, Leonora D. (1936), Descartes and Henry More on the Beast-machine – A translation of their correspondence pertaining to animal automatism, in: *Annals of Science* 1, S. 48-61.
Cohen, I. Bernard (1994), *Revolutionen in der Naturwissenschaft* (Frankfurt a.M.).
Cole, John R. (1992), *The Olympian dreams and youthful rebellion of René Descartes* (Urbana, Ill.).
Colliard, Lauro A. (1988), *Nuove ricerche sul viaggio in Italia di Michel de Montaigne, François de Sales, René Descartes con particolare riferimento al loro soggiorno a Venezia e a Loreto* (Verona).
Cook, Harold John (2007), *Matters of exchange. Commerce, medicine, and science in the Dutch Golden Age* (New Haven).
Copenhaver, Brian (1990), Natural Magic, hermeticism, and occultism in early modern science, in: D. Lindberg – R. Westman (Hrsg.), *Reappraisals of the Scientific Revolution* (Cambridge), S. 261-302.
– (1998), The occultist tradition and its critics, in: Daniel Garber – Michael Ayers (Hrsg.), *The Cambridge History of Seventeenth-Century Philosophy,* (Cambridge), S. 454-512.
Cordemoy, Géraud de (1664), *Dissertations physiques sur le discernement du corps & de l'âme: sur la parole, et sur le système de Monsieur Descartes* (Paris).
Cornelius, Justus (1619), *Vindiciarum faulhaberianarum prodromus* ([Parnassische Truckerey]).
Cottingham, John (1986), *Descartes* (New York).
– (1993), *A Descartes dictionary* (Oxford).

– (1994), *Reason, will, and sensation. studies in Descartes's metaphysics* (Oxford).
– (1995), *The Cambridge Companion to Descartes* (Cambridge).
– (Hrsg.) (1998), *Descartes* (Oxford, New York).
Cottingham, John (2005), Why Should Analytic Philosophers Do History of Philosophy? in: Tom Sorell – G.A.J. Rogers (Hrsg.), *Analytic philosophy and history of philosophy* (Oxford), S. 25-42.
Crapulli, Giovanni and Giancotti Boscherini, Emilia (1969), in: *Ricerche lessicali su opere di Descartes e Spinoza* (Lessico intellettuale europeo 3; Rom).
Crapulli, Giovanni (1969), *Mathesis Universalis. Genesi di un'idea nel XVI secolo* (Rom).
Crary, Jonathan (1996), *Techniken des Betrachters. Sehen und Moderne im 19. Jahrhundert* (Dresden, Basel).
Croll, Oswald (1620), *Basilica chymica: continens philosophicam propria laborum experientia confirmatam descriptionem et usum remediorum chymicorum* (Frankfurt a.M.).
Crombie, Alistair Cameron (Hrsg.) (1963), *Scientific change. Historical studies in the intellectual, social and technical conditions for scientific discovery and technical invention, from antiquity to the present* (London).
Crombie, Alistair Cameron (1960), Some Aspects of Descartes' Attitudes to Hypothesis and Experiment, in: *Actes du Symposium International des sciences physiques et mathématiques dans la première moitié du XVIIe siècle* (Florenz), S. 192-201.
– (1965), *Von Augustinus bis Galilei. Die Emanzipation der Naturwissenschaft* (Köln).
– (1994), *Styles of scientific thinking in the European tradition. The history of argument and explanation especially in the mathematical and biomedical sciences and arts* (London).
Crummer, Leroy (1923, 1925), Early anatomical fugitive sheets, in: *Annals of medical history* 5, S. 189-209.
– (1932), A check list of anatomical books illustrated with cuts with superimposed flaps, in: *Bulletin of the Medical Library Association* 20, S. 131-139.
Cunningham, Andrew – Perry Williams (1993), De-centring the ‚big picture' „The origins of modern science" and the „modern origins of science", in: *British Journal for the History of Science* 26, S. 387-483.
Cunningham, Andrew (1997), *The Anatomical Renaissance: The Resurrection of the Anatomical Projects of the Ancients* (Brookfield).
Curatolo, Bruno – Jacques Poirier (Hrsg.) (1998), *L'imaginaire des philosophes. Actes du colloque de Dijon, 13 et 14 novembre 1997* (Paris).
Curley, E. M. (1978), *Descartes against the skeptics* (Cambridge).
Curtius, Ernst Robert (1984), *Europäische Literatur und Lateinisches Mittelalter* (Bern).
Damasio, Antonio R. (2001), *Descartes' Irrtum. Fühlen, Denken und das menschliche Gehirn* (München).
Daniel, Gabriel (1692), *A Voyage to the world of Descartes* (London).
Daston, Lorraine (2001), *Wunder, Beweise und Tatsachen: Zur Geschichte der Rationalität* (Frankfurt a.M.).
– (2003) Early Modern History meets the History of the Scientific Revolution. Thoughts towards a Rapprochement, in: H. Puff – Chr. Wild (Hrsg.), *Zwischen den Disziplinen. Perspektiven der Frühneuzeitforschung* (Göttingen), S. 37-53.
Daston, Lorraine – Katharine Park (2002), *Wunder und die Ordnung der Natur: 1150-1750* (Berlin).
Daston, Lorraine – Peter Galison (2002), Das Bild der Objektivität, in: P. Geimer (Hrsg.), *Ordnungen der Sichtbarkeit* (Frankfurt a.M.), S. 29-99.
Daston, Lorraine – Peter Galison (2007), *Objektivität* (Berlin).
Dear, Peter Robert (1991), *The Literary structure of scientific argument. Historical studies* (Philadelphia).
– (1995), *Discipline and Experience: The Mathematical Way in the Scientific Revolution* (Chicago).
– (1997), *The scientific enterprise in early modern Europe: readings from Isis* (Chicago).
– (2001), *Revolutionizing the sciences. European knowledge and its ambitions, 1500-1700* (Princeton, N.J.).
Debus, Allan (1970), Harvey and Fludd: The irrational Factor in the Rational Science of Seventeenth Century, in: *Journal of the History of Biology* 3 (1), S. 81-105.
Decyk, B. Newell (2000), Cartesian Imagination and perspectival art, in: S. Gaukroger – John Sutton (Hrsg.), *Descartes' Natural Philosophy* (London), S. 447-486.
Della Porta, G.B. (2000), *De aeris transmutationibus*, hrsg. v. A.Paolella (Neapel).
Del Prete, A. (Hrsg.) (2004), *Il Seicento e Descartes. Dibattiti cartesiani* (Florenz).

Derrida, Jacques (2005), Die Romane Descartes' oder die Ökonomie der Worte, in: *Transfer. Sprache und Institutionen der Philosophie* (Wien), S. 43-78.

Des Chene, Dennis (1996), *Physiologia: Natural philosophy in late Aristotelian and Cartesian thought* (Ithaca).

– (1996), *Physiologia: natural philosophy in late Aristotelian and Cartesian* (Ithaca).

Descartes, René (1650), *Musicae compendium* (Utrecht).

– (1662), *Renatus Des Cartes de homine, figvris et latinitate donatus a Florentio Schuyl* (Leiden).

– (1664), *L'homme de René Descartes. Et vn Traitté de la formation dv foetvs, dv mesme avthevr. Auec les Remarques de Lovys de La Forge, docteur en medecine, demeurant à la Fleche, sur le traitté de L'homme de René Descartes; & sur les figures par luy inuentées* (Paris).

– (1664), *Le Monde de Mr. DesCartes ou le traite de la lumiere et des autres principaux objets des sens. Avec un discours du mouvement local, et un autre des fiévres, composez selon les principes du méme auteur* (Paris).

– (1677), *L'homme de René Descartes et la formation du foetus, avec les Remarques de Louis de la Forge... A quoi l'on a ajouté Le Monde ou Traité de la Lumièrel, du mesme Autheur* (Paris).

– (1692), *Renati Des Cartes opera philosophica* (Frankfurt a.M.).

– (1701), *Opuscula posthuma, physica et mathematica*, hrsg. v. Nicolas Joseph Poisson (Amsterdam).

– (1701), Renati des Cartes Mundus, sive Dissertatio de lumine et et de aliis objectis primariis, in: *R. Des-Cartes Opuscula posthuma, physica et mathematica* (Amsterdam).

– (1859), *Œuvres inédites de Descartes*, hrsg. v. Louis Alexandre Foucher de Careil (Paris).

– (1921), *Die Prinzipien der Philosophie. mit einem Anhang, enthaltend Bemerkungen René Descartes' über ein gewisses in den Niederlanden gegen Ende 1647 gedrucktes Programm*, hrsg. u. übers. v. Arthur Buchenau (Hamburg).

– (1949), *Briefe, 1629-1650*, hrsg. v. M. Bense (Köln).

– (1954), *Dioptrik*, hrsg. v. Gertrud Leisegang (Meisenheim a.Gl.).

– (1963), *Œuvres philosophiques*, 3 Bde, hrsg. v. Ferdinand Alquié (Paris).

– (1965), *Musicæ compendium [Compendium musicae]* ([Faksimile-ND] Strassburg).

– (1966), *Opere Scientifiche* Bd. 1, hrsg. v. Gianni Micheli (Turin).

– (1966), *0euvres et lettres*, hrsg. v. André Bridoux (Paris).

– (1966), *Regulæ ad directionem ingenii, texte critique établi par G. Crapulli, avec sa version hollandaise du XVIIe siècle* (La Haye).

– (1969), *Über den Menschen (1632). Sowie: Beschreibung des menschlichen Körpers (1648)*, hrsg. u. übers. von Karl Rothschuh (Heidelberg).

– (1972), *Regeln zur Ausrichtung der Erkenntniskraft*, (lat./dt.) hrsg. v. Lüder Gäbe (Hamburg).

– (1972), *Treatise of man*, hrsg. v. Thomas Steele Hall (Cambridge).

– (1977), *Règles utiles et claires pour la direction de l'esprit en la recherche de la vérité, traduction selon lexique cartésien et annotation conceptuelle par J.-L. Marion, avec des notes mathématiques de P. Costabel* (La Haye).

– (1982), *Opere scientifiche (a cura di Ettore Lojacono) Bd. 2*, hrsg. v. Ettore Lojacono (Turin).

– (1984), *The philosophical writings of Descartes* (Cambridge).

– (1984), *Die Leidenschaften der Seele*, hrsg. v. Klaus Hammacher (Hamburg).

– (1989), *Le monde ou traité de la lumière = Die Welt oder Abhandlung über das Licht*, hrsg. v. M. Tripp (Weinheim).

– (1994), *Opere filosofiche*, hrsg. v. Ettore Lojacono (Turin).

– (1995), *Les Olympiques de Descartes: études et textes*, hrsg. v. Fernand Hallyn (Genf).

– (1996), *Le monde; L'homme*, hrsg v. Annie Bitbol-Hespériès (Paris).

– (1998), *The world and other writings*, hrsg. v. St. Gaukroger (Cambridge).

– (2001), *Discours de la méthode pour bien conduire sa raison et chercher la vérité dans les sciences : französisch-deutsch = Bericht über die Methode, die Vernunft richtig zu führen und die Wahrheit in den Wissenschaften zu erforschen*, hrsg. u. übers. v. Holger Ostwald (Stuttgart).

– (2005), *Die Prinzipien der Philosophie* (lat./dt.), hrsg. u. übers. v. Chr. Wohlers (Hamburg).

– (2005), *Tutte le lettere, 1619-1650. Testo francese, latino, e olandese*, hrsg. v. Giulia Belgioioso (Mailand).

– (2006), *Les Météores / Die Meteore*, hrsg. u. übers. v. Claus Zittel (Zeitsprünge 10, 1/2; Frankfurt a.M.)

– (2007), *Specimina philosophiae*. Introduction and Critical Edition, hrsg. v. Corinna Lucia Vermeulen (Doctoral thesis Utrecht University), Url: http://igitur-archive.library.uu.nl/dissertations/2007-1019-202001/.

Detel, Wolfgang (1974), War Gassendi ein Empirist?, *Studia Leibnitiana*, S. 178-221.

– (1976), Die Einführung atomistischer Grundsätze bei Gassendi und Epikur, in: *Philosophia Naturalis* 16, S. 167-190.

– (1978), *Scientia rerum natura occultarum methodologische Studien zur Physik Pierre Gassendis* (Berlin, New York).

– (2000), Descartes und der wissenschaftstheoretische Fundamentalismus, in: W. Niebel – A. Horn – H. Schnädelbach (Hrsg.), *Descartes im Diskurs der Neuzeit* (Frankfurt a.M.), S. 230-258.

Detel, Wolfgang – Claus Zittel (2001), Hobbes und die Historiographie, in: *Zeitsprünge. Forschungen zur Frühen Neuzeit.*

Detel, Wolfgang – Claus Zittel (Hrsg.) (2002), *Wissensideale und Wissenskulturen in der frühen Neuzeit = Ideals and cultures of knowledge in early modern Europe* (Berlin).

Detel, Wolfgang – Alexander Becker (Hrsg.) (2003), *Ideal and culture of knowledge in Plato* (Stuttgart).

Detel, Wolfgang (2004), Wissenskulturen und epistemische Praktiken, in: Johannes Fried (Hrsg.), *Wissenskulturen. Beiträge zu einem forschungsstrategischen Konzept* (Berlin).

– (2005), *Aristoteles* (Leipzig).

Devlin, Keith J. (1997), *Goodbye, Descartes. The end of logic and the search for a new cosmology of the mind* (New York).

De Waard, C. (Hrsg.) (1953), *Isaac Beeckman, [4] Journal tenu par Isaac Beeckman de 1604 à 1634, Tome quatrième (supplément)* (Amsterdam, Den Haag), S. 150.

Dijksterhuis, Eduard Jan (1983), *Die Mechanisierung des Weltbildes* (Berlin).

Dijksterhuis, Fokko J. (2007), Constructive Thinking. A Case for Dioptrics, in: L. Roberts – S. Schaffer – P. Dear (Hrsg.), *The Mindful Hand: Inquiry and Invention from the Late Renaissance to Early Industrialization* (Amsterdam), S. 59-82.

Dolza, Luisa – Henri Verin (2004), Figurer La mécanique: L'Énigme des théatres de machines de la renaissance,in: *Revue d'Histoire moderne et contemporaine* 51-2, S. 7-37.

Draaisma, Douwe (1999), *Die Metaphernmaschine. Eine Geschichte des Gedächtnisses* (Darmstadt).

Drebbel, Cornelis (1608), *Ein kurzer Tractat von der Natur der Elementen und wie sie den Wind, Regen, Blitz und Donner verursachen und wozu sie nutzen* (Frankfurt).

Duchesneau, François (1998), *Les modèles du vivant de Descartes à Leibniz* (Paris).

Dülmen, Richard van, *Die Utopie einer christlichen Gesellschaft: Johann Valentin Andreae (1586-1654)* (Stuttgart-Bad Cannstatt).

Eastwood, Bruce S. (1984), Descartes on refraction: Scientific versus rhetorical method, in: *Isis* 75 (278), S. 481-502.

– (1989), *Astronomy and optics from Pliny to Descartes. texts, diagrams and conceptual structures* (London).

Eastwood, Bruce – G. Grasshoff (2003), Planetary Diagrams – Descriptions, Models, Theories. From Carolingian Deployments to Copernican Debates, in: Lefèvre – Renn – Schoepflin (Hrsg.), *The Power of Images in Early Modern Science* (Basel), S. 197-226.

Eco, Umberto (1994), *Die Suche nach der vollkommenen Sprache* (München).

Edighoffer, Roland (1995), *Die Rosenkreuzer* (München).

Elkins, James (1997), *The Domain of Images* (Ithaca, NY).

Emerton, Norma E. (1984), *The scientific reinterpretation of form* (Ithaca).

Enenkel, Karl (2007), *Die Erfindung des Menschen. Die Autobiographik des frühneuzeitlichen Humanismus von Petrarca bis Lipsius* (Berlin).

Engfer, H.-J. (1996), *Empirismus versus Rationalismus? Kritik eines philosophie-historischen Schemas* (Paderborn).

Ersigout, G.P. (1938), L'Illumination de R. Descartes rosicrucien, in: *C.R. du Congrès Descartes* (Paris).

Färber, Andreas (1999), *Die Begründung der Wissenschaft aus reiner Vernunft. Descartes, Spinoza und Kant* (Freiburg im Breisgau).

Faulhaber, Johannes (1610), *Newe geometrische und perspectivische Inventiones etlicher sonderbahrer Instrument, die zum perspectivischen Grundreissen der Pasteyen unnd Vestungen wie auch zum Plani-*

metrischen Grundlegen der Stätt, Feldläger und Landtschafften, deßgleichen zur Büchsenmeisterey sehr nützlich unnd gebrauchsam seyndNewe geometrische und perspectivische Inventiones etlicher sonderbahrer Instrument, die zum perspectivischen Grundreissen der Pasteyen unnd Vestungen wie auch zum Planimetrischen Grundlegen der Stätt, Feldläger und Landtschafften, deßgleichen zur Büchsenmeisterey sehr nützlich unnd gebrauchsam seynd (Nürnberg).

– (1613), *Andeutung/ Einer unerhörten newen Wunderkunst. Welche der Geist Gottes/ in etlichen Prophetischen/ und Biblischen GeheimnußZahlen/ biß auff die letzte Zeit hat wöllen versigelt und verborgen halten: Darauß dann abzunehmen/ das Gott zu allen zeiten die Ordnung gehalten/ Daß er in den fürnembsten General Propheceyungen/ über die Hauptverenderungen/ sich der Piramidal Zahlen gebraucht/ wann er ein gewisse Zeit bestimmet ...* (Ulm).

– (1613), *Himlische gehaime Magia Oder Newe Cabalistische Kunst/ und Wunderrechnung/ Vom Gog und Magog : Darauß die Weisen/ Verständigen und Gelerten/ so diser Göttlichen Kunst genugsam erfahren/ heimlich observieren und fleissig außrechnen mögen/ die Beschaffenheit deß grossen Christenfeindts Gog und Magogs. Auß Teutschem/ Lateinischem/ Griechischem unnd Hebraischem/ Kunst und wunder Alphabeth/ in verborgene Retzel eingewickelt/ und in den Truck gegeben* (Ulm).

– (1615), *Mysterium Arithmeticum, Sive, Cabalastica & Philosophica Inventio, nova admiranda & ardua, Qua Numeri Ratione Et Methodo Computentur, Mortalibus a Mundi Primordio Abdita, Et Ad Finem non sine singulari omnipotentis Dei provisione revelata : Cum Illuminatissimis laudatissimisq[ue] Fraternitatis Roseae crucis Famae Viris humiliter & syncere dicata. Tum Piis omnibus & singulis Christianis fideliter & plane propalata.*

Fellmann, Ferdinand (1991), Bild und Bewußtsein bei Giordano Bruno, in: Richard Heinrich (Hrsg.), *Bilder der Philosophie: Reflexionen über das Bildliche und die Phantasie* (Wien), S. 200-222.

– (1997), Wovon sprechen die Bilder? Aspekte der Bild-Semantik, in: Birgit Recki (Hrsg.), *Bild und Reflexion: Paradigmen und Perspektiven gegenwärtiger Ästhetik* (München), S. 147-159.

Figulus, Benedikt (1607), *Thesaurinella Olympica aurea tripartita* (Frankfurt a.M.).

– (1608), *Rosarium novum Olympicum* (Frankfurt a.M.).

Fischer, E.P. (2002), Wissenschaft und Kunst. Über die Rolle der Bilder in der Ausübung und Vermittlung von Naturwissenschaft, in: *Jahrbuch für Universitätsgeschichte* 5, S. 16-40.

Fischer-Lichte, Erika (Hrsg.) (2001), *Theatralität und die Krisen der Repräsentation* (Stuttgart).

Fisher, Philip (1995), The poetics of wonder, in: Irving Lavin (Hrsg.), *Meaning in the visual arts* (Princeton), S. 175-193.

– (1998), *Wonder, the Rainbow and the Aesthetics of Rare Experiences* (Cambridge Mass.).

Fleck, Ludwik (1980), *Entstehung und Entwicklung einer wissenschaftlichen Tatsache: Einführung in die Lehre vom Denkstil und Denkkollektiv* (Frankfurt a.M.).

– (1983), *Erfahrung und Tatsache. Gesammelte Aufsätze*, hrsg. v. Lothar Schäfer – Thomas Schnelle (Frankfurt a.M.).

Florey, Ernst (1993), MEMORIA: Geschichte der Konzepte über die Natur des Gedächtnis, in: E. Florey – O. Breidbach (Hrsg.), *Das Gehirn – Organ der Seele? Zur Ideengeschichte der Neurobiologie* (Berlin), S. 151-215.

Fludd, Robert (1617), *Utriusque cosmi maioris scilicet et minoris metaphysica, physica atqve technica ...* (Oppenhein).

– (1631), *Integrum morborum mysterium: sive medicinae catholicae tomi primi tractatus secundus* (Frankfurt).

Foti, Veronique (1986), The Cartesian Imagination, in: *Philosophy and Phenomenological Research* 46 (4), S. 631-642.

Foucault, Michel (1973), *Wahnsinn und Gesellschaft. Eine Geschichte des Wahns im Zeitalter der Vernunft* (Frankfurt a.M.).

– (1986), *Die Ordnung der Dinge. Eine Archäologie der Humanwissenschaften* (Frankfurt a.M.).

– (1986), *Archäologie des Wissens* (Frankfurt a.M.).

– (2002 (1972)), Mein Körper, dieses Papier, dieses Feuer, in: *Schriften* II (Frankfurt a.M.), S. 300-331.

Fraasen, Bas van (1980), *The Scientific Image* (Oxford).

Fracastoro, Girolamo (2006), *Turrius oder über das Erkennen / Turrius sive de intellectione*, hrsg. u. übers. v. M. Boenke (München).

Franz, Marie-Louise von (1952), *Zeitlose Dokumente der Seele* (Zürich).

Freedberg, David (1991), *The power of images. Studies in the history and theory of response* (Chicago).

Freud, Sigmund (1968), Brief an Maxime Leroy über einen Traum des Cartesius, in: Anna Freud (Hrsg.), *Sigmund Freud, Gesammelte Werke* XIV (Frankfurt a.M.), S. 558-560.

Freudenfeld, Regina (1996), *Mnemologie in der deutschen und französischen Aufklärung* (Tübingen).

Friedrich, Hugo (1937), *Descartes und der französische Geist* (Leipzig).

Fromondus, Libertus (1627), *Meteorologicum libri sex* (Louvain).

Fuchs, Thomas (1992), *Die Mechanisierung des Herzens. Harvey und Descartes – der vitale und der mechanische Aspekt des Kreislaufs* (Frankfurt a.M.).

Gabbey, Allan (1985), The Mechanical Philosophy and its Problems: Mechanical Explanations, Impenetrability, and Perpetual Motion, in: J.C. Pitt (Hrsg.), *Change and Progress in Modern Science* (Dordrecht).

– (1993), Descartes' Physics and Descartes' Mechanics: Chicken and Egg, in: S. Voss (Hrsg.), *Essays on the Philosophy and Science of René Descartes* (Oxford).

Gabbey, Allan – Rupert Hall (1998), The melon and the dictionary. Reflections on Descartes's dreams, in: *Journal of the History of Ideas* 59 (4), S. 651-668.

Gäbe, Lüder (1972), *Descartes' Selbstkritik. Untersuchungen zur Philosophie des jungen Descartes* (Hamburg).

Gaillard, Aurélia (2003), *Le corps des statues: le vivant et son simulacre à l'âge classique (de Descartes à Diderot)* (Paris).

Galilei, Galileo (1965 [1610]) *Siderius Nuntius. Nachrichten von neuen Sternen* (Frankfurt a.M.).

Galison, Peter (1984), Descartes' Comparisons: From the Invisible to the Visible, in: *Isis* 75, S. 311-326.

Garber, Daniel (1978), Science and Certainty in Descartes, in: Michael Hooker (Hrsg.), *Descartes: Critical and Interpretive Essays* (Baltimore), S. 114-151.

– (1992), *Descartes' metaphysical physics* (Chicago).

– (2001), *Descartes embodied: Reading Cartesian philosophy through Cartesian science* (Cambridge, New York).

– (2002), Descartes, Mechanics, and the Mechanical Philosophy, in: *Midwest Studies in Philosophy* XXVI, S. 185-204.

– (2002), Defending Aristotle / Defending Society in Early 17th Century Paris, in: Wolfgang Detel – Claus Zittel (Hrsg.), *Wissensideale und Wissenskulturen in der frühen Neuzeit* (Berlin), S. 135-160.

Garber, Daniel – Michael Ayers (Hrsg.) (2003), *The Cambridge history of seventeenth-century philosophy* (Cambridge, New York).

Garber, Daniel (2004), On the Frontlines of the Scientific Revolution: How Mersenne Learned to Love Galileo, in: *Perspectives on Science* 12 (2), S. 135-161.

– (2005), What's Philosophical about the History of Philosophy? in: Tom Sorell – G.A.J. Rogers (Hrsg.), *Analytic Philosophy and History of Philosophy* (Oxford), S. 129-146.

Gargani, Aldo G. (1970), Funzione dell'immaginazione e modelli della spiegazione scientifica in Harvey e Cartesio, in: *Rivista Critica di Storia della Filosofia* 25, S. 250-274.

Gassendi, Pierre (1629), *Phaenomenon rarum, Et illustre, Romae observatum, 20 Martij, anno 1629. Subjuncta est causarum explicatio brevis clarissimi Philosophi, ac Mathematici, D. Petri Gassendi, Ad Illustrissimum Cardinalem Barbarini* (Amsterdam).

Gaukroger, Stephen (1986), Vico and the maker's knowledge principle, in: *History of Philosophy Quarterly*, S. 29-44.

– (1989), Cartesian Logic: An Essay on Descartes's Conception of Inference, in: *British Journal for the History of Philosophy* 1 (1), S. 133-137.

– (1995), *Descartes. An intellectual biography* (Oxford).

– (2000), *Descartes' natural philosophy* (Routledge studies in seventeenth century philosophy 3 (London u.a.).

– (2001), Towards a de-teleologized Physiology: Descartes on Embryology and Perceptual Cognition, in: *La Lettre de la Maison Francaise* 13, S. 39-52.

– (2002), *Descartes' system of natural philosophy* (Cambridge, New York).

– (2006), „Home Alone": Cognitive Solipsism in the Early-Modern Era, in: *Proceedings and Addresses of the American Philosophical Association* 80 (2), S. 63-78.

Gaukroger, Stephen – John Schuster (2002), The Hydrostatic Paradox and the Origins of Cartesian Dynamics, in: *Studies in History and Philosophy of Science* (3), S. 535-572.

Gauvin, Jean-Francois (2006), Artisans, Machines, and Descartes' *Organon*, in: *History of Science*, S. 187-216.

Georges-Berthier, A. (1914, 1920), Le mecanisme cartesien et la physiologie au XVIIe siecle, in: *Isis* 2,1, S. 37-89; 3,1, S. 21-58.

– (1939), Descartes et les Rose-Croix, in: *Revue de Synthèse* XVIII, S. 9-30.

Gerten, Michael (2001), *Wahrheit und Methode bei Descartes. eine systematische Einführung in die cartesische Philosophie* (Hamburg).

– (2001), *Wahrheit und Methode. Eine systematische Einführung in die cartesische Philosophie* (Hamburg).

Gewirth, Alan (1941), Experience and the Non-Mathematical in the Cartesian Method, in: *Journal of the History of Ideas* 2, S. 183-210.

– (1991), Clearness and Distinctness in Descartes', in: G.J.D. Moyal (Hrsg.), *Descartes. Critical Assesments* (London), S. 185-203.

Gilson, E. (1920, 1921), Météores cartésien et météores scolastiques, in: *Revue néoscolastique de philosophie* 22, S. 358-84; 23, S. 73-84.

Goclenius, Rudolph (1612), *Isagoge in peripateticorum et scholasticorum prima philosophiam, quæ vulgo dicitur Metaphysica* (Frankfurt a.M.).

– (1613), *Lexicon philosophicum, quo tanquam clave philosophiae fores aperiuntur typis viduae Matthiae Beckeri, impensis Petri Musculi & Ruperti Pistorii* (Frankfurt a.M.).

Göricke, Jutta (2000), Greifbare Vernunft: Zur Ikonographie mathematischer Instrumente, in: Hans Holländer (Hrsg.), *Erkenntnis, Erfindung, Konstruktion: Studien zur Bildgeschichte von Naturwissenschaften und Technik vom 16. bis zum 19. Jahrhundert* (Berlin), S. 255-296.

Goldberg, Jonathan (1990), Writing Matter. From the Hands of the English Renaissance (Stanford).

Goodman, Nelson (1995), *Die Sprachen der Kunst* (Frankfurt a.M.).

Gorham, Geoffrey (1994), Mind-body dualism and the Harvey-Descartes controversy, in: *Journal of the History of Ideas* 55, S. 213-234.

Gouhier, Henri (1958), Le refus du symbolisme dans l'humanisme cartesien, in: *Umanesimo e Simbolismo* (Padua), S. 65-74.

– (1979 (1958)), *Les premières pensées de Descartes. contribution à l'histoire de l'Anti-Renaissance* (2. Aufl. Paris).

Grafton, Anthony (2004), *Bring Out Your Dead: The Past as Revelation* (Harvard).

Grassi, Ernesto (1970), *Macht des Bildes: Ohnmacht der rationalen Sprache* (Köln).

– (1992), *Die unerhörte Metapher* (Frankfurt a.M).

– (1992), *Die Macht der Phantasie. Zur Geschichte abendländischen Denkens* (Frankfurt a.M.).

Greenblatt, Stephen (1994), *Wunderbare Besitztümer. Die Erfindung des Fremden: Reisende und Entdecker* (Darmstadt).

Gregory, A. (2001), Harvey, Aristotle and the Weather Cycle, in: *Studies in History and Philosophy of Biological and Biomedical Sciences* 32, S. 153-168.

Gregory, Tullio (2000), *Genèse de la raison classique de Charron à Descartes* (Paris).

Grene, Marjorie – Ariew Roger (1995), Ideas, in and before Descartes, in: *Journal of the History of Ideas* 56, S. 87-106.

Grimaldi, Nicolas –Jean-Luc Marion (Hrsg.), *Le Discours et sa méthode* (Paris).

Grimaldi, Nicolas (2006), *Descartes et ses fables* (Paris).

Grosholz, Emily (1991), *Cartesian method and the problem of reduction* (Oxford, New York).

Grove, Laurence (1999), Jesuit emblematics at La Flèche (Sarthe) and their influence upon René Descartes, in: John Manning (Hrsg.), *The Jesuits and the emblem tradition* (Turnhout), S. 87-113.

– (2000), *Emblematics and seventeenth-century French literature. Descartes, Tristan, La Fontaine and Perrault* (Charlottesville).

Guenancia, Pierre (1996), *Descartes - Bien conduire sa Raison* (Paris).

Hagner, Michael (1990), Die Entfaltung der cartesischen Mechanik des Sehens und ihre Grenzen, in: *Sudhoffs Archiv* 74 (2), S. 148-171.

– (1997), *Homo cerebralis. Der Wandel vom Seelenorgan zum Gehirn* (Darmstadt).

– (2003), Bildunterschätzung – Bildüberschätzung. Ein Gespräch der „Bilder des Wissens“ mit Michael Hagner, in: H. Bredekamp – G. Werner (Hrsg.), *Bildwelten des Wissens. Kunsthistorisches Jahrbuch für Bildkritik* 1.1 (Berlin), S. 103-111.

Halleux, Robert (1975), De la Strena de Kepler a la naissance de la cristallographie, in: R. Halleux (Hrsg.), *Johann Kepler, L'etrenne ou la neige sexangulaire* (Paris), S. 109-137.

Hallyn, Fernand (Hrsg.), (1995), *Les olympiques des Descartes. études et textes* (Genf).

– (1995), Une ‚feintise‘, in: Fernand Hallyn (Hrsg.), *Les olympiques des Descartes. Études et textes* (Genf), S. 91-111.

– (2000), Descartes und das Barock, in: Peter Burgard (Hrsg.), *Barock: neue Sichtweisen einer Epoche* (Wien), S. 257-70.

Hammacher, Klaus (1973), Einige methodische Regeln Descartes und das erfindende Denken, in: *Journal for General Philosophy of Science* 4 (2), S. 203-223.

Hansen, J.V. – S. Porter (1999), *The Physician's Art. Representations of Art and Medicine* (Durham).

Harms, Wolfgang (Hrsg.) (1985), *Illustrierte Flugblätter des 16. und 17. Jahrhundert* (Tübingen).

Harvey, William (1952), *Anatomical Exercises on the Generation of Animals*, hrsg. u. übers. v. Robert Willis (Chicago).

– (1976), *An anatomical disputation concerning the movement of the heart and blood in living creatures*, hrsg. v. Gweneth Whitteridge (Oxford).

– (1981), *Disputations touching the Generation of Animals*, hrsg. v. Gweneth Whitteridge (Oxford).

Hatfield, Gary (1985), First Philosophy and Natural Philosophy in Descartes, in: A.J. Holland (Hrsg.), *Philosophy, Its History and Historiography* (Dordrecht), S. 149-164.

– (1996), Was the Scientific Revolution Really a Revolution in Science? in: Sally Jamil – Rageb Ragib, (Hrsg.), *Tradition, Transmission, Transformation* (Leiden), S. 489-525.

– (1998), The Cognitive Faculties, in: D. Garber – M. Ayers. (Hrsg.), *Cambridge History of Seventeenth Century Philosophy* (Cambridge), S. 953–1002.

– (1998), Attention in Early Scientific Psychology, in: R.D Wright (Hrsg.), *Visual Attention* (New York), S. 3-25.

– (2000), Descartes' Naturalism About the Mental, in: John Schuster Stephen Gaukroger – John Sutton (Hrsg.), *Descartes' Natural Philosophy* (London), S. 630-658.

– (2005), The History of Philosophy as Philosophy, in: Tom Sorell – G.A.J. Rogers (Hrsg.), *Analytic Philosophy and History of Philosophy* (Oxford), S. 83-128.

Haubrichs, Wolfgang (1979), Offenbarung und Allegorese. Formen und Funktionen von Vision und Traum in frühen Legenden, in: Walter Haug (Hrsg.), *Formen und Funktionen der Allegorie* (Stuttgart), S. 243-264.

Hebenstreit, Johann Baptist (1619), *De Cabbala Log-Arithmo-Geometro-Mantica* (Ulm).

Hebert, Rondolphe-Louis (1955), An Episode in Moliere's Amphitryon and Cartesian Epistemology, in: *Modern Language Notes* 70 (6), S. 416-422.

Hecht, H. (Hrsg.) (1991), *G.W. Leibniz im philosophischen Diskurs über Geometrie und Erfahrung* (Berlin).

Heckscher, William S. (1958), *Rembrandt's ‚Anatomy of Dr. Nicolaas Tulp'. An Iconological Study* (New York).

Hegel, Georg Wilhelm Friedrich (1971), *Vorlesungen über die Geschichte der Philosophie* (Frankfurt a.M.).

Heintz, Bettina – Arnold Benz (2001), *Mit dem Auge denken: Strategien der Sichtbarmachung in wissenschaftlichen und virtuellen Welten* (Zürich).

Heintz, Bettina – Jörg Huber (2001), Der verführerische Blick: Formen und Folgen wissenschaftlicher Visuali-sierungsstrategien, in: Heintz – Huber (Hrsg.), *Mit dem Auge denken. Strategien der Sichtbarmachung in wissenschaftlichen und virtuellen Welten* (Wien, New York), S. 9-41.

Heitzer, Elisabeth (1998), *Das Bild des Kometen in der Kunst* (Berlin).

Hellmann, G. ([1901] Nachdruck 1969), Meteorologische Beobachtungen vom XIV. bis XVII. Jahrhundert, in: G. Hellmann (Hrsg.), *Neudrucke von Schriften und Karten über Meteorologie und Erdmagnetismus* (Berlin).

– (1917), Die ältesten Untersuchungen über Windhosen, in: *Beiträge zur Geschichte der Meteorologie* 2, S. 329-334.

– (1920), *Beiträge zur Erfindungsgeschichte meteorologischer Instrumente* (Berlin).

Heninger, S.K. (1968), *A Handbook of Renaissance Meteorology, with particular reference to Elizabethan and Jacobean literature* (New York).

– (1977), *The Cosmographical Glass. Renaissance Diagrams of the Universe* (San Marino, California).

Henry, John (1990), Magic and Science in the sixteenth and seventeenth centuries, in: R.C. Olby – G. Cantor – J.R.R. Christie – M.J.S. Hodge (Hrsg.), *Companion to the History of Science* (London, New York), S. 583-597.

– (1997), *The Scientific Revolution and the Origins of Modern Science* (London).

– (2001), Animism and Empiricism: Copernican Physics and the Origins of William Gilbert's Experimental Method, in: *Journal of the History of Ideas* 62 (1), S. 99-119.

Hermans, Michel – Michel Klein (1996), Ces Exercises spirituels que Descartes aurait practiqués, in: *Archives de Philosophie* 59, S. 427-440.

Heßler, Martina (2006), *Konstruierte Sichtbarkeiten: Wissenschafts- und Technikbilder seit der Frühen Neuzeit* (München).

Heyd, M. (1995), *‚Be sober and Reasonable': The critique of Enthusiasm in the Seventheenth and Eighteenth Centuries* (Leiden).

Hobbes, Thomas (1839-1845), *The English Works of Thomas Hobbes*, hrsg. v. W. Molesworth (London).

Hock, Carl Ferdinand (1835), *Cartesius und seine Gegner*. Ein *Beitrag zur Charakteristik der philosophischen Bestrebungen unserer Zeit* (Wien).

Hocke, Gustav René (1978), *Manierismus in der Literatur: Sprach-Alchimie und esoterische Kombinationskunst; Beiträge zur vergleichenden europäischen Literaturgeschichte* (6. Aufl. Hamburg).

Hösle, Vittorio (2006) *Der philosophische Dialog* (München).

Hoffmann, Paul (1982), Modéle mècaniste et modéle animiste. De quelques aspects de la rèpresentation du vivant chez Descartes, Borelli et Stahl, in: *Revue des Sciences Humaines* 58, S. 199-210.

Hogrebe, Wolfram (1992), *Metaphysik und Mantik. Die Deutungsnatur des Menschen* (Frankfurt a.M.).

Holländer, Hans (2000), *Erkenntnis, Erfindung, Konstruktion: Studien zur Bildgeschichte von Naturwissenschaften und Technik vom 16. bis zum 19. Jahrhundert* (Berlin).

Hooker, Michael (Hrsg.) (1978), *Descartes. Critical and Interpretive Essays* (Baltimore).

Hooykaas, R. (1950-52), Science and Religion in the Seventeeth Century – Isaac Beeckmann 1588-1637, in: *Free University Quarterly* I, S. 169-183.

Hoorn, Willem van (1972), *As images unwind. Ancient and modern theories of visual perception* (Amsterdam).

Horowitz, Maryanne Cline (1998), *Seeds of virtue and knowledge* (Princeton).

Howard, Luke (1804), *On the modifications of clouds* (London).

Huber, Renate (2002), *Natur-Erkenntnis. Naturphilosophie von der Antike bis Descartes* (Paderborn).

Hüttemann, Andreas (1996), Die „Meditationen" als Abhandlung über die Sinneswahrnehmung, in: Andreas Kemmerling – Hans-Peter Schütt (Hrsg.), *Descartes nachgedacht* (Frankfurt a.M.), S. 24-50.

– (2000), Descartes' Kritik an den realen Qualitäten: das Beispiel der Schwere, in: *Archiv f. Gesch. d. Philosophie* 83, S. 24-44.

Isolle, Jacques (1971), Un disciple de Descartes, Louis de La Forge, in: *XVIIe siècle* 92, S. 99-131.

Jacob, Francois (2002), *Die Logik des Lebenden. Eine Geschichte der Vererbung* (Frankfurt a.M.).

Jalobeanu, Dana (2003), The two cosmologies of René Descartes, in: Vlad Alexandrescu – Dana Jalobeanu (Hrsg.), *Esprits modernes. Etudes sur les modèles de pensée alternatifs aus XVIieme-XVIIIieme siècle* (Bukarest), S. 73-94.

Jama, Sophie (1998), *La nuit de songes de René Descartes* (Paris).

Jardine, N. (1988), Epistemology of Sciences, in: Ch.B. Schmitt (Hrsg.), *The Cambridge History of Renaissance Philosophy* (Cambridge), S. 685-711.

Jaspers, Karl (1937), *Descartes und die Philosophie* (Berlin u.a.).

Jezower, Ignaz (1928), *Das Buch der Träume* (Berlin).

Jones, Caroline – Peter Galison (Hrsg.) (1998), *Picturing Science, Producing Art* (New York, London).

Jones, Matthew L. (2001), Descartes's Geometry as Spiritual Exercise, in: *Critical Inquiry* 28 (1), S. 40-71.

Jones, Matthew L. (2006), *The good life in the scientific revolution: Descartes, Pascal, Leibniz, and the cultivation of virtue* (Chicago).

Jorink, Eric (2006), *Het Boeck der Natuere. Nederlandse geleerden en de wonderen van Gods Schepping 1575-1715* (Leiden).

Judovitz, Dalia (1988), *Subjectivity and representation in Descartes: the origins of modernity* (Cambridge, New York).

Kamlah, Wilhelm (1961), Der Anfang der Vernunft bei Descartes – Autobiographisch und historisch, in: *Archiv für Geschichte der Philosophie* 43, S. 70-84.

Kaufman, Dan (2005), God's Immutability and the Necessity of Descartes's Eternal Truths, in: *Journal of the History of Philosophy* 43 (1), S. 1-19.

Keazor, Henry (2003), Esprit cartésien? Issues concerning the influence of Descartes on the works of Nicolas Poussin, in: *Word and Image* 19:3, S. 151-165.

Keevak, Michael (1992), Descartes's Dreams and Their Address for Philosophy, in: *Journal of the History of Ideas*, S. 373-396.

Kemmerling, Andreas (1996), *Ideen des Ichs. Studien zu Descartes' Philosophie* (Frankfurt a.M.).

– (1996), *Descartes nachgedacht* (Frankfurt a.M.).

– (1997), Das Bild als Bild der Idee, in: Ulrich Winko – Jakob Steinbrenner, (Hrsg.), *Bilder in der Philosophie und in andern Künsten und Wissenschaften* (Paderborn), S. 153-173.

Kemp, Martin (1979), From Mimesis to Fantasia. The Quattrocento Vocabulary of Creation, Inspiration, and Genius in the Visual Arts, in: *Viator* 8, S. 347-398.

– (1997), *Der Blick hinter die Bilder. Text und Kunst in der italienischen Renaissance* (Köln).

Kennington, Richard (1961), Descartes's ‚Olympica', *Social Research* 28, S. 171-204.

Kenny, Anthony (1968), *Descartes. A study of his philosophy* (New York).

– (1989), *The Metaphysics of Mind* (Oxford).

Kepler, Johannes (1606), *Joannis Keppleri Sac. Cæs. Majest. Mathematici De Stella Nova In Pede Serpentarii, Et Qui Sub Ejus Exortum De Novo Iniit, Trigono Igneo. : Libellus Astronomicis ... Accesserunt I. De Stella Incognita Cygni: Narratio Astronomica. II. De Jesv Christi Servatoris Vero Anno Natalitio, consideratio novissimæ sententiæ Lavrentii Svslygæ Poloni, quatuor annos in usitata Epocha desiderantis* (Prag).

– (1940), *Harmonices Mundi libri V. (1619)*, hrsg. v. Max Caspar, Ges. Werke 6 (München).

– (1941 [1611]), De nive sexangula et grandine acuminata, in: Max Caspar (Hrsg.), *Johannes Kepler Gesammelte Werke* IV (München), S. 259-280.

– (1943 [1611]), *Strena Seu De Nive Sexangula.* Neujahrsgabe oder Vom sechseckigen Schnee, übers. v. F. Rossmann (Berlin).

– (2000 [1611]), Über den hexagonalen Schnee, hrsg. u. eingeleitet von Frank Linhard, *Zeitsprünge* 4, S. 246-282.

Kepler, Johannes (2006), *Über den Neuen Stern im Fuß des Schlangenträgers*, hrsg. u. übers. v. Otto Schönberger, (Würzburg).

Keutner, Thomas (1992), Mundus est fabula. Descartes und das Problem der Repräsentation, in: P. Gehring – T. Keutner et. al. (Hrsg.), *Diagrammatik und Philosophie* (Amsterdam), S. 75-88.

Kilcher, Andreas B. (2003), *Mathesis und Poiesis. Die Enzyklopädik der Literatur 1600 bis 2000* (München).

Klibansky, Raymond – Erwin Panofsky – Fritz Saxl (1990), *Saturn und Melancholie* (Frankfurt a.M.).

Knorr-Cetina (1999), ‚Viskurse' in der Physik. Wie visuelle Darstellungen ein Wissenschaftsgebiet ordnen, in: Martin Heller – Jörg Huber (Hrsg.), *Konstruktionen – Sichtbarkeiten* (Zürich), S. 245-263.

Knowles Middleton, W.E. (1964), *The History of the Barometer* (Baltimore).

Koch, Erec R. (2006), Cartesian Corporeality and (Aesth)Ethics, in: *PMLA* 121, S. 405-420.

Kofman, Sarah (1973), *Camera obscura de l'idéologie* (Paris).

Krämer, Sibylle (1988), *Symbolische Maschinen. Die Idee der Formalisierung in geschichtlichem Abriß* (Darmstadt).

Krämer, Sybille (1991), *Berechenbare Vernunft: Kalkül und Rationalismus im 17. Jahrhundert* (Berlin).

– (1994), Melancholie – Skizze zur epistemologischen Deutung eines Topos, in: *Zeitschrift für philosophische Forschung* 48 (3), S. 397-419.

– (2007), *Spur: Spurenlesen als Orientierungstechnik und Wissenskunst* (Frankfurt a.M.).

Krämer, Sybille – Horst Bredekamp (Hrsg.) (2003), *Bild, Schrift, Zahl* (München).

Krantz, Emile (1974), *Essai sur l'esthétique de Descartes. Rapports de la doctrine cartésienne avec la littérature classique française au XVIIe siècle* (New York).

Kraus, Pamela A. (1983), From Universal Mathematics to Universal Method: Descartes's „Turn" in Rule IV of the „Regulae", in: *Journal of the History of Philosophy* 21:2, S. 159-174.

Krüger, Klaus – Lorraine Daston (2002), *Curiositas: Welterfahrung und ästhetische Neugierde in Mittelalter und früher Neuzeit* (Göttingen).

Kuhn, Thomas (1991), *Die Struktur wissenschaftlicher Revolutionen* (Frankfurt a.M.).

La Mettrie, Julien Offray de (1985 (1748)), *Der Mensch als Maschine*, übers. v. B.A. Laska (Nürnberg).

LaForge, Louis de (1999 (ND)), *L'homme de René Descartes* (Paris).

Laporte, Jean (1988), *Le rationalisme de Descartes* (Paris).

Laqueur, T. (1996), *Auf den Leib geschrieben. Die Inszenierung der Geschlechter von der Antike bis Freud* (München).

Larmore, Charles L'explication scientifique chez Descartes, in: Nicolas Grimaldi – J.-L. Marion (Hrsg.), *Le Discours et sa méthode* (Paris), S. 109-128.

– (1980), Descartes' Empirical Epistemology, in: Stephen Gaukroger (Hrsg.), *Descartes: Mathematics, Physics, and Philosophy* (London), S. 6-22.

Laufhütte, Hartmut (Hrsg.) (2002), *Künste und Natur in Diskursen der frühen Neuzeit* (Wiesbaden).

Lawrence, Christopher – Steven Shapin (1998), *Science incarnate: historical embodiments of natural knowledge* (Chicago, Ill.).

Lazardzig, Jan (2006), Die Maschine als Spektakel. Funktion und Admiration im Maschinendenken des 17. Jahrhunderts, in: Helmar Schramm – Ludger Schwarte – Jan Lazardzig (Hrsg.), *Instrumente in Kunst und Wissenschaft. Zur Architektonik kultureller Grenzen im 17. Jahrhundert* (Berlin), S. 167-193.

Leemann, Fred – Joost Elffers – Michael Schuyt (1975), *Anamorphosen* (Köln).

Lefèvre, Roger (1956), *La vocation de Descartes* (Paris).

Lefèvre, Wolfgang – Jürgen Renn – U. Schoepflin (Hrsg.) (2003), *The power of images in early modern science* (Basel).

Leibniz, Gottfried Wilhelm (1965), *Remarques sur l' Abrégé de la vie de Monsieur des Cartes*, Leibniz: Philosophische Schriften IV, hrsg. v. C.J. Gebhardt (Hildesheim), S. 315-324.

Leinkauf, Thomas (1987), *Kunst und Reflexion. Untersuchungen zum Verhältnis Philipp Otto Runges zur philosophischen Tradition* (München).

– (1993), *Mundus combinatus. Studien zur Struktur der barocken Universalwissenschaft am Beispiel Athanasius Kirchers S.J.* (1602-1680) (Berlin).

– (1993b), Scientia universalis, memoria und status corruptionis. Überlegungen zu philosophischen und theologischen Implikationen der Universalwissenschaft sowie zum Verhältnis von Universalwissenschaft und Theorien des Gedächtnisses, in: Jörg Jochen Berns – Wolfgang Neuber (Hrsg.), *Ars memorativa. Zur kulturgeschichtlichen Bedeutung der Gedächtniskunst 1400-1750* (Tübingen), S. 1-34.

– (2000), Der Natur-Begriff des 17. Jahrhunderts und zwei seiner Interpretamente: „res extensa" und „intima rerum", in: *Berichte zur Wissenschaftsgeschichte* 23, S. 399-417.

– (2006), Bild-Symbol, Geometrie und Methode. Philosophische Implikationen der frühneuzeitlichen Textillustration, in: *Bochumer Philosophisches Jahrbuch für Antike und Mittelalter* 11, S. 73-101.

– (2008), Die Implikation des Begriffes ‚Licht' in der frühen Neuzeit, in: Carolin Bohlmann – Thomas Fink – Philipp Weiss (Hrsg.), *Lichtgefüge des 17. Jahrhunderts. Rembrandt und Vermeer, Spinoza und Leibniz* (München), S. 91-111.

Leinkauf, Thomas (Hrsg.) (2005), *Der Naturbegriff in der frühen Neuzeit. Semantische Perspektiven zwischen 1500 und 1700*; Frühe Neuzeit 110 (Tübingen).

Lennox, James G. (2006), The Comparative Study of Animal Development: William Harvey's Aristotelism, in: Justin E.H. Smith (Hrsg.), *The problem of animal generation in early modern philosophy* (Cambridge), S. 21-46.

Leonhard, Karin (2008), Welt im Fluss - Energieübertragungsmodelle des 17. Jahrhunderts, in: Carolin Bohlmann – Thomas Fink – Philipp Weiss (Hrsg.), *Lichtgefüge des 17. Jahrhunderts. Rembrandt und Vermeer, Spinoza und Leibniz* (München), S. 41-58.

Leonhard, Karin – Robert Felfe (2006), *Lochmuster und Linienspiel. Überlegungen zur Druckgrafik des 17. Jahrhunderts* (Freiburg).

Leroy, Maxim (1929), *Descartes, Le philosophe au masque* (Paris).

Eric P. Lewis (2007), Cartesianism Revisited, in: *Perspectives on Science* 15.4, S. 493-522.

Lindeboom, Gerrit Arie (1972), Florentius Schuyl und seine Bedeutung fur die Verbreitung des Cartesianismus in den Niederlanden, in: *Janus* 59, S. 25-37.
Loeb, Louis E. (1981), *From Descartes to Hume. Continental metaphysics and the development of modern philosophy* (Ithaca u.a.).
Loeck, Gisela (1986), *Der cartesische Materialismus, Maschine, Gesetz und Simulation. Eine Studie der intensionalen Ontologie der Naturwissenschaft* (Frankfurt a.M.).
Lojacono, Ettore (2001), *René Descartes. Von der Metaphysik zur Deutung der Welt* (Spektrum der Wissenschaft) (Heidelberg)
Lovejoy, Arthur O. (1985), *Die große Kette der Wesen. Geschichte eines Gedankens* (Frankfurt a.M.).
Lüthy, Christoph (2000), What to Do with Seventeenth-Century Natural Philosophy? A Taxonomic Problem, in: *Perspectives on Science* 8, S. 164-195.
– (2003), The Invention of Atomist Iconography, in: Jürgen Renn – Urs Schöpflin – Wolfgang Lefèvre (Hrsg.), *The Emergence of Scientific Imagery* (Basel), S. 117-138.
– (2005), Where Logical Necessity Becomes Visual Persuasion: Descartes' Clear and Distinct Illustrations, in: Ian Maclean – Sachiko Kusukawa (Hrsg.), *Transmitting Knowledge: Words, Images and Instruments in Early Modern Europe* (Oxford).
Lüthy, Christoph – Smets, Alexis (2009), Words, Lines, Diagrams, Images: Towards a History of Scientific Imagery, in: *Early Science and Medicine* 14,1-3, S. 398-439.
Lutz-Bachmann, Matthias – Alexander Fidora – Pia Antolic (Hrsg.) (2004), *Erkenntnis und Wissenschaft / Knowledge and Science. Probleme der Epistemologie in der Philosophie des Mittelalters* (Berlin).
Lynes, John-W. (1982), Descartes' Theory of Elements: From Le Monde to the Principes, in: *Journal of the History of Ideas* 43 (1), S. 55-72.
Lyons, John D. – Stephen G. Nichols (1982), *Mimesis. From mirror to method, Augustine to Descartes* (Hanover, New England).
Lyons, John D. (1982), Subjectivity and Imitation in the Discours de la Méthode, in: *Neophilologus* 66, S. 508-524.
– (1989), Camera Obscura: Image and Imagination in Descartes' Meditations, in: D.L. Rubin – M McKinley (Hrsg.), *Convergences. Rhetoric and Poetic in Seventeenth-Century France* (Ohio), S. 179-195.
MacDonald Ross, G. (1993), Okkulte Strömungen, in: J.-P. Schobinger (Hrsg.), *Der Neue Überweg. Die Philosophie des 17. Jahrhunderts* Bd. 1,1 (Basel).
Machamer, Peter (2000), Die philosophische und wissenschaftliche Revolution und das Zeitalter Barock, in: Peter Burgard (Hrsg.), *Barock: Neue Sichtweisen einer Epoche* (Wien), S. 189-202.
– (2002), 17th-Century Demonstrations, in: Wolfgang Detel – Claus Zittel (Hrsg.), *Wissensideale und Wissenskulturen in der frühen Neuzeit* (Berlin), S. 23-38.
Maclean, I. – S. Kusukawa (Hrsg.) (2006), *Transmitting Knowledge. Words, Images and Instruments in Early Modern Europe* (Oxford).
Mahlmann-Bauer, Barbara (2004), *Scientiae et artes: die Vermittlung alten und neuen Wissens in Literatur, Kunst und Musik* (Wiesbaden).
Maier, Michael (1618), *Themis aurea. Das ist Von den Gesetzen und Ordnungen der löblichen Fraternität R.C.* (Frankfurt a.M.).
Malebranche, Nicolas (1962), De la recherche de la vérité, in: Geneviève Rodis-Lewis (Hrsg.), *Oeuvres complètes de Malebranche* (Paris).
Mancosu, Paolo (1996), Philosophy of Mathematics and Mathematical Practice in the Seventeenth Century, in: *Philosophical Books* 38 (2), S. 93-94.
– (2006), Acoustics and Optics in the early modern period, in: K. Park – L. Daston (Hrsg.), *The Cambridge History of Science* Bd. 3: *Early Modern Science* (Cambridge), S. 596-631.
Manders, Kenneth (1995), Descartes et Faulhaber, in: *Archives de Philosophie* 58, S. 1-11.
– (2006), Algebra in Roth, Faulhaber, and Descartes, in: *Historia Mathematica* 33 (2), S. 184-209.
Manthey, Jürgen (1983), *Wenn Blicke zeugen könnten. Eine psychohistorische Studie über das Sehen in Literatur und Philosophie* (Hamburg).
Marinero da Silva, Christoph (2002), A retorica do visual na fisica cartesiana, in: *Revista filosofica de Coimbra* 22, S. 447-466.
Marion, Jean-Luc (1983), Les trois songes ou l'éveil du philosophe, in: J. Deprun – J.-L. Marion (Hrsg.), *La passion de la raison. Hommage à Ferdinand Alquié* (Paris).

– (2000), *Sur l'ontologie grise de Descartes. science Cartésienne et savoir Aristotelicien dans les ,Regulae'* (Paris).
Maritain, Jacques (1932), *Le songe de Descartes. suivi de quelques essais* (Paris).
– (1965), *Le songe de Descartes, suivi de quelques essais* (Paris).
Martin, Craig (2002), Francisco Vallés and the Renaissance Reinterpretation of Aristotle's Meteorologica IV as a Medical Text, in: *Early Science and Medicine* 7, S. 1-30.
– (2004) Alchemy and the Renaissance Commentary Tradition on Meteorologica IV, in: *Ambix: The Journal of the Society for the History of Alchemy and Chemistry* 51, S. 245-262.
– (2006[1]), With Aristotelians Like These, Who Needs Anti-Aristotelians? Chymical Corpuscular Matter Theory in Niccolò Cabeo's Meteorology, in: *Early Science and Medicine* 11.2, S. 135-161.
– (2006[2]) Experience of the New World and Aristotelian Revisions of the Earth's Climates during the Renaissance, in: *History of Meteorology* 3, S. 1-16.
Massey, Lyle (1997), Anamorphosis through Descartes or Perspective Gone Away, in: *Renaissance Quarterly* 50 (4), S. 1148-1189.
Maull, Nancy (1978), Cartesian Optics and Geometrization of Nature, in: *Review of Metaphysics* 32:2, S. 253-276.
Mayr, Otto (1986), *Uhrwerk und Waage. Autorität, Freiheit und technische Systeme in der Frühen Neuzeit* (München).
McMullen, Emerson Thomas (2002), The Origin of Descartes' Mechanical Philosophy, in: *Georgia Journal of Science* 60 (2), S. 127-144.
McMullin, Ernan (1987), Structural Explanation, in: *American Philosophical Quarterly* 15, S. 139-147.
Mehl, Edouard (2001), *Descartes en Allemagne. 1619-1620; le contexte allemand de l'élaboration de la science cartésienne* (Straßburg).
Meier, Matthias (1914), *Descartes und die Renaissance* (München).
Meier, Christel (2002), *Die Enzyklopädie im Wandel vom Hochmittelalter bis zur frühen Neuzeit* (München).
Meinel, Christoph (1988), Les Météores de Froidmont et les Météores de Descartes, in: Anne-Catherine Bernès (Hrsg.), *Libert Froidmont et les résistances aux revolutions scientifiques* (Haccourt), S. 105-29.
– (1988), Early Seventeenth-Century Atomism. Theory, Epistemology, and the Insufficiency of Experiment, in: *Isis* 79, S. 68-103.
– (1992), Okkulte und exakte Wissenschaften, in: August Buck (Hrsg.), *Die okkulten Wissenschaften in der Renaissance* (Wiesbaden), S. 21-44.
Menn, Stephen (2002), *Descartes and Augustine* (Cambridge).
Mersennes, Marin (1623), *Questiones celeriberrime in Genesim* (Paris).
Meschini, F.A. (1996), *Indice dei Principia philosophiae di Réné Descartes* (Florenz).
Michael, Emily – Fred S. Michael (1989), Corporeal Ideas in the Seventeenth Century Psychology, in: *Journal for the History of Ideas*, S. 31-48.
Miller, P.N. (2000), *Peirescs Europe: Learning and Virtue in the Seventeenth Century* (New Haven).
– (2006), Peiresc and the First Natural History of the Mediterrean, in: Martin Mulsow – Jan Assmann (Hrsg.), *Sintflut und Gedächtnis* (München), S. 167-198.
Mittelstraß, Jürgen (1970), *Neuzeit und Aufklärung: Studien zur Entstehung der neuzeitlichen Wissenschaft und Philosophie* (Berlin).
– (1979), The philosopher's conception of „Mathesis Universalis" from Descartes to Leibniz, in: *Annals of Science* 36, S. 593-610.
Molderings, Herbert (2005), Odilon Redon: „L'Oeil comme un ballon bizarre se dirige vers l'infini": Das körperlose Auge als antiimpressionistische Metapher, in: *Zeitschrift für Kunstgeschichte* 68, S. 91-110.
Montaigne, Michel Eyquem de (1998), *Essais* (Frankfurt a.M.).
More, Henry (1662), *A collection of several philosophical writings of Dr. Henry More* (London).
– (1671), *Enchiridion metaphysicum, sive, De rebus incorporeis succincta & luculenta dissertatio* (London).
Morris, Katherine, J. – Gordon Baker (1996), *Descartes' dualism* (London).
Moyal, Gabriel (1985), La traduction et ses interpretations: les songes de Descartes, in: *Texte* 4, S. 161-176.
Moyal, Georges J.D. (1991) (Hrsg.), *René Descartes: Critical assessments* (London).
Mulligan, Lotte (1994), Robert Boyle, „Right Reason", and the Meaning of Metaphor, in: *Journal of the History of Ideas* 55, 2, S. 235-257.

Mulsow, Martin (2004), Figuration und philosophische Findungskunst. Giordano Brunos Lampas triginta statuarum, in: Thomas Leinkauf (Hrsg.), *Giordano Bruno in Wittenberg 1586-1588* (Pisa, Rom), S. 83-94.

– (2006) (Hrsg.), *Sintflut und Gedächtnis: Erinnern und Vergessen des Ursprungs* (München).

Mulsow, Martin – Marcelo Stamm (Hrsg.) (2005), *Konstellationsforschung* (Frankfurt a.M.).

Muzzulini, Daniel (2006), *Genealogie der Klangfarbe* (Bern).

Nadler, Steven M. (1990), Deduction, Confirmation, and the Laws of Nature in: Descartes's „Principia philosophiae", in: *Journal of the History of Philosophy* 28 (3), S. 359-383.

Nadler, Steven (2006), The Doctrine of Ideas, in: Stephen Gaukroger (Hrsg.), *The Blackwell to Descartes' Meditations,* S. 86-103.

Nancy, Jean-Luc (1978), Mundus Est Fabula, *Modern Language Notes: Autobiography and the Problem of the Subject.*

Naudé, Gabriel (1623), *Instruction à la France sur la Verité de l'Histoire des Frères de la Roze-Croix...* (Paris).

Nelson, Benjamin (1986), *Der Ursprung der Moderne. Vergleichende Studien zum Zivilisationsprozeß* (Frankfurt a.M.).

Nelson, Robert S. (2000) Descartes' Cow and Other Domestications of the Visual, in: ders. (Hrsg.), *Visuality Before and Beyond the Renaissance* (Cambridge), S. 1-21.

Neuber, Wolfgang (1989), Zur Gattungspoetik des Reiseberichts. Skizze einer histo-rischen Grundlegung im Horizont von Rhetorik und Topik, in: Peter J. Brenner (Hrsg.), *Der Reisebericht. Die Entwicklung einer Gattung in der deutschen Literatur* (Frankfurt a.M.), S. 50-67.

– (1994), Topik und Intertextualität. Begriffshierarchie und ramistische Wissenschaft in: Theodor Zwingers *Methodus Apodemica.* in: Wilhelm Kühlmann – Wolfgang Neuber (Hrsg.), *Intertextualität in der Frühen Neuzeit* (Frankfurt a.M.), S. 253-278.

– (2001), Memoria, in: Gert Ueding (Hrsg.), *Historisches Wörterbuch der Rhetorik* (Tübingen), S. 1037-1078.

– (2001), Wahrnehmungen an der Oberfläche des Denkens – Zur Kanonkonstruktion der mnemonischen Literatur bei Frances Yates, in: Heinz J. Drügh – Maria Moog-Grünewald (Hrsg.), *Behext von Bildern? Ursachen, Funktionen und Perspektiven der textuellen Faszination durch Bilder* (Heidelberg), S. 57-70.

– (2002), Systematische und kasuistische Wissensordnungen. Mnemotechnische Prozesse im 17. Jahrhundert, in: Wolfgang Detel – Claus Zittel (Hrsg.), *Wissensideale und Wissenskulturen in der frühen Neuzeit / Ideals and Cultures of Knowledge in Early Modern Europe* (Berlin), S. 185-196.

Newman, Lex (2005), Descartes' Rationalist Epistemology, in: Nelson, Alan (Hrsg.), *A Companion to Rationalism (Blackwell Companions to Philosophy)*, S. 179-205.

Niebel, Wilhelm Friedrich (2000), *Descartes im Diskurs der Neuzeit* (Frankfurt a.M.).

Nifo, A. (1560), *In libros Meteorologicorum, in librum de Mistis, sive Quartum Meteororum, ab antiquis nuncupatum & ordinatum* (Venedig).

Nikulin, Dmitri (2002), *Matter, imagination and geometry. Ontology, natural philosophy and mathematics in Plotinus, Proclus and Descartes* (Aldershot).

Nolte, Ulrich (1995), *Philosophische Exerzitien bei Descartes. Aufklärung zwischen Privatmysterium und Gesellschaftsentwurf* (Würzburg).

Nova, Alessandro (2007), Das *Buch des Windes. Das Unsichtbare sichtbar machen* (München).

Nowak, Adolf (1980), Anschauung als musikalische Kategorie, in: Rüdiger Bubner (Hrsg.), *Anschauung als ästhetische Kategorie* (Göttingen), S. 103-117.

Osler, Margaret (1985), Eternal Truths and the Laws of Nature: The Theological Foundations of Descartes' Philosophy of Nature, *Journal of the History of Philosophy* 46, S. 349-362.

– (1994), *Divine will and the mechanical philosophy: Gassendi and Descartes on contingency and necessity in the created world* (Cambridge).

– (Hrsg.) (2000), *Rethinking the scientific revolution* (Cambridge, New York).

– (2000), The canonical Imperative: Rethinking the Scientific Revolution, in: Margaret Osler (Hrsg.), *Rethinking the Scientific Revolution* (Cambridge), S. 3-24.

Otegem, Matthijs van (2002), *A bibliography of the works of Descartes (1637-1704)* (Utrecht).

– (2005), The Relationship between Word and Image in Books on Medicine in the Early Modern Period, in: Karl Enenkel – Wolfgang Neuber (Hrsg.), *Cognition and the Book. Typologies of Formal Organisa-*

tion of Knowledge in the Printed Book of the Early Modern Period. Intersections. Yearbook for Early Modern Studies (Boston, Leiden), S. 603-622.

Palissy, Bernard (1580), *Discours admirables, de la nature des Eaux et fonteines, tant naturelles qu'artificielles, des metaux, des sels & salines, des pierres, des terres, du feu & des emaux. Avec plusieurs autres excel-lens secrets des choses naturelles. Plus un traité de la marne, fort utile et necessaire, pour ceux qui se mellent de l'agriculture...* (Paris).

Palmerino, Carla Rita (2007), Bodies in Water and Planets in the Skies: Uses and Abuses of an Analogical Model in Cosmology, in: Michele Camerota – Sophie Roux – Massimo Bucciantini (Hrsg.), *Mechanics and Cosmology* (Florenz).

Park, Katherine (1986), Picos De imaginatione in der Geschichte der Philosophie, in: Pico della Mirandola, *Über die Vorstellung. De imaginatione* (München), S. 16-40.

Pereboom, Derk (1999), *The rationalists: critical essays on Descartes, Spinoza, and Leibniz*, Critical essays on the classics (Lanham, Md.).

Perler, Dominik (1996), *Repräsentation bei Descartes* (Frankfurt a.M.).

– (1996), Cartesische Emotionen, in: A. Kemmerling – H.-P. Schütt (Hrsg.), *Descartes nachgedacht* (Frankfurt a.M.), S. 51-79.

– (1997), Abkehr vom Mythos. Descartes in der gegenwärtigen Diskussion, in: *Zeitschrift für Philosophische Forschung* 51 (2), S. 285-308.

– (1998), *René Descartes* (München).

– (1999), Ein historisch geschärfter Blick auf die Philosophie der frühen Neuzeit, in: *Philosophische Rundschau* 46, S. 43-55.

– (2003), Was ist ein frühneuzeitlicher philosophischer Text? Kritische Überlegungen zum Rationalismus/Empirismus-Schema, in: H. Puff – Ch. Wild (Hrsg.), *Zwischen den Disziplinen? Perspektiven der Frühneuzeitforschung* (Göttingen), S. 55-80.

Petrus, Klaus – Jörg Freudiger (1996), Empirisches bei Descartes, in: *Studia Philosophica* 55, S. 31-52.

Peuckert, Will-Erich (1928), *Die Rosenkreutzer. Zur Geschichte einer Reformation* (Jena).

Pflug, Günther (1982), Descartes und das mechanistische Menschenbild, in: *Medizinhistorisches Journal* 17, S. 3-19.

Plempius, Vopiscus Fortunatus, *Ophtalmographia, sive de oculi fabrica*, Amsterdam 1632.

Plutarchus (2000), *Ist „lebe im Verborgenen" eine gute Lebensregel?*, hrsg. v. U. Berner (Darmstadt).

Pomponazzi, P. (1563), *Dubitationes in quartum Meteorologicorum* (Venedig).

Popkin, Richard H. (1968), *The History of Scepticism from Erasmus to Descartes* (New York).

Poulet, Georges (1950), *Études sur les temps humain* (Paris).

Pozsgai, M. (2000), Unmittelbare Vermittlung. Anatomie und Autorschaft in De humani corporis fabrica (1543), in: *Zeitsprünge*, S. 254-282.

Priesner, K. – K. Figalla (1998), *Alchemie. Lexikon einer hermetischen Wissenschaft* (München).

Pulkkinen, Jarmo (2008), The role of Metaphors in William Harvey's Thought, in: C. Zittel – G. Engel – R. Nanni (Hrsg.), *Philosophies of Technology: Francis Bacon and his Contemporaries* (Leiden, Boston), S. 253-286.

Pyle, Andrew (2003), *Malebranche* (London).

Quintilianus, Marcus Fabius (1995), *Ausbildung des Redners = M. Fabii Quintiliani Institutionis oratoriae libri XII*, hrsg. v. H. Rahn (Darmstadt).

Quiring, Heinrich (1954/55), Der Traum des Descartes. Eine Verschlüsselung seiner Kosmologie, seiner Methodik und der Grundlage seiner Philosophie, in: *Kantstudien* 46, S. 135-136.

Rahn, Thomas (1993), Traum und Gedächtnis. Memoriale Affizierungspotentiale und Ordnungsgrade der Traumgenera in der Frühen Neuzeit, in: Jörg J. Berns – Wolfgang Neuber (Hrsg.), *Ars memorativa* (Tübingen), S. 331-350.

Ränsch-Trill, Barbara (1996), *Phantasie: Welterkenntnis und Welterschaffung. Zur philosophischen Theorie der Einbildungskraft* (Bonn).

Recker, Doren A (1993), Mathematical demonstration and deduction in Descartes' early methodological and scientific writings, in: *Journal of the History of Philosophy* 31.2, S. 223-44.

Rée, Jonathan (1987), *Philosophical Tales* (London).

Reeves, Eileen (1999), *Painting the heavens. Art and Science in the Age of Galileo* (Princeton).

– (2002), Occult Sympathies and Antiphathies: The Case of Early Modern Magnetism, in: Wolfgang Detel – Claus Zittel (Hrsg.), *Wissensideale und Wissenskulturen in der frühen Neuzeit* (Berlin), S. 161-84.

Regius, Heinrich (1654), *Philosophia naturalis* (Amsterdam).

– (1687), *Philosophie naturelle* (Amsterdam).

Reiss, Timothy J. (1991), Descartes, the Palatinate, and the Thirty Years War: Political Theory and Political Practice, *Yale French Studies*, S. 108-145.

– (1997), *Knowledge, discovery and imagination in early modern Europe: the rise of aesthetic rationalism* (Cambridge).

Remmele, Bernd (2003), *Die Entstehung des Maschinenparadigmas: technologischer Hintergrund und kategoriale Voraussetzungen* (Opladen).

Remmert, Volker R. (2005), *Widmung, Welterklärung und Wissenschaftslegitimierung. Titelbilder und ihre Funktionen in der Wissenschaftlichen Revolution* (Wiesbaden).

Rheinberger, Hans-Jörg (2005), *Iterationen* (Berlin).

– (Berlin 2003), ‚Präparate – ‚Bilder' ihrer selbst. Eine bildtheoretische Glosse, in: *Bildwelten des Wissens. Kunsthistorisches Jahrbuch für Bildkritik* 1,2 Oberflächen der Theorie, S. 9-19.

Ribe, Neil (1997), Cartesian optics and the mastery of nature, in: *Isis* 88, S. 42-61.

Ribeiro dos Santos, L. (2001), *Retorica da Evidencia ou Descartes segundo a Ordem das Images* (Coimbra).

Risse, Wilhelm (1963), Zur Vorgeschichte der cartesischen Methodenlehre, in: *Archiv für Geschichte der Philosophie* 45, S. 269-291.

Rittmeister, J. (1969), Die mystische Krise des jungen Descartes, in: *Zeitschrift für psychosomatische Medizin und Psychoanalyse* XV, S. 206-224.

Robin, R. (1993), *The Scientific Image* (New York).

Robinet, André (1999), *Descartes: La lumière naturelle: Intuition, disposition, complexion* (Paris).

Rockmore, Tom (1997), Fichte, die subjektive Wende und der kartesische Traum, in: *Fichte-Studien* 9, S. 115-126.

Röd, Wolfgang (1995), *Descartes. die Genese des Cartesianischen Rationalismus* (3., erg. Aufl. München).

Rodis-Lewis, G. (1978), Limitations of the Mechanical Model in the Cartesian Conception of the Organism, in: M. Hooker (Hrsg.), *Descartes. Critical and Interpretative Essays* (Baltimore, London), S. 152-170.

– (1993), Louis de la Forge, in Jean-Pierre Schobinger (Hrsg.), *Der Neue Überweg. Grundriss der Geschichte, Die Philosophie des 17. Jahrhunderts, Bd. 2: Frankreich und Niederlande* (Basel), S. 409-413.

Rodis-Lewis, Geneviève (1996), *Descartes et le rationalisme* (Paris).

– (1997), *Le développement de la pensée de Descartes* (Paris).

Roger, Jacques (1993), *Les sciences de la vie dans la pensée française du XVIIIe siècle. la génération des animaux de Descartes à l'encyclopédie* (Paris).

– (1997), *The Life Sciences in Eighteenth-Century French Thought* (Stanford).

Romanowski, Sylvie (1973), Descartes: From Science to Discourse, in: *Yale French Studies* 49, S. 96-109.

– (1974), *L'illusion chez Descartes. La structure du discours cartésien* (Paris).

Rorty, Richard (1993), *Eine Kultur ohne Zentrum* (Stuttgart).

Rosenfield, Leonora Cohen (1968), *From beast-machine to man-machine; animal soul in French letters from Descartes to La Mettrie* (New York).

Rosenmeyer, Thomas G. (1986), Phantasia und Einbildungskaft. Zur Vorgeschichte eines Leitbegriffs der europäischen Ästhetik, in: *Poetica* 18, S. 198-247.

Rossi, Paolo (1974), *Francesco Bacone: dalla magia alla scienza* (Turin).

– (1983), *Clavis universalis: arti della memoria e logica combinatoria da Lullo a Leibniz* (Bologna).

– (1984), *The dark abyss of time: the history of the earth & the history of nations from Hooke to Vico* (Chicago)

– (1997), *Die Geburt der modernen Wissenschaft in Europa* (München).

Rothschuh, Karl (1957), Der Begriff der „Physiologie" und sein Bedeutungswandel in der Geschichte der Wissenschaft, in: *Archives Internationales d'Histoire des Sciences* 40, S. 217-225.

– (1966), René Descartes und die Theorie der Lebenserscheinungen, in: *Sudhoffs Archiv* 50, S. 25-42.

– (1970), Technomorphes Lebensmodell contra Virtus-Modell (Descartes gegen Fernel), in: *Sudhoffs Archiv* 54, S. 337-354.

– (1974), Descartes erklärt die Bildung des Foetus, in: Gerrit A. Lindeboom (Hrsg.), *Circa tiliam: studia historiae medicinae Gerrit Arie Lindeboom, septuagenario oblata* (Leiden), S. 278-291.

Roux, Wilhelm (1881), *Der Kampf der Theile im Organismus. Ein Beitrag zur Vervollständigung der mechanischen Zweckmässigkeitslehre* (Leipzig).
Roy, Jean H. (1944), *L'imagination selon Descartes* (Paris).
Rudolph, Enno (1986), *Positionen der Descarteskritik* (Heidelberg).
Sabra, A. I. (1981), *Theories of light, from Descartes to Newton* (Cambridge, New York).
Sachs-Hombach, Klaus (Hrsg.) (2005), *Bildwissenschaft* (Frankfurt a.M.).
Samsonow, Elisabeth von (2001), *Fenster im Papier. Die imaginäre Kollision der Architektur mit der Schrift oder die Gedächtnisrevolution der Renaissance* (München).
Sawday, Jonathan (1995), *The body emblazoned: dissection and the human dody in Renaissance culture* (London, New York).
– (1995), Mastering the deviant will: Rembrandt, Descartes and the creation of Social Identity in the seventeenth century, in: Conny Lösch (Hrsg.), *Nationalismus und Subjektivität* = Mitteilungen 2/ Zentrum zur Erforschung der Frühen Neuzeit (Frankfurt a.M.), S. 125-150
– (1998), Rembrandt und Descartes: Zur Entstehung nationaler Identität, in: Ulrich Bielefeld – Gisela Engel (Hrsg.), *Bilder der Nation. Kulturelle und politische Konstruktionen des Nationalen am Beginn der europäischen Moderne* (Hamburg).
Schaffer, Simon (1992), Self Evidence, in: *Critical Inquiry* 18 (2), S. 327-362.
Schalk, Fritz (1975), Zur Geschichte von „Enthousiasme“, *Romanische Forschungen* 87 (2), S. 212-225.
Schanze, Helmut, et al. (1989), *Rhetorik und Philosophie* (München).
Scheer, Brigitte (1997), *Einführung in die philosophische Ästhetik* (Darmstadt).
Scheiner, Christoph (1631), *Pantographice, seu Ars Delineandi Res Quaslibet per Parallelogrammum* (Rom).
Schell, H.R. (2004), Casting Life, Recasting Experience: Bernard Palissy's Occupation between Maker and Nature, in: *Configurations* 12, S. 1-40.
Schenckel, Lambert (1595), *De Memoria liber secundus: in quo est Ars Memoriae, ex ipso D. Thoma Aquinate, Doctore Angelico, Aristotele, M. T. Cicerone, F. Quinctiliano, Philosophorum et Oratorum Principibus, ac hujus etiam artis fontibus, aliisque, compendiose absoluteque et collecta, et latiore explicatione explicata* (Leodii).
– (1611), *Gazophylacium artis memoriae, in quo duobus libris omnia et singvla ea qvae ad absolutam hujus cognitionem inserviunt, recondita habentur. I. De admirabili utilitate & stupendis memoriae artificio adjutae effectibus, ... II. De ipsa memoriae arte acquirenda, fundamentis, methodo & praxi ejusdem ...* (Straßburg).
Schenckel, Lamprecht (1804), *Compendium der Mnemonik oder Erinnerungswissenschaft* (aus d. Lat. mit Vorr. u. Anm. von Johann Ludwig Klüber) (Erlangen).
Schiebinger, L. (1989), *The Mind Has No Sex?* (Cambridge Mass., London).
Schiemann, Gregor (2005), *Natur, Technik, Geist: Kontexte der Natur nach Aristoteles und Descartes in lebensweltlicher und subjektiver Erfahrung* (Berlin).
Schildknecht, Christiane (1990), *Philosophische Masken. Literarische Formen der Philosophie bei Platon, Descartes, Wolff und Lichtenberg* (Stuttgart).
– (1990), Erleuchtung und Tarnung. Überlegungen zur literarischen Form bei René Descartes, in: Gottfried Gabriel – Christiane Schildknecht (Hrsg.), *Literarische Formen der Philosophie* (Stuttgart), S. 92-120.
Schirrmeister, Albert (2001), Traum und Wissen in der Frühen Neuzeit. Erste Annäherungen, in: *Zeitsprünge. Forschungen zur Frühen Neuzeit* 5, S. 297-310.
– (2002), Rationalität und Geschichte. Zum Status von geträumter Wahrnehmung in spezifischen kulturellen Kontexten der Frühen Neuzeit, in: Nicole C. Karafyllis – Jan C. Schmidt (Hrsg.), *Zugänge zur Rationalität der Zukunft* (Stuttgart, Weimar), S. 95-111.
Schmaltz, Tad M. (2002), *Radical Cartesianism. The French reception of Descartes* (Cambridge, UK, New York).
– (2005), *Receptions of Descartes: Cartesianism and anti-Cartesianism in early modern Europe* (London).
– (2006), Seventeenth-Century Responses to the Meditations, in: Stephen Gaukroger (Hrsg.), *The Blackwell to Descartes' Meditations*, S. 193-203.

Schmeiser, Leonhard (2002), *Die Erfindung der Zentralperspektive und die Entstehung der neuzeitlichen Wissenschaft* (München).

Schmidt, Jochen (1984), ‚Sobria ebrietas'. Hölderlins Hälfte des Lebens, in: Wulf Segebrecht (Hrsg.), *Gedichte und Interpretationen, Bd. 3: Klassik und Romantik* (Stuttgart), S. 256-267.

Schmidt-Biggemann, Wilhelm (1983), *Topica universalis. Eine Modellgeschichte humanistischer und barocker Wissenschaft* (Hamburg).

– (1993), Robert Fludds Theatrum memoriae, in: J.J. Berns – W. Neuber (Hrsg.), *Ars memorativa* (Tübingen), S. 154-169.

– (2005), Kosmos und Kabbala. Robert Fludds Naturkonzeption, in: Thomas Leinkauf (Hrsg.), *Der Naturbegriff in der Frühen Neuzeit* (Tübingen), S. 213-235.

– (2008), Bilder des Unsichtbaren: Robert Fludds Konzeption des Weltgeistes, in: Christine Göttler – Wolfgang Neuber (Hrsg.), *Spirits unseen: the representation of subtle bodies in early modern European culture* (Leiden), S. 197-209.

Schnädelbach, Herbert – Ekkehard Martens (Hrsg.) (1985), *Philosophie. Ein Grundkurs* (Reinbek).

Schnädelbach, Herbert (1992), *Zur Rehabilitation des animal rationale* (Frankfurt a.M.).

– (2000), Descartes und das Projekt der Aufklärung, in: W. Niebel – A. Horn – H. Schnädelbach (Hrsg.), *Descartes im Diskurs der Neuzeit* (Frankfurt a.M.), S. 186-206.

Schneer, Cecil (1960), Kepler's New Year's Gift of a Snowflake, in: *Isis* 51 (4), S. 531-535.

Schneider, Ivo (1993), *Johannes Faulhaber (1580-1635). Rechenmeister in einer Welt des Umbruchs* (Basel).

– (1997), Wie Huren und Betrüger: die Begegnung des jungen Descartes mit der Welt der Praktiker der Mathematik, in: *Berichte zur Wissenschaftsgeschichte* 20 (2-3), S. 173-188.

Schneider, Martin (1993), *Das mechanistische Denken in der Kontroverse. Descartes' Beitrag zum Geist-Maschine-Problem*, Studia Leibnitiana Supplementa 29 (Stuttgart).

Schobinger, Jean-Pierre (Hrsg.) (1993), *Der Neue Überweg. Grundriss der Geschichte: Die Philosophie des 17. Jahrhunderts* Bd. 2: Frankreich und Niederlande (Basel).

Scholl, Ann (2001), *Illusions and delusions. Descartes's use of imagination in „The meditations"* (New York).

Scholz, Gunter (2002), Erfindungsgeist und Bildlichkeit in der neuzeitlichen Wissenschaft, in: Rudolf Behrens (Hrsg.), *Ordnungen des Imaginären. Theorien der Imagination in funktions-geschichtlicher Sicht. Zeitschrift für Ästhetik und Allgemeine Kunstwissenschaft* (Hamburg), S. 69-85.

Scholz, Oliver R. (2004), *Bild, Darstellung, Zeichen. Philosophische Theorien bildlicher Darstellung* (Frankfurt a.M.).

Schönberger, Stephen A. (1939), A Dream of Descartes. Reflections on the Unconscious Determinants of the science, in: *The International Journal of Psychoanalysis* 20, S. 43-57.

Schoock, Martinus (1643), *Admiranda methodus novae philosophiae Renati Des Cartes* (Utrecht).

Schoock, Martinus, et al. (1988), *La Querelle d'Utrecht: René Descartes et Martin Schoock* (Paris).

Schooten, Frans van (1651), *Principia Matheseos Universalis, seu introductio ad Geometriæ methodum Renati Descartes* (Leiden).

– (1646), *De Organica Conicarum Sectionum In Plano Descriptione, Tractatus. Geometris, Opticis; Præsertim verò Gnomocis et Mechanicis Utilis. Cui subnexa est Appendix, de Cubicarum Æquationum resolutione* (Leiden).

Schouls Peter, A. (2000), *Descartes and the possibility of science* (Ithaca, NY).

Schramm, Helmar (1996), *Karneval des Denkens: Theatralität im Spiegel philosophischer Texte des 16. und 17. Jahrhunderts* (Berlin).

– (2003), *Bühnen des Wissens : Interferenzen zwischen Wissenschaft und Kunst* (Berlin).

Christoph Scheiner (1619), *Oculus Hoc Est: Fundamentvm Opticum, In Quo Ex Accurata Oculi Anatome, Abstrusarum Experientiarum Sedula Pervestigatione, ex inuisis specierum visibilium tam euerso quam erecto situ spectaculis, necnon solidis rationum momentis Radius Visualis Eruitur; Sua Visioni In Oculo Sedes Decernitur; Anguli Visorii Ingenium Aperitur* (Oeniponti = Insbruck).

Schröder, Gerhart (1985), *Logos und List : zur Entwicklung der Ästhetik in der frühen Neuzeit* (Königstein/Ts.).

Schüling, H. (1969), *Die Geschichte der axiomatischen Methode im 16. und beginnenden 17. Jahrhundert* (Hildesheim).

Schuster, John A. (1980), Descartes' mathesis universalis, 1619-28, in: Stephen Gaukroger (Hrsg.), *Descartes: Philosophy, Mathematics & Physics* (Sussex), S. 41-96.
– (1985), Cartesian Method as mythic speech: a diachronic and structural analysis in: J.A. Schuster – R.R. Yeo (Hrsg.), *The politics and rhetoric of scientific method. Historical studies* (Dordrecht), S. 33-95.
– (1986), Cartesian method as mythic speech, in: John A. Schuster – R.R. Yeo (Hrsg.), *The politics and rhetoric of scientific method* (Dordrecht), S. 33-95.
Schuster, John A. – Stephen Gaukroger – John Sutton (Hrsg.) (2000), *Descartes' natural philosophy* (London).
Schütt, Hans-Peter (1998), *Die Adoption des „Vaters der modernen Philosophie": Studien zu einem Gemeinplatz der Ideengeschichte* (Frankfurt a.M.).
Schuyl, Florentius (1672), De veritate scientiarvm et artium academicarum. Qua, demonstratâ mentis & Dei Opt. Max. existentiâ, omnium scientiarum & artium certitudo ex evidenti Dei & nostri cognitione indubiratò deducitur. in: G.A. Lindeboom (Hrsg.), *Florentius Schuyl (1619-1669) en zijn betekenis voor het cartesianisme in de geneeskunde* (Den Haag 1974, Leiden), S. 125-152.
Schwarte, Ludger (2005), Die Anatomie des Hirns als Instrumentalisierung der Vernunft, in: L. Schwarte – H. Schramm – J. Lazardzig (Hrsg.), *Instrumente in Kunst und Wissenschaft. Zur Architektonik kultureller Grenzen im 17. Jahrhundert* (Berlin).
Schweighart, Theophilus (= Daniel Mögling) (1617), *Pandora sextae aetatis, sive speculum gratiae: D. i.: Die gantze Kunst und Wissenschaft der von Gott hocherleuchten Fraternitet Christiani Rosencreutz, o.O.*
Sebba, Gregor – Richard A.Watson (1987), *The dream of Descartes* (Carbondale).
Sepper, Dennis L. (1989), Descartes and the Eclipse of Imagination. 1618-30, in: *Journal of the History of Philosophy* 27, S. 379-403.
– (1993), Ingenium, Memory Art, and the Unity of Imaginative Knowing in the early Descartes, in: Stephen Voss (Hrsg.), *Essays on the Philosophy and Science of René Descartes* (New York; Oxford), S. 142-61.
– (1996), *Descartes's imagination. Proportion, images, and the activity of thinking* (Berkeley).
– (2000), Figuring things out: figurate problem-solving in the early Descartes, in: Schuster – Gaukroger – Sutton (Hrsg.), *Descartes' Natural Philosophy* (Routledge), S. 228-48.
Shapin, Steven – Simon Schaffer (1985), *Leviathan and the air-pump: Hobbes, Boyle, and the experimental life* (Princeton).
Shapin, Steven (1994), *A social history of truth: civility and science in seventeenth-century England* (Chicago).
– (1998), *Die wissenschaftliche Revolution* (Frankfurt a.M.).
– (2000), Descartes the doctor. Rationalism and its therapies, in: *The British Journal for the History of Science* 33, S. 131-154.
Shapiro, Alan E. (2008), In Search of Cartesian Painting: Descartes on the Nature of Light and Colour, in: Carolin Bohlmann – Thomas Fink – Philipp Weiss (Hrsg.), *Lichtgefüge des 17. Jahrhunderts. Rembrandt und Vermeer, Spinoza und Leibniz* (München), S. 29-40.
Shea, William (1991), *The Magic of Numbers and Motion: the Scientific Career of René Descartes* (Nantucket, MA).
Silva, Christoph Marinero da (2002), A retorica do visual na fisica cartesiana, in: *Revista filosofica de Coimbra* 22, S. 447-466.
Simmons, Alison (2001), Sensible Ends: Latent Teleology in Descartes' Account of Sensation, in: *Journal of the History of Philosophy* 39 (1), S. 49-75.
– (2003), Descartes on the Cognitive Structure of Sensory Experience, in: *Philosophy and Phenomenological Research* 67 (3), S. 549-579.
Simon, Gérard (1995), Les ‚Olympica' dans le premier dix-septième siècle, in: Fernand Hallyn (Hrsg.), *Les olympiques des Descartes. Études et textes* (Genf), S. 141-158.
Smith, N. Kemp (1952), *New Studies in the Philosophy of Descartes. Descartes as Pioneer* (London).
Smith, A.M. (1987), *Descartes's theory of light and refraction. a discourse on method* (Philadelphia).
Smith, Justin E.H. (Hrsg.) (2006), *The problem of animal generation in early modern philosophy*, Cambridge studies in philosophy and biology (Cambridge, New York).
Snyder, Joel (1980), Picturing Vision, in: *Critical Inquiry* VI, S. 499-526.

Sorell, Tom (2004), *Descartes* (Freiburg im Breisgau).

– (2005), *Descartes reinvented* (Cambridge), S X-XXIII.

Sorell, Tom – G.A.J. Rogers (Hrsg) (2005), *Analytic philosophy and history of philosophy* (Oxford).

Sorell, Tom (2005), On Saying No to History of Philosophy, in: Tom Sorell – G.A.J. Rogers (Hrsg.), *Analytic Philosophy and History of Philosophy* (Oxford).

Specht, Rainer *Geschichte der Philosophie in Text und Darstellung*, Bd. 5. Rationalismus (Stuttgart).

– (1966), *Commercium mentis et corporis. Über Kausalvorstellungen im Cartesianismus* (Stuttgart, Bad Cannstatt).

– (1972), *Innovation und Folgelast: Beispiele aus der neueren Philosophie- und Wissenschaftsgeschichte* (Stuttgart, Bad Cannstatt).

– (1995), *René Descartes* (Reinbek bei Hamburg).

Starobinski, Jean (1990), *Das Rettende in der Gefahr: Kunstgriffe der Aufklärung* (Frankfurt a.M.).

Steno, Nicolaus (1662), *Observationes anatomicae quibus varia oris, oculorum, & narium vasa describuntur, novique salivae, lacrymarum & muci fontes deteguntur, et novum nobilissimi Bilsii de lymphae motu & usu commentum examinatur & rejicitur* (Leiden).

– (1669), *Discours de M. Stenon sur l'anatomie du cerveau* (Paris).

Stierle, Karlheinz (1984), Gespräch und Diskurs. Ein Versuch im Blick auf Montaigne, Descartes und Pascal, in: K. Stierle – R. Warning (Hrsg.), *Das Gespräch* (München), S. 297-334.

Stohrer, Walter John (1979), Descartes and Ignatius Loyola: La Flèche and Manresa Revisited, in: *Journal of the History of Philosophy* 17 (1), S. 1-27.

Stoichita, Victor (1998), *Das selbstbewußte Bild. Vom Ursprung der Metamalerei* (München).

Stollberg, Arne (2006), *Ohr und Auge – Klang und Form: Facetten einer musikästhetischen Dichotomie bei Johann Gottfried Herder, Richard Wagner und Franz Schreker* (Stuttgart).

Stollberg-Rilinger, Barbara (1986), *Der Staat als Maschine. Zur politischen Metaphorik des absoluten Fürstenstaats* (Berlin).

Straker, S. (1976), The ‚Eye Made ‚Other': Dürer, Kepler, and the Mechanization of Light and Vision, in: Louis A. Knafla – Martin S. Staum – T.H.E. Travers (Hrsg.), *Science, Technology, and Culture in Historical Perspective* (Calgary), S. 7-25.

Sutter, Axel (1988), *Göttliche Maschinen. Die Automaten für Lebendiges bei Descartes, Leibniz, La Mettrie und Kant* (Frankfurt a.M.).

Swammerdam, Jan (1667), *Tractatus physico – anatomico – medicus de respiratione usuque pulmonum: in quo, praeter primam Respirationis in Foetu inchoationem, Aeris per Circulum Propulsio statuminatur, Attractio exploditur, Experimentaque ad explicandum Sanguinis in Corde tam auctum quam diminutum Motum in medium producuntur.*

Tape, Walter – Eva Seidenfaden – Gunther P. Können (1934), The legendary Rome halo displays, in: *APPLIED OPTICS* Bd. 47, S. 71-84.

Taussig, Sylvie (2004), L'éruption du Vésuve de 1631: Naudé et Gassendi, in: D. Bertrand (Hrsg.), *Mémoire du volcan et modernité* (Paris), S. 345-368.

Thimann, Michael (2007), *Gedächtnis und Bild-Kunst: die Ordnung des Künstlerwissens in Joachim von Sandrarts Teutscher Academie* (Freiburg i.Br.).

Tiemersma, D. (1988), Methodological and theoretical aspects of Descartes' treatise on the rainbow, in: *Studies in the History and Philosophy of Science* 19, S. 347-364.

Torra Mattenklott, Caroline (2002), *Metaphorologie der Rührung* (München).

Turnbull, G.H. (1954/1955), Johann Valentin Andreaes „Societas christiana, in: *Zeitschrift für deutsche Philologie* 73/74, S. 407-432/151-185.

Vaccari, Andres (2008), Legitimating the Machine: The Epistomological Foundation of Technological Metaphor in the Natural Philosophy of Descartes, in: C. Zittel – G. Engel – R. Nanni (Hrsg.), *Intersections. Yearbook for Early Modern Studies. Philosophies of Technology: Francis Bacon and his Contemporaries* (Boston, Leiden), S. 287-336.

Vanagt Katrien (2011), The Role of the ‚Camera Obscura' in Early Modern Medical Conceptions about the Eye', erscheint in: Helen King – Manfred Horstmannshoff – Claus Zittel (Hrsg.), *Blood, Sweat, and Tears. The Changing Concepts of Physiology from Antiquity into Early Modern Europe* (Leiden, Boston).

Van de Pitte, Fred (1979), Descartes' Mathesis Universalis, in: *Archiv für Geschichte der Philosophie* 61, S. 154-174, auch in: Georges J.D. Moyal (Hrsg.), *René Descartes: Critical assessments* 1 (New York 1991), S. 61-79.

– (1991), The dating of Rule IV-B in Descartes' Regulae ad directionem ingenii, in: *Journal of the History of Philosophy* 29, S. 375-395.

van Helden, Albert – Mary G.Winkler (1994), Johannes Hevelius and the Visual Language of Astronomy, in: J.V. Field – A.J.L. James Frank (Hrsg.), *Renaissance and Revolution: Humanists, Scholars, Craftsmen, and Natural Philosophers in Early Modern Europe* (Cambridge), S. 97-116.

Verbeek, T. (1992), *Descartes and the Dutch: early reactions to Cartesian philosophy, 1637-1650* (Carbondale).

Vesalius, Andreas (1543), De corporis humani fabrica libri septem (Basel).

Vietta, Silvio (1986), *Literarische Phantasie: Theorie und Geschichte. Barock und Aufklärung* (Stuttgart).

Voss, Stephen (Hrsg.) (1993), *Essays on the philosophy and science of René Descartes* (New York).

Wagner, Jean-Marie (1976), Esquisse du cadre divinatoire des songes de Descartes, in: *Baroque: revue internationale* 6, S. 81-95.

Wahl, Jean (1994), *Du rôle de l'idée de l'instant dans la philosophie de Descartes* (Paris).

Walker, Daniel P. (1987), Keplers Himmelsmusik, in: Frieder Zaminer (Hrsg.), *Geschichte der Musiktheorie, Bd. 6: Hören, Messen und Rechnen in der frühen Neuzeit* (Darmstadt), S. 81-108.

Watson, Richard (2007), *Cogito ergo sum. The life of Descartes* (Boston).

Weber, Jean-Paul (1964), *La Constitution du Texte des Regulae* (Paris).

Weigel, Valentin (1613), *Der güldene Griff/ Alle Ding ohne Irrthumb zu erkennen/ vielen Hochgelährten unbekandt/ und doch allen Menschen nothwendig zu wissen* (Halle).

Weinrich, Harald (1982), Erzählte Philosophie oder Geschichte des Geistes: Linguistische Bemerkungen zu Descartes und Rousseau, in: ders., *Literatur für Leser* (München), S. 184-202.

– (1997), *Lethe, Kunst und Kritik des Vergessens* (München).

Werrett, Simon (2001), Wonders never cease: Descartes Météores and the rainbow fountain, in: *BJHS* 34, S. 129-147.

Westfall, Richard (1977), *The construction of Modern Science* (Cambridge).

Wiesing, Lambert (Hrsg.) (2002), *Philosophie der Wahrnehmung: Modelle und Reflexionen* (Frankfurt a.M.).

Wild, Markus (2003), Tiere als ‚blosse' Körper? Über ein Problem bei Descartes und McDowell, *Studia philosophica / Der Körper in der Philosophie – Le corps dans la philosophie.*

– (2006) *Die anthropologische Differenz. Der Geist der Tiere in der frühen Neuzeit bei Montaigne, Descartes und Hume* (Berlin, New York).

Wilkin, Rebecca (2003), Figuring the Dead Descartes: Claude Clerselier's Homme de René Descartes (1664), in: *Representations* 83, S. 38-66.

Willems, Gottfried (1989), *Anschaulichkeit. Zu Theorie und Geschichte der Wort-Bild-Beziehungen und des literarischen Darstellungsstils* (Tübingen)

Williams, Bernard (1996), *Descartes. Das Vorhaben der reinen philosophischen Untersuchung* (Weinheim).

Wilson, Catherine (1997), *The Invisible World. Early Modern Philosophy and the Invention of the Microscope* (Princeton)

– (2005), Is the History of Philosophy Good for Philosophy? in: Tom Sorell – G.A.J. Rogers (Hrsg.), *Analytic Philosophy and History of Philosophy* (Oxford), S. 61-82.

Wilson, Margaret Dauler (1978), *Descartes* (London).

Wimböck, Gabriele – Karin Leonhard – Markus Friedrich (2007) (Hrsg.), *Evidentia. Reichweiten visueller Wahrnehmung in der Frühen Neuzeit* (Berlin).

Wisdom, J.O. (1947), Three dreams of Descartes', in: *The International Journal of Psychoanalysis* 28, S. 11-18.

Wittgenstein, Ludwig (2001), *Philosophische Untersuchungen* (Frankfurt a.M.).

Wolf-Devine, Celia (1993), *Descartes on seeing: epistemology and visual perception* (Carbondale).

– (2000), Descartes' theory of visual spatial perception, in Stephen Gaukroger – John Schuster – John Sutton, (Hrsg.), *Descartes' Natural Philosophy* (London), S. 505-524.

Wolf-Heidegger, G. – Anna Maria Cetto (1967), *Die anatomische Sektion in bildlicher Darstellung* (Basel).

Wollgast, Siegfried (1993), *Philosophie in Deutschland zwischen Reformation und Aufklärung 1550-1650* (Berlin).
Won, Suck-Young (1997), *Das Problem des Skeptizismus bei Descartes und Locke* (Göttingen).
Yates, Frances Amelia (1969), *Theatre of the world* (Chicago).
– (1975), *Aufklärung im Zeichen des Rosenkreuzes* (Stuttgart).
– (1989), *Giordano Bruno in der englischen Renaissance* (Berlin).
– (1990), *Gedächtnis und Erinnern Mnemonik von Aristoteles bis Shakespeare* (Weinheim).
– (1991), *Die okkulte Philosophie im Elisabethanischen Zeitalter* (Amsterdam).
Yeo, Richard R. (1986), Scientific method and rhetoric of science in britain, in: John Schuster (Hrsg.), *The politics and Rhetoric of Scientific Method* (Dordrecht), S. 259-297.
Yolton, John W. (1984), *Perceptual acquaintance from Descartes to Reid* (Minneapolis).
Zilsel, Edgar (1976), *Die sozialen Ursprünge der neuzeitlichen Wissenschaft* (Frankfurt a.M.).
Zittel, Claus (2000), Mirabilis scientiae fundamenta. Die Philosophie des jungen Descartes (1619-1628), in: Jörg J. Berns – Wolfgang Neuber (Hrsg.), *Seelenmaschinen. Gattungstraditionen, Funktionen und Leistungsgrenzen der Mnemotechniken vom späten Mittelalter bis zum Beginn der Moderne.* (Wien, Köln, Weimar), S. 309-362.
– (Hrsg.) (2002), *Wissen und soziale Konstruktion* (Berlin).
– (2002), Konstruktionsprobleme des Sozialkonstruktivismus, in: C. Zittel (Hrsg.), *Wissen und soziale Konstruktion* (Berlin), S. 87-108.
– (2002), „Truth is the daughter of time". Zum Verhältnis von Theorie der Wissenskultur, Wissensideal, Methode und Wissensordnung bei Bacon, in: Wolfgang Detel – Claus Zittel (Hrsg.), *Wissensideale und Wissenskulturen in der Frühen Neuzeit* (Berlin), S. 213-238.
– (2002), Begründungsprobleme neuzeitlicher Wissenschaft an der Schwelle zur Aufklärung: Der Fall Hevelius, in: Christoph Marx – Barbara Sapala (Hrsg.), *Das geistige Leben in Preussen zur Zeit der Frühaufklärung*, (Olsztyn), S. 7-29.
– (2004), William Gilbert: Die Erde – ein großer Magnet, *Spektrum der Wissenschaft: Forschung und Technik in der Renaissance*, S. 46-50.
– (2005), Abbilden und Überzeugen bei Descartes, in: Karl Enenkel – Wolfgang Neuber (Hrsg.), *Cognition and the Book. Typologies of Formal Organisation of Knowledge in the Printed Book of the Early Modern Period. Intersections. Yearbook for Early Modern Studies* IV (Boston, Leiden), S. 535-601.
– (2005), *Demonstrationes ad oculos*: Typologisierungsvorschläge für wissenschaftliche Illustrationen in der frühen Neuzeit, in: Schirrmeister (Hrsg.), *Zergliederungen. Anatomie und Wahrnehmung in der frühen Neuzeit = Zeitsprünge. Forschungen zur Frühen Neuzeit* (Frankfurt a.M.), S. 97-135.
– (2008) – G. Engel – R.Nanni (Hrsg.), *Intersections. Yearbook for Early Modern Studies. Philosophies of Technology: Francis Bacon and his Contemporaries* (Boston, Leiden).

Personenindex

www.ingramcontent.com/pod-product-compliance
Lightning Source LLC
LaVergne TN
LVHW081518300926
849161LV00006B/1213
* 9 7 8 3 0 5 0 0 4 0 5 0 9 *